中芬合著 造纸及其装备科学技术丛书(中文版)第六卷

"十二五"国家重点出版物出版规划项目

机械制浆

Mechanical Pulping

[芬兰] **Bruno Lönnberg** 著

[中国] 詹怀宇 朱建萍 李海龙 著

詹怀宇 李海龙 译

中国轻工业出版社

图书在版编目(CIP)数据

机械制浆/(芬)朗伯格(Lönnberg,B.)等著;詹怀宇,李海龙译.—北京:中国轻工业出版社,2019.6

(造纸及其装备科学技术丛书.6)

“十二五”国家重点出版物出版规划项目

ISBN 978-7-5184-0036-2

Ⅰ.①机… Ⅱ.①朗… ②詹… ③李… Ⅲ.①机械制浆 Ⅳ.①TS743

中国版本图书馆 CIP 数据核字（2014）第 256910 号

责任编辑：林　媛　　责任终审：滕炎福
策划编辑：林　媛　　责任校对：燕　杰
整体设计：锋尚设计　责任监印：张　可

出版发行：中国轻工业出版社（北京东长安街 6 号，邮编：100740）

印　　刷：三河市万龙印装有限公司

经　　销：各地新华书店

版　　次：2019 年 6 月第 1 版第 2 次印刷

开　　本：787×1092　1/16　印张：25.75

字　　数：660 千字

书　　号：ISBN 978-7-5184-0036-2　　定价：140.00 元

邮购电话：010-65241695

发行电话：010-85119835　传真：85113293

网　　址：http://www.chlip.com.cn

Email：club@chlip.com.cn

如发现图书残缺请与我社邮购联系调换

190587K4C102ZBW

序

芬兰造纸科学技术水平处于世界前列，近期修订出版了《造纸科学技术丛书》。该丛书共20卷，涵盖了产业经济、造纸资源、制浆造纸工艺、环境控制、生物质精炼等科学技术领域，引起了我们业内学者、企业家和科技工作者的关注。

姜丰伟、曹振雷、胡楠三人与芬兰学者马格努斯·丹森合著的该丛书第一卷"制浆造纸经济学"中文版将于2012年出版。该书在翻译原著的基础上加入中方的研究内容：遵循产学研相结合的原则，结合国情从造纸行业的实际问题出发，通过调查研究，以战略眼光去寻求解决问题的路径。

这种合著方式的实践使参与者和知情者得到启示，产生了把这一工作扩展到整个丛书的想法，并得到了造纸协会和学会的支持，也得到了芬兰造纸工程师协会的响应。经研究决定，从芬方购买丛书余下十九卷的版权，全部译成中文，并加入中方撰写的书稿，既可以按第一卷"同一本书"的合著方式出版，也可以部分卷书为芬方原著的翻译版，当然更可以中方独立撰写若干卷书，但从总体上来说，中文版的丛书是中芬合著。

该丛书为"中芬合著：造纸及其装备科学技术丛书（中文版）"，增加"及其装备"四字是因为芬方原著仅从制浆造纸工艺技术角度介绍了一些装备，而对装备的研究开发、制造和使用的系统理论、结构和方法等方面则写得很少，想借此机会"检阅"我们造纸及其装备行业的学习、消化吸收和自主创新能力，同时体现对国家"十二五"高端装备制造业这一战略性新兴产业的重视。因此，上述独立撰写的若干卷书主要是装备。初步估计，该"丛书"约30卷，随着合著工作的进展可能稍许调整和完善。

中芬合著"丛书"中文版的工作量大，也有较大的难度，但对造纸及其装备行业的意义是显而易见的：首先，能为业内众多企业家、科技工作者、教师和学生提供学习和借鉴的平台，体现知识对行业可持续发展的贡献；其次，对我们业内学者的学术成果是一次展示和评价，在学习国外先进科学技术的基础上，不断提升自主创新能力，推动行业的科技进步；第三，对我国造纸及其装备行业教科书的更新也有一定的促进作用。

显然，组织实施这一"丛书"的撰写、编辑和出版工作，是一个较大的系统工程，将在该产业的发展史上留下浓重的一笔，对轻工其他行业也有一定的借鉴作用。希望造纸及其装备行业的企业家和科技工作者积极参与，以严谨的学风精心组织、翻译、撰写和编辑，以我们的艰辛努力服务于行业的可持续发展，做出应有的贡献。

中国轻工业联合会会长 步正发

2011年12月

中芬合著:造纸及其装备科学技术丛书(中文版)的出版
得到了下列公司的支持,特在此一并表示感谢!

UPM
芬欧汇川集团

Valmet
维美德集团

JH 江河纸业
Jianghe Paper
河南江河纸业有限责任公司

大指装备
DAZHI PAPER MACHINERY
河南大指造纸装备集成工程有限公司

前　言

机械制浆(本书包括机械法制浆和化学机械法制浆)可高效合理地利用纤维原料,纸浆能满足某些产品(如新闻纸、轻量涂布纸、超级压光纸、多层纸板、生活用纸等)的性能要求,可降低生产成本,减少制浆废液污染,对造纸工业的持续发展有重要意义,是制浆技术的发展方向之一。近二三十年,机械制浆技术发展迅速,在提高得率、改善质量、降低能耗、保护环境等方面均取得长足的进步,正朝着高效率、高质量、低能耗、低排放的方向持续发展。

由芬兰奥博技术大学 Brune Lönnberg 教授编著的《Mechanical Pulping》(第二版)是芬兰近期修订出版的《造纸科学技术丛书》的第 5 册。该书首先概要地总结了机械制浆的概念、历史和理论基础,然后具体地介绍了各种机械制浆方法的工艺过程、技术参数、主要设备与过程控制。从备料、磨木或磨浆到筛选净化与漂白,从原料特性到纸浆性质,从节能降耗到环境保护,从技术进展到未来展望,都作了深入的阐述。全书内容充实,结构严谨,图文并茂,系统性强,是一部很好的机械制浆英文教材和专业技术人员参考书。

在接受中国造纸协会、中国造纸学会、中国轻工企业投资发展协会和中国轻工业出版社的中芬合著:造纸及其装备科学技术丛书(中文版)之《机械制浆》的翻译和编著任务后,我们本着虚心学习的态度,认真阅读并翻译了 Lönnberg 教授编著的《Mechanical Pulping》英文版原著,并在保持英文版系统性、完整性的前提下,结合中国造纸工业的实情,增加或补充了中国机械制浆的纤维原料、生产工艺、技术装备、纸浆性质、节能减排等方面的内容。其中,第 3 章增加了中国机械制浆的历史与发展;第 5 章增加了用于化学机械法制浆的木材种类,包括中国用于化学机械浆的木材原料;第 6 章补充介绍了中国产链式磨木机的技术特征,比较了 SGW、TGW、PGW 和 TMP 的纸浆性质;第 7 章补述了盘磨机的结构要求及盘磨机磨浆过程与主要影响因素,结合中国的生产实践,补充介绍了节能的 RTS - TMP 工艺以及 TMP 的热回收流程和影响因素;第 8 章基于中国是世界上 APMP/P - RC APMP 制浆生产线最多的国家,具体介绍中国工厂 APMP/P - RC APMP 生产工艺、纸浆性质与国产设备,并对 BCTMP 和 P - RC APMP 两种工艺进行综合比较;第 9 章对波形筛板工作原理及其对筛选效果的影响稍作补充;第 10 章补充了中国磨木浆厂筛渣磨浆系统工艺流程;第 11 章归纳了高得率纸浆漂白的特点以及高得率浆返黄的影响因素和抑制高得率浆返黄的措施,补充了中国磨木浆中浓和高浓过氧化氢漂白流程以及已在中国机械浆厂应用的甲脒亚磺酸漂白；第 14 章增加了中国工厂化学机械法制浆废水污染特征及废水生化处理技术，以具体实例介绍中国机械浆厂实施的零废水技术；第 16 章增加了机械法和化学机械法制浆技术的发展。力求结合中国生产实际，介绍先进技术装备，展示行业科技进步，推进机械制浆持续发展。

本书由詹怀宇、李海龙翻译，中方由詹怀宇、朱建萍、李海龙编著。本书在翻译、编著过程中得到有关领导的关心和支持，得到许多前辈和同仁的指导和帮助，有关机械制浆企业和科研设计单位的工程技术人员提出了许多宝贵的意见，在此一并表示衷心的感谢！

由于译著者学识水平有限，书中难免存在差错和不当之处，恳请读者批评指正！

译著者

2014 年 5 月

目 录

CONTENTS

第1章 绪 论

本绪论可用作读者指南，指出了如何从本书中查找资料，如何使用本书以及如何解释文中、图和表中的数据。绪论中简要介绍了本书的各章，这些章节是相互独立的，因此，读者可直接阅读感兴趣的各章。

1.1 本书内容

“机械制浆概念”叙述了基于木材如何通过机械制浆生产造纸用纤维。本章阐述了与化学浆相比机械浆具有的特性，也包括缩写的术语，并说明了机械浆的主要最终用途。

“机械制浆历史”简要阐述了木材磨石磨木制浆技术的发明以及目前机械制浆方法的进展。

“机械制浆基础”探究了磨石磨木和盘磨磨浆时木材纤维分离和处理的基本原理，从木材流变行为开始，终以评说机械制浆比能耗高的原因。

“木材原料”说明木材作为机械制浆的一个参数的作用。生产的纸浆的特性大大地取决于所用的木材种类及其质量。更多有关木材处理细节的内容可从《化学制浆Ⅰ》一书中找到。

“磨木和压力磨木”、“热磨机械制浆”和“化学热磨机械制浆”阐述了不同的机械制浆方法，包括木材给料系统、化学预浸系统、磨木机和盘磨机设计、磨石和磨盘、过程控制系统以及工艺条件如何影响纸浆性质。

“筛选和净化”、“筛渣和粗纤维的再磨”、“漂白”、“浓缩、贮存和再精磨”讨论了磨石磨木和盘磨磨浆后越来越重要的纸浆加工步骤。

“漂白”介绍了提高机械浆白度需要的化学操作，以保留木素式的漂白方法，浆中发色基团起着重要作用。

“各种机械制浆和筛选过程流程图”阐述了纤维分离后制浆流程的安排，筛选和净化相结合以制备专用纸板、新闻纸和杂志纸级的纸浆。

“机械制浆的环境影响”检验与机械制浆方法相关的各种环境问题。

“机械浆的特性和性质”讨论了纤维组分的基本特性和用于测试机械浆对造纸和各种纸品适用性的标准。

“未来前景”试图概述未来经济和技术的发展趋势。预计影响机械制浆方法的潜在新纸种和能源价格的稳定性。

1.2 如何解释数据

本文含有大量主要来自各种纸浆测试的信息。除非另外提到,取得的数据都采用 ISO 标准(见“机械浆的特性和性质”)。读者应该知道,参考文献并非总是提供所用测试方法的相关信息。因此,在大多数情况下,表、图中的数据仅在取自相同参考文献时才有严格的可比性。因此,必须小心解释本书编制的表和标绘的图。此外,由于采用不同的技术、工艺条件和木材原料等,读者必须小心解释这些数据。

工业上纸浆和纸张生产数据通常以风干吨($t_{90\%}$)表示,因为实际上纤维是风干的直到其水分含量与周围大气平衡。但是,本书中,如单位能耗和化学品消耗是基于绝干吨($t_{100\%}$)木材或纸浆表示的,因为消耗和用量数据是与绝干量联系而决定的。磨浆或打浆的比能耗应用每绝干吨的 MW · h(或 kW · h)表示,即 MW · h/t。如果用其他单位,应具体说明以免混淆,例如每风干短吨的 MW · h,即 MW · h/adst。其他推荐的单位是表示压力的 bar 或 kPa,温度的℃,表示流速的 L/s(升/秒),速度的 m/s。工艺压力通常用表压,如 MPa 表示,表示超过大气的压力。如果没有特别说明,木材原料是指挪威云杉(*Picea abies*)。

1.3 使用的缩写

通用

CAGR——综合年增长率
EU——欧共体
GDP——国内生产总值
ISO——国际标准组织
KCL——芬兰制浆造纸研究所
Paprican——加拿大制浆造纸研究所
RTD——研究和技术开发
TAPPI——制浆造纸工业技术协会

木材、木材纤维和纸浆纤维特性

AW——纤维壁面积
BIN——结合标志
CI——卷曲指数
CSA——横截面积
HW——阔叶木
LA——细胞腔面积
ML——胞间层(无定形的纤维间木素层)
P——初生壁(紧靠胞间层的无定形薄层)
S_1——次生壁一层(紧靠初生壁的无定形薄层)
S_2——次生壁二层(紧靠 S_1 层的松厚晶体层)
S_3——次生壁三层(紧靠 S_2 层并贴近细胞腔的强化薄层)
VI——体积指数

机械浆和相关的方法

A——氧化铝磨料(磨石中)
AP/BCTMP——碱性过氧化氢漂白化学热磨机械浆
APMP——碱性过氧化氢机械浆(制浆法)
APTMP——碱性过氧化氢热磨机械浆
BCTMP——漂白化学热磨机械浆
C——碳化硅磨料(磨石中)
CD——锥盘(盘磨机)
CEL——横向边缘长度
CRD——计算流体动力学

CTLF——经化学处理的长纤维浆
CTMP——化学热磨机械浆(制浆法)
$CTMP_R$——筛渣化学热磨机械浆
DD——双(转)盘(磨浆机)
DIP——脱墨浆
DWS——稀释水磺化
EES——磨石能量有效表面
F/A/R——进料/良浆/筛渣
GW——磨木(普通)
GW—CTMP——磨木—化学热磨机械浆
HC——高浓
HT——高温
LC——低浓
LCR——低浓磨浆
LE——低能量(盘磨磨片)
LFCMP——长纤维化学机械浆(制浆法)
MC——中浓
MD——多盘
OPCO——安大略造纸公司(法)
P1/S2/T1——一段筛 1 台/二段筛 2 台/三段筛 1 台
PGW——压力磨石磨木浆(制浆法)
PGW 70——喷水温度 70℃的 PGW
PGW－90——喷水温度 90℃的 PGW
PGW－S——超压磨石磨木浆(制浆法)
PGW－S95——喷水温度 95℃的 PGW－S
PGW－S120——喷水温度 120℃的 PGW－S
P－RC APMP——温和预处理加盘磨化学处理的碱性过氧化氢机械浆
PRMP——压力盘磨机械浆
R1——筛渣一段筛
RMP——盘磨机械浆
RTS——短停留(时间)高温高速 TMP
SCMP——磺化化学机械浆(制浆法)
SD——单盘(磨浆机)
SEC——比能耗
SEL——比边缘负荷
SGW——磨石磨木或常压磨石磨木浆(制浆法)
SLF——磺化长纤维
SRE——纤维束去除效率
SSL——比表面负荷
SWT——喷水温度
Tg——木素玻璃态转化温度
TGW——热磨石磨木浆(制浆法)
TMCP——热磨机械化学浆(制浆法)
TMP——热磨机械浆(制浆法)
UHY, UHYS, UHYSP——超高得率亚硫酸盐浆(制浆法)
VHY, VHYS, VHYSP——甚高得率亚硫酸盐浆(制浆法)

漂白

EDTA——乙二胺四乙酸
DTPA——二亚乙基三胺五乙酸
DTPMPA——二亚乙基三胺五亚甲基膦酸
FAS——甲脒亚磺酸
IDS——亚氨基丁二酸氢酯
ISA——亚氨基双丁二酸
P——过氧化氢漂段
PC—number——返黄值
PCC——沉淀碳酸钙
pH——氢离子浓度的负对数
PHA——聚－羟基丙烯酸
UV——紫外
Y——连二亚硫酸盐漂段
CaC_2O_4——草酸钙
$CaCO_3$——碳酸钙
$Ca(OH)_2$——氢氧化钙
$CaSO_4$——硫酸钙
H_2O_2——过氧化氢
$Mg(OH)_2$——氢氧化镁
$MgSO_4$——硫酸镁
Na_2SiO_3——硅酸钠
Na_2SO_3——亚硫酸钠
$Na_2S_2O_4$——连二亚硫酸钠
$NaBH_4$——硼氢化钠

$NaBO_2$——硼酸钠
$NaHSO_3$——亚硫酸氢钠
NaOH——氢氧化钠
OOH^-——氢过氧阴离子

纸张类别和相关方法

BM/PM——纸板机/造纸机
BSK——漂白针叶木硫酸盐浆(制浆法)
CUK——涂布未漂牛皮纸板(制造法)
FBB——折叠纸板(制造法)
HSWO——热固型轮转胶版纸
LPB——液体包装纸板(制造法)
LWC——轻量涂布纸(制造法)
MOW——混合办公废纸
MWC——中量涂布纸(制造法)
ONP/OMG——旧新闻纸/旧杂志纸
SBB——全漂白浆纸板(制造法)
SC——超级压光纸(制造法)
UBSK——未漂针叶木硫酸盐浆(制浆法)
WF——不含磨木浆的高级文化用纸
WLC——漂白浆挂面粗纸板(制造法)

过程控制

AGMO——磨木车间自动控制台
AGS——可调间隙传感器(控制)
DCS——分布控制系统
EVOP——进化操作(过程优化技术)
I/C——指示/控制
MPC——模式预测控制
PDIC——压差测量与控制
PSC——程序加压板移动速度控制
Q/F/U/P/PD——浓度/流量/液位/压力/压差
WJ——喷水(控制)
TD——温差
TDC——磨盘真间隙(控制)

环境

BOD——生化需氧量
COD——化学需氧量
DAF——溶气气浮
DCS——溶解与胶体物
FTU——福尔马肼浊度单位
GHG——温室气体
GWP——全球变暖潜势
MVR——机械蒸汽蒸发
TOC——总有机碳
VOC——挥发性有机物

分析设备和表征方法

AFM——原子力显微镜
BMN——Bauer - McNett 筛分仪
CSF——加拿大标准游离度
DDJ——动态滤水仪
DMA——动态机械分析
DSC——微分扫描热量测定法
ESCA——电子分光光度法化学分析
FESEM——场发射扫描电子显微镜
FTIR——傅里叶变换红外光谱
KE——动能
TOF - FIMS——飞时二次离子质谱
UHV——超高真空
WLF——Williams - Landel - Ferry 方程
XPS——X - 射线光电子光谱学

第2章 机械制浆概念

2.1 机械制浆用木材

木材是一种具有复杂的物理宏观结构以及复杂的物理和化学微结构的天然复合材料。木材似乎是一种紧密的材料,但一块干木材实际上可含有多于2/3的空气。这是因为木材是由管状的细胞组成的,较老的木材组织是空的。

由于木材的基本密度通常是小于500kg/m³,其多孔的结构意味着木质复合材料必须是很紧密的。事实上,针叶木和阔叶木复合材料的密度大约是1500kg/m³,而且几乎是不变的。在宏观结构层面,木材是由管状的纤维素纤维组成的,这些纤维沿其长度方向由富含木素的胞间层相互连接,胞间层可看作胞外层。但是,木材约有4/5的木素位于纤维的次生壁。纤维壁的宏观结构显示它由一薄的初生壁作为最外侧的无定形层。紧靠初生壁的松厚的次生壁(S)通常分为3个不同的层(S_1、S_2和S_3)。次生壁最外层S_1层是薄的且大多为无定形的,紧靠S_1层的S_2层是松厚且大部分是晶状的,因为从宏观结构层面上它含晶体的纤维素链。这些纤维素链形成四—四连接的纤维素微纤丝,其周围被无定形的木素所包覆。这些纤丝形成螺旋形的薄片或微纤丝,这些微纤丝依次被无定形物,大多为木素所包围。最里面的薄层S_3是无定形的,但也能通过细胞腔保护纤维材料免受细菌侵蚀。细胞腔是纤维细胞最里面中空部分,通常部分充填水,在树木的心材也可以是无水的(即充满空气)。

2.2 机械制浆的木材处理

机械制浆的目的是从木材基体中分离纤维,并希望以适合于特定造纸过程的形式分离。这当然是要求的任务,对外行来说,将完整的木材仅通过机械处理就能转变为有用的纤维就像魔术一样。仅当木素和部分半纤维素被溶出(如化学制浆)或者或多或少被软化(如机械制浆)时,纤维才能彼此分离而没有被破坏。化学浆和机械浆纤维在变成适合造纸的用浆之前都必须经过机械处理(磨浆或打浆)。对化学浆这是在造纸厂进行的分开过程,对机械制浆来说,这是一个联合的机械纤维分离过程。在机械制浆中,纤维结构的“变松”甚至是更重要的,因为天然的因而“不变”的机械纸浆纤维太挺硬且含有过少的用于造纸产生合适的纸张纤维网络的化学结合点。良好的纤维结合是表面平滑且强度好的纸张必须先具备的。在机械制浆过程中,木材和纤维受到磨石或磨盘产生的频繁的应力作用,事实上,当其达到所需的松弛结构时，纤维的分离也是同样的。

化学机械浆在生产过程中除输入机械能外，仅加入少量的化学品，也属于机械浆范畴，因为木素的去除是较少的。

一种理想的机械纸浆生产的纸张具有高的不透明度、白度、松厚度和平滑度，且在低定量时具有合适的孔结构。对造纸厂可接受的总体经济来说，这类纸张应用机械浆生产，甚至可以不添加更贵的化学品强化纸浆，事实上这种浆对不透明度和松厚度有负面影响。与化学浆相比，机械浆的优点是有可能生产出低定量但仍具有足够不透明度和松厚度的纸张。但是，要求机械浆具有足够的强度性质。

(1)一种理想的机械制浆法要求具备下列要素

① 纤维必须从木材基体中分离；

② 如可能，必须保护木材原有的纤维长度；

③ 纤维壁必须细纤维化(至少达到大纤丝水平)；

④ 胞间层至少应被剥落以产生细小纤维，初生壁部分剥离以暴露出纤维次生壁；

⑤ 纤维次生壁必须细纤维化。

(2)工业规模生产机械浆有两种技术

① 将木段压向旋转的磨石(磨石磨木)；

② 在盘磨机中分离纤维(盘磨磨浆)。

但是，应强调的是，根据上述指标，这两种方法都不是理想的机械制浆法。磨石磨木法通常生产具有优异光学性质而强度性质不足的纸浆，而木片磨浆法生产具有良好强度性质而光学性质相对较差的纸浆。基于最终产品性能指标，这两种技术均可以改良以生产出较好光学性质和松厚度或改进强度性质的纸张。

2.3 机械制浆简述

主要的机械制浆和制浆方法列于表2-1。表2-1中也提供了各种方法的简短说明。表2-1中未列出的为数众多的子方法将在本书第6章磨木和压力磨木、第7章热磨机械浆和第8章化学机械浆中论述。许多工业方法采用商业背景命名(例如PGW和TMP)，而表2-1中列出的所有名词仍有待取得最终的一致。

2.4 机械浆的特性

有代表性的机械浆具有高得率，通常挪威云杉的机械浆得率为97%～98%，而化学浆得率为45%～50%。这就简单地意味着，对一定量的木材，在纸料中增加机械浆的比例可以生产更多的纸张，因此改善工厂的经济和生态。用商业经济的话，由于总的纸浆得率提高，单位纸产品的木材原料成本降低。

与化学制浆法相比，机械制浆具有许多优点，例如低投资，工艺简单。机械浆具有一些好的纸张性质，例如高的光散射能力，还算高的白度，良好的成形特性，导致纸张具有平滑的表面和高的松厚度。

一般来说，机械浆是在造纸厂就地生产，因此能为许多最终用途而定制，而化学浆仅为少数主要纸种而生产。而且，在造纸厂或纸板厂造纸前化学浆需要打浆。

表 2－1　机械浆命名法（主要方法为 SGW、PGW、TMP 和 CTMP 法。纸浆得率指对新鲜去皮挪威云杉木和用水量为 10～20m³/t 的现代封闭过程）

SGW	磨石磨木浆	木段对着磨石的常压磨浆，喷水温度通常为 70～75℃，纸浆得率 98.5%
PGW	压力磨石磨木浆	木段在 Metso 磨木机中压力条件（0.25MPa）下，喷水温度低于 100℃，得率 98.5%
PGW－S	超压磨石磨木浆	木段在 Metso 磨木机中高压条件（0.45 MPa）下磨浆，喷水温度高于 100℃，得率 98%
TGW	热磨石磨木浆	木段在 Voith 链式磨木机中常压磨浆，配有的专有系统使喷水温度达到 80℃或更高，得率 98.5%
RMP	盘磨机械浆	木片在盘磨机中常压磨浆，木片预处理仅包括洗涤及可能的常压预汽蒸，得率 97.5%
PRMP	压力盘磨机械浆	如同 RMP，但在升高的温度下压力磨浆，得率 97.5%
TMP	热磨机械浆	木片用压力蒸汽预热并在升高的温度下磨浆，蒸汽压力通常为 0.3～0.5 MPa，相应的温度为 140～155℃，得率 97.5%
CMP	化学机械浆	① 所有此类纸浆的通用名称，由化学预处理木材后盘磨磨浆或磨石磨木而制得，得率 80%～95% ② 化学处理通常也热预处理的木片在常压或压力条件下磨浆而制得的纸浆，相对强的化学处理使有代表性的纸浆得率低于 90%
CTMP	化学热磨机械浆	经化学预处理的木片或粗浆在压力下磨浆，相对温和的处理，有代表性的得率为 90% 以上。各种子方法参见第 8 章化学机械法制浆

机械制浆法有一个主要缺点：电能消耗高。用于顶级杂志纸的木材机械制浆的电耗高达 3.5MW・h/t。

机械浆纤维的结合能力比化学浆纤维低，致使机械浆的总体强度性质较低。机械浆也常常含有杂质。而且机械浆不能漂白到与化学浆相同的程度，其白度稳定性差。图 2－1 和图 2－2显示一些针叶木机械浆、硫酸盐浆和废纸脱墨浆（DIP）撕裂指数和光散射系数的差别。

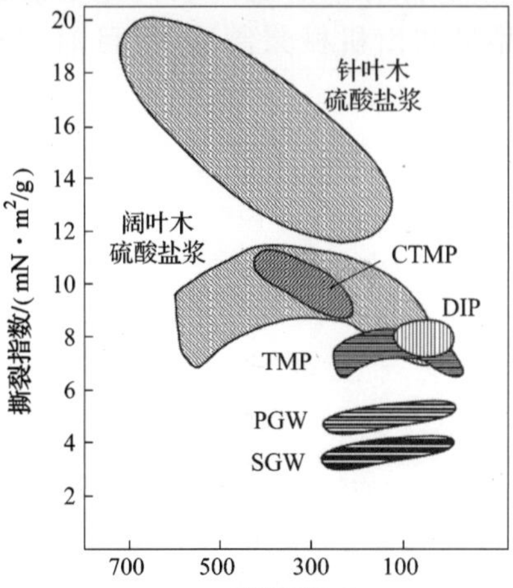

图 2－1　挪威云杉机械浆和化学浆的撕裂强度

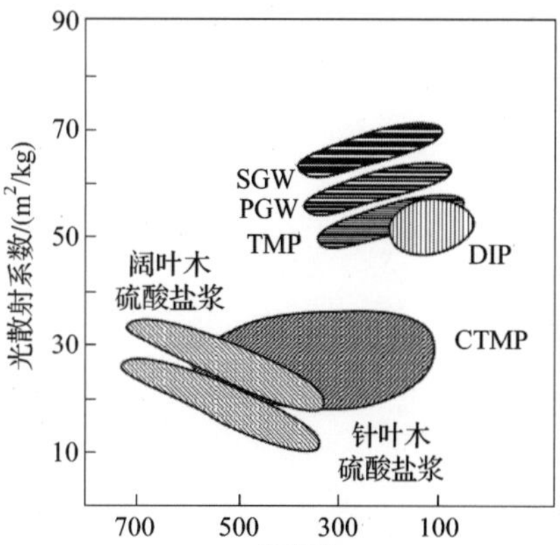

图 2－2　挪威云杉机械浆和化学浆的光散射能力

在所有的机械浆中，盘磨机械浆（TMP 和 CTMP）的撕裂指数最高但光散射系数最低。磨石磨木浆则相反，光散射系数最高但撕裂指数最低。

由于机械制浆粗放的工艺条件，所有机械浆都含有细小纤维和纤维碎片，当然也有完整的纤维，如图 2－3 所示。这些纸浆组分有不同的性质，其后机械浆的性质大大地取决于这些组分的数量和质量。例如，磨石磨木浆中细小纤维的质量与热磨机械浆中细小纤维的质量有很大的不同。

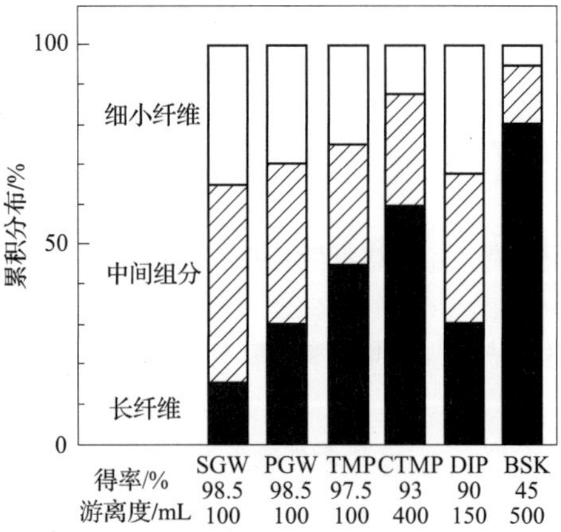

图 2－3　各种纸浆的纤维组分

2.5　机械浆的最终用途

机械浆主要用于含机械浆印刷纸（也称含磨木浆印刷纸）的生产。这些印刷用纸在低定量时就有良好的不透明度和印刷适性，但强度和耐久性有限，而这些印刷纸必须相对便宜。主要的纸种有新闻纸、未涂布超级压光纸和轻量涂布杂志纸。这些纸种的主要要求是良好的运行性能和印刷性能。所有主要的机械浆种（SGW、PGW 和 TMP）都适用于所有的含机械浆印刷纸。但制造过程的经济性和最终产品的质量取决于所用的机械浆的类别。有代表性的是采用磨木浆（SGW 或 PGW）容易达到要求的印刷适性，采用 TMP 容易达到良好的运行性能。新闻纸可以含有高达 100% 的机械浆，但发展趋势是在新闻纸制造中使用不断增加的脱墨浆（DIP）比例。超级压光纸（SC）通常含有 55% ～65% 的机械浆，而低定量涂布纸含有 35% ～40% 的机械浆。

机械浆的其他应用包括各类纸板、墙纸、高级文化用纸、柔软卫生纸以及吸收纸和浆模制品。三层组成的折叠纸板的芯层通常用磨木浆。CTMP 应用于液体包装纸板快速增长，而此种纸板最初是由全硫酸盐浆制造的。和折叠纸板相同的方式，如今越来越多的漂白 CTMP 用于液体包装纸板的芯层，CTMP 也用于吸收性浆和纸产品。

一些墙纸纸种含有高达 70% 的机械浆，甚至一些不含磨木浆的高级文化用纸也加入 5% ～20% 的机械浆。许多柔软的卫生纸和浆模制品最初由机械浆制造，但目前主要采用 DIP。

第③章 机械制浆的历史

本章简要叙述了机械制浆技术发展的“里程碑”，但不涉及机械浆制造历史的地理和商业方面。要想获悉更多有关机械制浆 160 年历史，本章的参考文献中提供了良好的附加信息来源。

3.1 磨木法的发明

早在 18 世纪，德国的 J. Ch. Shaffer 已描述了锯末和其他制材厂残余物如何能通过机械而纤维分离并用作造纸用浆[1]。但是，这并没有导致一种商业方法的发展，因为那时尚未准备好。在磨木法于 1843—1844 年发明之前几乎又用了一个世纪。

木材磨木的发现和适合于造纸的首种机械浆独立地归于 Friedrich Gottlob Keller（1816—1895）和 Charles Fenerty（1821—1892）。

Charles Fenerty 住在新斯科舍，他家耕作农田并经营一个制材厂。他受过很好的教育，很大的程度上因为经营制材厂，他具有木材和木材性质的知识。他也熟悉附近一家破布纸厂的造纸。1844 年在写给 Halifax 报纸的信中，Fenerty 指出他已于 1935 年开始木条压向旋转磨石表面的磨木试验。Fenerty 看来是有创造才能和想象力的，但缺乏实践，他没有实行他的发现[2]。

Friedrich Gottlob Keller 是一位技术上留神的纺织工和书籍装订工。1840 年在阅读一篇有关难于得到足够的破布以增加纸张生产的技术文章后，他开始考虑由木材生产造纸纤维的可能性。他从黄蜂筑巢的方式获得使用木材的主意。问题是如何从木材中分离纤维。当他回想孩提时如何制作樱桃石的装饰链时，他最终决定采用摩擦。樱桃石放入一个木制板的凹坑里，对着湿粗的石面摩擦木制板将樱桃石磨成平的环。当摩擦时，板的表面也受到摩擦。Keller 记得此后他发现石头表面上一个薄面浅白的干纤维膜。这个纤维层像纸[3-4]。

然后 Keller 于 1843 年简单地通过转动一个部分浸入水中的小磨石的把手，同时将一根木头压向磨石表面而制得其首次的磨木浆。磨石是一种用于磨锐各种工具的典型砂石。1944 年他建造了一台改进的但仍然手动的具有 2 kg/h 生产能力的磨木机。1845 年 10 月，他和妻子用这台磨木机生产了约 100 kg 磨木浆。这些磨木浆与破布纤维混合用于生产纸张，供印刷相当多份的 Frankenburg 周报。同年，Keller 得到他的发明专利（见图 3－1）[5]。

图 3－1　根据 Voelter 的 Keller 磨木机

3.2 磨木法的发展

回顾制浆造纸历史，能确认技术快速发展的4个时期：

① 1852—1867年，Heinrich Voelter和Johann Matthaus Voith不仅开发了磨木机而且开发了筛选、筛渣处理和脱水技术。1867年在巴黎的世界博览会上Voelter展示了一个完整的磨木机车间（见图3－2）[5]。

图3－2　1867年在巴黎世界博览会上展示的完整磨木车间磨木设备的小册子
（底部注释该小册子是用含有50%云杉磨木浆的纸印刷的[5]）

② 19世纪80年代，美国开发了热磨木和高产量磨木。

③ 第一次世界大战后立即开发了各种类型的磨木机，其中最重要的是链式磨木机（Voith）和水压双袋磨木机（Tampella）。

④ 20世纪70年代末和80年代初，Tampella（后来Valmet，现在Metso）开发了现代压力磨木法。

3.2.1 第一批商业磨木机

1846 年，Keller 将其权利卖给 Heinrich Voelter 以进一步取得发明专利。Voelter 与 Heidenheim 的 J. M. Voith 工程机构合作开发了磨木法。最初两台工厂规模的磨木机于 1852 年由 Voith 建造并安装在 Voelter 造纸厂(见图 3－3)。这些磨木机有几个压区，每个能独立重新装填，而磨木在其他压区继续。1854 年，Voelter 和 Voith 将其第一批商业磨木机卖给瑞士的 Papierfabrik a. d. Sihl。这种类型的磨木机于 1854 年在慕尼黑第一届德国工业博览会上获得金奖并在 1855 年巴黎世界博览会上得到许多关注。1852—1860 年间建造了 20 多台磨木机并交付到欧洲几个国家。北美第一批 Voith 磨木机于 1866 年安装在魁北克(见图 3－4)。在 19 世纪的剩余年份有许多不同类型磨木机的试验，例如一种带立轴纵向磨浆的磨木机。

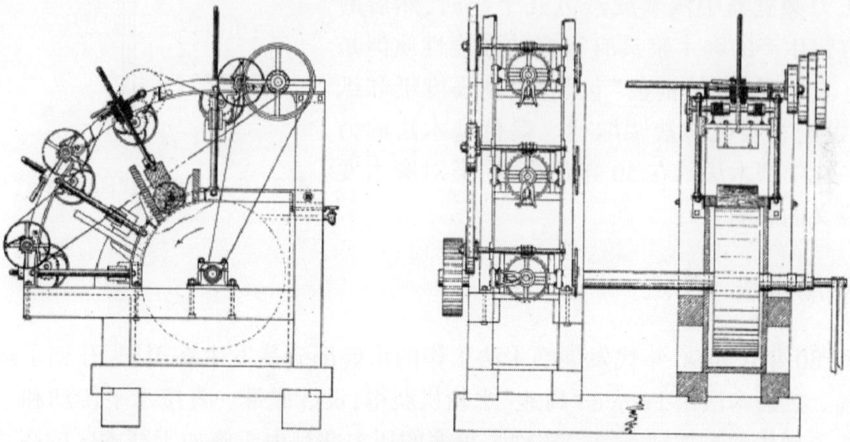

图 3－3 Voelter 和 Voith 工厂规模磨木机“Defibreure”(1852 年)

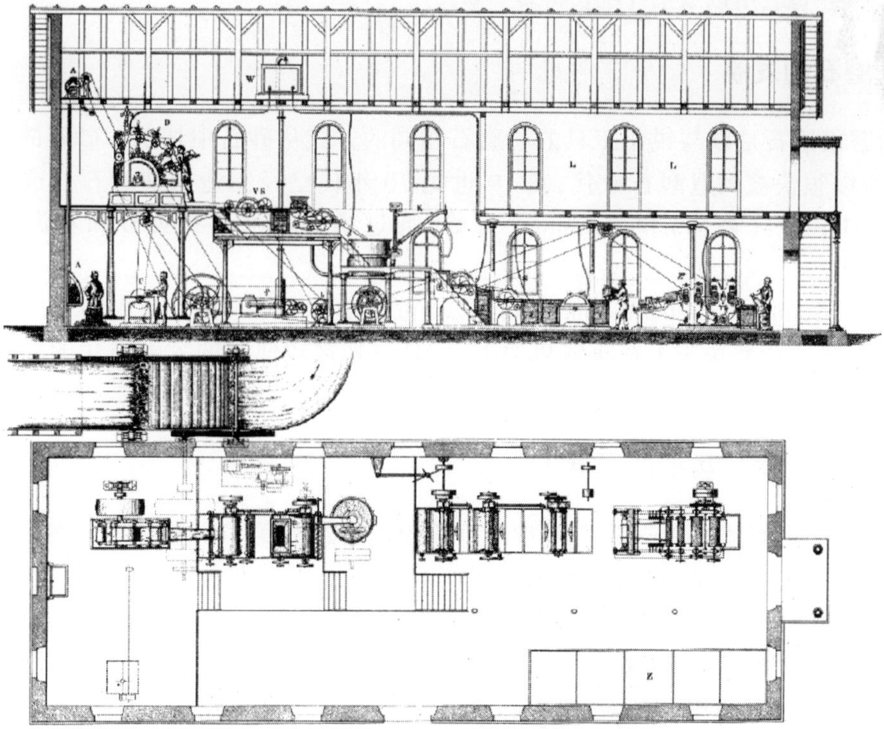

图 3－4 19 世纪 60 年代一个有代表性的磨木厂[5]

3.2.2 第一台筛渣磨浆机

第一台 Voith 磨木机用于高质量纸张的磨木浆含有太多的纤维束。为了磨这些纤维束，Voith 于 1859 年建造了一台“Raffineur”（见图 3－5），该设备有两个面对的磨石，纤维束在磨石间磨成可用的纸浆。

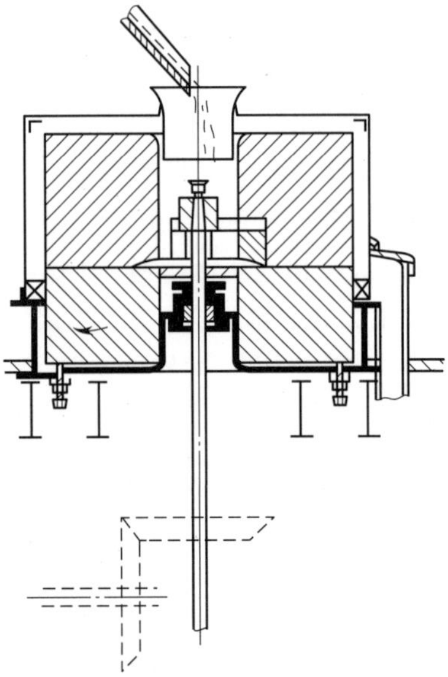
图 3－5 Voith 的“Raffineur”（1859 年）

3.2.3 褐色磨木法和化学磨木法

1868 年前后德国开发了褐色磨木法。此法中，木段首先在压力蒸煮器中汽蒸或蒸煮几个小时，然后磨木。这种方法生产的磨木浆具有很好的强度性质但是是褐色的。它用于“天然褐色”包装纸、高强度纸和纸板直到 20 世纪初被硫酸盐浆取代。褐色磨木法的另一发展——化学磨木法约在 50 年后出现，但对磨木发展没有有意义的影响。

3.2.4 热磨木法

19 世纪 80 年代和 90 年代发展磨木法工作的重要部分是发生在美国，开创了热磨木法和高产量装置。热磨木法由 Francis“高速”水轮机获得，设计成带一直接水平传动和一个水平加载系统。这个现代的水加载系统使实现高得多的压力并且由于施加于磨木区的高功率致使磨木区温度显著升高，所以纸浆纤维长得多[6]。

3.2.5 磨石的发展

早期磨浆磨石是以与锐化工具的小磨石相同的方式从砂石中切割。砂石的质量较低且易变，所以很快被人造磨石取代，自 19 世纪 70 年代已经制造人造磨石。这些早期的磨石是由 Hercules（德国）和 Norronna（挪威）通过粉碎和筛选石英砂和水泥的冷铸而制造。

在北美，Norton 和 Carborundum 公司于 20 世纪 20 年代开发了合成陶瓷磨石。第一种陶瓷磨石将陶瓷磨块装配在重铁机架上，但是后来被较便宜的大大强化的混凝土芯所取代。

3.2.6 主要磨木机类型的发展

目前两种主要的磨木机产生于 20 世纪 20 年代。1922 年第一台大的 Voith 链式磨木机安装在 Schongau 厂。磨石直径为 1.5m，设计适于 1m 木段。这种磨木机是第一种真正连续和自动操作的磨木机。作为一种磨木机类型，其原理仍然不变，直到 1984 年 Voith 基于原有的磨木机安装了第一台热磨木机（TGW）。

大北公司（Great Northern Company）开发了另一主要类型的水压磨木机，即 Metso（Great Northern—Waterous—Tampella—Valment）磨木机，这种磨木机有两个大的面对的料袋。每个料袋有一个容纳用于磨浆一次装载木段的低木库。第一台大北式磨木机由 Montague 机器公司建造,1926 年安装在 East Millinocket。由于这台磨木机与 Waterous 公司制造的库式磨木机有许多类似,这两个公司产生争议。最后,他们同意联合生产 Great Northern—Waterous 磨木机。在芬兰,Tampella 公司得到特许建造这种设计磨木机,1937 年 Tampella 的 Anjala 厂收到交货的第一台这种磨木机。1955 年特许协议终止后,Tampella 继续建造这类磨木机,确认为双袋 Tampella 水力磨木机,这种磨木机目前称为 Metso 磨木机。现代磨木机类型在第 6 章磨木和压力磨木中阐述。

3.2.7 压力磨木(PGW)

20 世纪 60 年代初,F. G. Powell,F. Luhde 和 K. C. Logan 用一台间歇操作的实验室压力磨木机进行试验[7]。他们表示在升高的温度下磨木生产较好强度性质的磨木浆是可能的。但是,由于低白度和木段加入压力磨木机的困难,他们得出其结果商业上仅能在盘式磨木法中应用的结论。

随着 TMP 法的发展,瑞典的 A. Lindahl 确信用一种热机械法在磨木也是有可能的。1976 年他到芬兰的 Tampella 介绍他的思想,在 Tampella,M. Aario 和 P. Haikkala 领导了这种称之为压力磨木(PGW)的新方法的技术开发。1977 年,Tampella 将 MoDo Bure 厂的一台磨木机改造成用作实验目的的压力磨木机。第一批完全新设计的 PGW 磨木机 1979 年在 Bure 和 Anjala 安装[8]。A. Kama 用 Anjala 的这台磨木机完成了 PGW 法的最后优化[9]。到了 20 世纪 80 年代中期,这种方法已发展成一个主要的机械制浆法在全世界工业化应用。自 1993 年以来,Metso(较早 Valmet)已制造了 PGW 磨木机。相关内容在第 6 章磨木和压力磨木中阐述。

3.3 热磨木机械制浆

现代 TMP 法起源于用于磨木机筛渣磨浆的“raffineurs”、中性亚硫酸盐半化学制浆法、Asplund 硬纸板法和较早述及的压力磨木试验。但是,也有早期生产盘磨机械浆的尝试。1881—1883 年 Rasch 和 Korchner 已开发了一种不用磨木机制造褐色磨木浆的方法。在这个方法中,木段先汽蒸,然后切成木片并在荷兰式打浆机打浆前用石碾压碎。

3.3.1 磨木筛渣磨浆

如上所述,Voith 于 1859 年建造了第一台用砂石“盘”的盘磨机,这种盘磨机于 1893 年发展成为带水平传动的 Nacke 盘磨机(见图 3 - 6)。这些盘磨机的石面有在某种程度上与现代盘磨齿型相似的沟纹。19 世纪末,金属磨盘出现但最初仅用于制造褐色磨木浆。这些不成熟的盘磨机可看作是第一代盘磨机。

3.3.2 用于硬纸板的初始热磨机械制浆法

20 世纪初,美国开发了一种有两个面对的反向旋转的碾磨机(见图 3 - 7)。这种起初用于解离棉籽和花生的盘磨机发展成为 Bauer 兄弟公司的双转盘磨浆机,其中一台于 1925 年安装在一家生产绝缘纤维板的工厂里。

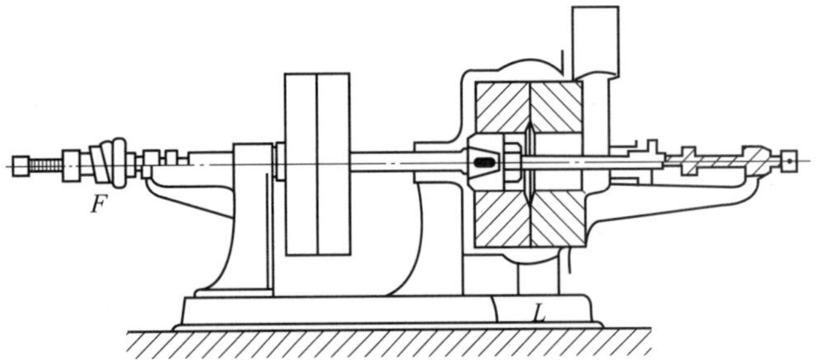

图 3－6　Nacke 盘磨机(Voith)

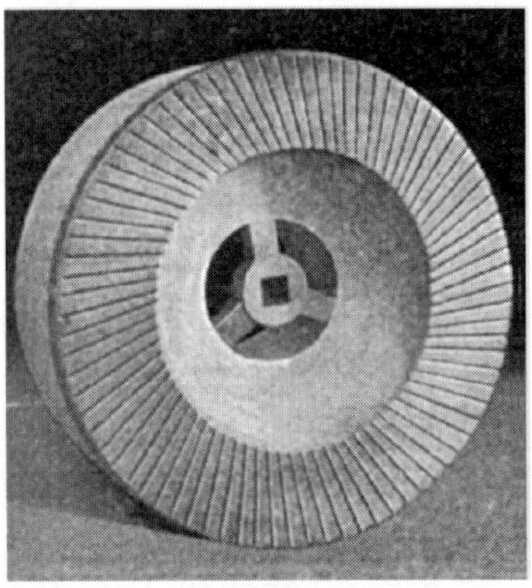

图 3－7　一种盘磨机磨石表面形式

热磨机械制浆法的发明者是瑞典的 A. Asplund,20 世纪 20 年代他作为年轻的工程师在美国为爆破制浆(masonite)法的发明者 W. H. Mason 工作。1927 年,Asplund 监管瑞典一间爆破法制浆厂的建筑物,然后开始思考如何改进爆破制浆法。1931 年,Asplund 建造了一种压力盘磨机,这为他发明热磨机械制浆法打下基础。1934 年 KMW 为瑞典 Ljusne 硬纸板厂制造了第一台真正连续的 Asplund 热磨机。Asplund 连续制浆法构成了现代 TMP 的基础(见图 3－8)。KMW 团队也将有关木片连续进料和纸浆卸料的技术解决办法用于开发 Kamyr 连续蒸煮法[10－11]。

图 3－8　20 世纪 40 年代的一种 Asplund 热磨机装置

Asplund 起初打算将其发明也用于造纸用浆的生产,但是,不久后他就意识到,在高压蒸汽下生产的木素覆盖的深色纤维不能进一步磨浆形成良好的造纸用浆。

3.3.3　印刷纸用 RMP 的发展

1929 年,Bauer 双盘磨用于栗木木片的纤维分离,用于半化学瓦楞纸板的制造。1938 年在美国 Blandin 造纸公司,Bauer 盘磨机用于化学品浸渍过的杨木木片以生产印刷纸用磨木浆。随后其他几个工厂也采用了该盘磨机,半化学制浆法向高得率亚硫酸盐法和现代 CTMP 法的方向发展。

但直到 20 世纪 50 年代,仅用盘磨机生产机械浆的真正兴趣才产生。根据 Bauer 公司的 L. Eberharat[12],最初的思想于 1948 年当他与 K. Kirkpatrik 和 Norton 公司的 J. Perry 讨论时提出来的。Norton 公司交货的涂磨料盘磨运行后,在 Bauer 中试车间与金属磨盘的比较证明金属磨盘是优秀的。1955 年,Bauer 宣布开发了由木片磨木生产机械浆的一种新的革命性方法[13]。在这种方法中,木片在双盘磨浆机(见图 3－9)磨浆前先在螺旋挤压机中离解。大约在同一时间,Sprout Waldron 公司声称使用单盘磨浆机的一种类似的方法。Defibrator 公司于 20 世纪 50 年代也开发了盘磨机械制浆方法。1957 年在瑞典 Kvarnsveden 用常压卸料纤维分离器进行了针叶木片的首次试验。第一个商业 RMP 于 1960 年在美国 Crown Zellerbech 的 Bauer 工厂安装。

这种方法起初有许多不同的名称,例如"盘磨木浆"、"木片磨木浆"和"超级磨木浆",但很快缩写 RMP(盘磨机械浆)成为接受的术语。第一批 RMP 盘磨机在相当低的浓度下运行,直到 20 世纪 60 年代发现高浓度磨浆生产质量较优的纸浆。20 世纪 60 年代和 70 年代初,Bauer、Sprout Waldron、Defibrator、Sunds(Bauer 特许)、Enso(Bauer 特许)和 Jylhavaara大范围销售 RMP 盘磨机和系统。

图 3-9 一种源自 20 世纪 50 年代初的 Bauer 双盘磨浆机

3.3.4 现代 TMP 的发展

加拿大魁北克市的 Anglo——Canadian 厂的中试车间于 1963 年安装了第一台压力 Bauer 盘磨机。同年,瑞典的 Billerud Jossefors 厂的中试车间安装了第一台打算用于造纸的加压 Asplund 盘磨机。1968 年 Defibrator 公司的努力导致了在瑞典 Rockhammar 的第一个商业 TMP 厂。

TMP 法的突破在斯德哥尔摩国际机械制浆会议后出现[14~15]。在该会议上,由 Defibrator 和 Bauer 公司介绍的论文中表明木片在磨浆前在升高的温度下软化导致纸浆比通常 RMP 法较好的性质和较低的能耗。但很快就清楚,TMP 的比能耗实际上比 RMP 高得多,但是由于 TMP 大大提高的强度性质和较少的纤维束含量,TMP 比 RMP 法更有竞争力和成功。但是,后来发现磨浆的加压是 TMP 的重要因素,而不是木片的预热。因而,很少或没有预热但加压的 TMP 法能称之为 PRMP。

TMP 最后突破出现在 1974—1976 年。1974 年瑞典 Holmen 的 Hallstavik 厂建设了第一个新闻纸用大型 Defibrato TMP 厂。第一个在 LWC 的应用同年出现在美国 Carolina Bowater 一个三段 Bauer 盘磨机厂。1976 年美国 Boise Cascade 的 Steilecoom 厂启动一个 400t/d 装备 Twin50 盘磨机的 Sprout Waldron TMP 系统。Jylhavaara 第一个 TMP 厂 1975 年交货给芬兰联合造纸厂的 Kaipola 厂。1977 年,Jylhavaara 在 Kaipola 厂中试车间首创了两段全压力"串联" TMP 法。这使得能回收蒸汽直接用于纸张干燥。热回收已被证明对热磨机械制浆的经济性是极其重要的。目前,能回收约 70% 的能。

TMP 法高能量要求导致深入研究节能的可能性。从 1984 年开始,在 KCL(芬兰制浆造纸研究所)用高磨盘转速的中间试验导致 Andritz 高速 TMP 法,后来称之为 RTS(停留时间、温度、速度)法的开发。基于 H. Hoglund 的思想,由 Sunds Defibrator 开发的热制浆法也于 1994 年在瑞典的 Ortviken 安装。这些方法在第 7 章热磨机械制浆中阐述。

3.4 生产机械浆的新方法

多年来,已有许多不用目前所知的磨木机或盘磨机生产机械浆的尝试。这些新方法中,有些已达到工厂规模,但最终都失败了。这些方法包括 Bersano 磨木机、富士造纸厂的木片磨木机和加拿大 Koehring 的离心磨木机。其他尝试是法国造纸技术中心(CTP)开发的 Bi—Vis 双螺旋法和Stake的爆破法。

20世纪90年代间，机械制浆的能耗演化成机械浆印刷纸未来的威胁，看来是开发新的低能机械制浆法的时候了。即使至今这些尝试失败了，这些方法很可能到一定时候成功开发。

3.5 测试方法的发展

磨木浆生产的头几年，磨木浆测试的唯一方法是所谓的"勺测试"法。在这种测试中，稀释了的磨木浆从一个勺倒到另一个勺中，同时用肉眼视察。19世纪90年代，这种测试发展成为蓝玻璃测试，用一片有木框的蓝玻璃。由于蓝玻璃和浅黄色纸浆的对比，稀释的磨木浆倒到蓝玻璃使得容易鉴别纤维束和其他杂质。蓝玻璃观测也给出一些纸浆细度的指标。

第一种真正纸浆测定方法出现于1913年德国发明的Schopper—Riegler纸浆滤水性能的测定。SR测定后来在北美改良成为加拿大标准游离度的测定。第15章机械浆的特性和性质提供了这些测试方法的细节。

3.6 中国机械制浆的历史与发展

3.6.1 中国磨石磨木法制浆的历史与发展[16]

中国机械浆工程的建设始于1932年，建设当时国内规模最大、最先进的广东省营造纸厂（即现在的广州造纸厂），设计规模日产新闻纸50 t，配有两台瑞典进口的1200 kW磨木机，以马尾松为原料，日产磨木浆30 t。1938年工厂建成，广州即遭日本帝国主义侵占。1938年10月22日，磨木机被炸毁，不久其他设备也被悉数劫往日本，抗战胜利后几经周折才追要回国。1949年全国解放后，工厂复建，并引进了2台德国产双链磨木机，生产能力20t/(d·台)，用马尾松生产磨木浆抄造新闻纸。

日本侵占我国东北地区后，为掠夺我国的森林资源，在石岘、丹东、吉林等地建新闻纸厂，其中石岘造纸厂1936年建设，1938年投产，有3台5t/d的单链磨木机，利用东北白松（鱼鳞松、臭松、沙松之总俗称）生产磨木浆。以磨木浆为主，配以酸性亚硫酸钙法木浆，抄造新闻纸。

抗战期间，大后方的国民党中央政府为解决新闻报业用纸，由经济部筹划成立中国纸厂股份有限公司，选址宜宾建设新闻纸厂（即今日宜宾造纸厂）。1934年开工建设中国自行设计、施工、安装、调试的新闻纸厂，1944年建成投产。以岷江上游高海拔山地过熟的云杉和冷杉为原料，安装2台5t/d的大北式磨木机，利用2台1092mm纸机自主生产出新闻纸。

利用从丹东鸭绿江纸厂搬迁过来的磨木浆和新闻纸设备，新建的齐齐哈尔造纸厂于1953年投产，吉林造纸厂的生产也很快得到扩大。

南平造纸厂是中国第一个五年计划期间的重点建设项目，主要建设内容包括2台国产3150mm纸机和4台双袋卡米尔式磨木机组成的100t/d磨石磨木浆系统，1958年建成投产。以25%半漂白硫酸盐商品木浆和75%马尾松磨石磨木浆生产新闻纸。

同一期间，宜宾造纸厂和广州造纸厂分别扩建2台3150mm纸机及配套的磨木浆系统。

新建的江西造纸厂也配置 2 台 3150mm 纸机和磨木浆系统。

20 世纪 60 年代建成的柳江造纸厂和岳阳造纸厂也都有链式磨木机,用马尾松磨木浆配抄凸版纸和胶印书刊纸。

20 世纪 70 年代后期和 80 年代初,又有 6 台新 3150mm 纸机分别安装在齐齐哈尔造纸厂、南平造纸厂和广州造纸厂,均配置双链磨木机系统,生产新闻纸。

总之,中国生产的磨木浆,最终产品为新闻纸、凸版纸和胶印书刊纸,所用设备以链式磨木机为主,有少量的袋式磨木机。此外,20 世纪 60 年代,还引进了 2 台环式磨木机,分别安装在南平造纸厂和江西造纸厂。

20 世纪 70 年代末,石岘造纸厂以白杨为原料,鸭绿江造纸厂以杨木、桦木为原料,生产磨木浆时添加氢氧化钠、亚硫酸钠或过氧化氢,成功地生产出强度显著提高的阔叶木化学磨木浆,并用于配抄胶印新闻纸。

3.6.2 中国盘磨机械法制浆的历史与发展[16-17]

中国第一套盘磨机械浆设备,是 1974 年吉林造纸厂从瑞典 Defibrator AB(后并入 Sunds,现 Metso)引进的 TMP 系统,1975 年 7 月正式投入使用,设计生产能力为 150t/d,以东北白松(鱼鳞松、沙松、臭松)即云冷杉为原料,制得的 TMP 浆,配 20% 的半漂白硫酸盐木浆,用于生产新闻纸,其产品质量达到了国外同类产品的水平。由于东北白松供应不足,价格昂贵,为了充分利用阔叶材生产优质机械浆,吉林造纸厂于 1987 年从瑞典 Sunds Defibrator AB(今 Metso)引进了 Prex 预浸设备,将以云杉为原料的 TMP 工艺,改造为以杨木为原料的 CTMP 工艺,并成功地用于配抄胶版新闻纸。

20 世纪 70 年代,福建顺昌造纸厂以混合阔叶木为原料,利用国产设备制化学机械浆。木片在蒸球内进行低温碱浸渍后,用双盘磨进行两段磨解,制得得率 80% 以上的化学机械浆,用于抄造牛皮箱纸板(芯浆、底浆)。

石岘造纸厂于 1986 年从芬兰 Enso 公司引进磺化化学机械浆(SCMP)系统,1987 年投产,以多于 50% 杨木和少于 50% 白松的混合原料,先磺化后高浓磨浆,制得裂断长 4000~5000 m 的高强度浆,从此减少了配抄的白松亚硫酸盐长纤维浆。

自 1987 年至今,中国又相继从 Metso、Andritz、Hymac 公司引进了 40 多套 TMP/RTS-TMP、CTMP/BCTMP、APMP/P-RC APMP 设备,这些设备的总生产能力已超过 500 万 t/a,中国已成为拥有现代化机械浆设备最多的国家之一。根据收集到的资料,中国历年引进的盘磨机械浆设备的概况列于表 3-1。

表 3-1 中 40 多条盘磨机生产线,单条设计生产能力最小仅 50t/d,最大可达 750t/d,其工艺和设备的适用范围很广。适应的树种也大大扩展。其中针叶木类有北方的云杉、冷杉,南方的马尾松、湿地松、云南松;阔叶木类有北方的杨木、桦木、枫木、榉木,南方的意大利杨、桉木,还有混合阔叶木;甚至还可用竹子。盘磨机械浆主体设备——盘磨机中有世界最大最先进的压力平面单盘磨和压力锥盘磨,也有最大最先进的压力双盘磨。生产的盘磨机械浆适用的纸种:含机械浆印刷纸有新闻纸、SC 纸、LWC 纸、轻型纸;高档和特种纸板有白纸板、白卡纸、液体包装纸板;配抄非机械浆印刷纸有双胶纸、复印纸、铜版原纸。

综上所述,中国的机械浆技术与装备在改革开放后的 30 多年间有长足的进步和飞快的发展,已成为世界上机械制浆最发达的国家之一。

表 3－1　中国历年引进的盘磨机械浆设备概况[16－17]

用户名	工艺	始建或投产*时间/年份	原料	设计能力/(t/d)	最终产品	主要供应商
吉林造纸厂	TMP	1975*	东北白松	150	新闻纸	Metso
福建南平造纸厂	TMP	1993	马尾松	200	新闻纸	Metso
新疆天西造纸厂	TMP	1994	云杉	50	新闻纸	Metso
江西晨鸣纸业	RTS－TMP	2002	马尾松 湿地松	550	LWC 纸	Andritz
福建南纸股份有限公司	RTS－TMP	2009	马尾松	500	文化用纸 LWC 纸	Andritz
吉林造纸厂	CTMP	1987	北方杨木	150	新闻纸	Metso
广州造纸厂	CTMP	1995	马尾松	150	新闻纸	Hymac
福建龙岩造纸厂	BCTMP	1995	马尾松	150	新闻纸 SC 纸	Hymac
福建腾荣达股份有限公司	BCTMP	1995	杉木	100	绒毛浆	Metso
山东博汇纸业(一期)	BCTMP	2005*	杨木、桉木	600	白纸板	Metso
山东博汇纸业(二期)	BCTMP	2009*	杨木、桉木	450	白纸板	Metso
山东晨鸣纸业	CTMP	2005*	杨木	735	白纸板	Metso
山东华泰纸业	CTMP	2006*	杨木	330	新闻纸	Metso
山东正达纸业	CTMP	2010*	杨木	120	书写印刷纸	Metso
江苏博汇纸业	BCTMP	2012*	杨木、桉木	2×750	白纸板	Metso
湖南郴州裕农纸业	BCTMP	2012*	桉木	450	绒毛浆	Metso
广西金桂纸业(二期)	BCTMP	2012*	桉木、 相思木	750	商品浆	Metso
吉林纸业	APMP	1993	杨木	250	新闻纸	Andritz
湖南岳阳纸业	APMP	1995	意大利杨木	75	新闻纸	Andritz
辽宁鸭绿江造纸厂	APMP	1996	杨木	135	新闻纸	Andritz
四川宜宾造纸厂	APMP	1997	马尾松	200	新闻纸	Hymac
云南保山造纸厂	APMP	1998	桉木	75	新闻纸	Andritz

续表

用户名	工艺	始建或投产*时间/年份	原料	设计能力/(t/d)	最终产品	主要供应商
黑龙江齐齐哈尔造纸厂	APMP	1999	杨木	200	新闻纸	Andritz
湖南岳阳纸业	P-RC APMP	2001	意大利杨木	300	LWC 纸、新闻纸	Andritz
山东泉林纸业	P-RC APMP	2002	杨木	150	铜版纸	Andritz
山东晨鸣纸业	P-RC APMP	2002	杨木、桉木	180	铜版纸	Andritz
河南焦作瑞丰纸业	P-RC APMP	2003	杨木	450	LWC 纸	Andritz
河南濮阳龙丰纸业	P-RC APMP	2003	杨木	300	LWC 纸	Andritz
河南新乡新亚纸业	P-RC APMP	2004	杨木	300	白卡纸	Andritz
宁夏美利纸业	P-RC APMP	2004	杨木	300	白卡纸	Andritz
山东中茂纸业	P-RC APMP	2006	杨木	300	商品浆	Andritz
广西南宁金浪纸业	P-RC APMP	2007*	桉木	200	商品浆	Andritz
山东太阳纸业(一期)	P-RC APMP	2007*	杨木、桉木	300	白卡纸、文化用纸	Andritz
山东太阳纸业(二期)	P-RC APMP	2009*	杨木、桉木	500	白卡纸、文化用纸	Andritz
山东太阳纸业(三期)	P-RC APMP	2011*	杨木、桉木	450	白卡纸、文化用纸	Andritz
山东太阳纸业(四期)	P-RC APMP	2012*	杨木、桉木	450	白卡纸、文化用纸	Andritz
广西金桂浆纸	P-RC APMP	2010*	杨木、相思木	2×750	商品浆	Andritz
湖南泰格沅江纸业	P-RC APMP	2014*	杨木	450	白卡纸	Andritz
吉林延边石岘造纸厂	SCMP	1987*	杨木、白松	60	新闻纸	Enso

注 *投产时间。

参考文献

[1] Kirchner, E.. Die Holzschleiferei oder Holzstoff-Fabrikation. Verlag von Guntter-Staib, Biberach, 1912.

[2] Carpenter, C. H.. The history of mechanical pulping. TAPPI Mechanical Pulping Committee report, 87 p. Library of Congress, Catalogue Card Number: 87-72922. Atlanta, 1989.

[3] Kunz, W.. Friedrich Gottlob Keller. Gedanken zum 100. Todestag. PTS-TUD-Symposium Pa-

pierzellstoff und Holzstofftechnik '95, PTS Verlag, Munchen, 1995.
[4] Sittauer, H. L.. Friedrich Gottlob Keller. BSB B. G. Teubner Verlagsgesellschaft, Leipzig, 1982.
[5] Autobiography of EG. Keller, originally published by Papierzeitung Berlin from 1882 – 1895. In Keller – Voelter. Die Einfuhrung des Holzschliffs in die Papierindustrie. Papierfabrik Kabel Aktiengesellschaft, Hagen – Kabel, 1957.
[6] Sourander, I., Solitander, E.. Finska trasliperiforeningen 1892 – 1942 – eff bidrag till trasliperi – och kartongindustrins i Finland historia, Frenckellska Tryckeri Aktiebolag, Helsingfors, 1943.
[7] Powell, E. G., Luhde, F, Logan, K. C.. Super groundwood by grinding. Pulp Paper Mag. Can. vol. 66, no. 8, p. T399, 1965.
[8] Aario, M., Haikkala, P., Lindahl, A.. Pressure grinding is proceeding, Tappi 63(2): 139 (1980).
[9] Karna, A.. Studies of pressurised grinding. Dissertation, Anjalankoski, Satapaino 1984.
[10] Antoine, A.. Arne Asplund – innovation som skapat en storindustri, Svensk Travaruoch Pappersmassetid. (4): 247(1978).
[11] Richter, J.. The history of Kamyr continuous cooking. Industry historical publication No. 7, edited by the Swedish Pulp and Paper Association, Stockholm, 1981.
[12] Eberhardt, L. Mechanical Pulping Gains in Popularity, Paper Age 101(11): 38(1985).
[13] Eberhardt, L. New and revolutionary method for production of mechanical pulp – groundwood from wood chips. Paper Trade J. 139(37): 26(1955).
[14] Asplund, A.. Development of the thermo – mechanical pulping method. International Mechanical Pulping Conference 1973, Preprints, p. 15: 1, SPCI, Stockholm.
[15] Charters, M. T, Ward, P. O.. Elevated temperature refining for high quality mechanical pulp. International Mechanical Pulping Conference 1973, Preprints, p. 16: 1, SPCI, Stockholm.
[16] 中国造纸协会,中国造纸学会,中国制浆造纸研究院,中国中轻国际工程有限公司编. 中国造纸工业六十年(1949—2009),北京,2009:45 – 51.
[17] 张栋基著. 高得率制浆、涂布纸. 广州:广东经济出版社,2005:107 – 130.

第④章　机械制浆基础

4.1　木材的流变行为

机械制浆中，木材原料经受来自各个方向的各种大小的力，使纤维变形以生产适于造纸的用浆。因为木材是黏弹性的天然聚合物材料，它对机械处理的响应大大地受温度、水分和加载时间的影响。在这方面，木材聚合物的转变温度，即表征每一种聚合物由挺硬到软料（软化）相当突然变化的温度，是非常重要的参数。一种黏弹性材料，其性质既不像弹簧那样是弹性的，也不像液体那样是黏性的，而是这些状态的结合。这种材料的变形不仅取决于施加的力也取决于持续时间。在一特定负荷下，材料变形随时间增加而增加，或者说，如果材料维持一特定的变形，作用力随时间的增加连续地减少[1]。

在机械制浆条件下，木材原料总是含有比纤维壁全饱和对应的基于干质量33%的水分更多的水[2-3]。在这些条件下，半纤维素和无定形纤维素在20℃就软化，所以只有木素软化在机械制浆过程中起着至关重要的作用[4]。如图4－1所示，水饱和的云杉木的软化在频率为0.5Hz时约在90℃就出现[5-6]，随着频率的增加，木素的软化移向较高的温度（见图4－1），所以木素软化温度是由机械制浆过程中每种特定操作的频率决定的。两种操作是特别重要的：纤维分离及其进一步处理以发展柔韧的纤维[8]。

纤维的分离是非常重要的，因为它决定所得纤维的特性。例如，在过高的温度下分离的纤维（Asplund爆破法浆），不可能进一步处理纤维以生产适于造纸的配料。纤维间发生断裂的位置取决于构筑纤维的各个细胞壁层（见图4－2）的不同特性[8-9]。在低温下，当木素挺硬时，开裂以不可控的方式出现，导致更大量的断裂纤维和高的细小纤维含量。这对纤维分离温度接近100℃、频率估计在1000Hz区域的盘磨机械浆（RMP）是有代表性的[6]。对在较高温度下运行的方法，例如热磨机械浆（TMP）的压力系统，断裂区进一步向外移到纤维次生壁和初生壁，导致较高的长纤维含量[9]。采用化学处理，如化学热磨机械浆（CTMP），木素的性质改变使其转变（软化）温度降低，纤维的分离能进一步改善，大大地减少了纤维束（未分离的纤维）含量[10]。在这种情况下，虽然断裂出现在胞间层区域，木素的化学变化仍然使得有可能进一步机械处理纤维以得到适于造纸的纸浆。

为了使分离的纤维更柔韧，机械处理是必要的。同时，产生细小纤维。纤维壁层状断裂的产生以及通过外层剥皮引起外圆周减小使纤维更加柔韧[11-13]。两种情况下，某些类别的断裂发生，这依赖于纤维壁物理特性，因而也受木素软化依赖的频率影响。在磨浆操作中许多过程同时发生（例如，物料从磨浆区向外输送）以致对频率的依赖难以与物料的特性相联系。对聚

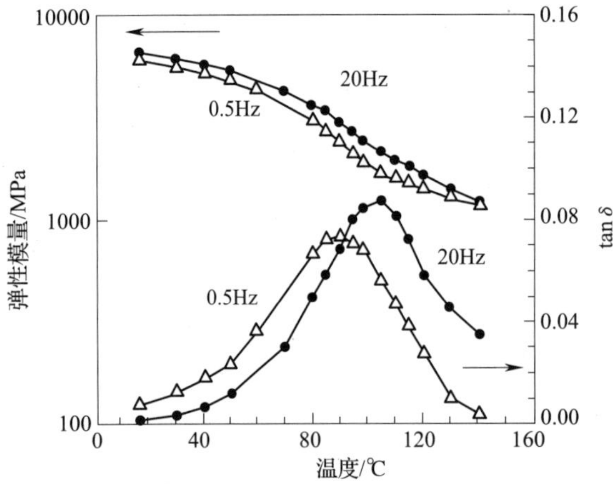

图 4-1 湿云杉木沿纤维轴方向测定的弹性模量和 tan δ 与温度的函数关系[tan δ 曲线的最大值看作为木材转变(软化)温度[7]]

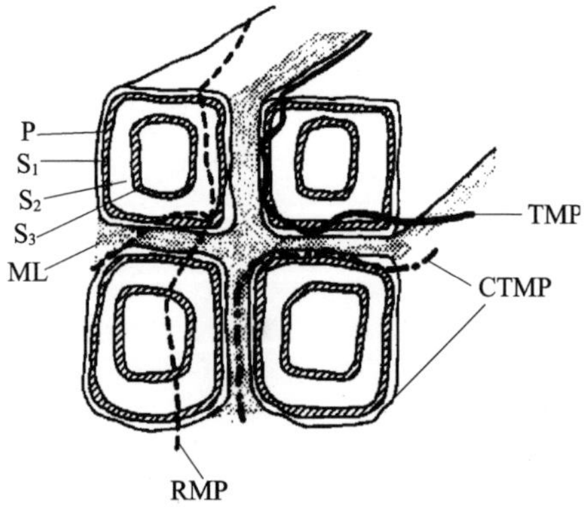

图 4-2 针叶木不同机械法(RMP、TMP 和 CTMP)处理时断裂区示意图

注 细胞壁层表示为:P—初生壁,S_1、S_2、S_3—次生壁,ML—胞间层。

合材料和木材在温度高于脆性弹性转移的疲劳过程,较低的频率对产生断裂更有效[14-15]。这在磨木操作中也观察到,纤维分离和纤维处理的不同过程操作更易区别[16]。

因而很清楚,木材木素聚合物的黏弹特性对木材在磨浆运行中的行为有大的影响。木素的软化是当温度产生的能量足够时出现的木素聚合物协力运动的反映[1]。随着外加力频率的增加,仍须施加更多的能以胜过形变速度,以致木材在高频率下变得更挺硬,特别是在木素软化区,如图 4-3 所示[5]。对水饱和木材,已证明弹性模量遵循普通的时间—温度叠加原理[Williams—Landel—Ferry(WLF)方程[17]],这使得有可能估算在大频率—温度间隔中木材的性质。因此,木材的性质能由盘磨机频率来估算,举例说明如图 4-3 所示。

在图 4-3 中,在 5Hz 测量和计算的数据作比较,而在 10^4Hz 仅给出基于实验频率—温度测量列出的 WLF 和 Arrhenius 预估的数据。虚线表示较高温度下真实行为与 WLF 关系的偏差。

压力的增加通常导致聚合物较高的转变温度。但是,用于磨浆的压力太低,对木素转变(软化)温度没有任何显著的影响,压力增加 10 倍,转变(软化)温度仅改变几度[18]。

木素的软化温度像任何聚合物一样,与其结构有关,对木素来说,随其来源而变化。阔叶木和针叶木木素的结构有明显的不同,阔叶木木素含有相当多的紫丁香基单元(两个甲氧基),而针叶木木素几乎完全由愈创木基单元(一个甲氧基)组成[19]。带有更大量甲氧基的木素更难于交联而木素的转变温度较低,如图 4-4 所示[20]。受压木木素含有没有甲氧基的对羟基苯丙烷单元,发生更多的交联[21],因而有较高的转变温度[22]。在正常针叶木中,木素结构也随细胞壁位置略有差异,胞间层的木素比次生壁的木素发生的交联稍多[23]。但是,没

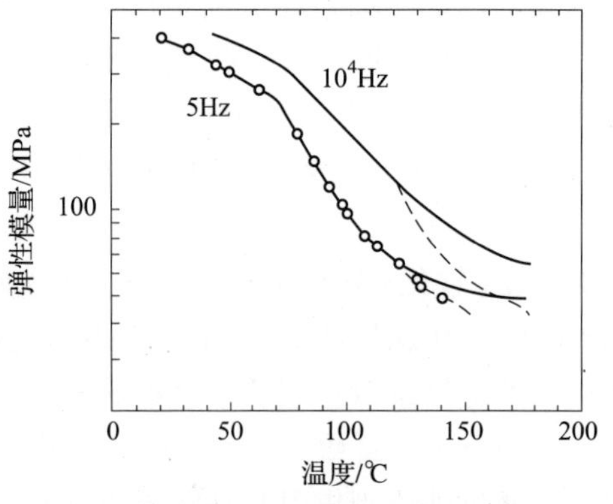

图 4-3 湿木材弹性模量与频率 5Hz 和 10^4Hz 的函数关系

有注意到这些层间的木素有较明显的转变(软化)温度差别。取而代之,已发现初生壁有比其他壁层较低的转变(软化)温度,主要是由于这个细胞壁层中约有 15% 与木素混合的蛋白质[24]。

木素结构的化学变化自然地影响木素的软化行为。机械浆包括化学热磨机械浆(CTMP)和化学机械浆(CMP),通过磺化得到的磺酸基或由于过氧化氢处理产生的羧基结合到木素中。在两种情况下,这些离子基团的引入导致木素转变(软化)温度的降低,其程度取决于引入的离子基团的量[25-26]。随着离子基团的引入,其性质也变成依赖于存在的平衡离子种类,例如,钠比钙产生较低的转变温度。在未离解的质子形式下,其磺酸基的转变温度甚至更低,但在羧酸基团的情况下转变温度最高,见图 4-5[26]。

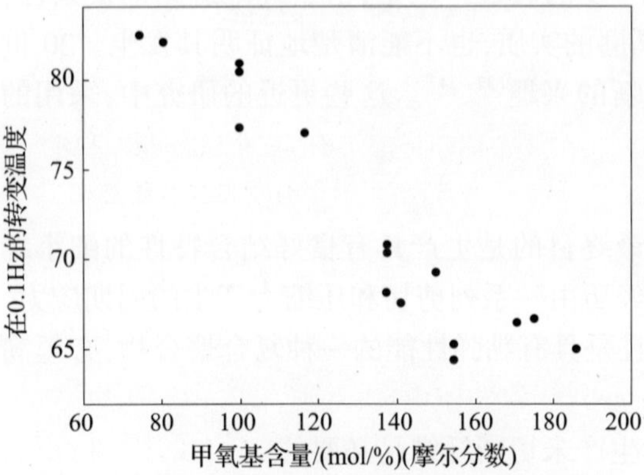

图 4-4　在 0.1Hz 应力频率下湿木材转变/软化温度与甲氧基含量的关系(100 摩尔分数表示正常针叶木,而较低值与受压木有关,较高值为各种阔叶木)

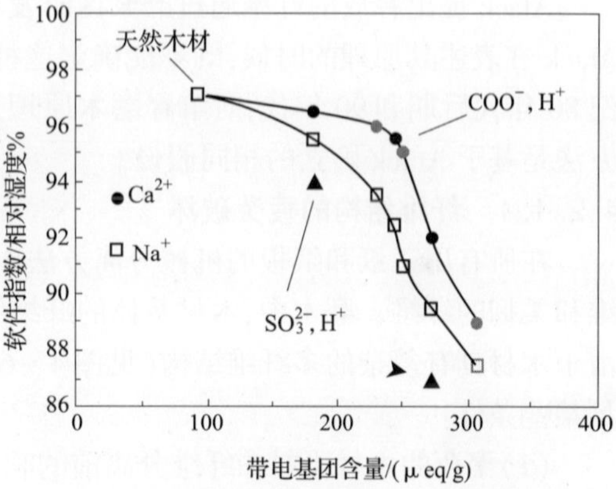

图 4-5　对带电基团具有不同平衡离子的软化指数(取自在 90℃水分扫描缓冲曲线作为软化点测量)与经磺化或过氧化氢处理的木材中带电基团含量的函数关系[26]

化学处理也影响木材的润胀,润胀随木素中离子基团含量的增加而增加[27]。天然形态的润胀性也稍微受到平衡离子的影响,因为木材在钠类离子存在下的润胀大于在钙类离子存在下的润胀。这是由于木材半纤维素木聚糖连接的羧酸基团的存在[27]。

因为木材是一种黏弹性材料,在变形过程中能量损失并转化为热[1]。对于小的可逆变形,这个能量损失在转变(软化)温度有最大值。事实上,这个峰值用于定义软化点的机械测量。对于大的变形,当木材正在发生永久变化时,其变形时更多的能量被木材吸收[28]。这个能量大部分以热的形式损失了,引起磨木时木材表面的加热,在盘磨机运行中产生蒸汽。在较高的温度下,木材变形所需的能量减少,如同材料变形中能量损失[29]。测量表明,温度越高,每个变形永久变化越大,即在较高温度下木材的疲劳发生越快。温度越高,木材结构达到永久机械变化所需的能量越小。

4.2　机械制浆(尤其是磨木)的基本原理

4.2.1　磨木中木材纤维分离的原理

磨木和所有机械纤维分离过程的主要原理是将木材原料带进周期振动应力场,借此吸收的能量破坏纤维原料的结构。纤维在或多或少控制操作中接连从木材和纤维之间分离,因而一定程度上产生未切断的、柔韧的纤维,这取决于过程参数,其中包括木材水分含量和喷水温度。

磨木中,木段压向旋转的磨石并加入大量的水进行冷却和作为润滑介质。磨石表面是硬而多孔的陶瓷复合物。通常是长度为 1 ~ 1.5m 的木段与磨石轴平行地装填在磨木机木库中并以速度 1 ~2mm/s 喂向磨石。磨木的技术方向将在第 6 章磨木和压力磨木进行阐述。

20 世纪 60 年代初,加拿大制浆造纸研究所的 D. Atack 提出了第一个清晰地描述了磨木,认为两种有差别的作用决定了木材磨木过程纤维的释放[30-31]。

① 木材结构的初步破坏或松弛成"初期的纸浆",并消耗了大部分施加的能量。

② 松弛的纤维通过一种结合的机理从木材基体中除去,这是通过磨石表面磨粒的高度来控制,且消耗相对小比例的总比能耗。

Atack 提出释放的纤维通过磨浆区时发生进一步的破裂。但是,由于纤维缠结的复杂性,Atack 在表述其原理的时候,既不能确定这种后精磨的实质,也不能清楚地证明其发生。20 世纪 80 年代后期和 90 年代,对解释磨木原理产生新的兴趣[32-34]。这些更近的研究中,采用的方法是基于 Atack 确立的相同假设。

4.2.1.1 纤维结构的疲劳破坏

在所有用于纸和纸板的机械分离方法中,其最终目的是生产具有良好结合特性的细小纤维和柔韧的纤维。磨木中,木材基体的纤维结构经历由一系列剪切和压缩力产生的周期应力。由于木材具有复杂的多纤维结构(见图 4 -6)并且是具有黏弹性能的一种复合聚合物,必须满足某些条件:

(1)聚合的木材原料在纤维分离前的软化对生产未切断纤维是必要的

木材聚合物吸收的水越多,在特定温度下塑化作用越大。在干的状态下温度 180 ~220℃时木素和半纤维素变成塑性的和橡胶状的[4,35]。亲水的木材聚合物,即半纤维素和无定型纤维素,比木素吸收多达 4 ~5 倍的水并在水饱和状态下软化,转变温度接近 20℃[36]。

水对木素塑化作用在水含量低至 5% 时很有限。对水饱和的分离木素,软化发生在 80 ~90℃,但额外的水不能改善木素软化到任何较重要的程度。在有代表性的机械制浆方法条件下,原位木素(木材基体无损伤的部分)有代表性的软化温度范围为 100 ~130℃(见图 4 -7)。因而,木素聚合物是在机械制浆通行条件下最挺硬的成分,对木材的软化起着重要的作用。对于生产规模,在机械制浆中木材应有最小 0.3 ~0.4 的水分/木材比,并最好超过 0.5。

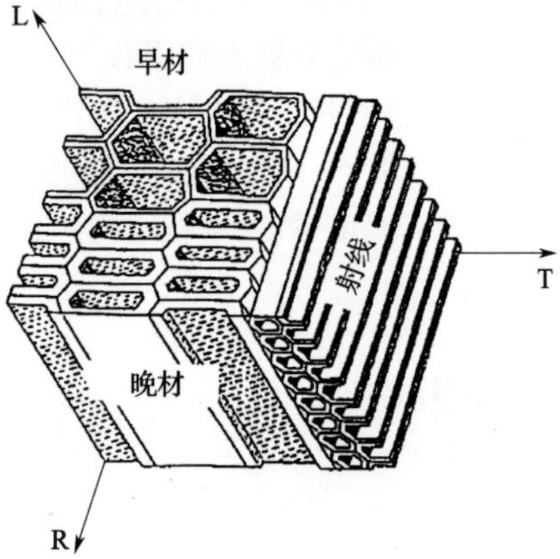

图 4 -6 针叶木的多纤维结构[37]

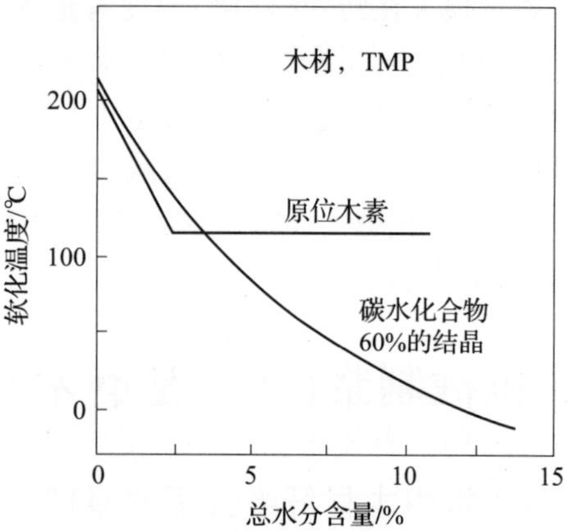

图 4 -7 水对木材和 TMP 软化温度的影响

注 计算是基于 29% 的木素含量并假定总吸水量中木素吸收 20% 而碳水化合物吸收 80%[4]。

（2）在用陶瓷磨石的磨木中，有效磨粒（突出磨石表面平均水平）产生周期剪切和压缩脉冲

见图 4－8，磨粒需有一定的尺寸（最佳的粒子大小 0.2～0.5mm）以达到合乎要求的木材基体结构破坏。为了在合理的时间内产生纤维结构的塑性变形，与木材接触的磨粒施用的进料负荷必须超过一定水平。如果负荷太低，木材和纤维基体疲劳太慢和（或）不足够，从而周期变形而非加热木材并导致较高的比能耗。另一方面，如果磨石磨粒尺寸太小，过多的纤维切断跟着发生并产生质量较差的纸浆。

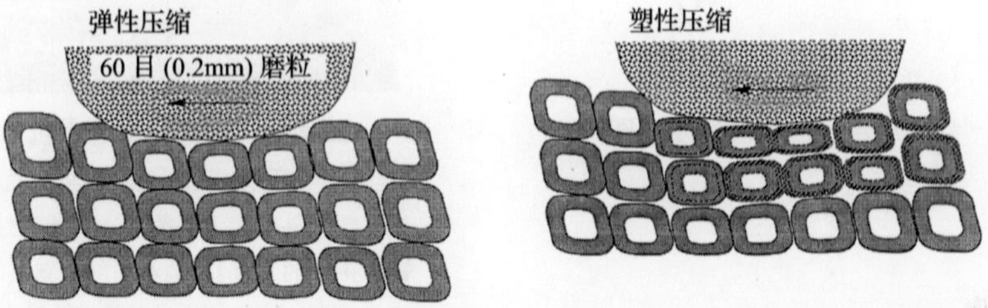

图 4－8　磨木中由于磨石磨粒产生的应力脉冲木材基体中管胞的弹性（可逆）变形和塑性（不可逆）变形

注　在塑性变形中，细胞充分地压缩（最好 10%～50%），因而引起木材结构的疲劳变化[38]。

（3）木材磨木中喷淋水的存在是必要的

① 水起着磨石冷却介质的作用，磨木消耗的能量目前几乎完全转化为热（CSF 100mL 时平均为 1300kW·h/t）。

② 水起着磨粒和木材间润滑介质的作用，因而相当大地减少了恒速下的滑动摩擦。水也通过限制磨粒和木材表面的直接接触而防止木材的烧焦。

（4）温度在破坏木材结构使其成为纤维中起着关键的作用

喷水温度和流量决定纸浆的浓度，主要是控制磨浆的温度，特别是磨木区的温度。如果喷水温度相对木素软化温度低，由于纤维周期的压缩/松弛产生热引起的软化是可逆的，当已软化的纤维进入磨木区被喷水冷却，因此重新挺硬（见图 4－9）。当纤维从木材基体剥离时，这种硬化影响纤维的断裂。另一方面，太高的喷水温度可能产生不希望的磨木浆发黑。

4.2.1.2　纤维通过剥离作用从木料中除去

当磨木机木库中的木段压向旋转的磨石时，邻近突出磨粒的纤维易于通过剥离而松弛。纤维的剥离通常从纤维的一端开始，但有时也从两端开始。纤维以严格的程序并以相同的方向剥离（见图 4－10 和图 4－11）。首先与在前磨粒接触的纤维总是在相邻纤维之前剥离一点点。松开的已从木材基体和相邻纤维分离的纤维两端沿着磨粒运动的方向梳理。最初的剥离通常与磨粒运动方向接近 45°角之前发生。

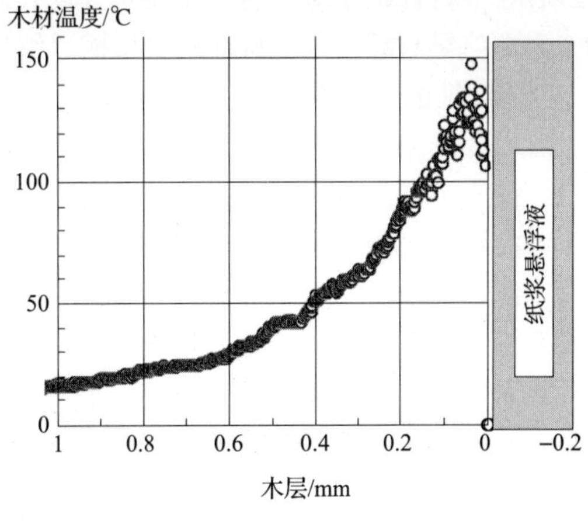

图 4－9　磨木区前热木区 1mm 木层的温度分布

注　磨木试验用芬兰制浆造纸研究所（KCL）中试压力磨木机在下列工艺条件下进行：PGW—S（450kPa/75℃），磨石 386A601，圆周速度 20m/s，木材给料速度 0.75mm/s[39]。

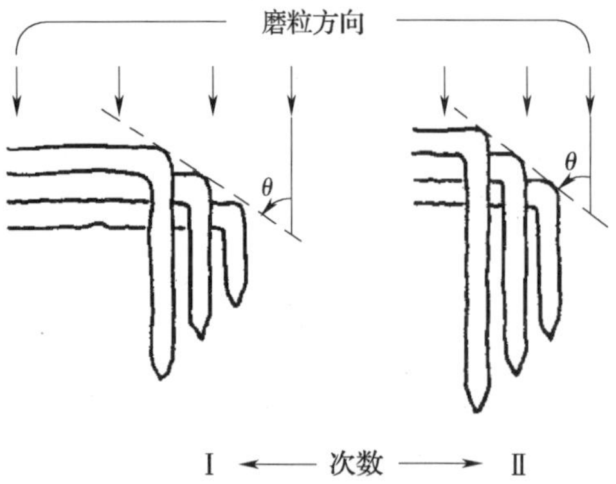

图 4－10　松弛纤维两段剥离的示意图

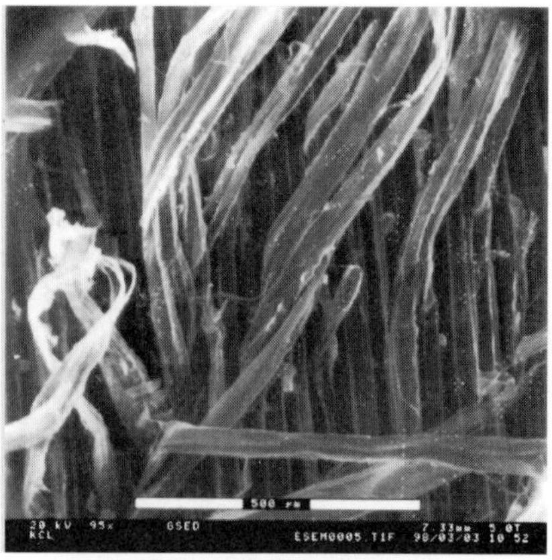

图 4－11　实验室磨木机木袋中迅速排出的磨木浆表面

注　图片是在放大倍数 95 的环境扫描电子显微镜中拍摄的，能清楚地看到部分剥离的纤维和纤维束。磨粒的方向是从图片的左到右。

大部分对纸浆性质有重要影响的细小组分是磨木剥离作用产生的。如果有效磨粒太小或者尖锐，如新刻石的磨石表面，大比例的纤维被切断成结合性能差的短纤维碎片。

如图 4－10 所示，纤维总是以严格的程序除去（在生产造纸用浆的磨木中，木材结构由磨粒而松弛，然后松弛的纤维被剥离）[31]。

4.2.2　影响破坏过程的木材结构参数

木材在宏观上和微观上都是很复杂的结构。每种结构组分以专有的方式影响木材。要将木材有效地离解成具有良好造纸性质的长而柔韧的纤维，必须考虑每种组分的物理性质。

4.2.2.1　薄/厚壁纤维

在针叶木中，管胞的形状和形式有明显的季节变化并可分类为早材和晚材纤维。如图 4－12所示，早材纤维是薄壁的并在径向有较大的纤维宽度。对于挪威云杉，早材和晚材宽度比为 2 左右。早材纤维比晚材纤维更易横过纹理达到压缩。

4.2.2.2　纤维的层结构

针叶木纤维由初生壁（P）和次生壁（S_1、S_2、S_3）构成（见图 4－13）。富含木素的胞间层将纤维胶合在一起。为了使木材基体管胞能机械分离成长和结合好的纤维，当使工艺参数达到最希望的纸浆特性时，必须了解并考虑每个纤维壁层的物理和化学性质。

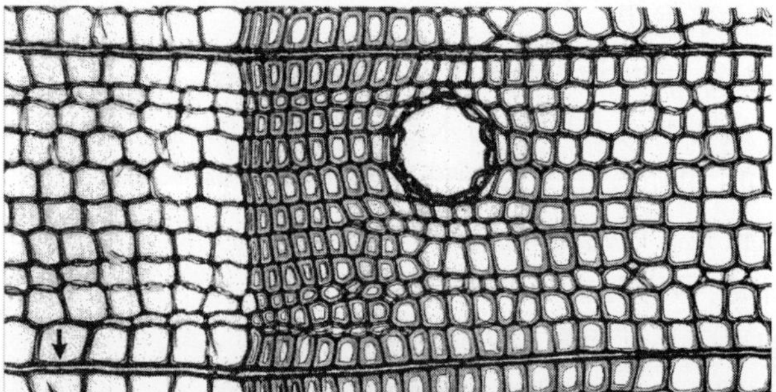

图 4－12　挪威云杉（*Picea abies*）早材—晚材边界的横截面

注：从右到左，宽而薄壁的早材管胞逐渐变成窄而厚壁的晚材管胞。SEM 照片中箭头下方表示一种射线。在早材和晚材边界的大孔是垂直树脂道[40]。

4.2.2.3　木材——一种黏弹性复合聚合物

木材基本上由 3 种聚合物组成：a. 纤维素，一种线性的、主要为晶体的大分子；b. 半纤维素，线性无定形聚糖分子的联合名称；c. 木素，一种交联的无定形聚合物。这些聚合物基团有明显不同的化学和物理特性并不同地分布于纤维壁层中（见图4-14）。

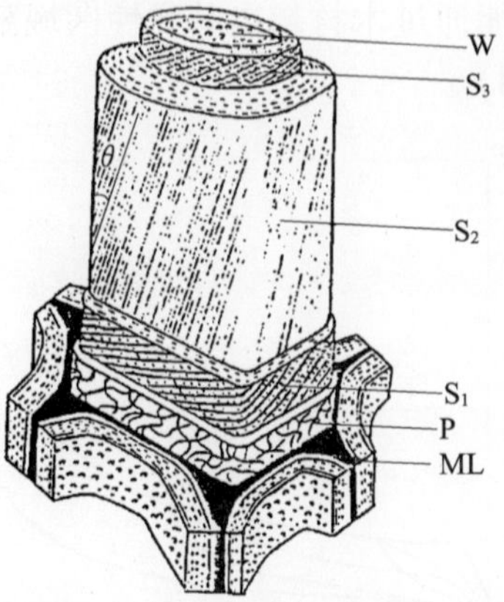

图 4-13 包括胞间层（ML）、4 个纤维层（P、S_1、S_2、S_3）、瘤层（W）和纤丝角（θ）的针叶木管胞结构示意图[41]

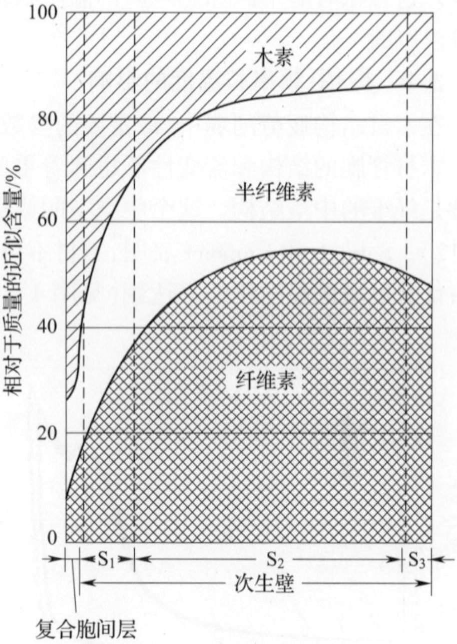

图 4-14 针叶木管胞不同层中重要化学组分分布[42]

4.2.3 影响木材磨木的主要物理参数

4.2.3.1 周期应力场中的木材

磨木时，一种周期应力机理分离木材纤维。磨石磨粒横向地从木材纤维上越过，在木材磨木区产生周期顺序的压力和剪切力，在此纤维顺次受到压缩和松弛（见图 4-15）。用于新闻纸浆的磨石磨粒平均大约相隔 0.6mm，周期对纤维加载的频率在 40～50Hz 范围。压缩/松弛脉冲以对磨木区垂直的角度影响木材，由于木材的黏弹性质，此处大部分动能转变成热。聚合木材原料的缓冲作用或滞后损失在木材中达到大约 1mm 的深度，导致这一层快速加热。更深的木材中，与进入的木材相比，没有检测到温度的增加（见图4-9）。由于在磨木区垂直方向缓冲发生相当快，称为热区的温度相对较高。例如，挪威云杉的纤维壁厚为 20～40μm，当温度上升在 20～50 个纤维

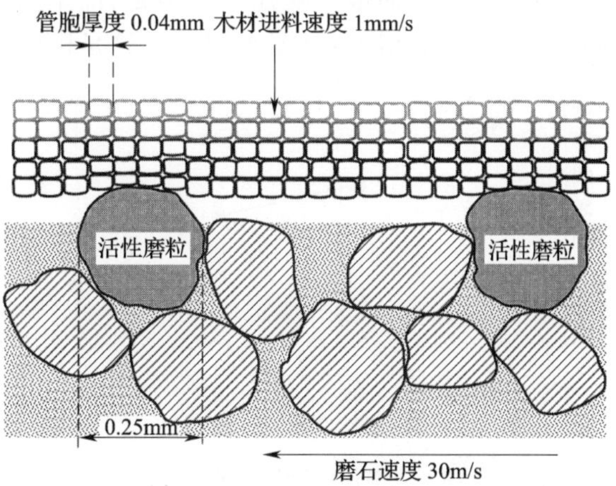

图 4-15 磨石磨粒（60 目）和管胞换算为校正尺寸的磨木区图解[43]

层深度开始,热区约含有10个纤维层。

磨石水冷却降低磨木区温度,但热木区较深处(深度0.05~0.1mm),因为这里冷却作用较小,温度显示最大值。更深一层的木材基体中,由于木材挺度更大滞后损失和结合热的产生减少。这意味着磨木区和热木区的温度状况是由采用的工艺条件,如喷水温度和流量、磨粒速度等决定的。

4.2.3.2 振幅、频率和温度的影响

在木材结构疲劳削弱中,最重要的参数是应力振幅、频率和温度[14,44]。

木材管胞的结构和流变性能也起着重要的作用。能通过压缩和剪切力使纤维变形的一个条件是纤维的中空结构。这个中空空间或细胞腔常常相当于纤维总横截面积2/3以上(见图4-12)。Salmen和Uhmeier表明,木材不可逆结构变化能通过木材超出其弹性区域到塑性应力占优势区域的径向压缩来达到(见图4-16~图4-18)。

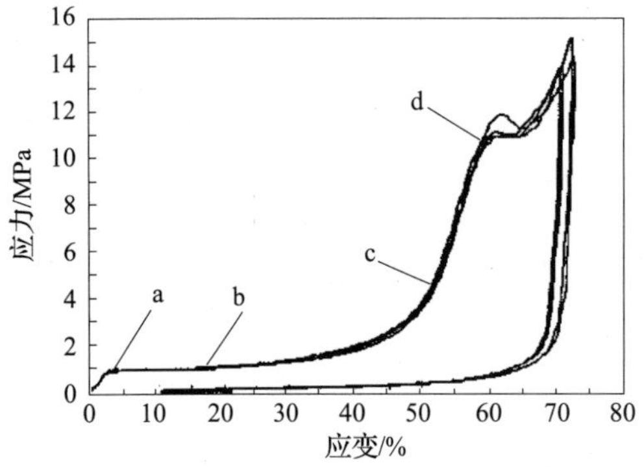

图4-16 几个样品湿木材在98℃径向压缩的应力与应变曲线

注 通过早材纤维弹性(a)、平直部分(b)和增密区域(c)到晚材部分致密化(d)开始点[45]。

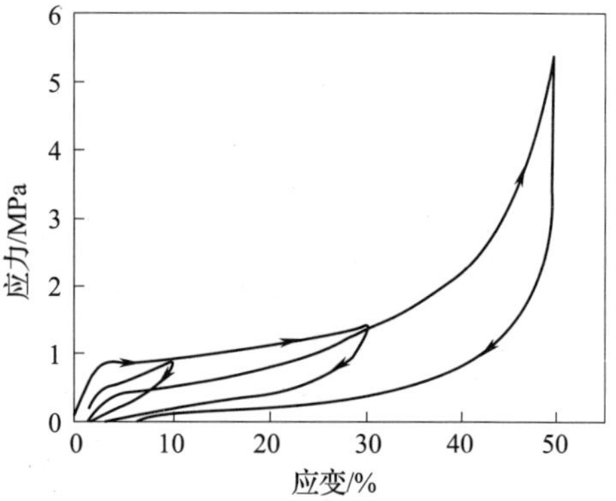

图4-17 在98℃3个连续压缩周期到应变10%、30%和50%的应力—应变关系

注 样品在压缩间松弛10min[45]。

磨木时,施加于木材垂直于磨木区的应力很可能在其衰减前以压缩脉冲在相当厚纤维层(20~50纤维层)上分布。这意味着大部分形变发生在应力—应变曲线的弹性区但在很大程度上由于滞后损失而很少疲劳[45]。但是,由于反复的压缩和应力脉冲,纤维结构的塑性变形或疲劳的可能性将增加(见图4-19)。这是机械制浆效率差并因而能耗高的主要原因。

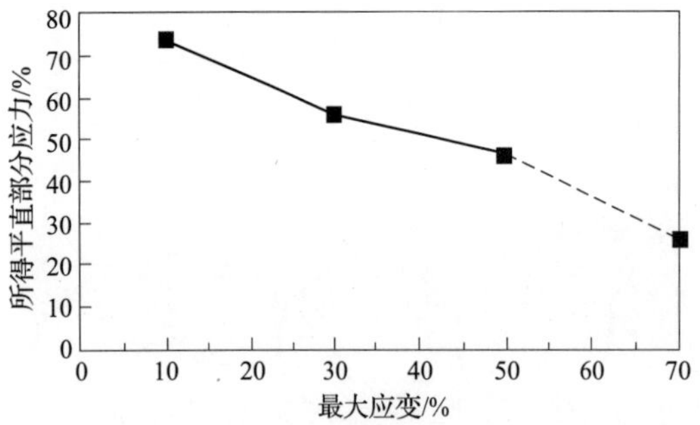

图4-18 先前压缩所得到的平直部分应力与最大应变关系

注 压缩到70%应变时样品已断裂。

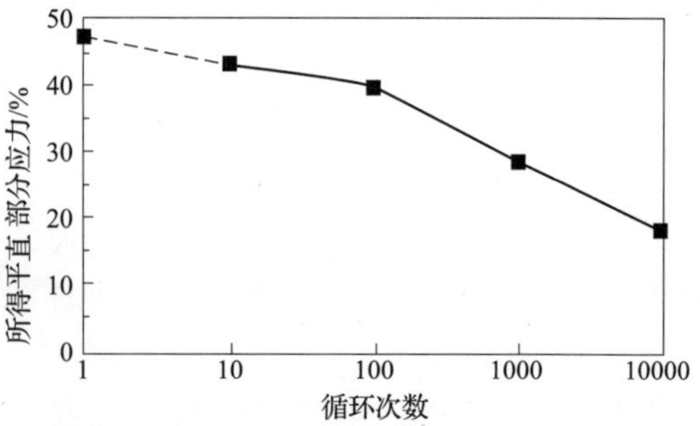

图4-19 所得平直部分应力与在10Hz、98℃下正弦压缩(10%~40%应变)次数的关系

注 一次压缩的值对应于初始慢倾斜到50%应变[28]。

(1)振幅

Salmen 等人[28,44-45]已表明,在周期加载中增加压缩振幅减少达到一定结构破坏(疲劳或弹性模量变化)所需的压缩周期数,如图 4-20 所示。因此,纤维分离所需的能量预期减少。在应力—应变周期致密化区的应力越大或压缩越强,木材的不可逆变化越大。磨木中,大振幅(塑性区压缩)的主要部分预期能被早材纤维吸收,而需要较高应力的晚材纤维较少发生塑性变形。

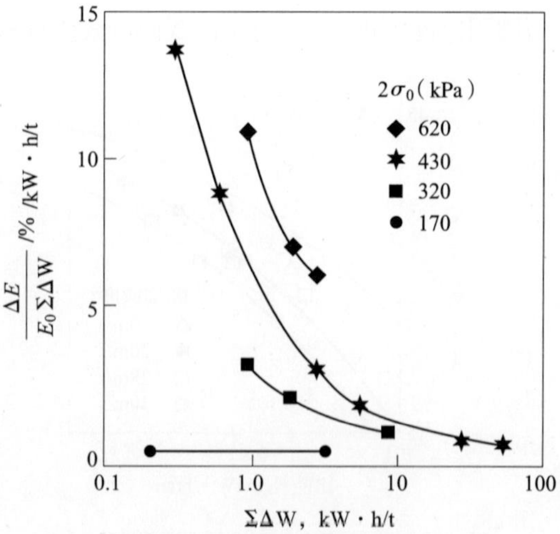

图 4-20 结构破坏过程的效率与在 100℃横过纹理试验吸收能量的函数关系

注 试验是在应力(振幅)范围 620、430、320 和 170kPa 下进行[44]。

(2)温度

为了在破坏木材结构同时避免过多的纤维切断,纤维的分离发生在纤维不再是脆的温度是必要的。如已确定,当纤维用水饱和时,纤维中的无定形纤维素和半纤维素都在温度接近 20℃时软化。很明显,机械磨浆中纤维结构的软化是由木素软化支配的。温度应不低于木素软化温度(T_g)。在低频率时,水饱和的云杉木的软化温度接近 90℃(见图4-1),但随着磨粒频率的增加,频率每增加 10,软化温度增加 6~8℃[8]。直径 1.8m 的商业磨石在 300r/min 下运行,其有效磨粒间间隔约为 0.6mm,产生的频率在 50Hz 附近。纤维剥离温度(见 4.2.1.2 节)应比 90℃高许多。事实上,温度应在 120℃以上以保证磨木时最少的纤维切断。温度较大幅度地超过 T_g 提供长的未切断的纤维,但可惜也有一些不适合的结合性质。为了达到磨木中可接受的柔韧结合好和长纤维的结合,纤维分离应在接近木素软化温度下进行。

实验室规模[46-49]和工厂规模[50-52]试验清楚地表明云杉和冷杉类针叶木磨木中高过程温度的作用。在 70~140℃温度范围内,在较高的温度下,纤维长度和纸浆强度性质提高,而较高的温度通常大多通过提高喷水温度来达到。较高的用于 PGW 法(70~95℃)和 PGW—S 法(120℃)喷水温度产生较多的长纤维组分以及具有改进结合性质的更柔韧纤维[53]。

(3)频率

Salmen 等人[14,44]在实验室规模上证明,木材纤维经受机械疲劳引起的结构变化与机械浆中长纤维出现的相似。由于木材的黏弹性,其表观机械性能取决于机械处理的频率。此外,木材的软化温度随频率的增加而增加。依然,有关涉及温度和频率影响的聚合物疲劳性质,特别是软化附近出现疲劳的知识是有限的。

Salmen 等人的研究已对认识木材在不同应力频率下的行为做出了贡献。采用材料测试仪(MTS)对木材疲劳得到的数据表明[14,28],由于机械变形的结构降解在低频率下发生更快(见图 4-21)。应当考虑频率等级提高时频率间的差

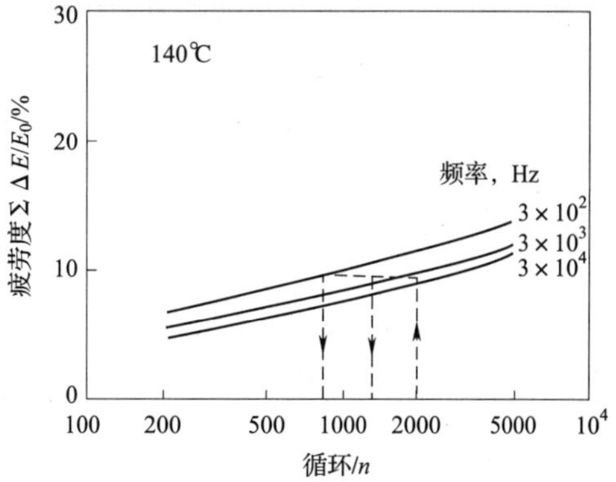

图 4-21 木材在温度 140℃频率 300、3000 和 30000Hz 时横过纹理的计算疲劳

注 当循环 2000 次而频率减少一个数量级时比能耗(即循环次数)的减少如虚线所示[14]。

别缩小。但是,频率的较大减少,如从 30Hz 到 3Hz,导致显而易见的比能量减少。当磨木在较低磨石圆周速度下进行时,能耗较低而纸浆强度较好(见图 4－22)。

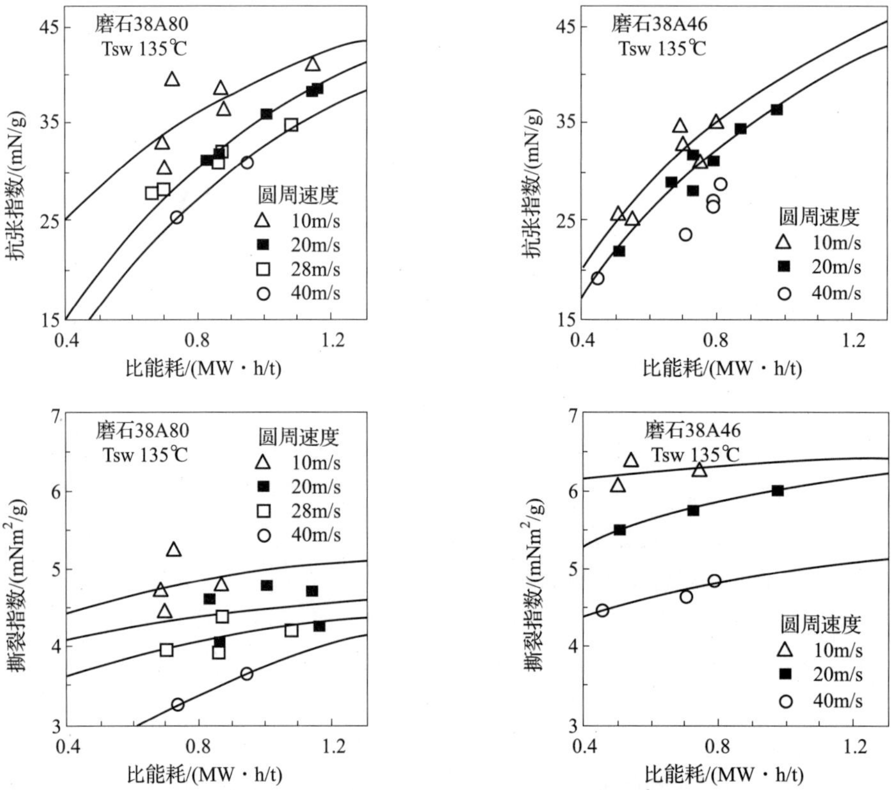

图 4－22　挪威云杉(*Picea abies*)在 3 个和 4 个磨木机圆周速度水平生产的 PGW—S 浆的抗张和撕裂指数与比能耗的关系

注　浆是在芬兰制浆造纸研究所(KGL)两个系列的半中试磨木机磨成的,采用一种细的(38A80)和一种粗的(38A46)陶瓷磨石[54]。

(4)磨木剧烈性

新千年中由于能量价格的上升,有迫切需要去开发机械制浆方法。一种新的理论方法与经验发现相结合,导致出现了一种新的能量有效磨石表面(EES)的概念[55－57]。根据这个概念,木材内更有效地产生应力波,因此在磨粒开始从木材中剥离纤维前木材将经受更多的疲劳。

在 EES 概念中,常规的陶瓷磨石表面被对应磨木条件下木材自然应变—松弛性能有最优波长和振幅的波形表面组成的磨石表面所取代,见图 4－23。因此特别疲劳的纤维能更剧烈地从木材基体剥出来,使得在较低的比能耗下有较高的产量。

在采用 EES 的半中试磨木试验中,在相同的抗张强度和游离度下比能耗比常规磨石表面磨木分别减少至 30% ～50%[55－56]。

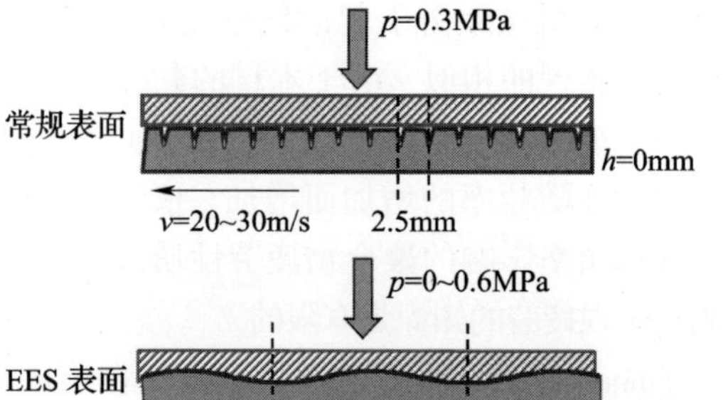

图 4－23　常规磨石表面与能效磨石表面(EES)的差别[55]

4.2.4　磨木能耗

一般来说,采用较大能量输入分离木材纤维的磨木条件下能达到增进的纸浆强度。但是,能耗也能通过转变某些工艺参数为较少能耗的模式来减少:

① 较高的过程温度(PGW,PGW-S);

② 较低的变形频率(较低的磨石圆周速度);

③ 高应力振幅。

4.3　磨浆的基本原理

在磨浆过程中,木片喂进一个窄的间隙中在此离解和细纤维化,这能在单一盘磨机或几个连续的盘磨机中发生。最普通的方法是用对应于饱和蒸汽温度的蒸汽压力加压的热磨机械制浆法。

TMP 法的发展主要与新的更大的 TMP 单元的建设与启动有关,通过充分的试验和设计变化,已经得到大部分有关知识。因而得到的知识是定性的而不是定量的。

下文描述一个有代表性的盘磨机定性方面的磨浆现象,如图 4-24 所示。木片进入盘磨机的中心并碰到破碎刀缘,木片立刻破碎成小块[58]。当这些小木块相互碰撞和碰到盘磨机转盘或定盘刀缘时开始磨浆。离心力驱动粗木丝和纸浆混合物沿径向外流动,此处磨盘间隙变得更小。转盘、定盘和纤维间相互作用使纤维原料离解和细纤维化到最终的游离度水平。由于纤维与转盘刀缘的碰撞、纤维之间的碰撞、纤维与磨盘表面的摩擦以及纤维的内摩擦消耗了大量的能。此能转换成热,使水和纤维的温度升高,因而也蒸发水成为蒸汽。蒸汽对纤维在磨盘间隙中的流动有很大的影响。取决于盘磨机前后的压力状况,有些蒸汽流向木片进料(称为反流蒸汽),有些与纤维流向前流动。由于纤维在窄的磨盘间隙中流动而限制了蒸汽的流动。由于这点,磨盘间隙中的压力和温度显著地高于盘磨机壳中的压力和温度。磨浆过程的热改变了木材和纤维的流变性能,对磨浆最终纸浆质量有重要的影响。

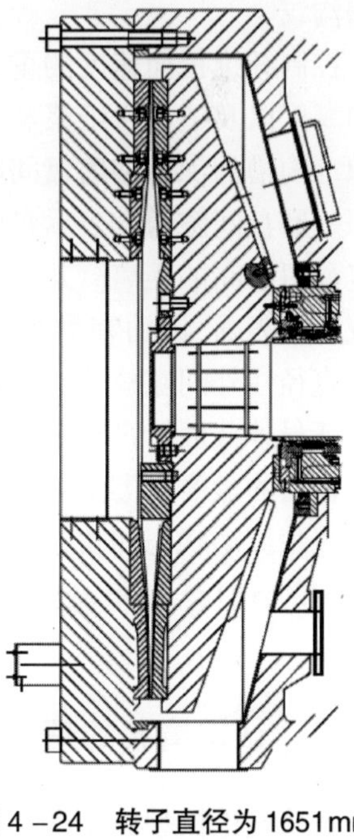

图 4-24　转子直径为 1651mm 的 TMP 磨浆机的机壳、转盘、转盘和定盘磨片以及破碎刀片

磨浆的主要机理是木片的机械分离纤维和纤维的细纤维化。纤维分离和细纤维化部分地由木材和纤维的流变性能决定,部分地由其在盘磨机中的流动状态决定。本章前面已经讨论了流变学。盘磨机几何形状和基本物理规律决定蒸汽和纤维的流动以及盘磨机中蒸汽的产生。基于这些规律的定量概念包括蒸汽和纤维的速度、体积分数、压力和温度以及不同机理的功率消耗。功率消耗机理包括纤维碰击转盘和定盘刀缘,纤维相互滑动,纤维在磨盘表面滑动以及纤维间碰撞造成的湍流。新表面的产生可能需要一些能量,但其量与热流结合比较很小。功率消耗也在蒸汽相发生,但与纤维和水结合相相比是可忽略的。这些参数的值根据磨盘间隙的位置而不同,为了控制磨浆,在整体纤维通

过盘磨机时必须知道这些值。

4.3.1 磨浆时纤维性质的发展

本节讨论木材和纤维在盘磨机经受的力。第15章机械浆特性和性质解释纤维发展的机理,即纤维如何响应磨浆力。

4.3.2 磨浆的传统描述

磨浆发生处的机械条件是很剧烈的。温度和压力高,分别高达180～200℃和1.0～1.5MPa,而机械磨损是相当大的。转盘和定盘安装在具有厚钢壁的机壳里,但是,这些磨浆工艺条件并不一定以精确的方式描述磨浆过程。

描述磨浆过程的最重要因素是比能耗(SEC)。它以能量消耗与纸浆产量之比来计算。磨盘之间的距离,即磨盘间隙,控制比能耗,在磨浆条件下,能量消耗随磨盘间隙变窄而增加。

在TMP法发展的早期阶段引入了温和磨浆和剧烈磨浆的概念。温和磨浆生产细纤维化好、纤维长的机械浆,而剧烈磨浆生产稍短的纤维和较少细纤维化的纸浆。温和磨浆的特性包括高SEC、高纸浆干度和纸浆在盘磨机长停留时间。对应地,剧烈磨浆的特性包括低SEC、低纸浆干度和纸浆在盘磨机的短停留时间,转速的增加产生更剧烈的磨浆。

盘磨机磨盘几何形状也用于控制磨浆现象。有代表性的盘磨机磨片示于图4－25。“粗纹的”和“密纹的”的表达用于描述磨片。粗纹磨片的特性是宽的刀齿和沟纹,而密纹磨片具有较窄的刀齿和沟纹。

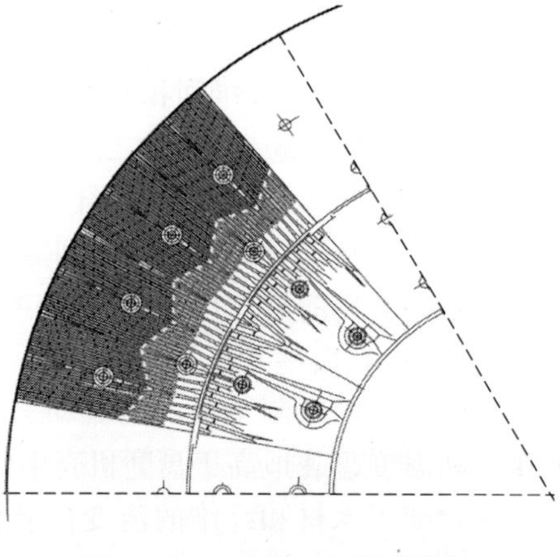

图4－25 1651mm单盘磨浆机磨片的内部和外部

控制纤维径向速度的重要因素包括浆挡的数量和高度以及适用于纸浆和蒸汽流动的开口横截面积。沟槽的深度和磨盘间隙主要决定开口横截面积。磨盘间隙通常表示盘磨机磨盘外圆周转盘和定盘刀齿间的距离。几种径向和锥形设计截面形成磨片表面,因而在磨片的内缘磨盘间隙宽但沿着直径往外间隙减少。其目的是当盘磨机运行时保证最外截面转盘和定盘表面是平行的。

普通的盘磨机类型有单盘磨浆机(SD)、双盘磨浆机(DD)和锥盘磨浆机(CD)。即使并不是很清楚流动状态和功率消耗机理,但每种盘磨机是特有的,生产特种的纸浆。CD磨浆法是最温和的,DD法是最剧烈的,而SD法居于这两者之间。因此,盘磨机设计也反映了纸浆质量。

4.3.3 认识磨浆的理论方法

磨浆理论模型总是含有功能、参数或其值必须用实验测定的常数。但是,一种理论模型仅是结合几个因素影响和决定其对磨浆结合影响的合理方式。理论模式的关键是预示磨盘间隙中纤维和蒸汽的速度和不同机理的功率消耗。当知道径向纤维速度,它给出纤维体积分数以及纤维在盘磨间隙的停留时间。这使得能认识磨浆的不同机理。

Miles、Dana 和 May[59] 做了计算磨盘间隙中蒸汽速度的首次尝试。仅含有转盘,他们的模型是一维的描述径向运动。Miles 和 May 也表示了计算纤维在磨盘间隙运动的一种模型。这些模型提供了磨盘间隙中蒸汽和纤维的速度以及蒸汽的压力分布。

Miles 和 May[60] 引入了磨浆强度的概念,描述磨浆是否为温和或剧烈。这由总比能耗除以纤维通过时与刀碰撞的总次数。要做到这一点,必须知道纤维的停留时间和径向功率消耗的分布。纤维在盘磨机停留时间的测量需要专门的装置和专门的技术,但在常规的盘磨机中通常是不知道的。功率消耗分布也是不知道的,通常假定在磨片表面上是均匀分布的。这些因素限制了磨浆强度作为定量概念的应用。

Harkonen 等人[61] 发表了计算盘磨机磨盘间隙中流动现象的计算磨浆模型。这个模型给出了磨盘间隙中纤维和蒸汽速度、纤维和蒸汽压力、纤维和蒸汽温度、纸浆的干度和功率消耗。这个模型是轴对称的,包括转盘、定盘和磨盘间隙。盘磨机中心的进料区和盘磨机壳也包括在内。这个模型含有描述蒸汽和纤维运动的所有物理因素以及不同的功率分配机理,但它也含有几个必须通过实验测定的参数。

Vikman 等人[62] 已发表基于泵送理论测定磨盘间隙中现象的计算。他的一维计算提供纸浆和蒸汽相状态的描述。

Illikainen[63] 已开发了计算磨盘间隙中功率消耗分配的方法。她的计算是基于对纤维和水结合相和蒸汽相质和热的平衡。计算是与一台实在的盘磨机相连,通过应用真实测量的磨盘间隙温度和浓度。

当知道纤维和蒸汽速度和不同机理的功率分配时,模拟纤维磨浆现象是可能的。有关这些参数的知识目前是有限的,对这个课题的研究甚少。Strand 和 Mokvist[64] 通过应用通信理论描述盘磨机性能。

DiRuscio 和 Balchen[65] 提出了一种盘磨机磨盘间纤维大小分布的动力学模型。这些模型给出了磨盘间隙中磨盘磨浆现象的定性见解。这些研究导致一大批系数,并不清楚这些系数值间的联系,如磨片几何形状、温度、木材质量和能耗等。

4.3.4 从磨盘间隙测量的数据

几位研究者已经测量了磨盘间隙的温度分布。这些温度比机壳和进口的温度高,其水平取决于磨浆功率水平。要控制盘磨机轴向力平衡,知道磨盘间隙中蒸汽压力是必要的。测量压力是可能的,或如果假定蒸汽是饱和的且知道其温度,就可以从手册中得到蒸汽的压力值。在同一点测量压力和温度在技术上看来是困难的,没有发表的结果,但已有几个测量蒸汽过热的试验。根据 Strana,过热小于 5℃[66],根据 Engstrand,过热为 3 ~ 5℃[67]。

Harkonen 等人在其试验中也推断出过热小于 5℃[68],在实际研究中,假定蒸汽是饱和的,在这些条件下,将温度转换成压力值是可能的。当知道转盘周围的压力分布时,通常测量转盘轴承的轴向推力,就可能计算磨盘间隙中压向纤维层的压缩力[69]。当假定蒸汽是饱和的,温度最高的位置同时表示蒸汽流转折点的位置。峰温将蒸汽流分为反流蒸汽和到喷放管的前流蒸汽。

以下列实验举例。Engstrana 等人测量了在第一段和第二段的 1524mm 双盘磨浆机中的温度分布[70](见图 4 - 26),而 Harkonen 等人测量了第一段 1651mm[69] 和第二段 1727mm 单盘磨浆机中的温度分布(见图 4-27)[71]。如示例所述 Vikman 等人[62]和 Johansson 等人[72]的研究,目前,温度分布的测量是应用于磨盘开发的一种常规方法。

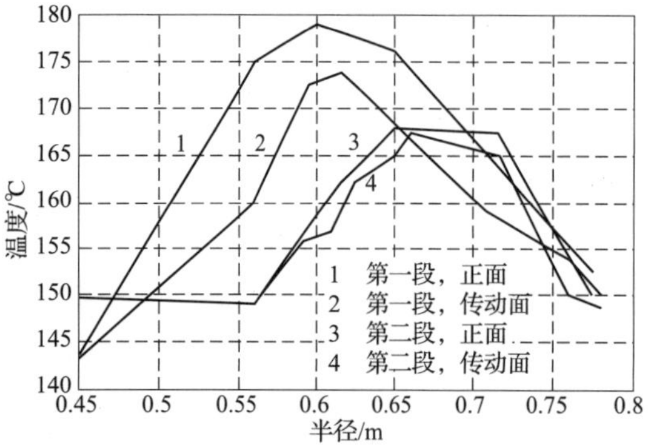

图 4-26 在第一段和第二段 1524mm 双盘磨磨盘间隙中测量的温度分布

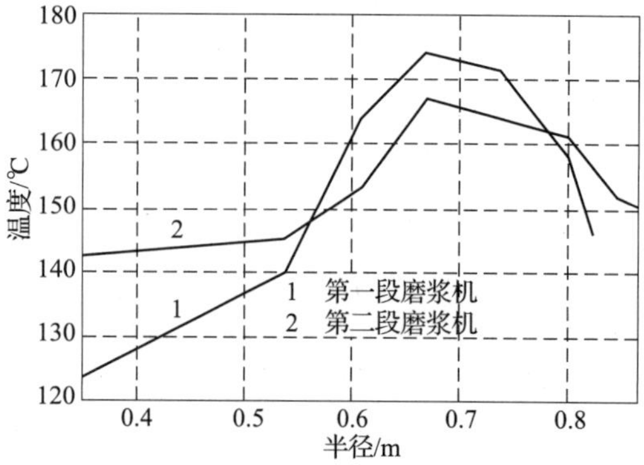

图 4-27 在第一段 1651mm 和第二段 1727mm 单盘磨浆机磨盘间隙中测量的温度分布

停留时间的测量需要使用某些种类的示踪材料,可以是染料或放射性材料。示踪物在盘磨机前加入,其通过盘磨机的行程由传感器跟踪。Harkonen 等人采用放射性示踪物测量了在第一段磨浆 1651mm 单盘磨浆机[61]及第二段磨浆 1727mm 单盘磨浆机[73]中的停留时间(见图 4-28)。结果表明在磨盘间隙的内断面有强烈的混合。在第一段磨浆机中浆流通过最高温度点后,它很迅速地通过磨盘间隙,在第二段盘磨机中,停留时间稍长一些。在外断面,纸浆径向速度小于 1.0m/s。

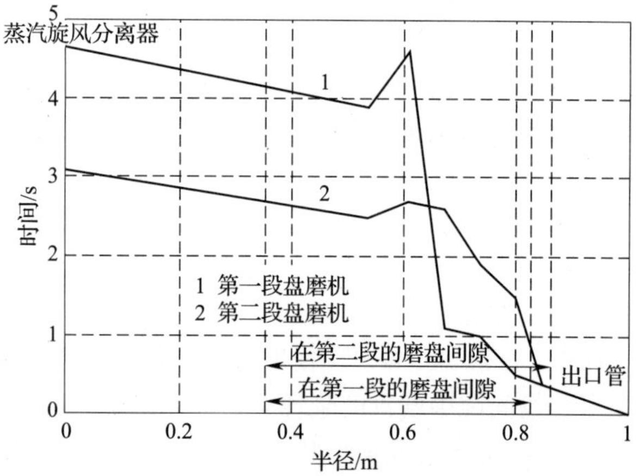

图 4-28 在 1651mmSD 第一段盘磨机和 1727mmSD 第二段盘磨机从进料点到出口管测量的平均停留时间

Murton 和 Duffy 已测量了在 914mm 单盘磨浆机中停留时间[74-75],他们的测定结果支持了 Harkonen 等人发表的数据。后来 Vikman 等人[76]测量了纤维在第一和第二磨浆段锥形(CD)盘磨机中的停留时间。涡轮磨片用于第一段盘磨机而低能量(LE)磨片用于第二段盘磨机。

已有测量磨盘间隙功率消耗分布的尝试。Backluna[77]应用机械传感器,测量了第一段 SD—65 盘磨机 4 个不同径向位置的剪切力。根据测量,动力消耗集中在第一段盘磨机的圆周区。这些测量的一个困难是传感器的不稳定作用,在测量中其读数可能变化。

Illikainen[63]已通过采用浓度测量来测量磨盘间隙功率消耗的分布。其计算的准确性取决于从磨盘间隙取的样品浓度测量的可靠性。但是通过选择上位和下位的估计,有可能计算磨盘间隙中可能的动力消耗分布的通道,在 Illikainen 的测试中,第一段 SD—65 盘磨机的动力消耗集中于磨盘表面的内区和中间区。在第二段盘磨机,发现功率消耗在磨盘的圆周区发生。

有几个关于磨盘间隙中现象可见观察的报告。Atack 等人[78]和 Stationwala 等人[79]报道了基于高速照相的磨盘间隙中纤维流动。这项研究是在 1.87MW 1066mm 盘磨机中进行。Atack 等人后来采用高速照相术描述了在 5MW 1524mm 盘磨机中纸浆的流动模型[58]。照片清楚地显示纤维在定盘刀齿的切线方向和定盘沟槽中的流动模型。取决于浆挡的数目,浆在定盘看来是滞留的或在磨盘内区的定盘沟槽中与回流蒸汽一起反流,而在磨盘外区向外流动。但是,照片没有显示纤维在转盘沟槽的运动,但假定在磨盘间隙内区有强烈的涡旋运动是合理的。Alahautala 等人[80]开发了一种在 12MW 1651mm SD 盘磨机中通过内窥镜和影像片目测磨盘间隙中现象的技术。

4.3.5 目前磨浆基础的知识和认识

如上所述,已通过实验开发了 TMP 法。因此,磨浆过程许多现象被定性而不是定量描述。在许多研究和报告中,盘磨机被看作"黑匣子",有一些控制的输入值,而输出值被观察到而没有盘磨机设计和磨浆现象任何更深入的分析。经验表明盘磨机没有如同"黑匣子"一样工作,这意味着实验结果和数据从一台盘磨机转移到另一台未必导致较早观察到的相同结果。

但是,必须注意,作为这类开发工作的结果,盘磨机制浆技术已经取得机械制浆的领导地位。实验工作将继续在盘磨机开发中起重要的作用。对木材原料和纤维以及盘磨机内现象的基础研究可能大大缩短开发路径或限制其在某些确定的方向上。

4.4 磨木和磨浆不同能耗的原因

Atack 在 1981 年国际机械制浆会议上发表了一篇严谨的有关磨木和磨浆基础方面的综述[81]。他指出磨木和磨浆机理的明显不同及其对基于这些不同磨木和磨浆比能耗大不相同的解释。他也强调机械制浆高能耗,前些年 Poyry 公司[82]称之为机械浆唯一的弱点。

4.4.1 磨木和磨浆的能耗

图 4-29 显示不同终端用途生产的磨石磨木浆和盘磨机械浆总共使用的比电能(每风干吨),木材原料是挪威云杉。通常约 0.2 ~ 0.3MW · h/t 用于泵送等,这意味着约 90% 的总能量消耗于磨木和磨浆(包括筛渣再磨)。

4.4.2 高能耗的原因

1934 年,Campbell[83]发表的计算表明对一定的比表面磨木的理论效率仅为 0.012% (1770kW · h/t 中仅 0.22kW · h/t)。后来几个场合介绍的类似计算已显示稍高的理论效率,但没有达到任何有意义的程度。这种计算法暗示约 90% ~99% 使用的比能量以热损失,例如 PGW 和 TMP 的生产。但是,Attack 指出,机械制浆是一种"高度专门化的摩擦方法",其目的是生产具有某些物理特性的"碎纤维"。那是为什么机械制浆能耗比仅将木材磨成具有某些比表面的粒子高得多。

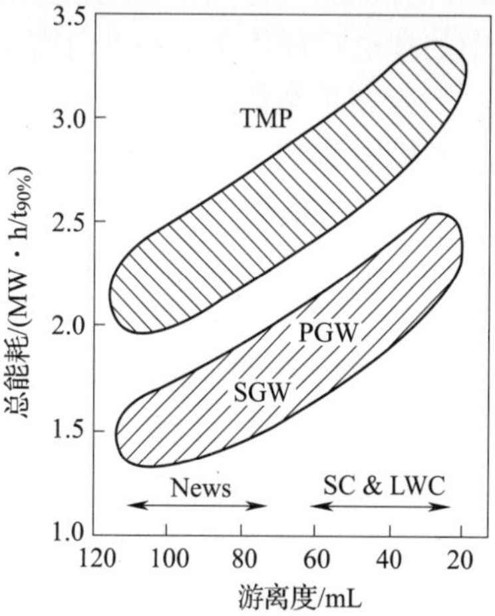

图 4-29 SGW、PGW 和 TMP 的总电耗与游离度和最终用途的函数关系(挪威云杉,芬兰工厂)

在一种理想的机械制浆法中：

① 木材纤维必须相互分离；

② 纤维长度必须保留；

③ 纤维必须脱层（内部细纤维化）；

④ 必须从纤维壁的胞间层、初生壁和次生壁生产具有适当结合和光散射特性的大量细小纤维；

⑤ 剩下的次生壁必须是细纤维化的（表面细纤维化）。

为了所有这些同时发生或至少以类似适当的顺序发生，木材的离解必须定向于纤维壁的某些特定区域。这能通过改变纤维壁成分相互间的柔软性和韧性来达到。纤维壁各种聚合物成分有不同的软化温度，这能通过纤维分离和进一步加工时升高或降低温度来控制。然而，在这方面，纤维成分的不同是如此小以致离解定向于特定区域的唯一方式是采用疲劳方法。经过一定、很多次相当弱但仍足够强的碰撞后，结构通常在特别的地方由于疲劳而破坏。这也意味着大比例的并未直接引起纤维壁破坏的碰撞仍然是必要的过程，因为他们引起潜在区域的木材和纤维结构在实际破坏前的弱化。因而，结论是机械制浆法的效率比一般假定的高。

效率的实际近似值将是什么？根据用正常云杉木但采用极低磨石圆周速度和专门“磨石”的中间试验结果，看来磨木机有可能仅用 700kW · h/t 生产游离度 100mL 的 SGW，而通常相同强度的 SGW 需要 1200kW · h/t[84]。这表示比能耗至少减少 40% 是可能的。合理的推测是 SGW 法的效率在 40% ~60% 的范围内，那么生产新闻纸级磨石磨木浆需要的最小能耗为 500 ~700kW · h/t（包括磨木和筛渣再磨能量）。假定对高强度盘磨浆相同的比率，对通常新闻纸质量的 TMP 类浆，最小能耗需求将为 800 ~1200kW · h/t（仅磨浆）。因此，从理论效率的观点来看，机械浆已稍为改善其坏名声，但是对能量效率大的实际改进仍有许多空间。

4.4.3 木片磨浆高能耗的原因

生产某些终端用途的 TMP 比生产 SGW 和 PGW 约多 40% 的单位电能。为什么会这样？Atack 的假说[81]是“木片磨浆是纵向磨木一种几乎理想化的形式”。他基于 Montmorency[85]发现中的理论解释其含义为纵向磨木比通常的横向磨木需要高得多的能量。早在 1912 年 Kiechner[86]发布了类似的结果。在 Kiechner 的试验中，采用纵向磨木的纸浆产量约低 80% 而能耗比通常横向磨木高 6 倍。

如果 Kiechner 通过更强烈地压向磨石来增加产量，将会发生什么？根据 Lucander [87]、Lonnberg 和 Lucander[88]，纵向磨木制浆必须比达到相同游离度的横向磨木制浆在高得多的产量下运行。图 4 -30 显示了在芬兰制浆造纸研究所（KCL）一小型中试装置所得的实验结果[87]。实验结果明确地表示纵向常规磨木、压力磨木和超压磨木制浆较低的能耗和相同或略低的纸浆撕裂强度。结论是磨木和磨浆能耗的不同不能通过比较磨浆和纵向磨木来解释。但是，与纵向磨木比较可以解释某些纸浆性质的不同，但不能解释能耗的不同。

但是如何解释盘磨机械制浆的高能耗？作者倾向于支持先由 Luhde[89] 确立后来由 Brecht[90] 支持的假设，在此以稍微改进的方式表达：磨浆时纤维和纤维束并不如其在磨木时牢固地固定，因而磨木在纤维结构破坏上更有效。磨木时，纤维在磨粒处理中自始至终至少有一端是稳固地定位。通过的磨粒在纤维剥离前和期间碰击纤维。设想附在木材的纤维被通过的磨粒猛烈地撞击。它不能从磨粒的路径移开，因而可能被损伤或切断。现在设想相同的纤维在盘磨机刀缘上并假设纤维受到对面磨盘刀缘相同的碰撞。因为纤维仅通过相对弱的摩擦力

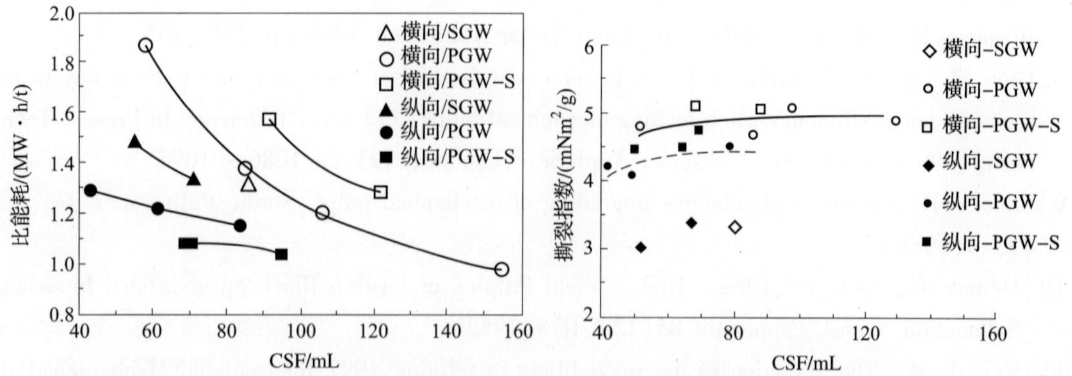

图 4-30 采用正常和纵向磨木的中试 PGW 的制浆能耗和纸浆撕裂强度[87]

保持在刀缘上，轻的纤维可能从刀缘滑过因此避免切断。因此，磨浆过程“温和”得多，能比磨木更成功地限制纤维的切断。仍然，由于相同的理由，磨浆过程在将木材破坏成最可能小的粒子的效率也是较低的。

值得注意的是，如果证明假设是正确的，则证明 Attack 有关磨木时再磨的理论是不成立的。根据 Attack，纤维从木材除去后纤维的实际处理发生，并不如这里表示的假设那样，大部分纤维附着在木材上。

指出的磨浆和磨木机理间差别可以较大程度地解释比能耗的不同。但是，也有许多其他可能的原因。Steenberg 指出，磨浆是一个协作的过程，大部分能量消耗于混合，即消耗于创立新的构型[91]。Stecnberg 的磨浆模型与此处表达的假设并不矛盾。虽然能认定，纤维即使当其如磨木那样部分地附着在木材上，能呈现新的位置和构型，这实际上在磨浆时更易并在较大程度上发生。因而 Steenberg 模型也能解释磨木和磨浆的某些不同。

最后，在方法、木材原料性质、处理频率、处理速度和纸浆浓度方面都有不同，这些因素都影响能耗。但是，磨木和磨浆作用间根本不同在于磨木比盘磨磨木材粒子更加显著地固定。

参考文献

[1] Nielsen, L. E., Landel, R. F., Mechanical Properties of Polymers and Composites, Marcel Dekker, New York, 1994.

[2] Stamm, A. J., Wood and Cellulose Science, Ronald Press, New York, 1964.

[3] Salmen, L, Berthold, J., The swelling ability of pulp fibers in The Fundamentals of Papermaking Materials (C. F. Baker, Ed.) Pira International, 1997, pp. 683 - 701.

[4] Back, E. L., Salmen, N. L., Glass transitions of wood components hold implications for moulding and pulping processes. Tappi 65(7): 107(1982).

[5] Salmen, L., Viscoelastic properties of in - situ lignin under water - saturated conditions. J. Materials. Sci. 19(9): 30 - 90(1984).

[6] Becker, H., Hoglund, H., Tistad, G., Frequency and temperature in chip refining. Paperi ja Puu 59(3): 123(1977).

[7] Salmen, L, Directional viscoelastic properties of the fiber composite wood, Progress and Trends in Rheology II(H. Giesekus, Ed.) Steinkopff Verlag, Darmstadt, 1988, pp. 234 – 235.

[8] Htun, M., Salmen, L, Eriksson, L., A better understanding of wood as a material – a way to increased energy efficiency when making mechanical pulps? in Energy Efficiency In Process Technology(PA. Pilavachi, Ed.) Elsevier Appl. Sci., London, 1993, pp. 1086 – 1095.

[9] Franzen, R., General and selective upgrading of mechanical pulps. Nordic Pulp Paper Res. J. 1 (3): 4(1986).

[10] Heitner, C, Atack, D., Ultra – High – Yield Pulping of Eastern Black Spruce. (3). Interstage Sulfonation. Svensk Papperstid. 85(12): R78(1982).

[11] Kure, K. A., The alteration of the wood fibers in refining, 1997 International Mechanical Pulping Conference Proceedings, SPCI, Stockholm, p. 137.

[12] Karenlampi, P., Spruce wood fibre properties and mechanical pulps. Paperi ja Puu 74(8): 650 (1992).

[13] Mohlin, U. B., Fiber development in mechanical pulp refining, 1995 International Mechanical Pulping Conference Proceedings(Ottawa), CPPA, Montreal, p. 71.

[14] Salmen, L, The effect of the frequency of a mechanical deformation on the fatigue of wood. J. Pulp Paper Sci. 13(1): J23(1987)

[15] Skibo, M. D., The effect of frequency, temperature and materials structure on fatigue crack propagation in polymers, Ph. D. dissertation, Lehigh University, Lehigh, 1977.

[16] Lucander, M., Lonnberg, B., Haikkala, P., The effect of stone surface modifications on groundwood properties, J. Pulp Pap. Sci. 11(2): J35(1985).

[17] Williams, M. L., Landel, R. L., Ferry, J. D., The temperature dependence ofrelaxation mechanisms in amorphous polymers and other glass – forming liquids. J. Am. Chem. Soc. 77: 3701 (1955).

[18] Atack, D., Dynamic mechanical loss properties of wood. Philosophical Magazine A. 43(3): 619 (1981).

[19] Sjostrom, E., Wood Chemistry, Fundamentals and Applications, Academic Press, London, 1993.

[20] Olsson, A. M., Salmen, L, The effect of lignin structure on the viscoelastlc properties of wood. Nordic Pulp Pap. Res. J. 12(3): 140(1997).

[21] Nimz, H. H., Robert, D., Faix, O., Nemr, M., Carbon – 13 NMR Spectra of Lignins. Structural Differences between Lignins of Hardwoods, Softwoods, Grasses and Compression Wood. Holzforschung 35(1): 16(1981).

[22] Olsson, A. M., Salmen, L., Mechanical spectroscopy – a tool for lignin structure studies, Cellulosics: Chemical, Biochemical and Material Aspect(J. F. Kennedy, G. O. Phillips, and PA. Williams, Eds.) Ellis Horwood, Chichester, 1993, pp. 255 – 262.

[23] Sorvarl, J., Sjostrom, E., Klemola, A., Laine, J. E., Chemical characterization of wood constituents, especially lignin, in fractions separated from middle lamella and secondary wall of Norway Spruce(Picea Abies). Wood Sci. Technol. 20(1): 35(1986).

[24] Salmen, L., Pettersson, B., The primary wall, important for fibre separation in mechanical pul-

ping. Cellulose Chem. Technol. 29(3):331(1995).

[25] Atack, D., Heitner, C, Dynamic mechanical properties of sulfonated Eastern black spruce. Trans. Tech. Sect. (Can. Pulp Pap. Assoc.) 5(4):99(1979).

[26] Salmen, L., Influence ofionic groups and their counter – ions on the softening properties of wood materials. J. Pulp Paper Sci. 21(9):J310(1995).

[27] Hammar, L. A., Htun, M., Ottestam, C, Salmen, L, Sjogren, B. J., Utilising the ionic properties of the wood polymers in mechanical pulping. Pulp Paper Sci. 22(6):J219(1996).

[28] Uhmeier, A., Salmen, L, Repeated large radial compression of heated spruce. Nordic Pulp Pap. Res. J. 11(3):171(1996).

[29] Uhmeier, A., Salmen, L., Influence of strain rate and temperature on the radial compression behaviour of wet spruce. J. Eng. Mat. Technol. 118(3):289(1996)

[30] Atack, D., May, W. D., Mechanical Pulping Studies with a Model Steel Wheel, Pulp Paper Mag. Can. 63(1):T10(1962).

[31] Atack, D., Mechanics of Wood Grinding Trend, The Activities of the Pulp and Paper Research Institute of Canada, Report No. 19, 1971, pp. 6 – 11.

[32] Lonnberg, B., Friction in wood grinding. Paperi ja Puu 79(4):249(1997).

[33] Bjorkqvist, T, Lautala, P., Finell, M., Lonnberg, B., Saharinen, E., Paulapuro, H., Development and verification of a grinding process model, 1995 International Mechanical Pulping Conference (Ottawa) Preprints, CPPA, Montreal, p. 65.

[34] Bjorkqvist, T, Lautala, P., Saharinen, E, Paulapuro, H., Koskenhely K., Lonnberg, B., Behavior of spruce sapwood in mechanical loading, 1997 International Mechanical Pulping Conference Preprints, SPCI, Stockholm, pp 199.

[35] Sakata, I., Senju, R., Thermoplastic Behavior of Lignin with Various Synthetic Plasticizers, J. Appl. Polym. Sci. 19(10):2799(1975).

[36] Cousins, W. J., Young's Modulus of Hemicellulose as Related to Moisture Content, Wood Sci. Technol. 12(1):161(1978).

[37] Koponen, S., Toratti, T, Kanerva, P., Modelling elastic and shrinkage properties of wood based on cell structure. Wood Sci. Technol. 25(1):25(1991).

[38] Lucander, M., KCL internal report.

[39] Lucander, M., KCL internal report.

[40] Ilvessalo – Pfaffli, M. – S., Fiber Atlas, Identification of Papermaking Fibers, Springer – Verlag, Berlin, Heidelberg, 1995.

[41] Ilvessalo – Pfaffli, M. – S., Laamanen, J., KCL internal report.

[42] Panshin, A. J., DeZeeuw, C, Textbook of wood technology. Vol. I: Structure, identification, uses and properties of the commercial woods of the United States and Canada. 3rd edition, McGraw – Hill, New York, 1970.

[43] Lucander, M., KCL internal report.

[44] Salmen, L., Fellers, C, The fundamentals of energy consumption during viscoelastic and plastic deformation of wood. Trans. Tech. Sec, Can. Pulp Pap. Ass. 9(4):TR93(1982).

[45] Salmen, L., Dumail, J. F., Uhmeier, A., Compression behavior of wood in relation to mechani-

cal pulping,1997 International Mechanical Pulping Conference Proceedings,SPCI,Stockholm, p. 207.

[46] Powell,F. G. ,Luhde,E,Logan K. C. ,Supergroundwood by Grinding,Pulp Paper Mag. Can. 66 (8):T399(1965).

[47] Atack,D. ,Fontebasso,J. ,Stationwala,M. I. ,Pressurized grinding of loblolly pine. Tappi J. 66 (7):75(1983)

[48] Lucander,M. ,Einfluss der Prozessvariabeln auf die Qualitat des Druckschliffs,PTS Holzstoff Symposium Munchen 1985,TVW Papiermaschinen GmbH,Druckschliffvortrage.

[49] Lucander,M. ,Recent investigations of pressure grinding at elevated grinding pressure,PTS – TUD – Symposium Papierzellstoff und Holzstofftechnik – 95,PTS Verlag,Munchen,p. 7.

[50] Haikkala,P. ,Liimatainen,H. ,Manner,H. ,Tuominen,R. ,Pressure groundwood(PGW),super pressure groundwood(PGW – S) and thermomechanical pulp(TMP) in wood – containing printing papers,1989 International Mechanical Pulping Conference Proceedings,KCL,Helsinki,p. 36.

[51] Pasanen,K. ,Peltonen,E. ,Haikkala,P. ,Liimatainen,H. ,Experiences using super pressurized groundwood at a Finnish supercalender paper mill,Tappi J. 74(12):63(1991).

[52] Honkanen,K. ,Yrjovuori,R. ,The first years of the first super pressure ground – wood(PGW – S) plant,1993 International Mechanical Pulping Conference Proceedings,PTF,Oslo,p. 44.

[53] Tuovinen,O. ,Liimatainen,H. ,Fibers,fibrils and fractions – an analysis of various mechanical pulps,1993 International Mechanical Pulping Conference Proceedings,PTF,Oslo,p. 324.

[54] Lucander,M. ,KCL internal report.

[55] Lucander,M. ,Salminen,L. ,Saharinen,E. ,Bjorkqvist,T,Modeling as a Powerful Tool in Developing Mechanical Pulping towards Energy Efficiency,Das Papier 2008 – 44 T755.

[56] Bjorkqvist,T. ,Lucander,M. ,Grinding surface with an energy – efficient profile,2001 International Mechanical Pulping Conference Proceedings,Helsinki,vol. 2,p. 373 – 380.

[57] Lucander, M. , Bjorkqvist, T, New Approach on the fundamental defibration mechanisms in wood grinding,2005 International Mechanical Pulping Conference Proceedings,PTF,Oslo,pp. 149 – 155.

[58] Atack,D. ,Stationwala,M. I. ,Huusari,E. ,Ahlqvist,P. ,Fontebasso,J. ,Perkola,M. ,High – speed photography of pulp flow patterns in a 5 MW pressurized refiner,Paperi ja Puu 71(4): 689(1989).

[59] Miles,K. B. ,Dana,H. R. ,May,W. D. ,The Flow of Steamin Chip Refiner,1980 International Symposium on Fundamental Concepts of Refining,The Institute of Paper Chemistry,Appleton, WI,p. 30.

[60] Miles,K. B. ,May,W. D. ,The Flow of Pulp in Chip Refiners,J. Pulp Paper Sci. 16(2):J63 (1990)

[61] Harkonen,E. ,Ruottu,S. ,Ruottu,A. ,Johansson,O. ,A theoretical model for a TMP – refiner, 1997 International Mechanical Pulping Conference Proceedings,SPCI,Stockholm,p. 95.

[62] Vikman,K. ,Leskela,M. ,Pekkola,M. ,Vuorio,P. ,Tyrvainen,J. ,Huhtanen,J. – P. ,New Refiner Segments Technology to Optimize the Aspen BCTMP Pulping Process,International Me-

chanical Pulping Conference 2003.

[63] Illikainen, M., Mechanisms of Thermomechanical Pulp Refining, Doctoral Thesis, ACTA Universitas Ouluensis C 305, Oulu 2008.

[64] Strand, B. C., Mokvist, A., The Application of Communition Theory to Describe Refiner Performance, 74th CPPA Annual Meeting Notes, CPPA, Technical Section, Montreal, PQ, 1988, p. 115.

[65] Di Ruscio, D., Blachen, J. G., A state space model for the TMP process, 1992 International Control Systems Conference Proceedings, CPPA, Montreal, p. 107.

[66] Strand, B., private conversation, 1993.

[67] Engstrand, P., private conversation, 1997.

[68] Harkonen, E., UPM - Kymmene, internal report, 1994.

[69] Harkonen, E., Tienvieri, T, Viljakainen, E., Huusari, E., Makivaara, J., Teoreettinen ja kokeellinen tutkimus perusilmioista TMP - jauhatuksessa. Kestava Paperi - tutkimusohjelman raportti 8, 1995, Oy Keskuslaboratorio - Centrallaboratorium Ab, Espoo, Finland (in Finnish).

[70] Engstrand, P., Karlstrom, A., Nilsson, L, The Impact of Chemical Addition on Refining Parameters, 1995 International Mechanical Pulping Conference Proceedings, CPPA, Montreal, p. 281.

[71] Parta, J., UPM - Kymmene, internal report, 1997.

[72] Johansson, O., Hogan, D., Blankenship, D., Snow, E., More, W., Qualls, R., Pugh, K., Wanderer, M., Improved Process Optimization Through Adjustable Refiner Plates. International Mechanical Pulping Conference 2001.

[73] Parta, J., UPM - Kymmene, internal report, 1997.

[74] Murton, K, Duffy, G., Corson, S., Pulp Residence Time Influence on Refining Intensity and Pulp Quality. 56th Appita annual conference, Rotorua, New Zealand, 2002.

[75] Murton, K, Duffy, G., The influence of pulp residence time on refining intensity and pulp quality. Appita vol. 58, no 1, Jan 2005.

[76] Vikman, K, Vuorio, P., Huhtanen, J. - P, Hahtokari, J., Residence Time Measurements for a Mill Scale High Consistency CD Refiner Line. International Mechanical Pulping Conference, Oslo 2005.

[77] Backlund, H. - O., Hoglund, H., Gradin, P., Study of Tangential Forces and Temperature Profiles in Commercial Refiners, International Mechanical Pulping Conference 2003.

[78] Atack, D., Clayton, D. L., Quinn, A. E., Stationwala, M. I., High speed photography of wood pulping in a disc refiner, 1984 International Congress on High Speed Photography and Photonics Conference Proceedings, SPIE, Strasbourg, p. 348.

[79] Stationwala, M. I., Miller, C, Atack, D., Karnis, A., Application of high speed photography to chip refining, 1990 International Congress on High - Speed Photography and Photonics Conference Proceedings, SPIE, Strasbourg, p. 237.

[80] Alahautala, T, Vattulainen, J., Hernberg, R., Visualization of pulp refining in a rotating disk refiner, 1997 IMEKO World Congress Proceedings, p. 60.

[81] Atack, D., Fundamental differences in energy requirement between the mechan - ical pulping processes, 1981 International Mechanical Pulping Conference Proceedings, PTE, Oslo, p. Ⅵ:5.

[82] Poyry, J. , Are energy costs the Achilles'heel of mechanical pulp? 1977 International Mechanical Pulping Conference Proceedings, The Finnish Paper Engineers'Association, Helsinki, 1977, p. 13.
[83] Campbell, W. B. , Groundwood studies; Theoretical efficiency. Pulp Paper Mag. Can. 35(4): 208 - 219(1934).
[84] Lucander, M. , internal reports, KCL, 1990.
[85] de Montmorency, W. H. , The Longitudinal Grinding of Wood - Further Work, Pulp Paper Mag. Can. 49(3): 115(1948).
[86] Kirchner, E. , Die Holzschleiferei Oder Holzstoff - Fabrikation, Verlag von Guntter - Staib, Biberach, 1912.
[87] Lucander, M. , Longitudinal grinding, unpublished work for the Kuitu program, 1993.
[88] Lonnberg, B. , Lucander, M. , Heat distribution in the grinding zone - Theoretical aspects and the effect upon pulp properties, 1981 International Mechanical Pulping Conference Proceedings, PTE, Oslo, p. Ⅰ: 3.
[89] Luhde, F, Der Aufschluss des Holzes beim Schleifverfahren und beim Hackschnitzel - Refinerverfahren, Das Papier 16(11): 655(1962).
[90] Brecht, W. , Fundamentals of the Manufacturing Processes of Groundwood and Refiner Pulp (in German), Wochenblatt fur Papierfabrikation 107(11/12): 394(1979).
[91] Steenberg, B. , A model of refining as a special case of milling, 1980 International Symposium on Fundamental Concepts of Refining Preprints, Institute of Paper Chemistry, Appleton, 1980, p. 107.

第5章 木材原料

在机械浆生产中,木材原料是一个最重要的参数。机械法制浆的理想木材原料是可以在低成本下进行纤维分离,在没有过程干扰的情况下,以低能耗生产出符合终端产品质量要求的纸浆。

原木材料中纤维形态和机械性质能影响机械纤维分离的能耗和成浆的性质,也能决定特定终端产品所用木材的技术经济适用性。木材的化学组成将直接影响纸浆的性质,尤其是白度和可能的树脂问题的过程稳定性。原木材料的机械质量(缺陷、木节含量、树干形状等)、木材供应的方式和工厂的木材处理操作是对木材原料最终性质有贡献的其他因素。

木材是一种高度非均一的原料,在不同木材种类间和特定木材种类内,其纤维和化学性质会有较大的本质区别。对于一定树龄的树干,遗传和环境条件决定了木材和纤维的性质。一个树干的不同部分之间木材和纤维的性质是变化的,导致进入制浆过程的原料性质有大范围的变化。

测定木材和纤维的重要性质通常是耗费时间的,因此一般很少在工厂条件下实践。木材种类一般是已知的,有时来自不同林分(疏伐、净伐)的原木分开进行处理。在某些情况下,根据直径、树龄、或生长率对木段进行分类。制材厂的木片主要来源于成材树的边材,具有与圆木不同的性质,以分开的木片流进制浆造纸厂。事实上,虽然对木材原料较好的控制和分类能够带来更稳定的生产过程和更好的达到机械浆目标产品要求的机会,但是制浆造纸厂在木材性质差异最小化方面做的相对较少。

5.1 一般的木材性质

很多特征可以用来描述用于机械法制浆的木材质量和机械浆的性质。一般认为重要的特征如下所示[1-7]:

① 木材种类;

② 木材基本密度;

③ 木材水分含量;

④ 纤维性质(长度、宽度、细胞壁厚度和纤丝角等);

⑤ 早材和晚材的含量;

⑥ 心材和边材的含量;

⑦ 成熟材和幼龄材的含量;

⑧ 受压木的含量;

⑨ 木节的含量;

⑩ 缺陷(腐朽材);

⑪ 木材的化学组分(木素、抽出物);

⑫ 木材供应方法和处理方法的影响(树皮含量、木片质量);

⑬ 杂质的影响(砂石、尘土等)。

要确定各种特征中真正重要性是比较困难的,因为很多性质是相互关联的。一般来说,所有这些性质都是源于纤维的性质、木材的化学组成和学术角度的木材质量。下面重点比较各种木材种类的木材和机械浆性质。

5.1.1 木材基本密度

木材基本密度是研究最多的性质之一,各种木材种类间或内的基本密度实际上是不同的[8]。木材基本密度是通过绝干木材质量除以其对应的新材体积来测定。然而,木材基本密度不是一个独立的木材性质,它也会受到木材多个特征的影响。因为细胞壁材料的密度几乎是一个常数($1.5g/cm^3$)[9-10],木材基本密度主要取决于木材横截面内细胞壁材料的比例,也就是纤维横截面的尺寸。例如,已有报道当除去幼龄木区时,挪威云杉晚材的比例与其基本密度有很强的相关性[11]。

因为有报道认为木材基本密度与TMP性质和磨浆能耗之间只有不良的广义相关性[5,12],对基本密度的各种变化模式不在此进行详细的评论。最通常的情况下,木材基本密度是从髓心向外增加的,这种现象松树比云杉明显,同时随生长速率的增加而减少。有兴趣的读者可以进一步查阅相关文献,例如Zobel和van Buijtenen[8]撰写的文献。然而,需要指出的是基本密度具有巨大经济意义,因为制浆造纸厂主要是按体积来购买木材的。高密度木材每单位体积的纸浆得率要好于低密度木材。此外,木材基本密度的变化能够导致机械浆的质量变化。

进入磨浆机的木片是按体积来计量的,所以木材密度的变化将引起生产率的波动。如果磨浆机的控制系统不能够弥补木材密度的变化,使用的单位能量将有显著波动,由于不均匀的磨浆,纸浆的质量也将受损。

5.1.2 木材水分含量

对于机械浆的质量来说足够的水分含量是必须的,这是受到广泛认可的。木材水分含量定义为水分在湿木材中所占的质量比例。也经常使用干固形物含量。木材中木素的软化先于纤维的分离是产生完整纤维和进一步发展纤维性质的先决条件。温度和木材水分含量对木材基质中木素的热软化有极大的影响。

影响进行纤维分离中的木材水分含量的几个因素:

① 木材基本密度;

② 心材含量和树脂含量;

③ 季节、木材供应的做法和贮存;

④ 生产过程中木材或木片的再增湿。

因此,在机械法制浆中总是存在小范围的水分含量变化。在很多情况下,当木材水分含量变化时,同时也会发生其他的变化。比如,在贮存和运输过程中木材的干燥伴随着木材中真菌的活跃,导致白度损失。由于木材由髓到形成层的变化规律,随着心材含量的增加,不但水分含量而且其他性质(比如纤维尺寸)也改变。

木材水分含量不可控制的变化会引起纤维分离时纸浆浓度的变化。例如,磨浆浓度太高会显著影响纸浆的强度性质。如果过程控制系统不能完全弥补木材水分含量变化引起的改变,将导致质量不均匀的纸浆。在一个可控的生产过程中,木材水分含量的影响按如下顺序递减 SGW > PGW > TMP。

木材水分含量的降低会损害磨石磨木浆的性质,尤其是在纤维饱和点所在的 20% ~30% 范围内[13]。即使在适当干燥后,纸浆中长纤维含量下降,强度性质开始降低(见图 5 -1)。

结合能力的降低和纤维束含量的增加引起胶版印刷过程中的掉毛问题。磨木前干原木的再润湿导致其纸浆性质与原湿木所得纸浆相似[3]。

因为洗涤和木片预热的影响,木材水分含量对热磨机械法制浆过程的影响不像对磨木浆那么剧烈。随着木片水分含量的降低,在给定纸浆游离度下比能耗将下降[14-16]。也有研究表明,如果木片水分含量保持在纤维饱和点以上,最初的木片水分含量对单位能耗和纸浆性质(纤维束含量除外)没有显著影响[2,13,17]。木片中均匀的水分含量将提升 TMP 的质量。适当的木片浸渍能够改善纸浆的质量(表 5 -1)。

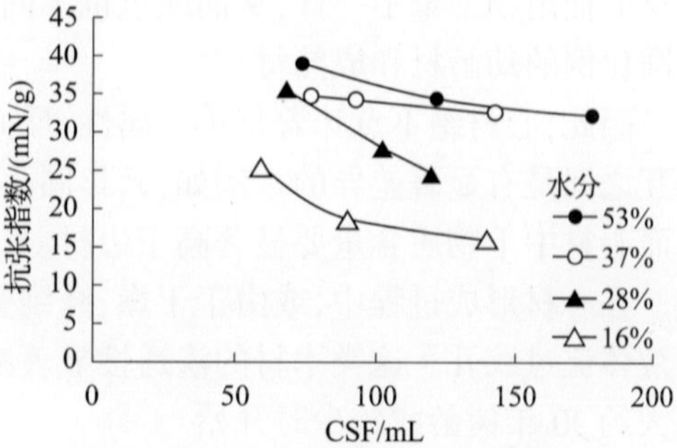

图 5 -1 水分含量对云杉磨木浆抗张指数与游离度关系的影响[13]

在这些实验中,水分含量都是在正常范围内。充分浸渍能显著增加 TMP 中长纤维的含量,产生更好的强度性质(抗张、耐破和撕裂指数)。在给定纸浆游离度下,最干燥的木片的单位能耗是最低的,但如果是在给定的抗张指数下比较,这种情况将有所不同。

5.1.3 幼龄材

幼龄材位于树心的周围,由树干中心向树皮呈辐射状延伸。树干的横截面中心通常定义为幼龄材,它受年轮所限制,从一个年轮到另一个年轮纤维性质变化很快。幼龄材周围的木材称为成熟材,这里的木材性质仍在变化,虽然缓慢。快速增加纤维长度是幼龄材最显著的特征。比如,在挪威云杉中,前 20 ~30 个年轮通常被认为是幼龄材。对机械法制浆有意义的性质变化模式包括:

① 由树心向外逐渐增加的有:木材基本密度、纤维尺寸(长度、宽度,纤维壁厚度、粗度)、晚材含量、纤维素含量;

② 由树心向外逐渐降低的有:纤维壁微纤角、木素含量。

幼龄材存在于所有树木中,在幼树和老树顶部其含量最大。本章后面部分将对纤维

表 5 -1 不同水分含量的针叶木木片制得的 TMP 性质[15]

木片	“干”	常规浸渍	水浸渍
水分含量/%	45.6	54.7	64.3
比能耗(SEC)/(kW·h/t)	1750	1885	2060
Bauer - McNett +16 组分含量/%	11.8	25.0	32.7
Bauer - McNett +30 组分含量/%	25.0	20.5	17.7
Bauer - McNett +200 组分含量/%	21.4	25.0	23.6
纤维束含量/%	1.17	1.22	0.78
抗张指数/(Nm/g)	42.5	49.0	51.3
耐破指数/(kPam^2/g)	2.11	2.80	3.00
撕裂指数/(mNm^2/g)	7.8	9.0	10.3
湿强度/(N/m)	60	75	91
光散射系数/(m^2/kg)	44.6	42.5	43.0

性质的变化和幼龄材对机械法制浆和机械浆性质的影响进行详细的综述。

5.1.4 心材

心材被定义为木材横切面的一个区域,该区域的纤维细胞腔内不含水。在心材周围的边材负责从树根部往顶部输送水分,因此边材的纤维充满水。除了绝干物质含量的差异,心材和边材的抽出物含量不一样,从而颜色也不同。心材含量随树龄增加而增加,因此一个树干含有不同比例的幼龄材和成熟材。

因此,心材绝不意味着是单一属性,反而甚至比幼龄材还复杂。不同种类木材的心材特征相互之间是有显著差异的。例如,云杉同落叶松属、松属和黄杉属一样没有有色的心材,但是反而心材中干物质含量要显著高于边材。

在心材形成过程中,或由于干燥,纤维壁的具缘纹孔的纹孔膜将关闭和密封纹孔,从而阻止液体流过纹孔。这类木材的渗透性显著减少。生长在南芬兰的挪威云杉由边材向心材转变在大约 30 年树龄或较少时开始。

在其他绝大多数针叶树中,心材的形成伴随着抽出物的积累。比如,欧洲赤松中(可溶于丙酮的)抽出物含量一般是 3% 左右,然而在心材里通常大约为 5%[18]。在老松树粗端的心材里抽出物的含量通常更高。

心材对机械法制浆的主要影响是由干度和高抽出物含量引起的。这些影响主要取决于木材种类和制浆过程,这里将不再进一步叙述。心材单独的影响将很难从边材和心材纤维性质的不同影响中区分出来,边材和心材仍都含有不同量的幼龄材和成熟材。

5.1.5 木材原料不合适的部分

所有用于造纸的纸浆都是由纤维或制浆过程中形成的纤维碎片组成的。实际上,树木的其他所有部分,除了树干的无腐朽木,都可以认为是不适合或不太适合用于制浆的原料资源。因此,当选择机械法制浆的原料时,必须除去树皮(外皮和内皮)、树枝和树节、树针和树叶、树根以及实用直径以下的树木的顶端原木,或者使它们的比例最小化。

针叶木的树皮在形态学和化学性质上是非常混杂的。它包括内皮(韧皮部)和外皮(栓皮),内皮包括树皮的所有活细胞,外皮保护里层的细胞免受机械损伤、干燥和温度的变化。制浆原木一般在制浆之前要去皮,但如果木材干燥或冻结,有效地去除树皮可能是困难的。冬天制材厂木片里的树皮含量高,因为它们主要是由削片后的板皮残余物组成的。

树皮含量增加最显著的影响是纸浆白度降低。对于云杉 TMP,树皮(内皮 + 外皮)会引起纸浆白度下降,木片中树皮含量每增加一个百分点,纸浆白度下降 2 ~3 个白度单位(图 5 -2)[2,5,19]。内皮的颜色几乎和木材一样,但在贮存过程中会变黑。内皮对纸浆白度的影响不如全皮剧烈。

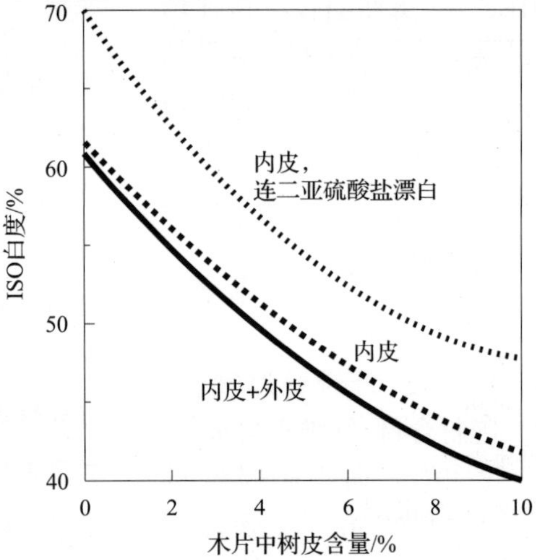

图 5 -2 树皮含量对 TMP 白度的影响(由文献[2,5,19]重画)

表 5-2 树皮对 CSF 100 mL TMP 性质的影响

混合木片	无树皮	5%内皮	5%外皮
比能耗(SEC)/(kW·h/t)	1900	1540	1770
Baucer-McNett +30 组分含量/%	39	36	34
Baucer-McNett -200 组分含量/%	27	28	27
微纤维束(PF)/%	1.0	1.3	1.5
纸页紧度/(kg/m^3)	420	420	420
抗张指数/(Nm/g)	36	36	33
撕裂指数/(mNm^2/g)	7.5	7.15	6.35
光散射系数/(m^2/kg)	54	52	54
ISO 白度/%	63	50	49

树皮对机械浆连二亚硫酸盐漂白或过氧化氢漂白有显著的影响。如果不增加化学品用量,漂白后由树皮引起的白度损失仍然存在。高的树皮含量必然使纸浆不适合用于生产高质量的纸种,因为不能达到足够的白度。除了降低白度,树皮对 TMP 的其他性质也可能有负面的影响(见表 5-2)。

在恒定的加拿大标准游离度下,树皮含量增加会导致单位能耗降低,纸浆纤维束含量升高,长纤维含量(Bauer-McNett +30 目)降低和撕裂指数下降。内皮具有纤维特性,因此与没有纤维特性的外皮相比,其对强度的影响较小。在可接受的树皮含量下,除了最终产品中杂质的风险,白度以外的其他纸浆性质的恶化是次要的。

木节是由树枝形成的,因此它进入机械法制浆厂是不可避免的。木节的量取决于它们所来自树枝的数量和尺寸、树枝死亡的年龄和死树枝在活树上存留时间的长短。生长在芬兰的挪威云杉的平均木节体积在 0.5% ~2.0% 之间变化,其相应的质量比例为 1.1% ~6.7%[20]。

木节的性质明显不同于一般的茎木(见表 5-3)。木节与树干材相比有高得多的基本密度和干物质含量。它们主要由受压木构成,它们的纤维比树干材更短更细。S_2 层微纤角的取向会影响纤维挺度,其在受压木纤维中比在一般木材纤维中大。树节的化学性质也不同于树干材,其木素和抽出物含量明显较高,纤维素含量较低。

表 5-3 挪威云杉木节和茎木的木材和纤维性质[20-23]

木材性质	茎木	木节	茎木	木节
基本密度/(kg/m^3)	328~450	800~900		
干物质含量/%	41/75^a	76~81		
纤维长度/mm	1.9~3.7	1.0~1.1		
纤维直径/μm	46.3	36.0		
细胞壁厚度/μm	4.0~6.0	3.0~5.5		
纤维粗度/(μg/m)	205	80		
木素含量/%	28.6	33.0	27.6	34.9
抽出物/%	0.5~2.0^b	10.8~13.4^b	1.0^c	11.0^c
纤维素/%			43.6	27.9
葡萄糖甘露聚糖/%			12.0	7.7
聚木糖/%			5.5	5.8
其他碳水化合物/%			3.5	11.7

注 ^{a}边材/心材,^{b}丙酮,^{c}二氯甲烷。

与不含木节的木片制浆相比，在给定的纸浆游离度下，木片中的木节可以减少单位能耗。与不含木节的木片生产的纸浆相比，含有木节的木片生产的纸浆中纤维长度和长纤维含量较低，从而导致强度性质下降，尤其是撕裂指数（见图 5－3）。

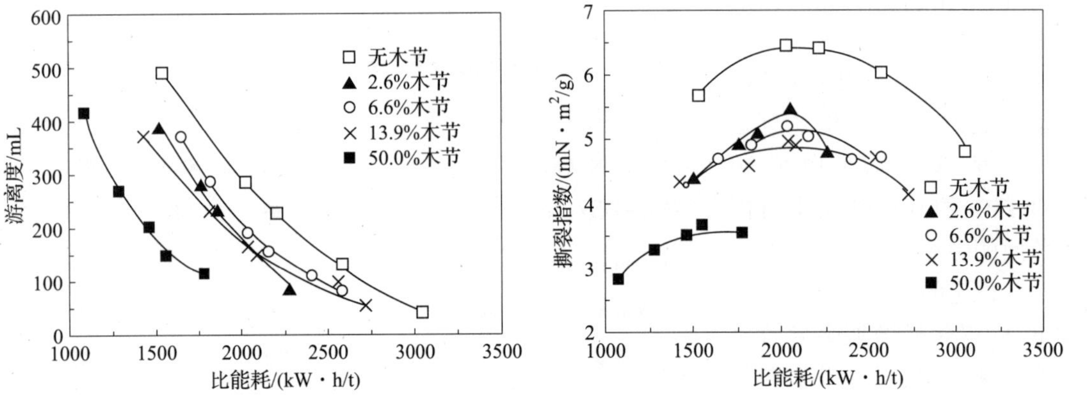

图 5－3 木节含量对 TMP 浆单位能耗和撕裂指数的影响[21]

即使有非常少的木节存在也会使纸浆性质下降。除了强度性质，白度和表面性质也会受到损害。木节对 TMP 性质的负面影响可能由磨浆过程中木节浸渍不充分，其化学组成、木节纤维形态和磨浆时木节和无木节木片之间的相互作用造成的。同时，木节含有大量的金属离子，从而增加了化学品消耗，尤其是过氧化氢漂白中[21]。

枝桠材热磨机械法制浆能耗与木节是密切相关的，它比树干材制浆的能耗要大（表 5－4）。与木节一样，枝桠材生产的 TMP 强度和白度较低。在正常的木片里加入少量的枝桠材对纸浆的质量仅产生很少的负面影响。

表 5－4 由挪威云杉树干材和枝桠材制造的热磨机械浆（CSF 100 mL）的选择性质[5]

木材原料	树干材	枝桠材	木材原料	树干材	枝桠材
比能耗(SEC)/(kW・h/t)	1900	2040	撕裂指数/(mNm^2/g)	7.2	2.5
纸页紧度/(kg/m^3)	440	350	光散射系数/(m^2/kg)	64	64
抗张指数/(Nm/g)	40	14	ISO 白度/%	64	55

木节是到达制浆造纸厂木材的一部分，因此是不可避免的。但是，绝大部分的节存在于过厚的木片中。木片的厚度筛选提供了一种提高磨浆稳定性和成浆质量的方法。

5.2 用于机械法制浆的木材种类

对机械法制浆和纸浆质量来说，木材种类可能是最重要的木材参数。即使在单一的树种中，也有几个因素会引起木材质量的变化，例如，基因来源、环境因素、树龄和树的生长模式，这往往使得不同树种的比较变得困难。

人们普遍认为云杉家系的树种（尤其是挪威云杉）是机械法制浆最适合的原材料，其所提供的纸浆性质对各种纸产品都是理想的。云杉家系的优越性要归因于其有利的纤维性质（长度/壁厚、微细纤维结构）、低的抽出物含量和高的木材初始白度。因此，云杉同时赋予了各种纸张良好的强度、光学性质和平滑度。

阔叶木不同于针叶木,因为它们有更复杂的纤维形态和化学组成。由阔叶木制得的机械浆有良好的光散射能力和纸页表面性质,然而强度性质通常较差。因此,阔叶木木片,尤其是在盘磨机制浆,通过化学预处理,在强度和光学性质之间能够得到一个折衷。通常少量阔叶木木片与针叶木混合使用。

5.2.1 木材和纤维特征

5.2.1.1 针叶木:云杉和松树

用于机械法制浆的针叶木包括[24-29]:

(1)云杉

– 挪威云杉[*Picea abies*(L.) Karst]
– 黑云杉[*Picea mariana*(Mill) B. S. P]
– 白云杉[*Picea glauca*(Moench) Voss]
– 红云杉(*Picea rubens Sarg.*)
– 西加云杉[*Picea sitchensis*(Bong.) Carr.]
– 恩格尔曼氏云杉[*Picea Engelmanni*(Parry) Engelm.]

(2)冷杉

– 香脂冷杉[*Abies balsamea*(L.) Mill.]
– 银杉(*Abies alba* Mill.)

(3)松树

– 辐射松(*Pinus radiata* D. Don)
– 欧洲赤松(*Pinus sylvestris* L.)
– 美国五针松(*Pinus strous* L.)
– 红松(*Pinus resinosa* Ait.)
– 斑克松(*Pinus banksiana* Lamb.)
– 美国黑松(*Pinus contorta* Dougl.)
– 美国黄松(*Pinus ponderosa* Dougl. ex Laws.)
– 加勒比松(*Pinus caribaea* Morelet.)
– 展叶松(*Pinus patula* Schl. Et Cham.)
– 弗吉尼亚松(*Pinus virginiana* Mill.)

(4)南方松

– 火炬松(*Pinus taeda* L.)
– 湿地松(*Pinus elliottii* Engelm.)
– 长叶松(*Pinus palustris* Mill.)
– 短叶松(*Pinus echinata* Mill.)
– 北美脂松(*Pinus rigida*. Mill.)

(5)铁杉

– 西部铁杉[*Tsuga heterophylla* (Raf.) Sarg.]
– 东部铁杉[*Tsuga canadensis* (L.) Carr.]

(6)其他针叶木树种

- 花旗松[*Pseudotsuga menziesii*(Mirb.) Franco]
- 北美落叶松[*Larix laricina*(Du roi) K. Koch]

对于机械法制浆来说,像雪松(*Thuja occidentalis* L. 和 *Thuja plicata* Donn ex D. Don)和许多落叶松例如欧洲落叶松(*Larix decidua* Mill.)等木材种类,被认为是木材白度太低。

表5-5比较了各种松木类和白云杉、黑云杉、香脂冷杉的木材和纤维的性质,最适合造纸的是加拿大针叶木树种。

表5-5　各种针叶木的纤维特征和化学组成[27]

种类	黑云杉	白云杉	香脂冷杉	斑克松	美国黑松	美国黄松	火炬松	湿地松	辐射松	加勒比松
纤维长度/mm	3.5	3.3	3.5	3.5	3.1	3.6	3.6	4.2	4.0	2.6~3.9
纤维宽度/μm	25~30	25~30	30~40	28~40	35~45	35~45	35~45	—	35~45	40~50
细胞壁厚度/μm	2.2	2.4	2.5	2.5~2.9	3.0	2.4	3.3	4.2	3.0	6.0~7.1
粗度/(μg/m)	160~290	—	250	270~400	230	260~460	300~560	290~670	—	—
密度 g(绝干)/cm^3	0.45	0.42	0.37	0.46	0.43	0.42	0.54	0.66	0.43	0.33~0.68
木素含量/%	27.6	29.4	29.4	28.3	27.7	25.6	28.6	26.8	28.9	26.2~31.2
苯醇抽出物含量/%	2.2	2.0	2.5	4.0~4.2	3.5	4.4~5.0	3.2~5.4	3.4~6.0	5.4	4.2

松树的管胞平均长度是3.6mm,直径是35~45μm,这与云杉和香脂冷杉相当。另一方面,松树的细胞壁厚度比云杉或冷杉管胞的要厚。因此,松木的纤维更加刚硬,需要更多的化学或机械处理来对其进行破坏,以达到足够的浆页强度[27]。南方松也有高的纤维粗度和高的晚材纤维与早材纤维的比率。松树也有高的能溶于有机溶剂的抽出物含量,这经常会给制浆造纸厂带来树脂障碍问题。

在北欧挪威云杉和欧洲赤松之间,木材和纤维性质的变化是相似的,但是纤维粗度的差异相对较小。松木的高抽出物含量以及其特性是不用松木制机械浆的一个主要原因。

5.2.1.2　阔叶木:杨树和桉树

各类杨树是最适合机械法制浆的阔叶木,然而,也有其他的树种,比如云南石梓被研究过[30-33]。对机械法制浆或(和)化学机械法制浆来说最具潜力的白杨和山杨树种是:

① 欧洲树种:欧洲白杨(*Populus tremula*);

② 北美树种:颤杨(*Populus tremuloides*)、美洲黑杨(*Populus deltoides*)、香脂白杨(*Populus balsamifera*)、大齿杨(*Populus grandidentata*);

③ 杂交杨:*P. tremula* × *tremula*, *P. tremula* × *tremuloides*, *P. deltoides* × *nigra*, *P. deltoides* × *trichocarpa*, *P. trichocarpa* × *deltoides*, *P. maximowiczii* × *trichocarpa*。

阔叶木的纤维形态和针叶木有很大的不同。针叶木实质上只含有一种纤维类型(管胞),然而阔叶木含有正常的韧性纤维、大直径的导管和比例比针叶木大的薄壁细胞。

阔叶木的木素含量通常显著低于针叶木,与其相对应的是其纤维素和半纤维素的含量要高于针叶木。表 5 – 6 给出了所选杨树树种的木材和纤维性质,表 5 – 7 给出了一些桉树树种的纤维性质。

表 5 – 6　　所选杨树树种的木材和纤维性质[31]

学名	产地*	纤维长度 /mm	粗度 /(μg/m)	细胞腔直径 /μm	双壁厚 /μm	导管细胞含量 /%	木素含量 /%
欧洲山杨×欧洲山杨	Finland	0.90	121	16.3	6.1	27.6	20.4
欧洲山杨×颤杨	Finland	0.96	132	15.8	7.1	24.8	19.9
欧洲山杨×颤杨	Finland	0.93	103	14.7	5.3	23.3	20.3
颤杨	Ohio, USA	1.02	132	14.0	7.0	26.9	21.2
香脂白杨	Ohio, USA	0.88	112	16.4	6.2	29.3	24.1
大齿杨	Ohio, USA	1.08	136	18.4	5.7	29.2	20.9
美洲黑杨×黑杨	Surrey, UK	1.00	135	19.1	6.8	29.6	26.0
毛果杨	Surrey, UK	0.95	111	17.1	4.8	20.8	24.5
辽杨×毛果杨	Eberswalde, Germany	0.99	138	16.0	6.1	26.0	21.5
辽杨×毛果杨	Eberswalde, Germany	0.99	143	16.0	7.6	26.7	21.9

注　* Finland—芬兰, USA—美国, UK—英国, Germany—德国, Ohio—俄亥俄, Surrey—萨里, Eberswalde—埃伯斯瓦尔德。

表 5 – 7　　一些桉树树种的纤维性质[34]

材种	纤维长度 /mm	纤维粗度 /(μg/m)	纤维宽度 /μm	胞腔宽度/ μm	细胞壁厚度/μm
巨桉	0.8	74	17.0	9.0	4.0
蓝桉	0.7	99	15.0	7.0	4.0
赤桉	0.6	71	13.5	6.5	3.5

5.2.2　热磨机械浆的性质

5.2.2.1　针叶木

如上所述,云杉被认为是最适合热磨机械法制浆的木材种类。尤其是生长在欧洲北部和中部的挪威云杉，已经被作为用于 TMP 最好质量的木材种类的参考。北美云杉，尤其是黑云杉和白云杉，在这方面能够比得上挪威云杉。冷杉被认为与云杉是相对接近的，比如在加拿大香脂冷杉通常与云杉一起使用。在法国，银杉和云杉一起使用，尽管在给定的纸浆游离度下某些纸浆性质（例如撕裂指数）比云杉 TMP 的性质稍差[35]。表 5－8 给出黑云杉/香脂冷杉混合木和各种松木做原料的热磨机械浆的性质。

表 5－8　不同种类木材制得的热磨机械浆的性质（CSF 100mL）[27,33]

材种	黑云杉/香脂冷杉	斑克松	火炬松	加勒比松
比耗能（SEC）/（MW·h/t）	1.92	2.20	2.14	2.56
Bauer－McNett＋14 组分含量/%	12.2	7.0	9.7	19.7
Bauer － McNett － 200 组分含量/%	30.2	32.5	33.2	—
纤维长度/mm	1.29	1.00	1.19	1.32
筛渣率/%	0.45[a]	0.10[a]	0.30[b]	0.50[b]
纸页紧度/（kg/m^3）	391	341	303	297
抗张指数/（Nm/g）	40.8	34.9	31.9	26.7
撕裂指数/（mNm^2/g）	9.4	8.5	9.2	10.2
光散射系数/（m^2/kg）	63.5	59.4	49.5	53.6
白度/%	58.0	59.4	53.3	53.6

注　筛渣：[a]Somewille，[b]Pulmac（0.15mm）。

为了达到相同的纸浆游离度，松木要比云杉多消耗 10% ～30% 的磨浆能量。云杉/冷杉浆不仅比松木浆的强度性质好，而且光散射系数和白度也较高。一般来说，为了生产出充分处理的纤维，使形成的纸页性质类似于由云杉/冷杉所生产的纸页，松木浆必须有较低的游离度。

在北欧国家云杉的区域性短缺已经推动了欧洲赤松（*Pinus sylvestris*）和美国黑松（*Pinus contorta*）在 TMP 中的应用。在给定的游离度下[26,36]，松木浆的性质与那些云杉浆相比，可以总结如下：

① 较高的单位能耗（高 10% ～20%）；
② 较低的抗张指数（低 10% ～25%）；
③ 较低的撕裂指数（低 10% ～20%）；
④ 较高的光散射系数（约高 5%）。

当生产和云杉相似强度的纸浆时，美国黑松消耗的能量比欧洲赤松更高[26]。实际上，松木使用受限制不是因为它较差的纸浆强度性质，而是因为由抽出物含量引起的树脂障碍问题。树脂沉积到网部、毛毯、辊和其他过程设备上，引起断头和增加了清洗设备的要求。

生长在新西兰、澳大利亚和南美的辐射松（*Pinus radiata*）是松木中的一个特例。就像其他松树一样，在给定的游离度下，生产 TMP 要求的磨浆能量高于云杉。然而，相同的制浆条件下，与云杉相比，它的纤维束含量较低和长纤维含量较高[29]。当在给定的抗张指数下比较时，与云杉相比，辐射松的纸浆有较好的撕裂指数和较低的光散射系数（见图 5－4）。

在机械法制浆中可以通过适当的原材料选择来减少松树树种的缺点，尤其是南方松，比如高的纤维粗度、纤维壁厚、抽出物含量高和木材白度低。基于由树龄和在树干中的位置引起的纤维性质的自然变化，很明显，使用例如南方松（幼龄材）的间伐材将显著减少由高纤维粗度引起的问题。通过选择有色树脂心材比例较低的幼树，可以提高白度，减轻树脂障碍问题。

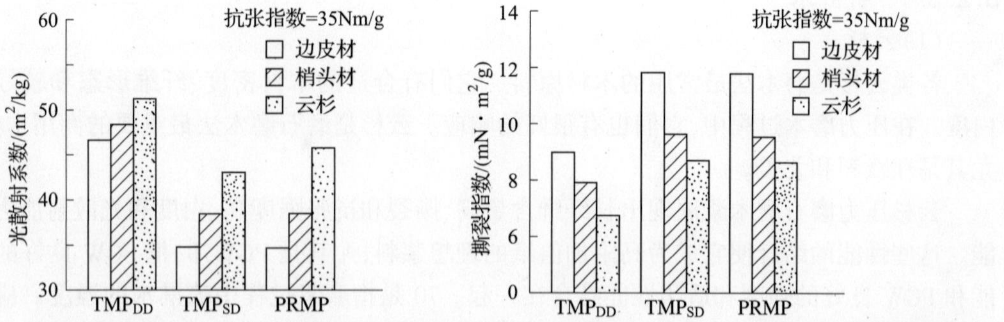

图 5-4 在给定的撕裂指数下云杉和辐射松(边皮材和梢头材)TMP 和 PRMP 的光散射系数和撕裂指数[29]

5.2.2.2 阔叶木

表 5-9 所示为一些阔叶木生产的 TMP 的性质。由颤杨制得的纸浆有良好的光散射系数和白度,但结合性能较差,这导致其强度性质比云杉 SGW 差。因此,为了在强度和光学性能之间找到合适的折中点,保持配料成本在合理的限度内,木片的化学预处理是一个必备条件[33]。其他的阔叶木与杨属材种相比通常是不适合作为 TMP 原料的[37],见表 5-9。正如所指出的那样,结果显示桦木和枫木 TMP 的质量明显要比山杨和白杨差,而红橡木和桉树显然是最差的木材种类。

表 5-9 各种阔叶木热磨机械浆的性质(CSF 90mL)[37]

木材原料	颤杨	美洲黑杨	多枝桉	白桦	红栎	糖枫
木材密度/(kg/m^3)	350	413	465	472	548	607
比耗能(SEC)/(MW·h/t)	2.3	2.6	2.3	3.3	3.1	4.0
纸页紧度/(kg/m^3)	435	457	321	404	286	390
抗张指数/(Nm/g)	25.5	27.8	12.6	21.2	10.2	20.0
撕裂指数/(mNm^2/g)	2.1	2.3	1.4	2.5	1.7	1.6
光散射系数/(m^2/kg)	77.0	87.9	57.6	67.0	48.3	66.5
ISO 白度/%	60	55	35	39	31	46

5.2.3 磨木浆的性质

众所周知,云杉类的木材在磨木过程中也是具有很大优势的,尤其是挪威云杉。一些松树类速生材也被证明非常适用于压力磨浆。另一方面,像欧洲赤松等生长较慢的松树被认为并不同样适合于磨木,因为其抽出物含量高、白度低、纤维挺硬和松厚。然而,在欧洲西部和中部,欧洲赤松在某种程度上可以和云杉混合用于 PGW 法磨木。

阔叶木的适用性主要受密度、纤维细胞壁厚度和纤维平均长度控制,当考虑磨浆过程中木材吸收能量和纤维分离的能力时,这些都是重要的参数。

通常,在压力磨浆过程中不同木材种类的相关响应是按以下顺序递减的:松树 > 云杉 > 杨树。当比较 SGW 与 PGW 时,杨木浆的强度有实际性的增加,但是 PGW-S 并没有任何进一步的增加。云杉对 PGW 和 PGW-S 的响应同样良好。在对所有商用木材种类中松木压力磨浆法的相对响应是最好的。

下面部分将讨论具有重要经济意义的各类木材的浆坑纸浆性质。

5.2.3.1 针叶木

(1)云杉

各类云杉是磨木法最常用的木材原料。它们有合适的木材密度、纤维形态和较好的初始白度。在压力磨木过程中,它们也有很好的响应。云杉是磨石磨木法最重要的商用木材原料,尤其是在欧洲和北美。

云杉压力磨石磨木浆展现出长纤维含量高、撕裂和抗张强度高、白度和光散射能力好的性能。这些性能的结合使它成为高附加值纸的理想浆料,尤其是 PGW70,把 SGW 良好的光学性能和 PGW 良好的强度和适印性能结合在一起。70 是指磨浆过程中喷淋水的温度。应用温度高达 120℃喷淋水所生产的云杉 PGW－S 浆有较高的强度但白度较低,这使它们非常适用于新闻纸。表 5－10 为典型的挪威云杉磨石磨木浆的质量[38]。表 5－11 和表 5－12 为黑云杉和香脂冷杉浆坑纸浆质量示例。

表 5－10　由挪威云杉生产的游离度为 80mL 的磨木浆坑纸浆质量[38]

方法	SGW	PGW70	PGW	PGW－S
比耗能(SEC)/(MW·h/t)	1.4	1.4	1.4	1.4
Baucer－McNett +28 组分含量/%	18	26	30	32
Baucer－McNett －200 组分含量/%	34	28	28	28
纸页紧度/(kg/m^3)	360	370	360	360
抗张指数/(Nm/g)	25	36	36	40
撕裂指数/(mNm^2/g)	4.1	5.8	6.1	7.1
光散射系数/(m^2/kg)	63	62	61	57
ISO 白度/%	64	64	63	61

表 5－11　由黑云杉生产的游离度为 80mL 的磨木浆坑纸浆质量

方法	SGW	PGW	PGW－S	方法	SGW	PGW	PGW－S
比耗能(SEC)/(MW·h/t)	1.3	1.3	1.3	抗张指数/(Nm/g)	31	38	44
Baucer－McNett +28 组分含量/%	14	30	32	撕裂指数/(mNm^2/g)	3.5	5.0	6.0
Baucer－McNett －200 组分含量/%	38	33	30	光散射系数/(m^2/kg)	62	62	58
纸页紧度/(kg/m^3)	370	360	360	ISO 白度/%	61	61	59

表 5－12　由香脂冷杉生产的游离度为 80mL 的磨木浆坑纸浆质量

方法	SGW	PGW	PGW－S	方法	SGW	PGW	PGW－S
比耗能(SEC)/(MW·h/t)	1.5	1.5	1.5	Baucer－McNett －200 组分含量/%	40	30	30
Baucer－McNett +28 组分含量/%	12	25	33	纸页紧度/(kg/m^3)	350	350	350

续表

方法	SGW	PGW	PGW－S	方法	SGW	PGW	PGW－S
抗张指数/(Nm/g)	27	34	38	光散射系数/(m^2/kg)	69	68	67
撕裂指数/(mNm^2/g)	3.0	4.5	5.5	ISO 白度/%	58	59	56

总之,磨石磨木过程中,所有云杉类材种的运行都基本相同。香脂冷杉与云杉不同。云杉和冷杉浆坑纸浆性质的主要区别是,冷杉有较低的强度性质,但光散射系数明显较高。冷杉通常和其他各种云杉混合磨浆。

(2)松树

生长慢的松树像欧洲赤松和美国黑松在磨木过程中并不常用。已经做了一些尝试来利用这些原材料。表 5－13 为这些纸浆示例[39]。

表 5－13　　由欧洲松生产的游离度为 100 mL 的未筛 PGW 和 TMP 浆[39]

方法	PGW	PGW－S	TMP	方法	PGW	PGW－S	TMP
比耗能(SEC)/(MW·h/t)	1.0	1.0	2.0	撕裂指数/(mNm^2/g)	3.4	4.1	4.5
Baucer－McNett＋28 组分含量/%	19	27	31	光散射系数/(m^2/kg)	61	60	55
Baucer－McNett－200 组分含量/%	31	29	29	ISO 白度/%	66	64	63
抗张指数/(Nm/g)	20	24	24				

在浆坑纸浆质量方面,欧洲赤松 PGW 和 PGW－S 的性能非常好。采用适当的单位能耗,纸浆就能达到与云杉浆相媲美的性质。另一方面,这些数字并没有反映这些浆具有的问题:粗纤维和壁厚纤维含量高,在制浆过程中需要对这些纤维进行处理。即使通过加强筛选和浆渣处理能够解决这些问题,而另一个限制因素仍然存在。在造纸过程中,松树的高抽出物含量会引起树脂障碍问题。

表 5－14 提供了其他生长慢的松木样品。在浆坑纸浆质量方面,美国黑松要好于欧洲赤松。但由于与欧洲赤松相同的原因,美国黑松在磨石磨木浆生产过程中也受到限制。

表 5－14　　由美国黑松生产的游离度为 100mL 的压力磨木浆坑纸浆质量[39]

方法	PGW	PGW－S	方法	PGW	PGW－S
SEC/(MW·h/t)	1.1	1.1	撕裂指数/(mNm^2/g)	4.1	5.1
Baucer－McNett＋28 组分含量/%	26	35	光散射系数/(m^2/kg)	63	62
Baucer－McNett－200 组分含量/%	32	30	ISO 白度/%	65	62
抗张指数/(Nm/g)	23	27			

不像北欧生长慢的材种,速生松木广泛应用于磨石磨木浆生产。松木用于生产磨木浆的主要区域是美国东南部(火炬松)、智利(南洋杉,辐射松)、南非(辐射松)和新西兰(辐射松)。

(3)辐射松(*Pinus radiata*)

在磨木过程中辐射松的表现与云杉有很多相似的地方。它们有相似的能量要求,但由于纤维特征的原因,辐射松提供了更好的纸浆强度和较低的光散射特征。表5－15给出了一个例子。

(4)南方松(火炬松 *Pinus taeda*)

南方松(*Pinus taeda*)通常有蓬松的纤维和厚的细胞壁。在常压磨浆时,得到的纸浆强度低和适印性能差。这些不利因素可以通过磨浆至比云杉更低的游离度来弥补[41]。南方松也非常适用于PGW－S生产过程,得到高的长纤维含量和撕裂指数。表5－16为典型的浆坑纸浆性质。

表5－15　由辐射松生产的游离度为80mL的磨木浆坑纸浆质量[40]

方法	SGW	PGW
SEC/(MW·h/t)	1.4	1.4
Baucer－McNett +28组分含量/%	14	25
Baucer－McNett －200组分含量/%	34	28
纸页紧度/(kg/m^3)	390	390
抗张指数/(Nm/g)	39	43
撕裂指数/(mNm^2/g)	5.1	6.0
光散射系数/(m^2/kg)	62	59
ISO白度/%	60	60

表5－16　由南方松生产的游离度为100mL的磨木浆坑纸浆质量

方法	SGW	PGW	PGW－S
SEC/(MW·h/t)	1.5	1.5	1.5
Baucer－McNett +28组分含量/%	9	21	31
Baucer－McNett －200组分含量/%	40	32	29
纸页紧度/(kg/m^3)	370	370	350
抗张指数/(Nm/g)	17	22	29
撕裂指数/(mNm^2/g)	2.5	4.5	5.9
光散射系数/(m^2/kg)	60	63	58
ISO白度/%	55	58	54

5.2.3.2　阔叶木

杨木

在北美杨木类的树种作为一种基于磨木浆的高附加值纸的原材料具有重要的经济价值。表5－17、表5－18和表5－19分别列出了由美国颤杨(*Populus tremuloides*)、美洲黑杨(*Populus deltoides*)和欧洲白杨(*Populus tremula*)制得的SGW和PGW的典型性质。

由不同种类杨木制得的纸浆的共同特征是低长纤维得率、高松厚度和相对低强度值。另一方面,这些浆展现了很好的光学性能。这种质量分布使它们非常适合用于涂布纸,它们生产的纸张具有良好的印刷性能、良好的挺度和平滑度以及非常好的纸页成形和不透明度[42]。通过碱性过氧化氢预处理可以达到适当的强度值。过氧化氢漂白不仅能提高白度和强度值,也能通过减少起毛和纤维粗化来改善重要的表面特性[43]。

表 5-17 由美国颤杨生产的游离度为 200mL 的磨木浆坑纸浆质量[42]

方法	SGW	PGW
SEC/(MW·h/t)	1.2	1.2
Baucer - McNett +28 组分含量/%	13	15
Baucer - McNett -200 组分含量/%	32	28
纸页紧度/(kg/m³)	356	368
抗张指数/(Nm/g)	16.0	19.6
撕裂指数/(mNm²/g)	2.7	3.1
光散射系数/(m²/kg)	73.5	72.1
ISO 白度/%	63.0	61.8

表 5-18 由美洲黑杨生产的游离度为 100mL 的磨木浆坑纸浆质量[42]

方法	SGW	PGW
SEC/(MW·h/t)	1.4	1.5
Baucer - McNett +28 组分含量/%	10.7	12.7
Baucer - McNett -200 组分含量/%	37.0	32.5
纸页紧度/(kg/m³)	340	340
抗张指数/(Nm/g)	11.5	19.0
撕裂指数/(mNm²/g)	2.3	3.2
光散射系数/(m²/kg)	68.0	69.0
ISO 白度/%	63.0	61.0

表 5-19 由欧洲白杨生产的游离度为 200mL 的磨木浆坑纸浆质量[42]

方法	SGW	PGW	方法	SGW	PGW
SEC/(MW·h/t)	1.2	1.5	抗张指数/(Nm/g)	14.8	18.5
Baucer - McNett +28 组分含量/%	11	15	撕裂指数/(mNm²/g)	2.4	2.9
Baucer - McNett -200 组分含量/%	33	25	光散射系数/(m²/kg)	71.7	70.8
纸页紧度/(kg/m³)	363	368	ISO 白度/%	69.0	68.4

在北美,各种杨木经常用于磨木浆的生产。主要的原因是,在许多地区,杨木是唯一可用的木材资源。在欧洲,杨木一直被认为是第二等的木材资源。然而,最近的项目表明这些即将改变。经过适当的处理,已发现杨木 PGW 能够生产优良的原料用于不含磨木浆涂布纸生产[44]。

5.3 用于化学机械法制浆的木材种类

化学机械法制浆是采用化学预处理和机械磨解相结合的制浆方法,木片先用药剂进行化学预处理,再用盘磨机磨解软化木片,使纤维分离成纸浆。根据化学预处理方法和磨浆方法的不同,组成多种不同的工艺流程,生产不同的化学机械浆。化学浆生产的工艺方法和技术条件多种多样,适用的树种范围很广。

5.3.1 木材和纤维特性

用于生产机械浆的木材原料都可以用于生产化机浆,但是由于化机浆生产工艺及最终用途与机械浆不同,从资源合理利用和性能效益并重的角度出发,选用的木材原料也有所不同。表5-20列举了一些可用于化机浆生产的主要木材原料[45]。

表5-20　可用于化机浆生产的主要木材原料的纤维特性[45]

区域	材种	树种	纤维长度/mm	纤维宽度/μm	纤维壁厚/μm	热水抽提物含量/%	1%NaOH抽提物含量/%	木素含量/%
中国	阔叶木	意杨	1.2	19.9	1.9	1.2	16.1	24.4
		三倍体杨	1.2	26.0	4.2	3.9	18.7	22.0
		桉树 G.	0.8	13.7	2.9	3.6	13.8	21.8
		蓝桉	1.0	15.0	3.5	4.4	10.9	28.2
		金合欢	0.9	14.8	2.8	4.0	17.0	26.7
	针叶木	马尾松	3.6	50	3.8/8.7	1.8	12.8	28.6
北美	阔叶木	杨树	1.0	15.0	2.0	2.8	19.3	18.1
		桦树	1.8	28.0	2.8	2.1	17.9	18.5
		枫树	0.8	23.0	1.7	2.5	12.3	21.1
	针叶木	黑云杉	3.5	35.0	2.4	2.5	12.3	27.3
		斑克松	3.5	34.0	2.7	3.1	16.3	27.4
		香脂冷杉	3.5	35.0	2.5	3.6	13.4	27.7
南美	阔叶木	桉树 G.	1.0	13.0	1.6	4.4	15.4	19.5
		金合欢	0.8	14.0	1.8	6.2	16.4	25.6

化机浆发展初期,纤维原料主要采取针叶木。针叶木的木素含量高,纤维长而粗。由于化学机械法制浆中保留了大部分木素,针叶木化机浆纤维较挺硬粗大,而且不容易被压扁,因而针叶木化机浆的游离度必须很低(通常低于150mL),才能使纸张具有较好的平滑度。此类化机浆一般用于生产低定量的涂布纸(LWC)和新闻纸等纸种。高游离度(300~600mL)的针叶木化机浆由于过于粗糙,不适合用于不含机械浆纸种,可用于低档纸板和生活用纸。由于针叶木化机浆木素含量较高,一般难以漂到80%以上的白度,也就限制了其在高白度(90%或更高)不含机械浆纸种的应用。因此,在过去的20多年里,化机浆的纤维原料已由针叶木为主要原料发展到阔叶木占主导地位。

与针叶木相比,阔叶木的纤维短且细,有利于纸页成形和表面性质,但是阔叶木化机浆的强度较低,尤其是撕裂强度较低。目前商品化机浆常用的3种阔叶木为杨木、桦木和枫木[45-46]。

杨木是北美和欧洲普遍使用的化机浆原料。杨木的木材密度较低,易于浸渍和磨浆,由于原木白度高,木素含量低,其化机浆较容易漂白到85% ISO以上的白度。杨木纤维短而小,因此其配抄性能优良,被广泛用于不含机械浆涂布和未涂布的纸和纸板,但由于纤维较短,其化机浆的松厚度比枫木和桦木化机浆的低。

与杨木相比，桦木的纤维壁较厚，纤维较长，木材密度也较高，要达到给定的游离度，桦木所需的磨浆能耗较高。商品桦木化机浆一般制成 400～500mL 的高游离度，以降低磨浆成本。与杨木浆相比，桦木浆纤维虽粗糙很多，但其松厚度较高。为提高杨木化机浆的松厚度，经常在杨木木片中掺入一定比例的桦木木片进行混磨。

枫木木材颜色微红，其化机浆很难漂白，最高白度在 80% ISO 左右。枫木化机浆很少用在不含机械浆的纸种。然而，枫木的纤维比杨木更短，因此对纸页的匀度和表面性能更为有利；枫木的纤维直径较大，因此可制成高松厚度的浆料。一种称为“超级枫木”的新品种松厚度高达 $4cm^3/g$。枫木化机浆的游离度控制在 400mL 左右，主要用作多层纸板的芯层浆。

热带树种如金合欢和桉木的木材密度高，较难浸渍。某些热带树种含有有色抽出物。热带树种化机浆的可漂性也各不相同，有些树种的浆很难漂白，因此限制了其在印刷和书写纸中的应用。

中国用于化机浆的木材原料主要来自于人工林，品种也较多，其中针叶木类有北方的云杉、冷杉，南方的马尾松、湿地松、云南松；阔叶木类有北方的杨木、桦木、枫木、榉木，南方的意大利杨、桉木，还有用混合阔叶木（柞木、水曲柳、桦木等）。工艺和原料的多样性带来了产品的多样性和产品性能的多样性，既可用于配抄新闻纸、超级压光纸、轻涂纸、轻型纸以及白纸板、白卡纸、废体饮料包装纸板，还可用于配抄双胶纸、复印纸、铜版原纸以及生产卫生纸、卫生巾等[33]。

在中国，也有用竹子生产化机浆，并成功用于配抄新闻纸等。

5.3.2 化学机械浆特性

化学机械法制浆过程包括温和的化学处理和机械磨浆，由于保留了大部分的木素，故得率较高（80%～90%）。与化学浆相比，化机浆纤维比较粗大和挺硬，具有较好的挺度和尺寸稳定性。化机浆含有较少的长纤维和较多的细小纤维，高松厚度是化机浆的典型特征。表 5－21 列举了化机浆和化学浆的主要区别。化机浆和化学浆在性质上的差异对成纸性能有显著的影响。含化机浆的纸通常具有较高的松厚度、弯曲挺度、尺寸稳定性以及更好的光散射性和印刷适性。化机浆可以达到阔叶木硫酸盐浆相似的强度，但是为了取得较高的松厚度，化机浆的强度一般低于化学浆。尽管如此，用化机浆取代阔叶木硫酸盐浆不一定会导致纸张强度的降低。化机浆与化学浆在纸张强度上通常具有协同效应。当同时使用化机浆和化学浆时，它们之间的互补作用会使纸张具有更好的性能。

表 5－21　化机浆和化学浆的主要差别[45－46]

项目	性能	化机浆	化学浆
化学成分及表面化学	制浆得率	高(80%～90%)	低(50%)
	木素含量	高	低
	半纤维素含量	高	低
	在水中的表面电荷	高度阴离子化	阴离子化
	亲水性	较低	较高

续表

项目	性能	化机浆	化学浆
纤维与细小纤维的性质	纤维分布	短纤维多	长纤维多
	细小纤维含量	高	低
	纤维结构	挺硬,粗大,高度细纤维化	柔软,弯曲,扭结
	纤维形态	短而粗,短纤维碎片	细长
	比表面积	大	小
	纤维结合能力	好	非常好
物理性能	强度(抗张、撕裂、耐破等)	低	高
	松厚度	高	低
	弯曲挺度	高	低
光学性能	白度	低	高
	光散射能力	高	低
	不透明度	高	低
	黄色调(b^*)	高	低

表5－22为化机浆与硫酸盐浆纤维长度和细小纤维含量的比较。表5－22的数据进一步表明,细小纤维含量较高是化机浆的重要特征。化机浆细小纤维的比表面积高达7～8m^2/g。此外,细小纤维的润胀程度相当于其纤维的2倍。细小纤维对纸张结构和物理性能有着非常重要的影响。

表5－22　化机浆与硫酸盐浆的纤维长度以及细小纤维含量的比较[45－46]

性质	杨木化机浆	桦木化机浆	杨木硫酸盐浆	桦木硫酸盐浆
游离度/mL	325	400	364	445
纤维长度/mm	0.8	0.95	0.74	1.1
细小纤维(P200)含量/%	26.0	22.0	9.0	7.0

化机浆生产过程灵活,可以通过调整生产各环节如浸渍、磨浆和漂白的工艺条件,生产具有不同物理和光学性能的化机浆,因而用途广泛,可用在机械浆纸和不含机械浆纸中,也可用于生产多层纸板和生活用纸。

化机浆在不含机械浆纸中的应用主要是代替阔叶木硫酸盐浆。表5－23列出了几种典型的用于不含机械浆纸的商品化机浆。在涂布纸和非涂布纸中用量一般为5%～15%和10%～25%。化机浆可提高不含机械浆纸的松厚度和不透明度,而且成本比阔叶木硫酸盐浆低。随着化机浆在不含机械浆的印刷和书写纸等品种中不断地运用,所含“不含机械浆”和“含机械浆”纸种之间的界限正逐渐开始消失。高白度阔叶木化机浆已被很多不含机械浆纸种广泛接受。

化机浆在机械浆纸种主要用于生产低定量涂布纸和新闻纸。在LWC的应用中,商品化机浆主要用来代替磨木浆。用于LWC纸的化机浆品种包括低游离度的杨木、针叶木或针叶木和杨木的混合化机浆。化机浆在新闻纸中的应用主要是为了提高强度以减少化学浆的用量,或为了提高产品等级如生产用于广告插页的高白度新闻纸。表 5－24 为用于 LWC 纸和新闻纸的磨木浆与化机浆的性能比较。为了满足 LWC 纸和新闻纸生产要求,化机浆要磨到较低的游离度。尽管如此,其游离度仍高于磨木浆,这有利于改善浆料的滤水及纸机的运行性能。

表 5－23 用于不含机械浆纸的化机浆的典型性能[45－46]

化机浆	杨木	杨木	杨木	桦木
游离度/mL	250	300	325	400
抗张指数/(Nm/g)	26	42	26	28
松厚度/(cm^3/g)	2.2	1.9	2.4	2.5
白度/%	85	85	85	85
不透明度/%(60g/m^2)	78	78	79	79
纤维长度/mm	0.8	0.8	0.8	0.95
细小纤维含量(0.4mm)/%	16	16	16	14
纤维束含量/%	0.01	0.01	0.01	0.01

表 5－24 用于 LWC 纸和新闻纸的磨木浆和化机浆的性能比较[45－46]

纸浆	云杉磨木浆	针叶木/杨木混合化机浆	针叶木化机浆
游离度/mL	50	125	100
抗张指数/(Nm/g)	41.0	25.0	44.0
撕裂指数/(mN·m^2/g)	3.9	4.5	7.0
松厚度/(cm^3/g)	2.4	2.5	2.1
耐破指数/(kPa·m^2/g)	1.7	0.9	2.5
纤维长度/mm	0.65	0.81	1.33
细小纤维含量(<0.4mm)/%	43.0	21.0	17.0

化机浆由于具有较高的松厚度,良好的成形和表面平滑度,足够的层间结合强度以及高游离度下良好的滤水性能,在多层纸板中得到广泛应用。表 5－25 为用于多层纸板的枫木、杨木和针叶木化机浆的典型性能。用于纸板芯层的化机浆游离度一般在 400mL 左右。取决于纸板品种的不同,白度在 70% ～80% 。针叶木化机浆挺硬的长纤维影响芯层的成形及纸板的表面平滑度,仅在一些低档纸板中使用。由于杨木和枫木的纤维小而短,可使纸板获得更好的表面平滑度。杨木化机浆的松厚度较枫木浆低,而枫木化机浆以高松厚度著称,被称为纸板生产中的超值纤维。因此,在高档纸板中通常是枫木和杨木化机浆配合使用。

表 5－25 用于多层纸板的商品化机浆的典型性能[45－46]

化机浆	枫木	杨木	针叶木
游离度/mL	400	400	400
松厚度/(cm^3/g)	3.4	2.8	2.8
抗张指数/(Nm/g)	12	17	29
白度/%	80.0	80.0	80.0
纤维长度/mm	0.70	0.80	1.54

5.4 树木之间性质的差别

除了树木内部的差异,树种之间的差别包括地理差异、林分与林分之间的差异和同一林分中单个树木之间的差异[8]。地理差异是由自然选择的行为造成的,有利各个体能很好地适应当地的环境条件,例如气候和土壤。地理差异有两个组成部分:基因的和环境的。相当多的林分与林分差异可能发生在一个地理区域内。它们中的绝大部分要归因于位置条件的变化,虽然也存在遗传学的差异。位置条件指的是这一位置阳光、水和养分的大体利用率,这些都会影响该位置处的平均生长速度。树的顶端和形成层生长的分生组织产生了新的木材细胞,从而引起树木粗度和高度的生长。生长分生组织的成熟进程导致所产生新细胞特征相关系统的变化。这些典型的树木生长模式反映在不同平均树龄的同龄林分之间木材和纤维性质的差别。在一个林分内相互之间生长相对接近的树木,其所在的位置条件和树龄可能导致纤维性质的不同。

5.4.1 木材性质的基因控制

树种与树种之间木材性质中基因变化和环境变化的数量和分配有很大的差异。一些树种像红松非常一致,而其他树种像火炬松、美国黄松和花旗松就有很大的差异[8]。

针叶木的管胞长度稳固地遗传。林分之间纤维长度的差异可能是非常大的,几乎总是大于林分中树木之间的差异(图5-5)。对于阔叶木,只是一个适当管胞长度的基因控制[8]。

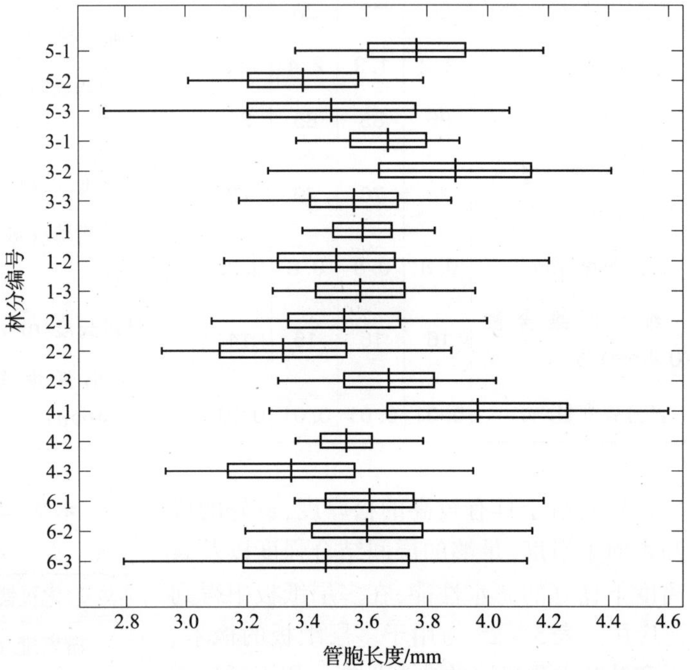

图5-5 林分之间和同一林分中树木之间针叶木纤维长度的差异[8]

已有细胞壁厚度及径向和切向细胞宽度的遗传控制的确切依据。这种控制似乎没有管胞长度的控制那么强烈。尤其是针叶木,木材基本密度和晚材含量遗传的间接证据大大地支持了纤维尺寸有很强遗传性的假设[8]。

就木材的化学组成而言,似乎木素含量是受很强的遗传控制,但是变化的范围很小。纤维素含量也有很强的遗传组分,但是它的遗传模式相当于一个无效的选择。然而克隆之间的差异可以用于无性繁殖。例如,已从桉树中得到了有益的遗传增益[8]。

绝大部分木材性质是适当到强烈地遗传,能够通过培育容易地改进。作为一种提高木材质量的手段,选育的目的必须依据建议的最终用途来定义。对于不同的最终用途(结构制材、能源用途、浆和纸制造),要求的木材性质是相互不同的。在温带,育种程序的开始和成材收获之间的时间为50~70年。在如此长的周期内,产品要求可能有相当大的变化[8]。

5.4.2 树木内部性质差异

因为纤维形成了各类纸种的基本结构,可以预见木材原料的纤维性质对浆张性质有实际性的影响。已经看到,不同木材种类之间的纤维性质有很大的差异,导致机械纤维分离能耗的差异和纸浆性质的差异。纤维性质的变化不仅存在于不同树种之间,而且也存在于相同树种不同树木之间。下文简述树木内部纤维性质之间的差异以及纤维性质差异对机械浆和纸张性质的重要性。生长在北欧国家的挪威云杉是最常用的参照树种。

当从树干的树心到树皮，或者由于形成层龄增加，纤维性质发生改变时，要考虑各个年轮平均值之间的差异性。年轮之间的差异通常是指晚材与早材纤维之间的差异，即那些在生长季节开始形成的（早材）或最后形成的（晚材）。

当考察一棵树内部由于高度位置引起的性质差异性时，通过观察可以避免一些困惑，一些研究认为生长鞘是在特定的年份中形成的，而有些研究认为是特定的形成层龄，即年轮数，还有些研究认为是特定高度位置上整棵树横截面的平均值。

在大多数涉及生长速度对木材和纤维性质影响的文献中，年轮的宽度被当作生长速度的指示器。然而，树的生长模式是在没有干扰的情况下，年轮的宽度按照一定的宽度发展，如图 5－6 所示。这种没有干扰的情况可能受造林实践如间苗和施肥的影响，导致在给定的形成层龄下年轮宽度比预期的要宽。另一方面，例如与邻树之间的一个不利的竞争环境可能导致相反的现象。因此，当探讨实际生长率对纤维性质影响时，应该考虑有代表性的树龄——相关的年轮模式。

5.4.2.1 纤维长度

树木之间纤维性质的差异存在于树种之间、一棵树的树干之内和一个选择的年轮之内。在一个树干内不管是径向的（从树心到形成层）还是轴向的（从底部到顶部）纤维的尺寸都有所不同。在不同的高度水平，这种变化模式在同一树内和不同树干之间是非常相似的。在纤维性质中，纤维（管胞）长度的变化是最大的。

管胞长度的变化是随着细胞形成层长度的变化而变化，依次取决于管胞形成时形成层龄或成熟度。在树干的所有高度，纤维长度从树心到树皮是增加的[48－52]，随生长速度的增加纤维长度是减少的[53]。图 5－7 为一些挪威云杉树干内形成层成熟度和生长强度对纤维长度的综合影响的研究结果。

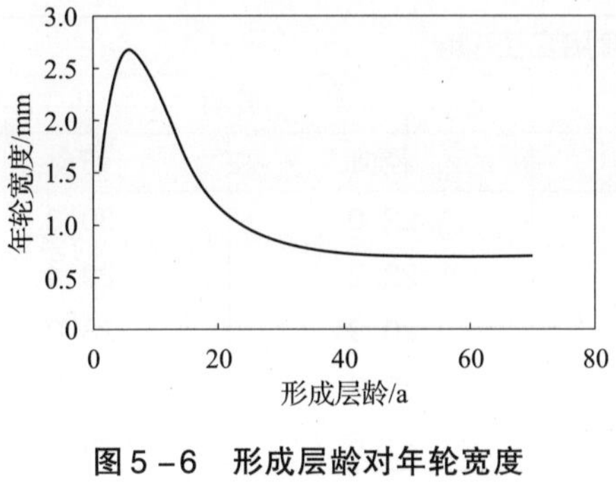

图 5－6 形成层龄对年轮宽度典型进化的综合影响

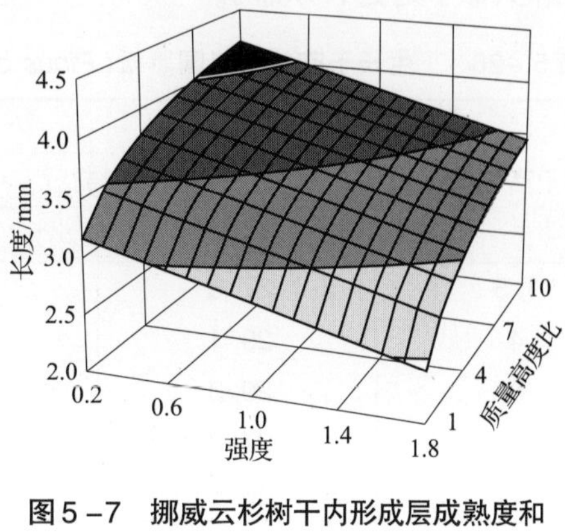

图 5－7 挪威云杉树干内形成层成熟度和生长强度对纤维长度的综合影响[54]。

质量高度比是形成层产生的生物量的积累测量，即形成层成熟度的测量。生长强度是在给定的形成层成熟度下归一化为平均生长速率的实际生长速率。

在幼龄期，树心附近的纤维长度快速增加，但当形成层变老时，其增加速度逐渐慢下来，而且几乎与外层相同。在树桩部分的增加是最慢的[48]。

除了树干内径向和轴向方向纤维长度的差异外，差异也发生在选定的年轮内。从早材到晚材，纤维长度增加，在生长季节的最后会达到最大值。在针叶木中，一个年轮内纤维长度的差异平均为 12%～25%[50]。

在制浆造纸厂木材削片对用作 TMP 和 CTMP 木材原料的纤维长度有显著的影响。到达制浆造纸厂的木材原始纤维长度在削片过程中降低了，这种降低在某种程度上取决于目标木片的长度和细小纤维的形成。

5.4.2.2 纤维宽度

径向测定的管胞平均宽度表明与树干内管胞长度有相同的变化模式。树心附近的径向纤维宽度是最小的,在幼龄期快速增加,但它比纤维长度更快达到稳定,当形成层变老时甚至开始下降[48]。这里所指的研究中,在单个云杉树干中径向纤维宽度的最小值是 21μm,最大值是 42μm。树木中最宽的纤维存在于树干高度 30% ~60% 处的外部。

对于针叶木早材和晚材的管胞来说,切向测得的管胞宽度几乎是一样的,而且随着形成层龄的改变变化不大,然而在径向测得的早材纤维宽度实际上要大于晚材。从树心到形成层管胞平均宽度的增加可能是由于早材纤维在径向宽度的增加,因为晚材的径向直径没有显著的变化(图 5-8)[55]。

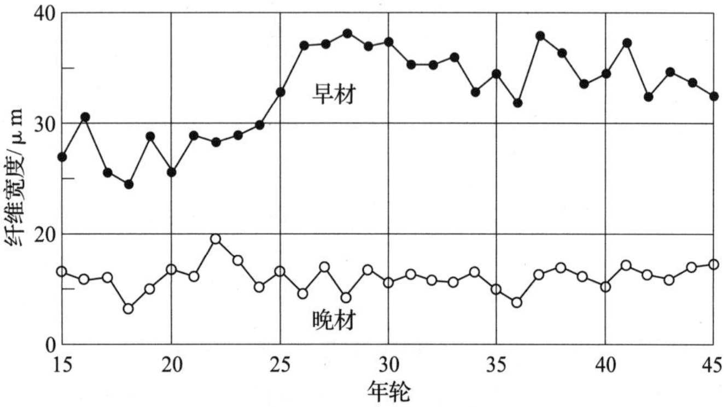

图 5-8 欧洲赤松(*Pinus sylvestris*)树桩径向早材和晚材管胞宽度的差异[55]

在选定的年轮内,树干轴向纤维宽度变化很小。表 5-26 说明了生长在芬兰的美国黑松的这种情况[51]。在树干中部的早材管胞直径是最大的,然而晚材管胞直径差异的模式似乎是更不明确的。

表 5-26 生长于芬兰的美国黑松(*Pinus contorta*)的早材和晚材管胞直径的变化

树干高度/m	管胞直径/μm			
	早材		晚材	
	径向	切向	径向	切向
1.3	27.3	30.6	22.0	30.3
4	29.1	31.9	22.2	29.4
8	29.3	31.2	20.9	28.0
12	27.8	29.8	22.2	30.0
16	26.6	30.2	21.6	29.2

注 测量是在树干各个高度上从髓心的第 3 个年轮上进行的,为两个林分 8 棵树干的平均值[51]。

径向和切向纤维宽度的综合影响决定了纤维的周长,即纤维周线的长度。因为从树心到树皮径向纤维宽度增加,切向纤维宽度保持恒定,所以纤维周长从树心到树皮是增加的。增加的生长速度通常意味着早材含量的增加,因此在这种情况下也会使纤维平均周长增加。图 5-9说明形成层成熟度和生长强度的综合影响。

5.4.2.3 细胞壁厚度

对细胞壁厚度差异的研究要少于纤维长度和宽度。显微技术的进步,尤其是硅靶视像管(Silviscan)装置的开发[56-57],使得能够收集到更多可靠的数据用于研究。

一个年轮内的细胞壁厚度从早材到晚材是增加的。从早材到晚材的变化并不是突然的,但是存在着一个细胞壁厚度增加同时径向纤维宽度减少的过渡区。

已发现基于单个年轮计算的平均细胞壁厚度对很多针叶木来说从树干的树心到形成层是增加的[50-51,55]。细胞壁厚度很大程度上取决于每年的生长条件，并且从树心到形成层的增加在晚材比早材更加显著（见图 5-10）。

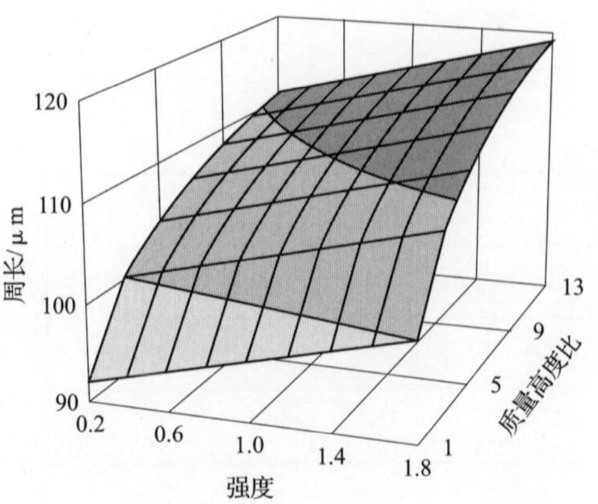

图 5-9 挪威云杉形成层成熟度和生长强度对纤维周长的综合影响[54]（见图 5-7 的说明）

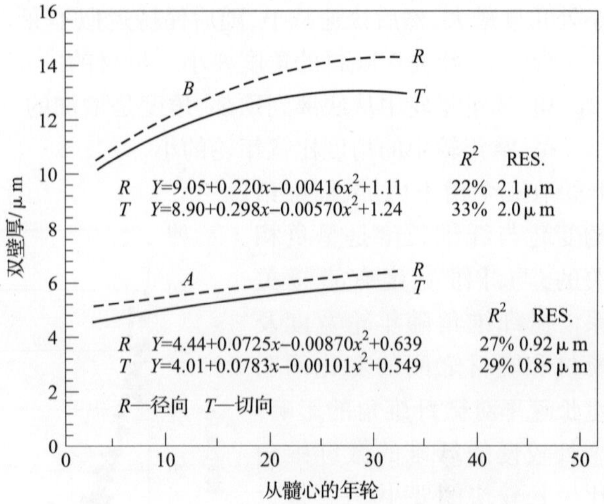

图 5-10 早材（A）和晚材（B）细胞壁厚度从髓心到形成层的变化（生长在芬兰的美国黑松；两个林分 8 棵树的平均值[51]）

除了形成层龄，细胞壁厚度也受到生长速率的严重影响：生长速率越快，细胞壁平均厚度越小[58]。图 5-11 阐明了生长速率和形成层成熟度对细胞壁厚度的综合影响。

在非常差的生长条件下，细胞壁厚度将不会发展。有关研究指出，在一棵树内高度位置似乎并不影响平均细胞壁厚度，但是最为重要的因素是形成层龄和生长速率。

5.4.2.4 横截面的细胞壁面积

纤维周长和纤维细胞壁厚度的综合影响定义了纤维横截面的细胞壁面积。因此，横截面细胞壁面积自然是随形成层的成熟度增加的。纤维周长和细胞壁厚度对生长速率的响应不是十分一致，导致细胞壁面积与生长速度的非线性关系[54]。这已在图 5-12 中阐明。由于干纤维的细胞壁密度是相对恒定的[9-10]，即 1.5g/cm^3，因此细胞壁面积与通常使用的纤维特征，即纤维粗度，是紧密联系的。

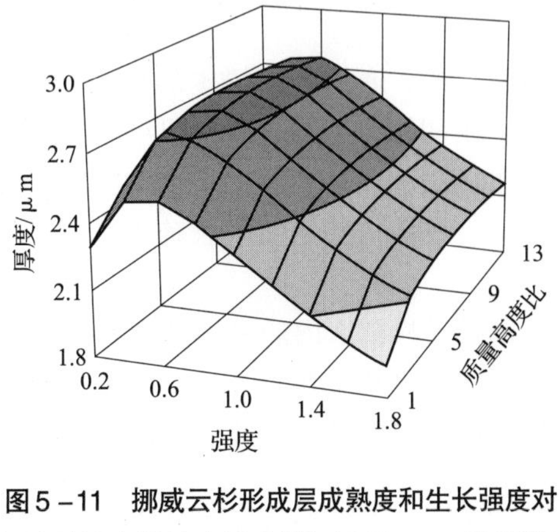

图 5-11 挪威云杉形成层成熟度和生长强度对细胞壁厚度的综合影响[54]（见图 5-7 的说明）

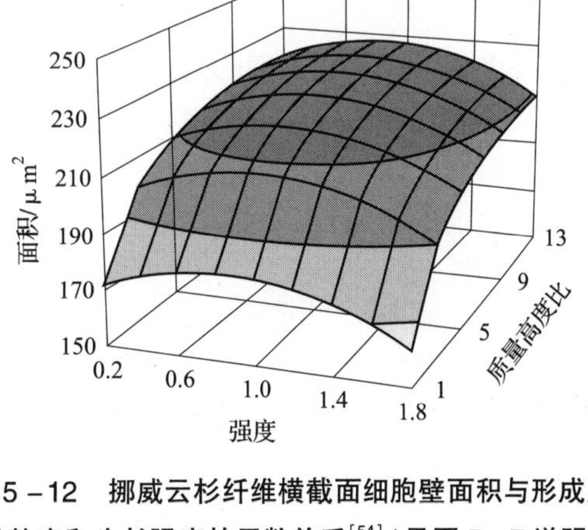

图 5-12 挪威云杉纤维横截面细胞壁面积与形成层成熟度和生长强度的函数关系[54]（见图 5-7 说明）

5.4.2.5 微纤维角

在针叶木管胞 S2 层中平均微纤维角按如下变化[59-63]：

① 在树干的所有高度处，角度在径向从树心到形成层是减少的。在树心附近纤维长度最小处角度最大，然后快速减小，随后保持近似不变。

② 选定年轮中晚材的角度要小于早材的。

③ 选定年轮中从底部到顶部，角度是增加的。

④ 窄年轮中的角度比宽年轮的小。

在一个树干内，微纤维角的变化与纤维长度是呈负相关的，与纤维宽度有直接关系。微纤维角随年轮宽度及早材和晚材之间的变化阐明生长速率对微纤维角的影响；生长较慢的纤维的微纤维角比生长较快的要小[59]。最近研究表明，在挪威云杉和欧洲赤松的 TMP 磨浆中，至少当考虑到给定纸浆游离度的单位能耗时，微纤维角和单位能耗之间没有相关性[64]。图 5-13 说明从树心向外微纤维角的变化。

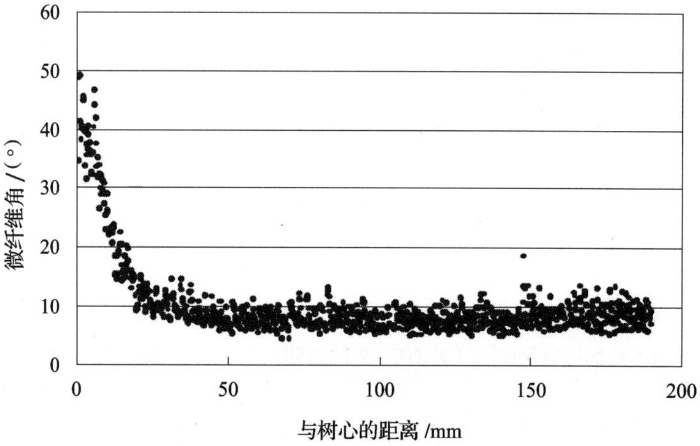

图 5-13 与树心不同距离的微纤维角
（适用于挪威云杉用 Silviscan 装置测定的样品）

5.4.3 林分内的差异

一棵棵树木可能会显示出一个林分内独特纤维性质的差异。正如前面部分所述，树内纤维性质是系统变化的，形成层的成熟度和它的生长速率在管胞形成开始是决定性的因素。因此，可以期待，利用树木的成熟度和过去的生长速率能预测树内纤维的性质。遗传的因素也许会导致树木个体之间另外的差异，最可能通过影响纤维性质发展的速度和稳定水平。

有许多代替树木成熟度的指标，比如树龄、直径或生物量。通过考虑树木的树龄和直径，成熟度和生长速率的综合影响也将包括在内。图 5-14 阐明了一指定树龄（即年轮数）和直径的挪威云杉圆木内的平均纤维长度[54]。平均纤维长度随着树龄和直径的增加（也就是随着形成层成熟度的增加）而增加。在一个恒定的圆木直径下，较低树龄表明生长速率较快，从而导致了平均纤维长度较低。

图 5-15 阐明了一指定树龄（即年轮数）和直径的挪威云杉圆木内的平均细胞壁厚度[54]。在给定的圆木直径下，较老的圆木生长较慢，因此也有较高的平均细胞壁厚度。另一方面，在给定的圆木树龄下，直径较大的圆木生长较快，因此与树龄相似但直径较小的圆木相比，它可能有较小的平均细胞壁厚度。

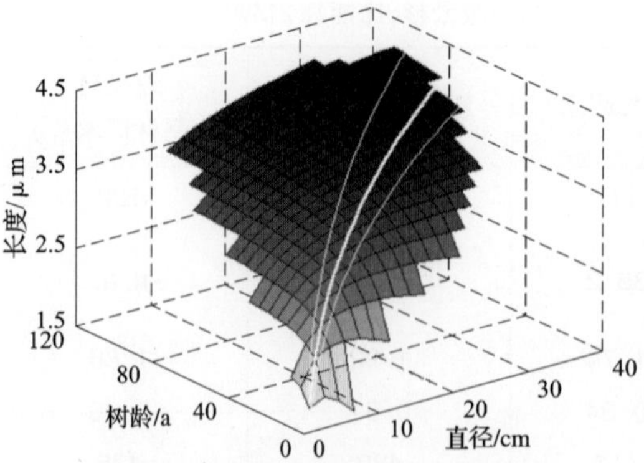

图 5-14 挪威云杉圆木平均纤维长度与圆木直径和树龄的函数关系（画出不变生长速率的等值线[54]）

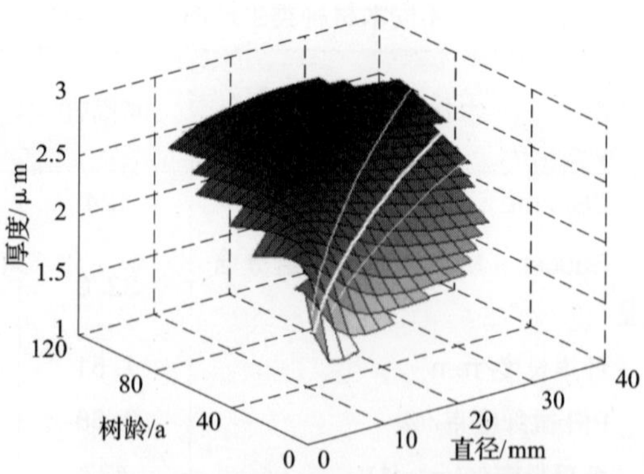

图 5-15 挪威云杉圆木平均细胞壁厚与圆木直径和树龄的函数关系（画出不变生长速率的等值线）

5.5 不同材种的纸浆性质

不同树种之间和同一树种内木材性质的本质差异对机械法制浆和纸浆性质有相当大的影响。由于质量变化模式和制浆造纸厂条件的实际限制，木材不能被分成完全均一的组分，而这对具有恒定质量的纸浆生产和每个特定最终用途所需性质来说将是理想的。通过单一树种木材的挑选和分类使机械浆性质差异最小化的可能性在下文叙述。

不同木材树种的挑选和分类取得的结果不是完全一致的。差异的产生是因为树种与树种之间木材性质差异的大小是不同的，也可能是研究与研究之间样品的来源是不同的。此外，木材原料和过程条件（例如，磨浆强度）的综合影响并没有被充分研究。

制浆材性质的差异是纸浆性质差异的主要来源，同时纤维性质常常也是存在差异。为了提高纸浆的均一性，可以采取以下措施：

① 不同的材种不进行混合；
② 不同林分来源的制浆材分开加工；
③ 不同材种木材要分开保存和加工；
④ 不同材种木材要分开保存，但在已知性质时可以混合后进行加工；
⑤ 如果林分产地未知，制浆材应根据树龄、直径或生长速率分类；
⑥ 只使用新鲜木材；
⑦ 在制浆造纸厂设置适当的木材处理操作。

5.5.1 制浆用木材与制材厂木片

制材厂木片主要来自圆木的外部，这个部位的纤维较长且细胞壁较厚。在给定的能量输入下，由制材厂木片制得的 TMP 浆的游离度比由制浆材木片制得的 TMP 浆低（见表 5-27）。受木材材种影响的纸浆性质是纤维长度、Bauer-McNett 筛分组分、纤维束含量、撕裂指数、透气性、白度和光散射系数。纤维束含量、撕裂指数和光散射系数的变化最引人注意。间伐材和边皮材（制材厂木片）代表了两种极端，间伐材有最高的纤维束含量、最低的撕裂指数和最高的光散射系数，而边皮材有相反的性质。

表 5-27 不同木材种类生产的 TMP 的性质(生长在挪威的挪威云杉,比能耗 2MW·h/t[65])

木材种类	间伐材	顶部圆木	粗端/中部圆木	边皮材(制材厂木片)
CSF/mL	124	117	128	102
Baucer - McNett +30 组分含量/%	32.0	36.2	40.1	n.a.
纤维长度/mm	1.51	1.74	1.92	1.88
PFI 微纤维束/%	0.68	0.34	0.31	0.08
纸页紧度/(kg/m^3)	427	413	432	435
抗张指数/(Nm/g)	38.7	39.2	39.4	39.2
伸长率/%	2.2	2.2	2.3	2.4
撕裂指数/(mNm^2/g)	6.4	7.0	7.6	7.5
透气度(Gurley)/(mm/Pa·s)	3.5	1.7	2.2	2.5
光散射系数/(m^2/kg)	57.9	55.3	54.0	53.4
ISO 白度/%	65.5	64.0	63.4	64.9

也有报道,幼年的辐射松(间伐)比成熟的辐射松需要更多的单位磨浆能量。平均而言,间伐材需要的磨浆能量比边皮材基的顶部或者外部的成熟材要多约 10%[66-67]。在这些研究中,与顶部圆木相比,间伐材 TMP 具有较高的纸页紧度、抗张指数、撕裂指数和光散射系数。

除了实验室和中间试验外,上述绝大部分原材料的影响在挪威云杉工厂规模的试验中已被证实(表 5-28)[68]。

表 5-28 由不同挪威云杉(*Picea abies*)木材种类制造的新闻纸级第二段和最终使用 TMP 的性质[68]

木材种类	首次间伐		主伐材		边皮材	
木材原料性质						
纤维长度/mm	1.91		2.39		3.02	
纤维宽度/μm	22.7		31.8		39.8	
细胞壁厚度/μm	1.8		3.3		3.8	
纸浆性质	第二段	最后使用	第二段	最后使用	第二段	最后使用
CSF/mL	120	88	120	74	120	80
SEC/(kW·h/t)	1765	1967	1772	2036	1780	2007
Baucer - McNett +28 组分含量/%	31.0	29.5	42.1	37.6	44.1	40.1
Baucer - McNett -200 组分含量/%	28.7	30.0	23.6	27.0	23.5	26.8
纤维长度/mm	1.46	1.32	1.72	1.63	1.81	1.72
纤维宽度(+14 组分)/μm	—	24.3	—	29.4	—	34.1

续表

纸浆性质	第二段	最后使用	第二段	最后使用	第二段	最后使用
细胞壁厚度(+14 组分)/μm	—	2.0	—	2.6	—	3.1
纸页紧度/(kg/m³)	392	405	386	412	391	414
抗张指数/(Nm/g)	41.9	40.8	43.8	47.2	44.1	45.9
伸长率/%	3.3	3.4	3.4	3.8	3.0	3.0
撕裂指数/(mNm²/g)	7.60	7.65	8.54	8.39	9.03	8.60
透气度(Bendtsen)/(mL/min)	315	170	460	130	420	120
光散射系数/(m²/kg)	60.7	61.4	54.9	56.4	53.2	54.1
ISO 白度/%	62.9	61.7	58.8	59.6	57.8	58.2

在此,边皮材(制材厂木片)制得的 TMP 有最大的长纤维含量,最小的细小纤维含量,最高的撕裂指数和最低的光散射系数。间伐材 TMP 具有最好的光学性质,但强度性质最差。主伐材(老林材)TMP 的大多数性质在这两种纸浆之间。没有发现制浆中单位能耗的差别。

人们也许会想,上述报道的木材材种之间的差异是否只反映木材基本密度或纤维长度的差异。对用不同树龄和基本密度(见表 5-29)的 7 种辐射松样品(见图5-16)制 TMP 的研究[12]表明:

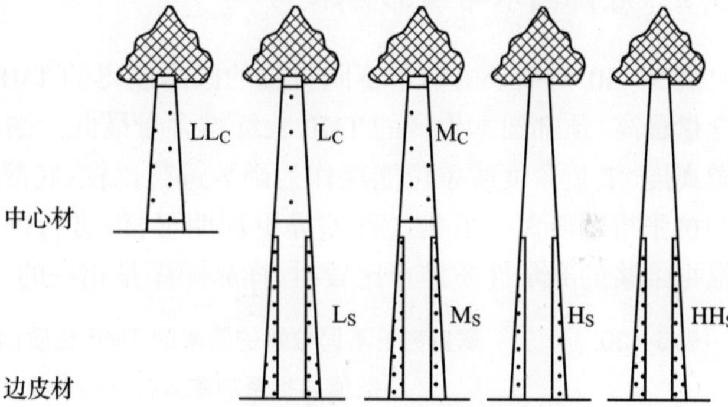

图 5-16 表 5-29 介绍的木材和纸浆性质的木材样品来源[12]

① 木材基本密度和单位磨浆能耗之间没有直接关系,纤维长度和单位磨浆能耗之间也没有直接关系;

② 高的初始纤维长度一般会导致纸浆中有高的长纤维含量,高的撕裂指数,也可能有高的抗张指数和低的纸页紧度;

③ 木材的自然属性和 TMP 性质之间的关系是复杂的,可能存在补偿机制平衡,在性质发展中,薄壁和厚壁纤维与细小纤维的相对贡献来自它们。

表 5-29 辐射松的木材性质对 TMP 质量的影响[通过回归方程计算的纸浆性质(CSF 100 mL)[12]。确定样品位置的样品编号如图 5-16 所示]

样品编号	LL_C	L_C	M_C	L_S	M_S	H_S	HH_S
木材种类	心材	心材	心材	边材	边材	边材	边材
树龄/a	11	11	13	26	27	44	46
原始纤维长度/mm	2.2	2.9	2.5	3.3	3.0	3.6	3.5
木材基本密度/(kg/m³)	345	375	425	390	465	515	565

续表

样品编号	LL_C	L_C	M_C	L_S	M_S	H_S	HH_S
木材种类	心材	心材	心材	边材	边材	边材	边材
纸浆性质							
纤维长度/mm	1.8	1.7	1.8	1.9	2.1	2.3	2.4
Baucer－McNett ＋30 组分含量/%	23.3	25.4	29.6	34.5	35.9	39.8	39.5
Baucer－McNett ＋100/＋200 组分含量/%	7.2	9.4	7.1	8.0	5.9	6.1	6.0
Baucer－McNett －200 组分含量/%	33.6	33.6	31.2	31.3	30.9	31.1	30.1
纸页紧度/(kg/m^3)	368	352	351	373	358	356	348
抗张指数/(Nm/g)	34.3	32.6	34.6	39.8	38.2	37.8	37.3
撕裂指数/(mNm^2/g)	8.9	7.5	8.5	9.5	10.8	11.2	11.6
透气度/(s/100mL)	42	38	32	65	41	50	51
光散射系数/(m^2/kg)	52.9	56.7	50.5	51.7	49.5	48.2	49.8

注 长度6m样品圆木底部测量。

5.5.2 底部圆木与顶部圆木

表5－30列举了由树干不同位置的圆木制得的TMP的性质。底部圆木生产的TMP长纤维含量最高，顶部圆木生产的TMP长纤维含量最低。细小纤维含量变化要小得多。不管是否把游离度、纸页紧度或单位能耗作为函数进行比较，底部圆木浆的抗张指数比中间或顶部圆木浆的抗张指数要大。虽然这种差异更加明显，但进行撕裂指数比较时得到的结果是相同的。当根据纸浆的光学性质进行比较时，样品顺序是相反的。（见图5－17）。

表5－30 取自树干不同位置的圆木的TMP性质（辐射松带有小树枝。数值内推至加拿大标准游离度100mL[69]）

圆木位置	底部		中间	顶部	
木材密度	低	高	高	低	高
SEC/(MW·h/t)	2.15	2.30	2.05	2.20	2.20
Baucer－McNett ＋30 组分含量/%	37.0	40.5	35.0	28.0	28.5
Baucer－McNett －200 组分含量/%	33.5	31.5	28.8	30.0	33.0
纸页紧度/(kg/m^3)	380	370	370	355	360
抗张指数/(Nm/g)	42.0	42.0	40.5	35.0	36.0
撕裂指数/(mNm^2/g)	10.0	11.5	9.2	8.0	7.9
透气度/(s/100mL)	67	60	42	51	43
光散射系数/(m^2/kg)	56.3	55.8	59.9	63.9	65.3
ISO 白度/%	57.5	59.5	59.0	59.8	60.5

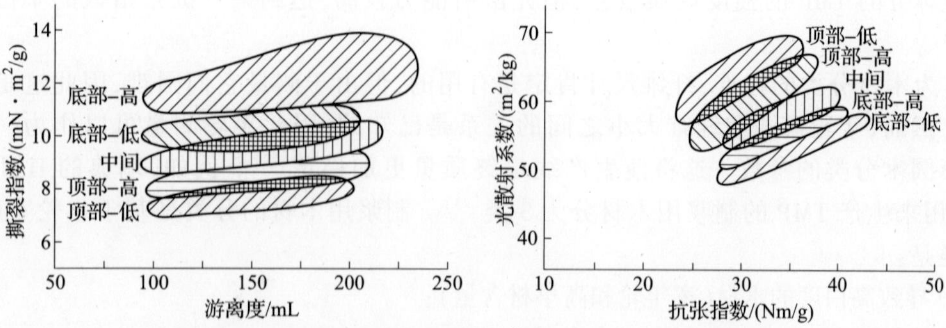

图 5－17 辐射松树干不同位置的圆木生产的 TMP 性质[69]。

5.5.3 心材和边材

心材的性质不同于边材。心材总是存在于树木的内部,而边材则在树木的外部。心材可能是由纯的幼龄材构成的,但可能含有越来越多的成熟材。在年幼的树木里,边材也能含有幼龄材。因此,心材和边材之间的纤维尺寸和木材基本密度的差异与幼龄材和成熟材之间的差异是相似的。另外的差异来自心材干度(心材纤维细胞腔不含水)和与心材形成有关的化学变化,尤其是抽出物含量的增加。表 5－31 表示一些加拿大木材种类制得的盘磨机械浆之间的差异[70]。幼龄材和成熟材从取自样品树底部的圆木中分离出来。幼龄材样品(水分含量低于 30%)的报告干度表明它们实际上是心材。在磨浆至加拿大标准游离度 100mL 时,幼龄材需要的单位能量要比成熟材多约 8%。此外,幼龄材制的纸浆有如下性质:

① 较短的纤维长度和较低的长纤维含量,因此强度性质(撕裂和抗张指数)要比成熟材低。

② 细小纤维含量和光散射系数比成熟材高。

表 5－31 花旗松、斑克松和美国黑松次生林的幼龄材和成熟材的盘磨机械浆(CSF 100 mL)[70](在这种情况下,幼龄材实际是心材)

木材种类	花旗松		斑克松		美国黑松	
木材类别	幼龄材	成熟材	幼龄材	成熟材	幼龄材	成熟材
SEC/(MW · h/t)	3.28	3.06	3.44	3.19	3.72	3.36
纤维长度/mm	1.95	2.16	1.76	2.02	1.83	2.28
Baucer－McNett +48 组分含量/%	53.7	57.0	45.5	50.9	52.5	58.3
Baucer－McNett －200 组分含量/%	27.9	26.3	31.2	28.5	27.3	24.1
抗张指数/(Nm/g)	33	36	27	29	35	40
撕裂指数/(mNm²/g)	7.2	8.4	5.9	6.8	6.0	7.1
光散射系数/(m²/kg)	55.1	49.1	59.8	54.2	65.1	58.9

5.5.4 慢生材和速生材

林分起源影响挪威云杉的质量从而也影响机械法制浆[65,71]。例如,与生长在林业林分的木材相比,生长在农业林分的木材纤维短而宽,细胞壁较薄。因此,与林业林分相比,来自农业林分的 TMP 的强度性质较差,但光散射能力较高,达到某一抗张指数的单位能耗较高[71]。

作为木材分类的标准,纤维尺寸肯定是有用的,但由于测量它们困难,因此这是不实际的。然而,年轮模式和纤维大小之间的关系是已知的,因此年轮测量可以作为一个挪威云杉圆木分类的参数。这将使生产线最终质量更加稳定[72]。例如,瑞典的 Hallsta 造纸厂,用来生产 TMP 的制浆用木材分为 3 类[73]。制浆用木材的分类是基于年轮宽度,这个分类是:

① 导致高白度的木材(宽年轮和高早材含量);

② 中间级;

③ 导致良好强度的木材(窄年轮)。

不同的云杉木材分类用于特定纸浆的生产,这些特定纸浆是用于制造改良和超级改良新闻纸、超级压光杂志纸和办公用纸。基于生长速率的挪威云杉分类提供了不同 TMP 浆性质之间的显著差异[74-75]。

5.6　木材性质的季节变化

进入制浆过程的木材原料性质也表现出了季节性的变化模式。这是由树木生长中每年的变化、气候条件以及砍伐和加工之间原材料的经历所造成。每年的循环存在于如下木材原料的性质中[76-80]:

① 干固形物的含量;

② 木片尺寸分布;

③ 树皮含量;

④ 亲脂性抽出物的量和无机物组分;

⑤ 白度。

在温带的针叶木生长中,在冬季新砍伐的木材水分含量是最高的。贮存的圆木水分含量和白度也都保持完好。然而,圆木的冻结增加了木材与树皮之间的结合强度,因此使剥皮更加困难。结果,木片中树皮含量的增加伴随着抽出物含量的增加。与温暖季节削片相比,冻结圆木削片得到的木片较小。假如在冬季可以控制树皮的含量,因为这些差异,可以预料夏季由于运输和贮存期间木材白度的损失机械浆的白度是最低的。由于白度下降,漂白化学品的消耗将增加,在漂白能力有限的情况下导致最终纸张白度较低。在寒冷季节木片尺寸下降可预计导致强度性质较低。冻结圆木的磨木预计也会降低纸浆的强度。减少的强度经常导致印刷车间运行性问题,增加纸幅断头的频率[77]。几项研究已经证明这些模式。

然而,在木材来源(林分起源、木材种类混合、制材厂木片与圆木的比例)中随机的变化可能会干扰上述的差异模式。在最近的一项研究中[81],从 3 个月到 2 年多的间隔取黑云杉和香脂冷杉样品,且采伐后马上制浆。在木材密度或抽出物含量、纸浆物理性质、漂白浆白度或白度增值方面没有季节性差异。采伐模式的季节性区别和甘油酯水解程度的季节性变化被看作是机械浆物理性质季节性变化最可能的起因。

在一家 TMP 浆厂一整年的研究[82]显示季节性变化主要体现在甘油三酯和脂肪酸浓度上。与夏季相比,冬季水溶性糖、淀粉和半乳糖醛酸的量较高。在夏季,多价离子的存在与较高的游离脂肪酸和树脂酸浓度可能会导致沉积问题。

5.7 木材供应对木材性质的影响

当木材分为不同的品种或质量等级时，影响木材质量的第一个决策是在森林中做出的。为了以最佳的方式操作，木材供应系统应该：

① 提供给顾客（有不同流程的各种制浆造纸厂）最可能好的、数量充足的木材原料，用于连续生产；

② 运输木材时，无机械损伤，无杂质；

③ 在木材新鲜的条件下运输，即尽可能快；

④ 运输过程中保持对木材来源的跟踪；

⑤ 经济有效的操作。

树木砍伐与加工之间的这段时间不能总是缩短到最少，所以圆木必须贮存一段时间。在运输和贮存过程中，由于机械损害（干燥、杂质进入，如砂石和烟尘）、生物效应（真菌、细菌和昆虫）和化学效应（丹宁危害、抽出物反应），木材质量受损。

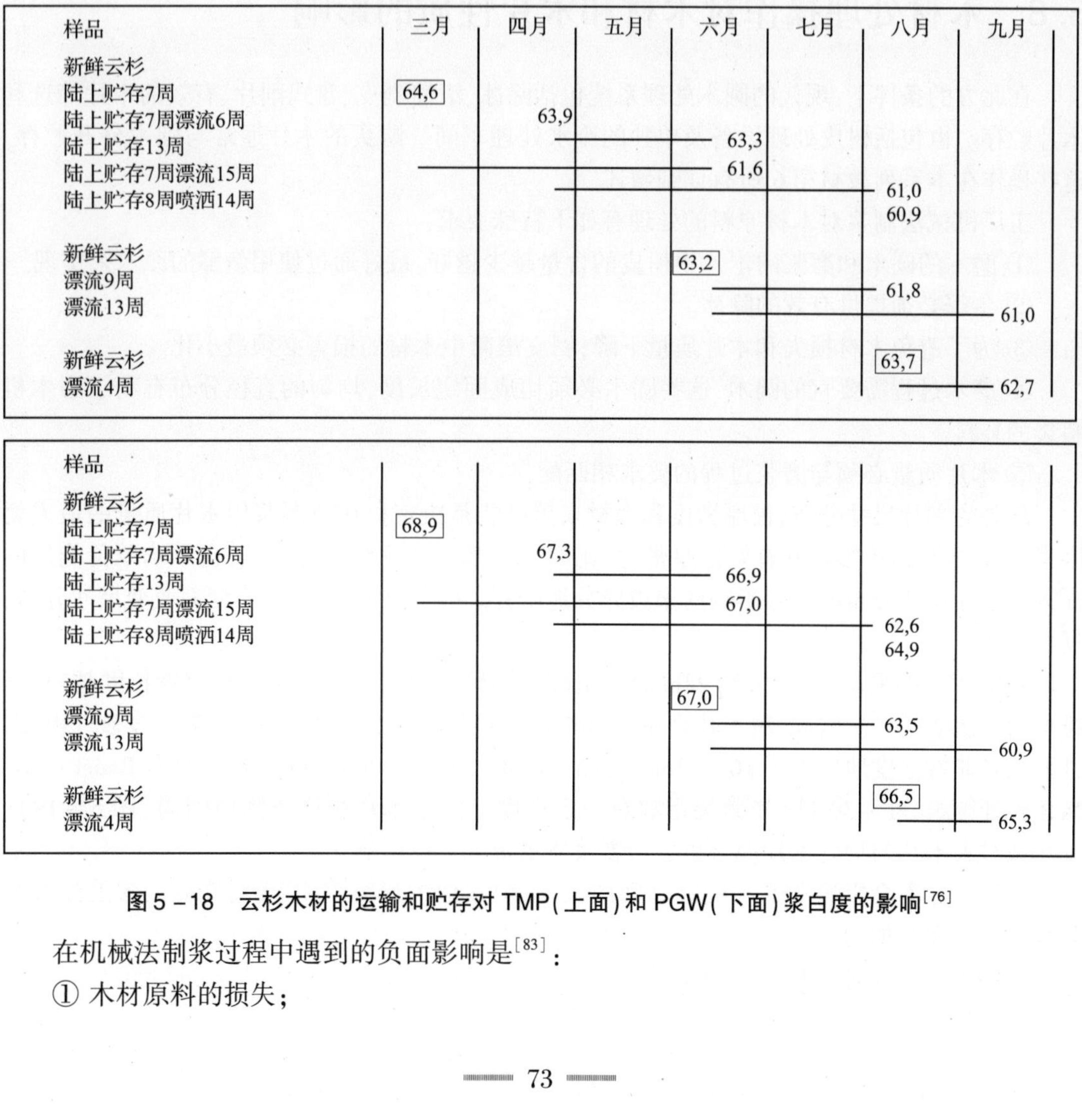

图 5-18 云杉木材的运输和贮存对 TMP（上面）和 PGW（下面）浆白度的影响[76]

在机械法制浆过程中遇到的负面影响是[83]：

① 木材原料的损失；

② 水分含量的损失；

③ 通过干燥和腐朽，在剥皮和削片过程中纤维损失增加；

④ 圆木和木片中杂质的增加；

⑤ 木材处理成本增加；

⑥ 纸浆白度下降；

⑦ 纸浆强度下降。

贮存后的制浆材的木片不仅有较高的干固形物含量，而且干固形物的可变性较大[84]。这可能会削弱过程的稳定性。纸浆白度损失是长期贮存最严重的不良后果。冬季砍伐的木材在6月底之前使用时，由挪威云杉生产的TMP和PGW的白度损失实际上与运输和贮存的类型无关。与同期新鲜木材生产的对应纸浆相比，由漂流和喷洒木材在8月份生产的TMP浆的白度要低2~3个白度单位，而PGW浆的白度要低2~4个单位（见图5-18）[76]。

上述所指中试规模的研究显示在纸浆强度性质方面没有明显变化。所研究的热磨机械浆生产的新闻纸的起毛和印刷特征不受贮存或运输类型的影响。

5.8 木材处理操作对木材和木片性质的影响

在北方的条件下，现代的圆木处理系统包括除冰、滚筒剥皮、盘式削片、有效的木片筛选和木片贮存。也包括树皮处理设备及单独的废水处理车间。购买的木片通常与圆木分开贮存。这些操作在本系列教材第6册有详细叙述。

工厂机械法制浆对木材原料的处理有如下特殊要求：

① 磨木的圆木和磨浆的木片中树皮的含量越少越好，最好通过使用新鲜的原木来实现。

② 冬季必须提供有效的除冰。

③ 为了避免木材损失和木片质量下降，剥皮滚筒中木材的损害必须最小化。

④ 磨木过程需要直的圆木，这些圆木必须切成固定长度，均匀的直径分布有利于磨木机料袋的装料。

⑤ 木片质量必须与磨浆过程的要求相匹配。

均匀的木片尺寸分布、松厚密度和木材来源可能是决定机械法制浆用木片质量的最重要因素[85]。木片性质影响其有效松厚密度，比如木材基本密度和木片尺寸，也影响单位能量的输入。木片尺寸分布的实际影响尚未被充分地研究。即，保持木材性质不变而改变尺寸分布，反之亦然。

TMP木片的平均长度（大约22mm）比硫酸盐制浆木片长度小。木片沿纹理长度越短，纤维剪切的次数越多。因此，短木片理论上会造成强度性质低，尤其是撕裂指数。发现TMP的性质只是非常适度地取决于16~23mm范围内的木片长度。根据这项研究，只有Bauer-McNett长纤维组分（+30目）和撕裂指数在一定程度上由于木片长度下降而削弱（图5-19）。细小或过大木片与均匀木片混合也会给纸浆质量带来不良影响。

木片尺寸不会影响CSF和能耗之间的关系，但其他的研究[86-87]表明能耗需求是随着木片尺寸增加而增加的。

极端木片组分对TMP有以下影响：

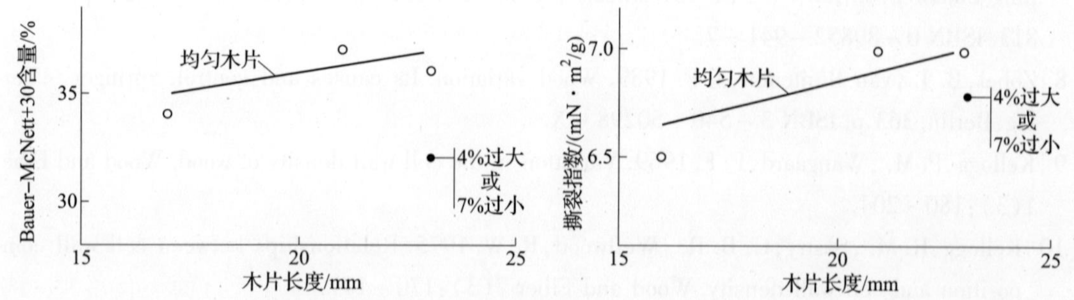

图 5-19 单位能耗为 1.8MW · h/t 时木片长度对 TMP 浆 Bauer-McNett 长纤维组分和撕裂指数的影响[17]

① 将过大木片添加到合格木片中会引起磨浆机进料不均匀，从而降低了纸浆质量。这些组分通常含有大量的木节，其影响在本章前面部分已叙述。

② 过厚部分的木片含有圆木中绝大多数的树节。过厚木片组分的增加通常会降低纤维长度和长纤维含量，还会损害纸浆强度性质和白度。厚木片也会引起磨浆不稳定和单位能耗增加。

③ 已知细小木片组分能减少能耗，降低纸浆强度、纸页紧度、白度和光散射系数，增加纤维束含量。它也能增加起毛问题。最小的细小组分（直径小于 3mm）被认为是危害最大的。

总而言之，尽管缺乏明显的证据来支持一个特定的木片尺寸，但是当使用较小尺寸的木片时，纸浆强度会有下降的迹象。然而，去除细小的和过大的木片组分有明显的好处。木片尺寸和木材性质的均匀性能改善产品质量和提高效率[85]。

参考文献

[1] Giertz, H. W. 1977. Basic wood raw material properties and their significance in mechanical pulping. Proceedings of 1977 International Mechanical Pulping Conference. June 1977, Helsinki, Finland. The Finnish Paper Engineers' Association. Vol. 1, Paper 1, pp. 1 – 15.

[2] Hartler, N. 1986. Wood quality requirements in mechanical pulping. Nordic Pulp Pap. Res. J. 1 (1): 4 – 10.

[3] de Montmorency, W. H. 1964. The Moisture of Wood as a Factor in the Groundwood Process. Pulp Paper Mag. Can. 65(6): T235.

[4] de Montmorency, W. H. 1965. The Relationship of Wood Characteristics to Mechanical Pulping. Pulp Paper Mag. Can. 66(6): T325.

[5] Brill, J. W. 1985. Effects of wood and chip quality on TMP properties. Proceedings of 1985 International Mechanical Pulping Conference. May 6 – 10, 1985, Stockholm, Sweden. SPCI. pp. 153 – 161.

[6] Tyrvainen, J. 1995. Wood and fiber properties of Norway spruce and its suitability for thermomechanical pulping. Doctoral thesis. University of Helsinki. Acta forestalia fennica 249. 155 p. ISBN 951 – 40 – 1479 – 0.

[7] Rudie, A. 1995. Wood and how it relates to the paper products. Proceedings of TAPPI 1995 Pul-

ping Conference. Oct. 1 – 5, 1995. Chicago, IL, USA. TAPPI press, Atlanta. Book 2, pp. 807 – 813. ISBN 0 – 89852 – 941 – 7.

[8] Zobel, B. J., van Buijtenen, J. P. 1989. Wood variation. Its causes and control. Springer – Verlag, Berlin. 363 p. ISBN 3 – 540 – 50298 – X.

[9] Kellogg, P. M., Wangaard, F. F. 1969. Variation in the cell wall density of wood. Wood and Fiber 1(3): 180 – 204.

[10] Kellogg, R. M., Sastry, C. B. R., Wellwood, R. W. 1975. Relationships between cell wall composition and cell wall density. Wood and Fiber 7(3): 170 – 177.

[11] Hakkila, P. 1966. Investigations on the basic density of Finnish pine, spruce and birch wood. Doctoral thesis. Commun. Inst. For. Fenn. 61. 4. p98.

[12] Corson, S. 1991. Wood characteristics influence pine TMP quality. Proceedings of 1991 International Mechanical Pulping Conference. June 2 – 5, 1991, Minneapolis, MN, USA. TAPPI press, Atlanta, pp. 243 – 252.

[13] Talikka, L. 2007. Dry spruce in mechanical pulping. M. Sc. thesis. Faculty of Forest Sciences, University of Joensuu. p189.

[14] Miles, K. B. 1990. Refining intensity and pulp quality in high – consistency refining. Pap. Puu 72(5): 509 – 513.

[15] Barbe, M. C, Janknecht, S., Sauriol, J. F. 1993. The importance of chip impregnation on refiner pulp quality. Proceedings of 1993 International Mechanical Pulping Conference. June 15 – 17, 1993, Oslo, Norway. Technical Association of the Norwegian Pulp and Paper Industry, Oslo, Norway, pp. 17 – 38.

[16] Omholt, I., Miles, K. B., Stacey, M., Dranfield, D. 2009. Use of dry wood chips for thermomechanical pulping. Proceedings of 2009 International Mechanical Pulping Conference. May 31 – June 4, 2009, Sundsvall, Sweden. SPCI meddelande nr 79. pp. 87 – 90. ISSN 0280 – 6800.

[17] Eriksen, J. T, Hauan, S., Gaure, K., Mattans, A. L. 1981. Consequences of chip quality for process and pulp quality in TMP production. Preprints of 1981 International Mechanical Pulping Conference. June 16 – 19, 1981, Oslo, Norway. p19.

[18] Hakkila, P. 1968. Geographical variation of some properties of pine and spruce pulpwood in Finland. Commun. Inst. For. Fenn. 66. 8. p60.

[19] Varhimo, A. 1994. Oy Keskuslaboratorio – Centrallaboratorium Ab Internal Report.

[20] Lehtonen, I. 1978. Knots in Scots pine and Norway spruce and their effect on the basic density of stemwood. Commun. Inst. For. Fenn. 95. 1. p34.

[21] Sahlberg, U. 1995. Influence of knot fibres on TMP properties. Tappi J. 78(5): 162 – 168.

[22] Boutelje, J. 1966. On the anatomical structure, moisture content, density, shrinkage, and resin content of the wood in and around knots in Swedish pine (Pinus silvestris L.) and Swedish spruce (Picea abies Karst). Svensk Papperstid. 69(1): 1 – 10.

[23] Eskilsson, S. 1972. Whole tree pulping, Part 1 Fibre properties. Svensk Papperstid. 75(10): 397 – 402.

[24] Hatton, J. V., Johal, S. S. 1996. Mechanical pulping of commercial thinnings of six softwoods from New Brunswick. Pulp Paper Can. 97(12): 93 – 97.

[25] Harris, G. 1993. Comparison of northern softwood and southern pine fiber characteristics for roundwood publication papers. Tappi J. 76(6):55 – 61.

[26] Harkonen, E. J., Heikkurinen, A., Nederstrom, R. 1989. Comparison between different species of softwood as TMP raw material. Preprints of 1989 International Mechanical Pulping Conference. June 6 – 8, 1989, Helsinki, Finland. Vol. 2, pp. 390 – 397.

[27] Barbe, M. C, Dessureault, S., Janknecht, S. 1993. Review of mechanical and chemimechanical pine pulping(1). Paper Southern Africa 13(1):10, 12, 14, 16, 18, 20.

[28] Isenberg, I. H. 1980. Pulpwoods of the United States and Canada, Part 1, Conifers. 3rd ed. Institute of Paper Chemistry, Appleton, WI. p219.

[29] Richardson, J. D., Corson, S. R., Foster, R. S. 1992. Comparison of Scandinavian spruce and Radiata pine as raw material for high yield pulping. Appita 45(1):33 – 37.

[30] Petit – Conil, M., de Choudens, C, Chantre, G. 1995. Selection of poplar clones for thermomechanical pulping. Proceedings of 1995 International Mechanical Pulping Conference. June 12 – 15, Ottawa, Canada, pp. 1 – 8. ISBN 1 – 895288 – 84 – 3.

[31] Lehto, J. 1995. Various poplar species as raw material for paper grade mechanical pulps. Proceedings of 1995 International Mechanical Pulping Conference. June 12 – 15, 1995, Ottawa, Canada. CPPA, Montreal, Canada, pp. 9 – 21. ISBN 1 – 895288 – 84 – 3.

[32] Baker, D. L, Sepall, O., Cornforth, E. 1977. TMP – key to development of mechanical book papers from a tropical hardwood – Gmelina arborea. Proceedings of 1977 International Mechanical Pulping Conference. June 1977, Helsinki, Finland. The Finnish Paper Engineers' Association, Helsinki. Paper 6B, p21.

[33] Jackson, M., Akerlund, G., Falk, B. 1985. High yield pulp from North American aspen (Populus tremuloides). 1985 International Mechanical Pulping Proceedings, SPCI, May 6 – 10, 1985, Stockholm, Sweden, pp. 170 – 176.

[34] Jokela, V. 1999. Akaasia hienopaperin raaka – aineena. Massat 2000 – syys – kokousseminaari. Nov. 17, 1999, Espoo, Finland. AEL, Finland. p8.

[35] Lecourt, M., Petit – Conil, M., Nougier, P. 2006. Potential of various species to produce thermo mechanical pulp. Rev. ATIP 60(2):20 – 25.

[36] Lindstrom, C, Bovin, A., Falk, B., Lindahl, A. 1977. Scots pine as raw material in thermomechanical pulping. Proceedings of 1977 International Mechanical Pulping Conference. June 1977, Helsinki, Finland. The Finnish Paper Engineers' Association, Helsinki. Vol. 1, paper 4, p19.

[37] Marton, R., Goff, S., Brown, A. F, Granzow, S. 1979. Hardwood TMP and RMP modifications. Tappi 62(1):49 – 53.

[38] Liimatainen, H., Tuovinen, O. 1993. Fibers, fibrils and fractions – an analysis of various mechanical pulps. Proceedings of 1993 International Mechanical Pulping Conference. June 15 – 17, Oslo, Norway. Technical Association of the Norwegian Pulp and Paper Industry, Oslo, Norway, pp. 324 – 339.

[39] Haikkala, P., Liimatainen, H., Tuominen, R. 1988. Impact of superheated shower waters on pressure groundwood pulp properties. Proceedings of 1988 Appita Annual General Conference.

Hobart, Tasmania. Appita. Paper A24, p28.

[40] Anthony, A., Jensen, C, Chambers, D., Moller K. 1989. The influence of furnish on newsprint quality using Pinus radiata. Proceedings of 1989 Appita Annual General Conference. Brisbane, Australia. Appita. Paper A28.

[41] Aario, M. 1985. Use of PGW to improve southern pine mechanical pulp for wood - containing papers. Proceedings of TAPPI 1985 Pulping Conference. TAPPI press, Atlanta, pp. 119 - 125.

[42] Liimatainen, H., Tuovinen, O., Pylkko, J. 1992. Pressurized grinding improves the potential of the wood species of the Populus family as a raw material for value added papers. Proceedings of 1992 SPCI - ATICELCA European Pulp and Paper Week. May 19 - 22, 1992, Bologna, Italy. ATICELCA, Milan, Italy, pp. 312 - 333.

[43] Haikkala, P., Liimatainen, H., Tuovinen, O. 1989. Effect of alkaline peroxide in aspen PGW process. Proceedings of TAPPI 1989 Pulping Conference. Oct. 22 - 25, 1989, Seattle, WA, USA. TAPPI press, Atlanta, pp. 103 - 115.

[44] Helminen, J. 1999. Developing a new paper grade. Proceedings of 1999 International Mechanical Pulping Conference. May 24 - 26, 1999, Houston, TX, USA. TAPPI press, Atlanta, GA, USA. pp. 291 - 303. ISBN 0 - 89852 - 738 - 4.

[45] 周亚军，袁志润，江智华. 高得率浆的特性与应用[J]，国际造纸，2007，26(1)：1 ~ 10

[46] 张栋基著. 高得率制浆、涂布纸，广州：广东经济出版社，2005，119 ~ 126

[47] 詹怀宇，付时雨，李海龙. 浅谈我国制浆造纸科学技术学科现状与发展，中国造纸，2011，30(2)：49 - 57

[48] Atmer, B., Thornqvist, T. 1982. The properties of tracheids in spruce (*Picea abies Karst.*) and pine (*Pinus silvestris L.*) (in Swedish). The Swedish University of Agricultural Sciences, Department of Forest Products, Report No. 134, Uppsala, p120.

[49] Kucera, B. 1994. A hypothesis relating current annual height increment to juvenile wood formation in Norway spruce. Wood Fiber Sci. 26(1): 152 - 167.

[50] Panshin, A. J., de Zeeuw, C. 1970. Textbook of Wood Technology - Vol. I: Structure, Identification, Uses and Properties of Commercial Woods in the United States and Canada. 3rd ed. McGraw - Hill, New York. p705.

[51] Saranpaa, P. 1985. Length, diameter and cell wall thickness of tracheids in mature lodgepole pine bolewood (in Finnish). Silva Fennica 19(1): 21 - 32.

[52] Saarnijoki, S. 1966. Oy Keskuslaboratorio - Centrallaboratorium Ab Internal Report.

[53] Sirvio, J., Karenlampi, P. 2001. The effects of maturity and growth rate on the properties of spruce wood tracheids. Wood Sci. Technol. 35(6): 541 - 554.

[54] Sirvio, J., Karenlampi, P. 1999. Kuusipuun kuituominaisuuksien vaihtelu. University of Helsinki, Department of Forest Resource Management, publications 22, 77 pp. ISBN 951 - 45 - 9063 - 5.

[55] Ilvessalo - Pfaffli, M - S., Laamanen, J. 1981. Oy Keskuslaboratorio - Centrallaboratorium Ab Internal Report.

[56] Evans, R., Gartside, G., Downes, G. 1995. Present and prospective use of Silviscan for wood microstructure analysis. 49th APPITA Annual General Conference. Apr. 3 - 7, 1995. Hobart, Australia. Appita. pp. 91 - 96. ISBN 0 - 646 - 23600 - 8.

[57] Anon. 2004. SilviScan 3: A new research equipment at STFI – Packforsk. Wochenbl. Papierfabr. 132(6):326.

[58] Sirvio, J. 2000. Variation in tracheid properties of Norway spruce [*Picea abies* (*L.*) *Karst.*]. Doctoral dissertation. University of Helsinki, Department of Forest Resource Management, publications 25, 115 pp. ISBN 951 – 45 – 9081 – 3.

[59] Ilvessalo – Pfaffil, M – S. 1981. Oy Keskuslaboratorio – Centrallaboratorium Ab Internal Report.

[60] Donaldson, LA. 1992. Within – and between – tree variation in microfibril angle in Pinus radiata. New Zealand Journal of Forestry Science 22(1):77 – 86.

[61] Shupe, T. F, Choong, E. T, Stokke, D. D., Gibson, M. D. 1996. Variationin cell dimensions and fibril angle for two fertilized even – aged loblolly pine plantations. Wood Fiber Sci. 28(2):268 – 275.

[62] Herman, M., Dutilleul, P., Avella – Shaw, T. 1999. Growth rate effects on intra – ring and inter – ring trajectories of microfibril angle in Norway spruce (*Picea abies*). IAWA J. 20(1):3 – 21.

[63] Bergander, A., Brandstrom, J., Daniel, G., Salmen, L. 2002. Fibril angle variability in earlywood of Norway spruce using soft rot cavities and polarization confocal microscopy. J. Wood Science 48(4):255 – 263.

[64] Rusu, M., Gregersen, Ø., Liukkonen, S., Sirvio, J. 2009. The influence of fibre wall thickness and microfibril angle on fibre development in the TMP process. Proceedings of 2009 International Mechanical Pulping Conference. May 31 – June 4, 2009, Sundsvall, Sweden. SPCI meddelande nr 79. pp. 91 – 95. ISSN 0280 – 6800.

[65] Braaten, K. R., Palm, A., Omholt, K. 1993. Wood classification leads to more uniform TMP. Proceedings of 1993 International Mechanical Pulping Conference. June 15 – 17, 1993. Technical Association of the Norwegian Pulp and Paper Industry, Oslo, Norway, pp. 23 – 31.

[66] Murton, K. D., Corson, S. R. 1992. Thinnings and toplogs differ for TMP manufacture. Appita J. 45(5):327 – 331.

[67] Corson, S. 1997. Tree and fiber selection for optimal TMP quality. Proceedings of 1997 International Mechanical Pulping Conference. June 9 – 13, 1997, Stockholm, Sweden. SPCI, Stockholm, Sweden, pp. 231 – 240.

[68] Tyrvainen, J. 1995. Theinfluence of wood properties on the quality of TMP made from Norway spruce (*Picea abies*) – Wood from old – growth forests, first – thinnings and sawmill chips. Proceedings of 1995 International Mechanical Pulping Conference. June 12 – 15, 1995, Ottawa, Canada. CPPA, Montreal, Canada, pp. 23 – 34. ISBN 1 – 895288 – 84 – 3.

[69] Corson, S. R. 1983. Thermomechanical and refiner mechanical pulping of New Zealand grown Radiata pine. Proceedings of 1983 International Mechanical Pulping Conference Proceedings. June 13 – 17, 1983, Washington, DC, USA. TAPPI Atlanta, pp. 1 – 13.

[70] Hatton, J. V. 1995. Pulpingand papermaking properties of managed second – growth softwoods. Proceedings of TAPPI 1995 Pulping Conference. Oct. 1 – 5, 1995, Chicago, IL, USA. TAPPI press, Atlanta, GA, USA. Book 2, pp. 673 – 681. ISBN 0 – 89852 – 941 – 7.

[71] Brolin, A., Noren, A., Stahl, E. G. 1995. Wood and pulp characteristics of juvenile Norway spruce: A comparison between a forest and an agricultural stand. Tappi J. 78(4):203 – 214.

[72] Wang, X., Braaten, K. R. 1997. Growth rings and spruce pulpwood sorting. Nord. Pulp Pap. Res. J. 12(3):196 – 202.

[73] Wahlgren, M., Karisson, L. 1997. Experiences of classifying spruce for tailor – made mechanical pulps for printing papers. Proceedings of 1997 International Mechanical Pulping Conference. June 9 – 13, 1997, Stockholm, Sweden. SPCI, Stockholm, Sweden, pp. 227 – 230.

[74] Heikkurinen, A., Lucander, M., Sirvio, J., Varhimo, A. 1999. Effect of spruce wood and fiber properties on pulp quality under varying defibration conditions. TAPPI International Mechanical Pulping Conference. May 24 – 26, 1999, Houston, TX, USA. TAPPI press, Atlanta, GA, USA. pp. 11 – 34. ISBN 0 – 89852 – 738 – 4.

[75] Spangberg, K. 1998. Sorting Norway spruce pulpwood. Doctoral thesis. Silvestria 82, Swedish University of Agricultural Sciences, Uppsala. 48 p. ISBN 91 – 576 – 5616 – 9.

[76] Pennanen, O., Terava, J., Laamanen, J., Lucander, M., Varhimo, A. 1993. Kuusipuu mekaanisten massojen raaka – aineena – laadun sailyminen kesalla. Pap. Puu 75(4):182 – 185.

[77] Tyrvainen, J. 1997. Influence of seasonal wood variation on TMP properties, bleach consumption and newsprint runnabiiity. Proceedings of 1997 International Mechanical Pulping Conference. June 9 – 13, 1997, Stockholm, Sweden. SPCI, Stockholm, Sweden, pp. 213 – 225.

[78] Tuominen, R., Haikkala, P., Liimatainen, H. 1991. Effect of dry and frozen wood on groundwood pulp quality. Pap. Puu 73(4):346 – 351.

[79] Samson, A., Schaffner, B. 1993. Maximizing TMP strength by controlling chip quality. Proceedings of TAPP11993 Pulping Conference. Nov. 1 – 3, 1993, Atlanta, GA, USA. TAPPI Press, Atlanta, GA, USA. Book 3, pp. 999 – 1003. ISBN 0 – 89852 – 892 – 5.

[80] Henry, D., Leary, G., Smith, G. 1998. Seasonal variations at a mechanical newsprint mill. Pulp Pap. Can. 99(2):45 – 49.

[81] Wood, J., Miles, K., Wong, D., Sithole, B. 2005. Wood quality variations in black spruce and balsam fir: do they explain seasonal variations in pulp properties? 91st Annual Meeting Pulp and Paper Technical Association of Canada. Feb. 8 – 10, 2005, Montreal, QC, Canada. PAPTAC, Montreal, QC, Canada. BookC, pp. C65 – C76. ISBN 1897023081.

[82] Holmbom, B., Hannuksela, T, Viitikko, K. 2004. Seasonal variations in spruce wood and TMP water. Eighth European Workshop on Lignocellulosics and Pulp. Utilization of lignocellulosics and by – products of pulping. Aug. 22 – 25, 2004, Riga, Latvia. 22 – 25 Aug. 2004. Latvian State Institute of Wood Chemistry, Riga, Latvia, pp. 97 – 100. ISBN 9984196119.

[83] Pulkki, R. 1990. Effect of harvest systems on wood quality. Preprints B of 1990 CPPA Annual Meeting. Jan. 30 – Feb. 2, 1990, Montreal, Quebec, Canada. CPPA, Montreal, QC, Canada pp. 379 – 388.

[84] Oman, M., Soderstam, G. 2001. Comparison of stored and green wood raw materials. Pap. Puu 83(1):50 – 57.

[85] Wood, J. R. 1996. Chip quality effects in mechanical pulping – a selected review. Proceedings of TAPP1 1996 Pulping Conference. Oct. 27 – 31, 1996, Nashville, TN, USA. TAPPI Press, Atlanta, GA, USA. Book 1, pp. 491 – 497. ISBN 0 – 89852 – 672 – 8.

[86] Hoekstra, P. L, Veal, M. A., Lee, P. F., Sinkey J. D. 1983. The effects of chip size on mechanical pulp properties and energy consumption. Proceedings of 1983 International Mechanical Pulping Conference. June 13 – 17, 1983, Washington, DC, USA. Tappi Press, Atlanta, GA, USA. pp. 185 – 193.

[87] Liukkonen, S. 2001. Oy Keskuslaboratorio – Centrallaboratorium Ab Internal Report.

第 6 章　磨木和压力磨木

6.1　引言

第一台工业木材磨木机于 1852 年在德国开始运行。磨木机标志着一个制浆新时代的开始,使得有可能用低成本的木材代替纺织纤维用于数量快速增加的纸和纸板的原材料。磨木机和磨木法历史上的发展在第 3 章机械制浆的历史有详细叙述。

从早期时代起,木材磨木机被不断开发以改进其生产能力和自动化水平以及磨木浆质量。这已经通过研究和实现相关工程领域的发明来完成。

木材磨木的原理仍与早期的极为相同;木段压向旋转的、适当刻石或调节的磨石,而磨石表面同时由喷水清洗和冷却。

为了力求改进磨木机本身结构,发展了许多新的概念和将木段压向旋转磨石的机械设备,甚至是工业规模。这些工业和中试磨木机,包括其商标名和制造商,列举如下:

(1)连续磨木机

① 链式磨木机(Voith,Miag,Koehring);

② 螺旋磨木机(Fullner,Miag);

③ 水力磨木机(KMW)。

(2)水力袋式磨木机

① 三袋和四袋磨木机(历史上有几个制造商);

② 双袋磨木机(Great - Northern,Tampella,Koehring,Montague,KMW,Voith);

③ 双袋高木库磨浆机(Koehring,Montague)。

(3)环式磨木机(Roberts,Tampella)

(4)压力磨木机(Tampella,Metso)

(5)其他磨木机

① Berzano 磨木机(KMW,Pilot);

② 中心磨木机(Koehring,Pilot);

③ 木片磨木机(Oji);

④ 连续袋式磨木机(Metso)。

目前,主要的磨木机设计是常压和压力双袋磨木机以及常压链式磨木机。这些设计将在本章后面详述。对其他磨木机设计的更多资料,请参阅文献中的阐述[1-3]。

6.2 磨木机生产能力

磨木机做了许多改进以增加其生产能力。第一台工业磨木机的功率只有 30kW,今天,现代的双袋式木材磨木机有 8000kW 的电机,所用木段可长达 1.6m.

如果知道一台磨木机电机功率和对每一种材种达到所需浆坑游离度的比能耗(SEC),可以根据式(6-1)计算出该台磨木机生产能力。

$$磨木机生产能力(t/h) = k \cdot 电机功率(MW)/比能耗(MW \cdot h/t) \quad (6-1)$$

式中,系数 k 表示磨木机效率。

已经证明,每种材种的比能耗是相当恒定的,并不取决于磨木机设计或者磨木方法,例如,SGW、TGW 和 PGW 法有基本相等的比能耗。图 6-1 表示挪威云杉(*Picea abies*)采用合适的木材和适当刻石或调节的磨石在中试和生产规模磨木机测得的比能耗。

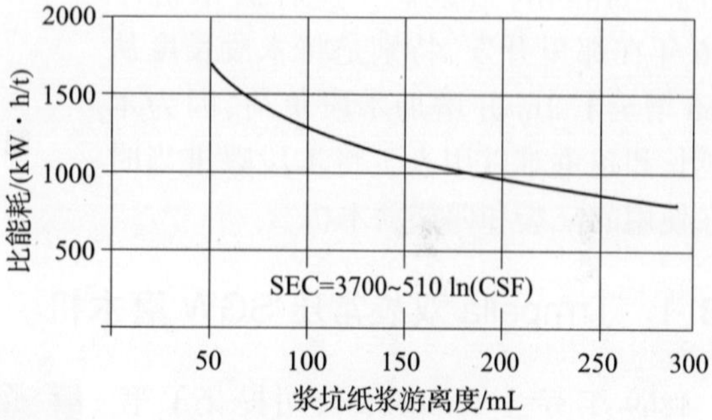

图 6-1 云杉 SGW、PGW 和 PGW-S 浆坑纸浆的比能耗与游离度的关系

为了准确说明某台磨木机的比能耗和产量,必须有可靠的资料,是否为吨还是短吨,是风干(干度 90%)还是绝干(干度 100%)。这是重要的,因为从一个国家到另一个国家,以及从一个厂到另一个厂,这些单位是变化的。本书除特别声明外,所有的吨均指风干吨(ADMT)。

由于操作和纸浆质量的原因,磨木机不能连续地在最高电机负荷下运行。因此,式(6-1)需要“常数”k 以表示磨木机运行效率。常数 k 值在 0.9~0.7,受下列几个因素影响:

① 磨木机浆坑游离度设定的限制;

② 磨石调节技术和磨石实际锐度;

③ 磨木机控制技术;

④ 对非连续双袋磨木机木段加料时间;

⑤ 机械加压磨木机效率。

现代磨木机的圆周速度通常在 25~36m/s 范围内。很明显,在较低的圆周速度下磨浆,磨木浆的质量稍好。但是,因为磨木机轴转力矩、水力负荷和电机最大功率几乎与圆周速度成正比,较高的圆周速度有利于磨木机产量最大化。

磨木机最大功率主要受混凝土芯磨石和磨木机轴结构的限制,因为磨石是由轴法兰紧固的。为了达到最大的磨木机负荷和最好的磨木浆质量,要求磨石具有钝表面和高的压向原木的力。为了达到木材基体中必要的纤维分离频率并将浆从磨木区输出,磨石表面必须相应地改良。在这方面,磨石刻纹和高压喷水调节技术已明显改善了高负荷磨木机的生产能力[4]。

在这些领域中强化开发确保磨木机最大功率和生产能力将连续增加。

6.3 木材双袋磨木机

双袋磨木机有两个分开的，间歇操作的料袋。木段通过磨木机顶部的给料闸落入料袋中(见图6-2)。给料闸和加压板由水压运作的。

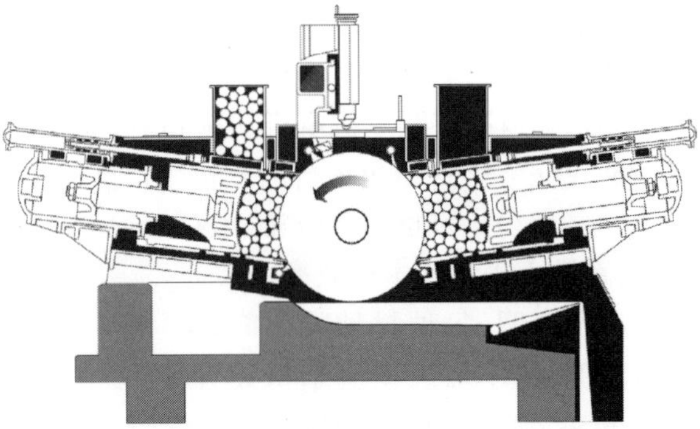

图6-2 现代常压SGW磨木机(由Metso提供)

双袋或水力磨木机也称为大北式磨木机，指位于缅因北部Millinocket的大北(Great Northern)造纸厂。这种磨木机于1926年在那里开发，特别是将木段长度从0.9m增至1.2m并增加木段负荷，因为木段越长和越重难以用人工将木段喂进当时仍在使用的三袋和四袋磨木机。

6.3.1 Trmpella双袋常压SGW磨木机

1869年芬兰Tampella公司提交了第一台常压SGW磨木机。此后，有600多台Tampella SGW磨木机交付到世界各地[5]。后来，Tampella公司又获得了大北双袋磨木机的专利，1937年一个大的磨木浆厂在Tampella Anjala造纸厂投入运行。这个厂有20台Tampella大北式磨木机生产常压SGW浆供2台新闻纸机用。那时，Anjala SGW和造纸厂是欧洲最大的。

图6-3 1974年投入运行的瑞典Stora Kopparfors折叠纸板厂的常压SGW磨木机(由Metso提供)

自1947年以来，Tampella已经提交了250多台常压双袋SGW磨木机(见图6-3)，其中，约有70台目前仍在世界各地运行。这些SGW磨木机仍有分开的低压和高压喷水管线，磨木区前方的喷水压力为0.6MPa，磨木区后的喷水压力为0.3MPa。

6.3.2 Metso常压SGW磨木机

Valmet公司1992年开始制造Tampella磨木机，Valmet和Rauma公司合并后，常压SGW磨木机2000年起就以Metso磨木机在市场上销售。

Metso磨木机的主体是由坚固的耐腐蚀铸铁制造的，以抑制任何操作上的振动。如果由于有腐蚀性的工厂白水封闭程度不断增加的需要，也可提供不锈钢套。目前，所有Metso磨木机磨石直径为1.8m(设备代码T1810中用18表示)。各种规格磨木机的磨木区长度为1.0m。

加料闸和加压板由一类似于Metso压力磨木机的水力系统操作。当料袋加料时加压板自动回移而加料闸打开使成批木段落到磨木机。然后加料闸关闭，活塞缸开始将木段压向旋转的磨石。当主活塞缸的压力达到设定值时,活塞与磨木机控制系统(见 8.4.2 节)控制的高压管路连接。Metso 磨木机足够坚固,经得起延长时间周期的单袋磨浆。磨木机浆坑目前如压力磨木机一样是自身支撑的。

木段加料闸开口的宽度是 600mm,通常加料时间约 30s。磨木机低压水力系统压力达 1.2MPa。而高压管线压力高达 5MPa。每个磨木机袋是单独控制的。

有 4 条喷水管以清洗和冷却磨石。压力为 0.8 ~ 1.0MPa 的喷水用于有效清洗磨石表面,这对钝和高负荷的磨石是特别重要的。设定喷水流量使浆坑浓度在 1.5% ~2.0% 范围内,尽管较低比能耗的高游离度浆采用较高的浆坑浓度。在磨木机顶部,有一个可调节的刮板装置以防磨木浆上升或从前袋进入后袋。

对磨木机布置,有 2 种主要方案——单传动或串联传动。在串联传动中 2 台磨木机安装在一根轴上,轴上装有一个转矩传感器或一个转矩测量计以测量每台磨木机的实际动力。由于成本较低,优先采用串联传动,特别是在至少有 4 台磨木机的大磨木车间,作为减少磨木车间投资的一种方式。

目前基于木段长度有 4 种型号 Metso SGW 和 PGW 磨木机(见表 6 - 1)。如果优选磨石转速为 300r/min(28m/s),最大电机功率比表 6 - 1 中数据少 10%,而维持相同的磨木机轴转矩。

表 6 - 1　　Metso 磨木机在 327/333r/min 磨石转速下的最大功率(*P* 表示加压)

型号	T1810(P)	T1812(P)	T1815(P)	T1816(P)
木段长/m	1.0	1.2	1.5	1.6
单传动电机功率/MW	5.0	6.0	7.5	7.5
串联传动电机功率/MW	9.0	10.5	14.0	14.0

低转速磨木机电机通常为直接驱动的同步高压电机。但是,在一些单传动的磨木车间,安装了更标准化的 1500r/min 交流与齿轮箱连接以达到所需的磨石线速。

一台现代的 T1815 Metso 磨木机能生产 80 ~ 100t/d 低浆坑游离度 80 ~ 120mL 的磨木浆,这种磨木浆专门用于生产超级压光纸(SC)和低定量涂布纸(LWC),而浆坑游 离度为 350 ~ 450mL 时,其生产能力可达 170 ~ 200t/d,这种浆用于生产折叠纸板和某些松厚的纸张。

6.3.3 Montague 双袋 SGW 磨木机

位于马萨诸塞州 Turner Falls 的 Montague 机械公司 1920 年与大北造纸公司合作开始制造双袋式磨木机。后来,进一步改进了这种磨木机设计以提高磨木机产量并使木段长度从 1.2m 增加至 1.6m。

Montague Waterous 磨木机(见图 6 - 4)有一装配的主框架和加压板,内衬 316L 不锈钢以避免磨木机内腐蚀。这种磨木机带有刻石电动车床和专门的清洗喷水管线。用于控制水压的常规 T 字架现已被专门的闸板和活塞控制阀所取代。水力压力低约 1.4MPa

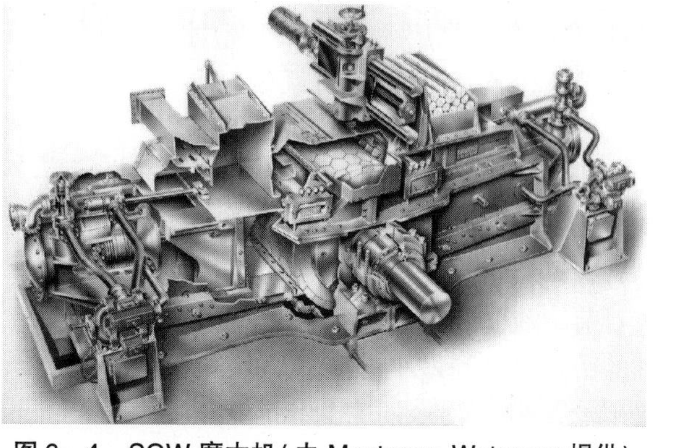
图 6 - 4　SGW 磨木机(由 Montague Waterous 提供)

而加载压力高达4.2MPa。

1992年Montague公司获得了Koehring－Waterous公司SGW磨木机在加拿大的业务，此后Montague负责现存的Koehring－Waterous双袋和高木库磨木机的服务。

6.3.4 Metso压力磨木机

20世纪70年代，芬兰的Tampella和瑞典的MoDo共同努力开发一种新的双袋磨木机，导致PGW磨木机设计，使磨木在压力条件和较高温度下进行，以增加磨木浆纤维长度并提高其强度性质。

第一次生产规模PGW试验于1972年夏天在位于瑞典Burea的MoDo Bure商品浆厂进行，将现有的常压Tampella磨木机改造成为不连续操作的单袋压力磨木机，磨木机壳内压力为0.1MPa[6－8]。

在Bure的试验结果如此令人鼓舞以致Tampella和MoDo决定在其工厂里安装原型的压力磨木机。第一台工厂规模的双袋压力磨木机于1979年5月在Bure磨木浆厂投入运行，同年8月在芬兰Kouvola的Tampella Anjala造纸厂投入运行[9－10]。

这些压力磨木机室内压力都是0.3MPa。Metso PGW压力磨木机设计（见图6－5）在原理上与Metso常压SGW磨木机（见图6－2）非常相似。但是，为了将成批木料加到压力磨木机中，需要一个压力平衡室，也需要上方的木段加料闸。对压力磨木机，加料闸的开度从600mm增加到800mm以允许较大的木材批量。

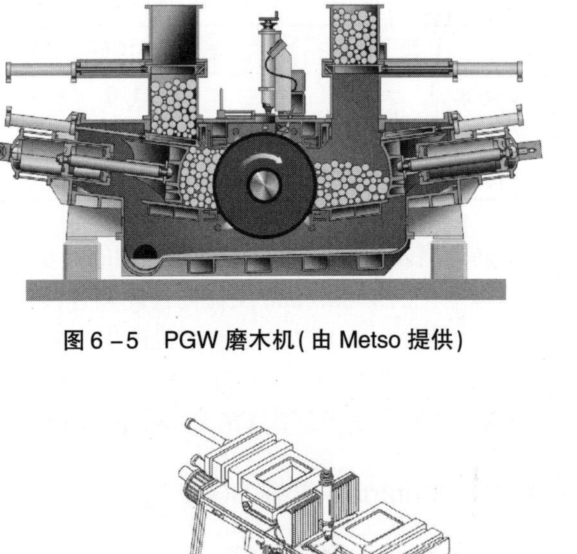

图6－5　PGW磨木机（由Metso提供）

自然地，早期的双袋磨木机概念必须重新设计以适应加压的磨木条件。因此，压力磨木机机体是用厚钢板焊接的，且所有与浆接触表面用耐酸（AISI）钢板衬里。端塞、压力缸、加料室、磨木机盖和轴法兰都是由坚固的铸不锈钢制造的，目前由位于Tampere的Metso矿物铸工厂制造。

磨木机壳内的压力是由压缩空气调节的，通常仅在向磨木机加压开始才需要调节。磨石喷水和水力系统都与Metso常压磨木机的类似。由于提高了温度，水压用水必须冷却，且在水力系统中包括一个分开的水过滤回路（见图6－6）。

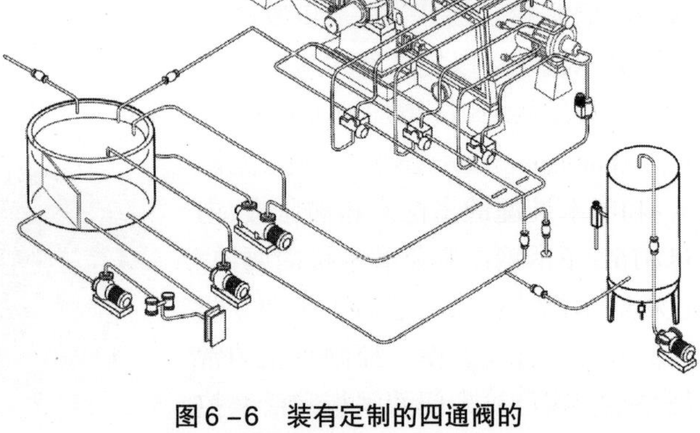

图6－6　装有定制的四通阀的磨木机水压系统（由Metso提供）

目前，双功能的机械密封用于磨木机轴的密封以达到最小的PGW过程新鲜水用量并阻止较冷的密封水流到陶瓷磨石上。

压力磨木机壳内压力最初为 0.3MPa,不久的中间试验表明,磨木机压力为 0.5MPa 以及升高磨木机或浆坑纸浆温度至 140℃,所生产的纸浆强度更好[11-12]。基于这个目的,新一代压力磨木机有更为坚固的机体以适应 0.5MPa 磨木机压力的要求。这些磨木机称为超压或 PGW-S 磨木机(见图 6-7)。头两台 PGW-S 磨木机于 1988 年在芬兰 Kouvola 的 Myllykoski 造纸厂投入运行[13]。

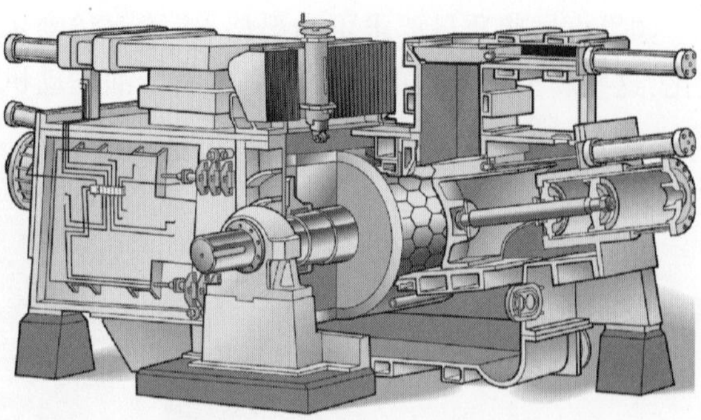

图 6-7 壳内压力 0.5MPa 的 PGW-S 磨木机

自 1979 年以来,共有 119 台压力磨木机交付到世界各地用于各种纸张并适用于多种木材(见表 6-2)。这些压力磨木机的设计制浆能力为每年 300 多万 t。

表 6-2 1979—2008 年交付的用于各种纸种和原料的压力磨木机

纸种	云杉、冷杉	松木	杨木	合计
新闻纸	26	15	0	41
超级压光纸	34	0	0	34
涂布机械浆纸	22	3	10	35
高级文化用纸	0	0	6	6
折叠纸板	3	0	0	3
总计	85	18	16	119

显然,自从投产以来,许多工厂的业主、纸张品种和原料已经改变,有些工厂已经关闭。最后投产的主要 PGW70 工厂包括 2002 年在意大利 Burgo 的 Verzuolo 低定量涂布纸厂的 6 台 T1815P 磨木机以及 2007 年 11 月在德国 Myllykoshi 的 Plattling Papier SCA+造纸厂投产的 800t/d 制浆能力的 8 台 T1815P 磨木机(见图 6-8)[14-15]。

6.3.5 Metso 连续双袋磨木机

1997 年 Metso 开始一项主研究开发项目,研发连续压力磨木机以改善 PGW 纸浆质量和控制性能。另一目的是通过消除换袋而增加磨木机产量并避免电机功率负荷波动。

开发了一种新的取得专利且更可靠的适用于双袋压力磨木机的连续木段加料和磨木机加载概念。这种加载概念在 Kouvola 的 Metso 制浆技术中心的中试规模常压磨木机中试取得成功[16]。

连续生产规模 T1815 PC PGW 磨木机原型的工程预设计成功地完成了(图6-9),但是,该研发于 2003 年被

图 6-8 位于德国 Myllykoshi 的 Plattling SCA+纸厂的 PGW70 磨木机 2007 年年底投产(由 Metso 提供)

封存，因为并没引起商业兴趣使之有可能建设一台生产规模的连续 PGW 磨木机。

如果机械浆质量要求更为严格，连续双袋磨木机概念仍可获得新生。而且，由于全球气候变化，这些新型磨木机的驱动可由生物柴油发动机取代现有的电机。

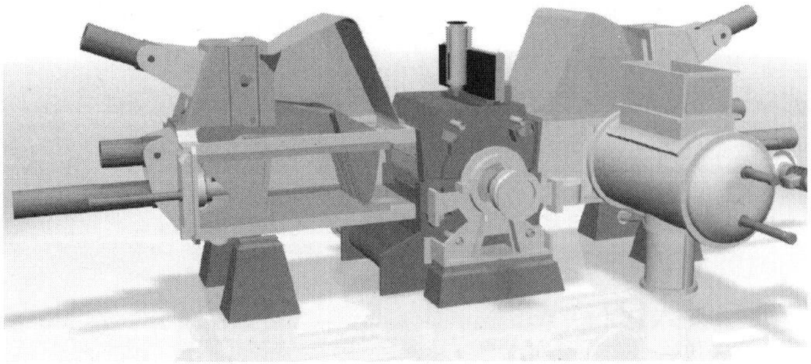

图 6-9 连续双袋 PGW 磨木机设计（由 Metso 提供）

6.4 木材磨木过程

6.4.1 常压磨木（SGW）

由于工厂白水封闭循环程度的不断增加，传统的常压 SGW 磨浆过程喷水温度通常在60～80℃范围。最热的喷水已经开始影响纸浆强度和白度，增加溶出固体物并使 SGW 车间环境蒸汽弥漫和不舒服。为了避免这些缺点，目前通常需要热交换器以冷却 SGW 车间白水。

通常磨木机喷水管没有安装刷子。取而代之，即使在 SGW 车间，白水泵送通过一个压力筛到喷水管。喷水筛有一筛孔为 0.8mm 的筛框以去除任何干扰的纤维束和纤维。每条喷水管的流量是单独测量和调节的。喷水管流量也用于磨木机联锁以防止磨石烧坏。

在 20 世纪 70 年代，磨木机浆坑的磨木浆仍是排到敞开的振动粗筛，浆浓约为 1% ～3%，以预筛除纤维束和其他木残渣。筛渣由一皮带运输机送至常压撕碎机撕碎。

但是，像 PGW 法，浆坑的浆直接流到置于磨木机浆坑出口的水力撕碎机。这不仅简化了筛选工段，且免除了敞开的粗筛，这也大大地改善常压 SGW 车间的工作环境。

6.4.2 压力磨木过程

在压力磨木过程中，由压缩空气产生的磨木机壳内压力的升高，直接增加了水的沸点温度。这使得有可能采用比常压 SGW 较高的喷水温度，作为增加磨石表面温度的一种手段。过压阻止水从木材基体和临界磨木区中蒸发，因而磨木区温度总是至少等于水的沸腾温度。

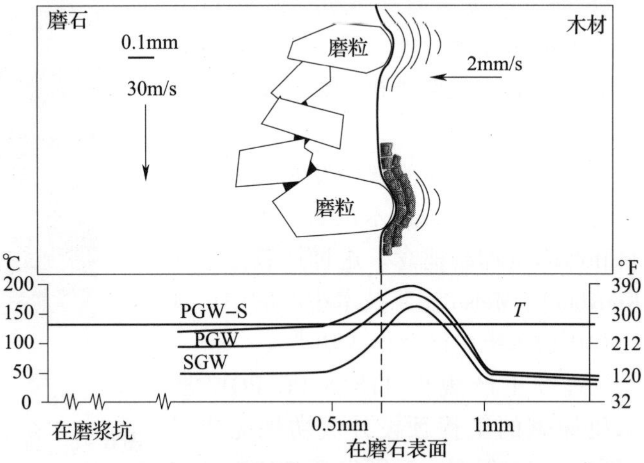

图 6-10 各种磨木法磨木区温度的变化

已经发现木材内部温度在立刻到达磨木区前迅速增加（见图 6-10）。即使在常压 SGW 磨木，木材温度在磨木区前 1mm 处能高达 140～150℃，然后降至 100℃或水的沸腾温度（见第 4 章图 4－9）。但是，在 PGW 过程中，木材基体温度甚至更高，平均磨石温度大约比浆坑温度高 10℃[11]。

这些更加有利的过程条件——高水分含量和高温——有助于改善木材基体中木素的软化，导致 PGW 浆比 SGW 浆纤维长度的大大增加[17-18]（见图 6－11）。使用平均水分含量 15%、36% 和 44% 的云杉木段，采用 SGW75 和 PGW105 磨木法进行磨木试验。当使用新鲜木段，浆坑游离度为 60mL 时，PGW 浆的长纤维（R＋28）含量为 24.4%，而 SGW 浆只有 14.9%。但是，如用很干的木段时，PGW 浆仍含有 14.5% 的长纤维，而 SGW 浆的长纤维含量大大下降至 2.3%。

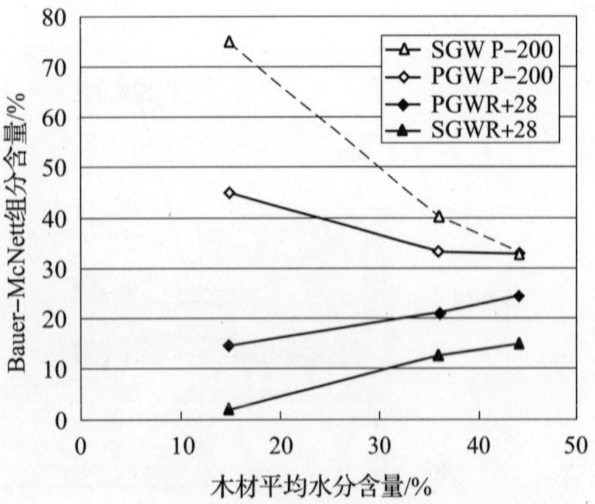

图 6－11 PGW 和 SGW 长纤维（R＋28）和细小纤维（P－200）含量与木材水分含量的关系（浆坑游离度 60mL[19]）

同时，当使用新鲜木材时，两种浆的细小纤维含量都为 33%，当使用很干的木段时，PGW 浆中细小纤维含量增至 45%，而 SGW 浆则高达 75%。于是，纤维分布的这些大变化也反映到试验纸浆的强度和光学性质，因为干木段产生的细小纤维的结合和细纤维化大大减少。

与 TMP 盘磨机不同，磨木机压力和温度可独立调节，以创造各种压力磨石磨木法的结合（见图 6－12），根据下面例子进行命名，其中数字与喷水温度有关。

PGW 70：最大磨木机壳压 0.3MPa，喷水温度 70℃

PGW－S120：最大磨木机壳压 0.5MPa，喷水温度 120℃

调节压力磨木机喷水温度和流量使在设定的磨木机压力下纸浆温度在水的沸点以下，使得压力磨木机内没有蒸汽。

图 6－13 显示一台 PGW95 磨木机的代表性热平衡。该平衡是指在平均电机功率 5.5MW、磨木机产量 100t/d 条件下低游离度浆坑纸浆的热平衡。磨木时电能几乎全部转换成热能，在正常磨木条件下浆坑纸浆比喷水温度约高 20℃。

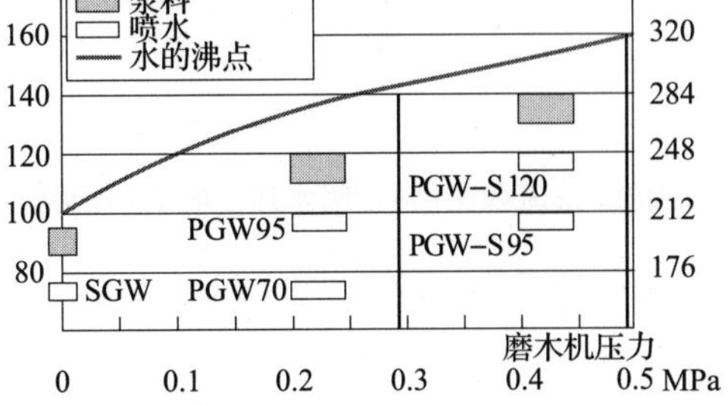

图 6－12 各种磨木制浆法的工艺条件

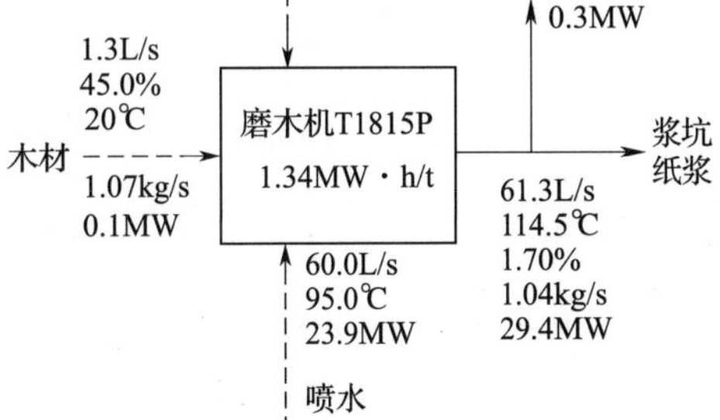

图 6－13 PGW 95 磨木机有代表性的平均热平衡（PGW 95 产量 100t/d，比能耗 1.34MW · h/t）

但是,由于料袋变化以及磨木时成批木材密度的增加,浆坑纸浆浓度和电机功率在每袋磨木的末尾时是增加的[16]。

为防止压缩空气从压力磨木机逸出,喷放阀保持压力撕碎机(见图6-14)前浆料出口管浆位恒定。喷放管线上的压力撕碎机是需要的,以撕碎浆坑纸浆中的小木块以免堵塞喷放阀。

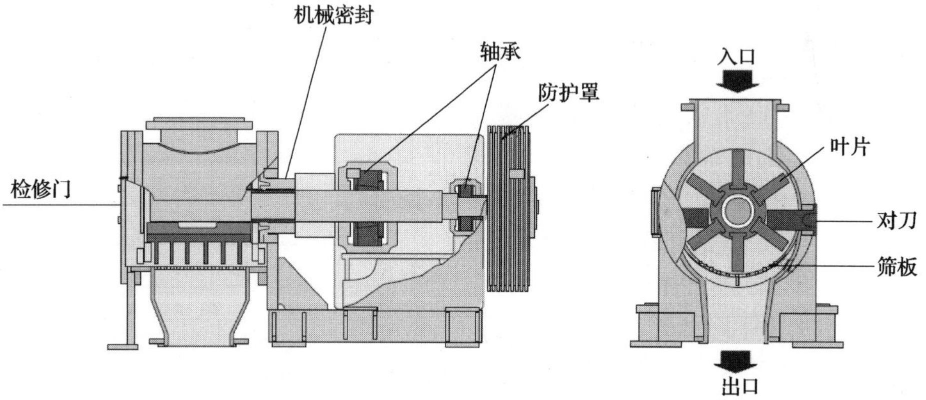

图6-14 压力撕碎机(由Metso提供)

目前,撕碎机由耐酸铸钢制成。撕碎机筛板的孔径通常为20mm,约占纸浆产量1%~2%的小木块被撕碎成火柴杆大小。然后纸浆直接送进压力筛,因为常规的振动粗筛已被删除。

6.4.2.1 PGW95法

起初压力磨浆的概念是PGW95法,包括一个“热回路”或在筛选前有一中间浓缩段,将热滤液回用作为喷淋水(见图6-15)使得浆中长纤维含量最大化。这是1979年第一台压力磨木机投入运行(见图6-16)时的主要目标。

PGW95法纸浆出口温度升高到110~120℃(见图6-10和图6-12)。多余的热量能从喷放旋风分离器以蒸汽回收,此蒸汽适于任一加热目的。约50%的磨木机电能可以回收,相当于在设计的磨木机功率和产能下每生产1t PGW95浆可回收1t蒸汽。但是,不像大多数TMP厂,此蒸汽是常压或温度接近100℃。

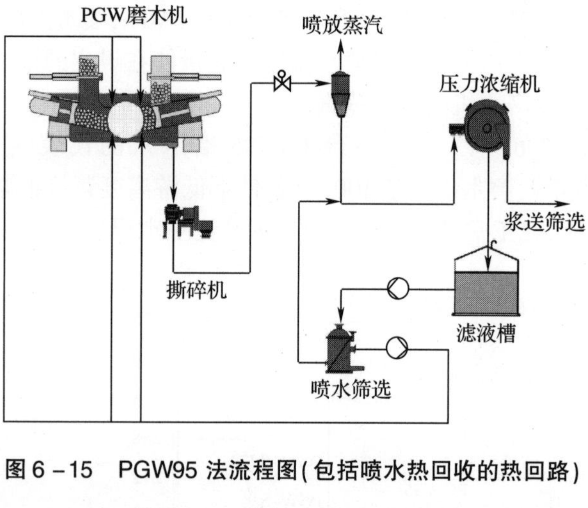

图6-15 PGW95法流程图(包括喷水热回收的热回路)

起初采用Rauma-Repola压力鼓式浓缩机用作中间浓缩,但后来主要采用GLV(Hedemora)压力盘式过滤机,安装于PGW95热回路中(见图6-15)。

RGW95法也已成功用于纤维挺硬且树脂含量高的各种松木,松木类比云杉类木材需要较高的磨木温度以生产纤细和细纤维化的长纤维[20-21]。

图 6-16 第一台带热回路的 PGW 95 法于 1979 年 5 月在瑞典 Burea 的 MoDo Bure 磨木商品浆厂投产

6.4.2.2 PGW 70 法

对纸张表面质量和印刷性能的要求已成为越来越需要，特别是杂志超级压光纸和低定量涂布纸。对这些纸种，要求有极好的纸浆白度和光散射性质，也喜欢较高的细小纤维含量和纤细的长纤维。

20 世纪 90 年代在芬兰 Myllykoshi 造纸厂以挪威云杉为原料的工厂规模研究证明，较低磨木温度的 PGW70 法生产的纸浆有较高的原浆白度和较好的杂志纸印刷性能。同时，这些低游离度 PGW70 浆的强度仅比 PGW95 浆略低[22]。

在 70℃喷水温度，热回路或中间浓缩系统可以省去，这显著地简化了 PGW 流程（见图6-17）。在 PGW70 过程中，白水的冷却和温度的控制是在磨木机喷水管线上安装的分开热交换器进行。冷却水是通常的造纸厂白水，采用这种方式，PGW 车间多余的能量用于加热造纸机白水回路和脱墨车间白水。

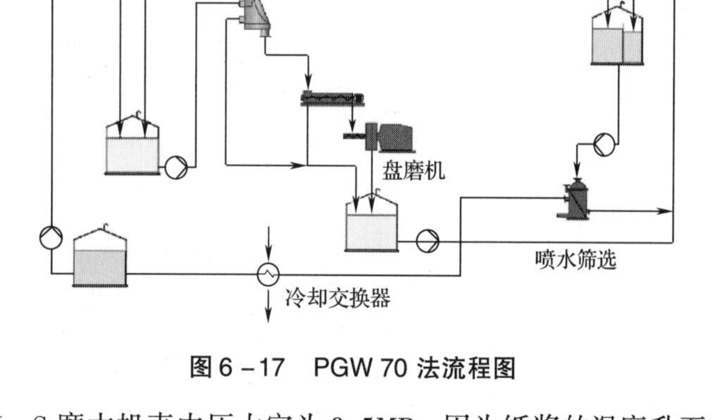

图 6-17 PGW 70 法流程图

6.4.2.3 PGW-S120 法

对某些纸种，如新闻纸，纸浆强度性质是最重要的，而对印刷性能和白度要求没有更有附加值的纸张高。为了使纤维长度和纸浆强度最大化，必须提高喷水温度高至 120℃。为此目的，需要将设计的 PGW-S 磨木机壳内压力定为 0.5MPa，因为纸浆的温度升至 140℃。

为了达到这些高温度，在 PGW－S 热回路中需要加一个两段直接冷凝器型热交换器系统（见图 6－18 和图 6－19）。在此热交换系统中，热的 PGW－S 浆经几段闪蒸，而闪蒸蒸汽用于加热进入的喷水，每段提高 10℃。为了有效加热，需一小的真空泵以排出闪蒸蒸汽中所有的空气。闪蒸蒸汽中约含有 1% 的大气。

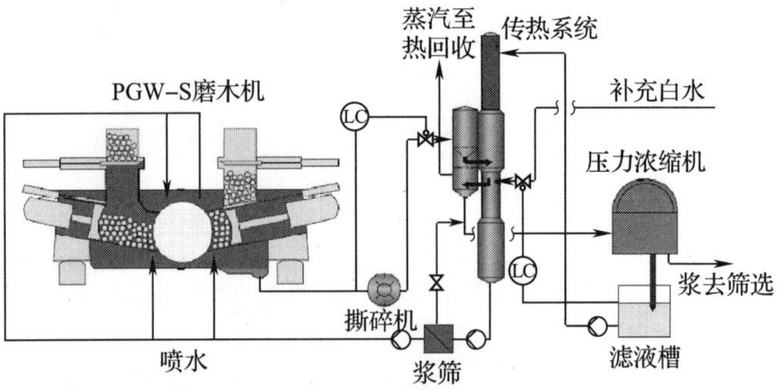

图 6－18　PGW－S120 法的热回路（由 Metso 提供）

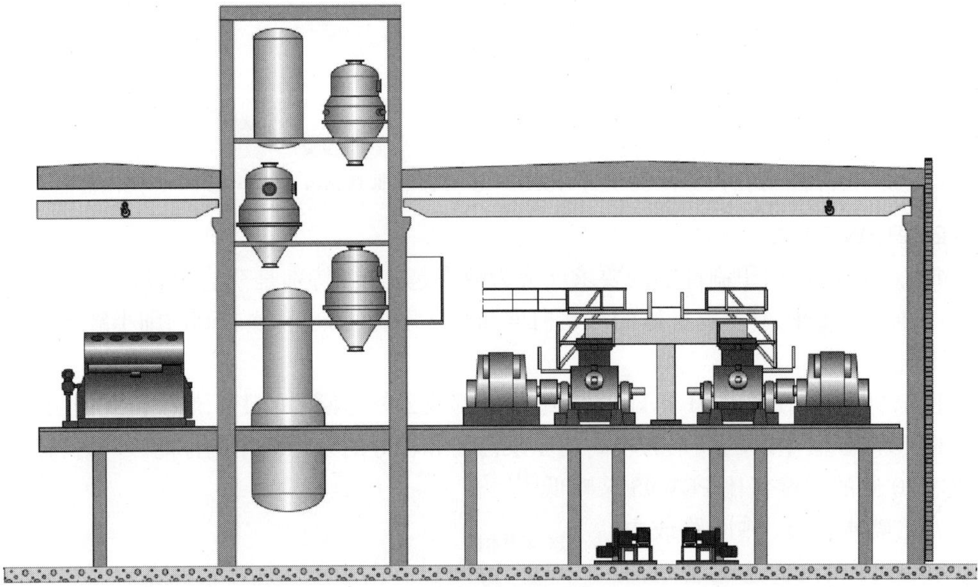

图 6－19　PGW－S120 带单传动的热回路设备布置（由 Metso 提供）

多次试验已证明对云杉和不同品种的松木，PGW－S 法导致纸浆性质相当大的改善。表 6－3 为 PGW 相对于 SGW 以及 PGW－S 相对于 PGW 的纸浆性质变化。但是，PGW－S 法的比能耗仍大体与 SGW 法相同[23－24]，而白度比 SGW 低。

表 6－3　PGW 相对于 SGW 以及 PGW－S 相对于 PGW 的纸浆性质变化[25]

项目	SGW→PGW	PGW→PGW－S
耐破指数	+30%	+32%
抗张指数	+20%	+16%
撕裂指数	+38%	+11%
湿拉力	+42%	+20%
Scott 结合力	+8%	+7%
紧度	−4%	+2%

第一个工业化装有 6 台 T1815PS 磨木机，总制浆能力为 490t/d 的 PGW－S120 车间于 1991 年在芬兰 Voikkaa 造纸厂投产，用以取代该厂 30 年代的老链式磨木机。但是，由于差的全球纸张市场，1991 年有 5 台造纸机的整个 UPM Voikkaa 纸厂逐步淘汰，最终于 2006 年 9 月关闭。

6.5 链式磨木机和热磨木

6.5.1 链式磨木机

目前真正代表连续运行制浆的磨木机是常压链式磨木机[26]。这种设计的磨木机于 1915 年首次由 Voith 公司建造。第一台生产规模使用的木段长度 1m,磨石直径 1.5m 的链式磨木机于 1922 年在德国 Schongau 纸厂安装,其生产能力为 0.5t/h。

图 6-20 说明 Voith 磨木机的操作原理。单一木库位于磨石正上方,大的链安装在木库的两对面。链向下移动,将木段压向旋转的磨石。链条速度是自动控制的,以维持预设的电机负荷、生产率和比能耗。木材由木库的上方自动装入使木库总是充满的。在这点上,链式磨木机比袋式磨木机在操作上要简单些。

根据链条的对数,链式磨木机有单链式和双链式之分。表 6-4 为中国产链式磨木机主要规格与技术特征[27]。中国生产磨石磨木浆的工厂几乎都采用链式磨木机。

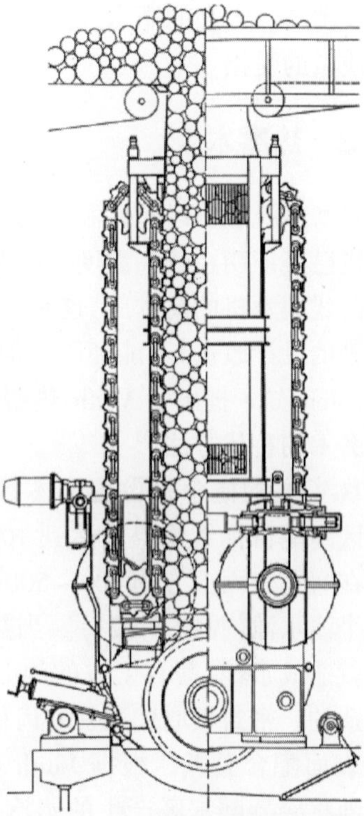

图 6-20 链式磨木机的操作原理
(由 Voith 提供)

表 6-4 链式磨木机的规格与技术特性[27]

规格与特性	单链式	双链式	规格与特性	单链式	双链式
型号	ZJM-1	ZJM-2	磨石规格/(mm×mm)	Φ1500×615	Φ1520×1280
生产能力/(t/d)	7~10	15~20	行星齿箱转速/(r/min)	350~500	—
主轴转速/(r/min)	250	250	料箱升降速度/(mm/min)	24	—
磨浆比压/(kPa)	118~167	—	配用电机功率/kW	JD215/21~24	TZ213/49~24
进料速度/(mm/min)	50~70	20~70		500	1400

与袋式磨木机相比,链式磨木机还有其他优点。磨石更便于清洗和冷却。电机负荷也不像袋式木库由于木库加料而扰乱。木库、链条及传动由四根螺旋支撑使当磨石磨损后允许木库下降。当磨损的磨石需要更换时,木库由螺旋升起而旧磨石能容易地被新磨石所取代。另一方面,链式磨木机有一些缺点,不适合像袋式磨木机一样发展。链式磨木机的建造不能使用木段长度大于 1.3m 或采用超过 4000kW 的电机负荷。因为与负荷落在磨石两对面的双袋式磨木机相比,链式磨木机的负荷不平衡。与双袋磨木机相比,一台连续链式磨木机只有 25% 的磨石圆周表面被利用,而双袋磨木机为 40%。由于链式磨木机的木库高,安装链式磨木机需要两层建筑。自 20 世纪 90 年代以来,再没有安装新的链式磨木机。

大量的研究表明,提高磨木机的温度(改变喷水温度或通过提高纸浆浓度而改变浆坑温度,或钝化磨石等),对纸浆强度性质有正面的影响[28-32]。但是,常压磨木过程采用的最高温度有限。较高的喷水温度以及高浆坑浓度产生的浆坑温度接近 100℃,依次导致磨木区局部过热或沸腾。太高的磨木区温度引起木材和磨石的烘焦和烧焦，以及电机负载状况的波动和纸浆质量的受损。

6.5.2 热磨木

对磨木机加压以允许温度高于100℃，表明磨木浆的强度性质得到相当大的改善。PGW磨木机已经证明在较高温度下磨浆的好处。由于连续链式磨木机的高木库，这种Voith磨木机（采用合理的设计改进）不能加压。但是，1984—1985年间，Meinecke提出了Voith热磨木法TGW作为压力磨木的替代方法[33-34]。

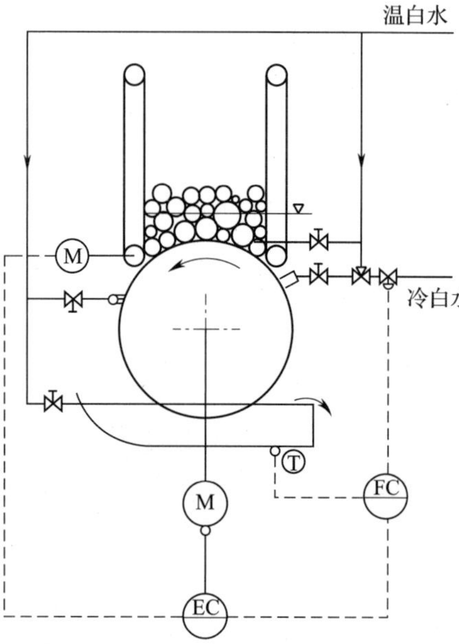

图6-21 TGW法

TGW法的概念是设置磨木区起始端温度使磨木区终端目标纸浆温度达到100℃。这个目标通过在磨石表面上方约200~500mm的木库中造成一个浅水池（见图6-21）。当热白水喷淋到木库时就造成了池，磨石上方的池是用专用板或密封建造的。密封板取代通常的齿棒并调节到接近磨石表面配合公差。根据Voith介绍，木库中的白水池将冷凝磨木区产生的蒸汽，因而防止多余的能量损失。在敞开的常压法，磨木机能在接近最优纤维分离条件下运行（见图6-22）。但是，应当注意，在PGW磨木机，代表性压力0.25MPa相当于25m水柱[35-36]。

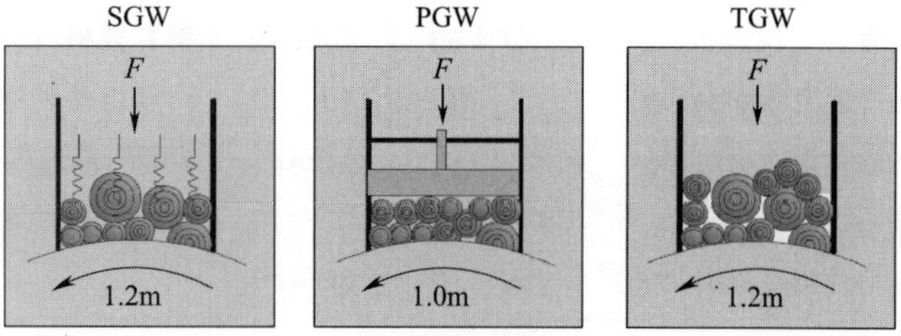

图6-22 磨木法的特性

SGW—常压，局部过热，水蒸气蒸发 PGW—0.2~0.5MPa表压，封闭机壳 TGW—磨木区上方，0.2~0.5m水柱

为了磨木机在终端达到不高于100℃的温度，必须有一很精确的控制系统。磨木机浆坑的纸浆温度和比能耗用作输入的控制信号。控制器预设定浆温和比能耗的边界值。如果磨木区温度倾向升高到临界高值，已证明这些值会迅速的响应。这是基于温度升得太高和沸腾开始时润滑水膜被破坏的事实。当超过预设值的极限时，木库中向上流动的白水体积增加。采用这种方式，磨木区温度降低，温度的下降防止磨木区过多的水蒸发，并稳定比能耗。温度和比能耗的同时记录使之有可能区分负荷的波动是否由太高的磨木区温度或压向磨石的木材不均匀进料所引起（见图6-23）。TGW过程采用稳定性控制器对磨石刻石也有正面的影响。已有报道刻石周期大大延长。

根据Voith公司和在德国工厂的试验，热磨木浆在类似的比能耗下比常规磨木浆有较好的强度，如图6-24所示[26,33,36]。表6-5为SGW、TGW、PGW、TMP的能耗与质量的比较。可以看出，TGW的比能耗、长纤维含量、抗张和撕裂强度均在SGW和PGW之间，其强度比SGW高，而白度比PGW好。这些改进归于两个因素：① 磨木区温度有所提高；② 与通常Voith磨木机相比,磨木条件更稳定和更均匀。到 20 世纪 80 年代末,约 60 台链式磨木机和 15 家不同的造纸厂已升级为 Voith 热磨木系统[37]。由于链式磨木机不再有活跃的市场,TGW 法的前景是不确定的。

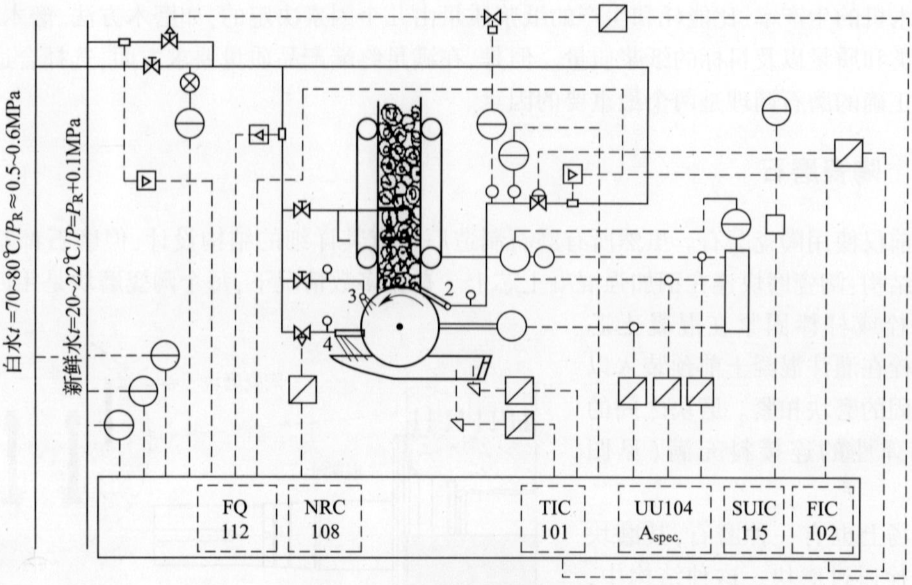

图 6-23 TGW 法的控制系统

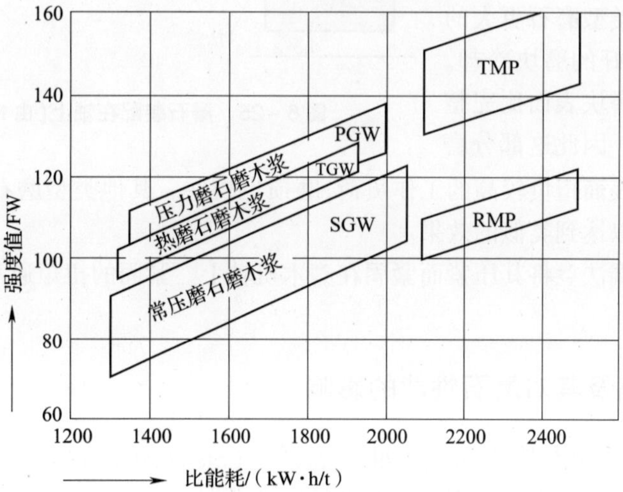

图 6-24 TGW 强度性质与 SGW 和 PGW 的比较[26,33,36]

表 6-5 各种机械浆能耗与质量的对比[25]

项目	SGW	TGW	PGW	TMP
总比能耗/(kW·h/t)	1470	1560	1580	2360
打浆度/°SR	65	65	65	69
长纤维含量(鲍尔筛分组分 $R_{14}+R_{10}$)/%	22	26	30	37
裂断长/km	2.5	2.9	3.2	3.4
撕裂度/mN	610	740	790	980
白度/%	63	63	60	56

6.6 磨石与磨石的处理

磨木机的生产率、比能耗和生产的纸浆质量由几个因素决定的,如磨木方法、磨木机类型、木材种类和质量以及目标的纸浆质量。但是,在满足终端产品质量要求方面,选择合适的磨石类型和正确的磨石调理是两个最重要的因素。

6.6.1 陶瓷磨石

目前仅使用陶瓷磨石。虽然所有磨石制造厂均有其详细的结构设计,但磨石都基于相同的基本结构:陶瓷磨块连在钢加强混凝土芯上。在大多数情况下,每个陶瓷磨块是用四根钢制双端螺栓或杆棒固紧在混凝土芯上。螺栓在灌注混凝土前预装入以得到牢固的磨块扣紧。磨块之间的空隙用弹性的连接料充满(见图6-25)。

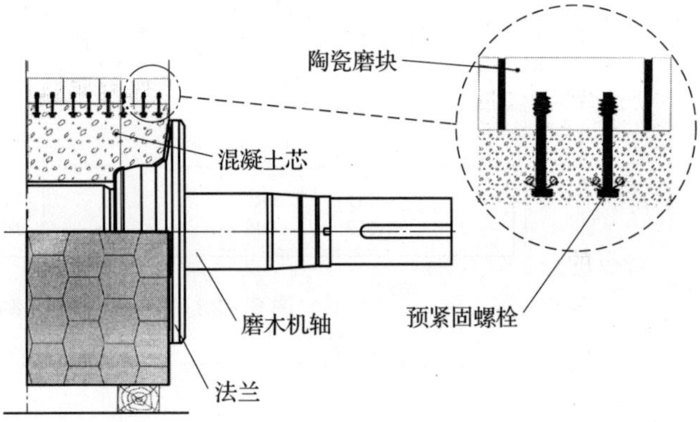

图6-25 磨石装配在轴上(由 Metso 提供)

市场上也有一种磨石,其磨块紧固螺栓通过磨块。这种结构中,螺栓孔通常是敞开的,使得磨石表面自然地有比其他类型磨石更大的纸浆输送能力和较好的磨块冷却。在有孔的圆周线上磨块表面比完整的圆周线上少得多。因此这部分磨块表面比其他磨石表面担负较高的工作负荷,磨损也快些。其他类型磨石也可能装有轴向或螺纹型沟纹或盲孔以达到类似的效果。

磨石是通过两端法兰将其压紧而紧固在磨木机轴上。紧固的扭矩通常是磨木机额定扭矩的两倍。

6.6.2 磨料规格及其对磨石性能的影响

磨石磨料规格采用磨轮研究所标准标志系统(Standard Marking System of the Grinding Wheel Institute)。其规格由如下列的6个指标组成[38]:

指标	1	2	3	4	5	6
例	A	601	N	7	V	G

其中:指标1:磨料类别;指标2:磨料大小;指标3:级别;指标4:结构;指标5:结合类型;指标6:制造者符号(比结合力或陶瓷特性)。

该标志系统每个指标的范围和性质及其对磨石性能的影响讨论如下:

(1)指标1 磨料类别

用于磨石的磨料主要有两类:

A = 氧化铝(ALUNDUM)

B = 碳化硅(CRYSTOLON)

代码字母前面可以加上磨料更加详细的规格,详细的磨粒规格是制造商专用的,例如 Norton 采用数字。

氧化铝用于大多数磨石中。碳化硅磨料比氧化铝尖锐、硬和脆。Karna 发现碳化硅磨石在压力磨木中生产较长的纤维和强度稍好的纸浆,但光散射系统较低。与氧化铝磨石相比,碳化硅磨石生产相同游离度纸浆的比能耗明显增加。

(2)指标 2 磨粒大小

磨料的磨粒大小是用对应于筛选磨粒用的装置的目数(每英寸长度开口的数目)来分类的。例如,磨粒大小 60 表示通过 60 目筛而不通过 70 目筛的粒子。通常采用 36 ~ 80 的磨料粒子。表 6 - 6 给出了一些最普通的磨粒级别的粒子直径。

表 6 - 6 根据 PEPA 标准的一些磨粒级别的公称粒子大小

磨粒级别	粒子大小/mm
46	0.297 ~ 0.420
54	0.250 ~ 0.354
60	0.210 ~ 0.297
70	0.177 ~ 0.250
80	0.149 ~ 0.210

磨粒大小通常用 3 个数字作为代码。头两个数字表示磨粒的大小级别。磨块通常是不同磨粒大小的结合制成的。第三个数字(详细)说明制造商采用的磨粒混合。例如,Norton 702 磨石含有 50% 的磨粒大小 70 和 80,所以平均的磨粒大小为 75。

磨石的磨粒大小主要是根据纸种所定的质量要求和所用的木材种类。因此,要求的纸浆越细(游离度越低),磨石的磨粒就越细。印刷用纸张通常磨粒大小为 54 ~ 80。另一方面,生产折叠纸板的磨石磨粒大小为 36 ~ 54。

磨粒大小对于木材中产生的振动频率、木材中热的分布以及从木材基体中释放纤维摩擦力有影响。磨粒越大,压力脉冲从磨石界面延伸到木材越远,加热的木材越深。比较磨粒大小为 60 目和 70 目的磨石,Karna 发现在相同游离度水平,70 目磨粒生产的纸浆的长纤维组分较少,光散热系数较大,抗张指数较高,而比能耗较低[11]。

当使用不同磨粒大小的结合时,木材中温度最高的区域比单一磨粒大小的宽,Sandas 和 Lonnbeng 混合不同比例的 36 目和 60 目磨粒,当 36 目磨粒的份额增加时,在一定的游离度下比能耗增加,而浆的强度改善[40]。

(3)指标 3 级别

陶瓷磨块的级别或硬度决定了磨粒结合的强度。它并非与磨料或黏合料的强度有关。而仅与黏合抗磨料从陶瓷磨石磨损的性能有关。级别是按字母顺序来表述的,J 表示软,S 表示硬。通常磨石级别从 K 到 P。级别越硬,磨石表面磨损越少,刻石越难。如果磨石太软,它有自刻石的倾向。这意味着磨粒磨损是如此之快以致新的磨粒频繁地暴露在磨石表面,而磨石表面从未达到需要刻石的水平。因此,这类磨石的性能是难以或不可能控制的[38]。

(4)指标 4 结构

结构是磨块多孔性的一种量度,数字表示相对的磨粒间隔,其值从最小的 3 到最大的 12。经验已经证明有一个标准结构作为磨块硬度级别和磨粒大小的最好补充。最常见的磨石结构是 7[38]。

磨块的多孔性部分地决定了磨石输送水到磨木区的好处。但是,即使磨石多孔,磨块表面相当快就被堵塞。磨石的堵塞是由木材基体和纤维释出的细小物质、木素、树脂和抽出物引起的。

(5)指标 5 黏合类型

所有磨石有玻璃化的黏合。字母表示这类黏合为 V[38]。

(6)指标 6 制造者符号

最后一个符号是制造者记录标志,表示黏合的专门改进或所用磨块的其他特性[39]。

6.6.3 新的磨木表面

早在 1962 年 Atack 和 May 就表明,采用脉动金属表面能生产出好的磨木浆[41]。Lucander 和 Bjorkgvist 制作了一个称之为能量有效表面(Energy Efficient Surface,EES)的波状金属磨木表面。他们比较了这种表面与通常的磨石表面。他们的结论是 EES 表面产生更有效的木材结构破坏[42]。

Lucander 和 Bjorkgvist 报告,与常规的磨木表面相比,在相同的游离度下,EES 的比能耗约下降 50%,而在相同的抗张强度下,EES 的能耗降低 30%[42](见图 6-26 和图 6-27)。

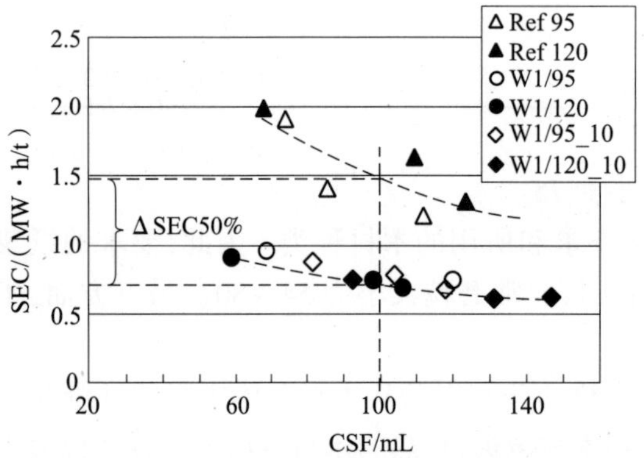

图 6-26 EES(W1)和常规(Ref)磨木表面的比能耗与纸浆游离度的关系[42]

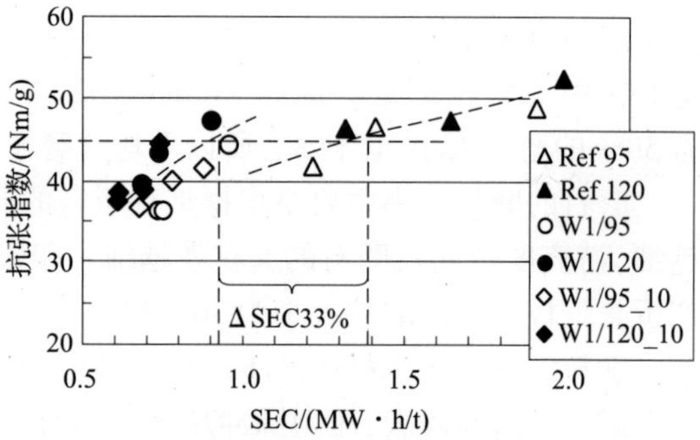

图 6-27 EES(W1)和常规(Ref)磨木表面的抗张指数与比能耗的关系[42]

6.6.4 磨石处理

磨木表面处理的目的是控制磨木机的产量和生产的纸浆质量。磨木时,磨石表面磨损了,虽然很慢地磨损。磨石表面磨粒的顶部变得圆钝,它们可以从陶瓷床中松散开。此外,磨石表面的孔和洞会被树脂、木素和细料的浓缩层覆盖。这些现象引起纸浆质量和磨木机操作点的变化。换句话说,磨木机的生产水平和(或)能耗变化。其后达到一个饱和点,磨石需要重新刻石,因为游离度太低或(和)产量太低。在大多数情况下,两次刻石刀刻石之间的时间,即刻石周期,为 1~3 周。采用较新的喷水调理技术,磨石处理有代表性的间隔是 0.5~3 天。磨石是采用扣紧于磨木机主体的刻石装置进行处理。

有时磨石也需要钝化,例如,当刻石过于强烈或与纸种变化相连的目标游离度降低。

磨石的第三种处理是磨石表面的找平(锉石)。找平的目的是使磨石成正圆并与磨木机轴同心。因此,找平总是用于新磨石。周期性的找平也是需要的,因为磨石在正常使用的情况中由于磨损周长减少,提供的空间里刻纹和纹峰较少。当最后一次找平后又过了足够的时间,存在刻纹混乱和部分破裂的风险。而且,磨石表面的磨损不是均匀的,例如,在磨木区外的磨石边缘磨损较少,此外,磨石表面的任何损坏需要找平来较正。因此,周期的找平也是保持磨石表面"平直"所要求的。通常一年进行 1~3 次找平。

6.6.5 磨石的刻石刀处理

传统上磨石是用金属刻石刀刻石的。为了这个目的，刻石车床安装在袋式磨木机的顶部，或链式磨木机的旁边。刻石刀安装于紧固在刻石车床的刻石刀架上。

刻石车床有一在有保护的直线导轨上运行的水平滑板，滑板由一双带齿轮皮带和球状螺旋传动的双制动电机驱动。一个垂直的活塞固紧在滑板上，垂直运动是用手操作的。在轮引导下微米尺度指示活塞和刻石刀的垂直运动，使操作者能控制刻石的深度(见图 6 – 28)。

6.6.5.1 磨石找平

磨石的找平是采用菱纹钢刻石刀在低刀速下进行的。在找平时，处理的深度是小步递增的，直到刻石刀与磨石表面的接触在整个磨石宽度上是均匀的。然后，磨石表面用更细的、可能是磨损了的菱纹刻石刀去调节磨石表面的微粗糙度到合适的水平。

6.6.5.2 磨石的刻石

刻石刀刻石在磨石表面产生螺旋状的沟纹和纹峰。刻石获得沟纹而减少了与木材接触的纹峰面积(见图 6 – 29)。刻石也暴露了新的磨料粒子并除去磨石表面及其孔洞中的杂质。较小的纹峰面积提供较高的单位磨木压力，产生游离度较高的较粗纸浆。较深的刻纹在磨石表面具有较大的空隙面积，带更多的水到磨木区并能将更多的浆带出磨木区。

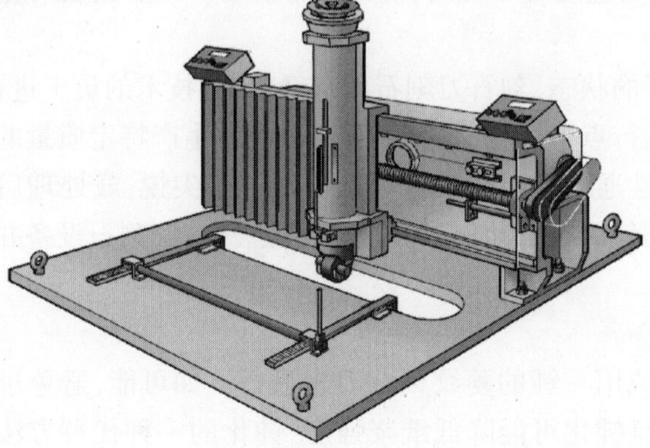

图 6 – 28 用于压力磨木机的刻石刀床(由 Metso 提供)

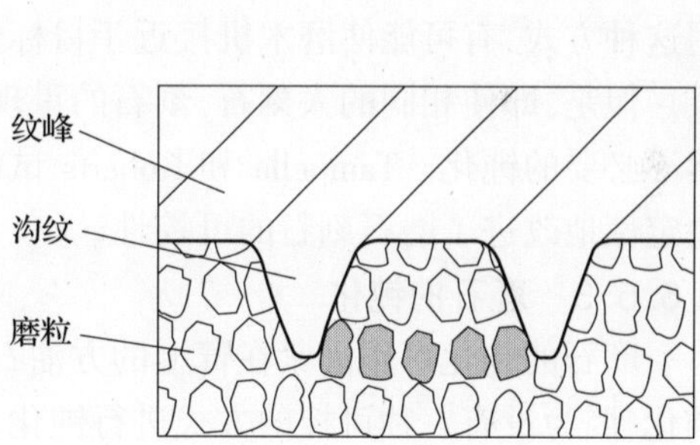

图 6 – 29 刻纹横截面

刻纹变化最重要参数是刻石刀齿频率或刻纹的沟纹频率、刻石刀齿角度或坡度以及刻石深度。刻石刀的规格包括前面两项。刻石刀刀号表示刀齿频率，即每吋刀辊周长上的刀纹数目，齿角表示刻纹的角度，以(°)表示。

对每种磨石，最小的纹峰根基宽度要保证有足够支撑磨木负荷的强度，见表 6 – 7。如果采用较细的刻刀石，纹峰类似制动器，而浆的质量受损。如果刻石深度保持一致，刻石刀越细，生产的浆游离度越高。

制造几种齿角的斜纹刻石刀，通常采用 28°的刻石刀。较大的 45°角使得纤维达到松弛的沟纹前

表 6 – 7 对某些磨石磨粒大小推荐的最细刻石刀号

磨料粒子大小	刻石刀刀号
46	10
54	10
60	10
70	12
80	16

在纹峰上有较长的碰撞时间，这可产生一些较长的纤维且在相同游离度下有较高的纸浆强度。

刻纹的深度是根据纸浆的目标游离度、所用刻石刀的类型和每个厂的操作经验来选择的。通常，对于造纸用浆，采用0.2～1.0mm的刻纹深度。

刻纹深度也可采用可控制深度的刻石刀来控制。控制深度刻石刀的齿刀比标准刻石刀的短得多。刻石刀齿倾向于与所需磨石刻纹有相同的深度。设计刻石刀使其达到磨石上最低点。这意味着刻石刀刀齿之间峰面将接触磨石表面的峰面。因此，这类刻石刀也处理磨石刻纹的纹峰，用控制深度刻石刀的风险是刻石刀的底部会损坏刻纹的峰面。这将导致较低的纸浆质量[43]。

刻石刀床横过速度用以下方程式计算：

$$BT = k \cdot \frac{W_s}{S_s \cdot W_b} \tag{6-2}$$

式中 BT——刻石刀横过的时间，s

k——重叠系数

W_s——磨石宽，mm

S_s——磨石转动的速度，L/s

W_b——刻石刀宽，mm

对于Metso磨木机，设计刻石刀床的刻石速度是不变的，使得磨石转动一周后刻石刀宽有40%重叠（$k=1.67$）。

为了成功刻石，刻石装置必须保持良好的状态，刻石刀刻石由有经验、有技术的员工进行。用这种方式，有可能使磨木机接近于目标运行点下运行，并在刻石后很快就生产特定质量的纸浆。但是，即使相同的人刻石，刻石的重现性通常较差。或者磨石表面过于尖锐，或处理后仍然不必要的钝化。Tampella 和 Roberts 试图使刻石自动化以改进重现性。但是，刻石设备并未决定性地改进了磨石刻石的可控性。

6.6.5.3 磨石的钝化

磨石的钝化可用固紧在臂上的方油石或用一钝的菱纹刻石刀来进行。如可能，避免进行钝化，因为没有一种可控的方式进行钝化，且钝化可能降低纸浆强度，钝化的一种代替方法是通过磨石锉石除去现有的刻纹并重新刻纹。

6.6.5.4 磨石的沟纹

磨石输送一定量的喷水到磨木区，部分水是在刻纹的沟纹中输送，部分在纹峰面形成一不连续的水薄层。在磨木区，释放出的纤维与水混合，使得水层的厚度增加。当在磨木区终端的水层厚度足够厚时，实际上形成一连续的薄膜，使得更难于维持所需的木材与磨石表面接触。磨石的磨木作用减少。这能通过一定程度增加压力来抵消。这种现象已与水上滑行进行比较。磨石不能起全磨木作用。当用低深度刻纹的钝磨石或当磨木产量增加时，这种状况变得更糟。

根据Sollinger的计算，一台生产中的磨木机进入磨木区的水量约为100mL/m^2。当生产低游离浆时，通常使用很浅的刻纹。刻纹的沟纹体积仅为进入磨木区水量的一半。这意味着在磨石表面可能存在－0.1mm厚的水膜。要减少水上滑行的风险，在磨石和木材之间的水压必须降低。通过增加磨石表面沟纹体积，更易于水和纤维从磨石和木材间移去[44]。

增加沟纹体积的最容易方法是增加刻纹的深度。这会导致较高的纸浆游离度或降低产量。为了避免这个问题,必须使用粗刻石刀,例如 4 号,并与深沟相联系。另一种增加水的输送能力方法是在磨石表面产生足够大的空隙。为达到此目的,使用切割或模制的沟和洞[45-46]。

6.6.6 磨石表面用超高压水控制

磨石表面常规的刻石刀刻石难以控制且重现性也难以达到。此外,生产过程中磨石表面状态连续不断地变化,在一个刻石周期中从尖锐到圆钝。因此,在一个刻石周期中出现纸浆游离度和质量与目标值相当大的偏差。平均纸浆质量的变化将反映到纸张质量的变化。产量也常常有损失。在刻石周期的初期,磨木机的功率必须限制以免生产太粗的纸浆。在刻石周期的终点,由于磨石钝,产量低。

如果磨石表面状态长时间实质上保持不变,磨木机的质量和产量问题都能避免。为了达到此目的,磨石表面调节方法必须是温和、精确和易于控制的。Metso 喷水调节技术是基于喷洒在磨石表面的超高压水,处理的效率通过调节水压来控制。

这种处理是基于磨石的钝化实际上并非主要是刻纹的磨损引起的概念。反之,主要是由于沟纹和纹峰的多孔表面被细料和树脂堵塞所引起的。这些物质填充了沟纹间纹峰磨粒间的空隙。纹峰间沟纹至少部分被充填,减少了磨石水和纤维输送能力(见图 6-30)。

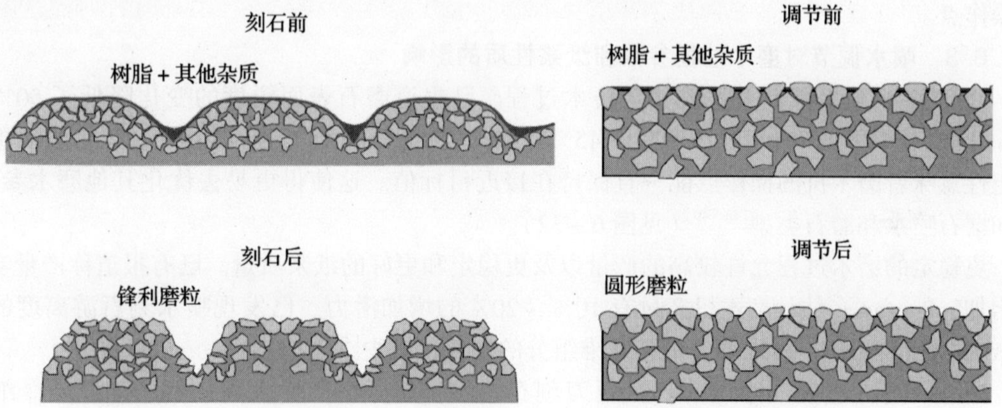

图 6-30 刻石刀刻石前后(左)和喷水调节前后(右)磨石表面的刻纹[47]

采用喷水调节系统,磨石表面通过除去这些"额外的"物质而净化,但磨石表面的比锐度和状态仍未改变。按照推测,喷水也除去磨粒间的一些结合料,暴露多一些磨粒或者暴露全新的磨粒并松开一些圆形的磨损磨粒。

目标是经常进行喷水调节使磨石锐度变化最小化。由于喷水压力与调节力直接相关,可以准确地控制,因而使磨石锐度变化最小化是可能的。因此,磨木机产量能保持在高水平而没有任何较大程度上改变纸浆的游离度和质量。此外,这种处理没有造成产量的任何损失,因为调节是在正常磨木下进行的[47]。

磨石表面的堵塞将减少磨石表面的传热能力。因为喷水不再渗透到堵塞的磨石表面,减少了热从磨木区向外传递。相信喷水调节比通常刻石刀刻石使磨石表面保持更多的空隙。在这种情况下,磨石磨块的较小径向温差有助于防止热冲击损坏。

在常规刻石中刚硬的刻石刀床和刻石刀结合对磨石的磨块产生大的机械应力。喷射口的质量很小以致不会对固定在磨块磨石本体的结构产生任何应力。

6.6.6.1 喷水设备

超高压单元产生高达 240MPa 的水压。所需的水压可设置为 80 ~ 240MPa，用内逻辑准确地控制。专用的管线将超高压水引到磨木机。有两个喷射装置安装于磨木机的侧壁上，每侧一个。喷射装置有一摆动的喷嘴臂，连接于带有专用阀门和软管结构的管线上。操作程序是由工厂 DCS 系统遥控的（见图 6 - 31）。

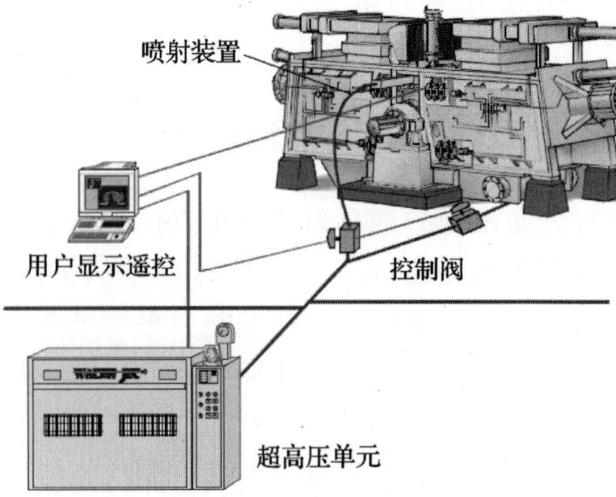

图 6 - 31 喷水调节系统的设备
（由 Metso 提供）

6.6.6.2 磨石用喷水处理

用喷水系统调节的磨石可用粗的斜纹刻石刀刻沟纹或提供较深的刻纹使磨石表面产生足够的体积以去除磨木表面的纤维物料。新磨石进行锉石而磨石面用细的菱纹刻石刀找平使磨石表面达到目标的磨木状态。菱纹刻石刀的粗度必须根据一个个实例来选择，例如，取决于所用磨石的类型、木材种类、目标游离度等。喷水处理、时间间隔、喷射压力和喷水周期数必须视每个磨石来选择以符合目标操作点。

6.6.6.3 喷水调节对磨木过程参数和纸浆性质的影响

研究表明，喷水调节大大地稳定磨木过程。已报道磨石表面锐度的变化降低了 50% ~ 60%，电机功率降低 50%，生产率减少 45% ~60%，比能耗降低 27% ~80%，过程参数的更大稳定性意味着磨木机的操作点能一直保持在接近目标值。这使得更易去优化其他磨木参数，例如磨石喷水和磨石类型[48-49]（见图 6 - 32）。

更稳定的磨木过程允许较高的产量以及更稳定和更好的纸浆质量。已有报道称产量实质上增加。Puurunen 估计磨木机产量有 10% ~20% 的增加潜力。已发现喷水刻石游离度的变化减少 24% ~30%。纤维束含量和纤维组分的变化也减少[48-49]。

Manner 等人发现喷水调节比刻石刀刻石的细小组分中产生较高比例的细纤维。细小物质在化学浆纤维间起增加结合的作用。含有 10% 的硫酸盐浆和 90% 喷水调节的 PGW 浆的实验室纸页有较好的抗张指数。因此，安装喷水调节设备后跟着纸张抗张强度逐步增加。Puurunen 发现采用喷水刻石的常压磨木浆长纤维组分的性质大大改善（见表 6 - 8）[48-49]。

6.6.6.4 喷水控制系统

采用喷水系统的工厂总是面对两个问题：什么时候进行处理和采用多大的压力？为了自动地解决这些问题，开发了喷水控制系统[50]。该控制系统使之有可能采用最佳操作点策略，使所有磨木机正在生产相同质量和数量的纸浆。

根据 Tuocinen 研究，该控制系统进一步减少了已采用喷水调节的工厂的纸浆游离度偏差[50]（见图 6 - 33）。

喷水系统将在磨木控制部分（见本章 6.8.5.3）作更详细的讨论。

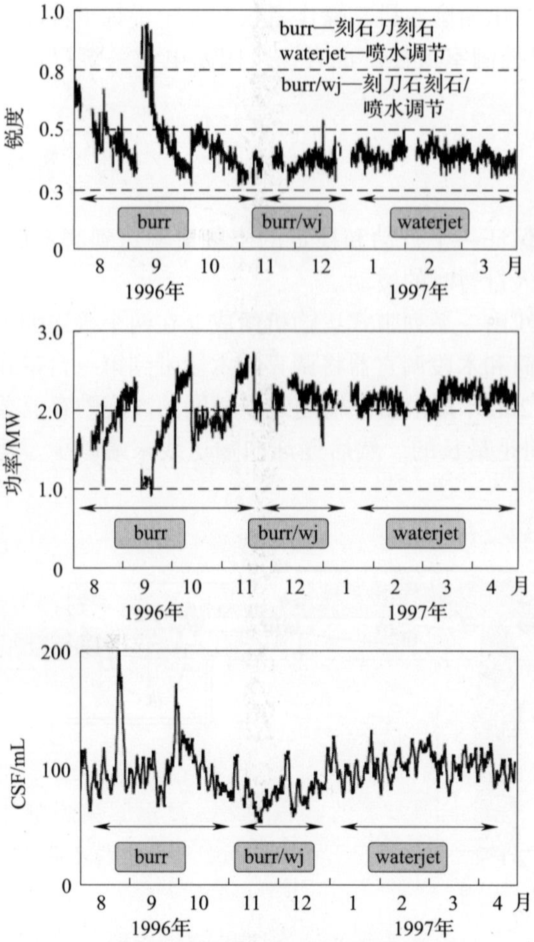

图 6 - 32　一台磨木机在刻石刀刻石和喷水调节期间的锐度、电机功率和浆坑游离度的变化[49]

表 6 - 8　喷水调节对 CSF 50 ~ 60mL 的长纤维组分性质的影响[48]

抗张指数变化/%	+15
撕裂指数变化/%	+15 ~ +20
紧度变化/%	-30

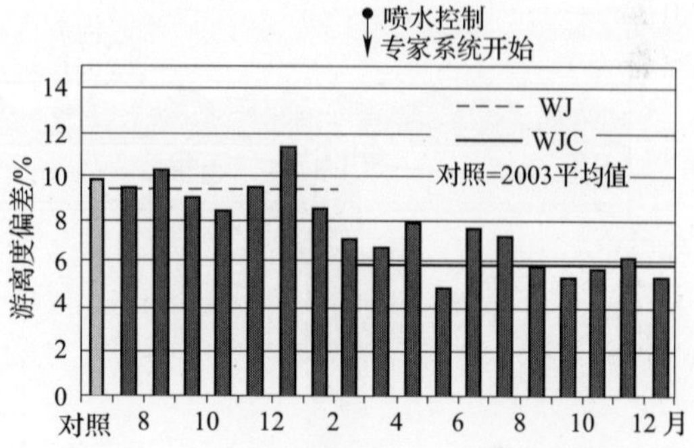

图 6 - 33　喷水控制（WJC）对最终纸浆游离度偏差的影响[50]

6.7 磨木机进料系统

为了按意图操作，磨木机要求均匀而连续的木材供应。木材加工系统也期望提供不中断的正确尺寸的干净木段到磨木室，以符合纸浆和纸张质量要求。木段必须是干净的。因为即使是少量的树皮可引起纸张中的黑斑。木段规格必须在允许的范围内。太短的木段引起输送线上差的堆积和倾斜磨木，产生很短的纤维。太长木段干扰输送线进料和磨木机装料。太大直径和木段形状差也会产生问题。由于这些原因，在备木车间剥皮鼓后，木段必须挑选。

木段进料系统主要有两类：一类用于连续操作磨木机，另一类用于袋式磨木机。用于连续操作磨木机的给料系统用接连的带式输送机将木段堆积在进料线上。木段通过输送机间的间隔供给磨木机。间歇类给料系统借助于输送机和分批形成单元使合适规格的木段分批。

为了保证给磨木机连续稳定供应木料,现代木段进料系统是高度自动化的。控制系统处理整个给料系统,包括线上装料、批次形成和木料供给磨木机。操作者仅在发生干扰事件时介入。给料系统通过工厂 DCS 控制系统由磨木机控制室遥控。也有一个闭路电视系统以监视系统的绝大多数关键性点。

6.7.1 链式磨木机进料系统

连续操作磨木机的进料系统(见图 6-34)保证一个自动和稳定的木段流输送到磨木机。因为整个输送线起木段贮存作用。允许木材吸入量暂时的波动。

进料系统输送线安装在磨木机上方。输送线由一系列带式运输机组成。在两个接连的带式运输机间每台磨木机上方有开口。加速的辊筒和木段调直器将调直的木段带到第一台带式运输机。前两台带式运输机将木段堆至约高 1.2m,木段沿整条输送线以相同的高度贮存。要使之成为可能,系统最前头的运输机的运行时间是最长的。然后逐渐向输送线末端减少。运行时间可由控制盘在很宽的容许范围内调节[51]。

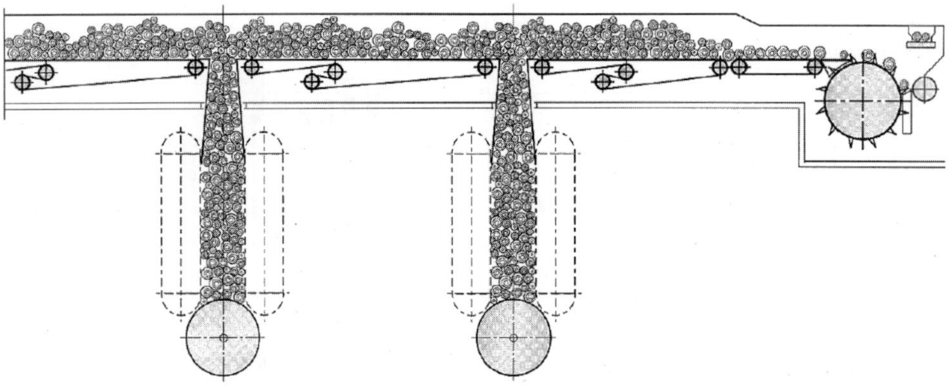

图 6-34 链式磨木机进料系统(由 Andritz 提供)

木段流慢慢地在输送线上向前移动,然后落到磨木机的进料槽。整列带式输送机装置起贮存木材作用。运输机根据预选的时间程序自动地启动和停止。每台运输机可通过控制盘分别驱动,如果需要,可正反方向运转[51]。

操作者的主要作用是监督和控制给料和木段在输送线上的堆积。所有其他操作都是自动的。一个人能监督相邻两条给料线的运行。

6.7.2 袋式磨木机装料系统

袋式磨木机自动木段进料系统由加速辊筒运输机、木段调直器、带式运输机和分批形成单元组成(见图 6-35)。

加速辊筒运输机将进入的木段调直和分开并将其正确地送入木段调直器袋中。此外,在大多数情况下运输机与洗涤站和短端去除捕集器结合。洗涤的益处有几个。洗涤除去去皮木材堆取来的木段带来的砂,也使得木段表面更光滑,使在进料系统中更易进一步输送。洗涤也减少进到磨木机的碎屑量。

图6－35 在 Kirkniemi 工厂压力磨木机的木段进料系统(由芬兰 Sappi 提供)

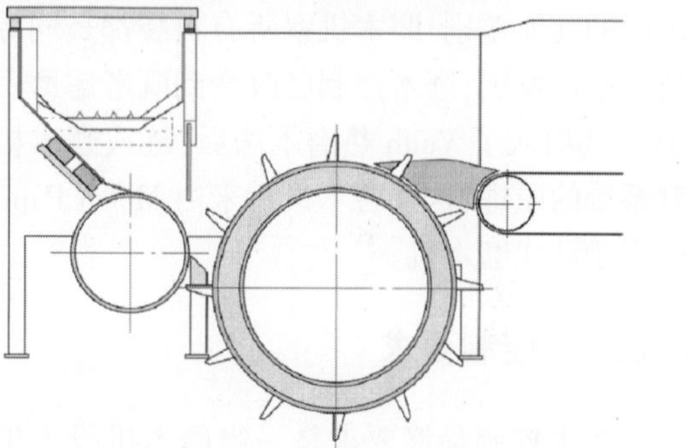

图6－36 鼓式木段调直器(由 Andritz 提供)

木段调直器将木段调直并将其置于带式运输机上。鼓式木段调直器由两个转鼓组成。一个较小的进料鼓和一个较大的飞鼓(见图6－36)。旋转时,平滑的进料鼓将木段压向飞鼓。依次将木段升至第一台带式运输机上。与老式的木材提升机式木段调直器相比,鼓式木段调直器噪声更小、操作更可靠和安全,且维修较少。

运输线包括几台置于分批形成单元之前或之间的带式运输机。线上的第一台运输机是一个双带运输机,其第一部分仅向前运转,而第二部分可按预选的时间程序向前或向后运转。采用这种方式,木段堆积成高约 1.2m 的堆。其他运输机使木段在输送线上向前移动以保持运输线满载并为备木系统提供额外的贮存[52]。

料位控制系统保持输送线上有足够高的木段料位。输送线裙板上安放的全光束光电管检测木段堆的高度。根据光电管的信息,料位自控系统控制运输机、木材取入、堆积和输送线加料,使得每个分批形成单元上总有足够的木段[52]。

分批形成单元完成分批木段的形成。此单元置于磨木机加料线的每个磨木机袋旁。分批形成单元由液压驱动的抓木器和沉木板、推送装置和给料通道组成。为形成一个批次,沉木板升至上位,抓木器开启。然后沉木板下降到分批位置,当批次量已充满时抓木器关闭。关闭时,抓木器从沉木板除去可能多余的木段,以保证正确的批量大小。此外,当没有进行分批形成时,抓木器防止木段落下。抓木器关闭后,沉木板落到下位。(见图6－37)[52]。

形成的分批木段通过给料通道推进到位于磨木机闸门旁的储存室,当磨木机需要时进一步自动进到磨木机给料闸上[52]。

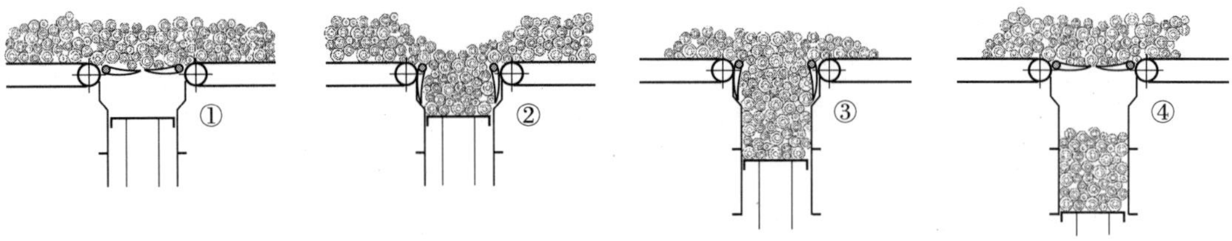

图 6－37　袋式磨木机自动分批形成步骤

① 沉木板升至上位　② 抓木器开启　③ 沉木板进到分批形成位　④ 抓木器关闭而沉木板降至低位

从分批形成到将木段传送到磨木机闸门上的所有程序都是自动的。

6.8　磨木控制

160 多年来，木材磨木过程的基本原理仍然没有改变。这段时间里，提升纸浆质量的要求已经改变了过程控制，从被动的开环式控制到主动的闭环模型控制。在第一代磨木机中，采用简单的布置将木材压向旋转的磨石，在一个批量的磨木中不同的重量用人工提升对磨木加载[53]。开发液压荷载系统后，引入第一代主动分批控制。开始时，不管磨石状态、批次状况或袋间的其他差别，磨木机室所有料袋都是同等载荷的[54]。当纸浆质量要求提高和过程自动化技术继续发展，磨木控制已改变到既考虑磨石状态，也考虑具体批次的木材性质。自 20 世纪 80 年代引入了 Voith 热磨木法后，链式磨木机控制没有较大的发展。本章介绍双袋磨木机控制系统的原理，这种磨木机后来由 Metso Paper 制造。然而，大多数新近开发的控制系统也能应用于链式磨木机。

6.8.1　控制要求

磨木控制最终要求是一组磨木机投入生产并供给一条造纸生产线的磨木浆在最低的比能耗和低变化性情况下满足预定的纸浆产量和质量要求。通常，在许多工厂，这一要求是允许不同磨木机生产不同特性的纸浆然后将这些浆混合成符合所需质量的复合纸浆来完成生产的。采用混合策略的主要原因是磨石表面的磨损（堵塞），这是磨木过程中最重要的干扰因素。尤其是当磨石采用刻石刀刻石来调节时更是如此。后来，磨木表面刻石技术已改进，且引入了高压喷水刻石技术。这使之可能用更复杂的控制策略，设定每台磨木机生产所需质量纸浆和高产量。这赋予在使用单位能量达到预定质量目标和利用生产能力方面的好处。

6.8.2　从控制观点的磨木

磨木本身是一个输入/输出稳定的过程，输入的磨木机过程参数对其输出参数有几乎线性的影响。木材磨木控制的挑战来自这样的事实，即其目标不仅是要控制直接的磨木机参数，而且还要控制产品的特性，即纸浆质量。主要障碍是非均匀木材的许多方面，这是磨木过程的主要短时干扰，因而也是需要反馈控制的理由。事实上，磨木由磨木区无数平行的生产子过程所组成，主要由于磨木区不同区域不同木材而造成的不同区域条件，而生产不同的纸浆。生产的纸浆变成不同尺度纤维和细小纤维的混合物。但是,由于控制的作用是大于瞬间木材非均一性引起的纸浆特性的自然分布,因而有可能控制磨木过程。即使系统对控制作用的响应良好,暂时的控制任务是要求的,主要由于缺乏快速和可靠的在线纸浆质量检测。

控制双袋磨木机磨木过程的一个专有挑战是间歇特点。袋式加料过程由非生产阶段和生产的磨木阶段组成,非生产阶段必须以最可能快的速度进行而没有引起木材加料的问题。在控制磨木机荷载时必须考虑磨木过程间歇的特点。

6.8.3 磨木过程

双袋磨木机的控制操作包括料袋加料的程序控制和实质高压磨木过程的反馈控制。本节将聚焦实际制浆过程的控制,即成批木材的磨木控制。对木材磨木有影响的参数可划分成两组。

① 磨木机参数:a. 磨石表面锐度;b. 磨石表面速度;c. 磨木机内压力;d. 喷水流量;e. 磨木区温度;f. 磨木压力。

② 木材参数:a. 材种;b. 水分含量;c. 分批装填。

为了了解过程工作原理,建立了将过程参数和纸浆质量联系在一起的模型。有代表性的磨木模型将纸浆生产率、磨石锐度和磨木功率结合在经验模型中[55]。

$$m = SP^a \tag{6-3}$$

式中 m——纸浆生产率

S——磨石锐度

P——磨木功率

a——磨石比指数

在工厂规模磨木中磨石比指数 a 的值为 1.4～1.6[56]。试验研究也已表明大多数纸浆质量值,如纸浆游离度和强度,取决于比能耗[55]。所有这些经验模型有相同的结构。

$$Q = KS^aP^b \tag{6-4}$$

式中 Q——一些纸浆质量参数

K——常数

S——磨石锐度

P——磨木功率

a、b——常数

这两个模型规定了磨木机的操作窗口,成为许多磨木室控制策略的基础。

不同水平控制的主要干扰和原因可分为两组。

(1)长期干扰

① 磨石表面磨损;

② 每年木材性质变化。

(2)短期干扰

① 木材分批装填;

② 非均一木材。

每年木材性质的主要变化是进入磨木机的木材水分含量和温度变化。在工厂规模生产中,冬季较低的木材温度不是主要的。但干燥季节的干燥必须防止。非均一木材指慢生材和速生材、边材和心材以及早材和晚材。木材的非均一性是自然的，不能被补偿，因为此分离作用不包括在磨木过程中。

6.8.4 磨木控制体系

为了能成功地控制磨木过程，控制的任务应包括正确的磨木标准的选择。正确的选择能使磨木过程在磨木机参数窗口产量最大化情况下自然地稳定生产所需质量的纸浆。此外，磨木标准的正确选择保证磨木过程在设备、纸浆质量、产量和比能耗等方面是可控的。这种选择是基于纸浆的终端用途进行的，反映在所需的纸浆质量上。简单地说，这里质量是由纸浆悬浮液滤水性（即游离度）、纸浆强度和光学性质来表示的。

生产的纸张质量决定了应采用哪一种磨石。首要规则是粗磨石表面生产粗的，即高游离度的浆。采用所选择的磨石，其操作窗口可通过控制木材和磨石有效接触面积来调节。这通过刻石刀刻石来完成。游离度能通过选择产生低有效接触面积的刻纹来提高。磨石表面用高压喷水调节使能做到磨石表面及其性能的细小调节。甚至有可能做到自动地控制磨石的锐度，这点将在后面的6.8.5.3节“喷水控制”中讨论。

压力磨木使所用的喷水温度成为一个控制参数。但这个参数不用于连续过程控制，因为喷水温度对整个纸厂热平衡有影响。因此，喷水温度已在工程设计阶段选择且其后通常不改变。喷水温度对磨木温度有已知的影响。它影响纸浆游离度、纸浆强度和光学性质，基本规律是高温产生高的纸浆强度和低的光学性质。

负荷控制在磨木过程控制中是最低水平的，其基本特性将在6.8.4.2节“分批控制”中描述。

6.8.4.1 表面磨损补偿

磨石表面磨损是主要的长期干扰，通常通过刻石刀刻石、磨块稳定化使新刻石表面对纤维切断最小化和加速达到所需锐度的磨石稳定化来控制。这种机械刻石操作实际上是粗的，难以完全掌握。已进行一些使过程自动化的尝试，均未成功[56-57]。因为刻石作用的再生产性差，刻石操作仅在刻纹磨损到磨木机不足以生产所需纸浆质量和产量的程度时进行。新刻石的磨木表面通常表示磨损磨石的反面，仅允许利用部分磨木机生产能力用以生产合适质量的纸浆，而且，刻石刀是单向的并由于此理由不能考虑作为自动控制的实际参数。依然这种操作对完成控制任务是必要的。

已开发一种温和的和可控的基于超高压喷水的磨木表面调节方法[49,58]。此方法称为喷水调节。它并不完全取代刻石刀刻石，但能保持磨石表面处于良好生产状态达4～6个月。这是可能的，因为磨木能力耗尽的趋势不仅由于磨纹的磨损而增加有效接触面积，而且很大程度上由于多孔的磨石表面被细小纤维和树脂所堵塞[58]。低运行压力的喷水调节有效地清洗磨木表面，而高运行压力能除去磨石表面突出的磨损了的磨粒。由于喷水调节比刻石刀刻石能更精确地控制，连续喷水处理时，纸浆质量没有多大的变化。作为结果，对纸浆质量的最小影响不必通过调节其他参数来补偿。喷水调节通常在正常生产时喷水装置在磨石表面上方单一的摆动来完成的。除了处理压力外，处理的间隔也影响磨损补偿的量。虽然超高压喷水处理不是连续操作且仅是单向作用，喷水调节提供磨木过程反馈控制的良好可能性。

6.8.4.2 分批控制

磨木机负荷控制的实施是为数众多的但所有负荷控制的基本原理是相同的——控制高压

阀的开度,以调节将木材压向旋转磨石的主缸水流量。这种控制的特点是驱动器仅有一个有效方向。它能在水压缸中加压,但压力仅当磨木发生时降低。在早期实施中,只有一个水压阀,给两个袋甚至两台磨木机相同的压力。由于对分开的袋或磨木机的磨木环境并不是相同的,这种布置在许多情况下会导致袋间的重大不平衡。这种现象是带压力反馈的负荷控制被其他负荷控制所取代的主要原因。

一个通常使用的控制模式是磨木功率控制,此模式中磨木功率用作主要的设定点。图 6－38 显示了一种现代实施情况。在现代控制系统中,加压板移动速度控制器用作分段控制中的内回路,保证各个磨木袋间的平衡。

速度控制器是遥控。功率控制器的输出是速度控制器的设定点。

目前,对双袋磨木机实施负荷控制的最通用方式是采用加压板移动速度作为目标。图6－38也显示不变加压板移动速度控制的原理。在这个模式中,加压板移动速度控制器是维持直接给当地设定点值的主要控制器。由于有限的磨木功率,当功率限值达到时,这个控制模式也有一个改变控制器到功率模式的监视系统。当加压板移动速度超过当地设定点时,功率模式又转回速度模式。

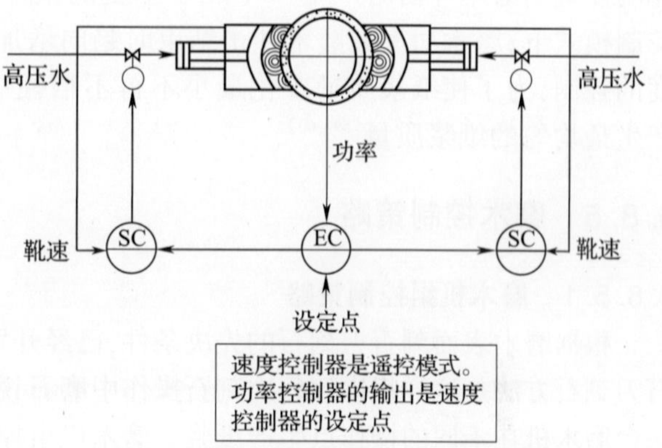

图 6－38　加压板移动速度控制用作分段控制内回路的双袋磨木机功率控制

不变加压板移动速度模式有一个主要缺点。当加压板移动速度保持不变时,磨木冲击期间木段间歇加料的紧度将增加[59－60]。这个现象已在称为程序加压板移动速度控制 PSC 中加以考虑。在这个控制模式中,代替采用不变加压板移动速度控制,在磨木冲击时设定点是变化的,如图 6－39 所示。在冲击开始时,加压板移动速度增加 30%,然后线性地降低直到冲击结束时低于设定点 30%。另一方面,木材分批密集度的补偿也能在反馈回路中完成[61]。

主磨木过程中控制比能耗将是理想的,因为已经发现比能耗在一次冲击短期中也与纸浆特性紧密相连。但是,实时比能控制需要每个磨木袋各自磨木功率和生产率的精确信息。生产率能由各加压板移动速度、装料密度以及分担主磨石承受力或承受作用的水压分担的功率来测定[60]。所有这些目标为分担磨木袋间磨木功率的方法都有其缺点,到目前为止阻碍了其在工厂的设置。

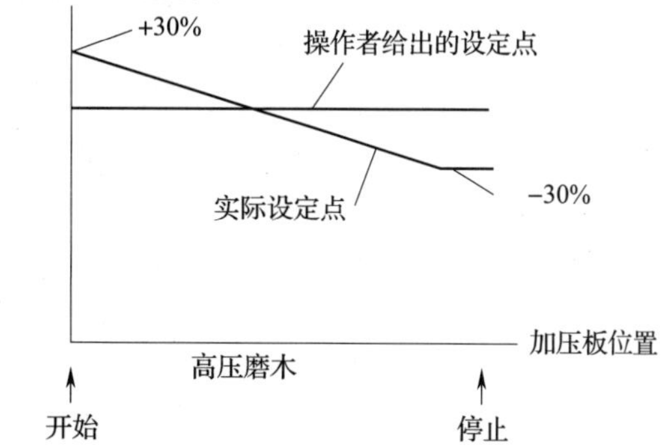

图 6－39　在程序加压板移动速度控制中设定点变化的原理

有关短期质量、产量和功率使用,每种分批控制方法有其优点和缺点。分批装填的变化是不同控制结果的主要原因。功率控制在冲击开始产生高的纸浆游离度而在冲击结束时产生低的纸浆游离度。尽管质量缺陷,负荷控制模式通常可实现最高的纸浆产量生产。加压板移动速度控制在磨木冲击开始时生产低游离度纸浆。冲击结束时,木段被紧密装填,维持相同的加压板移动速度导致高纸浆产量、高功率和高游离度。程序加压板移动速度控制在控制短期质量变化方面可看作是工业上最好用的控制。这种控制通过改变围绕设定点的加压板移动速度考虑磨木冲击时分批装填的因素。这个控制模式当磨木冲击时产生一个几乎不变的生产率和相当均匀的纸浆质量。而且在这个控制模式下,磨木功率在磨木冲击结束时趋向增加。为了在最大程度上实现加压板移动速度的控制,为了使纸浆质量变化最小不得不牺牲一些磨木机产能。试验表明,比能耗控制产生最均匀的纸浆质量[59-60]。

6.8.5 磨木控制策略

6.8.5.1 磨木机组控制策略

根据磨木表面刻石刀刻石的先决条件,已经开发了常规的磨木机组控制。如前面论述,刻石刀刻石方法是这样粗以致每次刻石操作中磨石锐度实际上变化。因此,控制策略必须允许每台磨木机在不同的操作点生产纸浆。磨木机组控制捆绑处理长期变化和控制磨木机组,使纸浆产量和质量要求能满足纸浆质量变化的最小化。

图 6-40 显示前述的磨木机和质量模型图解说明。此图由在变化的磨石表面锐度下磨木的恒值曲线组成。磨木机组控制的原理能利用这个模式来解释。单一磨木机的状态是由锐度恒值曲线和磨木功率来说明的,在一定时间里,磨木机状态仅能沿锐度恒值曲线变化(如从 *A* 到 *B*)。锐度恒值曲线横穿游离度恒值曲线。当磨木功率增加时,磨木机的操作点沿着锐度恒值曲线移动,穿过越来越高的游离度曲线。这意味着磨木机产量和纸浆质量与磨石锐度相联系,只要不改变产量就不可能改变纸浆质量。为了维持要求的组合产量和质量,磨木机组控制基于磨木模式和(或)直接工艺测定通过改变机组中磨木机产量目标来补偿磨石表面钝化。

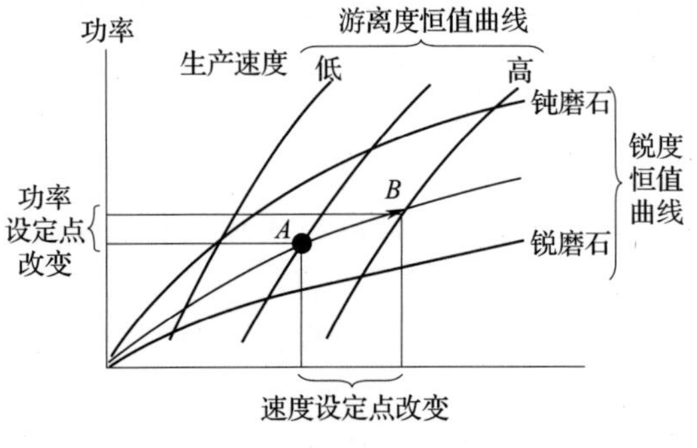

图 6-40 磨木模式的图解说明

许多年来,已有许多磨木机组控制的方法,其中大多数是基于典型的磨木模式。AGMO 是 19 世纪 70 年代一种综合磨木机组控制新系统[62]。Kajaani 4000(后来的 Kajaani64G)系统是 19 世纪 80 年代初开发的,是第一代工业磨木控制系统之一。这个系统的特点是通过目标面积控制[63]。磨木模式图中的一个区域用来保证该组磨木机来的纸浆与整组目标没有显著的不同,可接受纸浆质量区域由最小和最大功率线、最小和最大游离度线和最小和最大锐度曲线做边界。在此目标区域内,控制系统执行其策略以符合纸浆产量和质量设定点,它也通过对最钝磨石加最大负荷和保持最锐利磨石最低产量优化一定游离度水平的纸浆质量。当一台磨石在刻石或一台磨木机不生产时,控制系统为所有磨木机计算新的目标值。Honeywell Grinderman 系统在许多方面与 Kajaani 系统类似。

所有磨木机组自动控制的缺点是需要消耗时间以更新磨木模式和其他参数,其中部分是人工完成的。由于这个原因,大部分磨木工厂已放弃自动控制系统并成功地恢复采用由有经验的操作工用人工进行磨木机组控制。

6.8.5.2 最佳操作点策略

最近开发的磨石表面喷水调节使能够实行一种新的易实施的控制策略:最佳操作点策略。基本思路是控制磨石锐度使得操作点总能落在图 6-40 所示的操作区上部。操作点的选择要保证利用电机的最大负荷,同时保持磨石表面锐度在生产要求的纸浆质量的水平上。由于比能耗和纸浆质量间明确的关系,这一选择方法也使产量最大化。为了达到最佳操作点策略的目的,不仅锐度应小心控制,而且分批控制在磨木冲击时也应使质量变化最小化[64]。

6.8.5.3 喷水控制

基于最佳操作点策略,已经开发了磨木喷水控制[65]。首先,控制了质量参数游离度,其次,当决定喷水调节的操作压力时应考虑功率输入和水压。只要磨木表面类型和操作点保持不变,比能耗和游离度间的关系是确定的。这个特性被利用于游离度评估的软传感器中。游离度模式为

$$\mathrm{CFS} = e^{\left|\frac{A-\mathrm{SEC}}{B}\right|} \tag{6-5}$$

式中 CSF——预定游离度

SEC——由过程参数计算的比能耗

A 和 B——优化参数

模式参数适合实验室测量的纸浆游离度和由主磨木相应时间计算的比能耗,模式更新仅需一些纸浆样品,因为参数 B 代表模式的特性且仍然不变,参数 A 仅表示比能耗值方向的纯移。程序加压板移动速度控制用于控制分批磨浆的主磨木。

产量设定点取自安装说明书中的值并作为程序加压板移动速度控制的设定值来实施。喷水调节压力的决定是用模糊逻辑实施的。图 6-41 所示为模糊逻辑控制器。

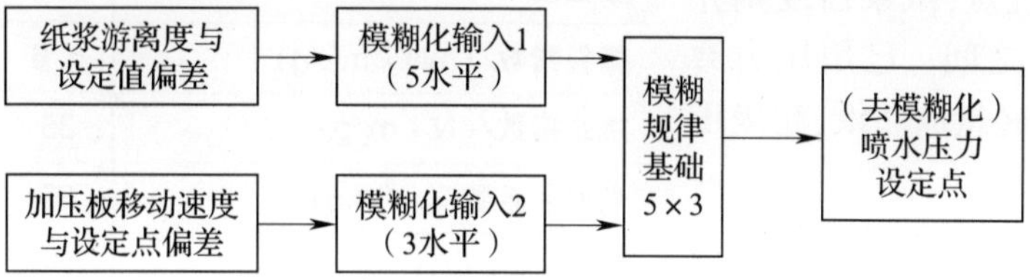

图 6-41 决定喷水调节操作压力的模糊逻辑控制器[66]

控制喷水调节间隔以保持喷水压力在其操作范围内。虽然间隔控制导致在喷水控制下延长的可控性,控制的范围通常达到 4 ~ 6 个月,然后磨石表面必须通过刻石刀刻石来更新。

与常规的磨木组控制相比喷水控制有许多优点。不同质量纸浆的混合不是节能的,因为混合时质量与比能耗的关系是非线性的,当一条生产线所有磨木机生产相同纸浆质量时更应注意这一点。此外,当一台磨木机以任何理由停机时,质量不会改变。而且,全安装能力能被更好地利用。最后,能被提及的是控制方法的简单基础为磨木机操作者所接受。

6.9 压力磨石磨木浆和各种纸种

如本章前面所述,压力磨木能在不同条件下进行。磨木条件对纸浆性质有很大影响,基于所用的磨木条件压力磨木提供一定质量范围的 PGW 浆。选择何种工艺方法取决于生产的纸种和木材种类。本节中,所有数据均指挪威云杉(*Picea abies*)磨木。所有其他树种已在第 5 章木材原料中论述。

从压力磨木法使用的角度,纸和纸板种类可以分为 3 个不同的组:

① 新闻纸类纸张,如新闻纸和改良新闻纸;

② 杂志纸或附加值纸,如超级压光纸(SC)和低定量涂布纸(LWC);

③ 折叠纸板(FBB)。

磨木浆在一定程度上也用于不含磨木浆高级文化用纸(WF),但此处它们也在杂志纸组中讨论。目前造纸厂有下列交替使用的压力磨木法 PGW70、PGW95 和 PGW – S120。在实验室,甚至研究了更高的温度和压力,但这些条件的磨木机尚未制造[67]。

6.9.1 纸浆性质

表6 – 9 比较了 PGW、SGW 和 TMP 的特性[25]。可以看出,压力磨木浆的长纤维比普通磨木浆多。所有物理强度指标都超过普通磨木浆。除了撕裂指数外,压力磨木浆的其余物理强度指标达到或者超过热磨机械浆(TMP)。在印刷性能方面,PGW 保持了 SGW 的优点,纸浆白度则介于 SGW 和 TMP 之间。已用压力磨木浆成功地抄造轻量涂布纸、超级压光纸和新闻纸。

表6 –9　　PGW、SGW 和 TMP 的特性

纸浆	PGW	SGW	TMP
游离度/mL	100	100	100
Bauer McNett 筛分 +28 含量/%	28	15	30
+200 含量/%	42	53	42
–200 含量/%	30	32	28
湿强度/(N/m)	90	60	90
撕裂指数/(mN · m^2/g)	5. 6	3. 5	6. 8
抗张指数/(N · m/g)	35	32	37
光散射系数/(m^2/kg)	65	65	55
紧度/(kg/m^3)	380	400	350
伸长率/%	4	3	4
电耗/(kW · h/t)	1200	1300	2100

文献[13,15,23,68 – 69]介绍了各种工艺条件下磨木的纸浆性质。表6 – 10 列示了取自文献的各种压力磨木浆坑纸浆间的典型差别。比较的基准是 SGW 浆。其所有性质的相应值为 100% 。表6 – 10也给出了各种方法的相对比能耗(SEC)。

表6 –10　　与 SGW 浆(=100%)比较的 PGW 的相对比能耗和浆坑纸浆性质(挪威云杉 *Picea abies*,CSF =80mL)

纸浆类别	SGW	PGW70	PGW95	PGW – S120
比能耗	100	96	100	99
粗长纤维	100	139	161	195
细小纤维	100	85	85	79

续表

纸浆类别	SGW	PGW70	PGW95	PGW－S120
紧度	100	100	97	96
湿强度	100	n. a.	130	157
抗张强度	100	118	122	130
撕裂强度	100	127	135	153
内结合强度	100	103	100	116
光散射系数	100	99	98	96
白度	100	103	98	95

注　n. a.——未测定。

所有方法磨木比能耗是基本相同的。对照的 SGW 浆比压力磨木浆有更多的细小纤维和明显较低的粗长纤维含量和纸浆强度，但其光学性质等于或略好于 PGW70。当磨木机压力磨木的压力和喷水温度降低时，其粗长纤维含量和某种程度上纸浆强度将降低。同时，光学性质将改善。压力和温度的增加对纸浆性质有相反的影响。除了 PGW－S120 比其他压力磨木浆含有较少的细小纤维，细小纤维含量或纸浆紧度没有明显的变化。

压力磨木浆坑纸浆性质的变化在筛后浆中也可观察到。浆坑和浓缩机的 PGW 浆性质列于表6－11。

PGW70 浆有最高的光散射系数和最低的纤维束和粗纤维含量。PGW－S120 浆有最好的强度，但其光散射系数和白度降低。PGW95 浆性质居这两种浆之间。

表 6－11　浆坑和浓缩机 PGW 浆(*Picea abies*)性质[68]

浆坑纸浆	PGW70	PGW95	PGW－S120
游离度/mL	90	90	90
粗长纤维含量/%	29	33	37
细小纤维含量/%	28	28	27
透气度/s	55	75	92
紧度/(kg/m^3)	415	420	420
抗张指数/(N·m/g)	39	41	44
撕裂指数/(mN·m^2/g)	5.7	6.0	6.9
抗张能量吸收/(J/m^2)	35	37	41
光散射系数/(m^2/kg)	64	63	62
白度/%	65	63	60
浓缩机纸浆	**PGW70**	**PGW95**	**PGW－S120**
游离度/mL	40	35	33
纤维束含量/%	0.08	0.15	0.17
粗纤维含量/%	1.3	3.3	3.9
长纤维含量/%	20	22	22
细小纤维含量/%	30	30	32
透气度/s	70	150	200
紧度/(kg/m^3)	470	485	515
抗张指数/(N·m/g)	45	48	53
撕裂指数/(mN·m^2/g)	4.9	5.3	5.4
耐破指数/(kPa·m^2/g)	2.2	2.6	2.6
光散射系数/(m^2/kg)	68	66	63
白度/%(连二亚硫酸盐漂白)	68	70	67

6.9.2 对各种纸种的适应性

不同纸种对机械浆的要求可总结如下：

① 新闻纸类纸张的纸浆有高纸浆强度（长纤维含量高）、低起毛倾向和适中的光学性质。

② 杂志纸的纸浆应有良好的光学性质，低纤维束和粗纤维含量、低透气度以及胶版印刷时低纤维粗糙倾向。

③ 折叠纸板的纸浆在满足内结合强度条件下要有高松厚度和良好的抗皱能力。

采用现代夹网成形器，纸种也需要良好的内结合强度。此外，所有纸种要求有良好的成形趋势。

表6－12介绍了云杉/冷杉不同压力磨木浆按照纸浆特性对各种纸种的适应性。表6－12是结合表6－10和表6－11中对各种纸浆设定要求的数据汇编而成的。

表6－12　PGW浆对各纸种的适应性

纸种	PGW70			PGW95			PGW－S120		
	N	M	B	N	M	B	N	M	B
纤维束	+	+	+	+	+	+	+	O	+
粗纤维	+	+	+	+	+	+	+	O	O
长纤维	O	+	+	O	+	+	+	+	+
细小纤维	+	+	+	+	+	+	+	O	+
透气度	O	+	+	+	+	+	+	+	+
紧度	+	+	+	+	+	+	+	+	+
抗张强度	+	+	+	+	+	+	+	+	+
撕裂强度	O	+	+	O	+	+	+	+	+
内结合强度	+	+	+	+	+	+	+	+	+
光散射系数	+	+	+	+	+	+	+	O	+
白度	+	+	+	+	+	+	+	O	O

注　N—新闻纸，M—杂志纸，B—折叠纸板，O—适合，+—非常适合。

PGW70和PGW95浆最适合于杂志纸和箱纸板。PGW70稍低的透气度能通过降低其游离度来补偿。PGW－S120浆最适合于新闻纸。但是，当选择适合某一专门纸种的最适合浆种时，除了纸种和木材种类外，至少应考虑下列因素：

① 纸料中化学（硫酸盐）浆的份额和价格；

② 初始和最终白度；

③ 漂白方法和成本；
④ 洗涤要求和废水负荷；
⑤ 废水处理成本；
⑥ 从可能的热回收系统回用热；
⑦ 投资成本。

对于不同工厂，这些因素的重要程度不同，因此没有可利用的通用规律。但是，文献[69]描述的结论通常在大多数情况下是适用的："PGW70 法生产的低游离度浆有极好的光学性质和良好的印刷性能以及良好的强度和低的能耗。PGW－S 浆的光学性质比 PGW70 浆的稍差。但当维持低能耗时，纸浆的强度和长纤维含量最高。这种结合对新闻纸类纸张是非常有利的。"

参考文献

[1] Carpenter, C. H. , 1989. The History of Mechanical Pulping. TAPPI Mechanical Pulping Committee report. 87 p. Library of Congress, Catalogue Card Number: 87 – 72922.

[2] Klemm, K. H. , 1958. Modern Methods of Mechanical Pulp Manufacture. Lockwood Trade Journal Co. New York.

[3] Leask, . R. , 1987. Pulp and Paper Manufacture. Vol. 2: Mechanical Pulping. TAPPI/CPPA Textbook Committee, Atlanta.

[4] Haikkala, P. , Tuovinen, O. , Pietinen, P. , Turunen, S. , 2001. Pressure grinder pulping capacity increase. International Mechanical Pulping Conference, Helsinki, Finland. pp. 591 – 599.

[5] Salakari, H. , 1977. Tampella grinder – past and present. Paperi ja Puu Vol. 59, nro. 5, p. 4001.

[6] Lindahl, A. , Haikkala, P. 1978. Pressurized groundwood manufacture saves energy and improves Quality. SPCI Annual Meeting, Stockholm, Sweden 1978.

[7] Aario, M. , Haikkala, P. , Lindahl, A. , 1979. Pressurized grinding – A new method to produce mechanical pulps. CPPA Annual Conference Montreal, Canada 1979. pp. A33 – A40.

[8] FI 57979. 1980. Apparatus for continuously grinding wood under pressure and continuously discharging groundwood. Oy Tampella Ab, Tampere, Finland (Haikkala P.) FI 780514, 16. 02. 1978. Published 17. 08. 1979. p9.

[9] Aario, M. , Haikkala, P. , Lindahl, A. , 1980. Pressure grinding is proceeding. Tappi Journal. Vol. 63, nro. 2, pp. 139 – 142.

[10] Karna, A. , 1980. Pressure groundwood(PGW) development. Paperi ja Puu. Vol. 62, nro. 7, pp. 27 – 35.

[11] Karna, A. , 1984. Studies of Pressurised Grinding. Doctor thesis. Helsinki University of Technology, Department of Paper Technology. Espoo, Finiand. p88.

[12] Pietarila, V, Mitchell, G. , Haikkala, P. , 1987. PGW at high temperatures and pressures. International Mechanical Pulping Conference, Vancouver, Canada. CPPA Montreal, p. 19 – 24.

[13] Pasanen, K. , Peltonen, E. , Haikkala, P. , Liimatainen, H. , 1991. Experiencies using super pressurized goundwood at a Finnish supercalander paper mill. Tappi Journal. Vol. 74, nro. 12,

pp. 63 – 67.
[14] Maletta, R., Helminen, J., Karojarvi, R., Haikkkala, P., Saarinen, A, 2003. New concept for high quality LWC papers at Burgo Verzuolo. International Mechanical Pulping Conference, Quebec City, Canada. PAPTAC, Montreal. pp. 455 – 462.
[15] Murtola, C, Linnonmaa, P., 2009. Creative mit MY STYLE – SC – A und SC – A + Papierstellung in Plattling Papier. 104. ZELLCHEMING – Jahrestagung, June 23 – 25 2009. Wiesbaden, Germany.
[16] Haikkala, P., Liimatainen, H., Tuovinen, O., 1999. New grinder concept for continuous pressure grinding. International Mechanical Pulping Conference Houston, TX, USA. Tappi Press, Atlanta pp. 357 – 370.
[17] Goring, D., 1963. Thermal softening of lignin, hemicellulose and cellulose. Pulp & Paper Magazine of Canada. Vol. 65, nro. 12, pp. 517 – 527.
[18] Haikkala, P., Liimatainen, H., Tuominen, R., 1988. Impact of superheated shower waters on pressure groundwood pulp properties. Appita 1988 Conference, Hobart, Tasmania, Australia. Appita Charlton, p. A24. 1.
[19] Tuominen, R., Haikkala, P., Liimatainen, H., 1991. Effect of dry and frozen wood on groundwood pulp quality. Paperi ja Puu. Vol. 73, nro 4, pp. 346 – 351.
[20] Carinanco, M., Ramis, E., Haikkala, P., 2003. Use of Pinus radiata PGW pulp for newsprint and directory papers at Norske Skog Bio Bio mill. International Mechanical Pulping Conference, Quebec City, Canada. PAPTAC, Montreal. pp. 463 – 472.
[21] Corson, S., Richardson, J., 2005. Fast grown PGW fibre for superior communication papers. 59th Appita Annual Conference and Exhibition, Auckland, New Zealand, 16 – 19 May 2005. Appita Inc, Carlton, pp. 77 – 84.
[22] Murtola, C, Peltonen, E., 1995. Industrielle Druckschlifferzeugung mit niedrigen Spritzwassertemperaturen in einer Papierfabrik. PTS – TUD Symposium Papierzellstof und Holzstofftechnik, Dresden, Germany. PTS Verlag, Munchen 1995.
[23] Asunmaa, P., 1993. The selection, process flowcharts, optimization and results obtained from the new PGW – S Mill at the Kaukas Oy, Voikkaa Mill in Finland. CPPA Annual Meeting Montreal, Canada. Annual meeting notes p. 677.
[24] Honkanen, T, Yrjovuori, R., 1993. The first years of the first PGW – S mill. International Mechanical Pulping Conference, Oslo, Norway. PTF, Oslo. p. 44.
[25] 詹怀宇,刘秋娟,靳福明编著. 制浆技术[M]. 北京:中国轻工业出版社,2012:146 – 156.
[26] Heinrich, H., 1994. Gegenwartiger Entwicklungsstand des klassischen Steinschliffverfahrens. Wochenblatt fur Papierfabrikation. Vol. 122, nro 1, pp. 14 – 19.
[27] 谢来苏,詹怀宇主编. 制浆原理与工程[M]. 北京:中国轻工业出版社,2001:101 – 111.
[28] Karna, A., 1986. The PGW process – role of temperature and pressure. Paper Technology International. Vol. 27, nro 1, pp. 23 – 27.
[29] Haikkala, P., Liimatainen, H., Tuominen, R., 1988. The impact of process on mechanical pulp properties. TAPPI 1988 Pulping Conference Proceedings, TAPPI PRESS, Atlanta, p. 631.
[30] Haikkala, P., Liimatainen, H., Manner, H., Tuominen, R., 1990. Pressure ground – wood

(PGW), superpressure groundwood(PGW - S) and thermomechanical pulp(TMP) in wood - containing printing papers. Paperi ja Puu. Vol. 72, nro. 4, p. 393.

[31] Karna, A., 1984. Application of Pressure Groundwood in Paper and Board. Das Papier. Vol. 38, nro. 10A, pp. 147 - 154.

[32] Lucander, M., 1997. Competitive pressure groundwood. Kestava Paperi 14, KCL, Espoo.

[33] Meinecke, A., Suttinger, R., Schmidt, K., 1984. Das Thermoschleifen. Wochenblatt fur Papierfabrikation. Vol. 9, nro 5, pp. 307 - 314.

[34] Meinecke, A., 1985. Thermogrinding. 1985 International Mechanical Pulping Conference Proceedings. STFI, Stockholm, p. 136.

[35] Schweizer, G., Bock, A., 1988. Technologisher Vergleih von konventionellem Steinschliff mit Thermoschliff. Das Papier. Vol. 42, nro 10A, p. V134.

[36] Henrich, H., 1988. Steinschliff unter Atmospharendruck - ein attrativer Holzstoff mit Zukunft. Das Papier. Vol. 42, nro 11, pp. 603 - 608.

[37] Pearson, J., 1988. Use in printing furnishes grows. Pulp and Paper International. Vol. 30, nro 6, p. 61.

[38] Bechamp, R., 1987. Fundamentals of abrasives and pulpstones. Mechanical pulping course, Manoir Du Lac Delage, Quebec.

[39] Norton International Inc. Brochure 1985. "NORTON PULPSTONES".

[40] Sandas, E., Lonnberg, B., 1990. Effects of pulpstone grits in wood grinding. Part 2, Paperi ja Puu - Paper and Timber. Vol. 72 nro 8, pp. 765 - 771.

[41] Atack, D., May, W. D., 1962. Mechanical pulping studies with a model steel wheel. Pulp and Paper Magazine of Canada. Vol. 63, no. 7, pp. T10 - T20.

[42] Lucander, M., Bjorkqvist, T, 2005. New approach on the fundamental defibration mechanisms in wood grinding. 2005 IMPC Proceedings, June 7 - 9, 2005. RTF, Oslo, Norway, pp. 149 - 155.

[43] F. W. Roberts Manufacturing Company. Brochure "PULPSTONE SHARPENING".

[44] Sollinger, H. - P, 1982. Die Temperatur und der Druck als Einflussgrossen auf die Holzschliffqualitat beim Holzschleifverfahren. Doctor thesis, Fakultat fur Maschinenwesen, Rheinisch - Westfalische Technische Hochschule.

[45] Lucander, M., Lonnberg, B., Haikkala, P., 1983. The effect of stone surface modifications on groundwood properties. International Mechanical Pulping Conference, Washington DC, USA. June 1983. TAPPI Proceedings, pp. 79 - 86.

[46] Widdifield, D., Frazier. W., Stationwala, M., Jardine, C, Broderick, L, 1995 Grooved pulpstones: a statistically based mill evaluation. International Mechanical Pulping Conference Proceedings, TAPPI, June 12 - 15, 1995. Ottawa, Ontario, pp. 49 - 59.

[47] Manner, H., Reponen, P., Vahteri, R., Karpanen, T, 1995. Effect of water jet pulpstone conditioning on mechanical pulp and paper quality at Anjala paper mill. International Mechanical Pulping Conference Proceedings, TAPPI, June 12 - 15, 1995, Ottawa, Ontario, pp. 35 - 44.

[48] Puurunen, A., 1997. Effect of water jet conditioning on low freeness pulp at the Rauma paper

mill,83th Annual meeting. Technical Section CPPA,January 28 – 31,1997,Montreal,Quebec, pp. B157 – B160.

[49] Puurunen, A. , Blomqvist, S. , Ora, M. , 1997. First mill scale experiencies of the Water Jet pulpstone conditioning system at UPM – Kymmene Voikkaa and Rauma Paper Mill,TAPPI Pulping Conference Proceedings,October 19 – 23,1997,San Francisco,California.

[50] Tuovinen,O. ,2005 Water Jet Control for reduced CSF variation,PGW Users'Seminar,September 2005,pp. 317 – 322.

[51] Kone Wood Oy. 1996. Automated grinder feeding systems for the chain and high magazine grinders. Woodprints Newsletter from KONE WOOD. p16.

[52] Kone Wood Oy. 1996 Automated grinder charging systems for the pocket grinders. Woodprints Newsletter from KONE WOOD. p16.

[53] Kunz,W. ,1995. Friedrich Gottlob Keller. Gedanken zum 100. Todestag,PTS – TUD Symposium Papierzellstoff und Holzstofftechnik'95,PTS Verlag,Munchen,1995.

[54] Bergstom,J. ,Hellstom,H. ,Steenberg,B. ,1957 Analysis of grinding process variables. Svensk Papperstidning. Vol. 60,nro 11,pp. 409 – 411.

[55] Paulapuro,H. ,1976 Operating model of a grinder. Part 1. Interdepen dence of motor load and rate of production of a grinder. Paperi ja Puu. Vol. 58,nro 1,pp 5 – 9,11 – 13,15 – 18.

[56] Zupan,R. ,Mitchell,G. ,Burkett,W. ,Kevin,L,1990. Pulp mill modernization/ replacement at Biandin Company Grand Rapids,Minnesota,U. S. A. 44th Appita Annual General Conference, Appita,April 2 – 6,1990,Rotorua,New Zeeland. pp C26. 1 – C26. 15.

[57] Roberts,C. B. ,Chapman,R. ,1995. Precise control of the sharpening burr. 1995 International Mechanical Pulping Conference. Ottawa,June 12 – 15,1995. pp 45 – 48.

[58] Manner,H. ,Reponen,P. ,Vahtei,R. ,Karpanen,T,1995. Effect of water jet pulpstone conditioning on mechanicai pulp and paper quality at Anjala paper mill. TAPPI 1995 International Mechanical Pulping Conference Proceedings. TAPPI PRESS,Atlanta,p. 35.

[59] FI 64666. 1998. Menetelma hiomisprosessin saatamiseksi uunihiomakoneessa. Oy Tampella Ab, Finland. (Karna,A. and Liimatainen,H.),FI 813842. Published 2. 6. 1998.

[60] Haka – Risu,J. ,1998. Batch control of pressure grinding(in Finnish). Master of Science thesis. Tampere University of Technology. Automation and Control Institute. May 1998. p97.

[61] Karna,A. ,Liimatainen,H. ,1985. Control of pressurised grinding. Initial experiences at Anjala. Pulp and Paper Canada. Vol. 86,nro 12,pp. T377 – T383.

[62] Ryti,N. , Paulapuro, H. , Manner,H. , 1973. Integrated Control of a Grinder Room. Paperi ja Puu Vol. 55,nro 11,pp. 811 – 814,817,818,823,824,827,828.

[63] Kajaani 4000,product information sheet,courtesy of Kajaani Automation.

[64] Lehto, J. H. J. , Tuovinen, O. , Bjorkqvist, T,2001. New thinking in groundwood process control. Pulp and Paper Canada. Vol. 102,nro 9,pp. T263 – 268.

[65] Tuovinen,O. ,Pietarila,V. ,Pietinen,P. ,2003. New active water jet stone conditioning control for stable groundwood pit pulp quality at maximized grinder motor loads. International Mechanical Pulping Conference,pp. 141 – 147.

[66] DE60308855. 2007. Arrangement for treating pulpstone surface. Metso Paper Inc, Finland.

(Tuovinen. O). Published 2007.

[67] Lucander, M. 1993. Recent investigations of pressure grinding at elevated grinder pressure. PTS – Symposium Holzstoffteknik, PTS Dresden.

[68] Pressure groundwood. Valmet groundwood systems, Tampere, Finland, 1996.

[69] Tuovinen, O., Liimatainen, H., 1993. Fibers, fibrils and fractions – an analysis of various mechanical pulps. 1993 International Mechanical Pulping Conference Proceedings, PTF, Oslo. p. 324.

第 7 章　热磨机械法制浆

7.1　热磨机械法制浆引言

7.1.1　盘磨机械制浆的原理

热磨机械法制浆(TMP 法)是目前主要的盘磨机械制浆法。它起源于采用敞开卸料盘磨机的盘磨机械法制浆(RMP 法)和原始的“热机械”法的 Asplund Defibrator 纤维板法。其历史在第 3 章机械制浆历史中进一步描述。

在盘磨机械制浆中,原料(通常以木片的形式)在两个有沟纹的金属盘间缝隙中磨解。至少有一个磨盘是在高速下(通常为 1500r/min 或 1800 r/min)转动。图 7 - 1 说明盘磨机械制浆所涉及的原理。当木片通过图右方盘磨的开口而进入盘磨机时,木片通过靠近快速运动的对面磨盘中心的粗齿而加速。木片开始随旋转的盘磨而转动,同时由于对面磨盘磨齿的强烈混合和摩擦作用而破裂成较小的碎片和纤维。当木材微粒高速旋转时,承受相当大的离心力。由于这个离心力,木材原料压向外侧通过盘间的窄缝并在齿间磨解,以获得所需的纸浆(通常以加拿大标准游离度测量,见第 15 章)。在磨浆区的停留时间少于 1 s。TMP 法的磨浆机理在第 4 章机械制浆基础中更详细地讨论。

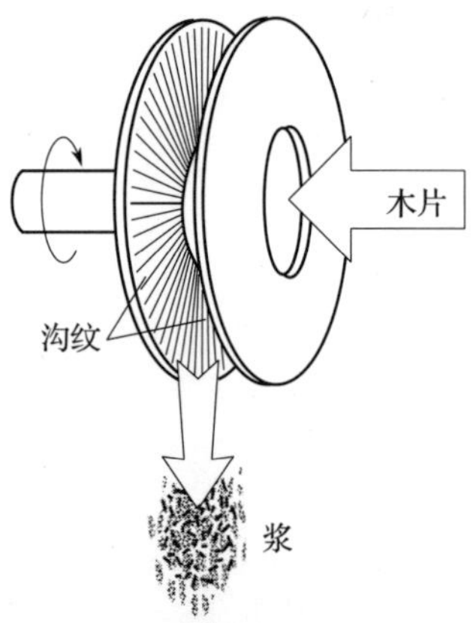

图 7 - 1　盘磨机械制浆的原理

注　盘磨机有两个相对的磨盘,其中一个是旋转的(单盘磨浆机、SD 盘磨机)。木片通过定盘中心的开口喂进磨盘间的磨浆区。

7.1.2　盘磨机主要类型

目前几乎所有的 TMP 都是采用盘式磨浆机或带有锥形区的盘式磨浆机。过去 20 年到 2007 年,世界上有两台全锥形的高浓盘磨机(SC90)在运行。锥形盘磨机在较高能耗水平下生产长纤维纸浆。盘磨机有两种主要的形式:单盘磨(SD)和双盘磨(DD)。单盘磨由一个或两个磨盘间隙所组成。仅有一个间隙的盘磨机是最常见的。锥形盘式(CD)磨浆机是既有平面磨浆区又有锥形磨浆区的一个间隙的普通单盘磨。带有两个平面间隙的单盘磨是在同一台盘磨机进行两段磨浆的专门盘磨机,在同一盘磨机有两个平面间隙。各种盘磨机在本章后面详细论述。

7.1.3 热磨机械制浆法

最初,热磨机械制浆与木片的压力预热结合,接着压力或敞开卸料磨浆。在升高的温度下预热软化木材,相信是 TMP 有异常强度的关键。但 20 世纪 70 年代末,研究表明磨浆(不是预热)应在升高的温度下进行。自 20 世纪 80 年代初,这个概念已导致一种较低温度预热、较高温度磨浆的称之为 PRMP(压力盘磨机制浆)的方法的开发[1]。但是 TMP 法仍保留其最初的名称。

图 7-2 表示一个有代表性的生产机械浆印刷纸用浆的 TMP 车间的简化流程图。原木原料剥皮并削成一定规格的木片。木片在常压汽蒸仓在 100℃下汽蒸,然后在热的循环水中洗涤。热湿的木片通过料塞螺旋给料器或旋转阀喂进压力和温度相对较低的压力预热器。预热器处理后,木片通过料塞螺旋进料器进入第一段盘磨机,在相对高的压力和温度(通常 300~500kPa 表压,温度 143~158℃)下运行。第一段磨浆后,粗浆喷放到蒸汽分离器,从蒸汽分离器出来的粗浆喂进第二段盘磨机。第二段盘磨机在与第一段盘磨机大体相同的压力和温度下运行。从第二段盘磨机出来的浆喷放到第二段蒸汽分离器。浆通过第二段蒸汽分离器底部的料塞螺旋给料器后落入用于消除潜态性的碎浆机,接着进行筛选的粗渣再磨,通常在贮存和输送到造纸厂前进行漂白。

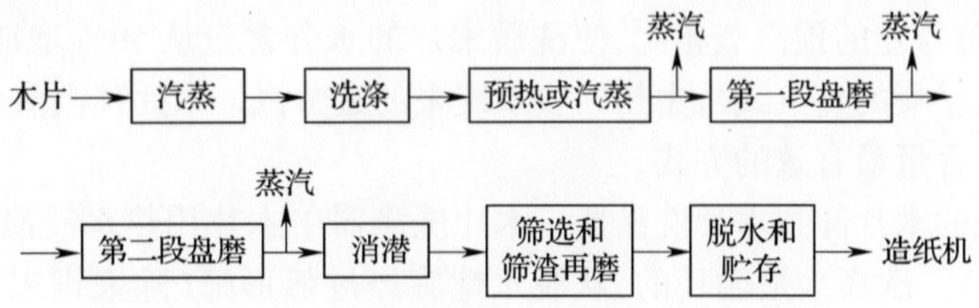

图 7-2 有代表性的 TMP 车间的简化流程图

7.1.4 能耗和得率

图 7-3 表示生产每风干吨不同终端用途的 TMP、PGW 和 SGW 的总电能用量。原料是挪威云杉。总电耗中,通常只有 200~300kW·h/t 用于泵送、筛选等。这意味着大约 90% 的电能是用于纤维分离和磨浆(包括筛渣磨浆)。所有机械制浆法的比能耗都高,特别是 TMP。生产杂志纸级 TMP 的电能在许多情况下超过了 3MW·h/t。但是,在现代 TMP 厂,有效的热回收系统(在本章后面阐述)大大地减少了能量的成本。热回收是可能的,因为实际上几乎所有消耗的电能以热饱和蒸汽的形式转变为热能。

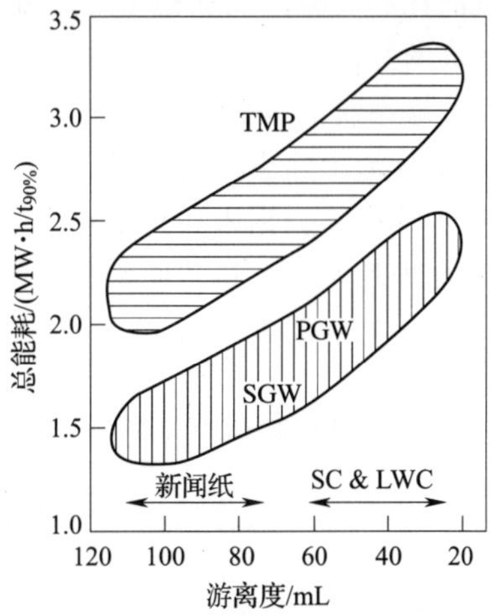

图 7-3 生产 1 风干吨不同终端用途的 TMP、PGW 和 SGW 的总电能用量与游离度的关系

高能耗的原因在第 4 章机械制浆基础中讨论,其对工业发展的含义将在第 16 章未来

展望中进行论述。

用新鲜去皮的云杉木制造 TMP，当在实验室或中试条件仅用新鲜水情况下，得率约为 96%，在工厂使用很少量水（$<10m^3/t$）情况下得率超过 98%。

7.2 木片的处理和预处理

磨浆前 TMP 法可分为以下过程：

① 木片处理和输送到木片仓或木片堆；

② 常压预汽蒸（非必要）；

③ 木片洗涤；

④ 木片预热（常压或压力）。

木片贮存于木片堆或更经常贮存于木片仓，使贮存对 TMP 质量有害作用最小化。木片仓最初是当需要很好控制贮存时使用，严酷的气候条件也需要有覆盖的贮存。一个木片仓的容积通常为 $5000 \sim 8000m^3$，但也建设了更大的 $12000 \sim 20000\ m^3$ 的木片仓。通常一个系统使用两个木片仓，这也使木材原料分类成为可能。木片从木片仓底部卸到皮带运输机，皮带运输机将木片送进木片接收仓。有些工厂使用蒸汽，特别在冬季，在洗涤前加热木片。这防止冰冻的木片进入生产过程，在一定程度上，也有利于木片洗涤系统中水的吸收和温度的升高。工厂试验发现，好的预汽蒸与差的预汽蒸相比，使洗后木片的水分含量从 59% 增加到 62%。所用的蒸汽可以是盘磨机反喷的蒸汽或从主热回收系统来的脏蒸汽。木片预汽蒸仓蒸汽的使用是提高木片温度和水分含量最有效的方式。

木片接收仓来的木片卸到木片洗涤器。木片洗涤器中木片用热水浸泡，然后用泵送到脱水螺旋（见图 7－4）。洗涤水是循环的，从脱水螺旋经过弧形筛（除去锯末和树皮）回到木片洗涤槽并由此到木片洗涤器。预热器后料塞螺旋滤液也返回到木片洗涤器。因此，木片洗涤水是重度沾污的。在一次工厂试验中，发现木片洗涤水含有 160mg/L 亲脂抽出物、120 mg/L 木酚素、250 mg/L 木素和 1050 mg/L TOC（总有机碳）。通过加入从主热回收或表面冷凝器（第一段热回收）来的污冷凝水，洗涤水的温度保持在 70～85℃。洗涤水温度影响盘磨机前预热器蒸汽消耗和冷凝。高和稳定的温度减少磨浆浓度的变化并改进盘磨机热回收效率。温度 60～80℃范围并没有影响洗后木片的水分含量。

木片洗涤系统的目标是：

① 从木片流中除去重杂质，如石头、砂和金属粒子；

② 从木片中除去锯末和树皮；

③ 增加木片水分含量并使水分均匀；

④ 增加木片的温度。

7.2.1 木片洗涤器

图 7－4 中的木片洗涤器由位于槽中的旋转叶轮组成。喂进木片洗涤器的木片通过旋转的叶轮而浸入，重杂质（如石头、金属颗粒及重木节）落到槽的锥形底中。叶轮的旋转和水的流动导致木片进到木片泵的给料槽中。洗涤器的卸料系统是自动程序控制的。重杂质排到一容器送去燃烧。老式的木片洗涤器采用一低转速的水平螺旋以分离重杂质。

7.2.2 木片的脱水

温热和洗涤过的木片以浓度 3% ~ 4% 的木片/水混合物直接或经过一旋风分离器泵送到螺旋滤水器(见图 7 – 4)。为了保证木片泵的有效运行,泵送前给料槽中木片“悬浮液”应很好混合且“浓度”很好地控制。水力旋风分离器能用于分离余留的重杂质粒子和砂。螺旋滤水器也去除砂和细小物质,因此,有些工厂发现没必要采用旋风分离器。有些工厂采用两台螺旋滤水器串联以改进脱水和细料去除。由于振动筛的维护成本高已不再使用,几乎所有 TMP 车间已经用螺旋滤水器代替振动筛。

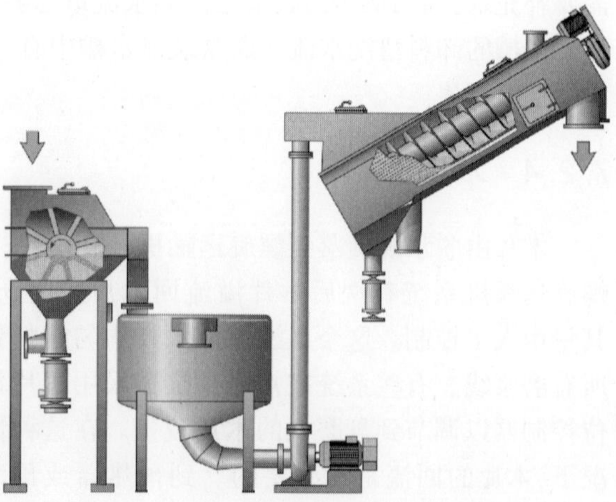

图 7 – 4 木片洗涤系统(由 Metso 提供)

7.2.3 木片洗涤水系统

由木片脱水螺旋来的洗涤水流入木片洗涤水槽(见图 7 – 4 和图 7 – 5)。由于此洗涤水含有细小物质和砂,此水用斜筛净化。有些工厂使用一分开的洗涤水净化循环系统,此系统中木片洗涤水槽的水泵到水力旋风分离器或斜筛,然后回到洗涤水槽。这两个系统的不同在于,前者所有木片洗涤水都净化,而后者仅部分洗涤水净化。木片洗涤水槽通常有一指定作为沉淀槽的锥底并与木片洗涤器相同的排砂系统。斜筛和旋风分离器除去的细小物质、树皮和砂流到一容器或总汇集槽。在木片洗涤系统中木片的细小物质含量约减少 30% (例如,从 1.4% 降

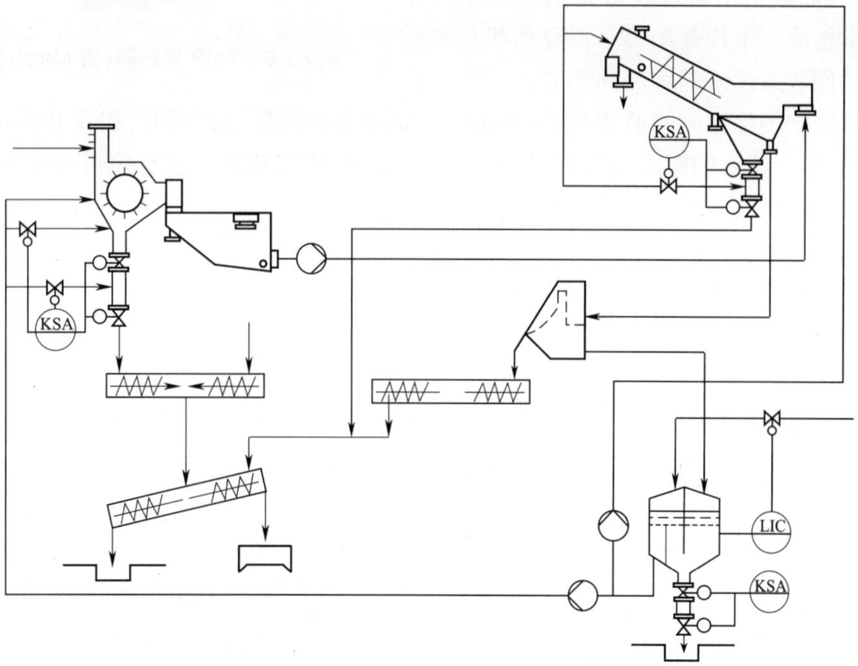

图 7 – 5 木片洗涤流程图

到1.0%)。木片洗涤水槽的水位是由TMP盘式过滤机清澈或混浊的滤液来控制的。通常不需要补充水,因为从热回收来的冷凝水流量足够以包括木片洗涤器、斜筛和旋风分离器以及木片洗涤槽的卸料清洗水流。通常洗涤水槽中有一小的溢流,以尽量减少系统中溶解和胶体物质的逐渐积累。

7.2.4 木片预热

木片由脱水螺旋落到螺旋运输机,然后喂进盘磨机的木片预热器或到预浸器系统。有些螺旋运输机系统有洗后木片溢流回木片接收仓,其量由人工控制。这个系统保证木片均匀给料到所有磨浆线。有些系统在常压预热器采用木片料位控制器以调节到盘磨机的木片流量。在这种情况下,木片的回流是不必要的。到预热器或预汽蒸管的给料系统取决于预热汽蒸压力。当采用常压(温度80~95℃)时,不需要专门的给料装置。但是喂进压力预热器的木片需要料塞螺旋给料器。也有使用袋式或旋转阀给料系统。料塞给料器保持预热器中有代表性的表压50~110kPa(温度105~122℃)(见图7-6)。为了达到最佳的TMP性质,预热器中通常不需要高温。木片预热的目标是在磨浆前温热木片并使木片水分含量均等。通过调节温度细调纸浆性质也是可能的。较高温度在稍高能耗下产生较好强度性质和较低的纤维束含量,而较低的温度在较低的能耗下产生较好的光学性质。木片是用第一段盘磨机反喷的蒸汽或从热回收系统来的蒸汽预热的。

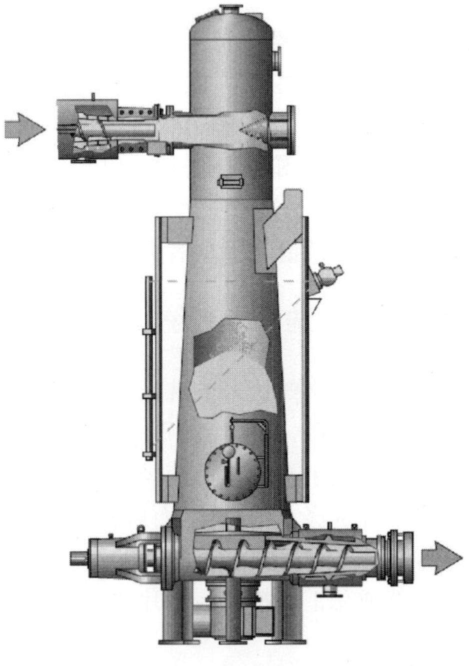

图7-6 TMP预热器(由Metso提供)

在预热器中的停留时间通常为1~3min。当需要更短的停留时间时,如在RTS法,预热是在一个如图7-7所示的螺旋输送管(压力RTS运输机)中完成的。这也使得有可能通过控制螺旋转速来调节预热时间。

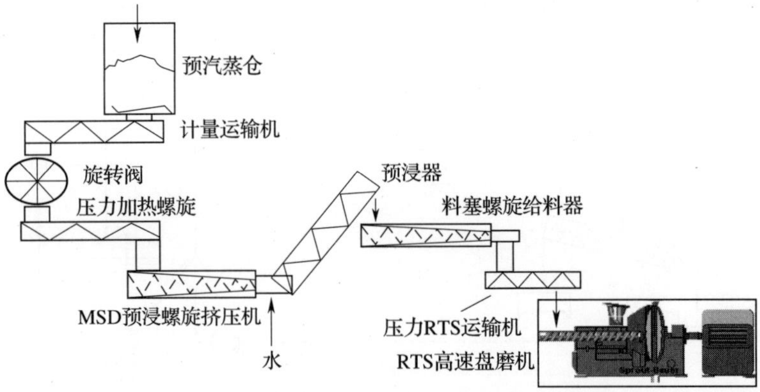

图7-7 高温高木片压缩比RT预处理过程

预热器的木片采用一个料塞螺旋或一个开式的压力螺旋运输机卸料到盘磨机给料系统。当采用开式螺旋运输机时,盘磨机给料区的给料压力与预热器的压力相同。料塞螺旋给料器使得预热器和盘磨机给料区能采用不同的压力。卸料螺旋有一变速传动,而盘磨机的生产率由螺旋的转速控制。

7.2.5 木片预浸系统

分开的木片预浸系统用于 CTMP 和 APMP 法。预浸器有时也用于均衡木片的水分或减少木片的抽出物含量。预浸系统中木片的压榨起着磨浆前木片机械预处理脱层作用。

PREX 预浸器系统广泛用于 CTMP 法(见图 7 - 8)。由木片洗涤系统来的木片在 PREX 料塞螺旋给料到预浸器前常压下预热。从木片中挤出的水含有高含量的溶解和胶体物质,因此转移到废水处理。经压榨的木片喂进垂直螺旋预浸器,用水或亚硫酸钠溶液进行预浸。液位控制器调节进到预浸器的液体流量。预浸进入木片的水量约为每吨浆 0.5 ~ 1.0m^3。木片的水分含量约增加 6% ~7% 。可利用的螺旋有两种不同的压缩比,分别为 2:1 或 3:1。图 7 - 9 表示另一种锥形螺旋预浸器系统。

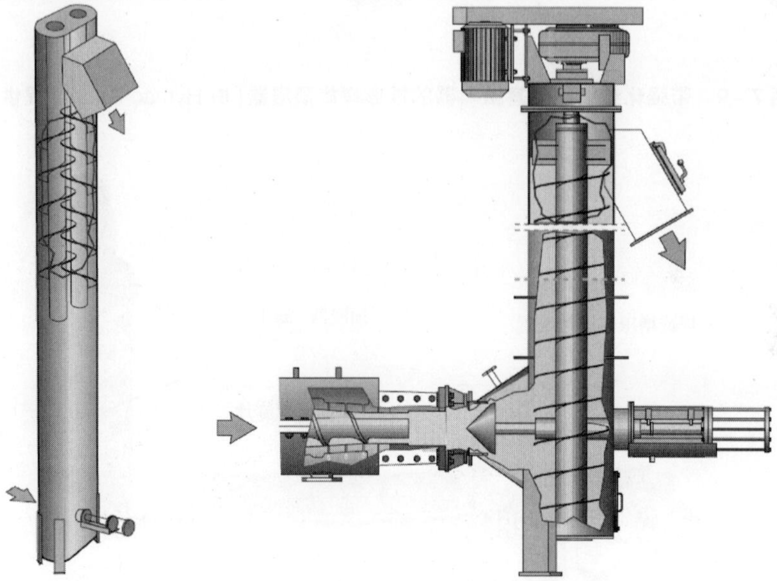

图 7 - 8 PREX 预浸器系统(由 Metso 提供)

螺旋挤压撕裂机(见图 7 - 10)用于 APMP 法,使化学品渗透到木片中。APMP 系统常常由多个预浸段组成。洗涤过的木片首先常压预汽蒸以软化木材并防止木片受压缩时(见图 7 - 7)纤维损伤。螺旋挤压撕裂机是一个多螺旋装置,其给料部分从汽蒸的木片挤出水和水溶物。其压缩和专门设计的刮板轻微地浸软木片,当挤出水时使木片脱层和分离纤维壁。它的轴向压缩作用减少料片中空气体积含量到约 2% 。结果使木片暴露的表面积大大增加,因此木片吸收液体和水更均匀更快。螺旋压榨压紧区的压缩比为 4:1 或更高。

螺旋挤压撕裂机也作为木片纤维预分离用于 RT - RTS 法。螺旋挤压撕裂机利用一旋转阀能在常压下或加压的模式运行,如图 7 - 7 所示。螺旋挤压撕裂机也用于一些 TMP 车间木片预热前脱层或纤维预分离,以均衡木片大小分布,增进水的预浸和木片加热,在高温高速磨浆中减少能量消耗。

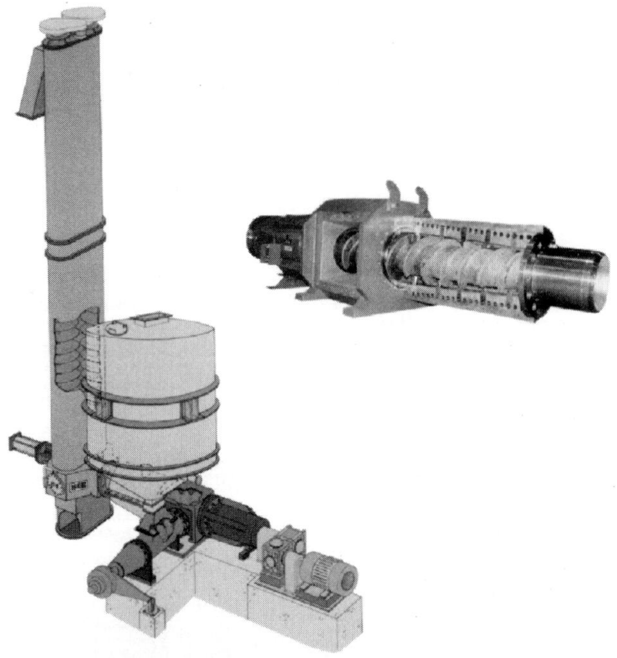

图7－9　带强化给料到料塞给料器的锥形螺旋预浸器(由 Hymac Andritz 提供)

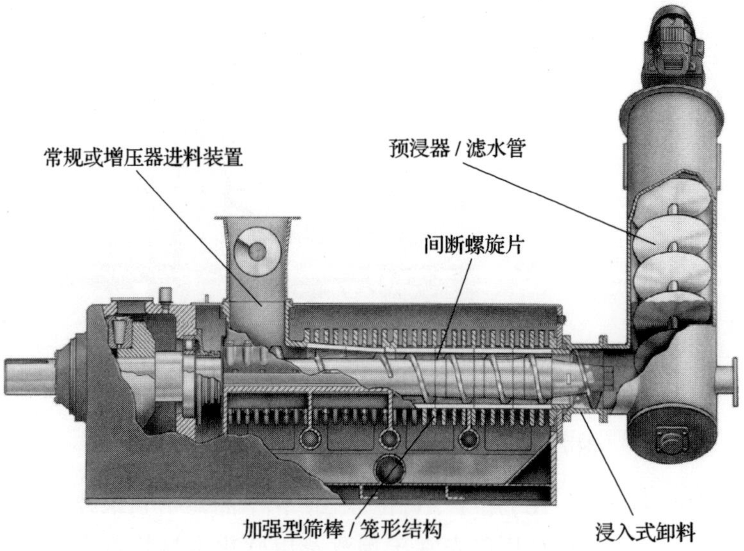

图7－10　螺旋挤压撕裂机(由 Andritz 提供)

7.3　盘磨机

7.3.1　盘磨机的结构要求

盘磨机是大型精密的设备,对其结构有较高的要求,主要有:

(1)结构坚固的机体

高浓磨浆的比压大,与定盘固定连接的外壳受很大的轴向推力,又由于磨浆时产生很大热量引起金属的膨胀及变形,因此,近代设计及生产的盘磨机都考虑结构的坚固,磨室壳体呈对称形直接固联在机座上,形成一整体的坚固的结构。

(2)稳定均匀的喂料

高浓磨浆须用螺旋喂料器,而且要均匀、稳定地喂料以保证稳定的负荷,这是稳定磨浆操作的重要条件之一。

(3)连续畅通的排料

连续畅通的排料也是稳定磨浆操作的重要因素之一。如果带压高浓磨浆,磨室壳体下方应有宽大的排料口。实践证明,如排料不畅通会导致盘磨负荷波动,直接影响磨浆的产量和质量。磨浆时产生的蒸汽大部分跟浆料一道排出,若排料不畅通会因蒸汽的压力变化而引起负荷波动。

(4)合适耐用的磨盘

磨盘要用合适耐用的材料,要有合适的磨齿齿形及磨盘锥度,以保证磨浆的产量和质量以及磨盘的使用寿命。

(5)精确可靠的磨盘平行度

盘磨机在运行中动盘与定盘的平行度对于稳定磨浆质量和操作条件及减少磨盘的磨损具有重要意义。近代盘磨机的设计与制造都十分重视研究及解决如何保证和控制平行度的问题。

7.3.2 不同制造厂的盘磨机概念

目前 TMP 盘磨机的两个主要制造厂是 Metso 和 Andritz。Metso 创立于 1998 年,通过合并 Valmet 和 Rauma(Sunds)。在成立 Sunds Defibrator 公司前,Sunds 和 Defibrator 独立运行。Sunds 销售双盘磨到北美以外的市场,而 Defibrator 集中利用单盘磨系统。另一单盘磨浆机制造厂 Jylhavaara 工程工厂,1987 年与 Sunds Defibrator 合并。一个早期 Jylhavaara 准许的制造厂——加拿大的 Hymac 公司销售 Jylhavaara 创始设计的单盘型盘磨机。1997 年,Hymac 合并到 Kvaerner 后,Andritz 向 Kvaerner 购买了 Hymac 盘磨机的权利。此前,Andritz 已经收购了 Sprout - Bauer 公司。Sprout - Bauer 公司成立于 1986 年,通过合并制造单盘磨(包括 Sprout 公司的单动三盘磨概念)的 Sprout 公司和制造主要供北美市场双盘磨的 C - E Bauer 公司。

在后面的章节中,仅讨论两家仍存在的 TMP 盘磨机制造厂:Metso 和 Andritz 销售的 TMP 盘磨机。盘磨机分 3 组来阐述:单盘磨、大能力的 TMP 盘磨机(Metso 的 CD 概念和 Andritz 的 Twin 概念)和双盘磨。

7.3.3 单盘(SD)磨浆机

用于 TMP 磨浆的不同单盘磨浆机的操作原理是相同的。带状螺旋给料到动盘的孔眼,将物料喂进动盘和定盘的间隙中。电机的负荷通过调节磨盘间隙来控制。高浓磨浆产生的蒸汽输送浆料向前方的流程。单盘磨用于生产能力较低(最大 250 ~ 300t/d)的 TMP 生产线。在一条 TMP 生产线中,通常有 2 台主线盘磨机并列,筛渣在一个分开的筛渣磨浆系统中磨浆。SD 盘磨机的另一个应用是筛渣再磨(见第 10 章)。

7.3.3.1 Andritz SB 150 和 170 单盘磨浆机

Andritz SB 150 和 170 单盘磨浆机(见图 7－11)是设计用于高浓度机械磨浆和筛渣磨浆。待磨的物料通过侧面的进料螺旋送进盘磨机。转动组合体将装配于轴上的大直径进料器和装配于两个滚柱轴承和一流体薄膜推力轴承间的动盘结合在一起。这种设计意味着给料螺旋和动盘有相同的转速。一个伺服基水力负荷系统允许盘磨机在恒定的负荷压力下或固定的盘磨位置下运行。简言之,通过将转盘拉向定盘达到紧凑的盘磨机推进路径。磨盘间隙监控器对过程变化提供迅速的反馈并设计防止磨盘接触。表 7－1 显示 SB150 和 170 的盘磨公称直径以及转速为 1500r/min 时的额定功率。

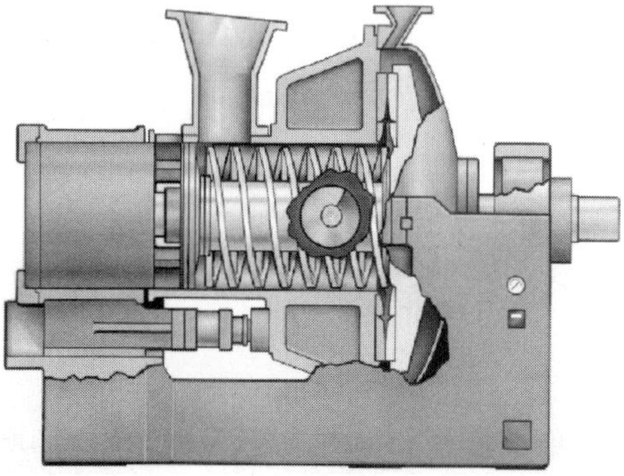

图 7－11 SB150/170 盘磨机(由 Andritz 提供)

表 7－1 SB150 和 170 盘磨机的磨盘公称直径和在 1500r/min 时的额定功率

盘磨机型号	额定功率/MW	盘磨直径/mm
SB 150	12	1520
SB 170	22	1680

为了在 RTS 系统高速运行,Andritz 已开发了一款新的 SB170,转速高达 2300r/min,最大功率 22MW 的盘磨机以及新的单盘磨浆机 MRSD(见图 7－12)。这种新盘磨机的磨盘直径高达 1575mm,转速 1500～2300r/min,最大设计压力 1.4MPa,装机功率高达 9MW。

图 7－12 MRSD 盘磨机(由 Andritz 提供)

7.3.3.2 Metso RGP 200 单盘磨浆机

图 7－13 表示 Metso RGP 200 系列盘磨机。最大的 Metso 单盘磨浆机 RGP268 的更详细照片见图7－14。

表 7－2 表示 Metso RGP 200 单盘磨浆机的磨盘公称直径和额定功率(在 1500r/min 转速时)。

所有 RGP 200 系列盘磨机原则上有很相似的机械结构。需要维修时,整个轴承包和轴装配体和水力单元简单地升起并用备用的单元代替。一个完整组合块的更换能在少于 4 h 内完成。上方的机盖移去后,组合块座升起后用另一已装有的新的组合块更换。通过把主定盘、盘磨机壳、轴承组合件一起连到厚实的铸铁机架来维持盘磨机的高刚性。盘磨机壳是铸不锈钢、其前盖是坚固的不锈钢板。机架和机壳是对称设计的,使得热膨胀和压力不影响定盘和动盘的平行度。

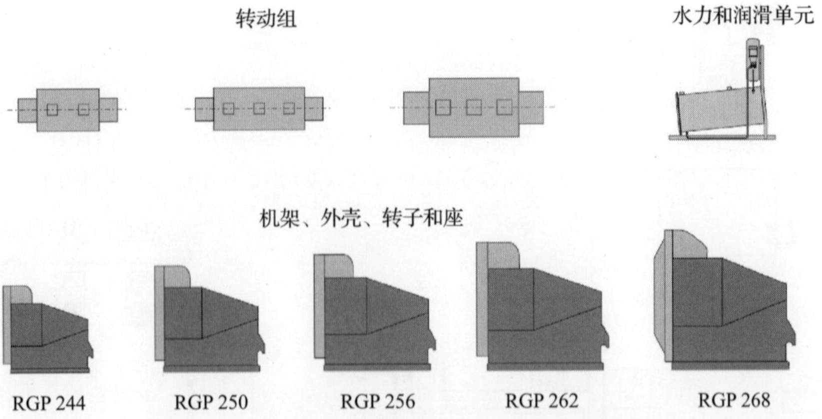

图 7－13 RGP 200 系列盘磨机(由 Metso 提供)

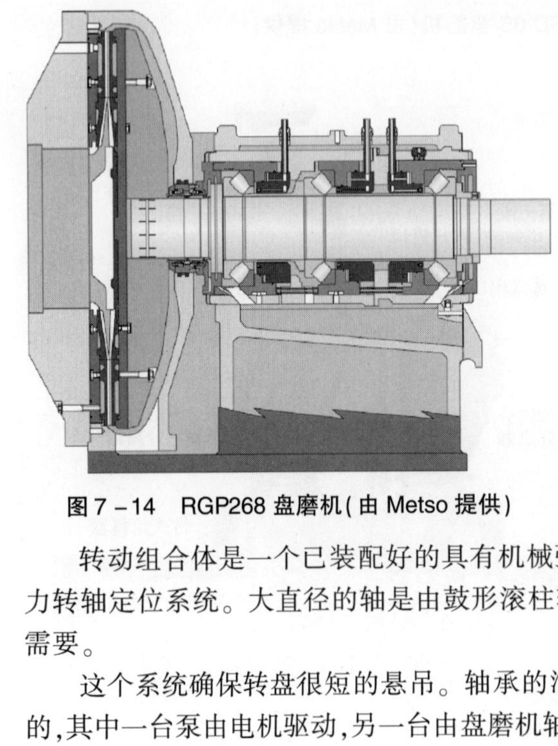

图 7－14 RGP268 盘磨机(由 Metso 提供)

表 7－2 盘磨公称直径和在 1500r/min 转速时的额定功率

盘磨机型号	电机功率/MW	磨盘直径/mm
RGP 244	2. 5	1120
RGP 250	5	1270
RGP 256	7	1420
RGP 262	10	1575
RGP 268	15	1728

转动组合体是一个已装配好的具有机械强度的柱体,具备配套的转轴、轴封、轴承和水力转轴定位系统。大直径的轴是由鼓形滚柱轴承支撑的,这样可消除对分开的推力轴承的需要。

这个系统确保转盘很短的悬吊。轴承的润滑是由装有两台平行泵的油循环系统来保证的,其中一台泵由电机驱动,另一台由盘磨机轴带动。当电力出现故障时,轴向驱动的泵提供足够的润滑直到盘磨机停机。待磨的物料通过侧面给料口喂进由分开电机驱动的双螺纹给料螺旋。给料螺旋的设计允许蒸汽回流而不干扰盘磨机给料。

盘磨机磨盘间隙是借助水力系统移动转动组合体来控制,使之有可能高精度控制盘磨机间隙。一种固定嵌入盘磨机定盘的 AGS(可调间隙传感器)用于监控磨盘间隙。生产中 AGS 传感器能进行校正以改进盘磨间隙测量的可靠性。

7. 3. 3. 3 其他单盘磨浆机:SD65 和 HXD 64

Jylhavara 单盘磨浆机 SD65 的原始设计仍用于一些最新的 TMP 装置。SD65 盘磨机的设计(见图 7－15)维持磨浆间隙的良好平行度。支持固定块的转动对称刚性不锈钢前盖通过一个转动的对称锥形机架支撑在底架上。

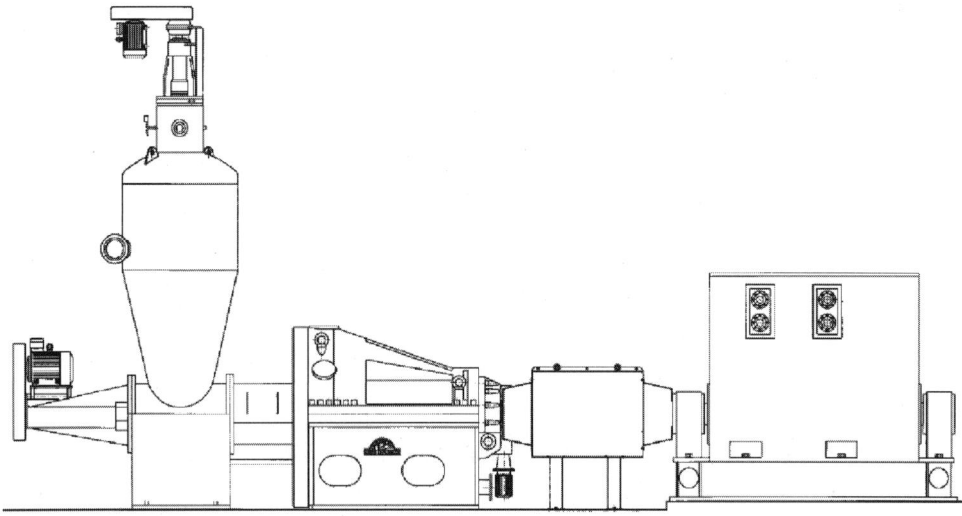

图 7-15　Jylhavara 型 Metso SD 65 盘磨机（由 Metso 提供）

大直径给料单元与前盖是分开的并牢固地安装在与盘磨机相同的基础上。装有刚性不锈钢转盘的转子组合体有机械密封、大直径圆柱形滚柱轴承和一个 900kN 的流体推力轴承。转子和定子的间隙通过一个电机械加载装置沿着盘磨机架傍侧移动转子组合体来控制。在盘磨机中盘磨碰撞报警时，加载装置开始作用以张开间隙。

盘磨机通过一螺旋机械来将盘磨机前盖移开以更换盘磨。SD65 盘磨机最大直径为 1727mm，在 1500r/min 时电机最大功率为 15MW。

一种特别的现代单盘磨浆机是 Hymac 的 HXD 64 盘磨机（见图 7-16）。在这种盘磨机里。两个单盘磨浆段并列放在一个盘磨机机架内。木片喂进第一个 SD 磨浆区，然后喷放到蒸汽分离旋风分离器，然后浆喂回到盘磨机，在另一侧的转盘进行另一单段磨浆。这种特殊的盘磨机概念起源于 Hymac 较早的 Jylhavara 许可证，第一台 HXD 64 盘磨机现在瑞典 Holmen Paper 的 Hallsta 厂运行。HXD 盘磨机的好处是允许第一段和第二段磨浆能量的任何分配都不影响生产能力因而取得节能效果。一台在瑞典 Hallsta 运行的盘磨机负荷的分配通常是第一段 60% ~65%，第二段 35% ~40%。磨浆区的浓度为 45% ~48%。

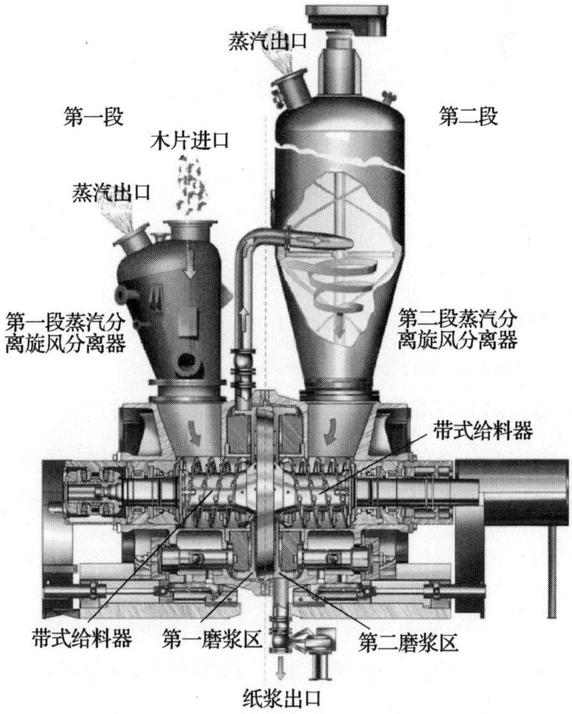

图 7-16　同一台 HXD 64 盘磨机中的两个磨浆段（由 Hymac Andritz 提供）

7.3.4 高生产能力 TMP 盘磨机

大生产能力盘磨机迅速突破的解释是投资成本:盘磨机越大,生产每吨浆的投资费用越低。Sprout 首先引入 Twin(单动三盘磨)概念,其后不久 Metso 开发了 RGD(锥盘)概念。Twim 盘磨机有两个平行的单盘磨浆机间隙,而 CD 盘磨机概念为一个单盘磨浆间隙,在同一盘磨机机架内后接一个锥盘磨浆间隙。Twin 和 CD 盘磨机都有大的生产能力。一条有两台并列盘磨机的新闻纸 TMP 生产线在转速为 1500r/min 时生产能力为 450t/d,在 1800r/min 时生产能力达 550 t/d 。

7.3.4.1 Metso RGP CD 盘磨机

第一台 CD 盘磨机于 1980 年在瑞典 Hallsta 新闻纸厂 TMP 系统建造,称为 RLP 70 CD,装有一直通的轴。后来称为 RGP CD,盘磨机概念改为悬臂式设计。这种类型第一台盘磨机称为 RGP 70 CD,于 1984 年在 Norske Skog 启动。CD 盘磨机的高生产能力可由位于平面磨浆区圆周的锥形磨浆面来解释。加了锥形的外磨浆区,就有可能大大地增加磨浆面积,而没有造成转子直径任何实质的增加(见图 7-17)。最新和最大型号的 RGP CD 盘磨机是 RGP 82 CD。3 种型号 RGP CD 盘磨机的技术数据示于表 7-3。

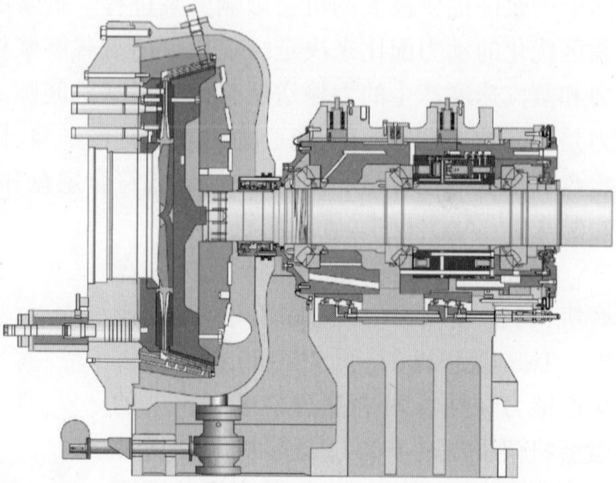

图 7-17 RGP 76 CD 盘磨机(由 Metso 提供)

RGP CD 盘磨机机械设计是基于 RGP 60 平盘磨浆机的改进,以容纳平盘和锥盘。设计为 1500r/min 的 CD 盘磨机装备 22°锥角。这个锥角提高了运行性能,而带 15°锥角转速1800r/min的 76 和 82CD 盘磨机有相同的特性。这种设计将盘磨机机架机壳、定盘和转动组合体结合成一体以提供一个稳定的机器结构。建造的机器的刚性使重盘磨机负荷下挠曲最小。轴的刚性是由一紧凑的、3 倍大轴承支撑的大直径轴来达到的。最靠近动盘的轴承装在离动盘重心仅 300mm 处。RGP CD 盘磨机设计成可迅速移除和更换整个轴组合体。为了维修,带有轴承和水力部件的轴组合体简单地升起并用一个新的轴组合体替换。盘磨机盘磨能在 4 h 内通过升起并取代盘座作为组合单元而更换。

表 7-3 RGP CD 盘磨机的技术数据

项目	单位	RGP 70 CD	RGP 76 CD	RGP 82 CD
在 1500r/min 时电机	MW	15	20	24
在 1800r/min 时电机	MW	16	25	32
磨浆面积	m^2	2.4	2.7	3.2
质量	t	22	25	27

水和油液力单元装在盘磨机外一个分开的房间里。润滑系统装有两台平列的独立运行油泵。其中一台由电机驱动,另一台由盘磨机主轴带动。在电力出现故障时,轴带动的泵提供足够的润滑直至盘磨机停止运行。为了保证盘磨机间隙的稳定性,盘磨机和电机是安装在普通重强化混凝土基上,基础上有橡胶垫。因为 RGP CD 是基于 RGP 平盘设计,这些盘磨机的大多数部件是可以相互更换的,例如,如果需要,RGP CD 设计作为主线盘磨机,而 RGP 平盘设计

作为筛渣盘磨机。盘磨机通常是通过机内控制系统启动和停止的，达到盘磨机全负荷不到2min。盘磨机控制系统的关键是AGS(可调节间隙传感器)，分别控制平盘和锥盘间隙。

预热了的木片通过一侧向喂料螺旋喂进双螺纹给料螺旋，后者允许蒸汽回流而不干扰盘磨机进料。转盘将木片喂进盘磨机间隙，木片纤维分离并磨解成单根纤维和纤维碎片。在CD盘磨机，有两个连续的间隙，第一个间隙在平转盘和定盘之间，第二个间隙是在锥动盘和定盘之间。两个间隙的间距通过分开的间隙调节系统独立调节。装配于定子的反式滚柱螺旋调节平盘之间的间隙。一台电机操作反式滚柱螺旋，一个普通齿轮使间隙调节螺旋的运行同步。通过水力间隙设定机构而改变定子位置使得锥盘间的间隙得到控制。AGS传感器监控两个间隙的间距。一个给料防护系统提供间隙设定机构，当给料扰动时将磨盘移开。CD盘磨机的两个磨浆区提供极大的机会影响磨浆进程。纸浆的质量通过选择最适合的磨盘型号及两个磨浆区优化的动力配比来决定。在原创的盘式磨浆机，通过随着半径和转速增加而增加的离心力和蒸汽速度产生的力输送纸浆流过盘磨机间隙。在锥形盘磨机，离心力和蒸汽速度产生的力是不同的。在锥形区，离心力对着定盘输送浆，因此允许蒸汽自由通过转盘的沟槽。因此，定盘和动盘的型号是不同的，并设计成符合定盘和动盘专门的运行要求。

7.3.4.2 Andritz Twin 盘磨机

Sprout－Waldron最初设计了Twin盘磨机，目前由Andritz交货用于TMP系统。Twin盘磨机(见图7－18)设计为大生产能力并结合两平盘磨浆区于单一的盘磨机架中。功率通过盘磨机轴传送并分配到两个磨浆区。Twin盘磨机的双面转盘安装在两个定盘之间。在这种方式中，轴推力对转盘两侧是平衡的。因此，这种盘磨机不需高能力的推力轴承。平衡的轴向力、对称的设计和结实的结构帮助维持磨盘的良好平行度。转动组合体由轴、动盘、两个带式给料器和轴承密封筒组成。轴承和机械密封从盘磨机端容易进入。

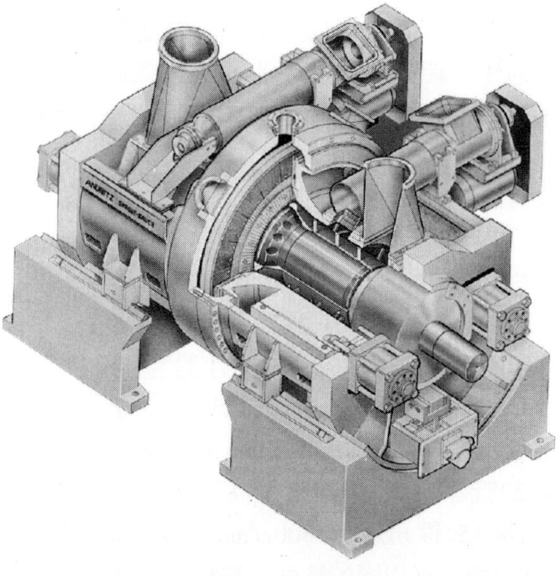

图7－18　Twin单动三盘磨(由Andritz提供)

两个荷载敏感的运输机由物流分流器输送到两个盘磨机进口。转盘两侧的盘磨机给料螺旋是带式设计，条带联在主轴上。条带焊在条幅上再依次焊在轴的不锈钢套管上。带式给料器以与盘磨机轴相同的速度旋转。由于高转速，纤维原料在给料机筒的周围输送，这样允许蒸汽沿着轴在中间逸出。采用这种方式，反流的蒸汽不会干扰物料喂进盘磨机。在盘磨机眼状孔，物料喂进位于转盘两侧的两个平行磨浆区。

双面的转盘安装在维持转盘两侧平行推力的两个静盘座间。盘磨机的加载是由4个水压缸来完成的。其中两个安装在盘磨机的每端，连接到可移动盘座组合体。水压是由水力系统提供的。水力系统设计成对4个水压缸的每一个实施相同的水力负荷。这保证盘磨机两侧相同的荷载。后来的设计允许水压有一定的差别，为了补偿操作参数，例如给料速率和磨盘条件的变化，两个磨浆区加载直到轴向推力轴承的容量。磨盘保护系统测量当盘磨机磨盘齿纹相互经过时引起的振动加速。这提供一个能用于指标磨盘间隙的信号。通过采用一个程序控制器,磨盘保护系统能预料磨盘接触,因此卸去盘磨机的荷载。此外,在两个磨浆区均安装磨盘间隙传感器,确定最小磨盘间隙设置并提供盘磨机磨盘保护。Twin 盘磨机能在中心处打开,提供从动盘两侧进入以更换磨盘的空间。Twin 盘磨机的动盘直径在 1117 ~ 1676mn 间变化,电机功率在 1800r/min 时大到 30MW。Twin 60 和 66 盘磨机的磨盘公称直径和转速为 1800r/min 时的额定功率列于表 7 – 4。

表 7 – 4 Twin60 和 66 盘磨机磨盘公称直径和转速 1800r/min 时的额定功率

项目	额定功率/MW	磨盘直径/mm
Twin60	24	1520
Twin66	30	1680
TX68(高速盘磨机)	30	1680

注:1in = 25.4mm

在一个典型的 Andritz 两段 Twin 盘磨机系统,木片在一个敞开的常压木片仓中预汽蒸。通过木片仓后,木片由一料塞螺旋给料器给料到物流分流器并进而到盘磨机进料系统。在磨浆段间和第二段磨浆后,蒸汽和纸浆在“扫除孔板”旋风分离器或纤维离心机中分离。从纤维分离器以及从给料螺旋反流的蒸汽被接受到热回收系统,利用 TMP 蒸汽含有的热产生新鲜蒸汽,例于用于纸张干燥。在 Andritz TMP 系统,筛渣脱水后有代表性地在主线盘磨机的第二段再磨。筛渣与主线纸浆共再磨浆需要较少的盘磨机。两段磨浆系统在生产新闻纸级 TMP 中是有代表性的,对于较高质量级别如超级压光纸和低定量涂布纸,有代表性的 Andritz 系统主线上有 3 个磨浆段,通常由 2 个 Twin 磨浆段和第三单盘磨浆段组成。

在现代 RTS 系统,第一段盘磨机的转速和压力从常规使用的 1500/1800r/min 和 0.3MPa 增加到 2300r/min 和 0.5MPa。盘磨机转速的增加降低了磨浆比能耗。压力和温度也增加以消除高速磨浆中纤维过于变短。

7.3.5 双盘(DD)磨浆机

双盘磨浆机有两个安装在悬臂轴上反向转动的磨盘,每个磨盘由分开的电机驱动,木片通过一个转盘的开口喂进盘磨机间隙。为了促进给料,采用一种专门设计的转子结构,其给料侧有四个孔,而盘磨间隙侧有八个孔。为了进一步改善木片进料,采用高达 0.5MPa 的高进口压力和 30℃ 的冷稀释水。双盘磨浆机的转子在 1200r/min 下转动,每个在供电为 60Hz 时提供 2400r/min 速差,在 50Hz 时提供 3000r/min(2 × 1500r/min)速差。DD 盘磨机的高速差使得有可能在制造新闻纸级 TMP 时主线采用单段磨浆,用于代替传统的两段单盘磨浆。当磨至一定的游离度,DD 磨浆在 1500r/min 时与相同转速标准单盘磨相比约节省 15% 的能。在相同的游离度下,DD 浆有稍短的纤维,大体相同的结合性质(纸页抗张强度)和较高的光散射能力。DD 盘磨机在不同转速和磨盘直径下的额定功率示于表 7 – 5。

表 7 – 5 DD 盘磨机的电机额定功率

区域和型号	欧洲		北美	
	RGP 65 DD	RGP 72 DD	RGP 65 DD	RGP 72 DD
转速/(r/min)	1500	1500	1800	1800
磨盘直径/mm	1650	1800	1650	1800
电机功率/MW	15	18	20	25

RGP 68 DD(见图 7 - 19)是 Metso RGP 盘磨机系的一种双盘磨。RGP 68 DD 盘磨机是基于利用 RGP 单盘磨浆机 2 个面向单元。这种盘磨机由两个分开的连接于独立轴组合体的外部电机为动力。为了维修,轴及配套的轴承和水力部件升起并用一个新的轴组合体更换。为使迅速更换装配于底座上磨盘,盘坐升起并用装配有一套新磨盘的座来取代。RGP 68 DD 盘磨机装有磨盘间隙传感器(TDC)作为标准特征。TDC 传感器是磨盘及控制系统的关键部件,允许盘磨机较快的启动和荷载并保护磨盘以免盘与盘接触。Metso 双盘磨浆机在欧洲采用直径 1650mm 和 1700mm 的磨盘在 1500r/min 下运行,也可能用 1828mm 的磨盘。

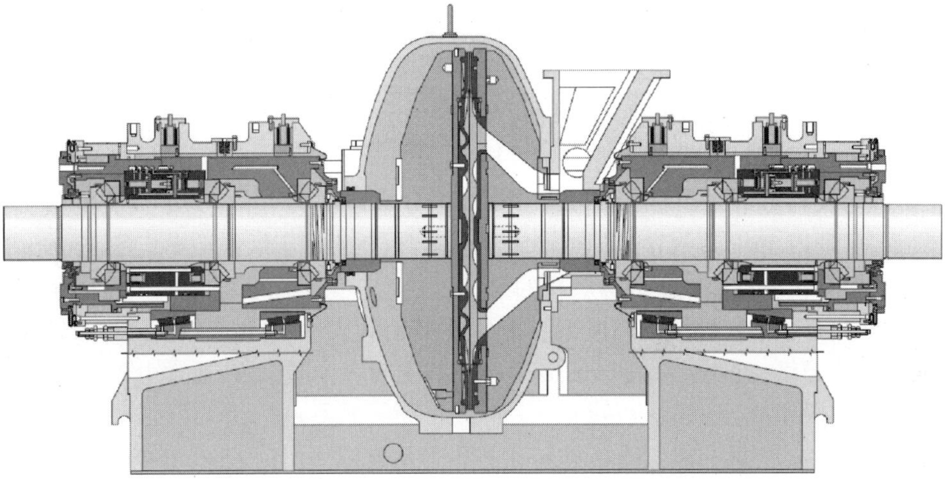

图 7 - 19　RGP 68 DD 盘磨机(由 Metso 提供)

在 Andrits(较早 Sprout - Bauer)双盘磨浆机(见图 7 - 20),电机与盘磨机结合成一体。两边的盘磨机和电机安装在普通的轴和轴承上。Andritz DD 盘磨机至今在北美以 1200r/min 转速下运行,虽然有些试验中 DD 盘磨机在给料侧以 1720r/min 转速运行,而另一侧在1200r/min 转速运行。这种运行模式据称比标准的 2 × 1200r/min 运行节能 20% 。

图 7 - 20　盘磨直径 1600 ~ 1850mm、最大额定功率 20 ~ 26MW 的 SB160/190 双盘磨浆机(由 Andritz 提供)

7.3.6 盘磨机生产线的过程纸浆和蒸汽

在高浓 TMP 磨浆中生产大量蒸汽。喷放线容积的1%左右是纤维而其他是蒸汽。磨浆段间和盘磨机后的纸浆喷放线以及到热回收的蒸汽线的规格必须与产生的蒸汽量和体积(压力)相匹配。太小的管线将导致过多的压力损失,而太高的蒸汽流速将会妨碍盘磨机生产率的增加。不同类型的旋风分离器用于纸浆和蒸汽的分离。纸浆和蒸汽的有效分离对 TMP 磨浆过程始终如一的、无故障的运行是很重要的。盘磨机的给料设备、蒸汽分离旋风分离器和分离器设计成能处理大容积蒸汽和纸浆流。在压力系统,蒸汽体积减少,压力越高,与常压磨浆相比的蒸汽容积越小。

在 TMP 磨浆过程不同部位不同压力的使用必须采用压力密封装置。预热器之间和第二段盘磨机后采用料塞螺旋给料器。

磨后纸浆放料浓度对磨浆产生的蒸汽量有重要的影响,浓度越高,产生的蒸汽越多。例如,放料浓度从 35% 增加到 50%,TMP 蒸汽量约增加 25%。磨浆浓度也影响盘磨机磨盘间隙,进而对纸浆质量有很大的影响。因此将磨浆浓度保持在目标值是很重要的。这通过加稀释水到盘磨机来达到。水预浸渍使纤维更重,这有利于蒸汽分离器的运行。在有些情况下,在旋风分离器出口采用喷水以防止纤维随蒸汽携带到热回收系统。为了从浆中分离蒸汽,使用了不同类型的旋风分离器和机械纤维分离器。

在较早 Andritz 系统(见图 7-21),使用一种小直径的旋风分离器,靠较高的转速分离纤维和蒸汽。蒸汽在旋风分离器上部分离,纸浆通过一种“清扫孔板卸料器”从底部排出。一个叶轮在卸料器内旋转防止纤维堵塞或堵塞孔板。少量的过程蒸汽输送纤维通过孔板到消潜池。为了减少蒸汽损失,Andritz 已开发了一种新的纤维离心机,在高浓磨浆机后更有效地分离蒸汽和纤维(见图 7-22)。这种纤维离心机的原理很简单,蒸汽/纤维混合物从切线方向喷进专门设计的压力箱内转子。纤维被抛向周边从离心器底部排出,蒸汽从中心排出。

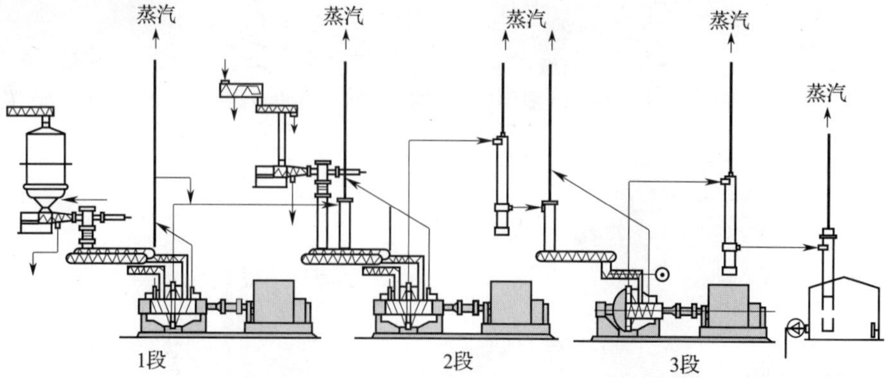

图 7-21 带小直径旋风分离器的 Andritz TMP 系统(由 Andritz 提供)

在较早设计中,Metso 采用大直径旋风分离器从浆中分离蒸汽(见图 7-23)。此处离心力和重力的结合作用从浆中分离蒸汽。为了防止纸浆积累,采用一刮板螺旋清扫旋风分离器内壁。浆由料塞螺旋卸料器卸出。料塞的紧度通过调节逆锥压力来控制,以分离纸浆并将浆排到消潜池。

为了改进蒸汽热回收，Metso 已开发了 PeriFeeder 和 PeriSplitter 机械蒸汽分离器。PeriFeeder 用作纸浆进入第二段或第三段盘磨机前蒸汽和纤维的分离器（见图 7－24）。PeriFeeder 安装在两台盘磨机之间，也用作盘磨机给料器，它是目前可用的 Metso 单盘磨浆机模式。纸浆和蒸汽喷放到第二段盘磨机进口，然后分离。给料螺旋将浆带到盘磨机入口，而分离出的蒸汽流到蒸汽出口。PeriFeeder 代替旋风分离器、旋风分离卸料器和盘磨机给料器。因此，不需要电机传动装置。PeriSplitter 根据应用足够离心力条件下纤维从蒸汽中分离的原理工作（见图 7－25），通过装有转子的水平刮刀使纤维加速到与转子相同的速度来完成。装配在 PeriSplitter 下方的水平料塞螺旋将纤维送回流程中。

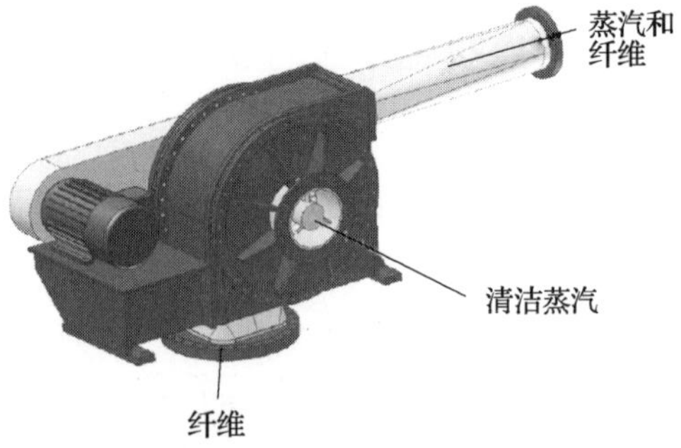

图 7－22　Andritz 纤维离心机（由 Andritz 提供）

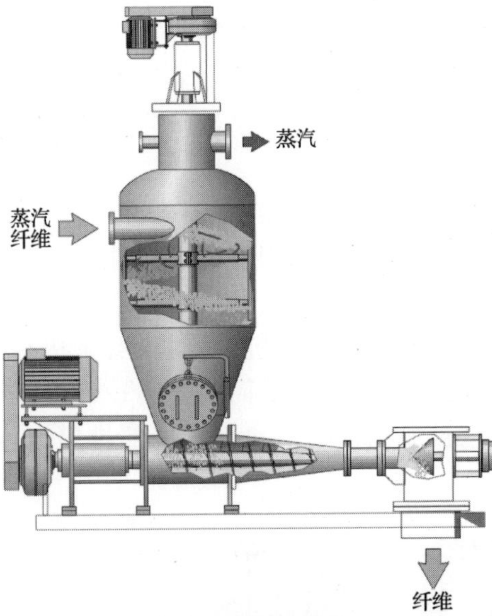

图 7－23　大直径旋风分离器（由 Metso 提供）

图 7－24　Metso PeriFeeder（由 Metso 提供）

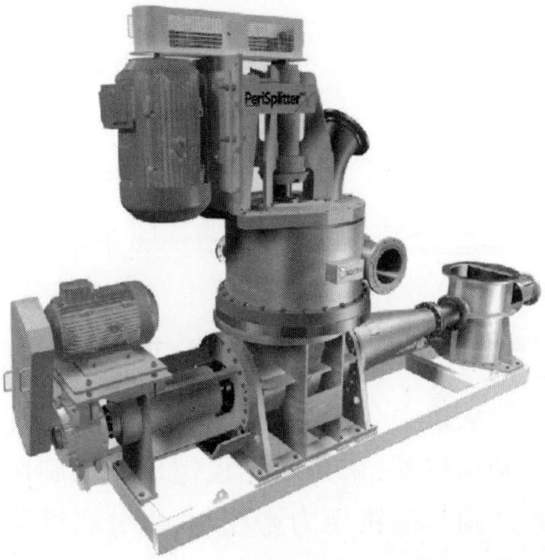

图 7－25　Metso PeriSplitter（由 Metso 提供）

第一台机械蒸汽分离器是1999年引进的纤维加速器(Fiber Accelator)(见图7-26)。在1000r/min下生产每吨浆消耗6kW·h能量。纤维加速器另一特征是在高压和高温下停留时间很短,不到1s,而常规旋风分离器系统为20~25s。与旋风分离器相比,机械纤维分离器具有一些好处:带到热回收系统的纤维较少(增加蒸汽产量,污冷凝水中较少的固体含量,较好的得率)、较低的运行成本以及第二段和第三段盘磨机较小的负荷变化。

图7-26　纤维加速器(由Fiber Acceleration AB提供)

磨浆后,TMP纤维有称之为潜态性的卷曲定型。卷曲的纤维改变了纸浆的性质:游离度提高而纸页强度降低,卷曲纤维的筛选效率差。因此,浆料在筛选前必须消除潜态性。潜态性通过纸浆在低浓(2%~4%)和相对高温(70~80℃)下离解而消除。消潜通常分两段进行:第一段,纸浆稀释并在碎浆机或置于每条盘磨机线蒸汽分离旋风分离器下方或机械蒸汽分离器下方的泵送池中强烈搅拌几分钟。大部分潜态性是在碎浆机除去,然后余留的潜态性在筛前的普通消潜池中消除。一些工厂在主线磨浆和筛选系统之间设置高浓贮浆以应对电能价格的日常变化。这种安排不值得推荐,因为太高的贮存温度降低纸浆白度并使消潜更为困难。

7.3.7　磨浆条件和设计参数

影响纸浆质量的主要参数是比能耗(SEC)和磨浆强度。图7-27说明TMP磨浆主要参数间的相互作用。SEC是由电机负荷和纤维原料通过盘磨机的生产率决定的。

没有普遍接受的磨浆强度定义,但是磨浆单一影响的输入能量增加时,磨浆强度增加。这能通过减少磨盘间隙以加速浆料流过盘磨机间隙来达到。增加纸浆通过磨盘间隙流速的工艺条件包括:增加电机负荷(较高SEC),降低浓度,增加磨浆压力(和温度),减少盘磨机壳体与给料器压差,在恒定的磨浆比能耗下增加生产率,提高盘磨机转速和使用给料型磨盘。

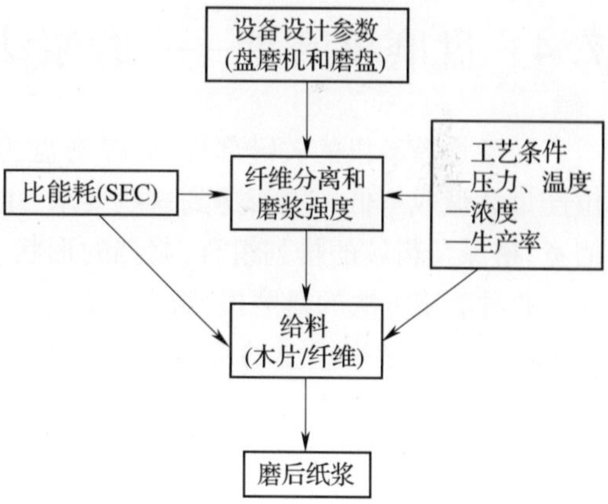

图7-27　TMP磨浆主要参数的相互作用

所有盘磨机的性能都受磨浆过程中不同干扰的影响。这些干扰是由于一些变化引起,例如木片质量(品种混合,木片大小分布、水分含量)、生产率(松厚密度变化)、磨浆浓度(木片水分含量和稀释水流量)和磨盘状况。这些干扰通过改变比能量和磨浆强度影响纸浆质量。

生产率是难以控制的参数。基于设备的木片给料提供送到磨浆的原料体积流量。质量流量的准确测量仅能通过体积给料率结合松厚密度和水分含量的准确测量来实现。问题是没有可利用的测量松厚密度和木片水分的可靠装置。基于主线盘磨机后纸浆流量和浓度的生产率的精确测量是有问题的,因为浓度测量装置对不同干扰,如纸浆质量、温度和浆中空气含量,是敏感的。质量流量测定性能差是保证TMP磨浆SEC稳定控制的主要问题。

除了磨浆条件外,盘磨机流程和磨盘设计对磨浆强度有影响。在单盘磨浆机中,锥形盘磨机(RGP CD)通常比其他单盘磨浆机在较大的磨盘间隙下运行,因为在锥形盘磨机的锥部间隙离心力对着静盘输送纤维而不像平盘磨浆那样向外输送到间隙出口。由于这个原因,锥盘磨浆机通常比平盘磨浆机生产较长纤维的纸浆。

在 DD 磨浆中,当纸浆从给料侧磨盘到控制侧磨盘的间隙内流动时浆料转动的方向是变化的。这种转动的变化减少离心力的作用,与通常平行单盘磨浆相比,依次增加了纤维停留时间和磨盘间隙。尽管间隙较大,DD 盘磨机比单盘磨浆机生产较短的纤维。对此不同行为的精确原因仍不知道,较高的相对磨盘转速和纤维穿过磨齿的不同方向可能是减少纤维长度的原因。与单盘磨浆的纸浆相比,在一定游离度下 DD 浆有较短的纤维、较高的光散射系数和低 10% ~15% 的比能耗。

盘磨机转速对磨浆强度和纸浆性能有显著的影响。实验表明,转速对第一段磨浆的影响更大。一段盘磨机转速从 1500r/min 增加到 2400r/min,可使比能耗降低 10% ~20% 。同时,光散射能力提高。但是,纤维长度和与纤维长度有关的纸浆性能受到损害。

现代高强度磨浆法,例如将在本章后面阐述的 Andritz RTS 法,通过提高处理温度避免纤维过多切断,即提高预热和磨浆温度来达到。较高温度降低高强度磨浆纤维的纤维刚性,避免其切断变短。为了避免纤维发黑,升高温度下要尽可能短纤维的停留时间。

盘磨机磨盘设计对磨浆强度有重要的影响。不同盘磨机概念和工艺条件要求专门的磨盘设计。大体上,磨浆强度能通过使用向前给料型磨盘磨齿和沟纹,在磨盘间隙中向前输送纸浆和蒸汽。这样,纸浆的停留时间和磨盘间隙减少,从而磨浆强度提高。在磨盘设计中,既要考虑减少磨浆能耗,又要考虑维持纤维长度。

7.4 盘磨机磨盘——磨浆法的"心脏"

磨盘是盘磨机的关键部件,选择磨盘的主要准则是:生产的浆料质量好;消耗的能量少;单位产量磨盘成本低。能否达到这些要求,主要取决于:磨盘的材质;磨齿的几何形状,即齿宽、槽宽、槽深及齿纹的排列组合;浆挡的形状、位置和数目;磨盘的锥度。

每种磨浆方法的盘磨机,磨盘都是一个不可见但却是很重要的部分。选择的磨盘类型决定纸机生产的纸浆质量和生产水平能否达到设定要求。这些设定要求取决于生产的纸种和纸机的控制策略,因而在不同工厂是不同的,需要不同类型的磨盘。甚至同一工厂内,不同盘磨机位置(第一段、第二段和筛渣再磨)基本上需要不同的磨盘设计。通常有不同盘磨机类型、磨浆方法和操作条件,其结合使之更为复杂,因而需要独特的磨盘设计。例如,视不同的盘磨机转速 1500/1800r/min 制定不同的磨盘设计要求。

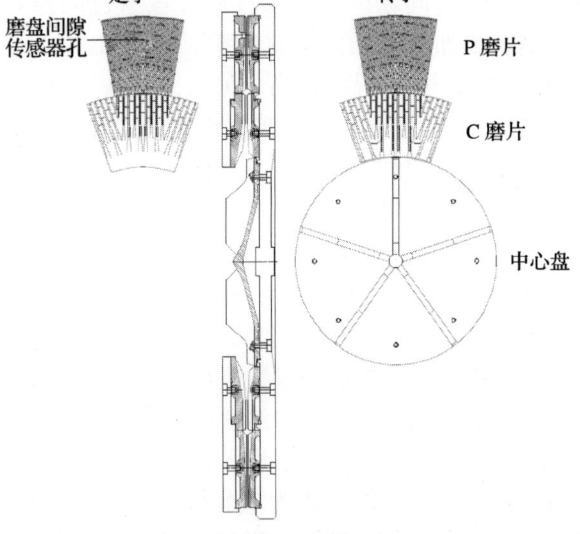

图 7 -28 RGP 268 单盘磨浆机的磨盘(由 Metso 提供)

图 7 -28 表示用于 Metso RGP 268 单盘磨浆机的磨盘。这种盘磨机的直径是

1700mm，其设计适用于高达 90t 的轴向荷载，功率为 15MW。这种盘磨机的磨盘安装在磨盘座上，盘前方没有会减少盘磨机有效磨浆面积的螺栓孔。盘磨机磨盘形成定子和转子环，如图 7－28 所示。定子和转子都有分开的圆周磨片（P－磨片）和中心磨片（C－磨片）。在转子上，也有一个中心盘。在这种情况下，定子 P－磨片上有一个孔，用于安放磨盘间隙测量装置（TDC/AGS 传感器）。

不同类型的盘磨机，磨片类型也有所不同。例如，在双盘磨浆机中没有定子，术语“进料侧”和“控制侧”用于区分有进料开口的磨盘和用作控制磨盘间隙的磨盘。术语“破碎机刀片”在双盘磨浆机中通常用于表示中心磨片。在 CD 盘磨机，也有一个装 CD 磨片的锥形区（见图 7－29）。锥形磨浆区使得有可能在高产量和盘磨机功率下具有合理的低轴向推力和实现磨盘间隙的良好控制。

图 7－29 RGP 82 CD 盘磨机的涡轮磨盘（由 Metso 提供）

TMP 和 CTMP 工厂在工艺的不同位置也有低浓磨浆的盘磨机。这些盘磨机在 3%～5% 浓度下处理纸浆。用于控制低浓盘磨机的最通用理论是比边缘负荷和比表面负荷理论[2]。这些理论也考虑了磨盘基本设计参数的影响。通常来说，在这些盘磨机中，与较长和较强的化学浆纤维相比，机械浆需要相当低的比边缘负荷使得消耗的能量用于提升纤维性能。除了这些基本设计参数外，当优化不同应用的磨盘时，必须考虑磨片几何的许多细节。在许多情况下，在机械浆低浓磨浆采用小于 1J/m 的低边缘负荷时需要设定盘磨机生产能力的限制。为了兼顾生产能力和磨浆强度间，需要开发设计新型磨盘。例如，盘磨机进口区新磨片设计（Metso Paper's Maxiflo 磨片）已经有可能增加盘磨机生产能力。低浓磨浆在第 12 章浓缩、贮存和后精磨中有更详细的阐述。

7.4.1 磨盘设计

盘磨机磨盘设计参数对不同类型盘磨机和不同盘磨机操作条件是不同的，但是，能提出一些基本规律。运行时，盘磨机磨盘间有特定的操作条件。蒸汽是流向盘磨机进口或盘磨机壳取决于磨浆区的位置。纸浆逆着蒸汽流给进盘磨机，通过磨盘间隙运送，磨解以改善纸浆质量。成功设计的盘磨机磨盘不仅生产所需质量的纸浆，而且在盘磨机整个操作窗口上提供稳定的运行性能。要达到这个目标，从磨盘间隙除去蒸汽必须是有效的，浆必须均匀地进料和通过盘磨机，纤维也必须磨到目标的性质要求。

传统上盘磨机磨盘通过实验进行开发，但也已发表了支持此项工作的理论。关于木片纤维分离[3]、纸浆在盘磨机中流动[4]和磨浆强度的概念[5-6]已经用于解释磨盘间隙中的现象。但是，这些理论以简化了的方式描述盘磨机[7-8]，一般并不用于详细设计盘磨机磨盘。一种改进的理论，考虑转子和定子的差别以及盘磨机进口，强力地推进了盘磨机磨盘的发展[9]。后来，新的流体力学理论已经用于设计能效高的磨盘，在此盘磨机内大部分反流被最小化[10]。改进的理论与更好测量装置的结合[11-13]以及过程中干扰的基础知识[14-16]已经进一步拓展了我们有关磨盘间隙中纸浆和蒸汽流动的知识。

盘磨机磨盘的基本设计参数包括：刀齿和沟槽的宽度，齿高，浆挡的数量、位置和设计，选择性沟槽，锥度和齿角。对盘磨机的横向进磨区（C 盘），其设计参数与磨浆区的不同。

刀齿和沟槽的宽度传统上是磨盘设计主要参数。宽沟槽和窄齿通常减少磨浆比能耗。沟槽中高开口体积使得磨盘间隙较窄，因而有可能出现纸浆质量的下降。宽齿和低沟槽体积增加比能耗和提高生产的纸浆质量。但是，当沟槽体积减少时，蒸汽的去除更加困难，盘磨机的轴向负荷更高，纤维的给料更为困难，盘磨机的负荷可能变得不稳定。

齿高对蒸汽去除与沟槽体积有类似的影响。刀齿越高，沟槽中有更加开放的体积，蒸汽的去除更有效。低的齿高迫使纤维进到磨盘间隙，纸浆的质量提高。转子上齿高对纤维的输送也有重要的影响。转子上高的刀齿迫使纤维旋转运动，影响纤维的离心力增加。

浆挡的数量、位置和设计对纸浆质量也有重要的影响。浆挡迫使纸浆从沟槽进入磨盘间隙，纤维在盘磨机的停留时间增加。磨盘上大量的浆挡改善纤维质量，但是使蒸汽的去除更加困难。

转子上的沟槽用于从磨盘间隙除去蒸汽进入盘磨机壳。这些选择性的磨盘需要较少的轴向推力。与选择性的沟槽结合，磨盘能设计成具有较宽刀齿、较窄沟槽、较低刀齿、较多浆挡和较小锥度（见图 7－30），这些与改进的蒸汽去除结合，改善了纸浆质量而没有引起运行性能问题。

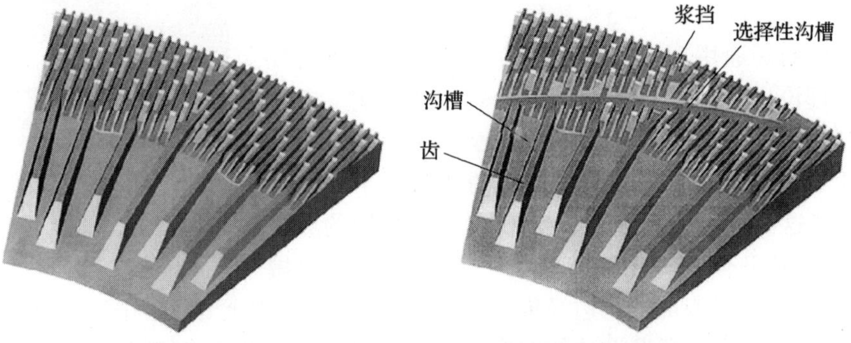

图 7－30　带有或不带选择性沟槽的盘磨机磨片

锥度是使得磨盘基线在盘磨机出口间隙最窄而在进口最宽。在磨盘中通常有两个径向区。外面的区是锥度小的磨浆区而内区有更陡的锥度。锥度用于补偿转盘在磨浆区可能的弯曲和改进木片进到磨浆区。太短的磨浆区可能引起浆料质量的下降，而大长的磨浆区可能增加轴向负荷。

径向的齿角对纸浆和蒸汽流产生力。当转子刀齿形成一泵送角时，迫使纤维成一更快的干扰较少的纤维流，纤维在盘磨机的停留时间减少，导致磨浆能耗减少。齿角不仅对转子重要，两对面磨盘刀齿间的交叉角对磨浆结果也有重要的影响。

7.4.2　磨盘的材料

为了得到理想的能量传递和磨浆效果，磨盘的磨齿要耐磨、耐腐蚀，齿面又要维持一定的粗糙度。常用的磨盘材料有：

① 镍铬合金铸铁（3.3% C，3.0% Cr，4% ~5% Ni）；

② 高铬合金铸铁（2.8% C，25% Cr）；

③ 铬钼合金铸铁（3.0% C，15% Cr，2.7% Mo）；

④ 不锈钢（0.9% ~1.4% C，Cr、Ni、Mo 含量随着型号的不同而变化）。

磨盘材料是影响磨盘寿命的因素之一。一般来说，Ni－硬合金寿命最短，高合金白铁居中，不锈钢寿命最长。而磨盘成本则相反，不锈钢磨盘成本最高。

盘磨机磨盘特别地用于艰难的条件,对所用材料有很高的要求。通常 TMP 厂磨盘的寿命在 1000 ~ 3000h 运行时间内变化。磨损通常表现在磨盘磨浆区刀齿圆钝的边缘,如图 7 – 31 所示。磨损了的磨盘生产质量差的纸浆。盘磨机的控制越好,生产过程越干净,磨盘的寿命就越长。磨盘的相撞(相对磨盘间的物理接触)也可能是磨盘变化的原因。此外,在防止相撞方面,盘磨机的良好控制是极其重要的。

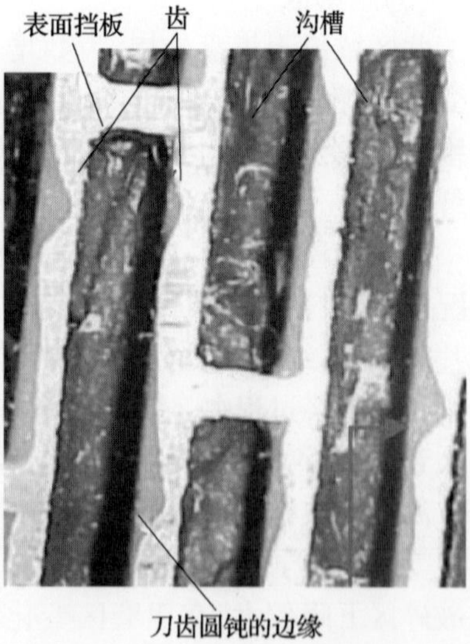

图 7 – 31 刀齿圆钝的边缘

盘磨机磨盘,通常是马丁不锈钢通过铸造制成的。通过调节成分和热处理决定材料特性的结合。磨浆过程(稳定性,浆中杂质)、齿纹设计和磨片在磨盘环中的位置是决定所需的材料特性结合的因素。由于对材料的不同要求,所用的成分在一个宽的尺度变化。影响磨盘材料特性的基本因素是碳和铬含量。采用的组成范围是 C 为 0.2% ~3% ,Cr 为 15% ~30% 。

影响磨盘寿命的最重要材料特性是耐磨损性能、冲击强度、抗空化性能和耐腐蚀性。

像所有材料特性一样,耐磨损性能是基于材料的微结构。马丁不锈钢的结构由硬碳化铬和马丁体组成。耐磨损性能随碳含量的增加而增加。当浆料含有产生磨损的杂质时采用高碳含量。

冲击强度是必要的,使刀齿断裂的可能性最小化到可接受的水平。碳含量的增加及因而耐磨损性的提高将对冲击强度有相反的影响。结构中高含量硬而脆的碳化物降低冲击强度。当估计冲击强度的要求时,应考虑浆中垃圾或磨盘相撞的可能性。

空化作用大多在盘磨机进口部出现。影响空化作用出现的最重要参数是缺游离水和进口的几何设计。但是,损伤率也取决于选择的材料。在一定程度上硬度增加,耐空化作用增加。发现最佳的材料成分范围是碳含量为 0.5% ~1% 。

腐蚀通常不是 TMP 盘磨机的问题。但是,由于盘磨机磨损现象的复杂性,不能忽视耐腐蚀性。当与其他磨损机理结合,它能增加磨盘的磨损速率。在通常磨浆方法中,马丁不锈钢的耐腐蚀性是在一个适当的水平。

7.5 盘磨机磨浆过程及主要影响因素

7.5.1 磨浆过程

一般认为,磨浆过程可以分为三个区段,木片状态的变化如图 7 – 32 所示。

(1)破碎区

磨浆时木片首先进入磨盘中心部位的破碎区(又称为磨腔),此区磨盘间隙最大,刀片厚,刀数少。在此区段,木片在高温下首先被碎成火柴秆状小木梗。

(2)粗磨区

此区域的盘间间隙从内到外逐渐变窄,原料停留时间较长,逐渐被磨成针状木丝,进一步受到磨齿的机械作用及纤维间的摩擦作用,被离解成纤维束及部分单根纤维。

(3)精磨区

此区域位于齿盘外周，齿数增多，齿沟变窄，由粗磨区流过来的纤维束及单根纤维，在此受到进一步离解及一定程度的细纤维化。

磨浆过程，也是料片形态与纤维离解状况以及浆料性质不断发生变化的过程。木片从破碎、细分、离解成单根纤维到细纤维化的磨浆过程中，浆料在盘磨机中流动大致呈有序状态，大多数纤维径向排列。游离度在精磨区前下降很快，在精磨区内变化较慢。浆渣数量呈阶段性变化，在破碎区下降较大，在粗磨区变化不大，而在精磨区下降很快。表征纸浆强度的耐破因子和撕裂因子，随磨浆的进行呈线性增长。

因此，木片磨浆过程基本上可分为两步[17]：

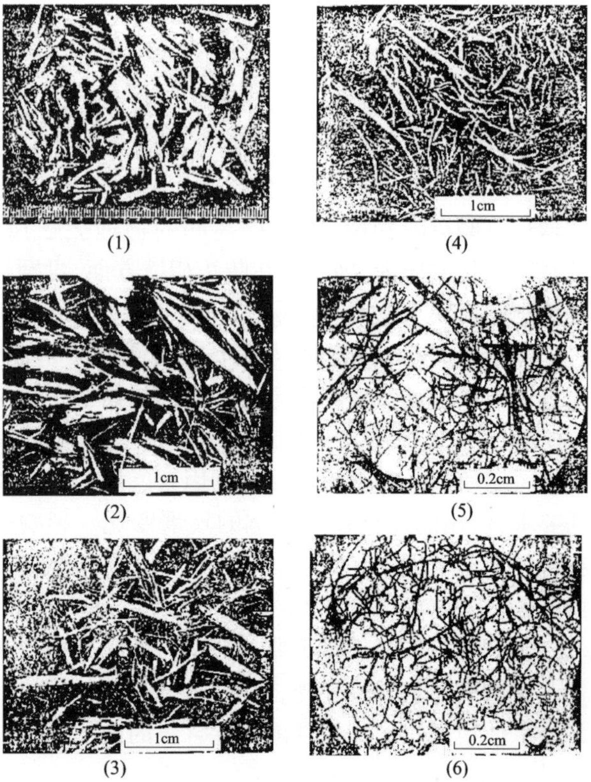

图7－32　木片通过齿盘不同区域时状态的变化(1)至(6)

① 将木片离解成单根纤维，而尽量减少碎片生成及保持纤维长度。因此，磨浆浓度应高些，磨盘间隙大些，使木片在相互摩擦作用下离解，减少纤维的切断。

② 使离解的纤维束及单根纤维，进一步纤维化和细纤维化，纤维应受较多的机械摩擦与剪切作用，增加单位时间内纤维与磨盘刀缘接触的次数。因此，磨浆浓度应低些，磨盘间隙小些。

根据上述过程，在盘磨机磨浆时，要想经过一次磨浆处理就获得高度纤维化和细纤维化的浆料是比较困难的，故盘磨机械浆的生产通常采用分段磨浆。

7.5.2　盘磨机磨浆的主要影响因素[17]

(1)材种与料片规格

木材种类不同，其纤维形态、物理性质及化学组成有所差异，用盘磨机磨出的纸浆性质也相应变化。如在针叶材中掺入阔叶材生产 TMP，则浆中长纤维组分减少，浆强度降低。生产盘磨机械浆最适宜的纤维原料是密度低、纤维长、细胞壁薄、细胞腔大的木材。或者说，用密度小、生长快、秋材含量高、抽出物含量低的木材，可生产出强度较高的盘磨机械浆。

(2)磨浆浓度

磨浆浓度是盘磨机械浆的重要参数，一般认为应在 20% ～30% 范围内。当采用分段磨浆时，第一段目的在于分离纤维，为减少纤维的切断，主要应靠纤维间的相互摩擦作用分离纤维，因此，浆浓度宜高些，一般在 25% 左右。但若浓度过高(如 >35%)，则喂料不易均匀，局部木片(或纤维)水分蒸干，会致使浆料烧焦。第二段磨浆主要在于发展强度，磨浆浓度不宜太高，在 20% 左右；但若浓度过低(如 <16%)，则磨浆负荷不够稳定，浆料细纤维化作用较差。

(3)预热温度(压力)和预热时间

预热温度(压力)和预热时间对 TMP、CTMP 的质量和能耗有较大的影响。预汽蒸的作用，主要在于软化纤维胞间层的木素。木素软化有一个临界温度,到这个温度后,木素从硬的玻璃态转化为弹性的软状态,这个温度称为玻璃化转变温度。木素的玻璃化转变温度一般为120～135℃,取决于材种及木片水分含量等。预热温度过高,超过木素玻璃化转变温度,磨浆时纤维的分离发生在木素浓度高的胞间层和初生壁之间,纤维虽然容易离解,但软化了的木素附着在纤维表面,冷却后形成玻璃状木素覆盖层,使纤维难于细纤维化,造成磨浆障碍,动力消耗增加,白度也降低。预热温度过低,木素未软化,纤维发生不规则分离,产生大量碎片,使纤维长度降低。因此,适宜的预热温度应接近木素玻璃化转移温度,即在120～135℃范围。纤维的分离主要在细胞壁的 S_1 和 S_2 层间,纤维长度保持较好,浆中带状纤维较多,细纤维化程度较高,纤维潜在结合力增大,纸页强度较高。

(4)磨浆能耗与能量分配

纤维的离解与细纤维化都需要能量,输入的能量主要用于纤维的离解和精磨,而离解只需要较少的能量,大部分能量消耗于发展纤维强度的精磨。磨浆能耗与木材的种类和性质、木片预处理条件、磨浆浓度、磨盘的齿型及转速等有关,而热磨机械浆的性质与输入的能量及能量分配有关。研究表明,以云杉为原料生产TMP时,第一段的磨浆能耗是一个重要的操作因素。制取相同游离度的浆种时,增加压力磨浆段的动力输入,可以减少磨浆的总动力消耗,但所得纸浆的纤维长度小,物理强度也较低,碎片含量较多。图7－33是TMP撕裂因子和裂断长与第一段磨浆能耗占总能耗的百分率的关系。由图7－33可见,两种强度性质,均在一段磨浆能耗占总能耗的50%左右时,达到最大值。

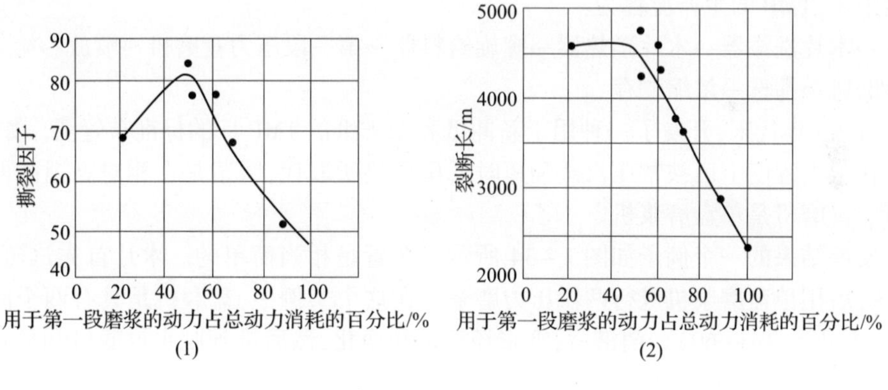

图7－33 第一段磨浆动力消耗百分比与纸浆强度关系

(5)磨盘间隙

用盘磨磨浆时,有3个可控的重要参数,即浆浓、能耗、磨盘间隙。3个参数具有相互关联的制约关系。维持能耗不变时,提高磨浆浓度则间隙就要加大;如浓度一定,则减小间隙,能耗就会增大。如果间隙降低到200μm时,已达到磨盘的震动范围,此时纤维长度剧烈下降,撕裂强度随之大大降低。制造磨盘间隙小于100μm是非常困难的。在RMP生产中用浆浓来调整间隙,在TMP生产中还可用压力差来控制。磨浆时,用于离解纤维,间隙应大些;用于发展浆强度,间隙应小些。不同的间隙不仅使能耗不同,也对盘磨机械浆性质产生影响。

(6)磨盘特性

磨盘特性主要包括齿型、磨盘锥度与齿盘材料等。

齿型包括齿的长短、粗细、数量,齿的排列与分布,齿沟的深浅与宽窄,浆挡的设置,齿盘各区的划分与面积。齿型与磨浆产量、质量及能耗关系很大,磨浆时纤维与刀缘的接触次数可用

IC/M(英寸接触长/min)表示,IC/M 越大,则纤维与刀缘接触频率越高,表明纤维经受齿盘刀缘处理的次数越多,纤维强度发展越好,可由齿数和磨盘转速来控制。当齿数一定,提高转速时,可使 IC/M 增大,但同时增大了浆料流动阻力,无效负荷会成 3 次方地增加,加大了无效能耗的比例。标准磨盘转速在线速度 1400 ~ 1800m/min 范围。当增多齿数时,势必使齿纹变细、齿沟变窄,而细齿纹结构强度较低,窄齿沟也限制了浆料的流动,因而影响生产能力。浅齿沟虽可增加齿盘寿命,但由于浆流量降低,也增大了无效负荷,因此齿型的设计要兼顾磨浆质量与降低能耗的要求。一般来说,宽齿主要用于离解纤维,窄齿主要用于发展纤维强度。

在一定的齿型下,增大齿角(指磨盘上的磨齿与半径方向的夹角),有利于发展纤维强度,而减小齿角,切断作用增大,细纤维化作用减小。通常使用的齿角在 25° ~ 45°。

磨盘锥度是另一重要特性,它是指单位径向上坡度的大小。它随材种、得率、齿型结构而变化,磨浆浓度不同,锥度也有差别。提高磨浆浓度,锥度应相应加大。

7.6 TMP 法主要类型

作为一个规律,TMP 生产线总是顾客为工厂和征询的纸种定制。由于这一点,没有“通常的”TMP 法。仍有一些发展的主线应予讨论。

7.6.1 “标准”TMP 线

一般来说,TMP 的生产流程为:

木片→木片洗涤器→木片预热器→螺旋给料器→第一段压力盘磨机→喷放→第二段压力或常压盘磨机→筛选→浓缩贮存

20 世纪 80 年代末,开发了一种用于新闻纸和杂志纸的 TMP 厂的标准布置图。如前所述,加压预热在很大程度上已被常压汽蒸和短时低压预热所取代,磨浆是在相对高温的两个压力段中进行。盘磨机是单盘磨浆机。

这种发展结果的一个例子如图 7 - 34 所示。布置是相当简单的。木片首先汽蒸,然后洗涤,再汽蒸,后用单盘磨浆机进行两段压力磨浆。在这个实例中,盘磨机是具有两个间隙的单动三盘磨(Andritz Twin 60)。消潜后,纸浆经筛选和净化,然后进到脱水过滤机和贮存。筛渣先挤压浓缩至高浓度然后在压力下磨浆。磨后的筛渣经筛选和净化,直接送达良浆线。主线磨浆来的带压蒸汽以及筛渣再磨产生的蒸汽被收集并回用于热回收系统。

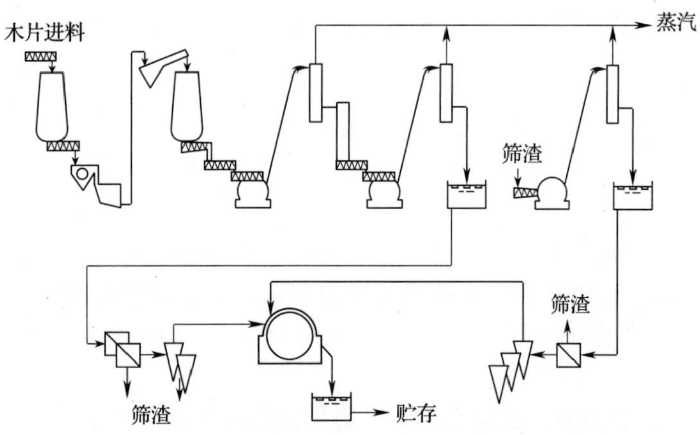

图 7 - 34 瑞典 Holmen Paper Braviken 厂用于新闻纸的两段 TMP 生产线(由 Andritz 提供)

图 7 - 35 表示一个有代表性的现代新闻纸生产线。洗后的木片在预热器中预汽蒸,然后送到两段主线 RGP 盘磨机中磨浆。由第二段盘磨机前、后的旋风分离器取得的 TMP 蒸汽送到热回收系统。主线磨浆后,筛选

是在提高了的浓度(3%)下进行,这样减少了泵送体积并简化了纸浆浓缩。筛渣是在分开的筛渣再磨系统再磨。

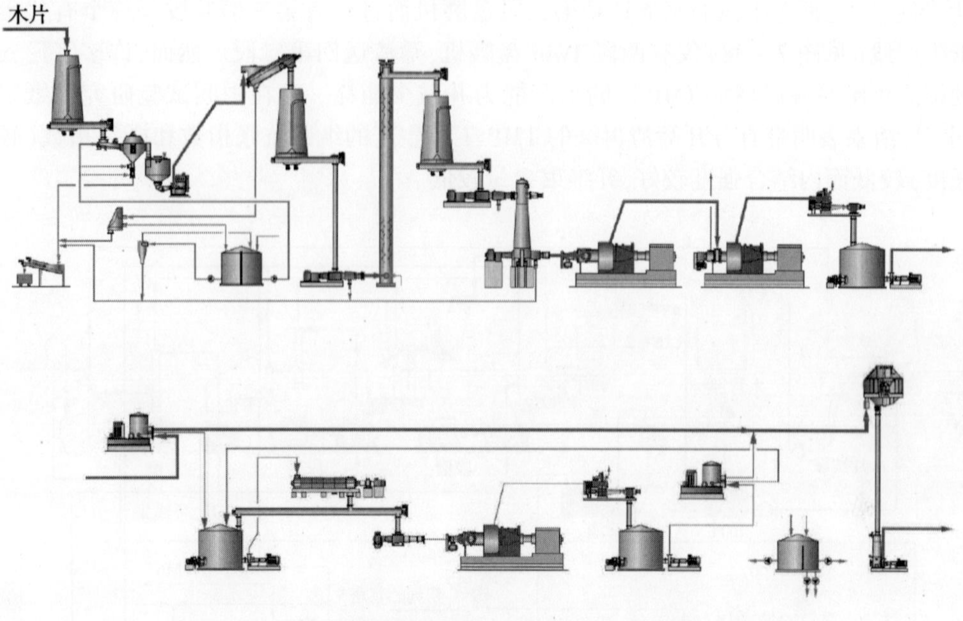

图 7-35　用于新闻纸的两段 TMP 生产线(由 Metso 提供)

制造较高质量纸种(SC、LWC)用浆的新 TMP 厂在许多情况下仍像此建设,其发展大部分在筛选和筛渣再磨(见图 7-36)。目前,负荷的分配通常是第一段约 50% ~60%,第二段为 40% ~50%。目前采用很窄的筛缝在很多情况下使得有可能完全省去净化段。由于更加强调筛渣和粗纤维再磨,目前筛渣再磨常常是两段进行。

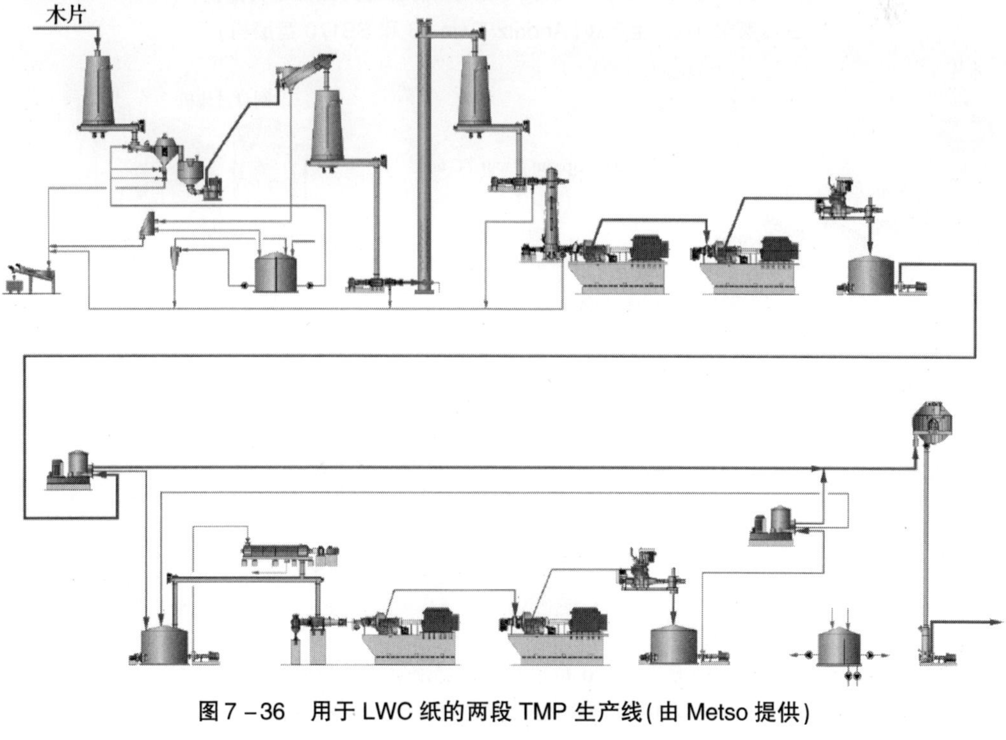

图 7-36　用于 LWC 纸的两段 TMP 生产线(由 Metso 提供)

20世纪80年代和90年代初,建设了几个没有分开筛渣再磨的TMP生产线。图7-37表示这种用于SC和LWC纸种的工艺构型的例子。其他方面的布置是有代表性的现代标准TMP生产线,但是筛选工段的浆渣送到第二段盘磨机而且也有第三磨浆段。一个有代表性的新闻纸生产线(见图7-38)仅有两段Twin盘磨机,筛渣送回第二段。然而,许多工厂安装了分开的筛渣再磨系统以增加TMP厂的生产能力并减少能耗。已在中间试验研究了纸浆质量的不同[18],结果表明带有分开筛渣再磨的TMP工艺生产的纸浆抗张指数和撕裂指数(较短的纤维长度)较低而内结合强度较好,纤维束含量较低。

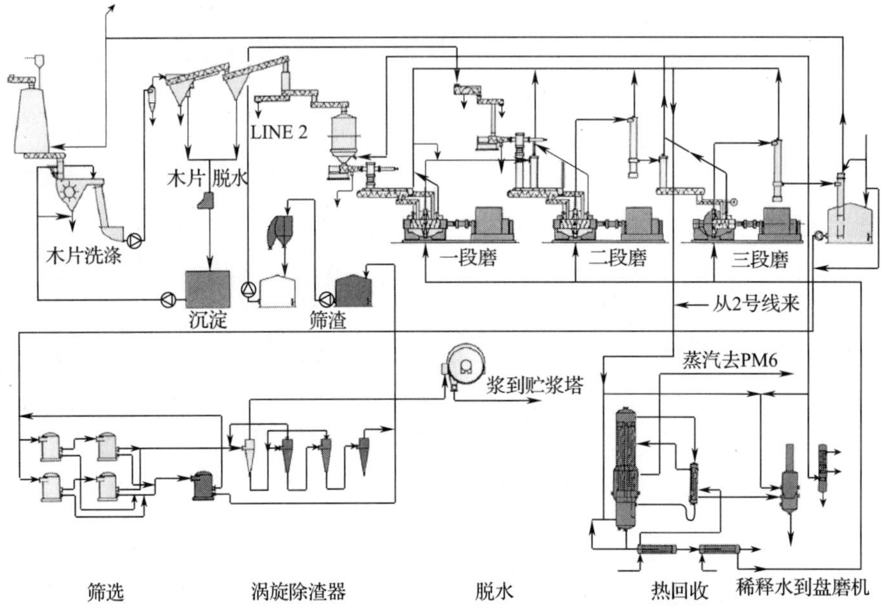

图7-37　挪威Norske Skog Halden的没有分开筛渣再磨的三段磨浆TMP生产线(Andritz Twin 66和SB170盘磨机)

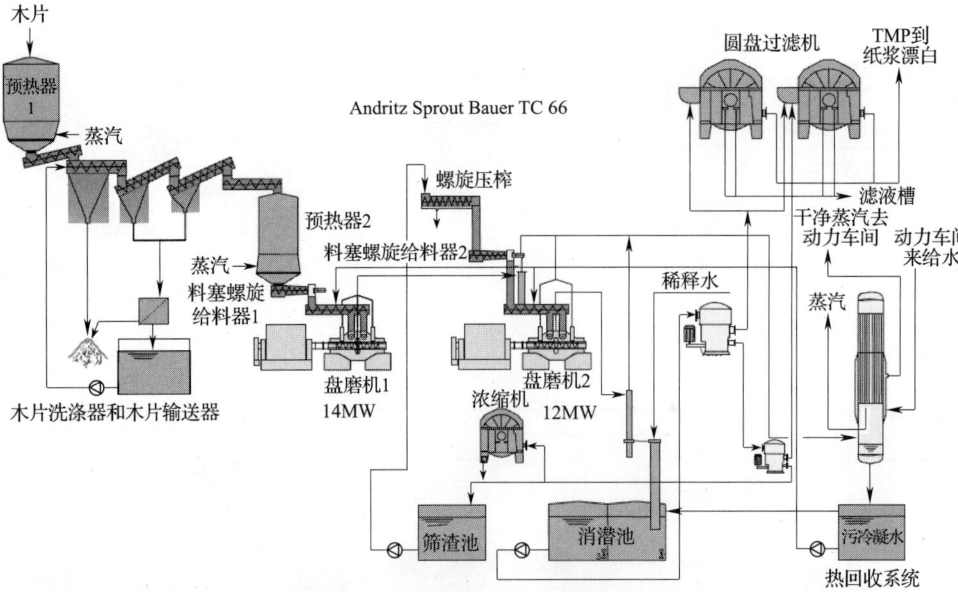

图7-38　Schongau厂没有分开筛渣磨浆的两段新闻纸用浆TMP生产线(由UPM-Kymmene提供)

7.6.2 单段磨浆

自 TMP 法发展开始，就有些工厂仅用单段主线磨浆系统，通过采用双盘 DD 盘磨机和锥盘 CD 盘磨机是可能的，采用 RTS Twin TX66 盘磨机也是可能的。单段主线磨浆后的 CSF 水平是 150～170mL。目前，有 5 家 DD 单段 TMP 厂、1 家 CD 和 1 家 RTS TMP 厂在运行，见图 7－39。有些工厂在单段磨浆后采用低浓磨浆以得到较低的筛前 CSF 水平，这特别好地适用于 DD 和 CD 单段磨浆法。图 7－40 表示一个现代双盘磨基单段磨浆系统。在此例中，省去了压力预热系统，但主线和筛渣磨浆都是采用压力盘磨机进行。

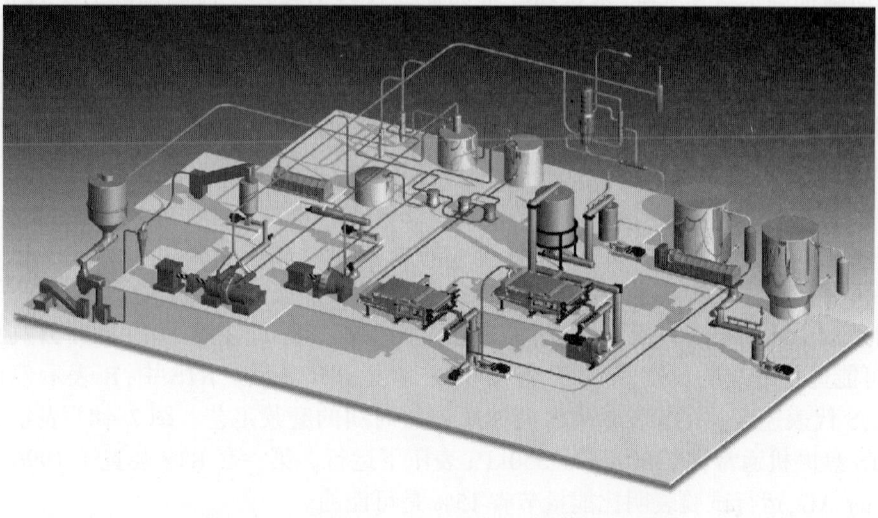

图 7－39 单段 RTS TMP 系统（由 Andritz 提供）

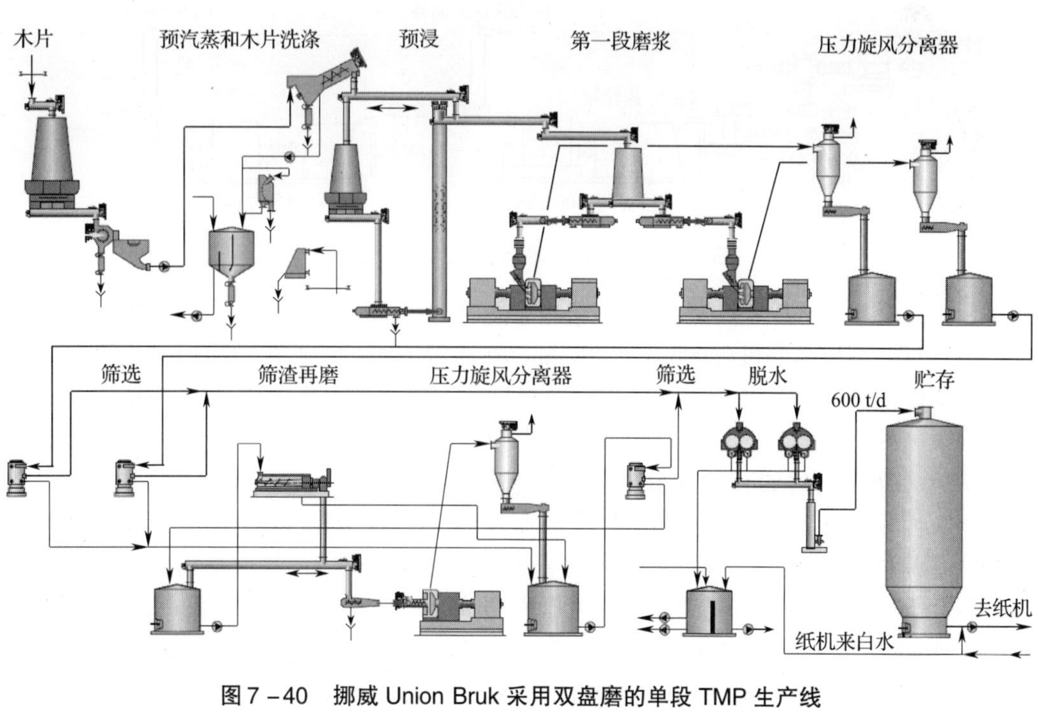

图 7－40 挪威 Union Bruk 采用双盘磨的单段 TMP 生产线

7.6.3 节能 TMP 法

在 TMP 制造中电力约占总成本的 35% ~40% 。这已经引起研究和设备设计集中于低能量概念，几乎所有新安装的 TMP 生产线是低能量设计。TMP 制造比能耗的减少总是意味着纸浆质量，例如纤维长度、撕裂和抗张强度的一些损失。因此，当与低能量设计概念比较时，在比能量节省方面，难以定义最佳的 TMP 法。文献中证明的 SEC 减少通常并不指“标准 TMP”法[19]。

原理上两种物件参与 TMP 过程：木材纤维和盘磨机。TMP 制造中影响能耗的主要因素是磨浆力如何施加到木材和纤维，木材和纤维如何与这些力作用。应明确的另一点是“从木材到纸浆”过程可分为几步，例如木材的撕碎、纤维的释放、纤维的分层，纤维的细纤维化，所有都可能需要不同的工艺处理。过去十年中，针对这些生产线，已经努力使 TMP 过程最佳化。在后面的内容中，讨论 3 种这方面的尝试。采用“增加磨浆强度”的节能 TMP 法，木片预处理，利用第三段再精磨、低浓磨浆（LCR）、新型磨盘和优化的工艺条件。

7.6.3.1 RTS－TMP 法

20 世纪 80 年代的中试研究表明，有可能通过增加磨盘转速实质上减少木片磨浆比能耗[13]。因而在 20 世纪 90 年代初，安装了一些高速 TMP 系统[20]。虽然高速磨浆有一些缺点，最重要的是减小纤维长度和撕裂强度，但是通过限制高速运行在第一段，同时升高第一段温度，就有可能保护纤维的长度[21]。于是 Andritz 开发了 RTS 法。RTS 中，R 表示停留时间，T 表示温度，S 代表速度。RTS 表示高温高速短停留时间的磨浆工艺。图 7－41 表示 RTS TMP 概念。RTS 盘磨机通常在 2300r/min、550kPa 表压下运行。第一套 RTS 装置于 1996 年在瑞士 Pelen Papier AG，运行试验表明比能量节省 15% 是可能的。

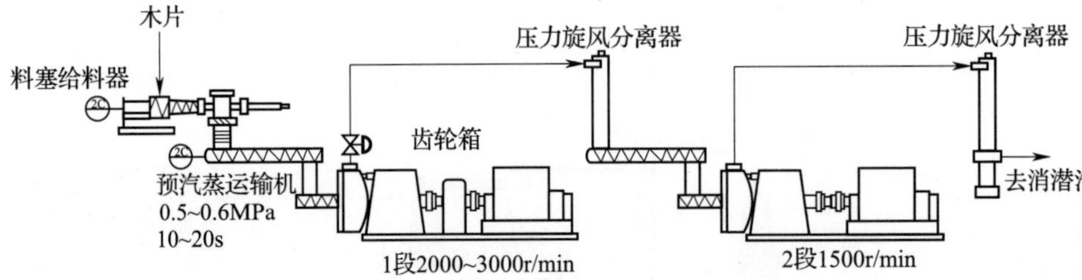

图 7－41 RTS TMP 法（由 Andritz 提供）

RTS 法结合木片常压预汽蒸，接着在给料系统高温（蒸汽压力 0.55 ~0.60MPa）下短时间（10 ~20s）停留，高速盘磨机（2000 ~2500r/min）在高温下运行（见图 7－41）。在升高温度下短停留时间使由高温总会引起的纸浆白度损失最小。报道的 RTS 浆良好白度值的另一个原因是在磨浆区峰值温度下的停留时间短。这个短停留时间是由高速运行时的高离心力引起的。表 7－6 给出第一个商业 RTS 运行报告的一些纸浆性质。

中国某厂以马尾松、湿地松、火炬松等松木为原料，采用 RTS TMP 生产工艺，生产漂白热磨机械浆，用以抄造新闻纸、LWC 纸。由于松木的树脂含量很高，木片先在温和的加压中压缩，最大限度地去除木片的抽出物，然后送压力磨浆系统。RTS TMP 的第一段磨浆采用 Andritz Twin66 磨浆机，在高压力（0.55MPa）、高转速（2100r/min）、短停留时间下运行；第二段磨浆采用转速为 1500r/min 的 Twin66 盘磨机。另有一台 Andritz S3068 盘磨机位于高浓漂白和洗浆/脱水之后，以进一步提高纸浆质量，将游离度降至 50mL 左右。表 7－7 中结果表明，与传统的 TMP 浆相比，在相同的游离度下，两种松木的 RTS TMP 浆的单位能耗大大减少，物理强度略好或相近，光学性质基本相同，而纤维束含量减少。与火炬松浆相比，马尾松浆原浆的白度较低。

表 7－6　RTS TMP 与高速 TMP 性质的比较（第一段磨浆采用 2300r/min Andritz Twin TC 66 盘磨机，第二段采用 1500r/min Andritz SB 150 盘磨机）[22]

方法	RTS TMP	高速 TMP
能耗/（MW·h/t）	1.85	1.84
游离度/mL	94	96
裂断长/km	3.74	3.52
撕裂强度/（cNm/m）	144	129
白度/%ISO	55.5	55.7
光散射系数/（m^2/kg）	58.8	60.9

表 7－7　马尾松和火炬松的热磨机械浆特性

生产工艺	TMP		RTS TMP	
松木种类	马尾松	火炬松	马尾松	火炬松
单位能耗/（kW·h/t* 风干）	2876	2890	2568	2455
游离度/mL	90	90	90	90
抗张指数/（Nm/g）	36.9	32.8	38.6	33.3
耐破指数/（kPa·m^2/g）	1.93	1.94	2.05	1.88
撕裂指数/（mN·m^2/g）	9.1	9.2	9.4	8.9
白度/%ISO	40.7	54.9	41.4	54.7
不透明度/%	96.5	94.4	96.1	94.5
纤维束/%	0.33	0.22	0.17	0.12

注　*公吨

7.6.3.2　Thermolpulp TMP 法

20 世纪 90 年代中期，Sunds Defibrator（现 Metso）开发了热制浆法（Thermo pulp process），已有几条生产线安装在欧洲和北美（见图 7－42）。在这种两段磨浆法中，第一段磨浆是在低于木素软化温度的相对较低温度下磨浆（根据避免纤维在胞间层分离的理论）。压力和温度在进入第二段前升高，在很高压力和温度（600～700kPa 和 160～170℃）下进行第二段磨浆。高压力提高磨浆强度是通过压缩蒸汽并进而增加蒸汽在磨盘间隙的流速而减少磨盘间隙。为了使纤维较少脆损而经受住高磨浆强度，纤维在进入热制浆法磨浆前在 8～10s 内温度升至 160～170℃。木材样品的动力学测试表明木材纤维的裂断在较高的温度下是更有效的[23]。

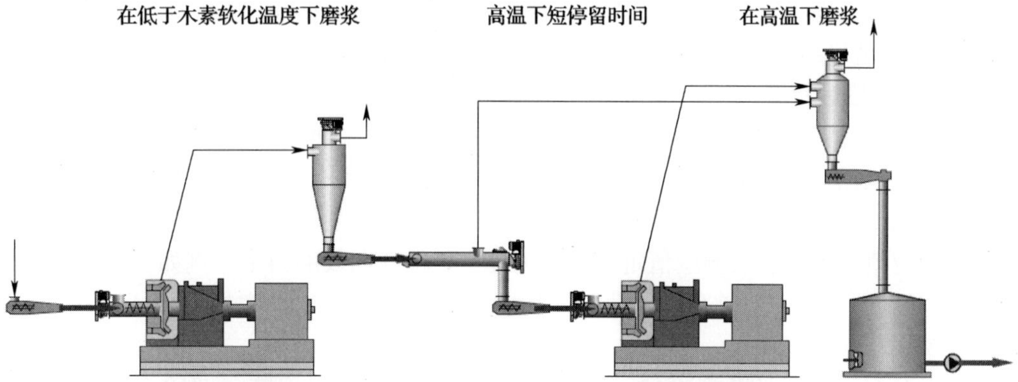

图 7－42　Thenmopulp TMP 系统（由 Metso 提供）

在 Thermo - pulp 系统,磨浆能量的分配集中于第二段磨浆,此段较高的磨浆强度使得总磨浆能量节省。工厂规模的 Thermopulp 磨浆实验与常规的 TMP 相比,已达到节能 10% ~20%[24]。能量的节省可解释为在高温下纤维壁的裂断率较高及由于压缩蒸汽和较软的纤维使磨盘间隙减少。表 7 - 8 所示在北美工厂记录的 TMP 和 Thermopulp 性质的比较。从表 7 - 8 中看出,在相近的游离度下,Thermopulp TMP 的单位能耗要低得多,而纸浆物理强度和光学性质基本相同。但第二段盘磨机稳定性的困难限制了 Thermopulp 法的使用。

表 7 - 8 工厂 Thermopulp 和标准两段 TMP 的比较
浆样在主线 RGP76CD 盘磨机后收集

方法	Thermopulp	TMP
游离度/mL	160	180
SEC/(MW · h/t)	1.75	2.15
抗张指数/(N · m/g)	37.1	37.5
撕裂指数/(mN · m^2/g)	9.6	9.8
光散射系数/(m^2/kg)	54.8	54.3
白度/%	54.5	55.1

为了避免白度损失,在高温下保持短的停留时间(仅几秒钟)。过高的温度除了降低白度外,也增加溶出物的量。这会损害纸浆的强度性质。因此,Thermopulp 磨浆的温度不应高于 170℃。

7.6.3.3 木片预处理

Andritz 已开发了主线磨浆前木片的 RT Pressafiner 预处理(见图 7 - 7)。在 RT - TMP 法中,木片首先在 Andritz 压力 RT Pressafiner 木片压榨机中破坏。然后木片经一旋转阀加进压力运输机,依次将木片输送到压缩螺旋装置的压力进口套。一个温和的压力(0.15MPa)足以维持 Pressafiner 前木片的完整和轴向分离[25]。

Andritz 的定型螺旋装置(螺旋挤压撕裂机)是专门设计用于压缩比为 4:1 的木片重型压缩。入口段和第一压缩区是锥形钻孔设计以支持游离水排除。高压缩区用坚固的钢骨架强化以提供排除最大液体抽提所需的强度。不变的螺旋直径与增加的轴径相结合导致较高的挤出率和强化的液体抽提。

螺旋挤压撕裂机是一个多段螺旋装置,在加料侧从汽蒸过的木片中挤出水和水溶物。这种压缩和专门设计的刮板轻微地浸软木片使当挤出水时木片分层和分开细胞壁。它的轴向压缩作用减少带入的空气含量至约 2% (体积计)。结果是木片具有大大增多的暴露表面积,使木片快速且更均匀地吸收液体和水。RT 处理用于 Holmen Braviken 单段 DD 磨浆前并在北美与 RTS Twin 盘磨机结合。比能耗减少约 10% ,即 100 ~180kW · h/t[26]。

7.6.3.4 第三段后精磨

早在 1995 年,主线 TMP 法之后的低浓磨浆(LC)已用于新闻纸 TMP 厂。低浓磨浆通常使主线盘磨机的能耗减少 5% ~10% ,或生产率增加,或两者兼有。在标准 TMP 生产线(见图 7 - 43)安装的低浓磨浆系统将节能约 140kW · h/t。比能耗的降低是由于与高浓磨浆相比低浓磨浆的响应值较高。磨浆响应值定义为游离度—比能耗曲线的斜率。例如,在 200 ~250mL 的游离度范围内,对北方云杉有代表性的平均磨浆响应值为低浓盘磨机 1mL/kW · h/t,高浓盘磨机 0.5mL/kW · h/t[27]。

大约 1 台 Metso JC 盘磨机和 12 台 Andritz TwinFeo 盘磨机已安装在 TMP 工厂作为第三段盘磨机(见表 7 - 9)。

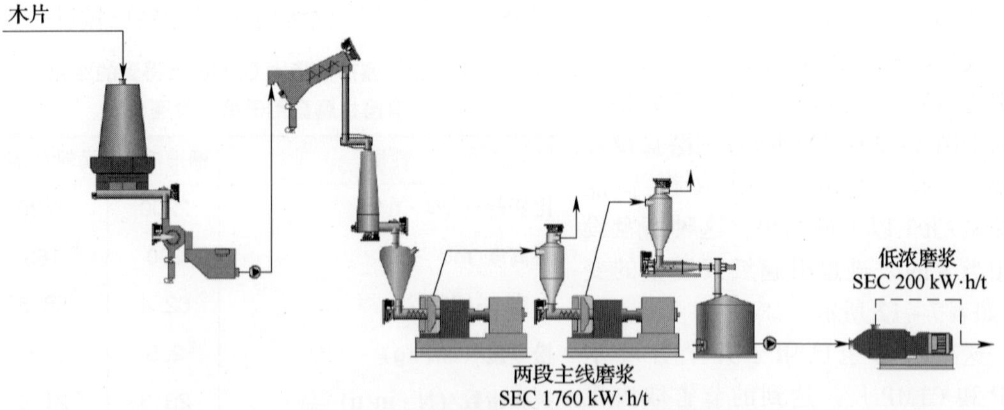

图 7-43　第三段后精磨(经 Metso 同意)

表 7-9　采用第三段主线盘磨的工厂试验

方法	SEC/(MW·h/t)	CSF/mL	纤维长度/mm
两段高浓	2.12	143	1.72
两段高浓 + 低浓	1.96	141	1.47

7.6.3.5　盘磨机磨盘开发节能

在减少盘磨机能耗的努力下已经开发了几种新的磨盘设计。如 4.1 节所述，盘磨机能耗和纸浆质量受改变传统的磨盘设计参数，如沟槽体积的影响。也已发现较好的磨浆区控制和从盘磨机除去蒸汽的改进可减少能耗。但是，盘磨机磨盘转速是应用于工厂规模开发旨在减少能耗的主要过程参数。通过改进盘磨机磨盘的进料刀齿，浆在磨盘间隙停留时间及其干扰能大大减少[28]。

给料型磨盘于 20 世纪 90 年代中期引进。这些设计在磨浆区各个径向位置采用进料刀角[24,29-30]。通过减少在磨盘间隙的停留时间和干扰，这些磨盘能减少磨浆所需能量的 10% ~ 20%。这些磨盘的开发已经应用于许多磨浆过程。表 7-10 表示一条 CD 盘磨机生产线得到的结果，能量节省达到约 100kW·h/t。

给料设计使盘磨机在较小的磨盘间隙下运行，造成磨浆结果的变化。当通过增加磨盘给料追求更大节能时，所生产的有代表性的纤维较短，其结合特性改变。

表 7-11 表示一单段双盘磨浆机所得的结果，能量节省达到 200kW·h/t 以上。

表 7-10　在 NSI Skogn 厂 CD70 盘磨机生产线得到的结果[29]

性质	标准磨盘	低能耗磨盘
盘磨机生产线的比能耗/(kW·h/t)	1850	1720
游离度/mL	150	150
Kajaani 纤维长度/mm	1.75	1.74
纸页紧度/(kg/m³)	400	407
抗张指数/(N·m/g)	39	40.5
撕裂指数/(mN·m²/g)	8.5	8.5

表 7-11　装有低能耗磨盘和标准磨盘的单段 RSA1300 双盘磨浆机得到的比能耗和纸浆质量

性质	低能耗	标准
比能耗/(kW·h/t)	818	1047
打浆度/°SR	24.8	21.1
松厚度/(cm³/g)	3.46	3.54
内结合强度/(J/m²)	49.6	44.3
抗张指数/(N·m/g)	18.2	20.9
撕裂指数/(mN·m²/g)	4.1	5.3
PQM 总纤维束/(个/g)	1134	981

Metso 造纸已提出用于杨木 CTMP 法的涡轮磨盘概念[10]，其中磨盘的进料已被进一步发展。设计这种磨盘的目标是减少磨盘间隙中的回流。一种 CD 盘磨机的涡轮磨盘示于图 7－29。这种改进的磨盘设计在阔叶木 BCTMP 法中取得节能 400kW·h/t 以上的结果。这种磨盘设计相当大的改进也引起纸浆质量的变化，如表 7－12 所示。

表 7－12 漂白前杨木 CTMP 浆得到的结果。盘磨机磨盘用于第一段磨浆

性质	标准磨盘	涡轮型磨盘
比能耗/(kW·h/t)	2200	1720
游离度/mL	230	163
白度/%ISO	62.4	68.5
松厚度/(cm^3/g)	2.5	2.5
抗张指数/(N·m/g)	23.3	21.5
撕裂指数/(mN·m^2/g)	2.7	2.5
光散射系数/(m^2/kg)	54	62
Pulmac 纤维束(0.10mm)含量/%	0.04	0.00

这些磨盘也已用于几个针叶木 TMP 和 CTMP 厂。达到的节省取决机械浆允许的质量变化。这些高强度磨盘设计生产较短和结合较差而光学性质改善的云杉纤维，如表 7－13 所示。但是，已经表明在针叶木 TMP 生产中达到有意义的节能，而纸张质量维持在可接受的水平。

表 7－13 采用不同磨盘用于新闻纸的 CD 盘磨机生产线的比能耗和纸浆质量[31]

第一段磨盘	低能耗磨盘	涡轮磨盘	第一段磨盘	低能耗磨盘	涡轮磨盘
产量/(t/d)	550	550	28～48	15.3	16.8
盘磨机生产线比能耗/(kW·h/t)	1845	1415	48～100	9.3	10.4
第二段纸浆质量			100～200	3.7	4.0
浓度/%	57	57	－200	27.5	24.7
游离度/mL	278	322	纸页紧度/(kg/m^3)	310	320
纤维长度/mm	1.81	1.74	耐破指数/(kPa·m^2/g)	2.16	1.96
Pulmac 纤维束(0.10mm)含量/%	1.07	0.54	抗张强度/km	3.57	3.39
Bauer—McNett 筛分含量/%	15.5	14.2	抗张能量吸收/(g/cm)	28.7	27.1
14～28	28.9	29.9	撕裂指数/(mN·m^2/g)	10.8	9.8

涡轮磨盘通常用于针叶木 CTMP 法制浆。CTMP 浆常用于纸板中间层以改善终端产品质量。见第 8 章化学机械制浆。

7.7 盘磨机类型和工艺条件及其对纸浆性质的影响

木材/纤维和盘磨机是磨浆过程的两部分，这由设计特定纸浆性质的工艺过程和某些制浆条件的两个主要方式来反映。第一，改良木材/纤维及其响应过程施加力的方式(说明见图7－44)；第二，影响盘磨机磨盘应用能量到木材/纤维的方式。

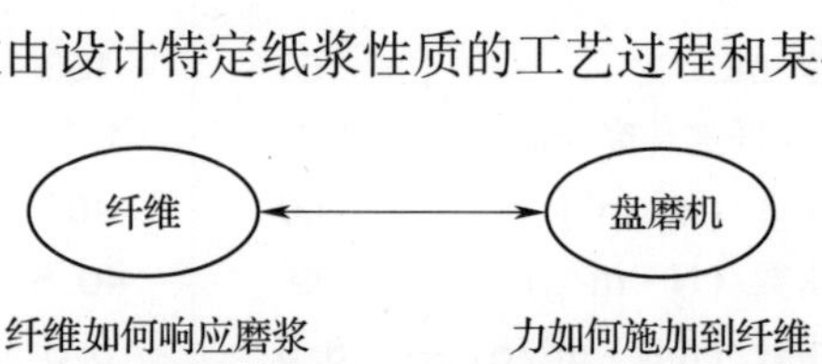

图 7－44 磨浆过程中纤维和盘磨机间的相互作用

通过改变过程温度和水分含量或加化学品,能影响木材原料的柔软度和韧性,因而木材或纤维,事实上纤维壁不同组分,如何与磨浆的力作用。

影响盘磨机施加到木材原料力的方式有许多不同的操作和设计参数,例如磨浆功率、生产率、磨浆浓度、蒸汽压力、磨盘型号和磨浆转速。这些参数决定盘磨机间隙和磨浆强度。TMP 磨浆的两个主要参数是:

——应用的能量

——纤维分离和磨浆强度

和影响木材原料响应磨浆的过程参数一起,应用的能量和磨浆的强度决定生产的纸浆性质。

7.7.1 磨浆强度

在化学浆和机械浆低浓磨浆("打浆")中,最初由 Wultsch 和 Flucher 于 1958 年引进"边缘负荷"理论[32]已经是低浓盘磨机发展和低浓磨浆线设计最重要的理论。边缘负荷理论提供计算低浓磨浆强度或剧烈程度的工具,低浓磨浆时盘磨机充满水而纸浆纤维分散在其中。但是,边缘负荷理论不能用于描述高浓磨浆,因为其磨浆区没有充满液体悬浮液。然而,浆的流动是由水的流动决定的。这就意味着在低浓盘磨机的停留时间是水泵送流过盘磨机(考虑一定的回流)的速度决定的。在高浓磨浆中,产生的蒸汽不能作为流动介质,因为蒸汽和纸浆在相反方向以不同的速度行进。

直到 1989 年 Miles 和 May 用其现在众所周知的"磨浆强度"理论计算磨浆强度[4]。这个理论陈述浆在盘磨机中通过磨浆间隙的径向速度仅取决于离心力、浆和磨盘间的径向摩擦以及磨浆产生的蒸汽的拽力。从这个速度能计算在盘磨机中的停留时间。最后,从停留时间和输入功率,能计算每次冲击的比能量,即磨浆强度。

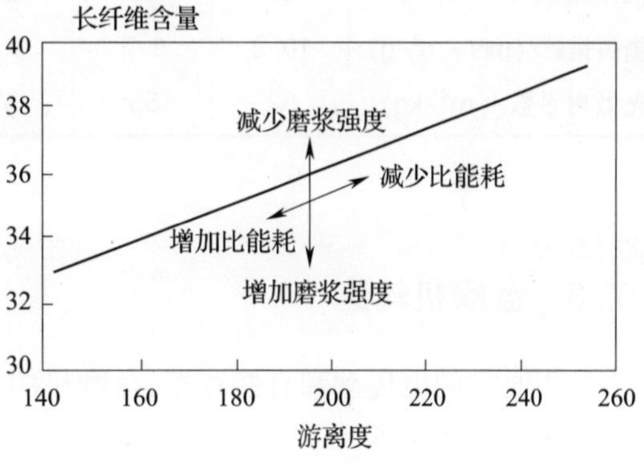

图 7-45 一个有代表性的 TMP 厂游离度和长纤维含量的关系

在大多数情况下,TMP 法仅通过测定比能耗、游离度和长纤维含量能以满意的方式来控制。图 7-45 表示 TMP 厂中比能耗和磨浆强度如何影响游离度和长纤维含量[33]。随着比能量的增加,游离度自然地降低而长纤维减少。在一定游离度下,为了增加长纤维组分,必须以较不强烈的方式应用能量。

7.7.2 盘磨机类型的影响

3 种主要类型的盘磨机——单盘(SD)、双盘(DD)和锥盘(CD、SC)盘磨机都能用于任何级别 TMP 的生产,但盘磨机类型对纸浆性质确有明显的影响。这些差别在很大程度上能通过不同盘磨机以不同方式施加磨浆力进而获得不同磨浆强度的事实来解释。表 7-14 给 3 三种商业 Metso 盘磨机的纸浆质量数据,表 7-15 给出在芬兰制浆造纸研究所(KCL)相同的中试盘磨机生产的 SD 和 DD TMP 的纸浆质量数据。

很明显,DD 盘磨机有最高的而 CD 盘磨机有最低的磨浆强度。实际上,这些差别并不总是容易区分的,因为在其发展途径中,每种类型盘磨机都已各自优化。因此,不同磨盘大小、磨浆面积、破碎区、磨盘型号等使得难以比较。

表 7-14　采用同种木材原料由商业 CD、SD 和 DD 盘磨机生产的新闻纸级单段 TMP 浆的质量[34]

盘磨机 说明	CD70 单盘,带外锥盘	RLP58S 单盘	RGP65DD 双盘
磨盘转速/(r/min)	1500	1500	1500
游离度/mL	200	145	105
能耗/(MW·h/t)	1.68	1.65	1.68
长纤维组分(+30)含量/%	53	40	41
细小纤维组分(-200)含量/%	20	24	31
纸页紧度/(kg/m^3)	320	340	355
抗张指数/(N·m/g)	36	36	36
撕裂指数/($mN·m^2/g$)	10.2	8.2	8.0
光散射系数/(m^2/kg)	52	53	57

表 7-15　采用相同 RGP42 SD/DD 中试盘磨机生产的单盘和双盘 TMP 的比较 HT—DD 表示高温双盘磨浆

方法	SD	DD	HT—DD
磨盘转速/(r/min)	1500	1500	1500
第一段温度/℃	143	143	170
游离度/mL	100	100	100
能耗/(MW·h/t)	2.4	2.1	2.0
微纤维束/%	3.5	3.7	0.7
纤维长度/mm	1.7	1.4	1.5
纸页紧度/(kg/m^3)	420	420	450
抗张指数/(N·m/g)	39	35	40
撕裂指数/($mN·m^2/g$)	7.8	6.4	7.4
光散射系数/(m^2/kg)	56	60	58
白度/%ISO	59	60	57

7.7.3　盘磨机转速

采用通常的电传动和直接连接,盘磨机的转速与电机的转速相同。电机的转速取决于供电的频率,在欧洲通常是 50Hz 而在北美是 60Hz。50Hz 频率使电机转速为 3000、1500、1000r/min等,60Hz 频率使电机转速分别为 3600、1800 和 1200r/min。盘磨机法的发展起源于北美用 1200r/min 的双盘磨,后来用 1800r/min 的单盘磨(由于 SD 盘磨机在 1200r/min 给料问题)。在欧洲,单盘磨和双盘磨都用 1500r/min。

直到 1987 年才普遍清楚盘磨机磨盘转速对能耗和纸浆性质有大的影响。由于芬兰制浆造纸研究所(KCL)1984 年启动一台设计用作磨盘转速实验的 610mm、500kW Jylhavaara 中试盘磨机[13],能产生可靠的研究结果。这台盘磨机的实验表明,在一定的游离度下进行评价,盘磨机转速的提高导致较低的能耗、较短的纤维、较低的撕裂强度、较高的光散射能力。此后,这些结果已被更大的中间试验盘磨机和工厂试验所证实。

第一台高速单盘磨浆机工厂装置于 1994 年在瑞士 Perlen 启动(此前,一些北美 DD 盘磨机的转速已升高用于单盘磨浆机,或高至 1800r/min)。从 Perlen 得到的结果与 KCL 第二代高速盘磨机中间试验所得到的结果比较,见表 7-16。可以看出,中试和工厂结果是一致的,即使中试结果显示高速磨浆较小的能量节省。也可清楚看到由于盘磨机转速影响磨浆强度,对纤维长度(见图 7-45)和强度性质有大的影响。采用较高的转速,生产的浆具有较低的纤维长度和较好的光散射能力。

表 7-16 盘磨机转速对 TMP 能耗和纸浆性质的影响[20,35]

	KCL—SD 中试	KCL—SD 中试	KCL—SD 中试	Twin 60 工厂	TC 66 工厂(Perlen)
一段转速/(r/min)	1500	2400	2400	1500	2300
二段转速/(r/min)	1500	1500	2400	1500	1500
游离度/mL	96	97	114	90	96
比能耗/(MW·h/t)	2.4	2.1	1.9	2.2	1.7
纤维长度/mm	1.7	1.6	1.5	—	—
抗张指数/(N·m/g)	44	43	41	42	40
撕裂指数/(mN·m^2/g)	7.5	7.1	7.0	8.2	7.4
光散射系数/(m^2/kg)	56	57	57	53	55

7.7.4 纸浆浓度

纸浆浓度以两种完全相反的方式影响纸浆质量。第一,水分影响木材/纤维的黏弹性,因而纤维如何响应磨浆。较高的水分含量使纤维较少脆,实际上意味着较长的纤维。

第二,水分对纤维的湿质量有影响,水分含量较高,纤维的湿质量增加,作用于纤维的离心力也增加[36]。假定摩擦力和蒸汽力或多或少不受浓度影响,这意味着在盘磨机的停留时间较短,磨浆强度较高,这意味着纤维较短。浓度也影响磨盘间隙的压力,例如,外加的稀释水通过减少间隙中蒸汽体积而减少间隙。

磨浆浓度的概念有点不清楚。用于磨浆的能量转化为热,而热消耗于水的蒸发。因此,磨浆区的浓度从盘磨机进口到出口是升高的,如图 7-46所示。通常磨浆浓度指出口浆的浓度,主要因为其容易测量。这会引起误解,如图7-46所示。图中 3 种情况都有相同的出口"磨浆浓度",但其实际平均磨浆浓度有相当大不同。

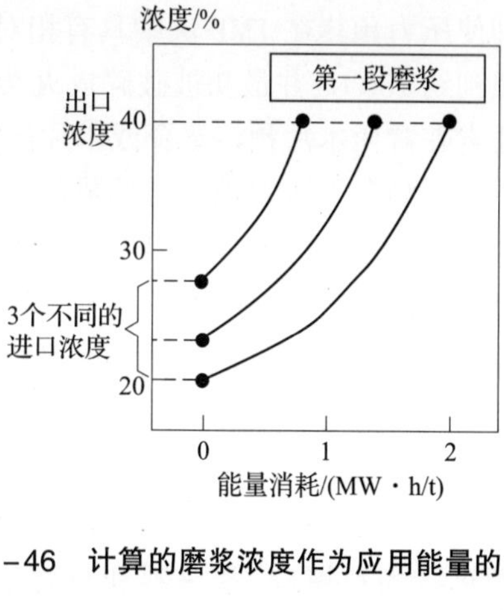

图 7-46 计算的磨浆浓度作为应用能量的函数

在 Daishowa 的魁北克市工厂实验表明,TMP 磨浆的能耗能通过降低磨浆浓度而减少。在这些工厂试验中,当磨浆浓度从 50% 降至 38% 时,能耗减少 7%。其他性质没有受到反面影响[36]。这些影响与 Miles 和 May 理论一致。20 世纪 80 年代初期在芬兰制浆造纸研究所(KCL)采用 1016mm Bauer 双盘磨浆机的中间试验表明,这种中试盘磨机单段磨浆生产新闻纸 TMP 的最佳出口浓度是 24% ~34%[37]。在这些中间试验中,磨到一定游离度的能耗在研究的整个浓度范围内随浓度的降低而减少,但浓度低于或高于最佳范围时纤维出现切断。在最高浓度下,当离心力变得太小不能输送浆料通过磨浆区时,纸浆实际上烧焦。因此,磨盘直径和纸浆浓度相关联。大直径盘磨机比小直径盘磨机在较宽的间隙浓度范围内运行。结论是所有盘磨机有其最佳浓度范围,使每台盘磨机产生最佳的离心力。为了达到最可能低的能耗而维持可接受的纸浆性质,盘磨机应在最佳间隙浓度范围的下限运行。

7.7.5 生产率

已发现TMP盘磨机的生产率对能耗和纸浆性质都有相当大的影响,如表7-17所示。生产率的增加将减少一定游离度下的能耗,但也略微降低纤维长度和纸浆性质。其可能的解释是当浆的生产率增加时磨盘间隙将减少。Harkonen和Tienvieri也报告,磨浆区纤维的温度和体积分数随生产率的增加而增加[38]。对DD盘磨机,与表7-17单盘磨浆机类似的影响也已有报道[7]。

表7-17 生产率对TMP能耗和纸浆性质的影响,挪威云杉工厂试验[7,38]。第一列给出单段TMP厂的数值,第二列为具有两段TMP法的两个分开工厂平均结果

生产率变化/(t/h)	3.2→4.2	6.5→9.6
生产率变化/%	+31	+46
盘磨机类型	SD60in	SD65in
游离度/mL	175	120~130
比能耗变化/%	-10	-10
撕裂强度变化/%	-12	-6
抗张强度变化/%	-3	-5

注 1in=25.4mm

7.7.6 木片预热和汽蒸

热磨机械法制浆起初意指木片压力预热后压力或敞开排料磨浆的方法。在高温下预热以软化木材被认为是TMP有例外强度性质的关键。但是,20世纪70年代末发现,应在高温下进行的是磨浆而不是预热。芬兰制浆造纸研究所(KCL)由Mannstrom创始的中间试验表明,完全消除预热段对纸浆质量有很小的影响而在某种程度上减少了能耗[1]。这些结果暗示TMP的预热段是没必要的。KCL提出没有预热的方法应称为PRMP(压力盘磨机械法制浆),以区分该法和TMP。自那以后,TMP法已向较短预热时间、较低预热温度与盘磨机中较高温度结合,即PRMP法的方向发展。

即使压力预热在TMP法中具有相对小的重要性,木片在进入给料器和盘磨机破碎区前必须加热到约100℃,并最初被破碎成火柴杆状小木梗以避免纤维断裂和纤维束。为这个目的,木片通常在常压木片预汽蒸仓或木片洗涤器中加热。

木片在高温下压力预热对纸浆白度有负面影响(见图7-47)。根据图7-47,少于20s的短预热时间对白度有很小的影响,即使温度高达160℃(约600kPa绝对压力),而3min较长预热时间引起白度严重下降。

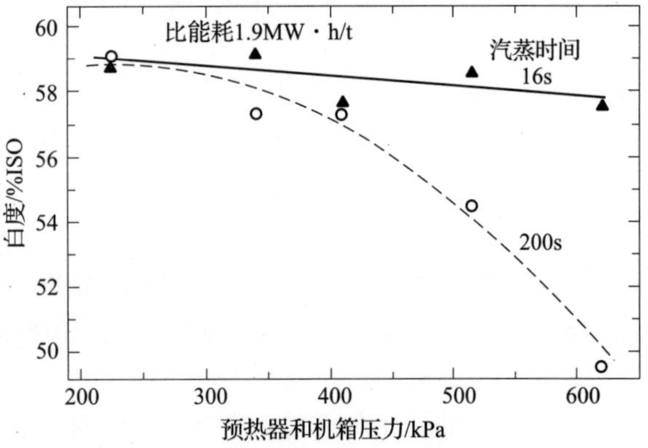

图7-47 两个预热时间(16s和200s)下的TMP纸张白度[39]

在大多数情况下,第一段盘磨机的反喷蒸汽用于加压预热器。对料塞螺旋型预热器卸料螺旋,预热器和盘磨机给料可设置不同的压力水平。在一种系统中,所有反喷的蒸汽直接通过预热器,盘磨机给料压力通过预热器和低压热回收系统间的压力阀来控制。大多数情况下,部分反喷蒸汽流向预热器,

其余部分流向热回收系统或环境中。如果木片进入预热器时是冰冻的,所有反喷蒸汽可能冷凝,引起预热器和盘磨机给料的压力减少。

在某些情况下,预热器蒸汽取自第一段盘磨机后主蒸汽流。反喷蒸汽可能被逼冷凝于木片上或利用给料和第一段盘磨机出口间的压力平衡蒸汽线流到喷放线。这个系统能用于进出口压力差小,不管是正或负差的盘磨机(Twin 和 DD)上。

7.7.7 预热和磨浆温度

盘磨机壳内充满带低空气含量的饱和蒸汽。因此,蒸汽压力和蒸汽温度是相互关联的,如表 7－18 所示。

表 7－18 饱和蒸汽的压力和温度的关系

绝对压力/0.1MPa	表压/0.1MPa	表压/kPa	在该压力下饱和蒸汽温度/℃	绝对压力/0.1MPa	表压/0.1MPa	表压/kPa	在该压力下饱和蒸汽温度/℃
1	0	0	99	7	6	600	164
2	1	100	120	8	7	700	170
3	2	200	133	9	8	800	175
4	3	300	143	10	9	900	179
5	4	400	151	11	10	1000	183
6	5	500	158				

注 压力表通常表示表压(p_e),这意味着大气压是零。除非特别声明,压力以表压给出。

如已述及,预热的重要性是相对小的,某些结果表明当在盘磨机采用高压和高温时,常压预热是最佳的,如图 7－48 可见。表7－19表示盘磨机壳内蒸汽压力如何影响 TMP 强度和光学性质。盘磨机壳内蒸汽温度越高,TMP 达到的强度性质越好。本章前面表 7－15 分别表示在 0.3MPa 和 0.7MPa 蒸汽压力下 DD 磨浆的结果。通过升高温度,在这种情况下有可能制得纸浆强度和光学性质与 SD TMP 很接近的 DD TMP,但仍在较低的能耗水平。但是,纤维尺寸的分布仍是不同的。

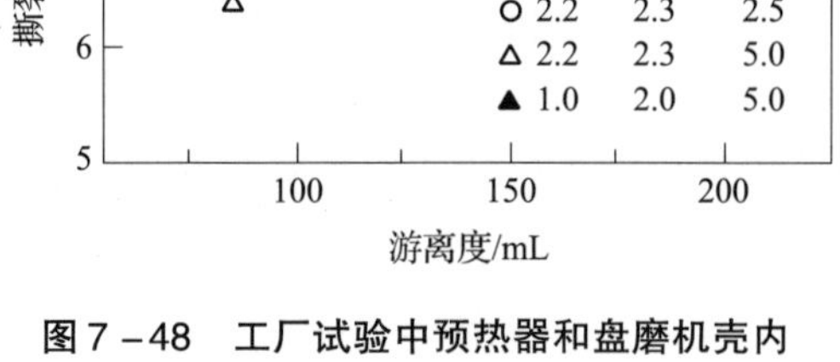

图 7－48 工厂试验中预热器和盘磨机壳内压力变化的 TMP 撕裂强度[40]

注 盘磨机为 7MW Metso RLP—58S。压力值以绝对压力给出。

表 7－19 盘磨机壳内蒸汽压力和温度对游离度为 150mL 的 TMP 纸浆强度和光学性质的影响[41]

蒸汽表压/MPa	0	0.1	0.2	0.3
温度/℃	99	120	133	143
能耗/(MW·h/t)	1.5	1.7	1.9	2.0
撕裂指数/(mN·m²/g)	6.5	7.5	8.0	8.5
抗张指数/(N·m/g)	39	41	43	45
光散射系数/(m²/kg)	53	53	53	52

注 20 世纪 80 年代初在 KCL1016mm Bauer 411 DD 盘磨机的中间试验,强度性质用 100g/m² 纸页测定。

7.8 过程控制

本节阐述用于TMP磨浆在线自动控制的原理。由于原料、过程装备和操作原理的不同，一般没有TMP厂共有的控制策略。在线控制的目的是保持过程在要求的操作点。如果长期工作，操作点的最优化成为可能。通常，由于原料的变化、磨盘状态的变化以及过程测量的不确定性，使基本水平控制工作不够好。磨浆中，纸浆质量的优化和能量用量需要准确的在线质量控制。盘磨线质量控制采用纸浆质量测量和过程模式作反馈。包括此处阐述的基本水平控制的这些系统在本系列丛书的《过程控制与维护管理》中更详细地讨论。

7.8.1 控制要求

两个主要因素干扰盘磨机控制，即盘磨机磨盘状态和木片质量的变化。盘磨机运行时磨片慢慢磨损。磨片也可能意外地损坏。木片质量参数会变化，例如水分、温度、木片大小、木材密度、平均纤维长度以及枝桠材和木节含量[42]。

干扰的时间长度也在很宽的范围变化。有代表性的TMP磨盘的运行寿命接近1500h。在此时间里，要求有效的盘磨机控制以保持过程在要求的操作点。磨盘磨损对纸浆质量的影响不能完全由过程控制补偿。纸浆性质总有差别，取决于所用的磨盘是新的或旧的。木片质量变化的时间长度可以几秒钟到一年。在主线磨浆中，木片螺旋的容积效率能在几秒钟内变化。木片的水分和温度基于年度变化，或很快地受诸如生产率变化的影响。木材密度和平均纤维长度也能每年变化或受到制材厂木片比例变化的影响[43]。盘磨机控制的主要问题是这些干扰没有一个能准确地在线测量。正向馈电控制不能用。基本控制，例如洗涤水温度、预热压力和生产率等，用于保持木片性质的变化最小，制材厂木片固定比例也稳定磨浆过程，因为人们要使制材厂木片比例最大化以在较低磨浆能耗下增加纤维长度。

磨浆也能受到由不确定基本控制引起的变化干扰。一个典型的例子是由于稀释线的高压力或大小不正确的阀门导致稀释阀的饱和，这干扰了阀门的操作和通过引起浓度迅速变化干扰了盘磨机负荷。在各个控制参数和纸浆质量成功地优化之前这些基本控制必须以可接受的可靠性执行。

7.8.2 基本控制

基本控制能以两种方式执行：第一种是有问题的过程参数的直接补偿，第二种通过使用一些其他过程参数补偿某一变化的影响。第一种方法总是更可取的。图7-49表示盘磨机生产线的控制原理。其基本思想是尽可能有效地稳定磨浆时干扰引起的变化，控制基于可控和准确参数的磨浆。一些普通的参数需要确定盘磨机的操作点。盘磨机控制的参数包括生产率、稀释水流量、蒸汽压力和磨盘间隙。最重要的控制参数是比能耗(SEC)和磨浆浓度。文献中阐述的基本盘磨机控制策略列举如下：

① 通过控制生产率保持盘磨机负荷在给定值。

② 通过控制稀释水流量减少盘磨机负荷的变化。

③ 通过控制磨盘间隙保持盘磨机负荷或比能耗在给定值。

④ 通过控制稀释水流量保持磨浆浓度在给定值。

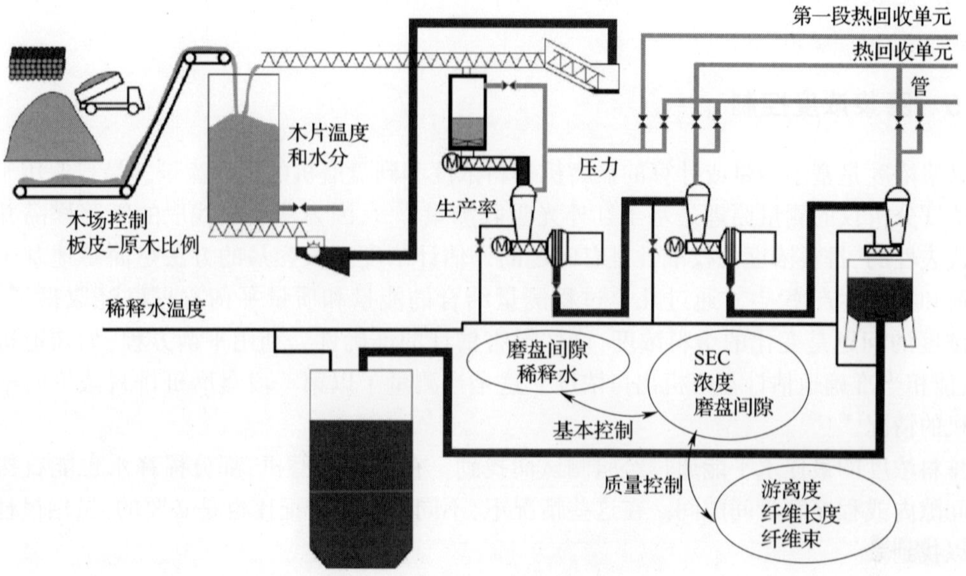

图 7－49 主线 TMP 磨浆的控制

⑤ 保持磨盘间隙在给定值。

通常需要几种控制的结合[16]，其缺点包括增加装置的投资额和需要维护测量设备。下一节更加详细讨论控制功能。

应该稳定的参数（压力、生产率等）在图 7－49 以黑体示出。主线磨浆控制的最重要测量参数用楷体表示。主控制参数用斜体表示。

7.8.3 磨盘间隙控制

自动磨盘间隙设置是基于下面一些过程测量：磨盘间隙、盘磨机负荷或比能耗。当生产率变化时，不推荐通过自动磨盘间隙控制保持盘磨机负荷不变。在这种情况下，应该控制比能耗水平而不是盘磨机负荷。比能耗控制涉及与生产率测定有关的不确定性。

当盘磨机的轴向推力是水力驱动时，基于直接测量的磨盘间隙控制是必要的。在所有情况下，需要自动磨盘间隙操作程序以免磨盘碰撞。碰撞指示通常是基于盘磨振动测量。

7.8.4 生产率控制

主线盘磨机的生产率是由木片给料螺旋，通常是预热器卸料螺旋的速度来控制的。生产率测量含有很大的不确定性，特别是木片质量变化太大时。生产率的实际测量是在磨浆线下游基于磨后浆流来进行的，以产物的纸浆浓度和流量来计算。对盘磨机负荷的控制，在测量生产率时最大 2% 的相对不确定性是有利的。由于在线纸浆浓度测量装置的准确性差，目前这是不可能的。许多浓度测定仪受到纸浆质量、细小纤维含量、流量和温度变化的干扰。纸浆悬浮液的流量通常是用准确性较好的磁流量计测量的。

通过控制基于从木片螺旋吸纳功率反馈的木片给料螺旋速度，给料螺旋体积效率的迅速变化能部分补偿[44]。这种控制的效果能从更稳定的盘磨机负荷看到。另一控制策略是基于木片螺旋速度和从盘磨机负荷反馈的有效控制[45－46]，通过控制生产率补偿盘磨机负荷变化。这就要求盘磨机的基本控制回路,例如磨浆压力、水压、磨盘间隙和浓度,可靠运行。

7.8.5 磨浆浓度控制

磨浆浓度是基于测量或计算的盘磨机排料浓度和到盘磨机的稀释流量。最普遍用于在线磨浆浓度分析仪的测量原理是基于红外光吸收测量[47]。因为从喷放线取的纸浆样品并不总是有代表性的,排料浓度的校准性是有问题的。估计浓度的最容易的方法是简单地基于盘磨机负荷和纸浆生产率[48]。通过几个过程测量结合的能量和质量平衡方程已经取得了改进。估计浓度的问题是变化的给料浓度,这样损害估计的准确性。利用平衡方程,如知道进口浓度,就能相当准确地估计盘磨机出口浓度。这是当测量了以第一段盘磨机排料浓度时第二段盘磨机的情况[49-50]。

排料浓度的最佳水平能通过经验测试而找到。在某些盘磨机,部分稀释水也能直接给进磨盘间隙内或程序磨盘间隙间。在这些情况下,不同稀释水分配比也是必要的,虽然最佳值可能难以找到。

7.8.6 磨浆压力控制

盘磨机压力的间或扰动是由热回收系统的压力变化引起的。即使盘磨机上 20 kPa 压差的变化,会大大地影响磨盘间隙和盘磨机负荷。任何变化也反映在纸浆质量上。

压力控制的协调是几个方面的相互兼顾,合适的值必须从 PI 控制器参数中选择。由于蒸汽流的显著变化需要大的阀门,这意味着阀门位置的控制是不准确的。在大扰动的情况下,需要快速的操作,但通常宁可谨慎的协调以防不必要的控制操作。由于热回收系统蒸汽量和压力的变化范围宽,控制阀的操作范围变化较多。阀门特性的非线性意味着控制参数的最佳值取决于阀门位置。PI 控制器的改进可通过控制输出的线性化,通过使用更准确的阀门定位器或增加一条平行的带小型控制阀的蒸汽线来达到。蒸汽压力控制回路的闭环动力学也取决于由于共用热回收系统的其他盘磨机线的操作。

7.8.7 纸浆质量控制

盘磨机生产线控制的最终目标是基于可利用的质量检测、可控制的参数和控制参数以优化磨浆过程。因为基本控制没有提供盘磨机线的最佳操作,质量控制也是需要的。基本盘磨机控制能与上等质量控制串联。在大多数情况下,盘磨机线质量控制是基于盘磨机比能耗水平、磨盘间隙控制和浓度控制。控制也能基于生产率和生产线各盘磨机间功率分配。这些参数提供几种结合质量控制参数的可能性,但能容易导致复杂的控制系统,特别是如果目的是优化所有参数。实际上,几乎所有参数互相影响。最普通的策略是稳定磨浆浓度和采用比能耗或磨盘间隙控制纸浆质量。

TMP 磨浆中最通用的纸浆质量测量是游离度和平均纤维长度。纤维长度分布和纤维束含量也在使用。如果浆样是在实验室人工或实验装置进行分析,测量周期一般从几小时到一整天,或可能更长。在线分析仪的测量周期是若干分钟,如果一台分析仪测定 TMP 厂几个不同的位置则约为 1h。很明显,质量控制不能仅基于实验室测量,因为其测量周期长,即使有代表性的实验室测量比在线测量更准确。出现快速扰动时,在线分析仪的测量周期也太长。只有少数自动在线质量控制在工业上使用,虽然在大多数 TMP 厂进行了实验。最普通的问题是在线分析仪的可靠性差。

文献中阐述的盘磨机质量控制系统包括基于过程模式和模式预测控制(MPC)系统[51]、基于利用参考测量[52]进行调节的软传感器过程模式系统,或基于在线分析仪,如 MPC 系统[53]。模式基控制在出现扰动时提供迅速响应。但是,可能不准确的过程模式能引起不准确控制和质量变化。因此,模式基控制和足够经常进行的准确模式调节的结合使得有可能实现准确的盘磨机质量控制,假如用于调节的参考测量是准确的。此外,如果质量控制系统减少了质量变化,能达到磨浆节能。这提供较小质量窗口内一个操作点和磨浆优化。实际上,在线控制得到的能量节省为几个百分点。也应注意到,磨浆中减小的质量变化能节省下游过程段的成本。

7.9 热回收

热回收单元对 TMP 厂运行经济起着实质的作用。通常,约 75% ~77% 的磨浆能量能以干净蒸汽的形式回收。TMP 盘磨机产生的蒸汽在旋风分离器或纤维分离器中与纤维分离,然后在再沸器中冷凝再蒸发成干净的蒸汽。图 7 - 50 表示一个典型的热回收单元的主要组成部分。外加热交换器的目的是增加干净蒸汽的得率。给水先用 TMP 冷凝水预热,再用再沸器排出的 TMP 蒸汽预热。TMP 冷凝水用白水进一步冷却。喷雾洗涤器的目的是当 TMP 喷放到大气时洗涤 TMP 蒸汽以除去纤维。此外,涤汽器也起着消音器的作用。

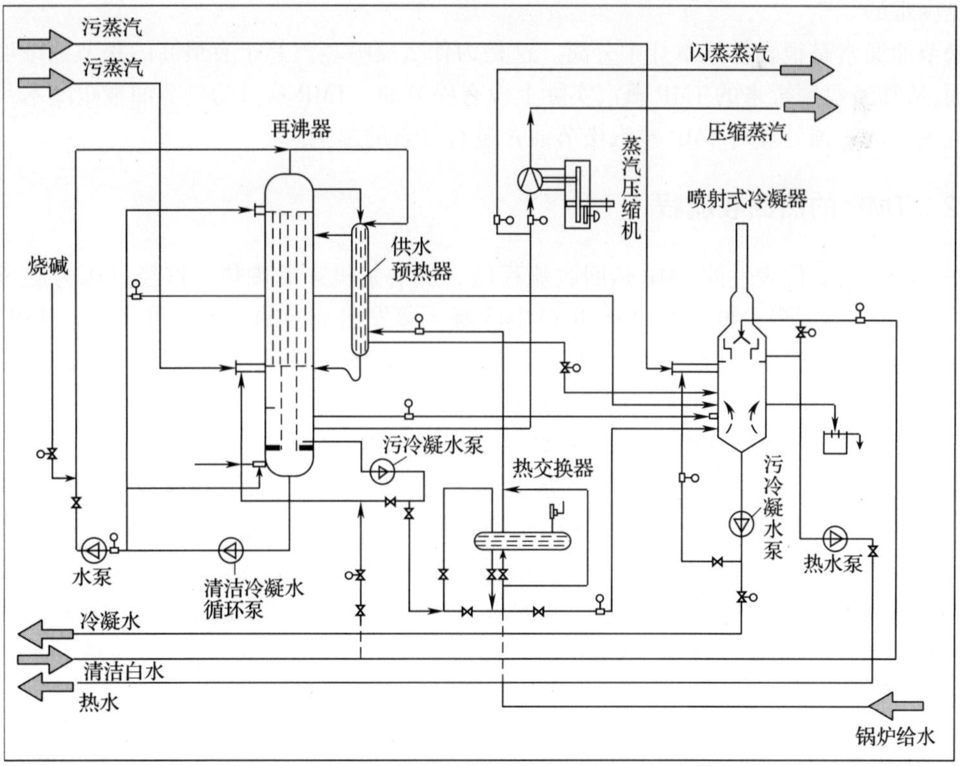

图 7 - 50 TMP 热回收流程图

能提供带有松节油回收单元的热回收单元回收从热回收系统排出的 TMP 蒸汽中存在的松节油。如果需要，干净蒸汽能用高压风机或离心压缩机增压到较高的压力水平，蒸汽蓄压器在盘磨机突然停机时帮助维持不变的蒸汽压力。

7.9.1 TMP 蒸汽量和组成

比磨浆能量在 1.5 ~ 3.5 MW · h/t 范围内。在一台电锅炉中，给水温度为 100℃ 时，1 MW · h/t 产生 1.55t 压力为 0.3MPa 的干净蒸汽。在 TMP 过程中，1MW · h 大概产生 1t TMP 蒸汽，其他能量用于加热盘磨机的纸浆和稀释水。

在盘磨机中，机械磨浆能量转化为热，从稀释水和木材水分中产生蒸汽。同时，挥发性有机化合物（VOC_S）的主要部分从木片中蒸发出来。因此，TMP 蒸汽含有松节油，即挥发性有机油和其他 VOC_S，如甲醇、乙醇、丙炔酸和甲酸（见表 7 - 20）。此外，TMP 蒸汽含有一些与木片给料进入盘磨机和溶于稀释水中的空气。纤维在旋风分离器从 TMP 蒸汽中分离是不完全的，因而，TMP 蒸汽总是含有一些纤维。新的机械纤维分离器已经帮助并将生产更干净的蒸汽。由于有机酸，TMP 冷凝水的 pH 是在 2 ~ 4 的范围内。TMP 蒸汽存在的杂质使得热回收单元是必要的，因为 TMP 蒸汽的直接使用是困难的。

表 7 - 20　从主热回收来的冷凝水的组成（挪威云杉）

化合物	mg/L
萜烯	0.04
甲醇	7
脂肪酸	44
树脂酸	35
有机酸	55
主要为醋酸	41

松节油通常是很容易从木片中分离。这是为什么反喷蒸汽趋于有最高的松节油浓度。另一方面，从筛渣盘磨机来的 TMP 蒸汽实际上没有松节油。TMP 蒸汽的松节油量跟随木片的松节油含量。但是预处理对 TMP 蒸汽松节油含量有显著的影响。

7.9.2 TMP 的热回收流程

图 7 - 50 为有代表性的 TMP 热回收流程图。从磨浆机来的废热蒸汽经过压力旋风分离器与纤维分离，然后进入再沸器（Reboiler）中冷凝而蒸发出洁净的蒸汽。再沸器的 TMP 废蒸汽冷凝水与给水和白水进行热交换，以充分利用其热量，最后用喷雾洗涤器（涤汽器）对 TMP 废蒸汽进行洗涤，使其在排到大气前没有纤维。

图 7 - 51 为中国某厂 TMP 热回收系统流程[54]。TMP 蒸汽经过旋风分离器后，进入再沸器（蒸发器）的管程，与壳程流动的软水（脱盐水）进行间接热交换，所得的洁净蒸汽供其他车间使用。TMP 蒸汽热交换后的余热，用来加热再沸器的给水及 TMP 制浆白水，热交换后的污冷凝水排入涤汽器。该系统还配置了蒸汽能量调节的热泵，以蒸汽管网中 1.0MPa 的过热蒸汽为热泵的动力，将 TMP 热回收装置产生的压力 0.25MPa 的蒸汽增压至 0.35MPa，然后并入该厂低压蒸汽管网，解决了 TMP 热回收蒸汽产量大、蒸汽压偏低的问题，实现热力系统优化运行。

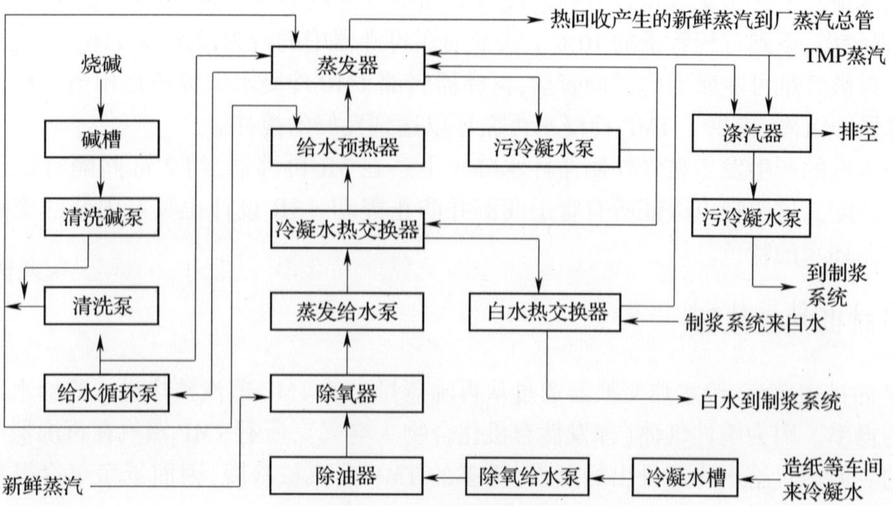

图 7-51 热回收系统流程[54]

7.9.3 冷凝 TMP 蒸汽和产生干净蒸汽的再沸器

再沸器的目的是冷凝 TMP 蒸汽并在尽可能低的压力损失下蒸发成干净蒸汽。图 7-52 所示的 Rinheat 3R 再沸器是最普通的再沸器。在全世界有 80 多个单元在运行。TMP 蒸汽和干净蒸汽的压差一般为 0.05MPa。干净蒸汽通常用于造纸机。为了达到0.3MPa的干净蒸汽压力，TMP 蒸汽压力必须为 0.35MPa。单个再沸器的产能从 7t/h 变化到大于 100t/h。

用于 TMP 蒸汽的再沸器必须有能力处理含有纤维、恶臭的有机化合物和惰性气体的蒸汽。纤维必须在 TMP 蒸汽进入管子之前分离，纤维从 TMP 冷凝水中拿走。惰性气体要求足够的排去和流速。对恶臭的蒸汽，用温和的碱溶液洗涤是最好的去除。

3R 再沸器是一立管式热交换器，TMP 蒸汽在管内冷凝，干净的蒸汽在管壳外产生。位于再沸器下部的 TMP 蒸汽入口设计像旋风分离器以切线方向进入，而中心管像涡旋测向器。为了分离纤维，TMP 蒸汽在管内向上流。向下流的冷凝水保持管壁润湿以防热交换表面结有机化合物的污垢。在第二程中，TMP 蒸汽向下流动，从第二程来的 TMP 冷凝水通过一个水封接纳到主

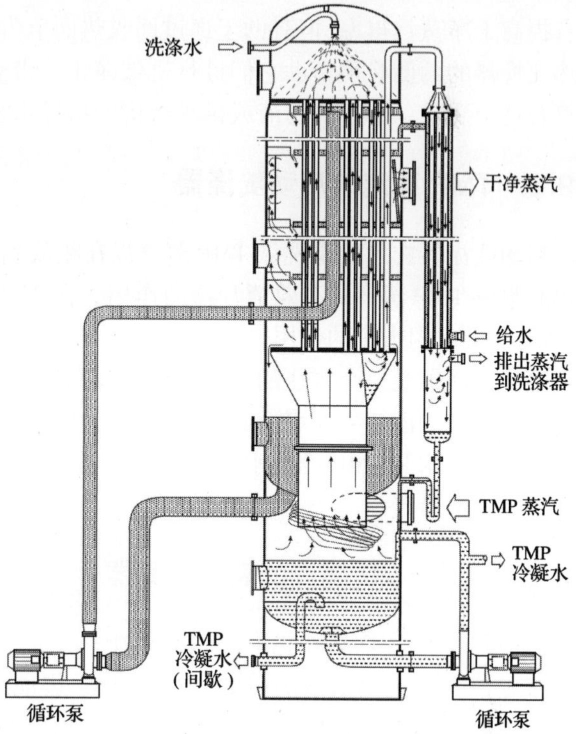

图 7-52 Rinheat 3R 再沸器和给水预热器
(由 Rinheat 提供)

TMP 冷凝水流。当松节油和惰性气体浓度升高而更多蒸汽被冷凝时，为了增加 TMP 蒸汽的流速，第二程较小，不到首程管子的 10%。松节油在再沸器中的行为像惰性气体。

为了提供纤维可能胀满的缓冲容量，再沸器底部 TMP 冷凝水的容积是相当大的。为了防止在再沸器中沉降，提供了 TMP 冷凝水再循环以达到良好的搅拌。

干净蒸汽的产生发生在管外侧循环水降膜上。在 3R 再沸器，约 2 m 间隔有管子支撑和循环水重分配。这个特点保证所有管子润湿并防止震动。3R 设计也具有内装的滴液分离器和大容积循环水的特色。

7.9.4 辅助热交换器

TMP 的排出蒸汽/给水热交换器通过从再沸器排出的 TMP 蒸汽预热进入的给水以提高干净蒸汽的得率。因为惰性气体（挥发性有机化合物 + 空气），所有 TMP 蒸汽在再沸器中冷凝是不可能的。但通过给水冷却排出的蒸汽，更多的 TMP 蒸汽被冷凝，因而干净蒸汽得率通常增加 2% ~3%。

TMP 的排出蒸汽/给水热交换器是一个立管式热交换器，TMP 蒸汽在管内向下流而给水由档板导流在壳侧向上流动。惰性气体在下端与冷凝水分离，然后引入喷洒洗涤器或到松节油回收系统。这个热交换器也起松节油回收的预冷凝器并通常安装在再沸器上。

TMP 的冷凝水/给水热交换器通过用 TMP 冷凝水预热给水提高干净蒸汽得率。通常干净蒸汽得率的提高为 3% ~5%。通常设计的水平管式热交换器用管片固定。TMP 冷凝水在管内流动而干净的给水在壳侧流动。为了有可能进行管子的机械净化，两端通常用法兰连接。

TMP 的冷凝水/白水热交换器冷却 TMP 冷凝水到沸点以下使其容易处理。这个热交换器没有提高干净蒸汽得率，但有助于通过回收热而节省蒸汽。因为冷凝水和白水都含有纤维，这个热交换器的两侧必须借助它们进行机械净化。带有浮头的管式热交换器和螺旋板热交换器都符合这个要求。干净的滤液或供盘磨机的稀释水也能代替白水用 TMP 冷凝水加热。

7.9.5 TMP 蒸汽的启动洗涤器

启动洗涤器的目的是洗涤 TMP 蒸汽以在喷放到大气前除去纤维。此外，保温的喷雾洗涤器也起喷放 TMP 蒸汽的有效消音器的作用。在 TMP 冷凝水冷却器旁通的情况下，它也用作热 TMP 冷凝水闪击槽的作用。

喷雾洗涤器是一个常压的立式容器，顶部有足够高度的立管使喷放的蒸汽不会危害周围的建筑或设备。图 7 -53 表示其操作原理，其底部像旋风分离器设计，上部像喷雾洗涤器。其下部用作喷雾水和 TMP 冷凝水泵槽。为了防止纤维沉降，洗涤器或提供冷凝水循环或通过开 - 停控制而带走。

7.9.6 低压 TMP 蒸汽的表面冷凝器

表面冷凝器用于冷凝 TMP 蒸汽并产生热水。它主要用于低压 TMP 蒸汽，例如第一段盘磨机反喷的蒸汽或筛渣盘磨机的 TMP 蒸汽。表面冷凝器是一个立管式热交换器，TMP 蒸汽在管内冷凝，被加热的水在壳侧（见图 7 -54），管内结构很像再沸器，有旋风分离器型的 TMP 蒸汽入口，TMP 蒸汽在管内往上流。从 TMP 来的惰性气体排到洗涤器或松节油回收单元。

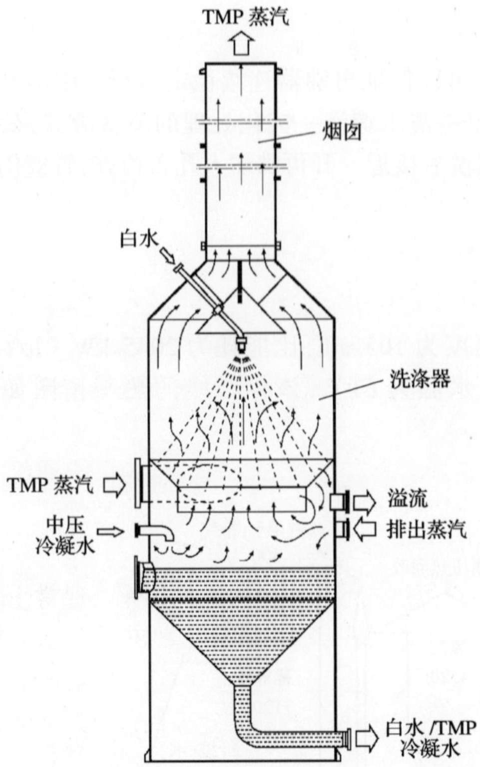

图 7-53 启动洗涤器(由 Rinheat 提供)

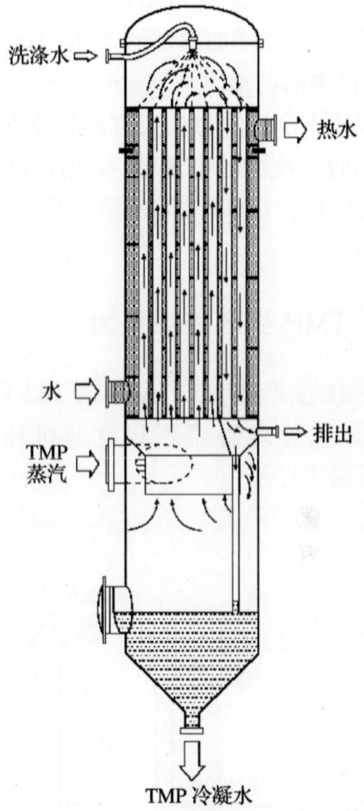

图 7-54 表面冷凝器(由 Rinheat 提供)

表面冷凝器的 TMP 蒸汽侧可在压力下或常压下运行。TMP 冷凝水通常用有循环的泵去除,以防纤维的沉降。表面冷凝器的壳侧与有挡板的普通管式热交换器类似。壳侧的水可有或没有循环,热回收也能用简单的喷雾冷凝器完成,而后热水和 TMP 冷凝水混合。这个系统经常用于筛渣盘磨机的 TMP 蒸汽。

7.9.7 TMP 热回收的影响因素

(1)磨浆压力

盘磨机磨浆的压力直接影响 TMP 的热回收,磨腔压力由 0.1MPa 提高到 0.3~0.4MPa,蒸汽的量随之增加,蒸汽的使用范围也可以扩大。与常压磨浆相比,带压磨浆有利于热的回收和利用。

(2)磨片优化

中国某厂通过磨片优化,有效地减少磨浆过程中的回流蒸汽量,减少磨盘轴向振动,提高磨盘寿命(可达 2500 h),降低成浆总能耗[55]。

(3)木片和稀释水温度

随着木片和稀释水温度的提高,盘磨机产生的废汽量和再沸器产生的洁净新蒸汽量均增加。研究表明,木片温度降低 11℃,盘磨废蒸汽和再沸器新蒸汽量约降低 3.5%;稀释水温度降低 10℃,盘磨废蒸汽和再沸器新蒸汽量约减少 2%。

(4)再沸器给水温度

再沸器产生的新蒸汽量也取决于给水的温度,因此进入再沸器的软水通过多级热交换设备提高其温度,以增加再沸器产生的新蒸汽量。

(5)再沸器的结垢与清洗

采用适宜的清洗方法对再沸器结垢进行清洗,可以保证再沸器连续稳定运行。中国某厂TMP热回收系统中的再沸器,采用水洗—化学清洗—清水漂洗—钝化处理的清洗方式,效果甚好。清洗后运行3年多,新蒸汽生产效率与刚清洗后接近。开再沸器人孔盖检查,管壁仍然光亮如新。

7.9.8 TMP生产线热平衡

某TMP生产线,日产风干浆102 t,纸浆游离度为105 mL,比能耗为2045 kW · h/t风干,压力旋风分离器喷洒和盘磨机稀释用水的水温为61℃,该生产线的热平衡图如图7-55所示[17]。

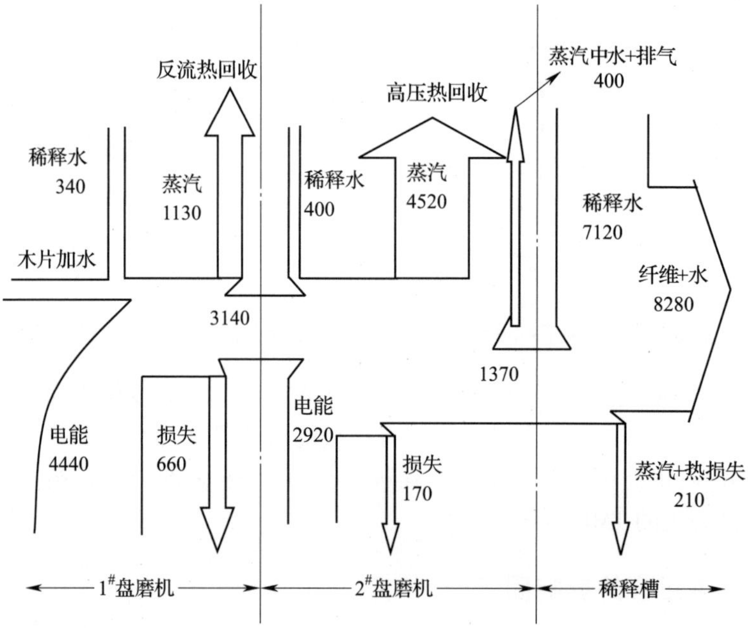

图7-55 TMP生产线的热平衡图(MJ/t风干)

从图7-55可以看出:

1#盘磨机出浆带走热量为:4440+150+340-1130-660=3140(MJ/t风干)

2#盘磨机出浆带走热量为:2920+3140+400-4520-170-400=1370(MJ/t风干)

回收蒸汽的热量占输入电能的百分率为:(1130+4520)÷(4440+2920)×100% = 76.8%

因此,TMP的热回收对TMP生产线的经济性是至关重要的。

7.9.9 松节油回收

松节油回收是基于松节油实际上不溶水的事实。在松节油回收法中,富含松节油的排出蒸汽冷凝，松节油通过滗析从冷凝水中分离，TMP 蒸汽中存在的松节油蒸汽由于惰性气体的存在既不在主热回收中冷凝也不在表面冷凝器中冷凝。在大气压下纯松节油的沸点在 130℃左右。当由蒸汽、松节油和空气组成的气体混合物冷却时，首先蒸汽开始冷凝。松节油的浓度逐渐增加直到达到松节油露点，松节油也开始冷凝。图 7－56 表示一种典型的 TMP 排出蒸汽的松节油回收单元。TMP 排出蒸汽/给水热交换器也作为松节油回收的预冷凝器。在松节油冷凝器中，残余的蒸汽和松节油都冷凝，其混合物取到滗析器以分离松节油。从松节油排出的惰性气体通常引入启动洗涤器。

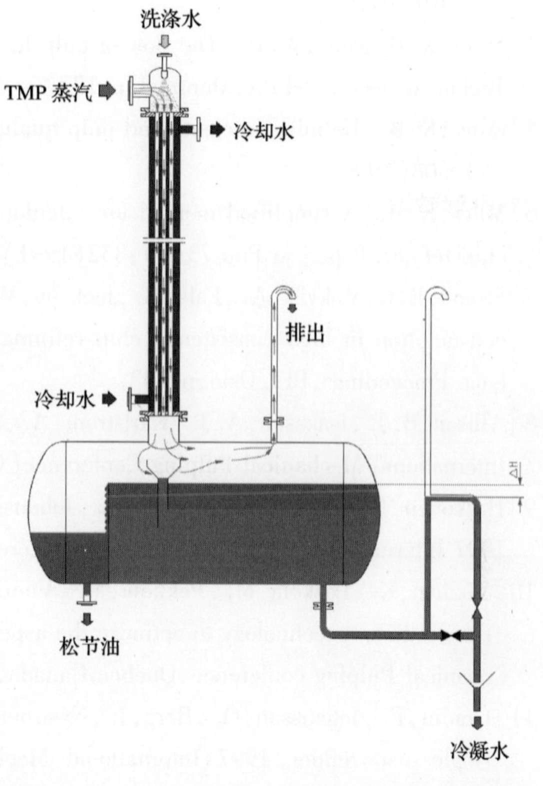

图 7－56 从 TMP 排出蒸汽回收松节油的典型流程图

7.9.10 热回收作为低压蒸汽网的一部分

在大多数情况下，热回收单元产生的干净蒸汽进入工厂的低压蒸汽网，此网的压力是由锅炉房的减压站控制的。热回收单元是在此网压上浮动，所以这个网压指示最小的盘磨机压力。

如果通过增加盘磨机压力不能达到要求的蒸汽压力，能用离心压缩机或高压风机提高干净蒸汽的压力。采用单段离心压缩机能达到两倍的绝对压力。高压风机能提高蒸汽压力，因而冷凝温度增加 7～8℃。两者都需要带蒸汽去过热系统的循环线用作空载或容量控制。如图 7－50 所示。离心压缩机的停机率通常只有 75% 左右，但能用进口处或扩散器中的导流叶片来提高。

在许多 TMP 浆是纸机配料主要成分的工厂，从 TMP 热回收单元来的蒸汽是总供汽的必要部分。盘磨机突然停机表示对锅炉房保持蒸汽压力不变的挑战，这通常通过安装蒸汽蓄压器来满足，给锅炉房附加的时间增加蒸汽产量。蒸汽蓄压器正常装载中压蒸汽（1.0～1.6MPa）。

参考文献

[1] Sundholm, J., Mannstrom, B., PRMP – TMP Properties without preheating. A preliminary study, Paperi ja Puu 64(1):8(1982).

[2] Lumiainen, J., Post refining of mechanical pulps, PIRA 1997 International Refining Conference Proceedeings, Pira International, Leatherhead, p. 125.

[3] May, W. D., A theory of chip refining – The origin of fibre length, Pulp Paper Mag. Can. 74

(1):70(1973).

[4]Miles,K. B.,May,W. D.,The flow of pulp in chip refiners,CPPA 1989 Annual Meeting Notes, Technical Section CPPA,Montreal,p. 177.

[5]Miles,K. B.,Refining intensity and pulp quality in high – consistency refining,Paperi ja Puu 72 (5):508(1990).

[6]Miles,K. B.,A simplified method for calculating the residence time and refining intensity in a chip refiner. Paperi ja Puu 73(9):852(1991).

[7]Strand,B. C,Mokvist,A.,Falk,B.,Jackson,M.,The effect of production rate on specific energy consumption in high consistency chip refining,1993 International Mechanical Pulping Conference Proceedings,PFI,Oslo,p. 143.

[8]Allison,B. J.,Isaksson,A. J.,Karlstrom,A.,Grey – box identification of a TMP refiner,1995 International Mechanical Pulping Conference(Ottawa) Proceedings,CPPA,Toronto,p. 119.

[9]Harkonen,E.,Ruottu,S.,Ruottu,A.,Johansson,O.,A theoretical model for a TMP refiner, 1997 International Mechanical Pulping Conference Proceedings,SPCI,Stockholm,p. 95.

[10]Vikman,K.,Leskela,M.,Pekkola,M.,Vuorio,P.,Tyrvainen,J.,Huhtanen J. – P.,New refiner segments technology to optimize the aspen BCTMP pulping process 2003 International Mechanical Pulping conference,Quebec Canada,2 – 5 June 2003,p. 91.

[11]Gradin,P.,Johansson,O.,Berg,J.,Nystrom,S.,Measurement of the power distribution in a single disc refiner, 1997 International Mechanical Pulping Conference Proceedings, SPCI, Stockholm,p. 83.

[12]Oullet,D.,Bennington,C. P. J.,Senger,J. J.,Borisoff,J. F.,Martiskainen,J. M.,Measurement of pulp residence time in a high consistency refiner,1995 International Mechanical Pulping Conference(Ottawa) Proceedings,CPPA,Toronto,p. 171.

[13]Sundholm,J.,Heikkurinen,A.,Mannstrom,B.,The role of rate of rotation and frequency in refiner mechanical pulping,1987 International Mechanical Pulping Conference(Vancouver) Proceedings,CPPA,Toronto,p. 45.

[14]Kortelainen,J.,Nystedt,H.,Disturbance analysis of the TMP process,1995 International Mechanical Pulping Conference(Ottawa) Proceedings,CPPA,Toronto,p. 143.

[15]Strand,B. C.,The effect of refiner variation on pulp quality,1995 International Mechanical Pulping Conference(Ottawa) Proceedings,CPPA,Toronto,p. 125.

[16]Kortelainen,J.,Nystedt,H.,Parta,J.,Optimizing the refiner conditions with on – line controls,1997 International Mechanical Pulping Conference Proceedings,SPCI,Stockholm,p. 103.

[17]詹怀宇,刘秋娟,靳福明编著. 制浆化学,北京:中国轻工业出版社,2012:157 – 174,190 – 201.

[18]Vesala,K.,Production of TMP with better adhesiveness. Master's Thesis,Lappeenranta University of Technology,Lappeenranta 2008.

[19]Cannel E.,Mechanical pulping technologies focus on reducing refining energy,Pulp and Paper,73(5)(1999).

[20]Munster,H.,Dahlqvist,G.,Operational experience with the first commercial high speed refiner at Perlen Papier AG,Switzerland,1995 International Mechanical Pulping Conference(Ottawa)

Proceedings, CPPA, Toronto, p. 197.

[21] Sundholm, J., Mannstrom, B., Heikkurinen, A., Sarkilahti, A., Finnish pat. no. FI – 89610 (Oct. 25, 1993).

[22] Aregger, H. J., The TMP system at Perlen using the RTS process, 1997 International Mechanical Pulping Conference Proceedings, CPPA, Stockholm, p. 251.

[23] Hoglund, H., Back, R., Falk, B., Jackson, M., Thermopulp™ A new energy efficient mechanical pulping process, 1995 International Mechanical Pulping Conference (Ottawa) Proceedings, CPPA, Montreal, p. 213.

[24] Harkonen, E., Kortelainen, J., Virtanen, J., Vuorio, P., Fiber development in TMP main Line, 2003 International Mechanical Pulping conference, Quebec, Canada, 2 – 5 June 2003, p. 171.

[25] Johansson, Hogan, Blackenship, Snow, Wyllys, More, Quails, Pugh, Wanderer, Improved process optimization through adjustable refiner plates, 2001 International Mechanical Pulping Conference, Helsinki, p. 579.

[26] Sabourin, M., Aichinger, J., Wiseman, N., Effect of Increasing Wood Chip Defibration on Thermomechanical and Chemi – thermomechanical Refining Efficiency, 2003 International Mechanical Pulping Conference, Quebec, p. 163.

[27] Sabourin, M., Evaluation of a compressive pretreatment processon TMP properties and energy requirements. Pulp and PaperCanada 101:2(2000), T54.

[28] Cannell, E., Mechanical pulping technologies focus on reducing refining energy. Part 1, Pulp Paper 73(5):63(1999).

[29] Vuorio P., Bergquist P., New Refiner Segments Technology to Optimize Fiber Quality and Energy Consumption of Refiner Mechanical Pulp, 2001 International Mechanical Pulping Conference, Helsinki, p. 565.

[30] Antolovich, E., Cable, P., Gingras, L, Webster, N., Frazier, B., Optimizing the Norske Powell River TMP mill for increased production and qualityafter a major paper mill reconfiguration. Antolovich, Cable, Gingras, Webster, Frazier, 2003 International Mechanical Pulping Conference, Quebec, Canada, 2 – 5 June 2003, p. 443.

[31] Fostokjian, R., Aird, J., Vuorio, P., Huhtanen J. – P., Development Results in reducing of refining energy Consumption at Tembec Paper Group – Spruce Falls Operations, 2005 International Mechanical Pulping Conference, Oslo, Norway, 7 – 9 June 2005, p. 229.

[32] Wultsch, F, Flucher, W., The Escher Wyss small refiner as a standard test apparatus for modern stock preparation plants. Das Papier 12(13/14):334(1958).

[33] Strand, B., Quality control of high consistency refiners, 1997 International Mechanical Pulping Conference Proceedings, SPCI, Stockholm, p. 127.

[34] Jackson, M., Falck, B., Ferrari, B., Danielsson, O., Design Features and Pulp Quality Aspects of Single and Double Disc Refiners, Sunds Defibrator pamphlet, Sundsvall, 1987.

[35] Eriksson, A., Sundholm, J., internal KCL report, 1995.

[36] Alami, R., Boileau, I., Harris, G., Lachaume, J., Karnis, A., Miles, K. B., Roche, A., Evaluation of the impact of refining intensity on energy reduction in commercial size refiners; The effect of primary stage consistency, 1995 International Mechanical Pulping Conference (Ottawa)

Proceedings, CPPA, Montreal, p. 203.

[37] Sundholm, J., internal KCL report, 1982.

[38] Harkonen, E., Tienvieri, T., The influence of production rate on refining in a specific energy, 1995 International Mechanical Pulping Conference (Ottawa) Proceedings, CPPA, Toronto, p. 95.

[39] Lunan, W. E., Miles, K. B., May, W. D., Harris, G., Franzen, R., High pressure refining and brightening in thermomechanical pulping, TAPP11983 Pulping Conference Proceedings, TAPPI PRESS, Atlanta, p. 239.

[40] Jackson, M., Akerlund, G., Preheating and refiner housing pressure affect the quality of TMP and CTMP, Tappi J. 67(1):54(1984).

[41] Sundholm, J., internal KCL report, 1982.

[42] Brill, J. W., Effects of wood and chip quality on TMP properties, 1985 International Mechanical Pulping Conference, Stockholm, Sweden, May 6 – 10, p. 153.

[43] Persson, E., Engtrand, P., Karlsson, L, Nilsson, E, Wahlgren, M., Utilization of the natural variation in wood properties – a comparison between pilot plant and mill scale trials. 2003 International Mechanical Pulping Conference, Quebec, Canada, 2 – 5 June 2003, p. 83.

[44] Kortelainen, J., Nystedt, H., Disturbance analysis of the TMP – process, 1995 International Mechanical Pulping Conference (Ottawa) Proceedings, 12 – 15 June, 1995, CPPA, Montreal, p. 143.

[45] Cluett, W. R., Guan, J., Duever, T. A., Control and optimization of TMP refiners. Mill study method of reducing freeness variations. Pulp Paper Can. 96(5):31(1995).

[46] Fournier, M., Ma, H., Shallhorn, P. M., Roche A. A., Control of chip refiner operation, TAPP11991 International Mechanical Pulping Conference (Minneapolis) Proceedings, 2 – 5 June, 1991, TAPPI PRESS, Atlanta, p. 91.

[47] Pietinen, P., Tiikkaja, E., Developments In on – line analysers for refiner control, 1993 International Mechanical Pulping Conference Proceedings, PTE, Oslo, Norway, 15 – 17 June 1993, p. 44.

[48] Perkola, M., TMP – jauhatuksen teoreettinen ja kokeellinen tarkastelu, Licentiate Thesis, Tampereen teknillinen korkeakouiu, Tampere, 1985.

[49] Evans, R., Sutinen, R., Saarinen, K., Refiner control effectively accomplished through adaptive control. New technique controls both dilution water and fibre flow, Pulp Paper Can. 96(5):36 (1995).

[50] Evans, R., Saarinen, K., Sutinen, R., Developments in sensors and control strat – egies for refiners: reports a novel approach to refiner control. Pulp PaperCan. 96(6):76(1995).

[51] Euhus, L., Strand, B. C., Shearln, D., Fralic, G., Edvali, M., Optimization of LWC TMP Using Advanced Quality Control. 2003 International Mechanical Pulping Conference, Quebec, Canada, 2 – 5 June, 2003, p. 375.

[52] Loisa, M., Nybom, H., Kortelainen, J., Jakobsson, J., Tukiainen, K. 2004. Freeness Soft Sensor in TMP – Refining. Control Systems 2004 Conferences, 14 – 18 June, 2004, Quebec City Quebec, Canada, pp. 227 – 231.

[53]Sidhu, M. S., Van Fleet, R., Dion, M. R., Anderson, D. W., Weger, B. W., Modelling and Advanced Control of TMP Refiner System. Control Systems 2004 Conferences, 14 - 18 June, 2004, Quebec City, Canada, pp. 107 - 112.

[54]陆荣旺. TMP 热回收过程中的蒸汽回收及热泵供热系统运行[J]. 中国造纸,2009,28(10):53 -55.

[55]王志成. 浅析 TMP 制浆过程中的磨片优化[J]. 中国造纸,2008,27(4):66 -68.

第 8 章　化学机械法制浆

8.1　引言

化学机械制浆涉及一个温和的化学处理段并与机械纤维分离,如盘磨磨浆,相结合的目的是使木材纤维化并使所得纸浆成纸或纸板性质质量提高。化学机械浆一般定义为得率80% ~ 95% 的纸浆,其处于高得率化学浆和机械浆之间。化学机械浆可进一步分为:

① 化学热磨机械浆(CTMP):采用压力磨浆生产,化学品用量较低,有代表性的得率为 90% 以上。

② 化学机械浆(CMP):能在常压下磨浆生产。

CMP 的化学处理段比 CTMP 强烈,有代表性的得率在 90% 以下。CMP 也用作所有化学机械法生产的纸浆的通用名称。

第一批化学机械制浆线于 20 世纪 50 年代和 60 年代启动。过程设计用于不适合机械制浆的阔叶木生产制新闻纸的纸浆。但是这类浆生产的量不大。由于改进的热磨机械制浆技术,化学机械制浆于 20 世纪 70 年代取得突破。化学机械制浆的关键子过程是磨浆,所以热磨机械法的所有改进都能用于化学机械制浆。这就导致 20 世纪 70 年代后期和 80 年代针叶木 CTMP 浆产量的迅速增长。第一批工厂都甚小。20 世纪 90 年代和 21 世纪初,建设了基于阔叶木的大型新 CTMP 厂。

20 世纪 70 年代加拿大有相当多的活动去发展能用以代替亚硫酸盐浆作为新闻纸强化浆的化学机械法。这个开发工作导致涉及比 CTMP 生产更高的化学品用量和更长预处理时间的方法。作为通用的名称 CMP(化学机械制浆),这种方法既适用于针叶木也适用于阔叶木。

总之,已经开发了不同目的的各种机械制浆方法:

① 开发了阔叶木 CMP 和 CTMP 法,使得有可能用这种原料生产很高得率的纸浆。

② 开发了针叶木 CTMP 法,为的是生产很高得率且具有比机械浆好的性质,特别是洁净度、吸收性和强度性质。

③ 开发了针叶木 CMP 法,以生产高得率的强化浆,节省木材原料和蒸煮化学品。在某些情况下,如将没有化学回收的亚硫酸盐厂转为生产 CMP 时,也减少废水负荷。

8.2　供选择的方法

8.2.1　化学处理段在过程中的位置

化学处理段能被插入到机械制浆过程不同的位置[1]。特别是有分开的筛渣磨浆的两段磨浆法提供几种可能性(见图 8-1)。

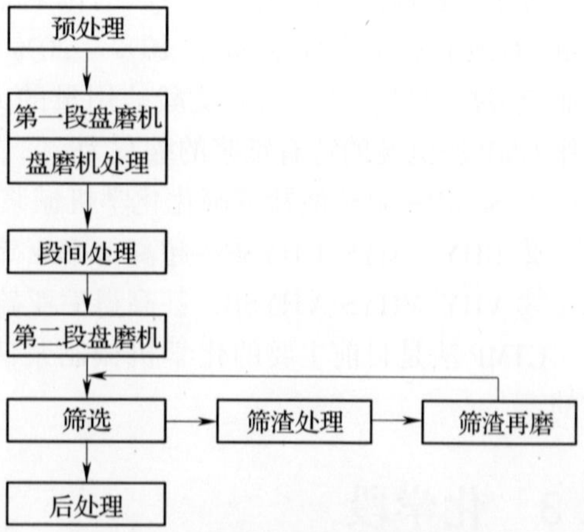

图 8-1 在两段盘磨机械法中化学处理的各种可能的位置

预处理提供改进纸浆性质的最大潜力。因为预处理对初始纤维化段有影响。这是至今最普通的化学机械制浆法。除非另有说明,通常化学机械制浆是指提供选择的方法。这类方法通常是指:

① CTMP—化学热磨机械法制浆(低化学品用量,压力磨浆);

② BCTMP—漂白 CTMP;

③ CMP—化学机械法制浆(高化学品用量);

④ BCMP—漂白 CMP;

⑤ CRMP—化学盘磨机械法制浆(低化学品用量,常压磨浆)。

盘磨机处理:在第一磨浆段加入亚硫酸盐药液能产生结合 TMP 和 CTMP 性质的纸浆[2]。这个方法被命名为:

① DWS—稀释水磺化法;

② 段间处理:在两段盘磨机机械制浆过程中,粗浆在两个机械段间进行化学改性。这个方法的概念是指段间处理。基于这个概念提法的方法有:a. OPCO—安大略造纸公司开发的一种方法;b. TMCP—热磨机械化学法制浆。

后处理能与所有类型的机械制浆结合,即应用于磨石磨木法和盘磨机械法。但是,这样的处理对纤维化阶段从木材基体中剥离没有影响,因此,改进纤维和纸浆性质的可能性有限。过氧化氢漂白能增强其他低结合性能机械浆如阔叶木 PGW、TMP 或 CTMP 的结合性能。

筛渣处理或长纤维处理主要作为段间处理,但仅属于筛渣再磨前的筛渣。这个工艺改进在磨石磨木法和盘磨机械法都能应用。这类方法的缩写为:

① LFCMP—长纤维 CMP;

② CTLF—化学处理的长纤维;

③ SLF—磺化长纤维;

④ GW—CTMP—磨木 CTMP;

⑤ $CTMP_R$—筛渣 CTMP。

8.2.2 化学处理的类型

化学机械浆在原理上能通过化学处理和机械纤维化的各种结合来生产。建议用于化学改性段的化学品有很多种[3]。但是实际操作中,亚硫酸钠是针叶木制浆的主要化学品,而氢氧化钠和亚硫酸钠是阔叶木制浆的普通化学品。氧化绿液或氧化白液也在邻近硫酸盐浆厂的地方成功地应用。碱性过氧化氢在一些制浆方法中使用:

① APMP—碱性过氧化氢机械法制浆;

② P-RC APMP—温和预处理和盘磨化学处理的碱性过氧化氢机械法制浆;

③ $APTMP^{TM}$—碱性过氧化氢热磨机械法制浆;

④ APP/BCTMP—碱性过氧化氢漂白化学热磨机械法制浆。

应用于亚硫酸盐基化学机械法的化学品用量可相当大地变化,从很低的1% ~3% Na_2SO_3用量(对绝干木片)到相对高的10% ~20% Na_2SO_3用量(对绝干木片)。CTMP 法通常基于低的亚硫酸盐用量。基于高亚硫酸盐用量的方法的常见名称是 CMP——化学机械制浆。其他用作 CMP 法范畴的特有纸浆的缩写为:

① SCMP—亚硫酸盐或磺化化学机械浆;

② UHY、UHYS、UHYSP—超高得率亚硫酸盐浆;

③ VHY、VHYS、VHYSP—甚高得率亚硫酸盐浆。

CTMP 法是目前主要的化学机械制浆法。此处述及的其他方法是次要的或仅有学术兴趣的。

8.3 化学段

木材基体能以各种影响磨浆行为和改变纤维性质的方式在化学上改性。用于针叶木预处理的主要化学品是碱性亚硫酸盐。阔叶木预处理通常包括碱并加或不加亚硫酸盐或过氧化氢。

Konn 等人[4]已经研究了用几种用量的碱、碱性亚硫酸盐和碱性过氧化氢预处理杨木片的过程化学。醋酸是碱性预处理中释放的最丰富的化合物。通过木聚糖中及一定程度上葡萄糖甘露聚糖中乙酰基的碱诱导酯水解而生成醋酸。释放的甲醇源自果胶中甲酯键的碱断裂。

果胶的脱甲基化将在纤维,特别是在初生壁或胞间层中,产生新的羧基。一般增加化学品用量也增加化合物的释放。一个例外是溶出的果胶,在所有情况下其含量均很低。

根据 Koon 的研究,优先在胞间层和初生壁产生新的阴离子基团的脱酯化和磺化反应是针叶木 CTMP 制浆的主要化学反应[5]。发现总阴离子基团随碱和亚硫酸盐用量增加而稳步增加,而新的阴离子基团在碱性过氧化氢处理中通过木素氧化而生成。木素中的磺酸基和果胶生成的新羧基占新的阴离子基团的大部分。对化学预处理纸浆,纤维表面阴离子基团的数量加倍。

根据相同的研究,发现挪威云杉(*Picea abies*)脱乙酰作用约占总碱耗的50%,而脱甲基作用占碱耗的另10% ~15%。对欧洲杨(*Populus tremula*)约65%的碱耗与脱乙酰作用有关,而另10%与脱甲基作用有关。挪威云杉木乙酰基的总量约为20kg/t. b. d。欧洲杨木约为50kg/t. b. d(以醋酸计)。

8.3.1 磺化化学

木素润胀能通过加入亲水基团如磺酸基和羧基来改进。碳水化合物也能通过脱乙酰作用、水解、部分水解等进行化学改性。过去几十年已进行了许多研究以更好地认识低得率亚硫酸盐制浆。但是,影响化学机械制浆发生的初始、相对快速木素磺化的因素尚未透彻地研究。

图8 -2 描绘引入磺酸基到木素的主要总体反应[6]。木素中的反应基团可分为几类:B、X和Z(见图8 -3)。B类基团能在pH1 ~2 范围内被磺化,而X和Z类基团能在pH4 ~9 的范围内被磺化。

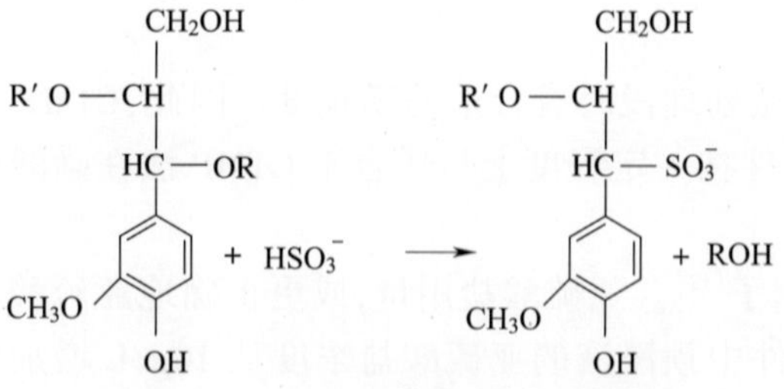

图 8－2　木素引入磺酸基的基本反应

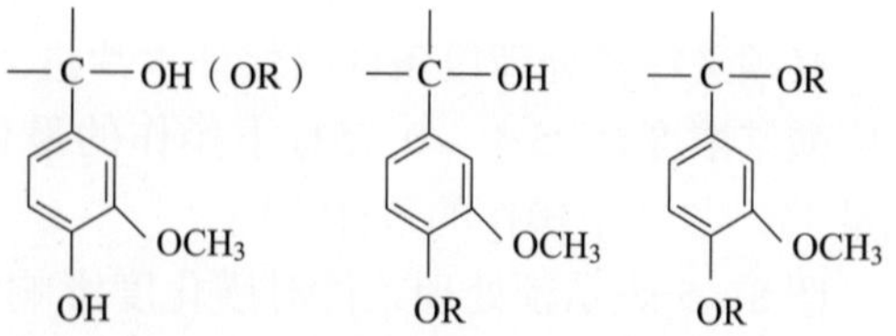

X　Z　B

图 8－3　木素在合适条件下能被磺化的不同基本基团[7]

化学机械法中亚硫酸盐处理的 pH 通常明显高于 1 ~ 2，这意味着主要是 X 和 Z 基团被磺化。木素中约 15% 的苯丙烷单元是 X 类及 15% 是 Z 类。据此可计算出木素含量为 25% ~ 30% 的针叶木理论最大磺酸基含量为 2.5% ~ 3%（对绝干木材）。但是，在高磺化度下有些木素开始溶出，在实际操作中最大可达到的磺酸基含量略低，即 2.1% ~ 2.2%（对绝干木材）。

动力学研究已经进一步表明，X 类基团反应较快，而 Z 类基团反应较慢。据此可以认为 X 类主要基团在 CTMP 法所用较为温和的条件下磺化，而 X 和 Z 两类基团在 CMP 法所用的较为强烈的条件下磺化。

阔叶木含有的木素比针叶木少，限制了可达到的磺酸基含量水平。此外阔叶木木素的结构与针叶木的不同，这进一步限制了磺化反应。图 8－4 说明了针叶木和阔叶木总的不同并显示云杉和桦木磺化率的不同。

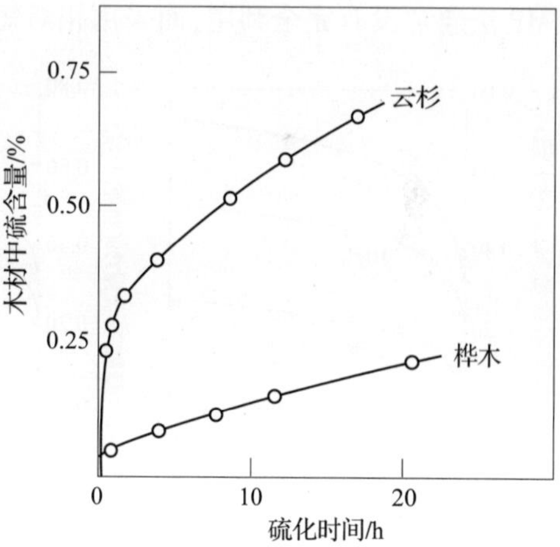

图 8－4　云杉和桦木磺化率的比较[8]

以阔叶木生产化学机械浆时，如果要以处理的木材生产尽可能好的纸浆，重要的是不仅要改性木素，而且也要改性碳水化合物[9]。通过相对温和的碱处理条件，一些阔叶木半纤维素是稳定的，不受到降解，部分原因是脱除了乙酰基。这种适度的碱处理也能改善强度性质，可能原因是细胞壁被细纤维化而没有纤维的同时断裂。但是，为了增加亲液性而较易软化，木素的磺化也是需要的。在低 pH 下磺化反应进行最快，但也有木素和碳水化合物过多溶解的风险。另一方面，也应避免过高的 pH，因为 pH 过高会引起磺化慢、木素发黑和碳水化合物同时溶解。

为了得到最佳的结果，阔叶木应在两个分开的段里处理。过氧化氢段应作为第一段，因为第二段的亚硫酸盐会部分留在木材中，当纤维化时能防止氧化和碱性降解[9]。但是，由于实践的理由，在工业装置上通常是两段结合为一个单段。

亚硫酸盐处理的影响能通过浆中磺酸基含量来跟踪。这能通过质量分析法测定浆中硫的含量来完成[10]。一个更便利的方法是直接通过电导滴定测定磺酸基的量[11]。假定样品中所有的硫都是以磺酸基的形式存在，其浓度可由硫的浓度乘以 2.5 来计算。

8.3.2 过程参数对磺酸基含量的影响

必须选择预处理段条件以保证木片进入机械处理段时有合适的磺化度。因此,CTMP 法在磺酸基浓度 0.25% ~0.75% 下操作的最佳条件在一定程度上与适合于 CTMP 法在磺酸基含量 1% ~2% 下操作的条件不同。

图 8-5 表示预处理条件对磺化度影响的例子[12]。亚硫酸盐用量,或更正确地亚硫酸盐浓度,当然会影响处理结果。在 CTMP 工艺条件中预浸液的亚硫酸盐浓度从 10g/L 增加到 20g/L,相当于亚硫酸盐用量从 2% 增加到 4%,磺酸基含量增加 40%。

CTMP 法通常在略为碱性的条件下操作,pH 为 8 导致比较高 pH 稍高的磺酸基含量。在实际操作中常用纯的亚硫酸钠 Na_2SO_3,导致溶液初 pH 为 10 左右。在预处理段,pH 降至 8 左右,即接近最佳值。

提高温度加快反应速率。在 130℃进行磺化的磺化度比 70℃的增加 2 倍。进一步提高温度仍然会增加磺化度,但过高温度减少得率。因此,CTMP 制浆中化学处理在 120 ~135℃的温度范围内进行。

图 8-5 显示在初始阶段磺酸基含量骤增。在过程中有趣地观察到 15min 内达到的磺化作用的 75% 在第 1min 已经达到。这个快速阶段可以用 X 类木素基团的磺化来解释(参照图 8-3)。甚至在快速初始阶段之后,磺化度随处理时间的延长而增加,例如,在 pH9.5 和 130℃下,处理时间从 3min 延长到 100min,磺化度将从约 0.4% 增加到约 0.8%。这个慢磺化阶段在 CTMP 法通常没有完全利用,而采用相对短的 2 ~15min 处理时间。

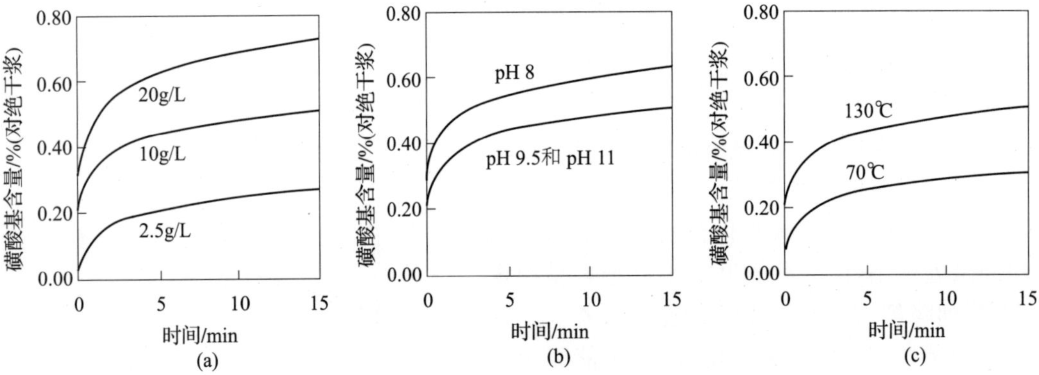

图 8-5 挪威云杉木粉磺化度作为时间的函数[12]

(a)130℃,pH9.5,变量:Na_2SO_3浓度 (b)130℃,10g/L Na_2SO_3,变量:pH

(c)10g/L Na_2SO_3,pH9.5,变量:温度

8.4 机械段

亚硫酸盐药液和木材之间的反应带来的木材物质的变化以一种相当复杂的方式影响木材的软化、纤维化和磨浆。图 8-6 显示描述涉及这种现象的一种尝试。亚硫酸盐和木素间的反应导致木素的软化,而木素的软化改变了木材和纤维的动态力学性质。这影响机械段的能耗。根据 Konn 的发现,云杉木材磨浆比能量大大地受到磺化和脱乙酰和脱甲基外的其他耗碱反应的影响。木素的软化以及一些木素和碳水化合物的溶解也削弱了胞间层使得纤维壁较强韧且较少脆性。这能改变纤维化时断裂的类别和影响机械段进一步磨浆时纤维性质的发展。

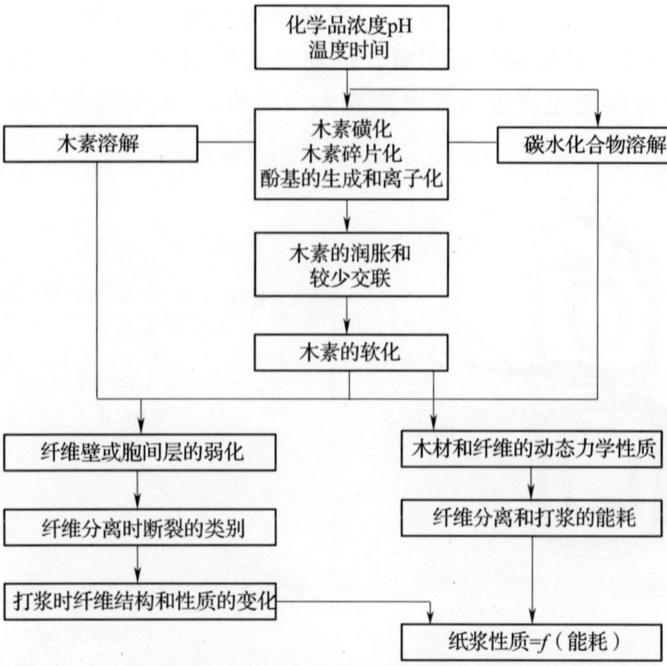

图 8-6 亚硫酸盐预处理对木材软化、纤维化和磨浆结果的影响[13]

8.4.1 经化学处理木材和纤维的动态力学性质

化学处理能以改变机械段最佳条件的方式改变木材基体的性质。一些研究者认为应更可取地选择盘磨机的温度使得其内摩擦接近最大值，因为其后应用的最大量能被木材物质吸收。这从下面关系式可明显看出[14]：

$$E_a/E_e = \lambda/(1+\lambda/2) \qquad (8-1)$$

式中 E_a——纤维吸收的能量

E_e——盘磨机能耗

λ——木材和纤维内摩擦

磺化降低内摩擦达到最大的温度（“软化温度”）。Atack 等人[15]研究显示软化温度降低的程度看来是磺化度唯一的函数，与所用亚硫酸盐药液的种类无关（见图 8-7）。因而高度磺化的木材能在比未处理木材明显较低的温度下磨浆[16-17]。

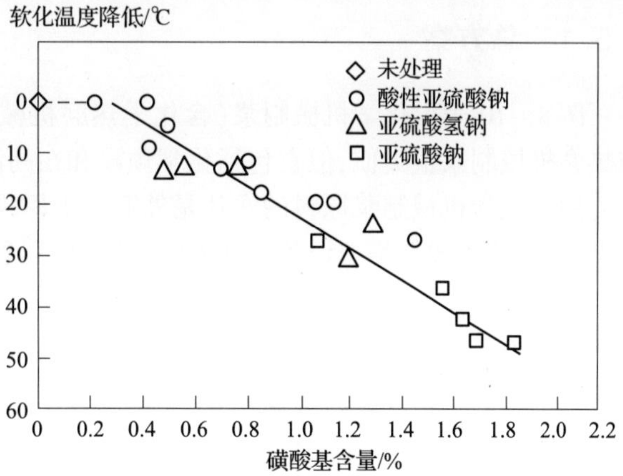

图 8-7 黑云杉残余木素软化温度的降低与磺化度的函数关系

8.4.2 纤维化时断裂的类别

纤维壁和胞间层的弱化改变了纤维化时断裂的类别。大部分断裂发生在初生壁和胞间层，这产生高比例的未损伤长纤维。由于亚硫酸盐处理对木素的软化作用，与纯的机械制浆相比，破损成细小纤维的木材原料较少。在简单的机械制浆，如图 8-8 中 RMP 所示，穿过细胞壁的爆裂常常导致纤维束的释出。为了减少这些纤维束的数量和大小，纯机械制浆必须磨到相对低的游离度水平(见图8－9)。在化学机械制浆,纤维化过程中纤维的不同行为导致在高游离度水平下纤维束量已很低。因此这些浆能用于一些高游离度的产品。另一方面,化学机械浆纤维能通过进一步磨浆而大大地改进,改变纸浆的性质并使其适合于各种最终产品。

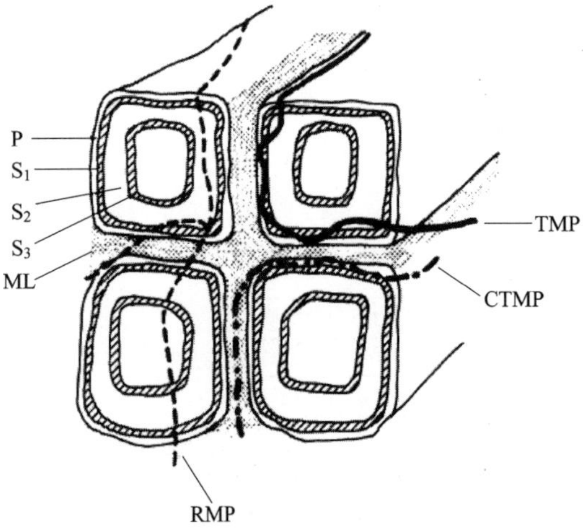

图8－8 在不同高得率制浆法中纤维断裂的类别[18]

注 P是初生壁,S_1、S_2、S_3是次生壁的S_1层、S_2层、S_3层,ML是胞间层。

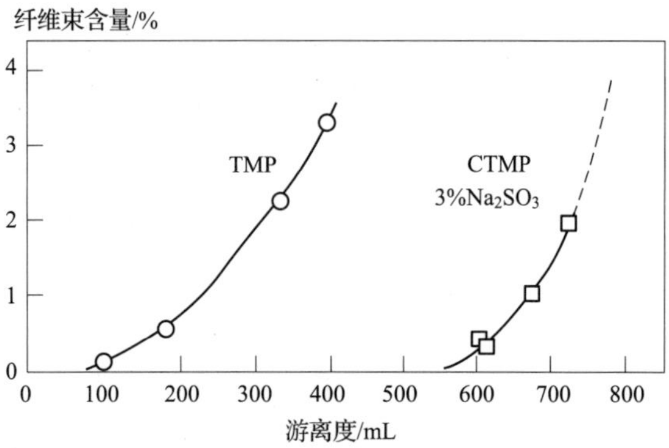

图8－9 在TMP和CTMP制浆中纤维束含量的增长与纸浆游离度的函数关系[19]

8.5 CTMP/CMP法制浆

8.5.1 总方案

图8－10表示化学机械制浆(含化学热磨机械法和化学机械法制浆)的总方框图。此法与热磨机械制浆很类似,但它包括化学预浸和在高温下化学处理必要的子过程。

用作化学机械制浆原料的木片是外购或工厂现场生产的。在后一种情况下,需要另外用于剥皮、削片和木片筛选设备。在CTMP法中,一个有效的预浸段是重要的。

用于预热段的设备设计基于选择的方法有很大的变化。在CTMP法,预浸段的停留时间短,需要的预浸容器较小。在CMP浆生产中,应用较长的停留时间和较高的温度。在这种情况下,使用与小蒸煮器类似的反应器。蒸煮器或反应器在不同选择的方法间有很大变化。

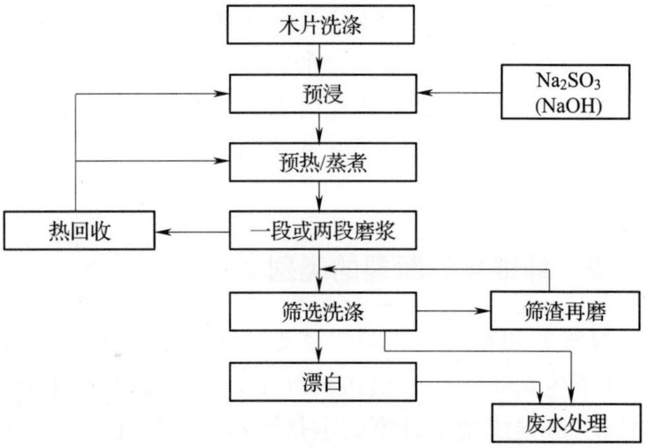

图8－10 化学机械制浆的总方框图

化学机械制浆的磨浆操作可以基于一段或两段磨浆。用于一段的磨浆能量足以生产高游离度纸浆,但低游离度纸浆的生产需要两段磨浆。采用高化学品用量和可能的废化学品回收的 CMP 法在两磨浆段间会有一洗涤段。

化学机械浆的筛选与热磨机械浆没有本质上的不同。在许多情况下由于化学机械浆的纤维束含量较低,筛选操作没有那么严格。

筛选后,纸浆洗涤——通常在一段或两段螺旋压榨、双辊压榨或双网压榨中进行。洗涤效率依要求而变化。如果纸浆要送去漂白,为了尽量减少预浸化学品和溶出的物质带到漂白车间,一个有效的洗涤段是必不可少的[20]。图 8－11 至图 8－14 所示为现代 CTMP、BCTMP 和 CMP 生产线的例子。

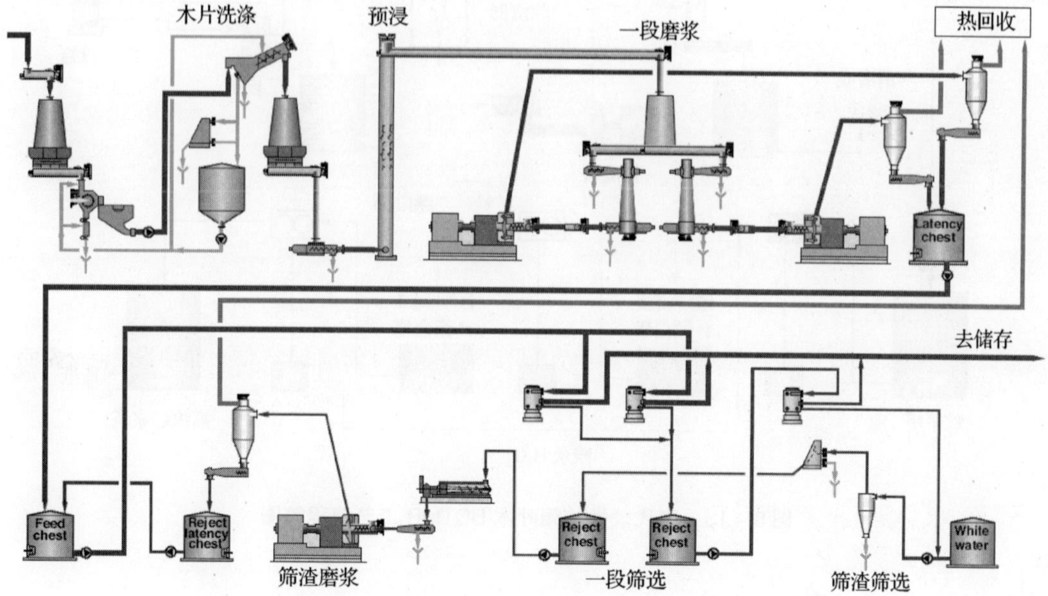

图 8－11　现代针叶木纸板级 CTMP 生产线(由 Metso 提供)

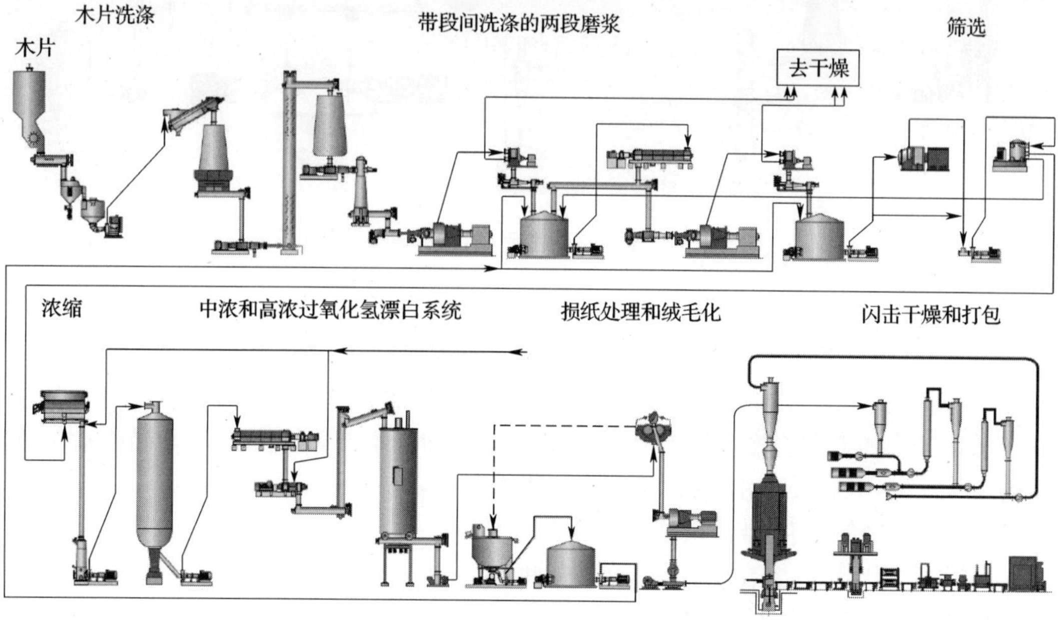

图 8－12　现代 BCTMP 生产线(由 Metso 提供)

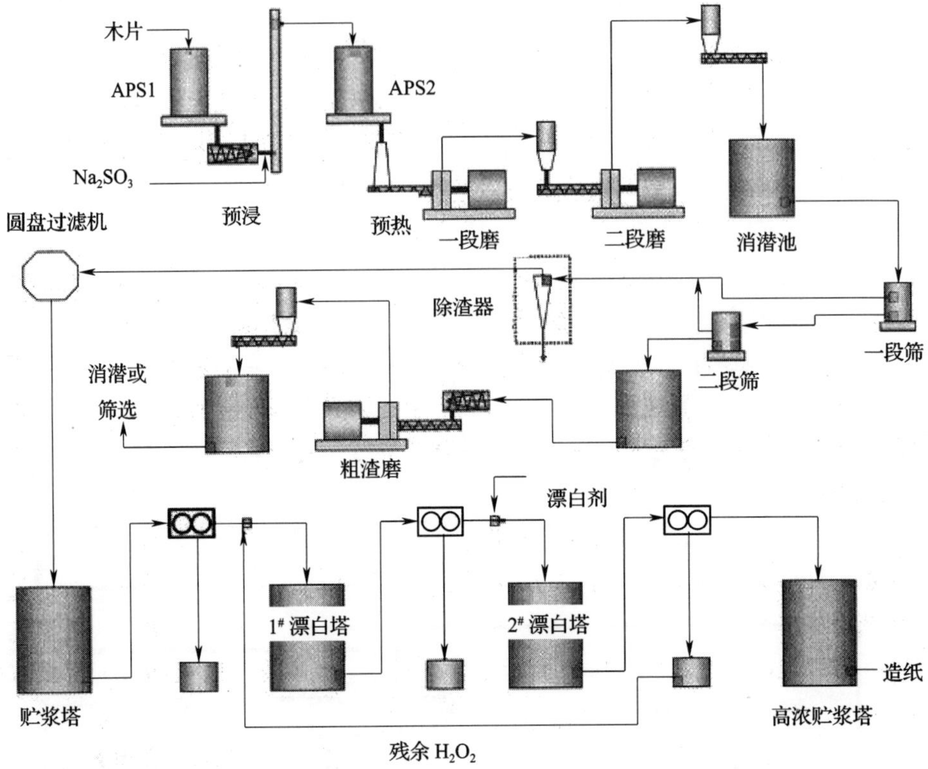

图 8 - 13　有代表性的阔叶木 BCTMP 工艺流程简图

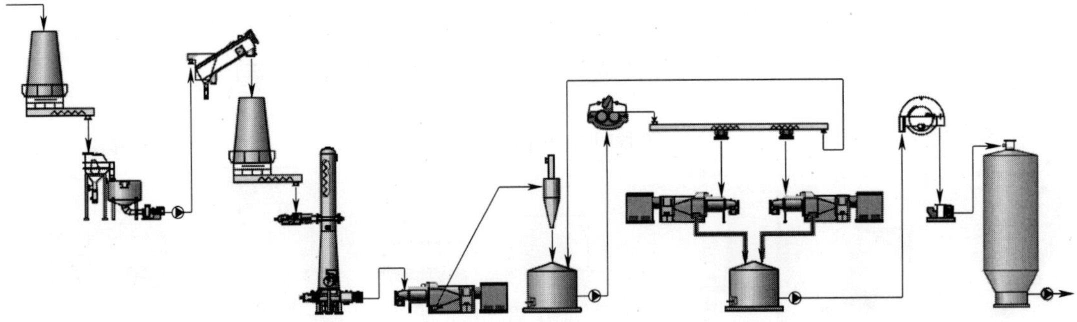

图 8 - 14　现代 CMP 生产线(由 Metso 提供)

8.5.2　化学预处理

在化学机械法中一个有效的预浸段是重要的,因为预处理在气相中进行以及短处理时间并不允许木片内的更多扩散。不完全的预浸会明显增加纤维束含量,即使平均磺酸基含量合情理地高[21]。能用于木片用化学品预浸的各种方法[22]:

- 汽蒸木片,然后用冷亚硫酸盐溶液浸渍
- 木片机械压缩,接着在亚硫酸盐溶液中膨胀
- 喷洒化学品到木片上
- 化学品加到盘磨机

已发现前两种方法是最有效并用于实践中。压缩方法产生最高的药液摄取量[22]。采用这种方法，木片中的一些水被亚硫酸盐溶液取代。另一优点是木片水分差均衡，将产生更均匀的预浸。

商业上可提供基于压缩/膨胀技术的不同设备概念。图 8－15 和图 8－19 显示了一些实例。

使用化学品的种类和数量视木材种类（针叶木/阔叶木）和制浆方法（CTMP/CMP）而变化。生产针叶木 CTMP 时，条件是比较标准的：

－Na_2SO_3用量 2% ～4%（对绝干木片）

－pH 9～10

－温度 120～150℃

－停留时间 2～5min

如前所述，CMP 法的条件要比 CTMP 法强烈。表 8－1 列出一些推荐的条件以及一些工业装置报告的条件。采用各种 pH 水平，有些方法在酸性条件下运行。与 CTMP法相比，反应温度明显较高而处理时间较长。

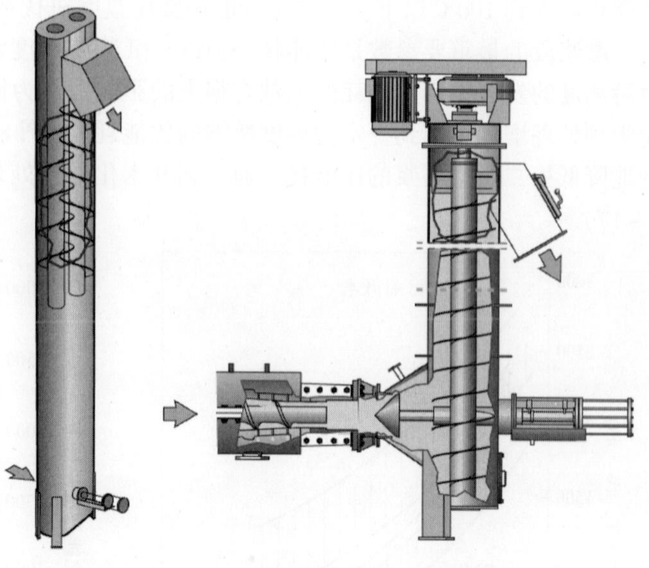

图 8－15　Prex 预浸单元（由 Metso 提供）

表 8－1　一些工业上和推荐的针叶木 CTMP 条件[23－25]

方法	CMP	CMP	SCMP	BCMP	UHY
Na_2SO_3 或 $NaHSO_3$ 用量/%（对木材）	12～20	10～15	13～16	10.5～15	6
pH	8～11	7～10	7.5～9.5	5.9	4.5
反应温度/℃	140～175	140～160	150～160	168	147
反应时间/min	10～60	30～60	30～45	50～60	240

不同种类阔叶木的化学和形态组成的变化比不同种类针叶木的变化大得多。仅有少数的阔叶木种类，如杨属，能作为纯机械浆的原料。大部分树种，如桉木、石梓和桦木，需要某些类型的化学处理。碳水化合物在高碱性段的改性与木素在亚硫酸盐段的改性相结合在阔叶木预处理中是有用的。尽管如此，基于碱或亚硫酸盐化学品的方法仅能成功地用于某些树种。表 8－2显示由阔叶木生产 CTMP 和 CMP 浆推荐的预处理条件。

表 8－2　推荐的阔叶木生产 CTMP 和 CMP 浆的条件[23,25]

方法	CTMP	CMP	
化学品用量/%（对绝干木材）	0～4Na_2SO_3＋1～7NaOH	1～15Na_2SO_3	4～8NaOH
pH	12～13	9～10	12～14
反应温度/℃	60～120	130～160	50～100
反应时间/min	0～30	10～60	30～60

8.5.3 磨浆

化学机械法的最重要特征是与在机械磨浆段改变木材物质的行为有关,如图 8 - 6 所概括。化学预处理段的强度也影响软化温度。导致木材中磺酸根含量超过 1% 的强烈处理能降低软化温度到 100℃以下。这意味着能用常压盘磨机代替压力盘磨机。

磨浆段的最重要参数是比能耗(SEC)。纸浆游离度和比能耗是相互依赖的,化学预处理对游离度的发展作为比能耗的函数有很大的影响。作为针叶木制浆的规律,得率 85% 以上的化学预处理增加了磨到一定游离度所需的比能耗(见图 8 - 16)。相反,一个强的段间化学处理能降低第二阶段磨浆的比能耗。通常阔叶木化学预处理清楚地降低了纸浆的比能耗(见图 8 - 17)。

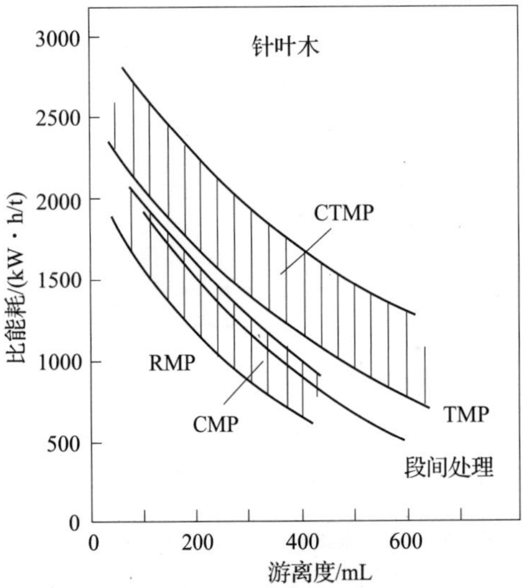

图 8 - 16 针叶木各种高得率制浆法的比能耗[23]

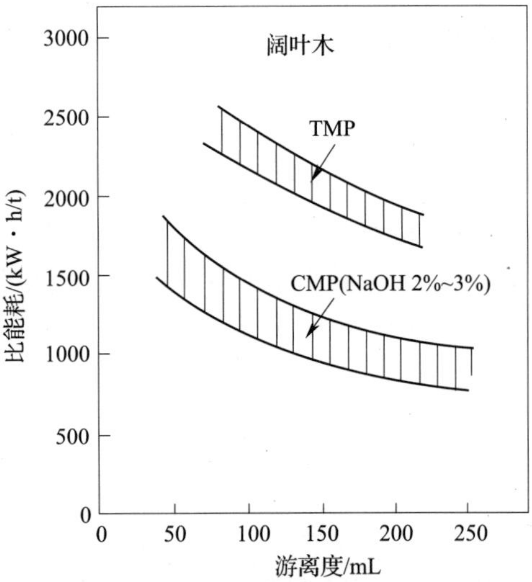

图 8 - 17 阔叶木生产 TMP 和 CMP 的比能耗[23]

调节机械磨浆段的比能耗以得到合适的纸浆质量,绝大多数通过控制纸浆的游离度水平。采用一段或两段系统取决于磨到要求的游离度所需的能量。

近年来,针叶木纤维的短化作为用 CTMP 作中间层生产纸板时改善成形的一种手段已经变得日益重要了。为达到此目的,一些盘磨机磨盘制造厂已经开发了生产纤维长度降至 1.2mm 的新型磨盘,而标准磨盘生产的纤维长度为 1.8mm。同时,也已达到比能耗的大幅下降。

8.5.4 干燥

如果需要干燥,化学机械浆通常是在闪急干燥器中干燥,虽然也能使用常规的气垫干燥器。闪急干燥是一个绝热过程,脱水后的纸浆被引入热气流中,使浆中的水分在几秒内蒸发。图 8 - 18 表示一种简化的流程图。纸浆用双辊压榨(1)或双网压榨脱水到干度48% ~50% ,然后在绒毛化器(2)中撕碎成颗粒并送到干燥器中。浆气混合物通过许多个闪击干燥塔(7、11),通常为两个双塔系统,其间有旋风分离器。第一段空气加热器可以烧油或天然气(5),而第二段干燥器采用蒸汽加热空气(10),可能从磨浆回收的蒸汽加热。闪击干燥器能在两个干燥段里完全用蒸汽时同样工作得很好。干燥了的纸浆颗粒和湿气体在一个旋风分离器(13)中分离。第二段的排气与进口的空气混合后到第一段干燥器(14,15,16)。第一段除去表面水分(约30%水分),较为温和的第二段在较低的温度下进行。干燥了的纸浆经过冷却风机(17)和旋风分离器(18)进到板式压榨机(19),而离开干燥器的湿空气最后在一个洗涤器中洗涤。第一干燥段的浆温维持在70℃以下,第二干燥段浆温低于60℃,而空气入口温度分别为300~400℃和150~180℃。干燥器低温和短停留时间有效地防止纸浆的热诱导返黄。

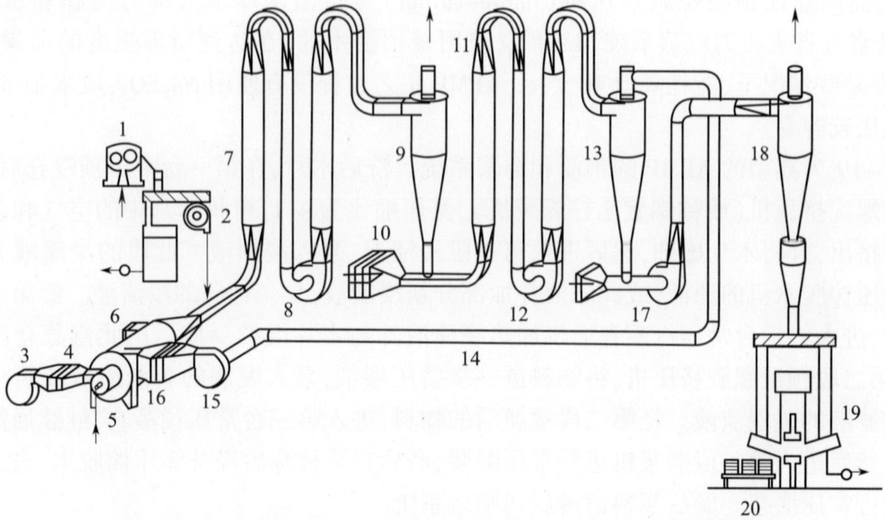

图 8-18 纸浆脱水、闪急干燥和打包生产线(由 Metso 提供)[26]

在板式压榨机中干燥的纸浆压成厚片或厚板,4~6 个厚板堆放在一起形成质量约 200kg 的浆捆。一台闪击干燥器的生产能力可达 1200t/d,而一台板式压榨机的生产能力约为 500t/d。

纸浆通常干燥到水分含量 12%。如果水分含量降得太低,干燥会成为临界的,因为过热会引起纤维的热交联,使纸浆离解困难,趋于产生所谓的鱼眼。闪击干燥的比能耗约为电 60Wh/kgH_2O 和热 3MJ/kgH_2O。闪击干燥是通常用于化学机械浆的干燥方法,因为其运行和投资成本比常规的气垫干燥器低[26]。

8.5.5 打包

离开板式压榨机的浆捆以与化学浆捆同样的方式送到打包生产线,例外是化学机械浆捆是用纸包装的。板式压榨机来的浆捆比切好的化学浆捆更易解离,在打包生产线产生许多碎屑而造成操作问题。打包生产线是一大的自动工作输送系统,包括打包机、包装、折叠和打印机以及测量浆捆重量和干度的装置。

8.6 APMP/P-RC APMP 法制浆

8.6.1 APMP 法

碱性过氧化氢机械浆(APMP)是在漂白化学热磨机械浆(BCTMP)的基础上发展起来的。碱性过氧化氢已成为亚硫酸钠的替代化学品用于木片预处理,用于低密度阔叶木(如杨木)生产漂白化学机械浆[27-29]。20 世纪 80 年代，Andritz 公司开发了以碱性过氧化氢机械浆(APMP)为商品名的高得率浆生产方法，将制浆与漂白结合在一起同时完成。

APMP 的基本流程为：洗后木片→一段螺旋挤压预浸→二段螺旋挤压预浸→一段常压磨浆→螺旋挤压→二段常压磨浆→消潜→筛选净化→多盘过滤机→高浓浆塔

该流程的特点是两段螺旋挤压、两段预浸和两段常压磨浆。与其他高得率制浆方法相比，APMP 的优点有：a. 制浆漂白合二为一，不需要专门的漂白车间，可以节省投资 25% 以上；b. 采用的高压缩比预浸螺旋挤压机(impressafiner)可挤出木片中大部分树脂和水溶出物；c. 常压磨浆可省去压力汽蒸系统；d. 磨浆前用碱预浸木片，在达到所需强度的前提下，可降低能耗，在某些情况下，能耗降低 40%；e. APMP 工艺过程没有使用 Na_2SO_3，废水中不含硫，废水的处理比较容易。

图 8-19 为典型的 APMP 的预浸和磨浆系统。洗后木片，在第一台常压预浸仓后，进入第一段预浸螺旋挤压机(或称螺旋压榨撕裂机)，其压缩比为 4:1，可将木片中的空气和多余水分及树脂等挤出，并将木片碾细，然后进入第一段浸渍器，泵入浸渍液。此段的浸渍液为第一段磨浆机后压榨脱水机的滤液，或此滤液补加部分新浸渍液，是一种弱的浸渍液。经第一段预浸后的木片，进入第二台常压汽蒸仓通汽加热浸渍液并与木片继续反应。由此汽蒸仓出来的物料，进入第二段预浸螺旋挤压机，将物料进一步挤压碾细，泵入配制的新浸渍液或新浸渍液加部分一段滤液的强浸渍液。经第二段浸渍后的物料，进入第三台常压预蒸仓，继续通汽进行化学反应。然后进入第一段磨浆机进行常压磨浆，磨后粗浆稀释后经洗涤压榨脱水，进入第二段磨浆机进行常压磨浆。磨后浆料消潜后送筛选系统。

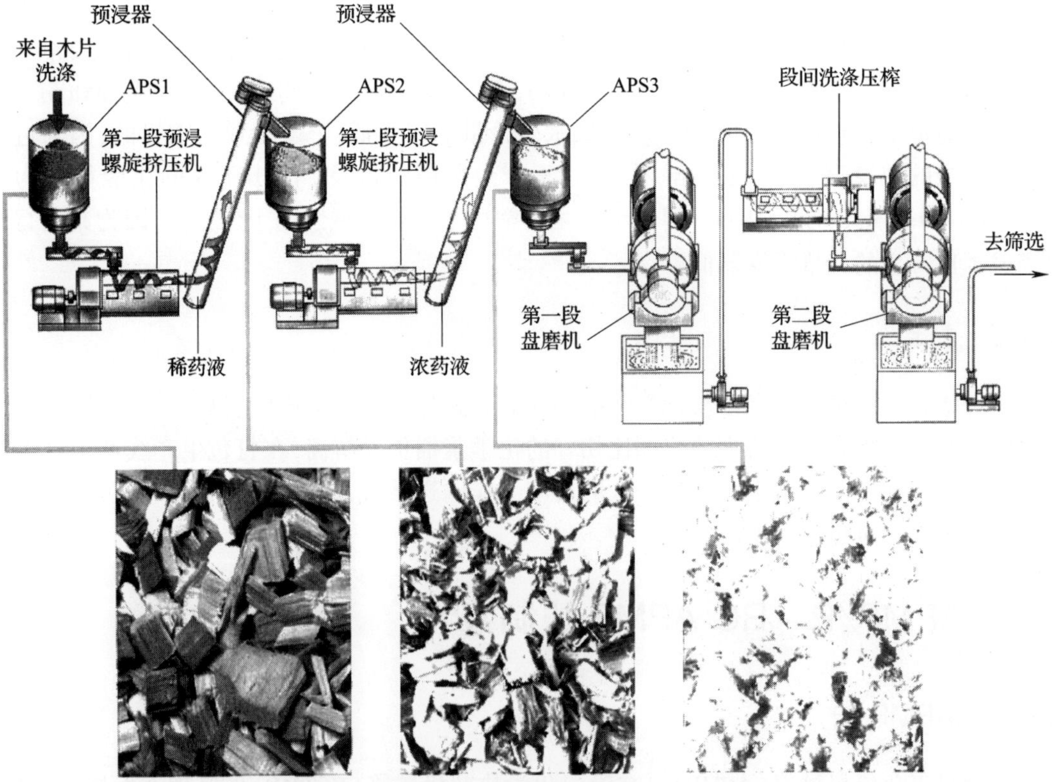

图 8-19　APMP 预浸和磨浆系统(由 Andritz 提供)

预浸螺旋挤压机（螺旋挤压撕碎机）是生产 APMP 的关键设备，其对木片的挤压效果对浆的质量有重要的影响。这种高压缩比的螺旋挤压机将木片中空气、树脂和部分水分挤出，并将木片碾细，结构变得疏松，出挤压机后膨松的木片易于吸收浸渍液并与之反应。经过充分挤压的木片，不仅可以充分均匀地吸收化学药液，提高处理的效果，还能起到节省药品用量、缩短反应时间的作用。研究表明，用于 APMP 的螺旋挤压机较适宜的压缩比为 4∶1。

中国某公司设计了一种新型挤压撕裂机，其主机结构如图 8－20 所示。该机主要由组合轴承箱、机座、滤鼓、传动轴、变径螺旋轴、出料口和背压装置组成，由带筛孔的圆筒形滤鼓和变径螺旋轴构成压缩空间用于压缩物料，出料口处由一气动控制的背压装置调整出口压力，使原料形成料塞，并防止浸渍药液倒灌。经过洗涤脱水和汽蒸后的原料均匀地输送到设备进料口，因变径螺旋的推进，出料容积逐渐变小，使原料受到挤压，被压溃、变形成为木丝状，并被高度压缩成为一个紧密的木丝团后输出，在出料口部或浸渍器内向木丝团喷加药液，然后被推入浸渍器中充分浸渍药液，并被连续输送到后续工段。该公司制造的挤压撕裂机的螺旋直径分别为 300mm、400mm 和 500mm，压缩比为 3∶1～4∶1，生产能力分别为 30～80t/d、100～250t/d 和 300～750t/d。该设备结构合理可靠，性能稳定，适用于速生杨、桉木、松木等原料生产化学机械浆[30]。

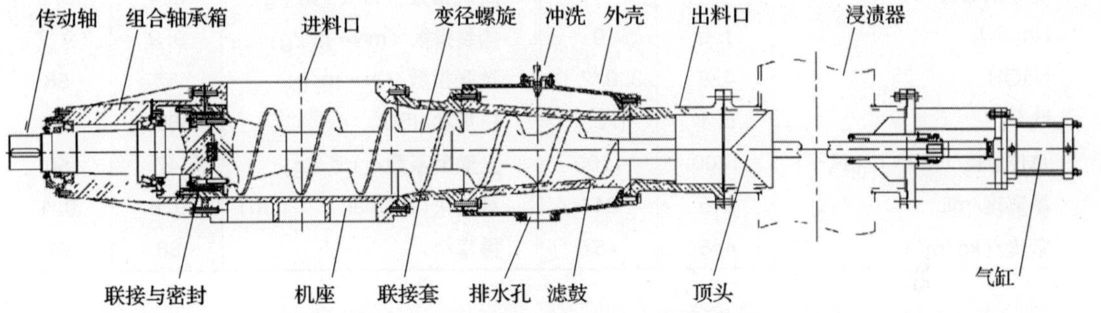

图 8－20　新型挤压撕裂机主机结构[30]

用于化学预浸的化学品为 NaOH 和 H_2O_2，同时加入部分助剂。NaOH 和 H_2O_2 用量是影响质量的主要因素。NaOH 用量（尤其是第一段预浸的 NaOH 用量）与纸浆的物理强度和磨浆能耗有较大的关系，增加 NaOH 用量，浆的物理强度提高，而白度和得率下降，磨浆能耗也减少。H_2O_2 用量（尤其是第二段预浸的 H_2O_2 用量）与纸浆的最终白度有较大的关系，增加 H_2O_2 用量，纸浆白度提高，松厚度有所提高，强度有所降低，而对浆的得率影响甚小。加入适量的整合剂（EDTA 或 DTPA）和保护剂（Na_2SiO_3 和 $MgSO_4$）对稳定 H_2O_2 提高纸浆白度有显著的作用。预浸渍的温度，为了不使 H_2O_2 受热分解，必须在 100℃ 以下，视原料种类不同而有所差别，一般为 60～80℃。预浸渍时间，应能保证原料浸渍均匀充分，并有合适的时间，一般为 30～60min。

APMP 一般采用两段常压高浓磨浆，第一段磨盘间隙大，浆浓较高（30%～35%）；第二段磨盘间隙较小，浆浓比第一段低些。成浆的游离度视纸种而不同。用于生产新闻纸和 SC 纸时，游离度一般控制在 100～150mL，生产 LWC 时，游离度范围为 50～100mL。

表 8－3 比较了杨木 APMP 和 BCTMP 的结果。此结果源自两个不同的实验室。在一个既能按 APMP 模式运行也能按常规 CTMP 模式运行的浆厂生产试验表明，对 APMP 模式，达

到目标游离度的比能耗较低，而达到目标白度的化学品消耗较高。两种方法总的运行成本在相同的水平上。没有检测到纸浆质量的任何有意义的差别，而两种方法有大体相同的操作窗口。

表8－4为黑云杉APMP与BCTMP的比较。由表8－4中看出，在相同白度下，APMP与BCTMP在化学药品消耗、能耗、成浆的得率、强度等方面相差不大。

表8－3　生产杨木化学机械浆两种主要方法的比较[31]

项目	研究中心A		研究中心B	
	BCTMP	APMP	BCTMP	APMP
化学品用量/%				
Na_2SO_3	1.4	—	2	—
总碱	6.1	5.8	5	4.5
H_2O_2	4	4	4	4.5
比能耗/(kW·h/t)	1.72	1.22	1.7	1.2
游离度/mL	77	77	100	100
纸浆紧度/(kg/m³)	555	558	485	490
抗张指数/(N·m/g)	58	60	49	50
白度/%	82.8	83.5	84	79
光散射系数/(m²/kg)	39	43	45	39

表8－4　黑云杉APMP与BCTMP的比较[32]

项目	BCTMP	APMP	项目	BCTMP	APMP
化学品用量/%			耐破指数/(kPa·m²/g)	3.4	3.2
Na_2SO_3	1.0	0	撕裂指数/(mN·m²/g)	9.9	9.7
NaOH	4.8	3.0/2.0	抗张指数/(N·m/g)	57	56
H_2O_2	5.1	1/3.7	白度/%ISO	80	80
单位能耗/(kW·h/t风干)	1700	1700	光散射系数/(m²/kg)	47	50
游离度/mL	245	244	纤维束(Pulmac 0.1 mm)	0.6	0.1
紧度/(kg/m³)	445	457	得率/%	88	87

8.6.2　P－RC APMP法

P－RC APMP是在APMP基础上发展起来的一种高得率制浆工艺。P(Preconditioning)表示磨浆前的预处理，RC(Refiner Chemical)代表磨盘促进浆料的化学作用。Andritz公司推出的P－RC APMP工艺有两个重要特性使其区别于APMP工艺：① 木片在预浸段只经过50～60℃温和的化学处理；② 主要的漂白反应在一段磨及其后的高浓反应塔中进行，纸浆漂白代替了木片漂白。这样，可以克服APMP漂白不完全的不足。

P－RC APMP的工艺流程示于图8－21[33]。该流程的主要特点有：设置两段木片挤压及预浸系统，增强了木片的挤压效果，提高了药液与木片反应的均匀性；两段常压磨浆，压力喷放，可减少纤维束含量；在一段磨喷放管中加入漂白化学药液，充分利用其高温高浓高压的条件，促进了药液与浆料的均匀混合，有利于浆料在高浓塔中的漂白反应，从而使药耗大大减少；漂液的多点加入有利于漂白工艺及成浆白度的控制；二段磨后增加了低浓磨浆系统，使成浆质量均匀，浆料游离度控制更灵活，工艺调控灵敏。

P－RC APMP的第二段磨浆也有在低浓下进行。与高浓磨浆相比，第二段低浓磨浆能更有效地减少纤维束含量，需要较少的能量，得到较高的光散射系数，生产具有相近抗张强度而撕裂强度较低的纸浆[34]。

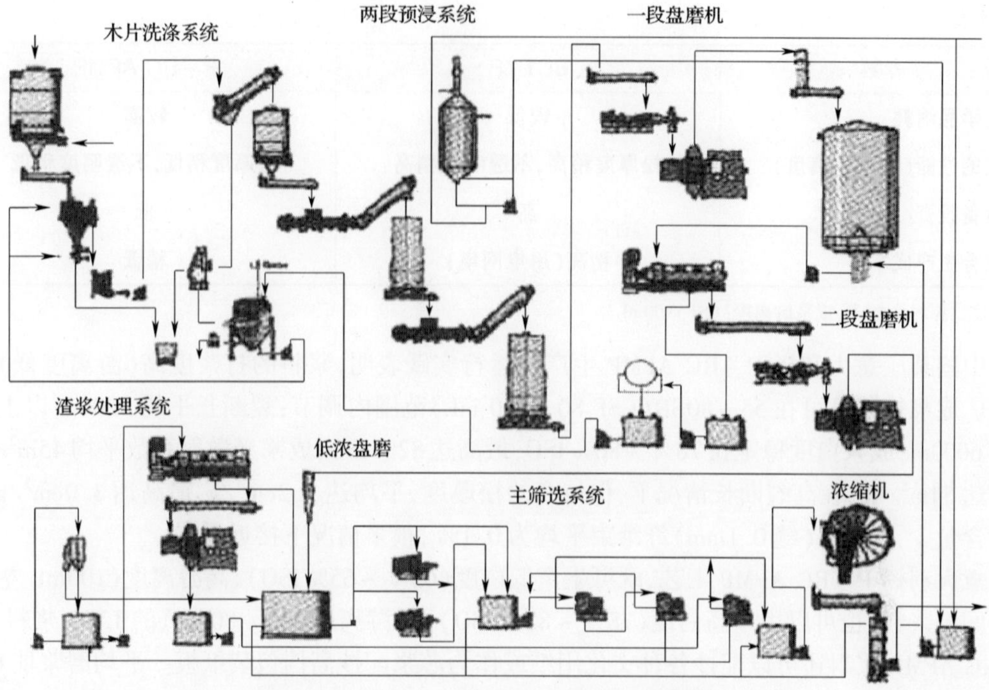

图 8-21 P-RC APMP 生产线工艺流程图[33]

中国某厂以杨木为原料,建设 15 万 t/a 化学机械浆生产线。采用 BCTMP 和 P-RC APMP 两种技术方案,进行了综合比较(见表 8-5)[35]。结果表明,BCTMP 和 P-RC APMP 都是先进的化学机械浆生产工艺,但各有优缺点。BCTMP 的优点是成浆松厚度高,不透明度好,有单独的漂白段,对原料及成浆质量的适应性强。P-RC APMP 的制浆和漂白同时完成,工艺流程和设备相对简单,基建投资较少;能耗比 BCTMP 低;制浆过程中不使用亚硫酸盐,只用碱和过氧化氢等化学药品,废水中不含硫化物,处理相对较易,对环境的影响较小。

表 8-5 BCTMP 和 P-RC APMP 两种工艺综合比较[35]

参数	BCTMP	P-RC APMP
磨浆能耗/(kWh/t 风干浆)	2100	1650
其他能耗/(kWh/t 风干浆)	150~200	≤200
装机容量/kW	21000+10000+10000 (一段磨+二段磨+浆渣磨)	16000+16000+1200 (一段磨+二段磨+浆渣磨)
水耗/(m^3/t 风干浆)	20	20
得率/%	90	88
白度/%	80	80
污水处理	污水 COD 稍低,但含硫, 污水经厌氧、好氧两级处理	污水经厌氧、好氧两级处理
投资设备/处理成本	相似	相似
预浸工艺	一段预浸	两段预浸
原料适应性、调整范围	大	较小

续表

参数	BCTMP	P－RC APMP
化学品消耗	较低	较高
浆的性能(相同游离度)	松厚度稍高,不透明度稍高	松厚度稍低,不透明度稍低
设备投资/总投资	高	低
综合生产成本	稍高(用电网电)	稍低

注　原料为杨木,成浆游离度(CSF)100mL。

中国某厂意大利杨 P－RC APMP 生产线运行实践表明,浆料的打浆度高(游离度低),强度好。成浆打浆度可在 55～80SR(CSF 80～150 mL)范围内调节;裂断长平均 3200m 以上,最高达 6000m;成浆白度稳定在 78%～80% ISO,最高达 82% ISO;成浆光散射系数平均 $45m^2/kg$,最高达 $54m^2/kg$;在高裂断长情况下,保持高的松厚度,平均达 $2.2cm^3/g$,最高达 $3.0cm^3/g$;纤维束含量少,Pulmac(缝 0.1mm)纤维束平均为 0.1%,很多情况下接近零[33]。

意大利杨 P－RC APMP 工艺,既可生产低白度(63%～65% ISO)、高游离度(100mL 左右)的新闻纸浆料,也可以生产高白度(78%～82% ISO)、低游离度(60～80mL)的 LWC 浆料[33]。P－RC APMP 浆料还可以配抄各种文化用纸或作为芯浆配抄高档包装纸板。平均磨浆能耗低于 1500kW·h/t 风干。

中国进行了混合阔叶木(柞木、水曲柳、桦木等)P－RC APMP 的研究。两段预浸渍的 NaOH 总用量为 6.0%,H_2O_2总用量为 5.0%;当磨后打浆度为 50°SR 时,制得的浆料的白度为 74.8% ISO,抗张指数为 43.66N·m/g,撕裂指数为 $3.4mN·m^2/g$[36]。

8.7　特殊方法

基于亚硫酸盐化学品预处理的化学机械法是最普通的方法,但是也已开发了基于其他概念的方法。亚硫酸盐处理能用于过程的其他段(参见图 8－1):

－在两段盘磨机法的两个机械段间(段间处理)

－仅直接用于筛渣组分

也研究了机械段后的亚硫酸盐处理——后处理,但这种处理似乎只呈现最低的潜力。此外,已研究了许多不同的化学处理,其中碱性过氧化氢预处理看来是特别有兴趣的。一种基于短时高温蒸汽预处理称之为“爆破法制浆”的新方法也已提议用于生产化学机械浆[37]。

8.7.1　段间磺化

段间磺化时,亚硫酸盐处理是在两个磨浆段间的一个反应器中进行(参见图 8－1)。因为木材原料已经纤维化,这种方法中预浸不需专门设备。因为纤维释放的主要部分已在第一盘磨段发生[38],段间磺化影响纸浆性质的可能性比预处理更有限。因而,推荐比预处理相对强烈的条件用于段间处理:

① 化学品用量 10% Na_2SO_3(对浆);

② 温度 160℃;

③ 停留时间 60min。

段间处理的一个特性是湿纸幅断裂功明显比预处理增加。段间磺化清楚地降低磨浆到一定游离度所需的比能耗(参见图 8 - 16)。

8.7.2 筛渣磺化

筛渣磺化时,化学处理插在筛渣盘磨机之前(参见图 8 - 1)。由于筛渣中富含大部分长纤维,这种方法使得有可能仅直接对长纤维进行化学处理而没有影响较细的组分。与化学预处理和段间处理相反,筛渣磺化也能用于磨石磨木法。

筛渣磺化能明显改善筛渣再磨时纤维束的减少和降低比能耗[39]。它也明显地提高长纤维的强度潜力,但由于仅处理浆流中的一部分,所以对最终纸浆性质的影响较有限。

8.7.3 筛渣的碱性过氧化氢处理

阔叶木化学机械浆预浸和过氧化氢漂白段的总用碱量对抗张强度和光散射系数都有很大的影响,如图 8 - 22 所示。用碱量越高,抗张强度越高,但光散射系数越低。为了最终产品在一选择的抗张强度水平上使光散射系数最高,可用碱性过氧化氢处理(漂白)筛渣中富含的长纤维,而在后漂白中的用碱量可以减少,因此保留良浆中富含的细小纤维以免光散射损失[40],也能达到总磨浆能量相当大的减少。

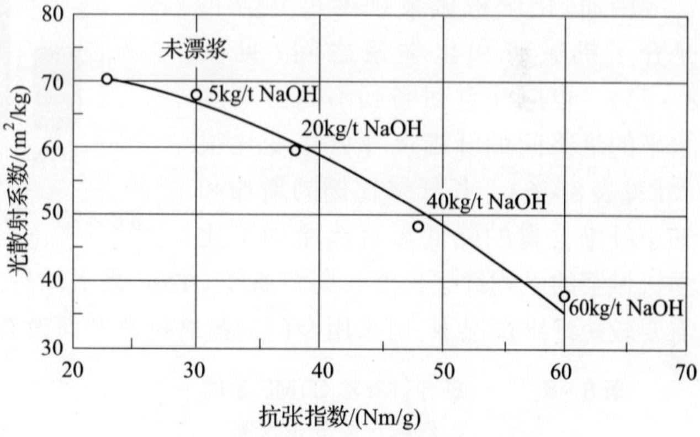

图 8 - 22 杨木 CTMP 的抗张指数和光散射系数与总碱的函数关系[41]

8.7.4 臭氧处理

机械浆的臭氧处理自 20 世纪 70 年代后期到 80 年代中以及 90 年代中起已进行相当深入细致的研究。TMP 已是最普遍的浆种但也已检验了 SGW、PGW、CMP 和 CTMP 的臭氧处理。至今,尚未有实践执行的报道。

臭氧处理能作为纤维化和磨浆段间处理或筛渣磨浆前进行[42-43]。臭氧改良纤维表面化学。主要反应是抽出物和木素的氧化和降解。在抽出物中,不饱和脂肪酸及其甘油三酯、甾醇和苯乙烯酯是容易氧化成较小和更可溶的化合物。树脂酸反应性稍差而饱和树脂酸完全不反应。与木素的反应速率比与聚糖的反应快 100 ~ 1000 倍[44]。因此,低臭氧用量下纤维素没有降解而半纤维素仅有很小程度的降解。

这种表面化学改性可看作臭氧的主要作用,解释改进的纸浆性质以及磨浆能耗的减少。臭氧处理主要增加结合的能力,而松厚度、得率、光散射系数和白度降低。抽出物含量根本上减少。得率的损失限制臭氧的用量在 1% ~ 2%(对绝干浆)。臭氧对不饱和脂肪酸及其酯的高反应性使用于食品纸板的纸浆对臭氧处理感兴趣。同样地,臭氧处理促进了松木用作机械浆和化学机械浆的原料[45]。

8.8 纤维和纸浆性质

8.8.1 纤维性质

化学处理通过改变纤维尺寸分布以及改变个体纤维的特性来改进纸浆的性质。

与机械制浆相比,化学预处理对木材和纤维在盘磨机中行为的影响以下列方式影响"纸浆几何":a. 纤维束量减少;b. 长纤维量增加;c. 细小纤维量减少。

因而,化学机械浆纤维尺寸分布是介于机械浆和化学浆之间(见图8-23)。也应注意到磨到不同游离度水平的纸浆间的纤维尺寸分布变化很大(见表8-6)。长纤维比例的增加和细小纤维含量的降低显著地增加了化学机械浆的平均纤维长度。高游离度CTMP浆平均纤维长度接近硫酸盐浆(见表8-7)。在需要较短纤维情况下,可采用专门的盘磨机盘磨而没有危害纸浆的强度性质或松厚度。

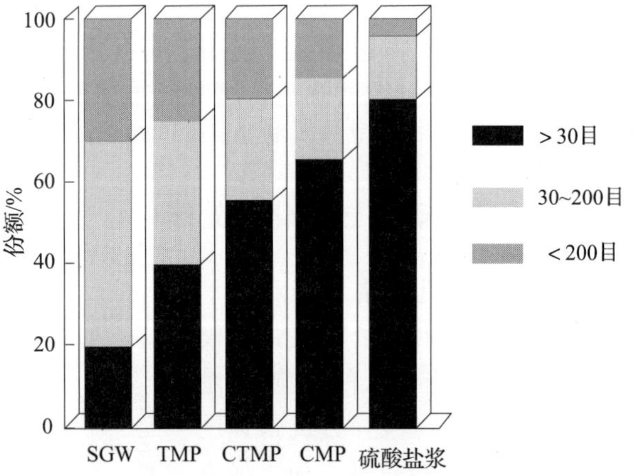

图8-23 各种纸浆的纤维尺寸分布(Bauer-McNett)

表8-6 各种针叶木CTMP浆的纤维尺寸分布示例

项目	纸板和卫生纸级	新闻纸级	低定量涂布纸级
游离度/mL	250~500	80~100	40~50
纤维束含量/%	0.2	0.1	0.05
Bauer-McNett 筛分含量/% +30	60	45	30
-200	15	25	30

表8-7 由同种原料(木材纤维长度约3.0mm)生产的各种针叶木浆的平均纤维长度[46]

浆 种	平均纤维长度/mm
TMP,游离度100mL	1.3~1.7
CTMP,游离度100mL	1.3~1.8
CTMP,游离度200mL	1.4~1.9
CTMP,游离度300mL	1.5~2.0
针叶木硫酸盐浆,未打浆	2.2~2.4

表8-8为中国山东、河南4个化学机械浆厂生产的P-RC APMP浆的纤维性质[47]。由表8-8可知,几种P-RC APMP浆的游离度在400~500mL,可以提供较好的滤水性能,也可保证较高的松厚度。几种浆的纤维束含量甚低,而细小纤维含量较高。由于原料杨木的纤维长度较短,制得的P-RC APMP浆平均纤

表8-8 几种杨木P-RC APMP浆的纤维性质[47]

浆样	1	2	3	4
游离度/mL	413	452	477	438
打浆度/°SR	22	21	20	21
纤维湿重/g	1~7	1~7	1.8	1.7
纤维束含量*/%	0.102	0.121	0.126	0.118
细小纤维含量/%	16.4	14.3	13.7	18.3
平均纤维长度/mm	0.644	0.683	0.687	0.635
平均纤维宽度/μm	23.2	23.4	22.6	21.9

注 *≥0.15mm的粗大纤维。

维长度均较短,而平均纤维宽度很接近。

化学预处理通过改变纤维表面性质和磺化细胞壁中木素等各种机理影响个体纤维的特性,因而增加纤维的柔韧性和可压馈性。这些机理对纸浆性质均有重要的影响。涉及改变纤维表面性质的机理有:

① 能改变构成纤维粒子表面的纤维壁层断裂的类别;

② 纤维表面木素的磺化,以增加亲液性,提高结合能力和表面局部可塑性。

8.8.2 纸浆性质

CTMP 结合了化学浆和机械浆各自的优点,既有很高的得率,又有较好的柔软性和强度。由于木片经过化学处理,即使在高游离度下,筛渣的含量也很少,长纤维级分比 TMP 多;与漂白硫酸盐浆等化学浆相比,它能在高松厚度下达到一定的强度,有利于改善产品的某些性能,如纸板的良好松厚度,卫生纸的高吸水性,印刷纸的挺度等。

与 TMP 相比,CTMP 具有以下优点:① 长纤维组分多,纤维束少;② 具有较好的柔韧性,主要表现在具有较大的紧密性,改善了抗张强度与撕裂强度;③ 可漂性得到改善,白度较高;④ 树脂易于脱除,因为在碱性条件下,磨浆时树脂组分得到很好分离,在后续的洗涤中极易除去。这种性能,对于绒毛浆的生产及薄纸的抄造,是很重要的。表 8-9 为云杉和白杨 CTMP 与 TMP 性质比较[32]。

表 8-9 云杉和杨木 CTMP 与 TMP 性质的比较[32]

树　种	云　杉			杨　木		
方　法	TMP	CTMP	CTMP	TMP	CTMP	CTMP
Na_2SO_3用量/%	0	1.7	4.6	0	1.8	2.0
NaOH 用量/%	0	0	0	0	1.2	4.0
比能耗/(kWh/t)	1980	2150	2300	—	—	—
游离度/mL	100	100	100	100	100	100
紧度/(kg/m^3)	405	438	445	365	409	545
耐破指数/($kPa \cdot m^2/g$)	2.35	2.55	2.90	0.9	1.6	2.6
抗张指数/($N \cdot m/g$)	42	52	54	2.3	39	51
撕裂指数/($mN \cdot m^2/g$)	8.6	8.4	8.2	3.1	4.6	6.2
光散射系数/(m^2/kg)	43.5	40.0	38.0	68.0	52.0	41.0
白度/%	53.0	56.5	57.0	58.0	61.0	49.5

由化学预处理引起的纤维性质的变化也反映在纸页性质上。在比较 CMP 与相应的 TMP 性质时,必须注意到化学预处理改变游离度—比能耗的关系(见图 8-16 和图 8-17)。因此,这种比较不是明确的,但是必须定义比较的方式。例如,纤维化后在相同的游离度水平,相同的比能耗,或更可取地用于同种产品来比较纸浆。

Atack,Heitner 及共同工作者[38,48-49]就制浆条件对针叶木 CTMP 和 CMP 浆性质的影响进行了广泛的中间试验研究。虽然常压磨浆和和压力磨浆不在相同的盘磨机中进行,对结果可能有些影响,但从结果中能看出一些总的趋势。

预处理到磺酸基含量低于1% 并未有意义地影响纸页的紧度(见图8 - 24)。可能的解释是在此范围内增加纤维的柔韧性被减少的细小纤维量所抵消。

在恒定的输入磨浆能量下比较,磺化处理到磺酸基含量低于1% 并没有有意义地改变抗张指数(见图8 - 25)。因而高游离度CTMP浆没有比TMP浆高的抗张强度的必要性。在恒定的游离度下比较,低于1% 的磺酸基含量改善CMP/CTMP浆的性质(见图8 - 26)。

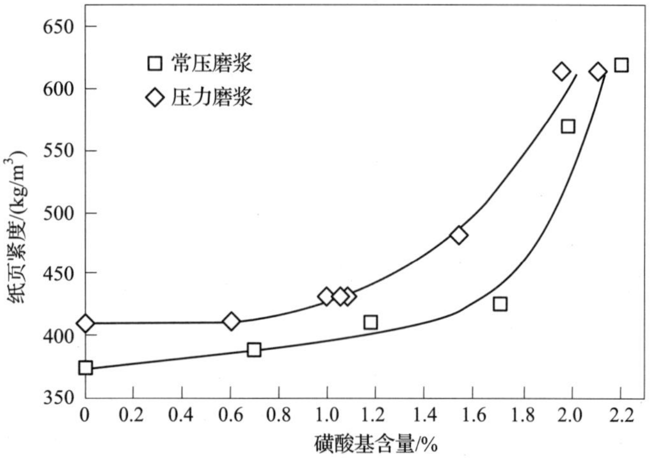

图8 - 24 游离度为100mL的黑云杉化学机械浆的纸页紧度作为磺酸基含量的函数[48]

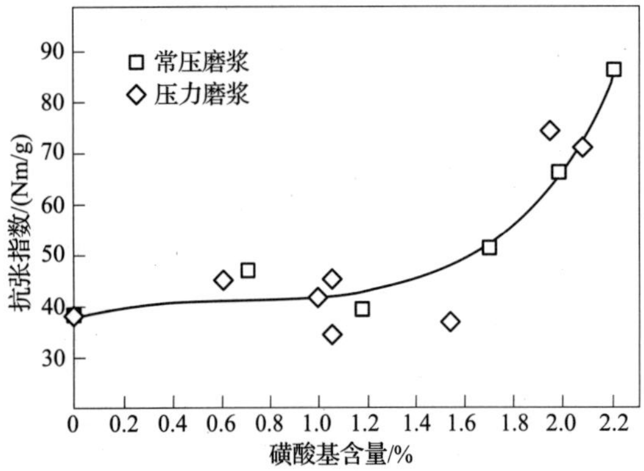

图8 - 25 磨浆比能耗为1.94MWh/t的黑云杉化学机械浆的抗张指数作为磺酸基含量的函数[48]

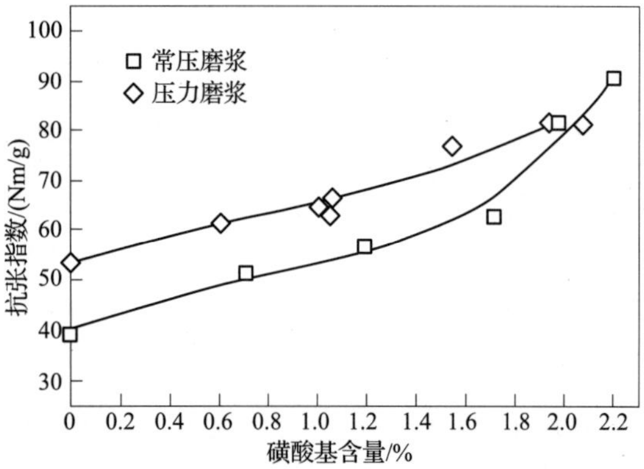

图8 - 26 游离度为100mL的黑云杉化学机械浆的抗张指数作为磺酸基含量的函数[48]

如TMP法,压力下磨浆比磺化到磺酸基含量约1% 更多地增加最大可达的撕裂指数(见图8 - 27)。另一方面,压力磨浆和化学处理的作用是累加的,因此,至今最高的撕裂度由CT-MP法得到。图8 - 27比较的CTMP浆和CMP浆有大体相同的磺酸基含量。通常,CMP浆比CTMP浆预处理到明显较高的磺酸基含量。这将减少浆种间撕裂度的差别,因为最大可达的撕裂指数随磺酸基含量的增加而增加。

具有较低磺酸基含量的化学机械浆的光散射系数与机械浆相近。增加比能量会增加光散射系数和抗张强度(见图8 - 28)。高磺化度减少光散射系数到接近化学浆的水平。光散射系数和抗张强度的发展也开始与化学浆相似。

磨浆能量的增加提高抗张强度但降低光散射系数。

图8 - 29和图8 - 30表示挪威云杉(*Picea abies*)生产的CTMP浆有代表性的强度性质与磨木浆和热磨机械浆强度性质的比较。CTMP浆的强度水平,特别是抗张强度,大大的取决于游离度水平。因此,采用这种方法能生产不同类别的纸浆。

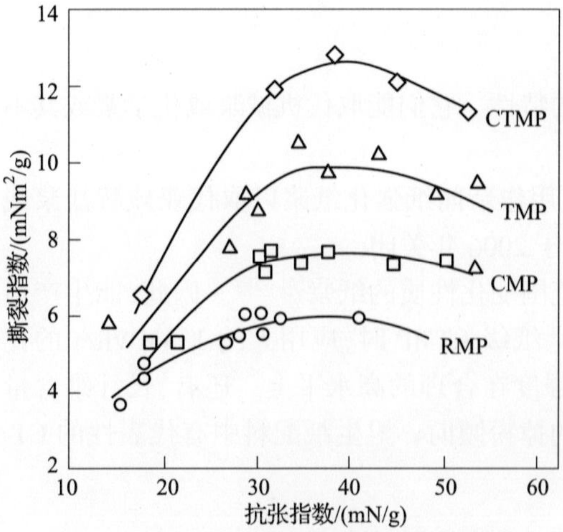

图 8-27 各种高得率纸浆撕裂指数与抗张指数的关系[49]

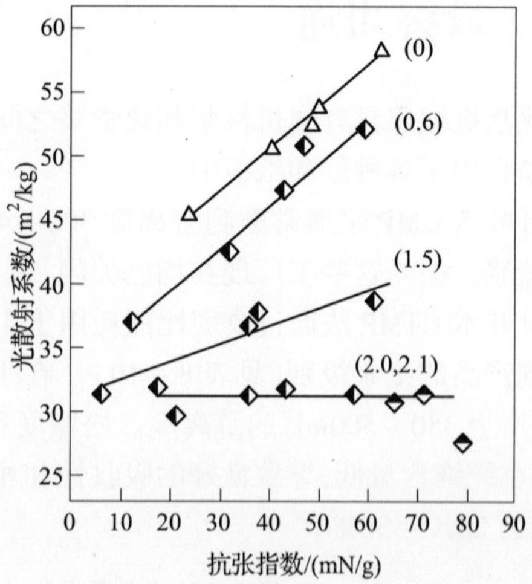

图 8-28 预处理到各种磺酸基含量(括号中注明)磨浆中光散射系数和抗张指数的发展[48]

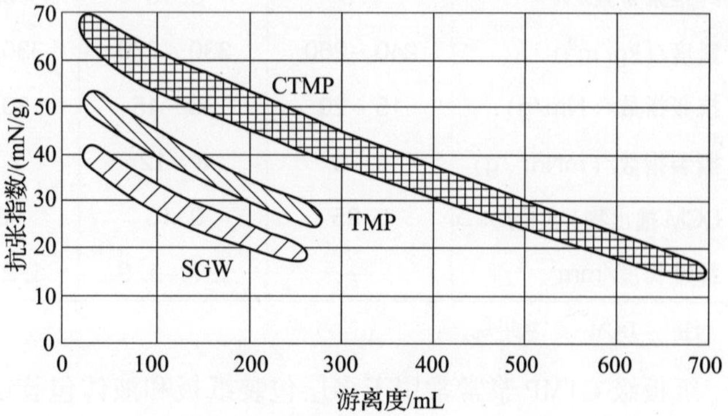

图 8-29 各种高得率浆有代表性的抗张指数水平[19]

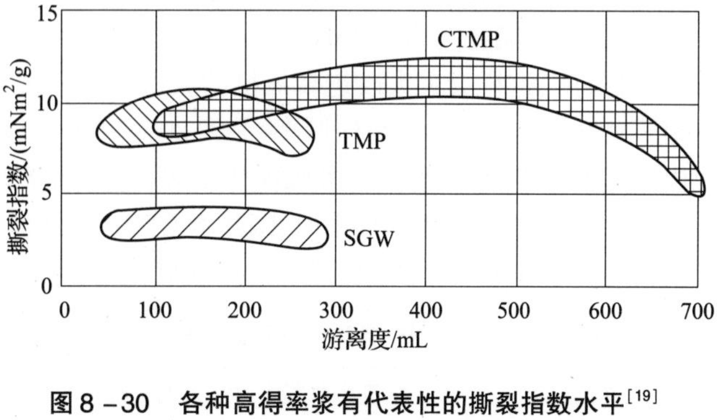

图 8-30 各种高得率浆有代表性的撕裂指数水平[19]

CTMP 浆的白度取决于木材原料。亚硫酸盐处理有温和的漂白作用,因而未漂 CTMP 浆的白度常常比相应的热磨机械浆高几个单位。

下列性质可看作针叶木 CMP 浆有代表性的,虽然这些性质取决于工艺条件而稍有变化[50-51]。

① 得率 80% ~90%;

② 游离度 300 ~400mL;

③ 抗张指数 50 ~60Nm/g;

④ 撕裂指数 8 ~12mNm²/g;

⑤ 光散射系数 30 ~40m²/kg。

强度性质比 CTMP 浆稍高,但光散射系数明显较低。低光散射系数降低纸浆白度。例如,在浆中有色物质含量相同情况下,光散射系数从 70m²/kg 降至 35m²/kg 能减少纸浆白度 10% ISO 以上。

阔叶木化学机械浆的造纸性质视木材种类和工艺条件而变化。用碱量对强度性质和光散射能力有很大的影响。强度性质通常比针叶木化学机械浆低而与针叶木磨木浆大体相同的水平。

8.9 最终用途

化学机械浆具有纯机械浆和化学浆之间纸浆的特性。它们能取代机械浆或化学浆或其不同的结合用于各种纸和纸板中。

针叶木 CMP 浆通常磨到游离度 300 ~ 400mL,用作新闻纸强化纸浆以取代亚硫酸盐浆或硫酸盐浆。但是这些工厂现在均已关闭,最后一个于 2006 年关闭。

针叶木 CTMP 法通过改变比能耗用于生产大范围变化性质的纸浆[51-52]。因此,能生产适合不同产品的纸浆级别(见表 8 – 10)。在生产卫生纸级 CTMP 时,应用大约 1.4MWh/t 的比能量;产生 350 ~ 500mL 的游离度。松厚度和抗张强度在合理的高水平上。还有,长纤维含量高,细小纤维含量低,导致良好的吸收性和相当低的掉粉倾向。卫生纸配料中有代表性的 CTMP 量为 20% ~30%。

表 8 – 10　　用于各种终端用途的针叶木 CTMP 浆有代表性的性质

项目	绒毛浆	卫生纸级	纸板级	新闻纸级	LWC 级
游离度/mL	650 ~ 700	350 ~ 500	250 ~ 500	80 ~ 100	40 ~ 50
纤维束含量/%	1.5	0.15	0.15	0.1	0.05
紧度/(kg/m^3)	240 ~ 260	330 ~ 370	330 ~ 370	400 ~ 480	435
抗张指数/(Nm/g)	15 ~ 20	35 ~ 45	30 ~ 35	45 ~ 60	50
撕裂指数/(mNm^2/g)	5 ~ 8	8 ~ 12	7 ~ 10	8 ~ 9	6
DCM 抽出物* 含量/%	0.25	0.15	0.1	—	—
纤维长度/mm	—	1.7 ~ 1.9	1.2 ~ 1.8	—	—

注　* DCM—二氯甲烷。

纸板级 CTMP 浆常常用于多层包装纸板和液体包装纸板的中间层。这些产品中 CTMP 的优点是高挺度、高松厚度和良好的尺寸稳定性,与仅含化学浆的类似纸板相比有可能降低定量。与纯机械浆相比,CTMP 的低抽出物含量和洁净度是占优势的好处,防止气味和臭味污染所包装的产品。CTMP 的溶剂留着趋势也比纯机械浆小得多。纸板级 CTMP 浆磨到 250 ~ 500mL 游离度,比能耗约为 1.4MWh/t。通过采用专门设计的盘磨机磨盘,能减少针叶木 CTMP 的纤维长度,这样会大大改进纸板机的成形而不危害松厚度。

由于良好的光学性质和高松厚度,漂到 80% ~85% ISO 白度的阔叶木 CTMP 和 APMP 浆可取代机械浆用于印刷纸中,但也可取代化学浆,特别用于涂布纸类(见表 8 – 11)。在某些情况下,当需要改进表面平滑度和成形时,阔叶木 CTMP 也已部分或全部取代针叶木 CTMP 用于卫生纸和纸板类。通过采用高磨浆比能量,2 ~ 3MWt/h,也能生产适合于各种纸的低游离度纸浆。

表 8 – 11　　用于各种终端用途的杨木 CTMP 浆有代表性的性质

项目	卫生纸级	纸板级	高级文化用纸级	机械木浆印刷纸级
游离度/mL	350 ~ 500	350 ~ 500	150 ~ 250	50 ~ 100
纤维束含量/%	0.05	0.05	0.02	0.01
紧度/(kg/m^3)	360 ~ 400	360 ~ 400	500	460

续表

项目	卫生纸级	纸板级	高级文化用纸级	机械木浆印刷纸级
抗张指数/(Nm/g)	20 ~ 25	20 ~ 25	40	35
撕裂指数/(mNm²/g)	5.0 ~ 5.5	5.0 ~ 5.5	4	4.5
光散射系数/(m²/kg)	40 ~ 45	40 ~ 45	52	57
白度/% ISO	80 ~ 85	80 ~ 85	85	80

8.10 商品浆

大多数生产化学机械浆的商品浆厂建在北欧国家和加拿大。其生产能力在 7.5 万 t/a到 30 万 t/a 间变化。大部分浆厂生产 CTMP,但许多 APMP 和 P - RC APMP 工厂也已启动。全世界 CTMP 和 APMP 商品浆粗略估计为 200 万 t/a,其中一半为针叶木浆,一半为阔叶木浆。由于由低浆价和贵电力造成的获利能力很差,过去几年中加拿大的几个工厂已关闭。

市场上针叶木 CTMP 大多数用于多层包装纸板和液体包装纸板的中间层,以取代磨木浆或化学浆。少量用于卫生用品和低定量涂布纸。大多数阔叶木化学机械浆用于各种纸。但也与针叶木 CTMP 一起用于纸板。

生产的商品浆游离度范围为 100 ~ 500mL,白度为 70% ~ 80% ISO(针叶木级)和 70% ~ 85% ISO(阔叶木级)。如果需要的游离度低于 100mL,浆必须在造纸厂进行后精磨。其原因是游离度低于 100mL 的纸浆脱水压榨能力迅速降低。

也生产主要用作相同用途商品浆的成捆化学机械浆板。这些工厂生产现场消耗的湿浆或分配到公司内几个纸板或纸厂的干浆。成捆化学机械浆产量估计约为 450 万 t/a,其中 1/3 为针叶木级,2/3 为阔叶木级。针叶木级都是生产 CTMP。生产的阔叶木级约 50% 是 CTMP,50% 为 APMP 和 P - RC APMP,主要在中国。当仅需适中的白度增值时采用 APMP 法。

成捆化学机械浆的生产能力将在远东,特别在中国继续稳定增长,那里的木材资源缺乏。这种浆将用于纸板和所有纸种,从新闻纸变到涂布高级文化用纸。在工业化国家由于可能的电价上升趋势,化学机械浆的总生产能力大概会继续下降。由于返黄及与化学浆相比较差的强度性质,化学机械浆作为造纸原料在工业化国家未必能得到更强的地位。折叠纸板和液体包装纸板似乎仅是化学机械浆例外地保持强地位的产品,与纯化学浆纸板相比,在较低定量下或多或少地得到较高的弯曲挺度。

参考文献

[1] Mackie, D. M., Taylor, J. S., Review of the production and properties of alphabet pulps. Pulp Paper Can. 89(2):T58(1988).

[2] Richardson, J. D., The DWS(Dilution water sulfonation) process: the effect of pulping conditions on pulp quality, Appita 49(1):27(1996).

[3] Lindholm, C. – A. , Strengthening of groundwood pulp through chemical post – treatment, Paperi ja Puu 61(3):141(1979).

[4] Konn, J. , Pranovich, A. , Holmbom, B. , C – TMP Process Chemistry Ⅱ Aspen CTMP, Diary No: 1244/31/04, Abo Akademi University(2006).

[5] Konn, J. , Process chemistry in chemithermomechanical pulping. Doctoral Thesis, Abo Akademi University(2006).

[6] Beatson, R. , Heitner, C, Atack, D. , J. , Factors affecting the sulphonation of spruce, Pulp Paper Sci. 10(1):J12(1984).

[7] Adler, E. , Lindgren, B. C. , Saeden, U. , The Beta – Guaiacyl Ether of Alfa – Veratrylglycerol as a Lignin Model, Svensk Papperstid. 55(7):245(1952).

[8] Wenneras, S. , On the sulphonation of undissolved lignin in spruce wood and birch wood, thesis, NTH, Trondheim, 1962.

[9] Janson, J. , Mannstrom, B. , Pinciples of chemical pretreatment in the manufacture of CMP and CTMP from hardwood. Pulp Paper Can. 82(4):T111(1981).

[10] Standard Method G 28, Total sulphur in pulp, paper and paperboard, Canadian Pulp and Paper Association, Technical Section(1970).

[11] Katz, S. , Beatson, P. P. , Scallan A. M. , The determination of strong and weak acidic groups in sulfite pulps, Svensk Papperstid. 87(6):R48(1984).

[12] Engstrand, P. , Hammar, L. – A. , Htun, M. , The kinetics of sulphonation reactions on Norwegian spruce, 1985 International Symposium on Wood and Pulping Chemistry Notes, CPPA, Montreal, p. 275.

[13] Vikstrom, B. , Hammar, L. – A. , Softening of spruce wood during sulphite pulping and its relevance for the character of high yield pulps, 1981 International Symposium on Wood and Pulping Chemistry Notes, SPCI, Stockholm, p. V:112.

[14] Hoglund, H. , Sohlin, U. , Tistad, G. , Physical properties of wood in relation to chip refining, Tappi 59(6):144(1976).

[15] Atack, D. , Heitner, C, Dynamic mechanical properties of sulfonated eastern black spruce. Proceedings 1979 International Mechanical Pulping Conference, Trans, of Technical Section CPPA 5(4):TR99(1979).

[16] Giertz, H. W. , Basic wood raw material properties and their significance in mechanical pulping, 1977 International Mechanical Pulping Conference Proceedings, The Finnish Paper Engineers Association, Helsinki, p. 1.

[17] Higgins, H. G. , Puri, V. , Garland, C, The effect of chemical pretreatments in chip refining, Appita 32(3):187(1978).

[18] Franzen, R. , General and selective upgrading of mechanical pulps. Nordic Pulp Paper Res. J. 1 (3):4(1986).

[19] Akerlund, G. , Jackson, M. , CTMP – The pulp of the future, SPCI 1984 World Pulp and Paper Week Proceedings, SPCI, Stockholm, p. 42.

[20] Hagglund, T. – A. , Lindstrom, L. – A. , A new peroxide bleaching process for CTMP, Tappi J. 68(10):82(1985).

[21] Kurra, S., Lindholm, C. – A., Virkola, N., Effect of uneven impregnation in chemimechanical pulping, 1985 International Mechanical Pulping Conference Proceedings, SPCI, Stockholm, p. 80.

[22] Ferritius, O., Moldenius, S., The effect of impregnation method on CTMP properties, 1985 International Mechanical Pulping Conference Proceedings, SPCI, Stockholm, p. 91.

[23] Rahkila, P., CMP/CTMP – nykytekniikka ja kemihierreprosessien ominaispiirteet, Insinoorijarjestojen koulutuskeskus, Publication 75 – 86, p. Ⅲ 1.

[24] Collicutt, S. A., Frazier, W. C., Holmes, G. W., Joyce, P., Mackie, D. M., Torza, S., Tappi 64 (6):57(1981).

[25] Jackson, M., The manufacture, physical properties and end uses of high yield pulps. Paper Tech. Ind. 26(6):258(1985).

[26] Soininen, M., Puumassan valmistus, Suomen Paperi – insinoorien yhdistyksen oppi – ja kasikirja(1983).

[27] Bohn, W., Sferrazza, M., Alkaline peroxide mechanical pulping, a revolution in mechanical pulping, 1989 Mechanical Pulping Conference Proceedings, KCL, Helsinki, p. 184.

[28] Heimburger, S., Quick, T, Sabourin, M., Tremblay S., Shaw, G., One – and two – stage APTMP: A route to high – brightness pulp, TAPPI J. 79(8):139(1996).

[29] Sherbanluk, R., Millar Western starts APP/BCTMP mill at Meadow Lake in Canada, Tappi J. 75(1):61(1992).

[30] 李建波，王永华，张本君，等. 新型挤压撕裂机的设计[J]. 中国造纸，2006，25(12)：63 – 64.

[31] Falk, B., Chip bleaching compared to CTMP, Sunds Defibrator AB, (1990).

[32] 詹怀宇，刘秋娟，靳福明，编著. 制浆技术[M]. 北京：中国轻工业出版社，2012：174 – 181.

[33] 张栋基著. 高得率制浆、涂布纸[J]. 广州：广东经济出版社，2005：131 – 136.

[34] Xu, E., P – RC APMP Pulping of Hardwood – Part 1: aspen, beech, birch, cotton – wood and maple. Pulp & Paper Canada, 102:2(2001).

[35] 林艳提. 浅谈瑞丰纸业化机浆工艺及设备的选择[J]. 中国造纸，2007，26(9)：31 – 32.

[36] 张宝金，韩颖，孙衍宁，等. 混合阔叶木 P – RC APMP 制浆的研究[J]. 中国造纸，2007，26(10)：6 – 8

[37] Heitner, C, Argyropoulos, D. S., Miles, K. B., Karnis, A., Kerr, R. B., Alkaline sulphite ultra – high – yield pulping of aspen chips: a comparison of steam explosion and conventional chemimechanical pulping, J. Pulp Paper Sci. 19(2):J58(1993).

[38] Heitner, C, Atack, D., Karnis, A., Ultra – high yield pulping of eastern black spruce, part 3: inter – stage sulfonation, Svensk Paperstid. 85(12):R78(1982).

[39] Gummerus, M., Studies on upgrading mechanical pulp through chemical modification of the long fiber fraction or screen rejects, Doctoral thesis, Helsinki University of Technology, Department of Forest Products Technology, Espoo 1987, 35 p. + app.

[40] WIPO Patent Application WO/2006/128950, Process for producing mechanical pulp suitable for paper or cardboard making.

[41] Granfeldt, T. , High yield pulps from hardwood, MoDo – seminarium, (1990).

[42] Petit – Conil, M. , de Choudens, C, Espilit, T, Ozone in the production of soft – wood and hardwood high – yield pulps to save energy and improve quality, Nordic Pulp and Paper Research J. , 13(1): 16(1998).

[43] Petit – Conil, M. , Use of ozone in mechanical pulping processes, ATIP 57(2): 17(2003).

[44] Lindholm, C – A. , Paperi ja Puu, 59(2): 47(1977).

[45] Finnish Patent Application 20065860, Application date 28. 12. 2006, Menetelma mekaanisen massan valmistamiseksi.

[46] Levlin, J. – E. , Sundholm, J. , Paulapuro, H. , Kemihierteen paperitekninen potentiaali, Insinoorijarjestojen koulutuskeskus. Publication 75 – 86, p. V1.

[47] 应广东, 杜艳芬, 安庆臣, 等. 国产杨木 P – RC APMP 化学机械浆性能分析. 中华纸业, 2009, 30(6): 85 – 86.

[48] Atack. , D. , Heitner, C, Karnis, A. , Ultra high yield pulping of eastern black spruce – Part 2, Svensk Papperstid. 83(5); 733(1980).

[49] Atack. , D. , Heitner, C, Stationwala, M. I. , Ultra high yield pulping of eastern black spruce, Svensk Papperstid. 81(5): 164(1978).

[50] Sinkey, J. D. , Sulphonation treatments for chemimechanical pulping of soft – woods, Appita 36 (4): 301(1983).

[51] Akerlund, G. , Jackson, M. , Manufacture and end – use application of CTMP and CMP from softwoods and hardwoods, EUCEPA 1984 Chemical Processes in Pulp and Paper Technology Proceedings, EUCEPA, Torremolinos, p. 171.

[52] Webb, M. , CTMP market pulp characteristics and applications, Paper Tech. Ind. 26(6): 281 (1985).

第⑨章　筛选和净化

9.1　背景

9.1.1　筛选的原理和目的

经过磨木或磨浆得到的浆料含有一些杂质，主要有纤维束，同时也有与原木和木片一起进入的树皮、砂子和金属。杂质对最终产品质量有负面影响，可能会损坏过程设备，也会引起运行性问题。因此，杂质必须在制浆线的前面工段从浆中分离出来。筛选是获得高质量机械浆和使纸机良好运行的关键。浆和纸的质量主要依赖于筛选工段的特性，特别是在生产有附加值的纸产品时。良浆中单一的纤维束都会引起造纸机的断头。

纤维束的大体定义是它们的宽度超过了单根纤维的宽度。尤其是早期的时候，机械浆纤维束的含量是一个问题，当使用带有孔或者宽缝的筛板时，就会导致造纸机的大量断头[1-2]。20 世纪 80 年代初引进的波形缝筛大大地减少了纤维束的问题，因为它们有很窄的缝。但是，纤维束含量及其测定仍然是现代高速纸机和印刷机无干扰运行的问题。实际上，TMP 基纸幅在张力下高至 90% 的细裂缝是由纤维束引起的[3-4]。利用现代筛选技术可以有效地除去木质化杂质，如同 Somerville 纤维束含量所示（见表 9－1）。

表 9－1　　TMP 和 PGW 厂筛选工段流入和流出的 Somerville 纤维束含量[5]

纸浆	取样点	缝宽 0.08mm 的 Somerville 装置的纤维束含量/%	缝宽 0.10mm 的 Somerville 装置的纤维束含量/%
TMP	细筛进浆 筛选工段混合良浆	2.53 0.55	1.72 0.28
PGW	细筛进浆 筛选工段混合良浆	3.38 0.74	2.86 0.35

热磨机械浆中大部分的纤维束来自于早材[3-4,6-7]，然而磨木磨石浆的纤维束含量有更多的晚材[7]。晚材的纤维束通常要比早材的纤维束小，因此较难通过筛选除去。晚材纤维束在造纸中更有害，因为它有厚的细胞壁和小的细胞腔面积，这两者导致了细胞的低压缩性（见图 9－1）。

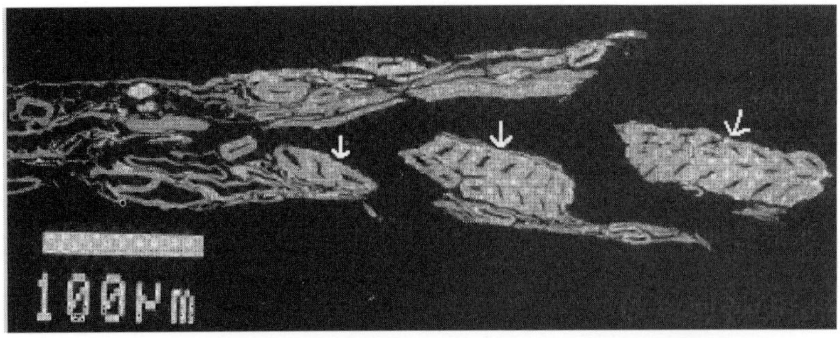

图 9－1　新闻纸中引起纸幅断头的厚壁晚材纤维束的横截面[4]

机械浆纤维束主要用压力筛除去（见图 9－2）。压力筛设计有机械栅栏，可以将纤维流分成两个或者多个具有不同性质的纤维流，同时根据尺寸和柔韧性来分离纤维。小而细长的纤维可以通过筛孔，而大和硬的颗粒保留在筛的表面。

图 9－2　带有锥形转子的现代压力筛

9.1.1.1　筛选和分级

通常，筛选设备将进浆分成两部分：良浆（杂质少的组分）和筛渣（富含杂质的粗组分）。良浆部分准备用于造纸，而筛渣部分直接送去进一步处理，例如，没有发展的粗长纤维在筛渣盘磨机中处理以提高其造纸性能。否则，会因为纤维的刚性和低结合能力而使纤维变粗糙（见图 9－3）。这些粗大纤维和纤维束的造纸潜能低。纤维分级是以进浆和良浆间游离度的下降或光学纤维长度的变化来测定的，但是传统上采用 Bauer－McNett 筛分将纤维分成不同长度的组分（图 9－4）。粗组分（R16）通常指留在 16 目网筛上（公称开口尺寸是 1.190mm），长纤维组分（R30）指留在 30 目网筛上（公称开口尺寸是 0.595mm），短纤维组分（*R*200）指留在 200 目网筛上（公称开口尺寸是 0.074mm）和最后的细小纤维组分（*P*200）是指通过 200 目网筛的纤维粒子。未筛选的 PGW 和 TMP 典型的 Bauer－McNett 组分如图 9－5 所示。

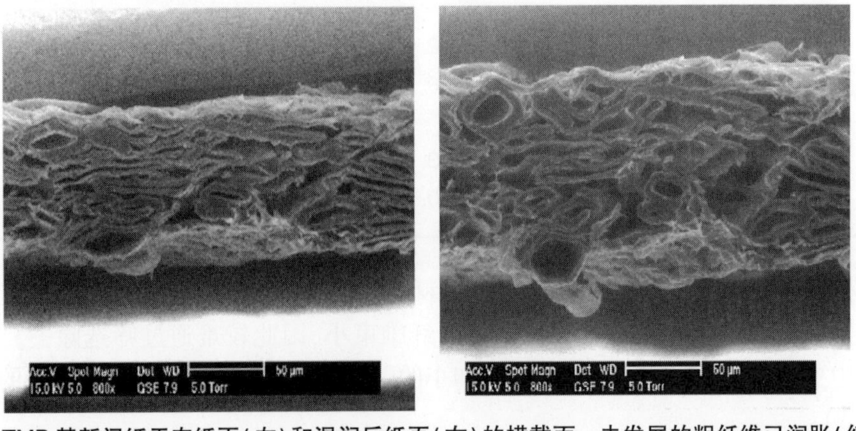

图 9－3　TMP 基新闻纸干态纸页（左）和湿润后纸页（右）的横截面。未发展的粗纤维已润胀（纤维变粗）

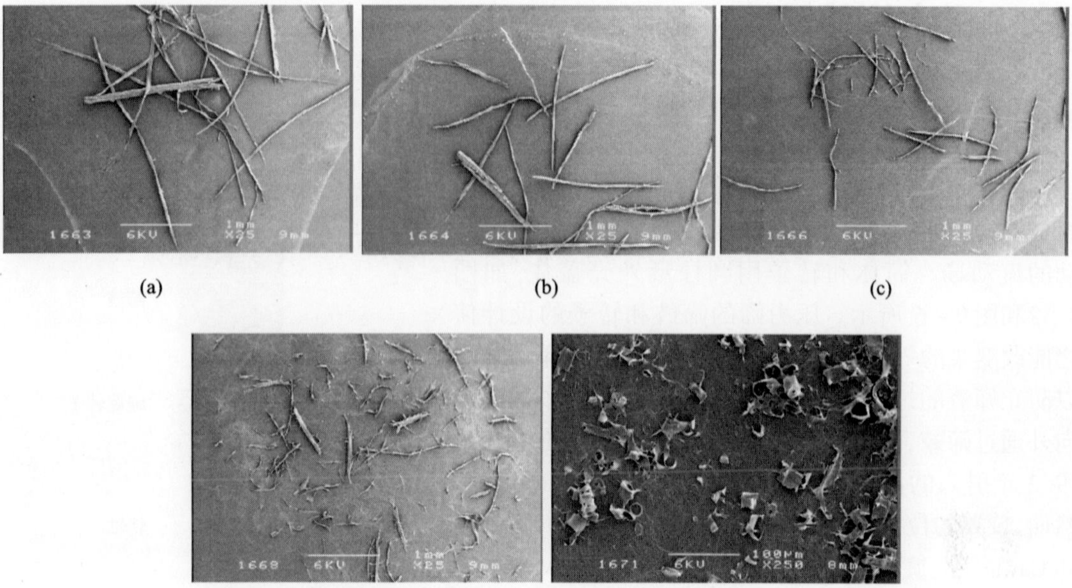

(a)　(b)　(c)　(d)　(e)

图 9-4　显示 TMP 各种 Bauer-McNett 组分的 FESEM 照片

(a)*R*16 粗纤维和纤维束　(b)*R*30 纤细长纤维和纤维束　(c)*R*50 细长和短纤维　(d)*R*200 纤维碎片和切断纤维　(e)*P*200 从胞间层、小纤维组分得到的细小纤维和从纤维表面剥离的细料(由 Oulu 大学提供)

9.1.1.2　筛选原理—阻挡筛选和概率筛选

微粒在筛选中分离采用两个机理中的一个:阻挡筛选和概率筛选。在阻挡筛选中微粒总是被阻挡因为其尺寸比筛的开口尺寸要大。在采用缝式筛板的概率筛选中,至少微粒有一维尺寸要比筛的开口尺寸要小,因而有可能通过筛的开口。如果使用孔筛,除非微粒的二维尺寸小于孔径,微粒不能通过筛孔。孔筛常用于粗筛选而缝筛用于精筛选。目前只有 SGW 和 PGW 浆需要粗筛。在 TMP 和 CTMP 生产线,由于纤维分离段后的纤维束含量低,在筛选时浆可以直接进入细筛。由于筛板的压差,良浆组分通过了筛板。为确保单一纤维通过筛开口,纤维絮团必须用转子分散,而筛渣组分必须同时除去以防筛板堵塞。筛很难选择性地从纤维中分离出杂质,所以纤维中总有筛渣,反之亦然。所以,需要几个筛选段以有效分离粗纤维和纤维束。每个筛选段的良浆混合在一起(向前连接)。

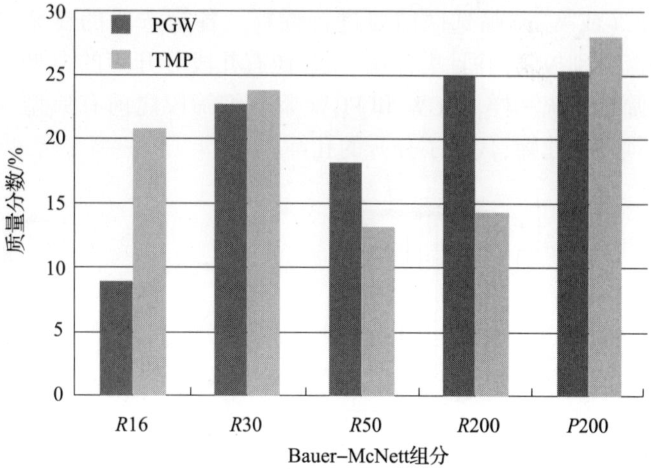

图 9-5　从细筛进浆取样的 PGW(CSF 116mL)和 TMP(CSF 132mL)的 Bauer-McNett 组分

9.2 压力筛的设计

9.2.1 总体结构

现在的压力筛由作为阻挡层的圆柱形筛鼓和转子组成。转子通过压力的脉冲保持筛鼓的清洁并维持转动的流动场。筒体和转子用圆柱形外壳盖住，如图9－2和图9－6所示。压力筛的筛鼓和转子的设计使之能改变浆的等级和浆浓。筛通常装备有稀释系统[8]以防止筛渣的过度浓缩和除去筛渣。浆流大多是由内向外通过筛鼓，跟着后面是离心筛。另一普通设计是1962年引入的离心筛[9]，良浆是从筛鼓的内部移除。然而，旋翼的位置是变化的，如图9－7所示[10]。根据McCarthy[10]，旋翼在筛鼓进浆侧压力筛有较大的生产能力，因此，其旋翼通常相应地定位。但是，为了减少筒体表面过多的损伤，旋翼能够位于良浆一侧，因为这样存在很少的筛渣颗粒。

在一机壳内有多段筛选的压力筛是在20世纪90年代后期引入的（见图9－8）[11]。多段筛选单元由两个、3个或4个筛选段组成。第一段的筛渣在进入第二（或第三）筛选区前要进行稀释。各筛选段的良浆流分别控制，并且集合在一起，像有几段分开筛的典型筛选系统一样。SGW和PGW浆在细筛段之前有典型预筛选孔筛，代替了分开的孔筛。

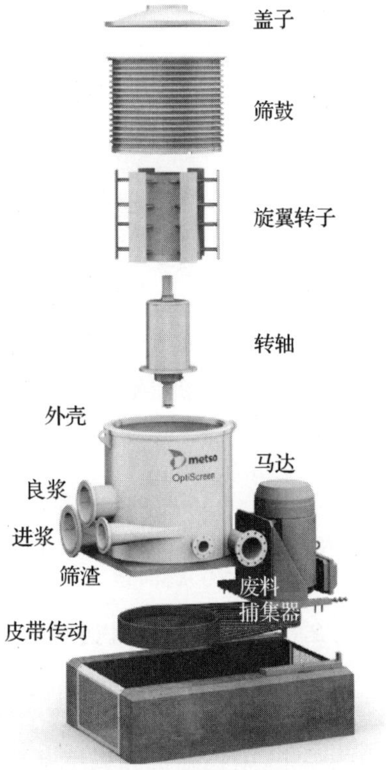

图9－6 单段压力筛

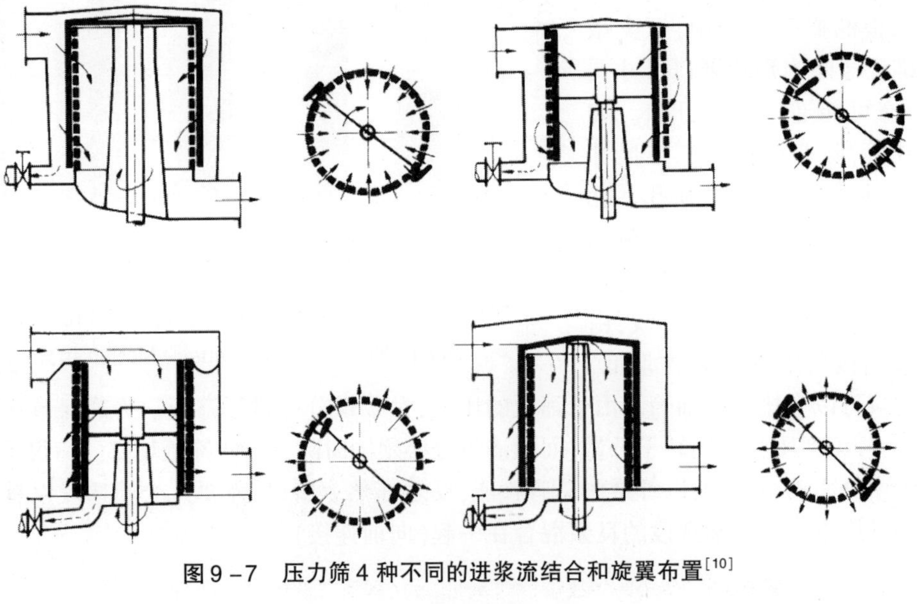
图9－7 压力筛4种不同的进浆流结合和旋翼布置[10]

图9-8 多段压力筛及其分开显示的筛鼓和预筛选段

9.2.2 进浆布置

纸浆通常轴向进入筛的进料室或者更普遍地以 1~3m/s 的速度切线进入。纸浆悬浮液的切线速度通过转子逐渐增加到高达 20m/s 的速度。典型的进浆压力约为 20kPa。良浆和筛渣流应该有足够的压力以确保每种浆流输送到下一个过程单元。压力筛本身对进浆、良浆和筛渣流间的压差有正面或负面的影响,主要取决于进浆方向和转子的类型。大多数报告称,切线进浆在筛中产生压力损失。但是,根据 Hourula 等人[12],轴向进浆的压力筛像离心泵并遵循广泛用于这些离心泵对胶料的亲合方程。然而,Hooper[13]指出,具有合适转子结构的切线进浆筛,能够达到轻微的正压效果。

除了轴向和切线进浆,压力筛也可以通过转子进浆(见图 9-2)。这种方法的优点是可以在压力筛的上部除去轻杂质,这是纤维回用过程中需要的。

9.2.3 筛鼓的几何特征

筛鼓根据其开口形状分为孔筛和缝筛,或根据其表面分为光滑或者波形筛鼓。缝筛根据其制造工艺,机加工和线焊可进一步分类[见图 9-9,(a)(b)][14]。目前设计的线条是嵌入到支持结构并用激光焊接或型模锁住[见图 9-9,(c)(d)][15]。优点是强度相当大,因为深嵌入的支持环使得到的结构更结实,并提供更严格的缝宽公差。不用焊接刀也消除了纤维的聚集和串挂。

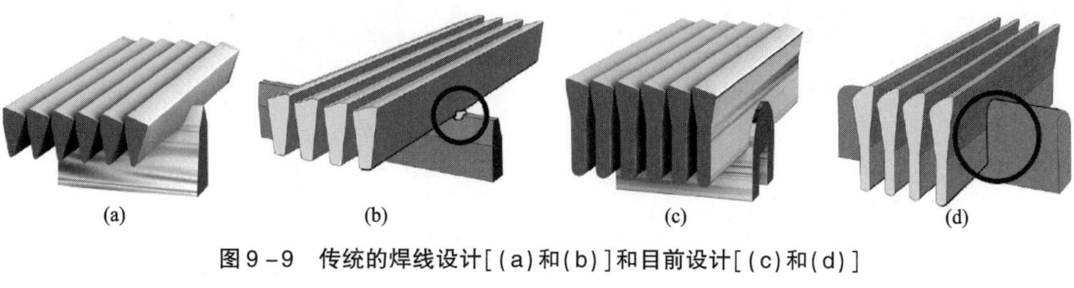

图9-9 传统的焊线设计[(a)和(b)]和目前设计[(c)和(d)]

为了要求的操作条件，由不锈钢制成的筛鼓常常要镀硬铬或者由其他方法涂布，而安装在流浆箱前面的筛有时抛光以免纤维串挂[16]。

筛的开口类别、大小和开口面积主要取决于制造商和应用。孔筛目前用作第一段筛或粗筛（见图9－10）。根据筛的应用，典型的孔径在1.2～3.0mm，表面的开口率是10%～25%。目前制浆生产线中细筛的应用几乎完全采用缝宽0.2～0.25mm的波形缝筛，棒型筛鼓开口面积为4%～10%。

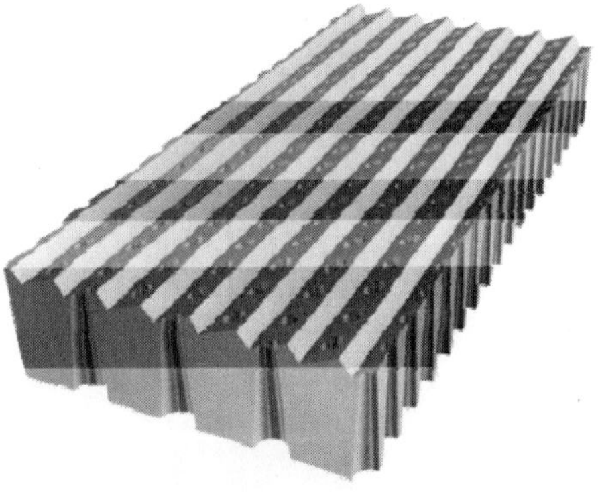

图9－10　波形孔筛筛鼓表面

9.2.4　转子的设计

目前采用几种转子设计，但是旋翼型的转子是最通用的。取决于筛的应用和筛的大小，转子的转速在200～1200r/min的范围内。典型的旋翼尖端的速度在10～26m/s[17]。旋翼型转子有圆锥形或者圆柱形机体（图9－11），装有几个掠过筛表面的旋翼（图9－12）。锥形的转子是最常用的一种。

图9－11　圆锥形（左）和圆柱形（右）转子（由Metso提供）

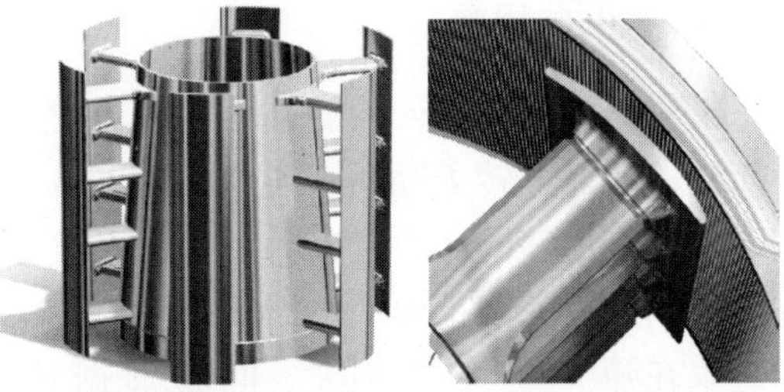

图9－12　高浓锥形转子（左，由Metso提供）和以不同尺度表示的旋翼扫过筛面（右）

筛转子的目的是扰乱筛鼓表面的纤维网络来确保适当的纤维－筛鼓相互作用，加速纸浆悬浮液到一高切线速度以改善概率筛选并最后提供负压脉冲以反冲洗和净化颗粒堵塞的开口[18]。开发了新的解决方法以提高压力筛选效率和尽量减少筛渣的浓缩。其原理（见图9－13）是基于转子叶片和引入筛体稀释水引起的轴向循环的改进。

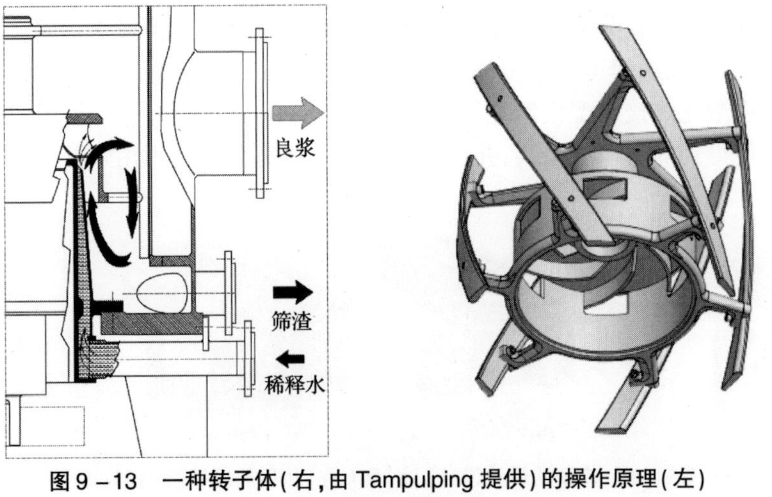

图9－13　一种转子体（右，由Tampulping提供）的操作原理（左）

高进浆浓度和粗长纤维的浆需要更有力的带有较宽旋翼的转子。

9.3 筛鼓内的浆流

筛的进浆、良浆和筛渣流以及转子旋翼引入的流动一起决定了发生分离的筛鼓表面状况。

9.3.1 筛鼓内的轴向流动和筛渣的移除

筛鼓中纸浆轴向向筛渣室方向流动,这主要取决于筛渣除去率。沿鼓体的表面发生纸浆的浓缩和筛渣的富集。轴向流动在文献中常常描述为塞流,虽然会发生与转子设计有关的许多轴向混合。

由于对轴向流动的影响,转子结构(见图 9-14)会影响筛选效率[19]。为了确保筛鼓表面的轴向速度分布,制造商引进了锥形转子体[20]。采用圆柱形转子体,随着初始进浆被接受为良浆比例的增加,沿着筛鼓轴向的流动速度会下降,但是圆锥形转子体的加宽趋于保持轴向流动速度的不变。

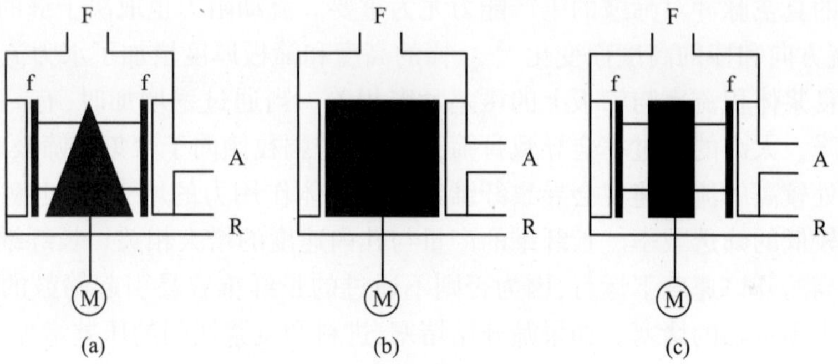

图 9-14 通用的转子设计

(a)半敞开 (b)封闭 (c)敞开

F—进浆 A—良浆 R—筛渣 f—旋翼 M—电机[19]

筛渣管安装在筛的最后,与进浆室相对。由于浆渣的脱水和筛渣的富集,"纤维垫"沿着筛鼓表面形成。"纤维垫"在筛的筛渣端最浓[21-22]。在最后纤维束含量和纤维粗度也最高,所以浆的流动很差。实际上,筛的堵塞常常是筛渣不能移除,所以需要稀释水以维持渣浆的流动。

9.3.2 筛鼓内的径向流动

在筛鼓内,浆沿着轴向运动到浆渣室,也沿着径向流向筛鼓,这主要取决于良浆的移除率。压力筛中筛渣率为 25% 时的径向速度是轴向速度的 4 倍,这就意味着纸浆较快运动到筛鼓表面。径向流动主要是从中心向筛板运动,但也有纸浆通过转子缓冲板和旋翼的实质性混合。这种混合减慢了筛鼓表面"纤维垫"的形成,因此促进了筛选。保留在筛鼓表面的粗组分可认为是额外的筛选栅栏[22-23],这提高了筛选效率[24-25],但降低了筛选能力。

筛鼓中心的纸浆性能与进浆的性能接近,但是纤维束和粗纤维向筛鼓逐渐增加。在筛鼓表面的浆已达到高浓度、具有好的滤水性及被排除的粗纤维组分的其他典型性能[26]。

9.3.3 筛鼓槽内的切向流动

在压力筛中由转子引起的切向流动通常是主要的。旋转频率根据筛的大小、位置和目的在100～1000r/min间变化。切向速度在进料室时很小,但是当浆接近转子时速度增加。浆大约在筛鼓的中部达到其最大切向速度,而切向速度会因为浆渣室结构而在筛鼓末端下降。浆的切向速度控制了微湍流、脉冲强度和筛板上的径向混合。浆的脉冲和混合随纸浆和旋翼间的速度差而增加。较高的切向浆流速度增加了微湍流,减少了絮团的大小及使良浆容易排出。但是也减少了纤维进入开口的转向时间,因此会减少其成为良浆的可能[27]。

9.3.4 接近筛鼓表面和开口的流动

纤维分离发生在筛板,但是分离部分地是由决定筛板表面状况的轴向、径向和切向浆流来控制。由于脉冲和湍动,表面的浆流控制纤维的接收率,脉冲和湍动是由筛鼓、转子和纤维悬浮液的相互作用而产生的。

筛鼓的剖面、缝的设计和开口的形式是筛选的主要决定因素。向前和向后的水力流动阻力和由此产生的真空脉冲对筛鼓的生产能力尤为重要。流动阻力也取决于缝的收缩和扩张角度,其随着浆流方向和棒的高度而变化[28]。棒的高度和筛板厚度增加了水力流动阻力。

压力筛的良浆体积流率与筛板上的压差紧密相关。当通过率增加时,有一个明显的趋势是筛选效率下降。太高的通过率会导致盲筛,因为筛渣颗粒倾向于聚集在筛鼓表面。

接近开口处较高的流动速度会导致纤维絮体上流体作用力的增大,这也解释了浆料较好的生产能力和较低的筛选效率。长纤维的产量与孔内速度的增大相关。长纤维和容易絮凝的纤维必须在较高的开口速度下运行,因为否则不通过的长纤维容易引起筛鼓的堵塞。筛阻挡层的压差能用来预示筛的堵塞。如果筛开始堵塞,进料和良浆线间的压差增加。

9.3.5 湍动、脉冲和回流

由于筛鼓断面足够的浆流湍动导致纸浆的流态化,这对防止浆的过多絮凝和使浆通过筛子尤为重要。通过筛鼓的压力脉冲通常是由旋翼引起的,也有其他种类的元件,如缓冲板或挡板能用于引起脉冲。旋翼的前缘能引起正压力脉冲,这个压力脉冲能够推动纤维在不断增加的速度下通过筛开口。随后是较长时间的负脉冲,使浆流反向通过筛孔[29-30]。由旋翼引起的典型脉冲如图9-15所示。流体的特性对脉冲的影响很小,对水和浓度为2%的纤维悬浮液的影响是相同的[31]。然而,Wikstrom和Rasmuson[32]以及Pinon等人[33]发现压力脉冲在一定程度上随浓度的增加而减少。

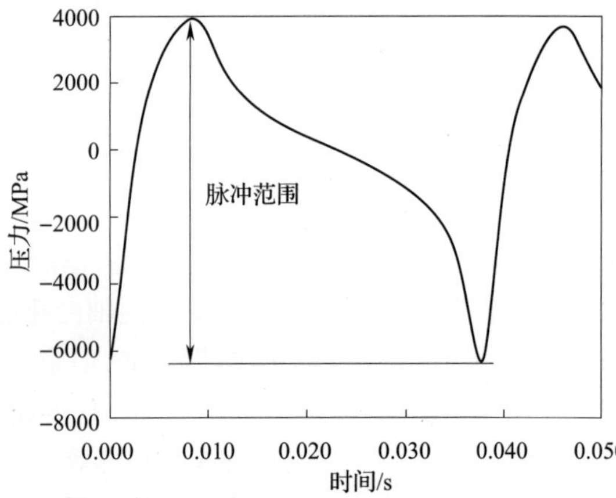

图9-15 单一旋翼产生的脉冲

也已发现反向脉冲能将水从良浆室[29-30]返回到筛鼓的表面,因此稀释了纸浆。滤液的回收可以通过脉冲强度来控制[34]，并且回流随着转子尖端速度增加的平方而增加[35]。压力脉冲的大小取决于旋翼的形状、位置、速度和其与筛鼓之间的间距。脉冲通过除去堵塞的颗粒也能清洗筛鼓的表面[10,29,35]，这在高浓筛选中尤为重要。

需要的脉冲及其大小取决于筛选的应用。由于低的脉冲，即峰间小的压差，浆流可以通过筛鼓[36]，对筛选效率是有利的。但是，为了减少筛鼓的堵塞，要有足够强的负脉冲以重新混合留在开口边缘的絮凝物、纤维及杂质[37]。根据旋翼的形状，径向和切向速度场如图 9－16 所示[38]。

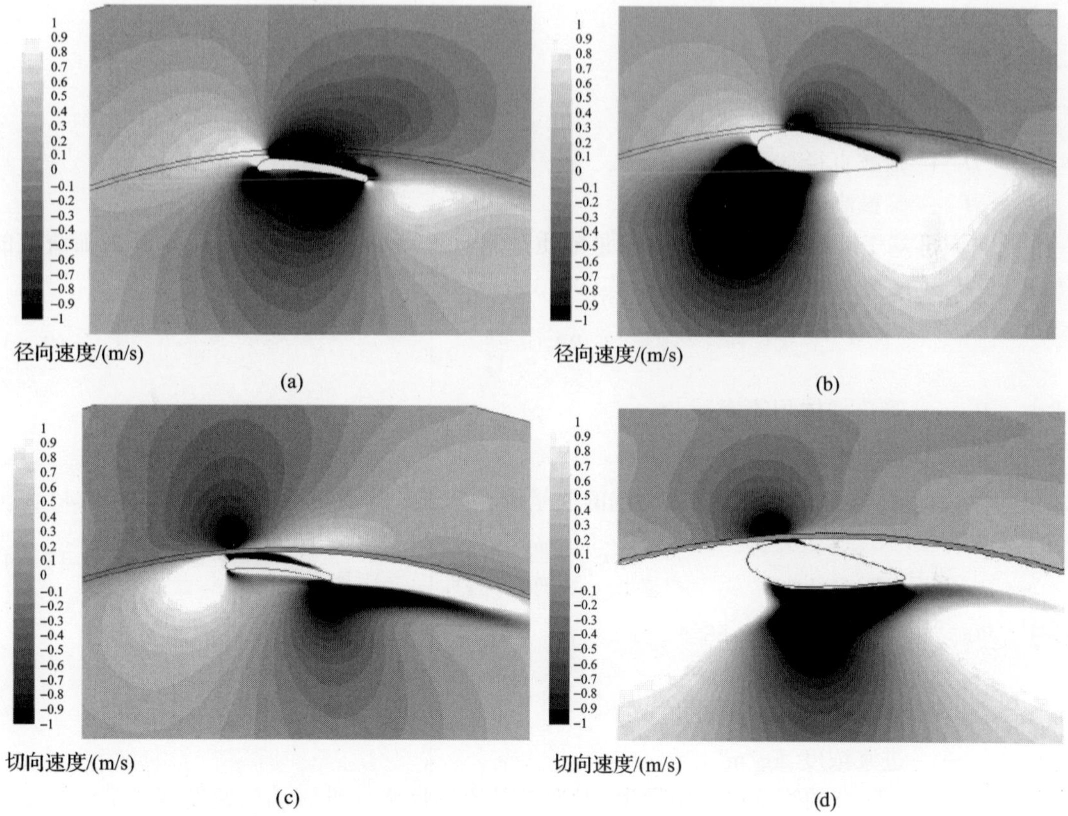

图 9－16 旋翼形状对径向速度[(a)和(b)]和切向速度[(c)和(d)]的影响[38]

9.4 筛选和分级的特征

9.4.1 基本方程

浆料筛选过程的筛选能力是由需要的单元数和投资决定的。水力能力也必须考虑，但是纤维流率是有趣的事实。因此，筛选能力定义为良浆流中的绝干浆流率，见式(9－1)，与分离效率无关：

$$\dot{m}_A = \dot{V}_A c_A \tag{9-1}$$

式中 $\dot{m}_A$——质量流率，kg/s

$\dot{V}_A$——体积流率，m^3/s

c_A——浓度，kg/m^3

下标 A 指良浆组分

平均缝速度，$v_{aperture}$是良浆体积流率除以筛开口面积来计算的，以表征总体的筛选条件，见式(9－2)：

$$v_{aperture} = \frac{\dot{V}_A}{A_{open}} = \frac{\dot{V}_A}{\frac{s}{w+s}\pi DH} \quad (9-2)$$

式中 $\dot{V}_A$——良浆的体积流率，m^3/s

A_{open}——筛开口面积，m^2

s——缝宽，mm

w——棒宽，mm

D——筛鼓直径，m

H——筛鼓高度，m

筛渣率可基于纤维悬浮液的体积流量或质量流量。筛渣体积流率，RR_V，定义为筛渣流的体积流率与进浆流的体积流率之比，见式(9－3)：

$$RR_V = \frac{\dot{V}_R}{\dot{V}_F} \quad (9-3)$$

式中 $\dot{V}_R$——筛渣的体积流率，m^3/s

$\dot{V}_F$——进浆的体积流率，m^3/s

同样，筛渣的质量流率，RR_m，为筛选的质量流率与进浆的质量流率之比，见式(9－4)：

$$RR_m = \frac{\dot{m}_R}{\dot{m}_F} = \frac{c_R \dot{V}_R}{c_F \dot{V}_F} \quad (9-4)$$

式中 $\dot{m}_R$——筛渣质量流率，kg/s

$\dot{m}_F$——进浆质量流率，kg/s

c_R——渣浆浓度，kg/m^3

c_F——进浆浓度，kg/m^3

浆的浓缩在所有的筛选设备中发生，因为水以超过良浆纤维流动的速度流过筛鼓。浓缩对于概率分离是重要的，并且表示能力和选择性的变化。

筛渣的质量流率和体积流率的比值表示筛渣浓缩因子，RTF[式(9－5)]，代表筛选操作点的特征。本质上，RTF 是筛渣浓度与进浆浓度的比值。总的来说，增加浓缩意味着较低的筛选能力，但有较高的选择性。对 RTF 有个专门的上限，过了这个上限筛就会阻塞[39]。

$$\mathrm{RTF} = \frac{RR_m}{RR_V} = \frac{c_R}{c_F} \quad (9-5)$$

浆的通过率，P_P[见式(9－6)]，也是筛选操作点的特征数。如方程式(9－7)所示[27]，P_P与 RTF 有关。方程式(9－5)和方程式(9－6)的相似性仅是表面的，当 RR_V 和 RR_m 都发生变化时，方程式(9－5)和方程式(9－6)没有普遍的联系。

$$P_P = \frac{\log RR_m}{\log RR_V} \quad 0 < P_P < 1 \quad (9-6)$$

$$\mathrm{RTF} = RR_V^{P_P-1} \quad (9-7)$$

从根本上，P_P 是良浆浓度除以筛鼓的平均纸浆浓度。理论上为压力筛选导出并最初引入[40]，并且后来以结合筛渣体积流率和质量流率的形式展现，公式(9－6)[41]。P_P 描述分离过程中发生的浓度变化，并是研究相关能力变化的一种有用的手段[39,42－43]。它使得能够进行采用不同 RR_V 试验或者利用不同分离设备而获得数据的能力比较。

P_P 表示筛选能力，但是也可以与选择性一起表示操作点，因为它描述筛渣和良浆一起通过的概率。通过的概率越低，选择性就越好，因此不同组分间较大的差别就会出现。

9.4.2　筛选效率

纸浆游离度的下降，CSF_{drop}，是压力筛性能最简单也是最普通的表示。它是根据式(9－8)来计算：

$$CSF_{drop} = 1 - \frac{CSF_A}{CSF_F} \tag{9-8}$$

式中　CSF_A——良浆的游离度

CSF_F——进料的游离度

去除效率，E_R，是评估分离结果的最普通的方法，式(9－9)给出了分离成分的百分比。除去效率直接取决于筛渣的质量流率，并且如果没有选择性分离(即一种组分的含量在筛渣和进浆流中是相同的)，其值是高度一致的。

$$E_R = \frac{m_R x_R}{m_F x_F} \cdot 100\% = RR_m \left(\frac{x_R}{x_F}\right) \cdot 100\% \tag{9-9}$$

式中　E_R——一种组分(如纤维束)的除去效率

x——筛渣和进浆流(下标 R 和 F)中一种组分的含量

由式(9－10)定义的净化效率，E_C，也通常用于评估分离效率，但不是直接取决于筛渣率[44]，而是比较良浆和进浆的质量。与 E_R 相似，E_C 只考虑一种组分，即良浆。

$$E_C = \frac{x_F - x_A}{x_F} \tag{9-10}$$

Nelson[44]引进了筛选系数来描述分离选择性，后来 Karnis[45]拓展到筛分选择性。选择性(Q_N)不是直接依赖于筛渣率，还考虑良浆和筛渣的质量并且比较良浆和筛渣流的含量[见式(9－11)]或者平均性质[如纤维长度和 CSF，见式(9－12)]。选择性尺度从 0(没有分离)到 1(完全分离)变化：

$$Q_N = 1 - \frac{x_{\mathrm{I}}}{x_{\mathrm{II}}} \quad 0 < Q_N < 1 \tag{9-11}$$

$$Q_K = 1 - \frac{X_{\mathrm{I}}}{X_{\mathrm{II}}} \quad 0 < Q_K < 1 \tag{9-12}$$

式中　x——组分的含量，%

X——质量参数(如纤维长度或 CSF)

Ⅰ、Ⅱ——良浆和筛渣组分，选择方式是：组分Ⅰ是很小的数值，以保证正的分级指数

Q_N 和 E_R 通过式(9－13)联系在一起[44]，这个公式对于不同的 RR_m 数据的插值和外推都很有用，尽管这个模拟假设 Q_N 保持不变而 RR_m 变化。由于这个假设常常不是真的，所以模拟应该很小心地进行。尽管这样，基于 RR_m 的式(9－13)(见图 9－17)是最常见表示筛选效率的方法：

$$E_R = \frac{RR_m}{1 - Q_N + Q_N \cdot RR_m} \tag{9-13}$$

Q 指数考虑了两种组分的质量,它允许模拟纸浆质量性能如平均纤维长度和 CSF,而不仅仅是纸浆成分的含量,它既可以用于筛选也可用于涡旋除渣器净化。它也用作为分离过程提供操作曲线的一种工具,如下面所述。

9.4.3 用操作曲线评价特性

在概率基分离中,选择性和筛选能力与过程中的浓度变化密切相关。当评估机械参数、操作和纸浆质量参数时,筛选中应考虑这两个因素。已经发现选择性作为通过率的函数[41,46]用作概率基筛选和分级系统性能的良好评价。

操作参数决定了一种净化器的分离操作点(见图 9-18),这种净化器是有确定的设计参数和用专门的纸浆配料进料。这些操作点形成了达到选择性 Q 和能力 P_P间平衡的操作曲线。每个配料质量参数代表独立的操作曲线,同时设备设计参数(结构)也影响操作曲线。但是,应检验由操作、配料或者设计参数建立的新的专门操作曲线在确定的能力下是否已获得更好的选择性。如是这样,应用的参数会形成更有效的操作曲线。

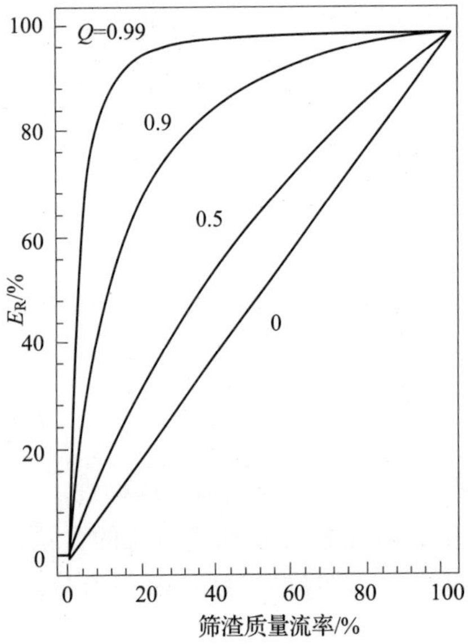

图 9-17 在各种选择性下筛选效率与筛渣质量流率的函数关系[基于式(9-13)]

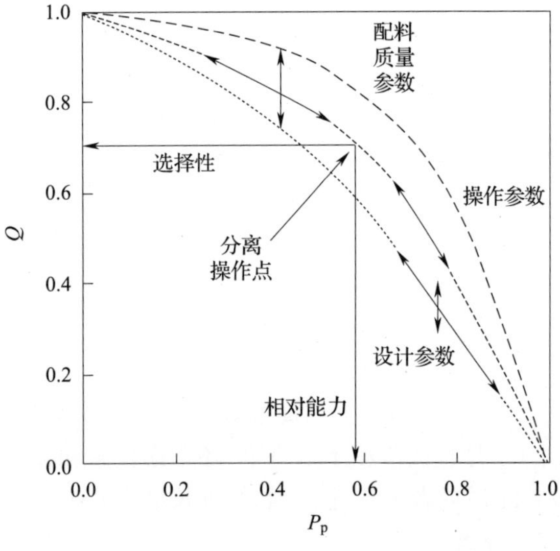

图 9-18 由专门操作曲线表示的设计和操作参数对给定配料分离的操作点的影响[46]

对给定的配料,很难做到同时增加能力和提高选择性,因为提高纸浆通过率的参数也倾向提高筛渣的通过率,这就减少了分离的选择性[47]。一般来说,操作参数的改变会沿着操作曲线移动操作点,不能达到同时增加。由于设计参数而不仅由于纸浆浓缩或通过的变化,通过引入分离机理的某些变化,这将是可能的。例如,当概率筛选替换阻挡筛选,这就会发生。

9.5 影响压力筛特性的参数

影响筛选工段特性的参数可以分成 3 类[48]:设计参数、操作参数和配料参数。如果良浆和筛渣间质量(如纤维束、纤维平均长度和游离度等)的不同是基于概率,筛选结果将是如操作曲线所说明的筛选能力和效率的平衡。

9.5.1 设计参数

设计参数包括筛的总体构型、转子设计和筛鼓几何形状。筛的总体构型不是很重要,因此下面没有涉及。

9.5.1.1 转子设计

筛的能力和运转性能是通过压力脉冲控制的,筛选效率在一定程度上也是如此。通过旋翼的数量、形状、宽度、间隙和通过压力筛在过程中的位置、配料质量目标等关联的旋翼角(见图9-19)而产生适当的脉冲,其目的是尽量减少能量。旋翼间隙的减少增加了能力但降低了效率[35],虽然与增加旋翼角而获得的结果相比,这是一个很小的影响[50]。

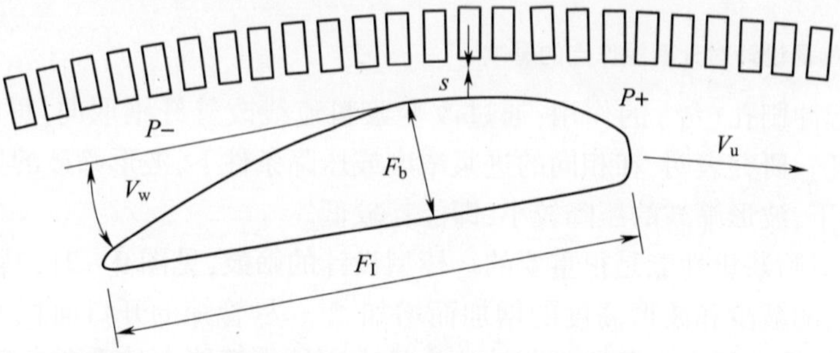

P+ 压力区 V_w 旋翼角 V_u 圆周速度 F_l 旋翼长度

P− 真空区 s 旋翼间隙 F_b 旋翼宽度

图 9-19 转子旋翼参数[49]

旋翼的几何形状,在压力筛选择操作点上起到了决定性的作用。尽管通过改变旋翼的几何特征同时增加选择性和能力是困难的,各种筛的设计能用于优化筛选性能。例如,当操作点是由转子的频率调节时,能应用提供长真空脉冲及对旋翼速度变化有良好响应的旋翼[38]。旋翼的宽度可以用来控制筛渣的浓缩,这与每次循环中正脉冲与负脉冲停留时间的比率有关。比率越大,筛渣浓缩的概率就越高[48],因此降低了能力。由于这个原因,宽旋翼得到的强真空脉冲避免了筛渣的浓缩而用于高浓(HC >3%)筛选中,而较窄的旋翼能用于中浓(MC 1.5% ~3%)和低浓(LC <1.5%)筛选中,因为低的进料浆浓允许较多的浓缩。转子速度和纸浆速度的比值越大,真空脉冲就越强。这些比率解释了不同转子形式间性能的不同。

转子和旋翼的几何特征没有影响相同能力下的选择性,尽管操作点和能量消耗受到影响[47,51-52]。总结转子设计对筛选的影响,见表 9-2 和图 9-20。

9.5.1.2 筛鼓的几何特征

筛鼓表面几何形状对筛选效果有重要的影响。对于表面光滑的平面筛鼓,即光滑筛鼓,由于筛鼓表面和开口附近没有微湍流或扰动的发生,筛浆时浆料在面上的流线基本上是和筛鼓平行的,纤维网或絮片没有散絮的现象,因此筛选的浓度较低,纸浆通过量少,粗渣较多。而对波形筛鼓,它的波形进浆开口,加上转子的作用,使筛鼓进浆开口处上方的一定范围内产生了起着散絮作用的微湍流,实现了纸浆悬浮液的流态化。由于改变浆料流线,提高浆料在筛缝(孔)附近的涡旋程度,有利于筛选能力和效率的提高;槽区产生的涡流剪切力破坏了孔(缝)

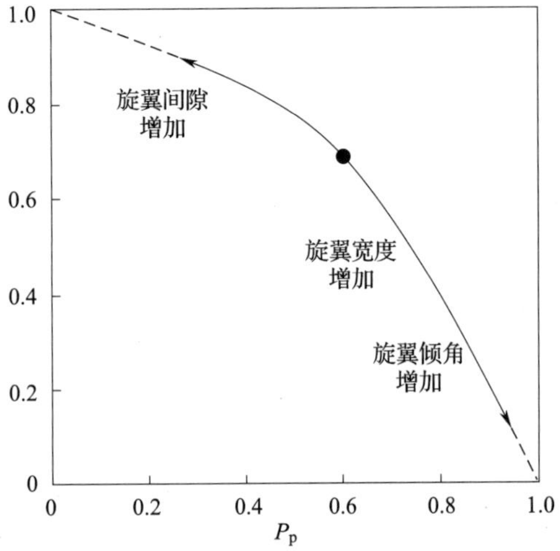

图 9－20　转子旋翼设计对分离操作点的影响

表 9－2　基于文献的转子旋翼参数对通常纸浆筛选的影响

设计参数的增加	纸浆通过量	分离选择性
旋翼倾角	↑	↑
旋翼间隙	↓	↑
旋翼宽度	↑	↓

注　向上的箭头表示浆的通过量和选择性增加，向下的箭头表示浆的通过量和选择性下降[46]

处的纤维絮聚，起冲刷孔（缝）的作用；通过改变浆料流线改善纤维取向，可降低筛鼓两侧压差，因此降低能耗。研究表明，在相同的进浆浓度或压降条件下，波形筛鼓的生产能力提高；在相同的生产能力下，波形筛鼓的压降较小，即能耗较低。

筛鼓的设计对筛浆机性能是很重要的。棒型设计的筛鼓，见图 9－21，其筛选能力随着缝宽度的增加、棒高的减少和波形高度的增加而增加[28]。尽管筛的开口面积可能会减少，通过优化棒宽也能增加筛选能力。开口面积被认为是决定压力筛能力的重要参数[48,53]，但是它没有棒的几何特征重要，例如宽度、高度、拓展角和边缘的圆度。

总之，筛选能力的增加会降低选择性，反之亦然。尽管缝筛筛鼓的几何特征不同，在分级中原理没有什么不同。筛鼓间选择性的不同主要是因为浓缩的不同，因此用不同的筛鼓能达到相同的分级。但在实际中，这可能会导致极低的筛选能力或者明显的堵塞危险的筛选状况，因此，在每个特殊的筛选应用中筛鼓的几何特征仍是重要的参数。

根据 Wakelin[54]、Julien Saint Amand Perrin[51,55] 和 Olson[56] 报道，克服筛选的选择性和能力的独立性是困难的，但是也已观察到分散的结果。用中等波形的筛鼓，减少缝宽会增加 TMP 厂中纤维长度分级的选择性[45]。采用较低的波形断面由于筛渣浓缩的增加，观察到长纤维分级的改进[39,49,57]。光滑筛鼓和波形筛鼓相比，选择性有轻微的增加。例如，Julien Saint Amant 等人报道在相同的能量下，轻波形筛鼓比重波形筛鼓较好地去除胶黏物[43]和纤维束[56]。光滑的孔筛与波形的缝筛相比，纤维长度分级和纤维束去除的效率都较高[56,58]，因为缝提供了基于纤维横截面尺寸的更有选择性的分离[54]。缝筛和孔筛间选择性的不同是因为基本的原理不同。低波形缝筛的原理可能会变化，或者可能也随缝宽的减少而变化。筛鼓设计的总体影响在表 9－3中列出，其对操作曲线的影响见图9－22[46]。

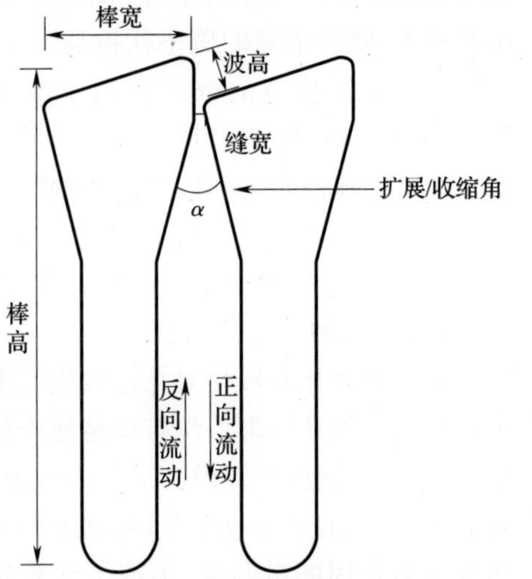

图 9－21　一种筛鼓斧状棒设计参数[28]

表 9-3 基于文献的筛鼓设计对通常纸浆筛选的影响(发现了棒宽和缝宽的最佳值)

设计参数的增加	纸浆通过量	分离选择性
缝宽	↑	↓
棒宽	↓↑	↑↓
波形高度	↑	↓
波形设计	—	—
棒高	↓	↑
扩展/收缩角	↓	↑

注 向上的箭头说明了浆的通过量和选择性增加,向下的箭头说明了浆的通过量和选择性下降[46]。

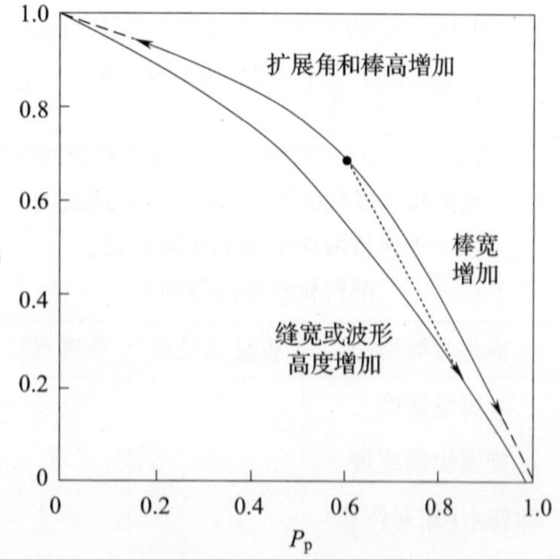

图 9-22 筛鼓设计对分离操作点的影响

9.5.2 操作参数

筛的设计和筛选条件对操作点,即能力和选择性有决定性的作用。如果筛选能力保持不变,没有其他操作参数会影响筛选的选择性,但是每个操作参数会有贡献[41]。操作参数包括开口的速度、转子尖端速度、进浆浓度和筛渣的体积流率。

开口速度的增加减少了筛选效率[59],特别是杂质如胶黏物是可压缩的[60-61]。较高的开口速度会增加良浆的浓度,这样会增加生产率。

采用各种缝宽和速度的结合,可以达到相同的浓缩和纤维长度分级[62]。在其他的出版物中也研究了速度和筛鼓的几何特征。Olson[56]发现缝宽和速度对 TMP 长纤维的分级作用是同等重要的,然而 Julien Saint Amend 和 Perrin[55]发现纤维的切断长度(50% 为良浆 50% 为筛渣的纤维长度)主要取决于速度而较少取决于筛鼓波形的高度。

转子速度的增加能够增加压力筛选的能力而减少筛选的选择性[63-64]。转子尖端速度对通过量的影响是很复杂的,在一些情况下,能力随着转子速度的增加而增加,而在其他的情况下却是下降的。Ammala[65]报道,浓缩峰值取决于筛鼓的几何形状、纤维类别、开口速度和纸浆浓度。

进浆浓度是压力筛选中常见的控制参数。随着进浆浓度的增加筛的能力增加,但达到确定的临界浓度后就迅速下降[10]。认为进浆浓度的增加可以提高筛选效率[35,57],但也有认为它与进浆浓度无关[51,59]。

高的纸浆浓度减少了纤维通过的概率,因为较强的纤维网络。浆浓的增加会减少相关的能力;尽管按吨计的生产率随浓度增加而增加,按吨计的筛渣率随着浓缩的增加而相应增加。浆浓的显著增加会使压力筛选转向阻挡筛选机理,因此,由于纤维网络出现较少的分离。

筛渣的体积流率RR_V,是与纸浆缝速度同等重要的参数,并且是决定操作点的主要因素,因为它既影响筛渣的浓缩,也影响筛渣的质量流率。筛渣的质量不是一个真正的操作参数,而是操作、设计和配料参数的结合。如果颗粒的分离是基于图 9-17 所示的概率分离[30],因为筛选效率提高是非常有用的。筛选效率 Q[见式(9-11)]的任何增加表明纤维束去除的选择性增加。当 $Q=0$ 时,纤维束均分布于良浆和筛渣之间,理论上 $Q=1$ 时,表示纤维束完全去除,这只有在阻挡筛选时才有可能。低 RR_V(高 RR_V)增加了选择性,但是筛很难在这种情况下操作,因为高度的筛渣浓缩随后会出现筛堵现象。这也就是需要多段筛选的原因。

压力筛选的操作参数见表 9-4[46],它们对操作点的影响显示于图 9-23[46]。

表 9-4 在正常的条件下,筛选参数对压力筛能力和选择性的影响(转子尖端速度的最佳值取决于筛的几何特征、配料和分离的目标)

操作参数增加	质量通过量	分离选择性
筛缝速度	↑	↓
旋翼尖端速度	↑	↓
稀释水(相对体积)	↓	↑
RR_p	↑	↓
纸浆浓度	↓	↑

注 向上的箭头表示浆的通过量和选择性增加,向下的箭头表示浆的通过量和选择性下降[46]。

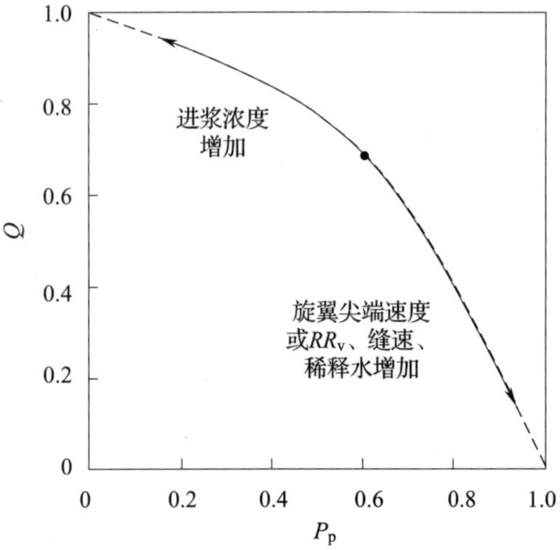

图 9-23 压力筛操作参数对分离操作点的影响

9.5.3 配料参数

配料参数包括 pH、温度、流体黏度、纤维性能、也包括杂质量及进入悬浮液中的空气。

据报道,筛选效率随 pH 的升高而降低,而能力随 pH 的升高而增加[9],因为碱性润滑和提高润胀纤维的柔软性,可以提高纤维通过筛开口的概率。温度增加减小了效率,增加了纤维通过量,因为纤维束和粗纤维软化[9,59,63]。通过量的增加是因为纤维的软化,当温度高于 90℃(木素的软化温度)就可以发生。因此,低于此水平温度的变化对通过量的影响很小或者没有影响[66]。

特别是纤维长度对颗粒的通过概率有明显的影响[67]。在没有改变筛选条件的情况下,进浆游离度的增加导致筛渣的质量流率增大,也会导致筛渣的浓缩[39]。良浆中杂质的含量与进浆量有很大的关系[68]。这些杂质是木材基杂质,如纤维束、树皮或者人造杂质如塑料、胶黏物和油墨。

浆中适当的空气含量通常没有对典型的工业压力筛选过程产生任何影响[69]。但是,如果空气体积含量高,而进料压力和开口速度低,纸浆分级就会大大减少,如果筛在接近其最大能力下工作,就有可能导致筛的堵塞。

9.6 压力筛选的能耗和功率

压力筛选的总能耗包括泵消耗的能量,筛鼓上的压力损失,筛电机的能量消耗。密封和稀释水泵需要的能量就比能量来说是可忽略的。能量的需要取决于筛的设计、操作、浆料参数。

Yu 提出了筛的总能量损失的原理的数学表达式:

$$p_I - p_A = \frac{(L - W_R)}{V_{in} \cdot t} \tag{9-14}$$

式中 p_I——泵送的进浆压力,kPa

p_A——良浆压力,kPa

L——筛鼓内的能量损失,kJ

W_R——转子的输入功率,kJ

V_{in}——进浆流率,m^3/s

t——时间,s

Bach[70]提出了计算具有不同转子、转子频率和旋翼速度的立式压力筛运行必需的功率公式。式(9－15)是对初始方程的修改。

$$P = (f_r)^2[n_I \cdot l_I \cdot \alpha \cdot (\pi \cdot D_I)^2] + [n_E \cdot l_E \cdot \beta \cdot (\pi \cdot D_E)^2] \quad (9-15)$$

式中 P——筛选电机需要的功率,W

f_r——旋翼频率,L/s

n_I——内旋翼数量

n_E——外旋翼数量

l_I——内旋翼长度,m

l_E——外旋翼的长度,m

D_I——内径,m

D_E——外径,m

α,β——纸浆悬浮液的黏弹常数,Ns/m^2

Nilijimaki[26]发现转子频率对所需的筛电机功率起到主导作用,与频率的关系如式(9－16)所示:

$$P \alpha f_r^{2.45} \quad (9-16)$$

纸浆浓度对低浓筛选有微小的影响,进料率与频率相比仅有小的影响。根据 Olson 等人[18]报道,功率随能力的增加几乎线性增加,而频率的影响接近第三效能。这也能在工业压力筛中看到,见式(9－17)和图 9－24,这意味着功率的增加是随转子频率的增加而增加的,并随进浆流量的增加和浓度的下降而增加。

$$P = a_1 f_r^{2.5} + a_2 \dot{V}_{in} \quad (9-17)$$

式中 a_1、a_2——常数

Hacker 和 Presley[71]指出压力筛转子的流体特性影响动力消耗。旋翼位置对筛选能量也有影响。在相同频率下,旋翼倾角增加和旋翼间隙下降,电动机的功率就增加。压力脉冲的强度取决于旋翼和纸浆速度差,因此开发的旋翼尽可能避免产生与纸浆的共旋转[38]。纸浆的共旋转不能提高浆的通过量但是需要附加的能量。

筛选功率也受到纸浆浓度的影响。筛鼓波形的增高和开口的变大减少泵送功率并降低总的动力消耗。因此,较低的波形和较小的开口增加筛选的动力消耗。Vitori 和 Philippe[72]发现波形缝筛比光滑面缝筛需要较少的比能量。

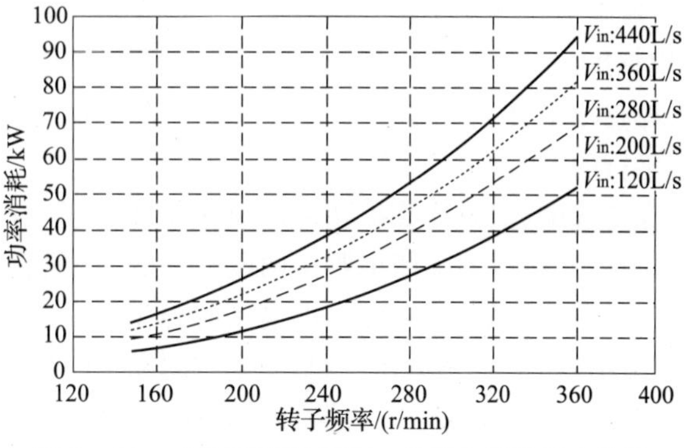

图 9－24 在各种进料量下一台轴向进浆压力筛的功率消耗与转子频率的关系

9.7 筛选系统

筛选系统的设计必须满足所需的浆和纸的性能。不同种类的纸浆含有不同量的杂质和需要去除和处理的其他成分。如果对浆质量的要求是合理的,筛选过程应是简单且花费不多的。筛渣处理也应该简单且筛渣率要低。但是为了满足较高的纸浆质量要求(如有关纤维组分、游离度、纤维束和强度),筛选过程就会变得复杂。纸浆应该更有效地筛选,并且能通过使用窄缝,高浆渣率和高比能量达到质量要求。筛选系统是根据进浆的质量、良浆的目标以及筛渣的质量流率来设计。最小的筛渣质量流率取决于这些浆的价值。因此,筛选和筛渣处理必须同时定其大小,用CSF来进行计算。

如图9-25,主线的第一段筛命名为P1、P2、P3,筛渣引到第二段筛(S1、S2、S3),进一步就是第三段筛(T1、T2、T3)。

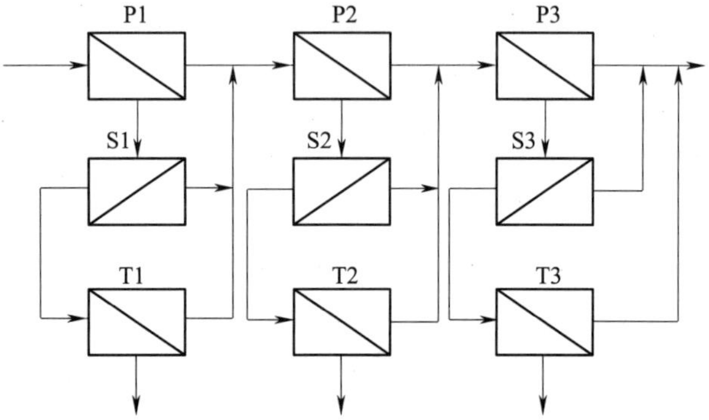

图9-25 第一段、第二段和第三段压力筛代号

9.7.1 SGW和PGW主线筛选

在SGW生产线,浆坑的纸浆通常用振动筛进行预筛选,以去除大的纤维束。预筛后的良浆进入压力筛而筛渣进入筛渣处理。在PGW生产线及升级的SGW生产线,纸浆在筛选前已撕碎,不需要振动筛。

通常,筛选系统包括P1、P2和S2筛,其中P1是孔筛,P2和S2是缝筛(见图9-26)。从图9-26可以看出,P1的良浆进入P2、P1的筛渣进入筛渣处理。P2的良浆是最后的浆,但其筛渣进入S2。S2和P2的良浆结合在一起,而S2的筛渣也送到筛渣处理。孔筛在缝筛之前除去大的纤维束,一般筛鼓的形式(孔/缝、开口大小、光滑/波形)根据纸的等级和筛的位置来选择。采用现代嵌入棒筛技术,P2和S2的良浆可以结合在一起仍能提供高质量的良浆。为了高的生产率,可安装平行的P1和P2筛选线。

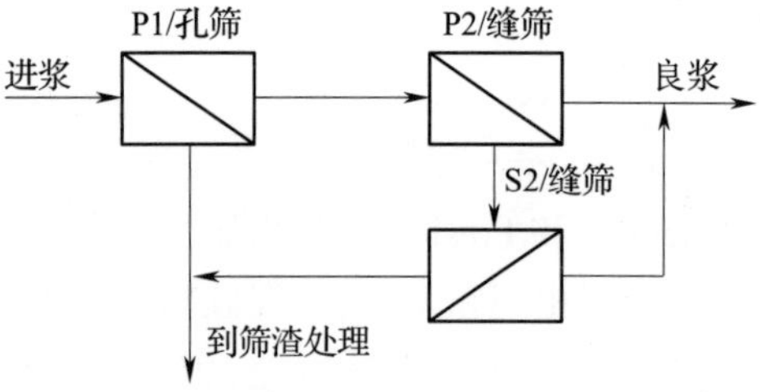

图9-26 现代主线两段筛选系统

在筛选中,如果计算得到的总质量筛渣率低(<15%),三段筛选优于两段筛选系统。采用三段筛选,每段的筛渣率要比两段筛选的高(见表9-5)。

三段系统(见图9-27),提高了筛选效率,特别是在进料质量和进浆浓度波动时。如图9-17所示,如果Q指数由于较低进浆浓度而下降,在高的筛渣质量流率RR_M时,筛选效率E_R下降较小。

SGW和PGW浆的主线筛选也可以通过一体多段筛来完成,在缝筛之前必须有预筛选除去大纤维束和小木块。图9-28显示采用两段和三段筛系统的多段筛。

表 9－5 在相同的总筛渣率下两段和三段筛选的各段筛渣率

筛选总筛渣率	每段(P2/S2/T2)的典型筛渣率	
	两段筛选	三段筛选
10%	28%/35%	40%/45%/50%
15%	35%/43%	45%/52%/64%
20%	40%/50%	50%/60%/67%

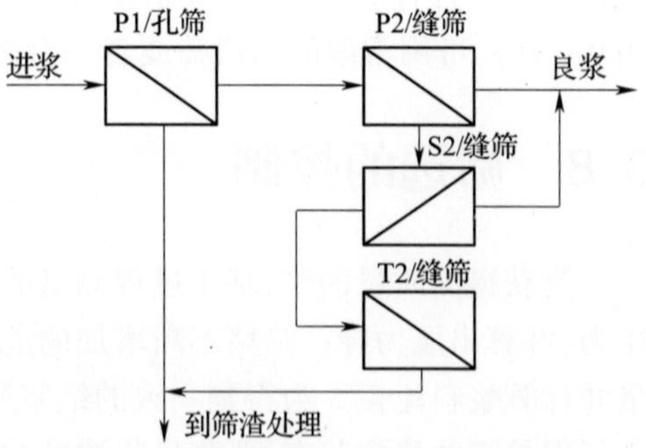

图 9－27 包括第三段筛的筛选系统

9. 7. 2 TMP 和 CTMP 的主线筛选

除了不包含孔筛外，TMP 和 CTMP 的现代主线筛选系统与 SGW 和 PGW 相似。在经过两段和三段主线磨浆之后，在缝筛之前，纸浆中不含有需要孔筛除去的大纤维束。典型的 TMP 和 CTMP 两段筛选系统(P1/S1)如图 9－29 所示，也可用于高游离度的 CTMP 浆。但是，一段主线磨浆后，孔筛必须用于缝筛之前以除去启动和磨浆扰动时产生的纤维束。

TMP 和 CTMP 的主线筛选也可以采用一体多段筛完成(见图 9－28)。

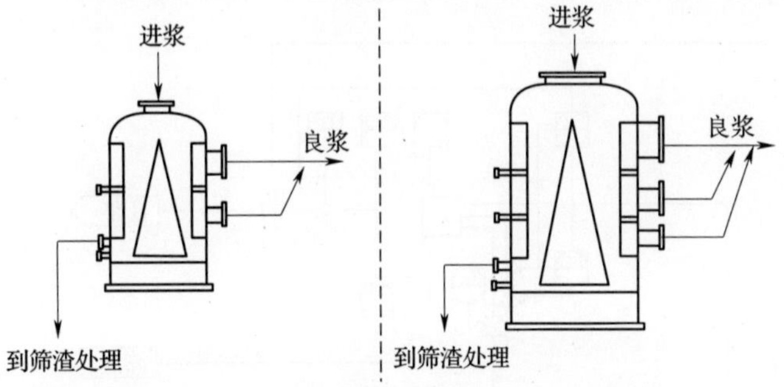

图 9－28 用作两段和三段筛选的主线多段筛

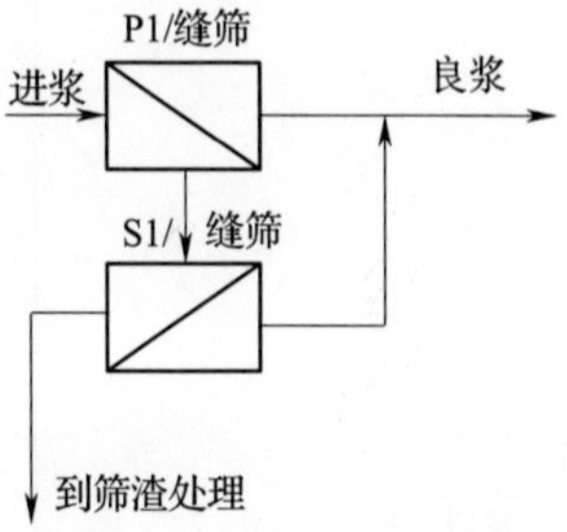

图 9－29 TMP 和 CTMP 浆的两段筛选

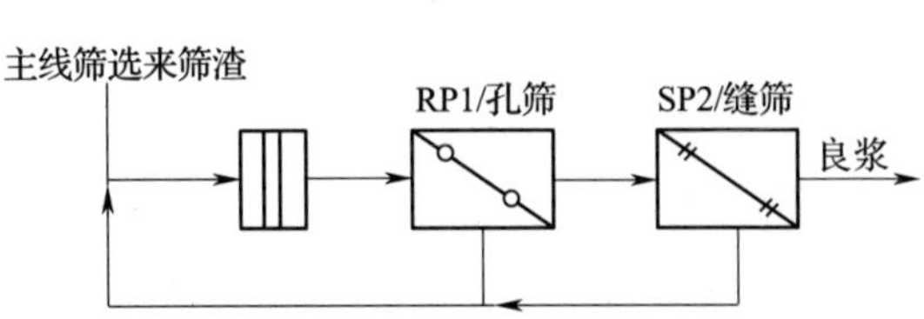

图 9－30 磨木浆筛渣的磨浆和筛选

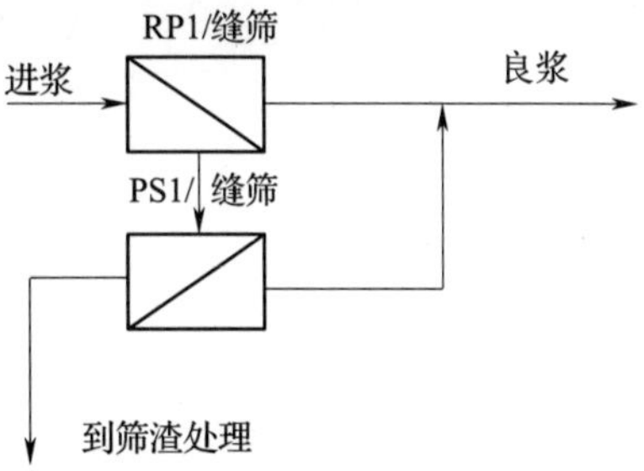

图 9－31 用于 SC/LWC 纸的 TMP 筛渣的两段磨浆和筛选

9. 7. 3 筛渣的筛选

磨浆后的筛渣浆能以简单的方式回到 P1 筛进浆。但是，通常磨后的筛渣必须分开筛选，如图 9－30 所示，筛渣浆第一段筛(RPI)用孔筛以避免大的纤维束到 RP2 缝筛。如果筛渣磨浆控制得好且有效,筛渣浆筛选系统也可以没有孔筛。筛选可以采用一段或者两段缝筛(见图9-31),可用常规的两段筛或者一台多段筛,以RP1/RP2和RP1/RS1两种主要方式进行。

9.8 筛选的控制

为获得高质量的浆,基于过程测量的筛选有效控制是需要的。测量每台筛的进浆和良浆压力,并算出压力降。筛堵不断增加的危险已由增加的压力降预示。通常,测量良浆和浆渣流量并计算浆料流量。为得到一致的纸浆质量必须知道流量以保持良好筛选和稳定的筛渣率。为了保持筛的稳定状态,要测量浆浓度并通过稀释水来控制。

在现代的系统中,进料压力是通过浆泵的速度控制,这节省了能量,特别是生产线的产量变化时。

9.8.1 单台筛的控制

图9-32表示单台压力筛控制的例子,但这对并联或者串联的两台压力筛是一样的。测量筛的进浆浓度然后通过加稀释水来控制,见工艺流程图中QIC。良浆流量能通过进浆池浆位(LIC)控制。根据流程和良浆阀门的位置,它的开度由良浆流量(FIC)、良浆压力(PIC)或者压差(PDIC)来控制。需要测量良浆和筛渣流量,基于这些流量计算出进浆流量(FI)。

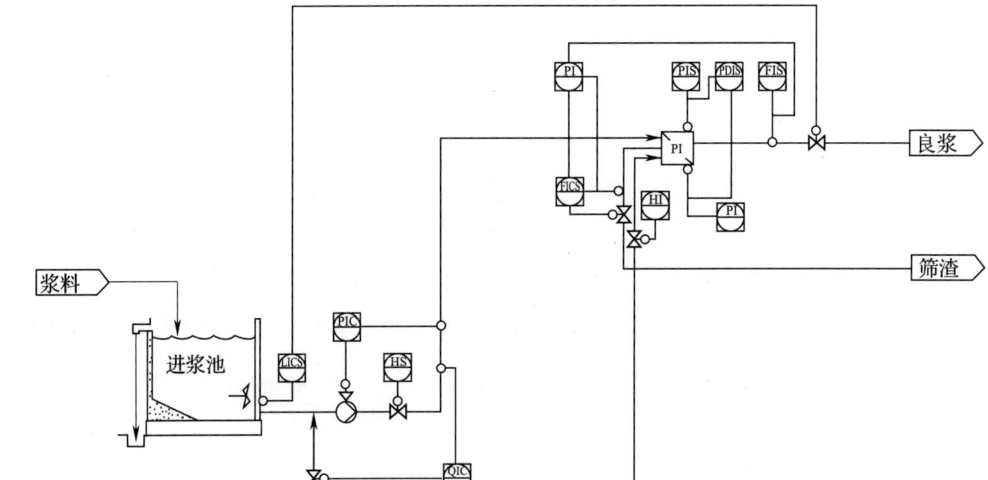

图9-32 单台筛的控制

在这个筛选布置中,测量进浆和良浆压力(PI),计算出筛的压差。另一种方法,能计算良浆和筛渣线间的压力,也表示筛的压力降。稀释水流量由HI阀门控制,但也可以通过进浆流量(FIC)测量和控制。进料泵有一个启动阀(HS),在启动时产生平缓的压力增加,并且在泵停止时阻止浆回流。为了节省能量,进浆泵也装有压力控制(PIC)。

稀释的进浆也可以来自白水池,如TMP筛选系统,其控制与单筛控制系统是相同的。但是泵速SHI是通过浓度测量(QIC)来控制,确保稳定的进浆浓度。当进浆来自于消潜池时,检测和控制(OIC)浓度,而流量通过消潜池浆位或者通过流量(FIC)来控制(见图9-33)。

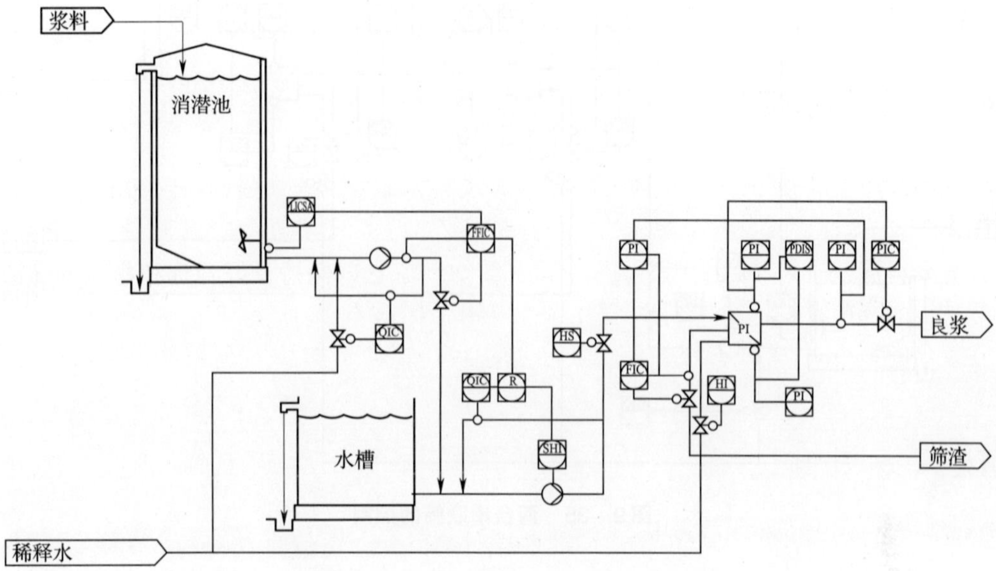

图 9－33　从白水槽进浆的单台筛控制

9.8.2　并联筛和串联筛的控制

单台筛的控制不受筛选布置的影响。图 9－34 表明两个并联筛的控制。两个分开的筛选线可以通过开－关阀(HS)来选择。

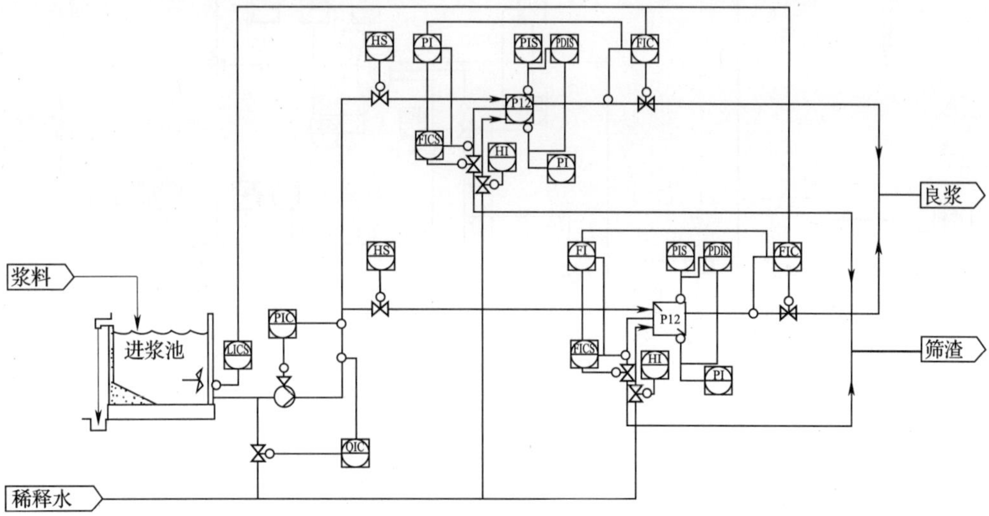

图 9－34　两台并联筛的控制

图 9－35 表明串联筛的控制原理，此处的 P1 筛没有良浆阀，良浆能够通过调节 P2 筛的良浆和筛渣流量来控制。P2 筛的筛渣流量(FIC)是由进浆流量(FI)来控制，这是通过测量 P2 筛的筛渣(FIC)和良浆流量(FI)来计算的。P1 筛筛渣率的控制与 P2 筛筛渣率的控制方式相似。P1 筛的进浆(FI)是由 P2 筛的良浆和筛渣及 P1 筛的筛渣的总和计算的。所有其他控制与单台筛的控制相似。

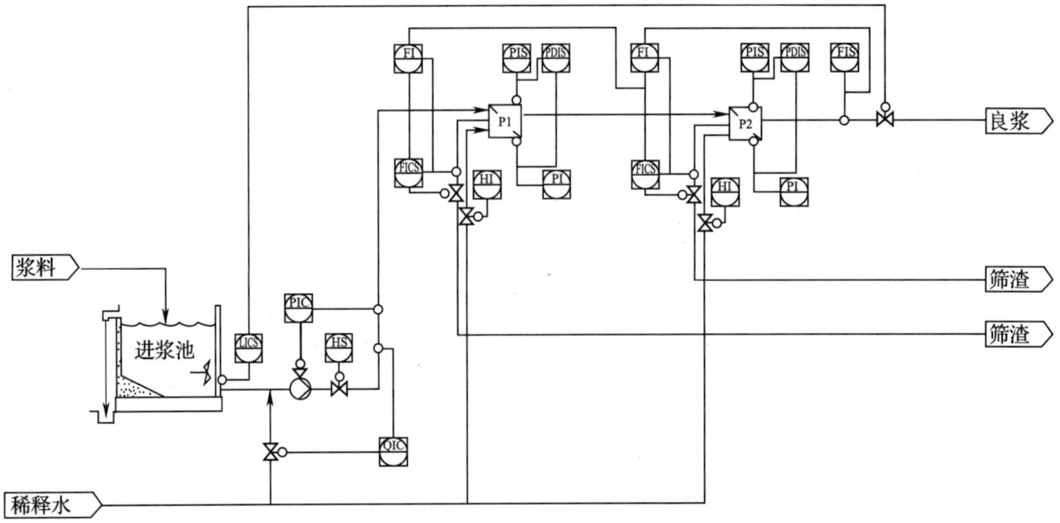

图 9 -35　两台串联筛的控制

9. 8. 3　两段筛的控制

图 9 -36 表示两段筛的布置(P1/S1)。稀释水与 P1 筛筛渣流量成正比,用于控制第二段筛的进料浓度。第二段筛的进浆流量(FI)是由第一段筛的筛渣流量(FI)和稀释水(FI)流量计算得到。所有其他控制与单台筛控制的相同。

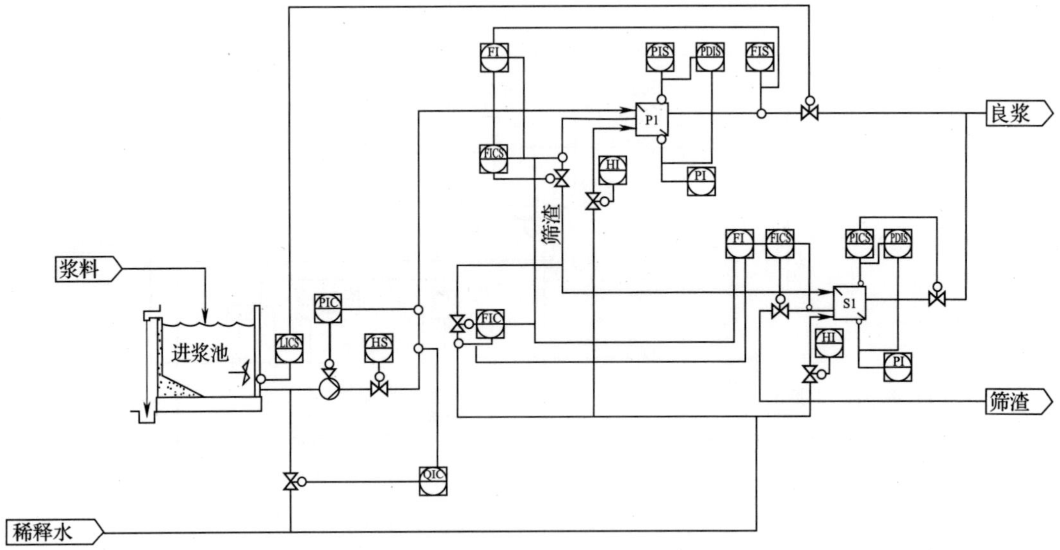

图 9 -36　两段筛选(P1/S1)的控制

9. 8. 4　多段筛的控制

图 9 -37 最后显示了包括预筛选的多段筛布置。在多段筛中所有的良浆、筛渣和稀释水的控制都与进料流量成正比。也测量每个筛选段压差。在其他方面,控制原则与单台筛相同。

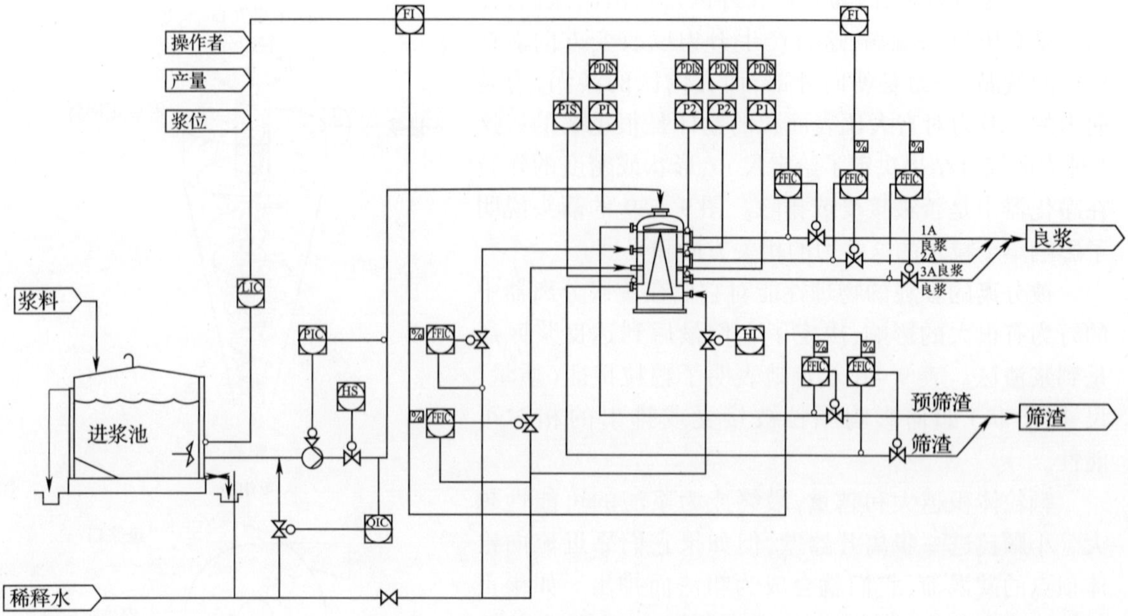

图 9－37　包括预筛的多段筛的控制

9.8.5　在线纸浆质量测定和筛选控制

连续在线纸浆质量分析仪目前用于筛的进浆和良浆的分析，并且它们通常测量游离度、纤维长度和纤维束量。因而操作者按照分析仪并基于它们的知识和经验改变操控参数，如进浆浓度、筛渣率。

在一些厂筛选室的操作参数根据连续在线质量检测自动地改变。这些相互作用是基于软件中调优运算（Evolutionary Operation，EVOP）的过程优化技术。

9.9　净化和砂子的去除

9.9.1　原理

涡旋除渣器或净化器很早就已经用于制浆和造纸过程。净化器主要用于分离树皮、砂子、金属和来自纸浆悬浮液的其他污染物，也用于分离纤维束和没有发展的纤维，目的是为了在它们回到工序之前进一步处理。

在涡旋除渣器内，低浓浆料在压力下切线进入固定的圆柱形和锥形的筒体，在这里由于流体压力的能量而产生旋转的浆流。图 9－38 表示普通设计的涡旋除渣器常用的形式，在涡旋除渣器的中心有空气和气流在流动。

在净化器中引起分离的 4 种不同的力如图 9－39 所示：

离心力——浆流旋转运动的结果；

拽引力——流体运动经过一个物体的结果；

浮力——施加于浸在水中的沙滩球上相同的力；

升力——一种使旋转棒球在空气中曲线运动的力。

升力是特有的,因为浆流在外区是自由的漩涡,在内区是有压迫的漩涡,这就产生升力以改变方向。在外区的漩涡,升力是朝向外部,而在内区的漩涡,力是向内的。升力对有大比表面积的物体是很重要的。这4种力的综合结果决定了给定尺寸、形状或密度的颗粒在净化器中是否被接受或排除。图9－39的箭头说明了影响单个粒子的这些力的相关方向和强度。

被分离的颗粒的物理性能对它们在旋浆分离器中的行为有很大的影响,决定了它们最后到达良浆区还是到浆渣区。表9－6示意地表明了颗粒特征(质量、尺寸、形状)如何影响颗粒被接受或排出的相对可能性。

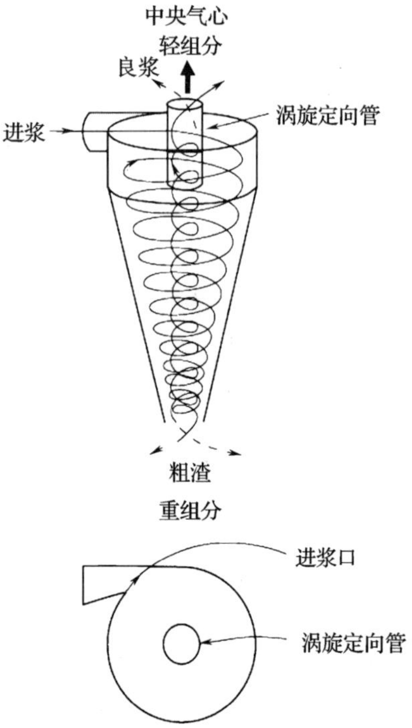

图9－38 普通设计的涡旋除渣器

颗粒体积越大和越重,最终成为浆渣的可能性越大。小颗粒进一步离开器壁,但如果它们靠近流向锥体顶点的漩涡流,它们就会成为粗渣而排出。如果重颗粒比流向顶点垂直流层的厚度还要大,颗粒会从垂直浆流推向锥体底部良浆出口流动更快的浆流,仅当有更大的旋转直径和切线速度时才抛回到垂直的浆流。这能继续直到颗粒已经足够磨损进入渣流部分并且能够随着粗渣排放。仍在锥形内旋转的颗粒,由于它的重力和形状,会有一个循环的旋转行为,所以通过摩擦锥体壁而造成的磨损可能会聚集在专门的小区域。这会引起锥体壁的快速磨损。

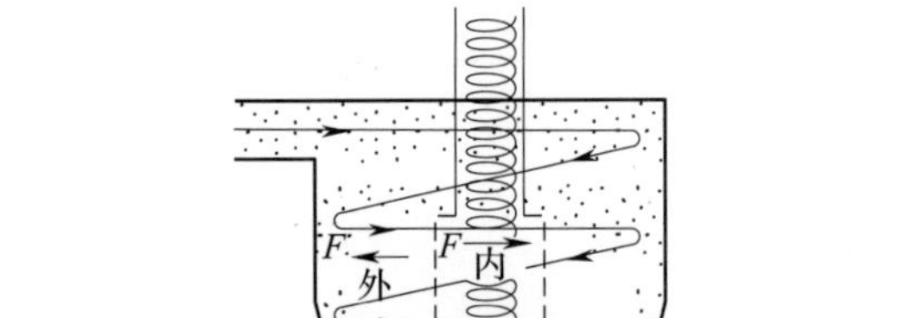

图9－39 净化器中对粒子分离贡献的力

表9－6 颗粒特性及其对除渣器中颗粒分离的影响

颗粒特性	很可能被接受	很可能被排除
密度	轻	重
长度	短	长
宽度	薄	厚
表面积	大	小
大小	小	大

当颗粒在流体中流动时,它的速度受与投影表面积成比例的摩擦力的限制。因此,与具有小投射面的纤维相比,具有大投影面的颗粒如纤维化的纤维更倾向于最终到良浆中。因此,树皮粒和纤维有大约相同的质量,但具有较小的投影面,因而被排出。通常纤维束也因为相同的原因成为粗渣。然而,纤维的细纤维化程度越高,它的投影面就越大,成为良浆的可能性就

越大。

颗粒的长度和形状对其分离有双面的影响。首先,处于不同切向速度的两种浆流中的颗粒将会被更快的浆流扫清,即流向净化器的中心。长纤维比短纤维更容易进入良浆区,这种现象在有相同投射面但不同长度的纤维束也有发生。第二,机械力取决于颗粒的长度和硬度。流向顶端的部分在接近顶端时变得更细,因此为了适合这种粗渣流,颗粒不能太长也不能太厚。

因此,短和"绒毛状"的纤维束比长纤维束更容易除去,为了去除较长和较大的纤维束,净化器必须有较大的直径。

9.9.2 除渣器的类别

除渣器主要用于除去重颗粒。但是,由于二次纤维在造纸中应用的增加,很多除渣器也用于除去塑料、橡胶、蜡、或者是其他较轻的颗粒。

有下面 4 种不同类型的除渣器:

① 粗/高密度/重质除渣器;

② 中密度除渣器;

③ 细除渣器;

④ 轻质除渣器。

重和中质除渣器主要用于去除重杂质,像砂子、订书钉和其他较大的可能伤害设备的杂质。它们的直径为 250 ~ 2500mm,在进浆和良浆之间有 15 ~ 150kPa 的低压降下使用。进浆浓度在 1% ~3% 。

细除渣器(见图 9 -40)用于去除像砂子、金属、树皮、纤维束和沥青这样的杂质,因此增强最后纸产品的外观和减少磨损。这些除渣器的直径在 50mm 和 250mm 之间并且在 100 ~ 200kPa 的中或高压降下运行。进浆浓度在 0.5% 和 1.5% 的范围内。直径为 100 ~ 150mm 的除渣器主要用于机械浆的净化。这些除渣器光滑的内锥体增进了纤维束的分离。为了达到较高的浓度,一些除渣器设计成用水在除渣器的底部和中部进行稀释。采用这种稀释,堵塞的可能性就减少了,使得除渣器在较高浓度下运行。底部的稀释也减少了纤维损失。

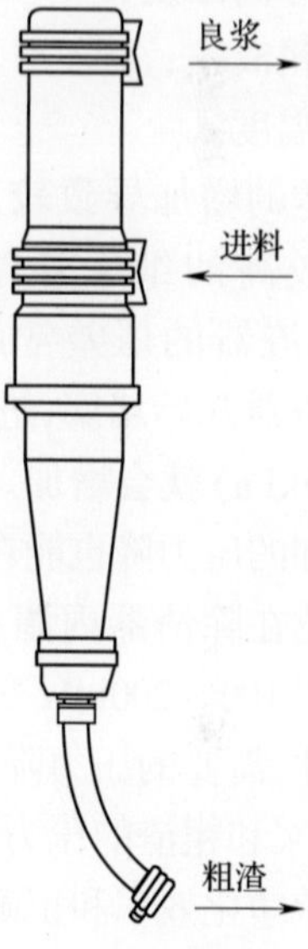

图 9 -40 一种细除渣器示例(由 GL&V 提供)

9.9.3 除渣系统

制浆造纸厂的除渣系统通常由 2 ~ 6 段组成,这在大多数情况下意味着应用了阶式耦联(见图 9 -41)。后段的良浆送去精磨以防浆浓增加过多,这会降低除渣效率。

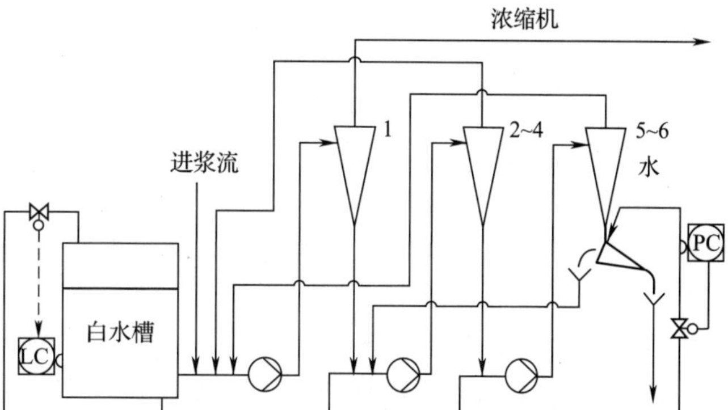

图 9 -41 一个机械浆厂的除渣器系统

9.9.4 砂子去除

离心力对小而重的颗粒(如砂子)的分离有很大的影响。这意味着即使小的压降会使砂粒最后到外部流体而进入粗渣部分。进浆和良浆间更大的压降可以分离更小的粒子。更高的向外离心力使得能在高浓下进行分离,能在浆浓高达约1.8%时达到可接受的砂子分离(见图9-42)。当采用高浓时,浆渣流可能由于出口堵塞几乎不离开锥形除渣器。浆渣浓度通常比进料浓度高1.5~3.0倍。通过除渣器某些部分的稀释,除渣器就可以在高浓下运行。

9.9.5 净化的控制

下列操作参数影响了涡旋除渣器的分离效率:

① 进料和良浆的压力降;

② 分离浓度;

③ 粗渣率;

④ 温度。

压差的增加导致较高的流量,及较高的进浆速度和较高的纸浆悬浮液旋转速度(见图9-43)。除渣器的压差常用来预示除渣器的堵塞。如果除渣器开始堵塞,进浆和良浆线间的压差(通常5~15kPa)就会增加。

增加的压力降也能在某一点上增加分离效率,此时浆流在除渣器内湍动。进浆和良浆之间压力降通常在100~200kPa变化。通过改进除渣器的设计和尺寸,需要的压力降就会下降,能耗也会降低。进料、良浆和粗渣的压力通常在离心净化系统中检查以维持净化效率和正确的粗渣体积。

一般来说,过程本身决定了除渣器中纸浆的温度。已发现温度对分离能力有轻微的影响。作为一条规律,温度较高的浆也能提高分离效率和增加粗渣的浓度。因此,如果计算浆水平衡,必须应用较高的粗渣率。

为提供可靠的具有良好分级的净化系统,净化系统的设计应该确保当纸浆从一段输送到下一段时进浆浓度下降,每段粗渣率增加。在车间刚启动开始时,纸浆浓度最初是由取自于各段的浆样决定的。然后计算粗渣体积并且基于这些样品细调;样品有规律的取样对确保正确的操作很重要。温度的影响也应该考虑在内。如果过程后段大小不正确,以至于进浆浓度太高或者分离效率太低,这样的操作将会干扰整条生产线。

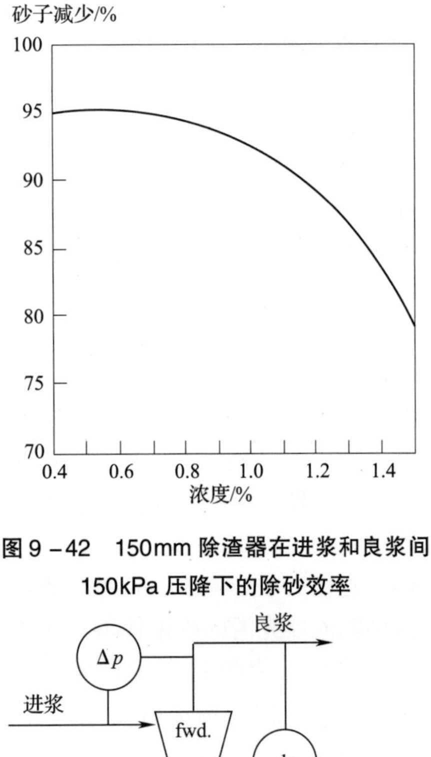

图9-42 150mm除渣器在进浆和良浆间150kPa压降下的除砂效率

图9-43 压降对涡旋除渣器功能的影响

注:较高的Δp(进浆喷射和良浆的压差)意味着较高的净化效率和较高的生产能力。较高的dp(良浆和粗渣间的压差)意味着较高的粗渣流量和在下一段较高的浓度;"fwd."是指除渣器以正向模式工作,而非反向模式。

参考文献

[1] Macmillan, F. A., Farrell, W. R., Booth, K. G. Shives in newsprint: their detection, measurement and effects on paper quality. Pulp & Paper Mag. Canada 8(66): T361 – T369(1965).

[2] Laurila, P., Smook, G., Cutshall, K., Mardon, J. Shives – how they affect paper machine runnability, Pulp & Paper Mag. Canada 9(79): T285 – T289(1978).

[3] Gregersen, O. W. On the assessment of effective paper web strength, Doktor ingenior – avhandling, 76, Trondheim, Norway, (1998).

[4] Gregersen, O. W., Hansen, A., Helle, T. The influence of shives on newsprint strength, J. of Pulp and Paper Sci. 5(26): 176 – 179(2000).

[5] Ammala, A., Stoor, T., Niinimaki, J. Determinating shive content of mechanical pulps. International Mechanical Pulping Conference, June 2 – 5, 2003, Quebec City, Canada.

[6] Svensson, E., Hammar, L – A., Htun, M. Some basic aspects on shives in low sulfonated thermomechanical pulps, Nordic Pulp Paper Research J. 4(9): 219 – 225(1994).

[7] Reme, PA., Helle, T. The fibre characteristics of shives initiating web rupture, Nordic Pulp Paper Research J. 4(15): 287 – 291(2000).

[8] Martin, A. Analysis of a pressure screen performance. Journal of Pulp and Paper Science 73(2): 72 – 74(1972).

[9] Levis, S. H. Removal of contaminants from recycled fibre, high/low density screening. Proc. Recycling and Deinking of Newsprint and Fine Papers Course Notes, CPPA, Montreal, Canada, 1991.

[10] McCarthy, C. E. Various factors affect pressure screen operation and capacity. Pulp & Paper 62(9): 233 – 237(1988).

[11] Bohn, B., Hernesaho, M., Nerg, H. New screening techniques for the new millennium – The MuST Screen. Proceedings of Tappi 99 – preparing for the next millennium, Atlanta, GA, 3, pp. 1469 – 1476, 1999.

[12] Hourula, I., Kortela, U., Ahnger, A., Hautala, J. Fewer cascade connections, pumping and control loops in screening plants utilizing new technique. Proc. TAPPI International Environmental Conference, New Orleans, LA, USA, 435 – 442, 1996.

[13] Hooper, A. W. Directly connected pulp screening cuts capital and operating costs. Pulp & Paper 58(6): 78 – 82(1984).

[14] Dangeleit, M. NimaxTM – Siebkorbtechnologie und Siebkorbservice. Wochenblatt fur Papierfabrikation 133(16): 967 – 970(2005).

[15] Weckroth, R., Rintamaki, R., Tuomela, P., Gooding, R. Recent developments in papermachine headbox screening. Paperi ja Puu 83(6): 462 – 467(2001).

[16] Siewert, W. H., Flynn, P. J. Distinctive features of approach flow screening. Proc. TAPPI Papermakers Conference, Atlanta, GA, USA, pp. 43 – 49. 1990.

[17] Bliss, T. Screening in the stock preparation system. Proc. Stock Preparation Short Course, Atlanta, GA, USA, pp. 59 – 75, 1990.

[18] Olson, J. A., Turcotte, S., Gooding, R. W. Determination of power requirements for solid core pulp screen rotors. Nordic Pulp and Paper Research Journal 19(2): 213 – 217(2004).

[19] Niinimaki, J., Dahl, O., Hautala, J., Tirri, T, Kuopanportti, H. Effect of feed construction on

the efficiency of pressure screening. Tappi Journal 79(11):119 - 123(1996).

[20] Ahnger, A. Recycling trends and requirements in stock screening and cleaning. Proc. The First Global Conference & Exhibition on Paper and Board Recycling, London, Great Britain, 1 - 7, 1994.

[21] Gooding, R., Craig, D. The effect of slot spacing on pulp screen capacity. Tappi Journal 75 (2):71 - 75(1992).

[22] Pemble, G. G., Brown stock screening - a new approach. Proc. TAPPI Pulping Conference, Washington DC, USA, 7 - 11, 1987.

[23] McDonald, S. W. Screening at higher consistency to improve efficiency. Proc. Improving Screening and Cleaning Efficiencies Short Course, Richmond, USA, 6 p., 1993.

[24] Henrich, H., Schmidt, K. Slotted screens for mechanical pulps - ultimate in screening technology. Proc. 24th EUCEPA Conference, Stockholm, Sweden, pp. 342 - 357, 1990.

[25] Tirado, A. Theory of screening. TAPPI Journal 41(5):237 - 245(1958).

[26] Niinimaki, J. On the fundamentals of pressure screening. Doctoral thesis, University of Oulu 1998.

[27] Gooding, R. W., Kerekes, R. J. The motion of fibres near a screen slot. Journal of Pulp and Paper Science 15(2):J59 - J52(1989).

[28] Jokinen, H., Ammala, A., Virtanen, J. A., Lindroos, K, Niinimaki, J. Effect of bar geometry on screen plate performance - a laboratory study on pressure screening. Nordic Pulp and Paper Research Journal 21(4):451 - 459(2006).

[29] Seifert, P. Understanding screening of secondary fiber. Proc. TAPPI Engineering Conference, Orlando, FL, USA, 429 - 438, 1993.

[30] Kubat, J., Steenberg, B. Screening at low particle concentrations. Svensk Papperstidning 58 (9):319 - 324(1955).

[31] Yu, C. Pulsation measurement in a screen. Proc. TAPPI Engineering Conference, San Fransisco, CA, USA, pp. 767 - 782, 1994.

[32] Wikstrom, T, Rasmuson, A. Transition modelling of pulp suspensions applied to a pressure screen. Journal of Pulp and Paper Science 28(11):374 - 378(2002).

[33] Pinon, V., Gooding, R. W., Olson, J. A. Measurements of Pressure Pulses from a Solid Core Screen Rotor. International Mechanical Pulping Conference, 2 - 5 June, 2003, Quebec, Canada, 11p.

[34] Fredriksson, B. New HC screening technology for recycled fiber pulps. Paperi ja Puu 77(5): 307 - 313(1995).

[35] Levis, S. H. Removal of contaminants from recycled fibre, high/low density screening. Proc. Recycling and Deinking of Newsprint and Fine Papers Course Notes, CPPA, Montreal, Canada. 1991

[36] Kleinhappel, S., Lipponen, J., Jussila, T. Groundwood pulp quality improvements with economical benefit by improved screening efficiency. Proc. CPPA, International Mechanical Pulping Conference, Ottawa, Canada, 267 - 270, 1995.

[37] Yu, C. J., Defoe, R. J. Fundamental study of screening hydraulics. Part 1: Flow patterns at the

feed side of screen baskets, mechanism of fiber – mat formation and remixing. TAPPI Journal 77 (8):219 –226(1994).

[38] Lindroos, K., Puro, M. Superior tool for adjustable screening process. 12th PTS – CTP Deinking Symposium, 25 –27th Leipzig, Germany, 2006

[39] Wakelin, R. F, Corson, S. R. TMP long fibre fractionation with pressure screens. Proc. International Mechanical Pulping Conference, Ottawa, Canada, pp. 257 –265, 1995.

[40] Gooding, R. The passage of fibres through slots in pulp screening. Master's thesis. University of British Columbia, 1986.

[41] Ammala, A. Fractionation of thermomechanical pulp in pressure screening. Doctoral thesis, University of Oulu 2001.

[42] Paul, T. S., Duffy, G. G., Chen, X. D. Viscosity control as a new way to improve pressure screen performance. Tappi Journal 83(9):61(2000).

[43] Julien Saint Amand, F, Perrin, B., Ruiz, J., Ottenio, P. Modelling of screening systems for optimised stickles removal. Proceedings of the 10th PTS – CTP Deinking Symposium, Munich, Germany, pp. 23 –26, 2002.

[44] Nelson, G. L. The Screening Quotient: A Better Index for Screening Performance. Tappi Journal 64(5)133 –134(1981).

[45] Karnis, A. Pulp Fractionation by Fibre Characteristic. Paperi Ja Puu, 1997., Vol 97, No 7. pp. 480 –488.

[46] Jokinen, H. Screening and cleaning of pulp. Doctoral thesis. University of Oulu 2007

[47] Julien Saint Amand, F, Perrin, B. Fundamentals of screening: Effect of screen plate design. Proceedings of Tappi Pulping Conference, Boston, MA, 20 p., 2000.

[48] Yu, C. J., Crossley, B. R., Silveri, L. Fundamental Study of Screening Hydraulics, Part 3: Model for Calculating Effective Open Area. Tappi Journal 77(9)125 –131(1994).

[49] Gassmann, H. Optimization of final screening stage provides ultimate in stock cleaning. Pulp & Paper 69(9):151 –153(1995).

[50] Niinimaki, J., Ammala, A., Dahl, O., Kuopanportti, H., Nissila, S. The effects of foil settings on the performance of a pressure screen. Proc. International Symposium on Filtration and Separation, Las Palmas de Gran Canaria, Spain, 1, pp. 71 –78. 1998

[51] Julien Saint Amand, F., Perrin, B. Fundamentals of screening: Effect of rotor design and fibre properties. Proceedings of Tappi Pulping Conference, Orlando, FL, 3, pp. 941 –955, 1999.

[52] Gooding, R., Olson, J., Roberts N. Parameters for assessing fiber fractionation and their application to screen rotor effects. Proceedings of the International Mechanical Pulping Conference, Helsinki, Finland, 2, pp. 407 –424, 2001.

[53] Nikula, S. Developments in pressure screening. Paperi ja Puu 72(4):365 –366, 1990.

[54] Wakelin, R. Objectives and constraints for pressure screen fractionation. Proceedings of International Mechanical Pulping Conference, Stockholm, Sweden, 2, pp. 151 –158, 1997.

[55] Julien Saint Amand, F., Perrin, B. Characterization and simulation of fibre separation in screens and cleaners. Proceedings of the 2003 International Mechanical Pulping Conference, Quebec, Canada, pp. 245 –257, 2003.

[56] Olson, J. Fibre length fractionation caused by pulp screening, slotted screen plates. Journal of Pulp and Paper Science 27(8):255 – 261(2001).

[57] Goosney D. D. Evaluation of Ahlstroms's profiled slott screen plates. Proc. 79th Annual Meeting of Technical Section of Canadian Pulp and Paper Association, Montreal, Canada, pp. B269 – B276, 1992.

[58] Hooper, A. W. A comparison of slots and holes in the screening of mechanical pulp. Proc. 73rd Annual Meeting of Technical Section of Canadian Pulp and Paper Association, Montreal, Canada, pp. 57 – 65, 1987.

[59] Dulude, B. K. Improved TMP stock screening. Proc. 80th Annual Meeting of Technical Section of Canadian Pulp and Paper Association, Montreal, Canada, A: 223 – 227. 1994.

[60] Heise, O. Screening foreign material and stickles. TAPPI Journal 75(2):78 – 81(1992).

[61] Winkler, J., Kelly, A. F. New developments in pressure screens. Proc. TAPPI Recycling Symposium, Boston, MA, USA, pp. 415 – 421, 1994.

[62] Olson, J., Wherrett, G. A Model of fibre fractionation by slotted screen apertures. Journal of Pulp and Paper Science 24(12):398 – 403(1998).

[63] Wakelin, R. F., Paul, S. T. Effects of some process variables on screen fractionator performance. Appita Journal 54(4):357 – 363(2001).

[64] Repo, K., Sundholm, J. The effect of rotor speed on the separation of coarse fibers in pressure screening with narrow slots. Proc. International Mechanical Pulping Conference, Ottawa, Canada, 271 – 275, 1995.

[65] Ammala, A. Dual effect of foil speed on reject thickening in pressure screening. Appita Journal 57(2):128 – 131(2004).

[66] Julian Saint Amand, F., Perrin, B., Delagoutte, T, Gooding, R., Huovinen, A., Heederik, P., Pahl, A., Haar, W., Gonera, H., Dabrowski, J., Mik, T, Hamann, L, Cordier, O., Asendrych, D., Favre – Marinet, M. Final Technical Report. Optimisation of Screening and Cleaning Technology to Control Deinking Pulp Cleanliness – ScreenClean CTP – AFT – ICP – PTS – LEGI, 182 p. 2005.

[67] Kumar, A. (1991) Passage of fibres through screen apertures. Ph. D. Thesis, University of British Columbia, Vancouver, Canada.

[68] Sealey, R., Miller, G. Modified screen basket geometry improves pressure screen operation. Pulp & Paper 55(6):97 – 100(1981).

[69] Ammala, A., Rautjarvi, H., Niinimaki, J. Effect of entrained air on the performance of a pressure screen. Tappi Journal 83(10):62(2000).

[70] Bach, R. M. Power requirements of pressurized screens vs. foil frequency: Program for TI – 59 calculator. TAPPI Journal 64(8): 113 – 114(1981).

[71] Hacker M., Presley, R. Mill experiences – aerodynamic rotor and profile slotted cylinders provide more efficient, higher – capacity screens. Proc. TAPPI Pulping Conference, Chicago, IL, USA, pp. 657 – 664, 1995.

[72] Vitori, CM., Philippe, I. J. New technology for improved performance and longer wear life in contour – surface slotted – screen cylinders. Proc. TAPPI Pulping Conference, Seattle, WA, USA, 2: pp. 707 – 714, 1989.

第⑩章 筛渣磨浆

在磨木或磨浆主生产线上初始的木材基体被强烈地离解为不同尺寸和性质的纤维碎片。在本章,纤维发展这个术语被用来描述发生在机械法不同阶段纤维尺寸和性质的变化。纤维发展对机械浆的造纸潜能是非常重要的,对造纸浆料的均匀性起着关键作用。机械分离纤维的随机性应归因于其可变压缩力,木材纤维尺寸的较大差异不可避免地生产出不同尺寸的纸浆纤维。这些限制了浆料的造纸潜能,要将纤维性质发展至一个适合生产高质量纸或纸板的水平,需要对粗纤维组分进行进一步磨浆。为了提高总得率和增强造纸潜能,需要对含有尺寸过大的粗渣(即纤维束)进行分开处理。在筛选和净化过程中除去了密度大的杂质(砂石、金属等),而为了进一步均一化,尺寸过大的粗渣(包括纤维束、未发展的粗纤维和木条筛渣)从良浆中分离。筛渣磨浆最初的目的是使来自常压磨石磨木浆中纤维束变为有用的纸浆。现在筛渣磨浆的主要目的是除去粗大的粒子;提高纤维和纤维组分的性质,特别是那些长而挺硬的纤维;以保持细小纤维的比例;保护纤维长度;控制纸浆滤水特性。

当添加最少量高价化学浆时,造纸和印刷中良好的运行性对造纸经济是重要的。纤维细长而具有良好结合力的机械浆有利于实现运行性能和印刷性能的良好结合。通过对浆渣的良好控制和选择性磨浆,将磨浆能量应用于机械浆未发展的长纤维组分,可以提高机械浆的这些性质。

10.1 纤维、设备和系统

进行筛渣磨浆的主要组分是针叶木 RMP、TMP、SGW、PGW 和 CTMP 机械制浆中产生的粗渣,但也有一些来自阔叶木 BCTMP 生产过程中。例如,用于新闻纸的纸浆生产过程中,质量筛渣率的范围为 20% ~40% ,而对于低定量涂布纸和超级压光纸这个数值可达 60% [1]。因此,为了达到所有造纸可接受的性质,相当大部分的纸浆需要进一步处理。

筛渣磨浆中所用的设备除了低浓磨浆流程中的管道和高浓磨浆流程中的进料装置外,还包括如下过程单元:

① 分离;

② 筛渣浓缩(脱水);

③ 机械磨浆使过大尺寸的筛渣均质化。

最后一步包含盘磨机中传统的机械处理,它能够在低浓(LC,3% ~5%)、中浓(MC,10% ~15%)和高浓(HC,30% ~50%)条件下运行。中浓磨浆纸浆性质的发展与低浓磨浆相似,其明显的优点是在降低空转动力时增加了磨浆机的载荷能力,这意味着较高的能量效率。

然而，由于中浓磨浆很少被使用，所以此处不对其进行进一步的讨论。

低浓磨浆保持了良好的纤维束去除率(SRE)，但不需要昂贵的浓缩设备，所以筛渣低浓磨浆的投资成本较低。然而，虽然筛渣高浓磨浆是最昂贵的磨浆系统，但由于它有利于纤维的发展，因此它是应用最普遍的技术。高浓磨浆使得能用高的单位能量，使得纤维性质在单段磨浆中有良好的发展。但是，仍有许多筛渣低浓磨浆系统在使用，特别是用于低定量涂布纸的磨石磨木浆和纸板的 CTMP 级。低浓磨浆的低投资成本、良好纤维束去除率和低能耗使其在新的阔叶木(B)CTMP 生产线装置中越来越流行。目前，在节能工艺系统中也采用高浓与低浓相结合发展纤维的磨浆方法，主要用于印刷纸和纸板(也见第 7 章，热磨机械法制浆)。

10.2 筛渣处理

筛渣处理需要有效专门的处理系统，以成功除去过大尺寸的碎片和增加浆料的均一性。为了这个目的，筛渣需要通过机械方法分离、脱水和进料至筛渣磨浆机进行进一步磨浆，通过离解和均化作用成为具有较高造纸潜能的纤维。

10.2.1 浓缩

目前，弧形筛，也称斜筛，经常被用作预浓缩机，将纸浆浓度在最后浓缩至 30% 或更高之前提高至 3% ~5% 。除了用于浓缩之外，弧形筛也洗掉筛渣中细小纤维。这就提高了筛渣的游离度，而有利于主浓缩机中纸浆的脱水。细小纤维的去除也提高了筛渣盘磨机的载荷能力，从而使得粗纤维的处理更加有效，因为更多的能量能用于每次通过盘磨机。

浓缩设备的类型主要有 3 种：螺旋挤浆机、双辊挤浆机和双网挤浆机。由于螺旋挤浆机比其他类型浓缩设备的投资成本低，因此其应用最为普遍。螺旋挤浆机的能耗要高于双辊挤浆机和双网挤浆机。

10.2.1.1 弧形筛

弧形筛的筛板由楔形棒条构成，棒条间水平的缝形成了一个弧形面，通常缝宽是 150μm。纸浆通过一个喷嘴进料，利用可调堰板将浆流切向地布满整个筛。当悬浮液沿着筛板流动时，薄的水层被筛棒切开。悬浮液中的纤维沿悬浮液的流动方向取向。因此，大多数比缝宽长的纤维被保留在筛的表面，然后以 3% ~5% 的浓度滑落至筛的卸料口。如果筛板发生堵塞，用软水管可以轻易地进行清洗。如有需要，这种筛也可以配备振动清洗装置。如果纸浆悬浮液含有磨料粒子，棒条的上边缘将最终被磨圆。在这种情况下，通过筛壳内棒条翻转以延长筛板的寿命。

10.2.1.2 螺旋挤浆机

螺旋挤浆机(见图 10 -1)的主要应用领域是在高游离度范围，例如高浓磨浆前筛渣脱水。通过压力，用泵或者网前箱内悬浮液的回水高度将纸浆悬浮液喂进挤浆机。为了填满螺旋第一段和使纸浆得到一定程度的脱水，初始压力是需要的。当螺旋轴通常在转速 20 ~30r/min 旋转时，悬浮液被连续挤压，通过筛板脱水进入壳体内。内筛板的孔总是阶梯钻出或者内部锥形的。这些向外锥形孔是为了防止堵塞。在低压区，所需要的稳定性可仅通过筛板而得到；然而在随后的中压区和高压区需要不断增强的支撑结构。

在螺旋末端脱水至高浓度需要更高的压力。启动时，为了高精度的压力调节使用了反压装置。主要的反压是连续给料螺旋末端产生的，只留下光滑的转轴而没有任何螺旋片。在挤浆机的这一部分，沿着转轴长度方向产生的摩擦，通过圆锥形的外壳挤压成干浆饼。螺旋挤浆机的这部分担负主要压力的积累，因此，脱水需要能量。

图 10－1　螺旋挤浆机（由 Andritz 提供）

反压装置采用的压力对最终干度仅有很小的影响，因为主要的阻力来自于没有螺旋片部分的料塞。通过调整扭矩设定来控制挤浆机后纸浆的浓度。影响纸浆浓度的第二个因素是产量。如果产量下降，如扭矩保持相同时速度也降低，并且由于纸浆有更多时间脱水，其干度增加。因此，通过采用更大尺寸的螺旋挤浆机可以得到更高的卸料浓度。

螺旋挤浆机主要生产 20～30mm 厚的浆饼。在高浓度下，滤液要从转轴周围的区域排到外层筛会有相当大的阻力。为了提高干度，现代的螺旋挤浆机在最后没有螺旋片的部分有轴脱水，允许滤液通过安装在轴上的筛板排出。

虽然螺旋挤浆机的基本设计比较简单，一般的操作监测和维护都已减至最少，但高压和扭矩将引起挤浆机高压部分的磨损。如果纸浆中含有磨粒（例如，来自磨木磨石的磨粒），磨损可能需要更多的维护。螺旋挤浆机的两个主要生产商是 Voith（以前的 Thune、Kvaerner Eureka 和 Kvaerner Pulping）和 Andritz。

10.2.1.3　双辊挤浆机

双辊挤浆机（见图 10－2）能够进行纸浆脱水，进口浆浓 3%～10%，出口干度 35%～45%，取决于挤浆机的类型。

当纸浆悬浮液进入压力槽时，液体通过辊面上的孔排出而纤维层在每个辊上形成。在两个辊之间的压区纤维层被挤压后浓度增加。通过压区后，纸浆被撕碎螺旋送至挤浆机出口。滤液流过辊端的开口从压力槽底部的出口排出。

挤浆机后的纸浆干度取决于游离度、流量、浆浓、进料纸浆的温度和浆槽压力。在不同的操作条件下，恒定的压区压力控制有利于稳定出口纸浆的干度。

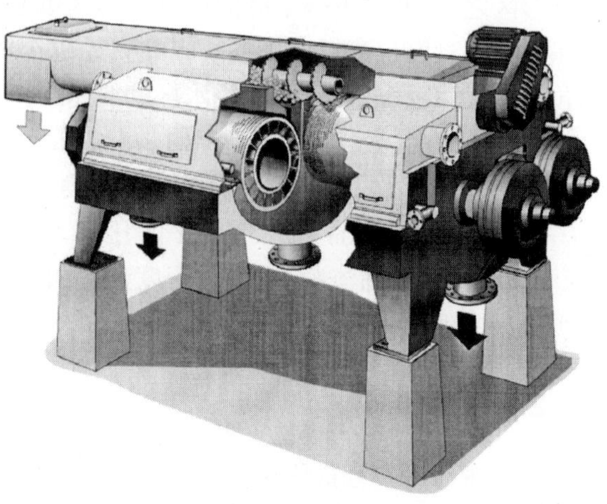

图 10－2　双辊挤浆机（由 Metso 提供）

脱水辊是同步反向旋转的。一个辊在固定的位置，另一个辊的位置采用液压缸进行调整。液压间隙松弛控制保护压辊以防过载。在速度变化时，每个辊的液压电动机装置能够提供稳定的扭矩，这对于保持出口纸浆浓度的一致是很重要的。油的流量控制压辊的转速而油压决定扭矩。为了减少滤液中细小纤维的含量，脱水压榨机配备了包网辊，但在筛渣浓缩时是不需要网的。实际上，纸浆中细小纤维的去除有利于出口纸浆干度的稳定,可以改进筛渣磨浆机的操作。纸浆的均匀干度和紧凑的设计是双辊挤浆机的主要优点。

10.2.1.4 双网挤浆机

双网挤浆机(见图 10-3 和图 10-4)能够覆盖整个可能的纸浆游离度范围,从 30mL 到 600mL 加拿大标准游离度(CSF),它在进口浆浓范围非常宽时也能使用。然而,相比于其他类型的挤浆机,双网挤浆机的占地面积更大。

图 10-3 双网挤浆机(由 Andritz 提供)

图 10-4 双网挤浆机(由 Metso 提供)

网前箱将悬浮液分布到双网挤浆机的整个工作宽度。当浆浓达到约 6% 时,将使用带有低浓网前箱的双网挤浆机。从底部将纸浆泵入网前箱中,进料逐步加宽使纸浆在机器整个宽度上均匀分布。当纸浆悬浮液被带入双网之间的楔形区时,为了在这个区域的开始使纸浆脱水,它会有轻微的超压。在由双网形成的楔形区,滤液持续排出,迫使其通过双网和支撑双网的多孔楔形板。因为纸浆悬浮液在这段仍是自由流动的,为了防止纸浆溢出,这个楔形区边上必须很好地密封。这个区域末端,纸浆浓度可以达到 12% ~15% 。

一种可供选择的网前箱和楔形区能用于 6% ~12% 的中等进口浆浓。在这种情况下,不再需要楔形区的全部长度。顶部可缩短,而用中浓网前箱取代。在上面配备了纸浆进料口,将高黏度(触变的)纸浆悬浮液分布在整个工作宽度上。虽然在 10% ~12% 的进浆浓度时,不真正需要楔形区,但是一个短的楔形区可以使挤浆机在有干扰的条件下运行,例如低的进口浆浓。

楔形区之后,通过下一个区的区域压力使纸浆层进一步脱水至 20% ~25% 的干度。这个区域压力是通过网包裹辊产生的。辊的直径越小和网的张力越大,产生的压力越大。网在辊上的包角越大以及辊本身越大,脱水区和脱水时间就越长。

这个区域之后,紧接着是一个由 1~5 个压区组成的压力脱水段,压区数取决于最后的干度要求。在这个区域的开始,应用的线压力是低的;然而,向机器末端是增加的,能高达 250N/mm。这相当于 1m 宽承受 25t 的压力。由于这么高的压力,最后纸浆干度能够超过 50% 。然而,应用于筛渣脱水,由于干度到达 30% ~35% 就足够了,所以可以使用较低线压力和较少压区的温和模式。

10.2.2 预处理

根据纤维原料及其最终用途,过大的筛渣可能需要预处理以利有效的磨浆及除去碎片和纤维束,并有利于长纤维的发展。在某些情况下,为了提高最终纸浆的结合能力,采用化学处理(磺化、碱性过氧化氢处理等)来离解纤维束、粗纤维和纤维碎片。化学处理通常使得筛渣磨浆能耗显著降低。例如,碱性过氧化氢处理可以减少 20% 的能耗[2]。为了避免纸浆光学性质的过度下降和废水污染负荷的增加,只对少量粗筛渣用化学品处理。关于粗纤维化学处理的详细描述见第 8 章——化学机械法制浆。

在 20 世纪 80 年代和 90 年代,普遍采用碱性亚硫酸钠对筛渣进行磺化处理。该项技术在几个研究项目中都已证明可以提高筛渣的减少量。但该工艺目前已很少采用。因为该工艺含有硫的使用,需要设备投资,难于控制和产生不良的纤维特性,而这些可以通过使用其他溶液来避免。另外,目前纤维离解、纤维分离和改性技术越来越有效,因此对化学预处理的需求减少。在机械浆高档纸生产中,预处理后的纤维光学性质和松厚度下降,这需要通过其他方法来平衡。

10.3 筛渣磨浆机

采用基本相同的具有横切刀齿技术的不同设备已经开发应用到制浆和磨浆(包括机械浆筛渣的处理)中。这些技术根据设备的几何结构(例如,平板或锥形)和进料浆浓来进行分类。高浓磨浆机耗水量低,其磨浆浓度范围在 10% ~40% ,而低浓磨浆机的磨浆浓度范围在 2% ~6% 。它们的作用模式有很大不同,可进行设计以达到特定类型纤维发展磨浆产量以及纸张最终效能。

在筛渣磨浆中,单盘(SD)磨浆机被广泛使用。现代压力单盘磨浆机的机械构造可能有所变化,但它们的基本操作原理是相同的:一个磨盘旋转,另一个磨盘是固定的。浓缩了的筛渣由螺旋进料器进料,通过定盘的开口进入盘磨机的盘眼。在盘磨机的入口,转子叶片使纸浆旋转,离心力使纸浆进入盘磨机磨盘的间隙。盘磨机的电机负荷是通过调整定盘和动盘的间隙来进行设置。磨后的纸浆从盘磨间隙进入盘磨的壳体,然后利用磨浆产生的蒸汽将其喷放至旋风分离器或者机械分离器,从而进行纸浆和蒸汽的分离。

RGP200 盘磨机

RGP200 系列盘磨机是用于高浓磨浆的紧凑型单盘磨浆机(见图 10 - 5)。大的进料口确保了均匀进料和反喷蒸汽的提取(见图 10 - 6)。用于磨浆的原料在压力高浓磨浆过程中采用料塞螺旋进料器和带状螺旋进料器进料并送入盘磨机的盘眼中,而磨后的纸浆通过与法兰相连的喷放管排出。在常压下使用,磨后的纸浆可以通过一个大的底部开口排出。转动组合体是一个加固的易于安装的套筒装置,包括转子、轴封、轴承和液压转子定位系统。大直径的转轴是由球面滚子轴承所支撑,它可以消除对单独的推力轴承的需要。在常压下使用,轴封装置是一个传统设计的包装箱。在压力下使用,采用机械轴封。

磨盘间隙是通过液压改变转子组的位置来进行控制,从而能高精度地控制磨盘间隙。为了精确控制磨浆间隙,盘磨机可以配置真实盘间隙(TDC)传感器。磨盘间隙控制系统是利用磨盘之间的压力进行液压平衡。因此,当进料原料短缺时,由于磨盘之间剧烈的金属(刀与刀)接触,会立即导致磨盘碰撞,从而造成严重后果。为了保护盘磨机的磨盘,如果进料出现问题,进料防护装置马上启动液压磨盘定位系统,迅速打开磨盘间隙。预先将转子和定子盘磨安装在磨片座上,形成一个易于安装的组合体,为了更换磨盘,需要将盘磨机壳的上半部分移去。

图 10 -5　RGP 200 单盘磨浆机
(由 Metso 提供)

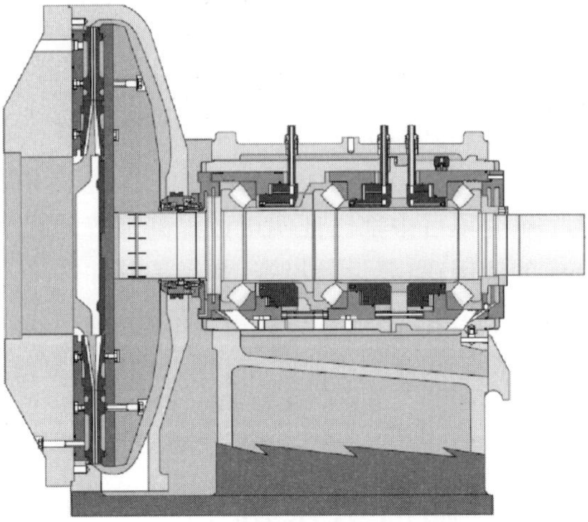

图 10 -6　RGP 200 单盘磨盘磨机的剖面图
(由 Metso 提供)

RGP 系列盘磨机的磨盘直径取决于需要的磨浆功率,范围在 1118 ~ 1727mm (RGP244 ~ RGP268)。RGP268 设计的最大推力载荷为 90t,最大额定功率为 15MW。RGP200 系列盘磨机的设计蒸汽压力为 1.4MPa。

S3000 盘磨机

S3000 型单盘磨浆机(见图 10 -7)是为高浓机械制浆和筛渣磨浆而设计的。盘磨机的进料是通过侧面进料口完成的,为原料提供了大直径、高速和轴驱动的带状进料器。在盘磨机的入口处,大的开口面积结合高离心力改善了纸浆和蒸汽在进料口内的分离。动盘安装在轴承之间,提供了高度的动态稳定性。这种盘磨机设计通过将动盘拉向定盘使推动路径变短和紧凑,从保证形成磨浆间隙的对向磨齿的良好平行度。磨盘间隙检测器可以快速反馈间隙变化,它可以用于过程控制调节以及防止磨盘接触。液压伺服系统具有在恒压或者定位模式下运行的性能。大的盘磨机外壳开口使得容易更换盘磨机磨盘。这种紧凑设计可使占地面积降到最小。S3068 系列盘磨机的最大额定功率范围是 12 ~ 22MW。

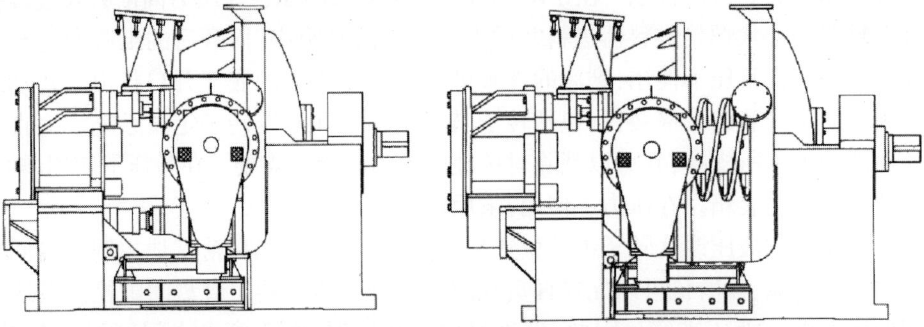

图 10 -7　S3060 和 S3068 单盘高浓盘磨机(由 Andritz 提供)

除了单盘磨浆机,双盘磨浆机和大的 TMP 车间用的锥盘磨浆机和单动三盘磨浆机也可用于筛渣磨浆。

除了高浓盘磨机,低浓盘磨机也可用于筛渣磨浆。低浓磨浆技术可以用于 SGW 纤维束磨浆,特别是可以满足长纤维组分较少的低定量涂布纸和轮转凹版印刷纸的需要。低浓盘磨机以及其他单盘高浓盘磨机在本书其他章节已有描述(详见第 7 章和第 12 章)。图10－8所示的 S2070 型高浓盘磨机在筛渣磨浆中也普遍采用。

图 10－8 主线高浓磨浆和筛渣磨浆采用的 S2070 单盘磨浆机(由 Andritz 提供)

10.3.1 磨石磨木浆筛渣磨浆系统

筛渣再磨是磨石磨木浆生产中的一个组成部分,是将磨木机平筛粗渣经水力碎渣机碎解后,与筛浆机筛渣一起,经浓缩后进行高浓磨浆,磨后返回筛选系统再筛选,其中合格的纤维与磨木良浆配浆进行抄纸。图 10－9 为中国某厂磨木浆筛渣磨浆系统工艺流程图。

该系统中,水力碎渣机的碎渣浓度为2.5%～5.5%;带式脱水机进浆浓度为 1.0%～2.5%,出浆浓度为 20%～28%;高浓盘磨机的磨浆浓度为 20%～28%。为使盘磨机的进浆量均匀稳定,计量螺旋留有少量浆料返回粗渣池。盘磨机主电机冷却水温度控制在 28℃。

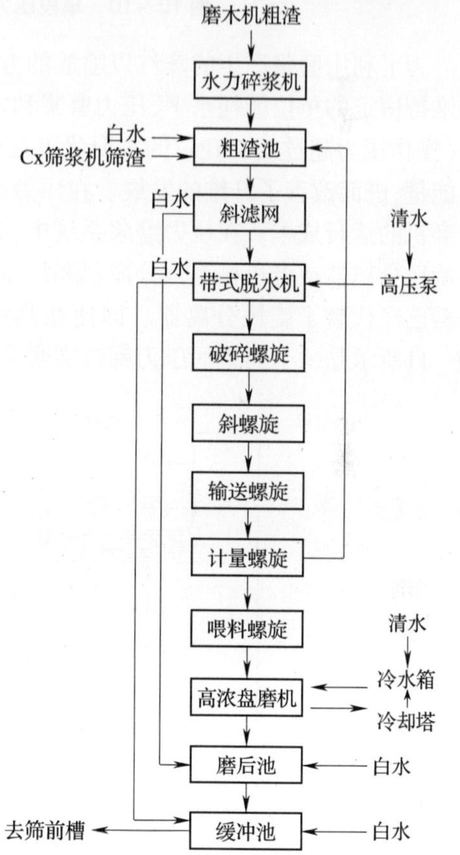

图 10－9 磨木浆筛渣磨浆系统工艺流程图

10.3.2 盘磨机械浆筛渣磨浆系统

筛渣磨浆机进料的稳定状态是良好稳定的盘磨机操作的基本要求之一。为了消除由于浓缩能力缺乏而造成的过多工艺变化,浓缩设备应该大小足以处理最大产量时的最低纸浆浓度和游离度。螺旋挤压机通常配有扭矩控制,允许浆料浓度稳定在较宽的操作窗口。通常筛渣磨浆线有单独的浓缩段。然而,有时速控螺旋用于分配从普通输送螺旋来的筛渣到一个或多个筛渣盘磨机。

适用不同类型的筛渣磨浆系统:

① 在 TMP 主线盘磨机进行筛渣磨浆;

② 常压一段磨浆;

③ 一段或两段压力磨浆;

④ 有段间筛选的两段常压或压力磨浆;

⑤ 低浓磨浆;

⑥ 高浓和低浓磨浆结合。

为了减少筛渣磨浆系统投资成本,有时在主线磨浆机上进行筛渣磨浆,但其在粗纤维磨浆及过程可控性方面无法与单独的筛渣磨浆系统相比[3]。

当磨浆能耗需求相对较低时,通常采用常压筛渣磨浆。在较高比能耗时,在常压磨浆机内大的蒸汽体积流量可能造成进料问题。因此,为了消除进料问题需要大量使用稀释水,这将造成在低浓下磨浆，从而降低了纸浆的强度性能。

当需要更高的能量输入时，会采用压力筛渣磨浆系统。目前，绝大多数新的筛渣磨浆设备采用压力磨浆。图 10－10 所示为一种典型的用于筛渣磨浆的压力磨浆系统。

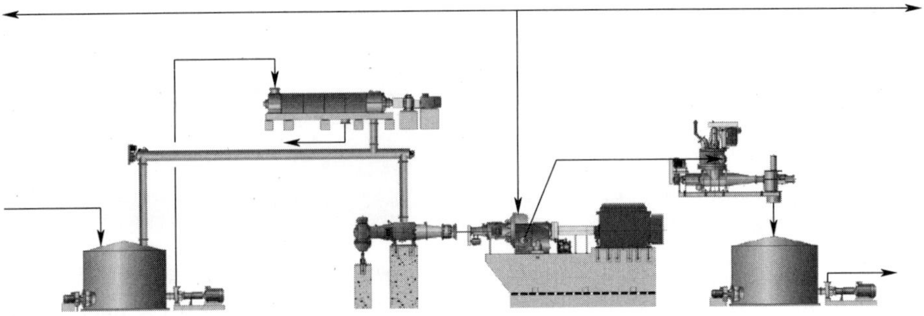

图 10－10　单段压力筛渣磨浆系统（由 Metso 提供）

为了利用磨浆产生的蒸汽以喷放的方式输送磨后的纸浆，筛渣磨浆系统仅略为加压。假如维持恒定的单位能耗水平，压力磨浆和常压磨浆的纸浆质量之间的差异是小的。全压力系统（操作压力超过 0.5MPa）的主要优点在于提高了盘磨机的载荷能力。它允许使用更高的单位能量，进而改善了纤维的发展。在压力磨浆系统中回收蒸汽也是可能的，这样可以减少这些盘磨机的运行成本。在压力磨浆系统中，为了浆汽分离，盘磨机需要配备料塞螺旋进料器、压力旋风分离器或者机械蒸汽分离器和纤维离心分离机。在许多装备中，新型的机械式蒸汽分离器已经代替了旋风分离器。即使在高浓喷放管道，这些一般会产生良好的分离效果。图 10－11所示是一个典型的压力筛渣磨浆系统的控制回路。

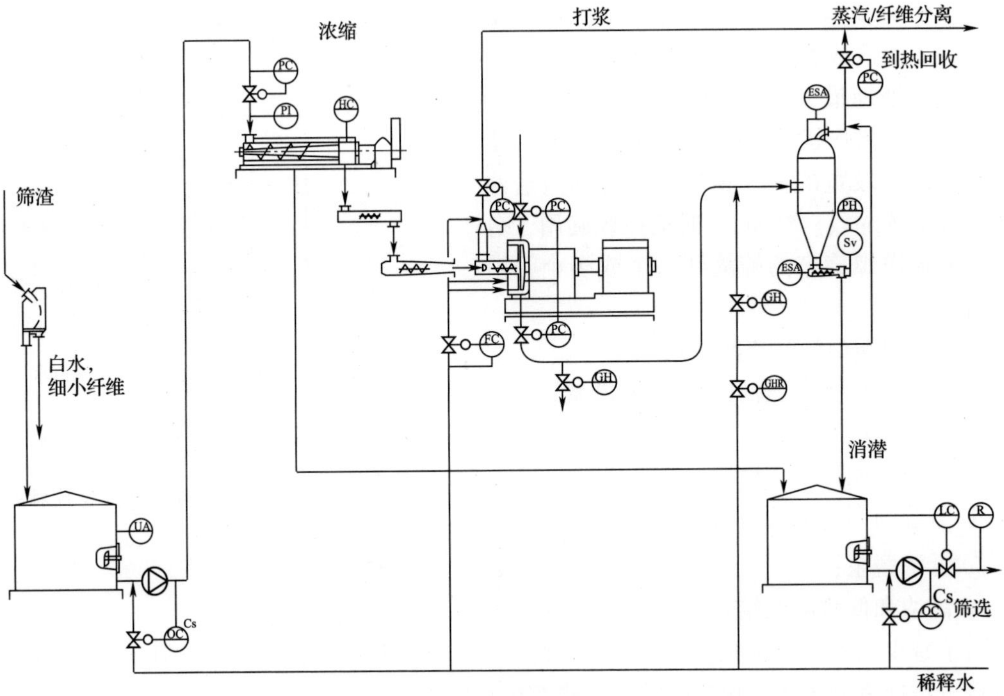

图 10－11　单段压力筛渣磨浆系统的控制回路

当需要非常高的单位磨浆能耗时，会采用两段压力筛渣磨浆系统（见图 10－12）。这种方法通常用于长纤维 TMP 筛渣磨浆以满足高档印刷纸的需要。

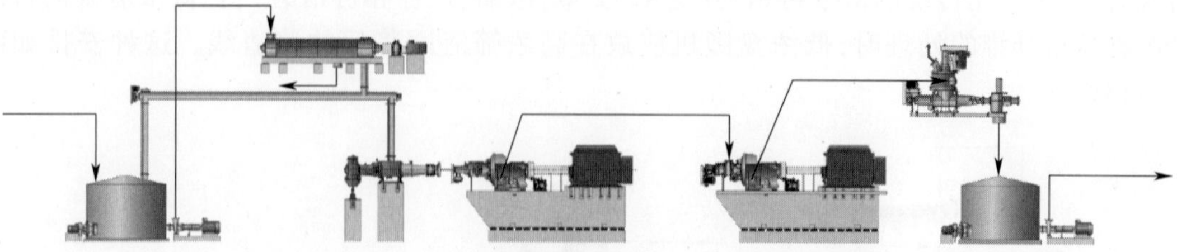

图 10－12　两段压力筛渣磨浆系统（由 Metso 提供）

在两段磨浆系统中，尽管单位能耗较高，但纤维的长度能得到较好的控制和保护。在两段磨浆过程中，较好的纤维粗度下降结合较长的纤维反映在干纸较好的纤维间结合和强度。然而，单段磨浆纤维束的减少甚至比两段磨浆更好。因为在恒定单位磨浆能耗下，单段磨浆的盘磨间隙比两段磨浆小，从而减少了较大纤维束的通过。

筛渣磨浆段之间的筛选或筛分用于改善长纤维和粗纤维的分离及磨浆。在这种方法中，通过利用更多的能量使得纤维的性能得到改善。

低浓磨浆有效地减少了大纤维束的量，如果能够被正确利用，在较低能耗下它比高浓磨浆更能促进纤维的发展。目前，低浓筛渣磨浆在阔叶木 BCTMP 生产过程中普遍采用，而较高的能量需求限制了这项技术在针叶木生产过程中的应用。因为较低的基本建设费用、加强的控制和精密磨齿的几何结构使得能改进低强度处理的控制，在机械浆筛渣磨浆中低浓磨浆变得更加普遍。

为了保持纤维长度，在低浓磨浆段只用了相对少量的磨浆能量。纤维变短取决于纤维类型、筛渣碎片的尺寸分布和纸浆浓度，这些结合在一起设置了一个阈值，超过这个值就会发生明显的纤维变短。根据最近的研究，每次通过磨浆机单位能耗的极限是 80kWh/t。这个较低的数值归因于木材原料的性质，以及当纤维缠绕在磨齿边缘时，纤维长度和挺度影响纤维构型的事实。因此，磨齿表面的有效覆盖面积将决定通过磨齿作用于纤维的力——有效的磨浆强度。

据报道，与其他类型的低浓磨浆机相比，盘式磨浆机更加剧烈的纤维处理可能造成纤维发展时伴随更多的纤维切断[4]。纤维切断趋势的差异与磨齿边缘的形状有关，在盘式磨浆机中锋利的磨齿增加了纤维的切断[5]。一般来说，事实上锋利的磨齿能有效切断纤维，而与盘磨机的几何结构无关。不管低浓磨浆机的类型如何，在低浓磨浆一次或二次通过时，低的能量输入通常不足以针叶木 TMP 筛渣中粗纤维的适当发展[6]。然而，有许多低浓筛渣磨浆操作，尤其在低定量涂布纸生产中，低浓和中浓（10% 浆浓）磨浆应用于磨木浆和纸板级 CTMP。低投资成本、良好的纤维束去除率和低能量消耗使低浓磨浆在新的阔叶木 CTMP 生产线装备中越来越流行。

在 TMP 生产中，结合高浓/低浓技术的旧概念需要在高浓下进行第一段的纤维分离操作。然后是低浓段。第二段用作筛渣磨浆和后磨浆结合段，以降低纤维束含量和发展纤维性质。然而，这种结合需要一个大生产能力的低浓段确保稳定运行。它已经初步应用于印刷纸（例如新闻纸）用浆的生产中（也见第 7 章和第 12 章）。

筛渣高浓和低浓磨浆的适当结合可以改善纤维的发展和最重要纤维组分的处理。用这种方法可以省去部分昂贵的浓缩设备，而且能够利用低浓磨浆良好的能量效率。低浓盘磨机在生产流程中的位置取决于低浓磨浆的目的：当需要进行筛后全纸浆的辅助磨浆和筛渣磨浆时，应该使用传统的低浓再精磨（见第12章，浓缩、贮存和再精磨）；当低浓磨浆的目的是改善长粗纤维的处理时，低浓盘磨机应放在高浓筛渣磨浆后的浆渣线。这种安排如图10－13所示。

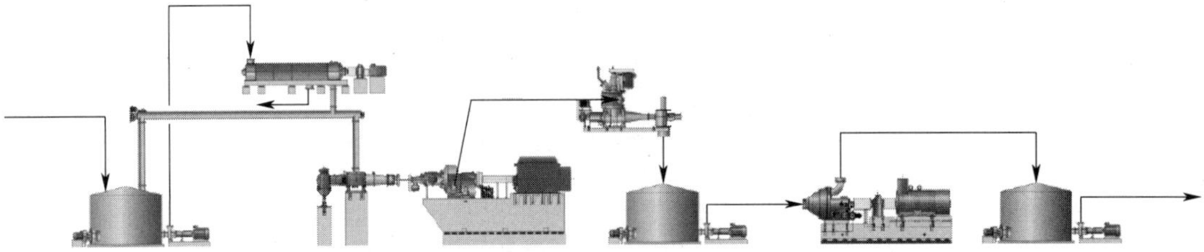

图10－13　高浓和低浓结合的筛渣磨浆系统（由Metso提供）

10.4　控制和操作原理

筛渣磨浆系统的良好运行要遵循如下通用规律：

① 筛选和净化中纤维束和粗纤维的良好分离效率；

② 在单独筛渣磨浆系统进行筛渣磨浆；

③ 足够的设备能力用于筛分、浓缩和筛渣磨浆；

④ 足够的单位能耗用于粗浆组分磨浆；

⑤ 每台纸机有独立的筛分、筛渣磨浆和水循环系统。

10.4.1　主要控制参数

筛渣磨浆过程的关键参数是：进料（纸浆）的性质、单位能耗、磨浆强度和磨浆结果——磨后纸浆的性质（见图10－14）。

即使不考虑原浆纤维和木材原料的可变性和不均一性，磨浆过程也是一个复杂的和多参数的系统。在低浓磨浆机的过程条件反映的最重要参数中，已发现下列因素能对磨浆结果有最大的影响，如表10－1所示。

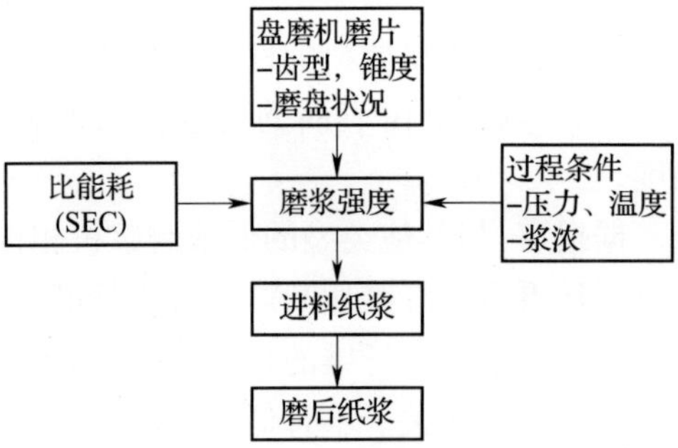

图10－14　筛渣磨浆的关键参数

表10－1　影响筛渣（用斜体表示）和纸浆磨浆结果的因素

原料	盘磨机	过程参数
颗粒尺寸和	设计（锥形，平板）	纸浆浓度
尺寸分布（筛渣/纤维）	磨齿速度	纸浆进料/流速
木材种类（树种，生长因素）	磨盘材料	磨盘（或磨齿）间隙
早材/晚材比率	交叉长度	比边缘负荷（*SEL*）

续表

原料	盘磨机	过程参数
纸浆得率	磨齿宽度和形状	比能耗(*SEC*)
漂白过程	交叉角	温度
漂白程度	磨损度	分离/共磨浆/循环
水分含量	沟槽横截面	水质量(pH,离子)
干燥方法	浆挡数量	润胀度

进浆浓度和颗粒(纤维束或纤维)大小是低浓筛渣磨浆的关键因素,结合其几何形状决定了每次通过应用的磨浆能耗。表 10－1 列出的参数将决定磨浆处理的特征和程度。通过准确监测磨浆机功率、浆浓和流速,根据因变量比能耗和比边缘负荷描述盘磨机的能耗。这些直接反映在磨浆结果上,而磨浆结果则通过单个和集体纤维的性质体现出来,包括浆液中湿纤维和最终纸页中干纤维的性质。实际上,主要的控制参数是应用的净功率,这主要通过齿刀间隙进行调控。然而,纸浆流速和(或)在一些设备中的回流量以及纸浆浓度也可用作控制参数。

除了进料原料的不均一性,其黏合性和黏弹性决定了磨浆能耗的需求。磨木和短纤维双盘磨磨浆的 TMP,包括 RTS 法,达到一定的游离度消耗的能量要小于长纤维单盘磨磨浆的 TMP(见图 10－15)。相比于短纤维筛渣,长纤维筛渣允许较高的单位能耗和磨浆强度,不会导致纤维过于短小。从进浆中除去细小纤维增加了纸浆的游离度和浓度,从而提高了筛渣磨浆机的载荷能力。

高浓磨浆过程的磨浆强度定义为每碰撞单位质量纸浆在盘磨机磨浆区磨盘之间受到的单位能量,而单位磨浆功率是一次碰撞中能量传递率的大小,它是每次碰撞期间的强度[7-10]。在高浓磨浆中,磨浆强度取决于盘磨机间隙中纸浆和蒸汽的流动状况。纤维在间隙中停留时间短减少了间隙中纤维的量,进而导致间隙的减少和能量传递的增加,使后续磨浆强度增加。磨浆强度的变化改变了磨浆性质:低强度磨浆可描述为细纤维化磨浆,高强度磨浆则是切断磨浆,其示意图如图 10－16 所示。

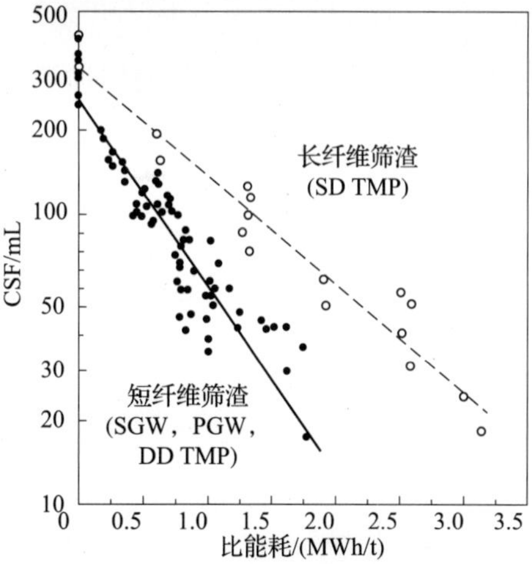

图 10－15　长纤维和短纤维筛渣磨浆的游离度和单位能耗的关系

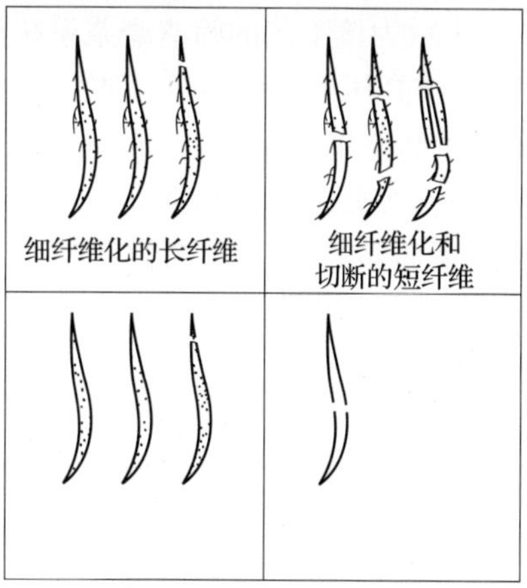

图 10－16　增加比能耗和比边缘负荷对细纤维化和纤维切断的磨浆效果示意图

磨浆强度要适宜,强度过低使得纤维发展到一定程度所需要的单位能量增加,而强度过高会导致纤维切断过多,损害纸浆质量。当纸浆用于生产印刷纸时,应该避免切断形式的磨浆,因为这会降低纤维网络强度,从而损害干纸页的强度。

10.4.2 工艺条件及干扰

假如其他条件(浆浓、流速、转速和磨浆功率等)是恒定的,磨浆强度基本是由磨盘间隙中纤维的数量决定的。磨浆机间隙的闭合会增加单位能耗和磨浆强度。在加载装置的帮助下,盘磨机的磨浆间隙能够加宽或者缩小,但准确的缝隙大小是通过间隙中纤维(和蒸汽)的流动状况来测定的。影响蒸汽和纸浆在间隙中流动的工艺条件有:盘磨机产量、磨浆浓度、进料口及盘磨机壳体内蒸汽压力以及盘磨机磨盘的设计。

筛渣磨浆机的产量应该尽可能保持稳定,因为产量的不可控变化可能改变每次通过磨浆机的单位能耗,在纸浆质量上也会有所反映。盘磨机的产量可以通过纸浆流量和消潜池后磨后筛渣的浆浓进行计算。为了准确控制筛渣磨浆的比能耗,浆浓测定的任何不精确都会导致产量计算的不可靠。

磨浆浓度可以通过测定筛渣磨浆机排料口取样的浓度来效核。浆浓会影响磨浆强度,例如,磨浆浓度的降低,通过加快纸浆经过间隙的流速(更大的离心力作用)和降低间隙中蒸汽的压力。总之,通过避免筛渣磨浆条件的变化,尽可能保持磨浆浓度恒定。目前,基于喷放管路浆浓的测定也有可能控制磨浆的浓度。

盘磨机进料口和机壳内的蒸汽压力会对磨盘间隙中蒸汽和纸浆的流动状况产生影响。在机壳和进料口之间压差增加,会导致更多的蒸汽流向盘磨机的进料口。这增加了磨浆间隙内纸浆的再循环,进而增加磨盘间隙和降低磨浆强度。磨浆中蒸汽压力的增加由于蒸汽压缩成较小的体积,导致磨盘间隙减小和磨浆强度增加。与常压磨浆相比,在压力磨浆机中蒸汽的较小体积使其更容易使用较高的比能耗。虽然在磨浆过程中增加压力降低了磨盘间隙,但由于高压和高温使纤维更加柔韧,使其能承受较高的磨浆强度,在压力磨浆机中纤维的切断没有增加。这种现象已在热磨浆系统中利用。这种筛渣磨浆工艺在磨浆系统中使用高温(165~170℃)和高压(0.6~0.7MPa)[11]。增加温度可以提高纤维的柔韧性从而避免纤维切断。图10-17所示为该工艺的筛渣磨浆系统流程图。

由于在高压下纤维和蒸汽的压缩,热磨浆盘磨机在减少的间隙下运行,从而增加了磨浆强度,降低了磨浆单位能耗。

盘磨机磨盘在筛渣磨浆运行性能、纸浆质量发展和能耗方面起着重要的作用(见图10-18)。从磨盘间隙中有效去除蒸汽对于荷载能力和运行性能是重要的。为了去除蒸汽选择具有特殊沟槽模式的磨盘,用以改进磨盘的运行性能(见第7章)。磨盘的设计对磨浆强度有非常大的影响。增加磨浆强度(降低磨盘间隙)的磨盘设计参数有:增加沟槽体积,

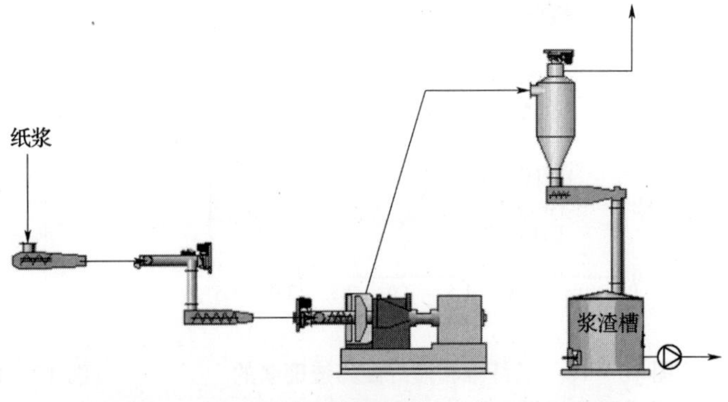

图10-17 热磨浆筛渣磨浆系统(由Metso提供)

减少浆挡的数量和高度,减少磨齿宽度,缩短磨浆区(平行)的长度以及转子刀齿前抽吸角等。

除了基本设计参数,当为了特殊应用优化磨盘时,必须考虑磨盘几何结构方面的一些细节。在机械浆低浓磨浆中,低边缘载荷的要求通常设定极限的盘磨机生产能力。为了开启优化盘磨机磨盘的新途径,已经开发新方法和新手段用于磨盘设计。例如,已经有可能通过改变磨盘进口区的设计增加盘磨机的生产能力,如图 10－19 所示。也可以设计磨齿的几何形状,以减少能耗的扰动,同时提供最佳的进料流量,从而允许盘磨机的载荷能力更高。

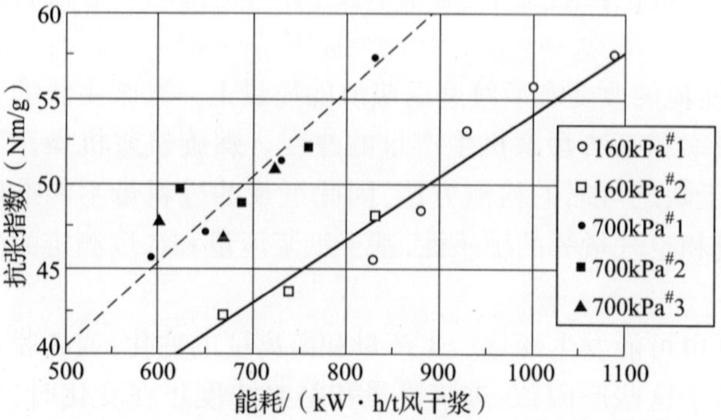

图 10－18 热磨浆(700kPa)和常规(150kPa)筛渣磨浆中抗张强度的发展

注 RGP 65 DD 盘磨机工厂试验结果(由 Metso 提供)。

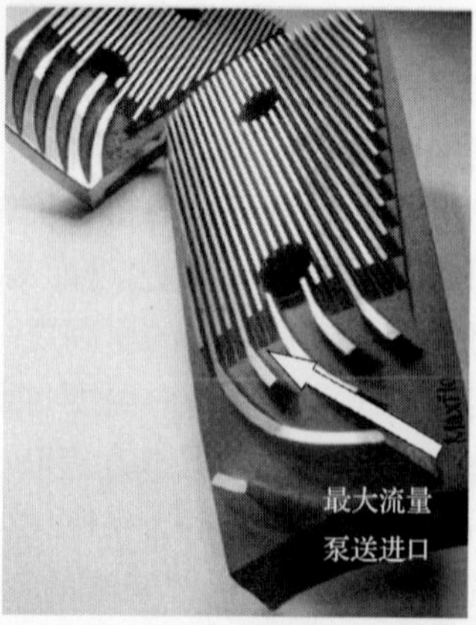

图 10－19 最大流量盘磨机磨盘设计

新的加工技术包括激光切割和金属扩散焊接生产盘磨机磨盘,用于改善磨齿/沟槽边缘/拐角的形状甚至更窄的磨齿(见图 10－20)。这些更有利于每个磨区较密磨齿模式的制造,从而提供更大的横向边缘长度,可用于减少磨盘的有效直径。由于较小的磨盘周长,这也意味着有机会节能。

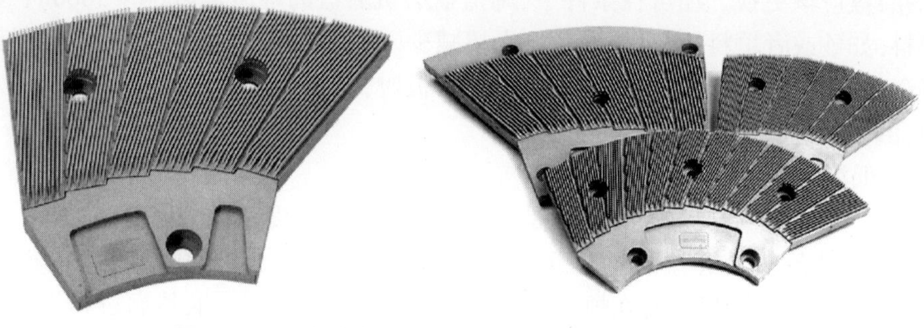

图 10－20 由激光切割和扩散焊接生产的盘磨机磨盘

当纸浆在增加单位能耗下磨浆时,根据发展的纸浆性质,每种类型盘磨都有自己的规格。实际上,决定盘磨机磨盘设计和磨浆条件最好的组合需要进行测试运行。关于盘磨机磨盘模式的更多信息可以参见第 7 章和第 12 章。

10.4.2.1 高浓磨浆

尽管人们对高浓磨浆的间隙现象进行了大量和广泛的研究[7,12－13],但目前还没有完全了解。碎木片被连续离解并被严重压缩和剪切的内磨盘区,结合木材原料(木片或筛渣)的形变特征,已经发现该区是 TMP 法能量消耗的关键参数[13－14]。此外,已知磨浆作用,即纤维发展主要通过引入纤维间的力来达到[13]。

如热磨机械浆筛渣磨浆，通过增加过程温度也能够改变进料纸浆的物理性质。作为超过木素玻璃化转移点木素软化的结果，增加的温度使纤维更加柔韧，使其能承受更高的磨浆强度。当在木素较软的温度范围操作时，这个过程很可能对纤维形状和抗拒其后改性有很大的影响。

比能耗是筛渣磨浆的主要控制参数。对大多数盘磨机来说，磨浆能量可以通过移动动盘相对于定盘的位置来控制。当磨盘之间的间隙减小时，电机的负载增加。当磨浆能量增加，纤维的游离度下降，在相关单位能耗下纤维的结合能力得到改善。

在正常稳定的操作期间，目标是保持所有筛渣磨浆参数尽可能稳定。然而，由于正常工厂条件的各种干扰，这是不可能的。典型的干扰包括通过量、磨浆浓度、磨浆压力以及磨盘状态未控制的变化[15]。

筛渣盘磨机生产量的变化反映在比能耗的改变和后续磨后浆渣的质量上。磨浆主线的变化将引起筛选条件的改变，进而导致筛渣率和筛渣盘磨机生产量的改变。螺旋挤浆机操作不当也可能是生产量变化的原因之一。由于缺乏可靠的检测方法，因此纸浆的进料量不能准确地测定。由于测定设备对温度、纸浆质量和空气量等的敏感性，基于纸浆流量和浓度测定的生产量计算经常得出不规律的结果。

由于浓缩设备的不当操作，磨浆浓度也可能发生变化。生产量和游离度的变化，或者脱水能力的缺失，通常会引起浆浓的变化。由于这些原因，在进浆流量和磨浆浓度正在变化时，要保持主要参数在控制之下是困难的。由于部分蒸汽冷凝到纸浆纤维，因此从盘磨机排料口取出的高浓浆样并不能给出可靠的结果。

通过改变磨盘间隙中蒸汽流动状态和盘磨机内轴向力的平衡，盘磨机进料口和机壳内蒸汽压力的变化能够影响磨盘间隙。由于控制阀的缓慢操作，控制好压力的变化是困难的。每台筛渣盘磨机有一个分开的蒸汽分离旋风分离器可使其较容易保持蒸汽压力在控制之下。蒸汽压力的突然波动可导致磨浆过程中盘磨机电机负荷和比能耗相当大的变化。

盘磨机磨盘的状态对怎样处理纤维和最终的纸浆质量有直接的影响。为了保持浆料质量，磨损的磨盘应该更换。在可控条件下，筛渣盘磨机磨盘的寿命是2000～3000h。如果进浆中含有磨料，如砂或者填料，磨盘的寿命将大幅减少。从磨石磨木浆筛渣中去除砂对筛渣盘磨机磨盘寿命是至关重要的。当使用现代窄缝的筛板时，紧密的缝隙足以使得砂粒进入到筛的筛渣流中，由砂引起的磨损问题变得更普遍。

10.4.2.2 低浓磨浆

在传统低浓磨浆中主要的关键参数是：磨齿速率、磨浆浓度和磨浆强度（SEL）。这些与纤维类型、现有的设备以及磨盘的主要几何结构和状态一起代表了纤维改性过程的操作窗口[16]。在低浓筛渣磨浆过程中，在恒定转速下，相同的变量是有效的，然而过程设计因素可以是单位磨浆能量（SRE）和应用或真实的磨浆强度（SEL——单位边缘负荷），实际上两者是成反比的：较高的磨浆强度意味着较小的磨浆间隙和较短的纤维，但提高了单位磨浆能量（SRE）。磨浆系统的生产能力需要对宽范围的操作条件确定其大小，诸如进料流量的变化，从而确保出故障时安全运行。

TMP和CTMP生产线的筛渣盘磨机在流程的不同位置在低浓（3%～5%）下运行。这些过程主要是由每次通过磨浆机的能量输入来控制的。然而，对于TMP和CTMP，由于进浆性质的原因，盘磨机的荷载能力比针叶木化学浆纤维磨浆时明显较差。因此，为了保持盘磨机在磨浆强度极限以下运行，需要更多关注单位边缘负荷（SEL）在磨浆中的应用。为此，所有的盘磨机都配备了一些类型的监控过程的振动传感器。如果发生高频振动，诸如磨盘碰撞，为了避免对磨盘的机械损害,磨盘间隙会自动打开。

最常见的用于控制低浓盘磨机的定量理论是单位边缘负荷理论(SEL)[17],它已进一步发展为单位表面负荷理论(SSL)[18]。这些行之有效的量化描述代表了以能量为基础的方法,此法考虑了基本磨片的设计参数:齿宽、齿角和切断边缘长度。这些理论利用磨浆中消耗的净能量,它是平均的刀齿尺寸、边缘长度(SEL,J/m)或者刀齿面积(SSL,J/m^2)。此外,这些理论一直是假设所有的纤维都缠在盘磨机刀齿上。

磨浆过程已是广泛研究的题目,以寻求其定量和独立的描述。为了这个目的,最新的成果应用纤维缠绕理论[19-20],能用于磨浆过程的优化[16]。这个理论认为至今隐藏的磨浆变量——刀齿覆盖率和纤维层厚度都是决定盘磨机荷载能力的主要参数,盘磨机的负载能力是应用于磨齿之间纤维的力的总和。此外,这些参数与纤维长度、纸浆浓度和刀齿的相对速率是密切相连的[16]。通常,在用来发展纤维及其性质的低浓磨浆中,机械浆相比于纤维较长且明显较强的化学浆只能承受低的边缘载荷。

对于成功的筛渣磨浆,为了纤维的发展和设备的生产能力,必须优化每次通过盘磨机的能量输入。表 10-2 列出了在低浓筛渣磨浆中典型的能量和强度数据。

表 10-2　　不同进料纸浆的典型低浓筛渣磨浆参数

纸浆种类	(P)GW	TMP	CTMP	BCTMP
SEC(每次通过)/(kW·h/t)	40~60	50~80	50~100	50~120
SEL/(J/m)	0.1~0.4	0.2~1.0	0.3~0.8	0.4~0.8
磨齿宽度/mm	0.8	1.0	1.5	1.5
沟槽宽度/mm	1.5	2.0	2.0	2.0

低浓进料结合磨盘的几何结构导致低浓磨浆过程比高浓更难控制。这要归因于较小的有效磨盘间隙,它是纤维平均直径的几倍,可能只是高浓磨浆模式的磨盘间隙的几分之一。低浓磨浆模式因此有一个较小的操作窗口,使得过程控制要求更高。

10.5 筛渣磨浆对纸浆和纸张性质的影响

众所周知,筛渣量的减少增强了纸浆造纸的潜能,通过减少掉毛和孔眼提高纸机的运行性能,掉毛和孔眼是纸幅断头的主要原因(见图 10-21)。通过提高造纸浆料的均匀性能使其最小化,这也意味着可能干扰纸页成型和纸卷卷取的尺寸过大的纤维束、纤维和其他颗粒的最少化。

机械浆的质量主要是由纤维/颗粒的尺寸分布和纸浆不同纤维组分的结合能力所决定的[21-22](见图 10-22)。发展不良的纤维在筛选和净化过程中分离出来,然后在筛渣盘磨机中进行处理以满足最终产品的要求。

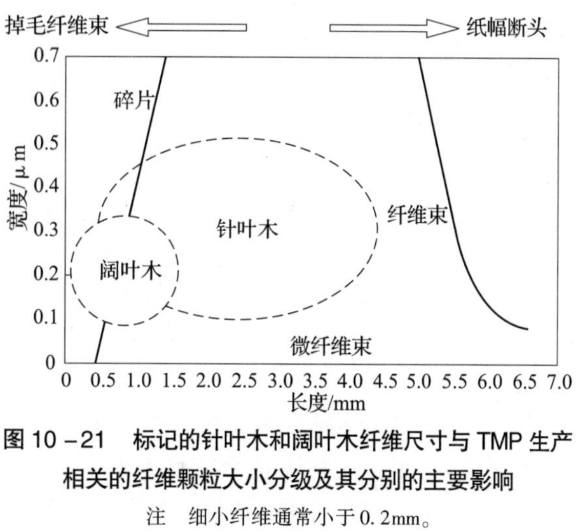

图 10-21　标记的针叶木和阔叶木纤维尺寸与 TMP 生产相关的纤维颗粒大小分级及其分别的主要影响

注　细小纤维通常小于 0.2mm。

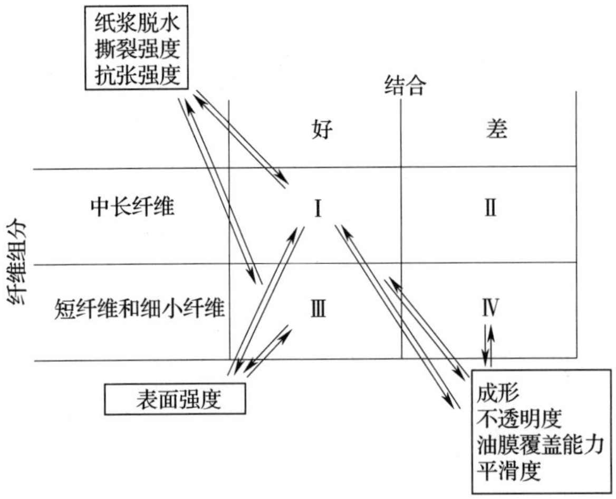

图 10－22　机械浆纤维特性与纸浆和纸张性质的关系

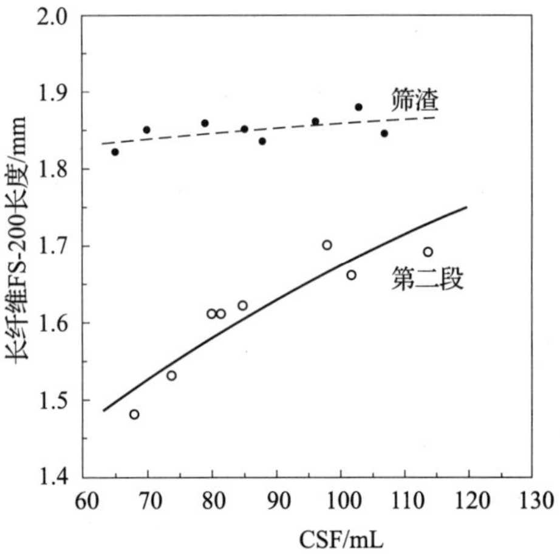

图 10－23　TMP 主线磨浆和筛渣磨浆后的纸浆游离度和纤维长度

筛渣率或者磨浆的纤维量除了取决于产品需求外,还取决于筛分的分离效率和磨浆能量在主线磨浆或磨木和筛渣磨浆的分布。由于主线磨浆比筛渣磨浆更易发生切断(见图 10－23),因此在标准的针叶木 TMP 生产过程中,主线磨浆机应避免过度磨浆。主线磨浆的单位能耗应限制在还没有发生长纤维严重切断的水平[12]。长纤维筛渣在磨浆间隙形成了一个较强的浆层,使其能承受较高的剪切力和压缩力,即磨浆强度,而不会造成长纤维的过度切断。

关于磨浆行为及其量化,最近已有证据表明,从现在开始,可测量的[19－20]参数刀齿覆盖率和纤维层厚度分别决定了低浓磨浆机的磨浆行为及其磨浆结果(荷载能力和效率)[20]。而纤维的缠绕度取决于纤维的类型和磨盘的几何结构,磨浆条件有利于现行纤维和磨盘组合的优化,例如通过在有效操作窗口中标记磨浆条件[16]。这个窗口仅限于每个单独的纤维和磨盘的组合,它是由例如纤维的类别和尺寸、磨盘的类型和几何结构,进一步还包括磨浆参数(如表 10－1 所示)所决定的。

纤维性质的一定发展所需要的单位磨浆能量除了取决于木材和纤维的性质外,还取决于纤维的分离过程和纤维分离和磨浆的单位能耗。在筛渣磨浆中高强度磨浆减少了磨浆能量消耗,但大多数以损害纤维长度和结合能力为代价。然而,通过增加磨浆强度能够改善纤维束含量和光散射。较粗糙的磨盘也能增加磨浆强度。磨盘型号即磨纹粗细对纸浆性质的影响示例见表 10－3。在给定的抗张强度和纤维束含量水平下,粗磨纹导致较高的磨浆强度,需要较低的单位能耗,而产生较高的光散射。

虽然磨石磨木浆与 TMP 相比其纤维束磨浆需要的能量较小,但在特定的游离度水平下,磨后的 TMP 浆渣中纤维束的含量通常较少(见图 10－24)。

一般来说,纤维束含量的减少与盘磨机的磨盘间隙成反比。然而,如果磨浆强度太高(磨盘间隙太小),纤维和纤维束被碎解成更小的碎片,表现出更差的结合能力。这降低了纸浆强度性质,也可能引起其他问题,例如胶版印刷时的掉毛。与高浓盘磨机相比,低浓盘磨机通常在较小的磨盘间隙下运行。低浓磨浆对大的和中等尺寸纤维束的去除通常是非常有效的,在这方面,在恒定单位能耗下甚至比高浓磨浆更好。另一方面,由于低浓盘磨机较差的载荷能力,因此需要数个磨浆段才能达到与高浓磨浆相同的纤维发展程度。

筛渣磨浆机的纤维束去除效率(SRE)的计算如下:

$$SRE = \frac{\text{进料纤维束含量} - \text{磨后纤维束含量}}{\text{进料纤维束含量}} \times 100\%$$

在磨浆过程中纤维长度降至不同程度:磨浆强度越高,磨浆中纤维长度的降低越多。在磨浆开始,由于纤维束被离解成长纤维和卷曲的长纤维最初变直,长纤维组分甚至可能增加。磨浆中应该避免纤维的过度切断,因为长纤维切断产生的中等和细小组分的质量大部分是比较差的。

磨浆中纤维性质的变化可以描述为纤维的表面细纤维化和内细纤维化。这些概念尽管经常使用,但还不能认为已明确定义。纤维壁的脱层作用能降低纤维的挺度,而在磨浆期间由于纤维壁外层的剥落,纤维的粗度下降[23-24]。长纤维的结合能力随磨浆能量呈线性增加,而撕裂强度在开始是增加的,但在较高单位能耗时由于单根纤维强度的下降而降低(见图10-25)。

整个筛渣纸浆强度性质的发展基本采用与长纤维组分相同的方法。在筛渣磨浆中,由于长纤维柔韧性和结合强度的提高,纸页固结性改进。特别是挺硬、厚壁的晚材纤维的发展对纸张性质的发展是重要的。很明显,挺硬厚壁的晚材纤维在磨浆中的行为不同于细长的早材纤维。一些研究者报道,在筛渣磨浆中厚壁的晚材纤维数量减少,但结合力没有明显变化[24-25]。其他研究者报道,提高了晚材纤维的结合力[26]。磨浆中厚壁晚材纤维的行为可能取决于磨浆条件。较高的磨浆强度导致挺硬的晚材纤维的切断,较低的磨浆强度(以及较高的温度)不会引起纤维切断而是发展了晚材纤维的性质。最近,Kerekes 已经证明,较挺硬的粗纸浆纤维的形变和应变到脱层作用和内细纤维化开始发生需要较大的力。较大的压缩力导致纤维表面加大的损伤,从而产生更多的纤丝和细小纤维。对粗纤维进行磨浆,使其到达一个给定的抗张强度水平,会导致较低的游离度,但却需要更多的能量[27]。

表 10-3 细磨纹与粗磨纹磨盘对纸浆性质的影响

项目	磨片 1 细小模式	磨片 2 粗糙模式	差异
游离度/mL			
进料	523	508	
磨后	118	126	
抗张指数/(Nm/g)	66	61	-8%
撕裂指数/(mNm²/g)	8.3	8.2	
光散射系数/(m²/g)	42.8	45.9	+7%
Bauer - McNett 组分含量/%			
+16	53.6	37.3	
+28	10.5	13.0	
+48	17.9	26.6	
+200	6.0	8.9	
-200	12.0	14.2	
纤维束含量/%	0.09	0.03	
SEC/(MW·h/t)	1.43	1.11	-22%

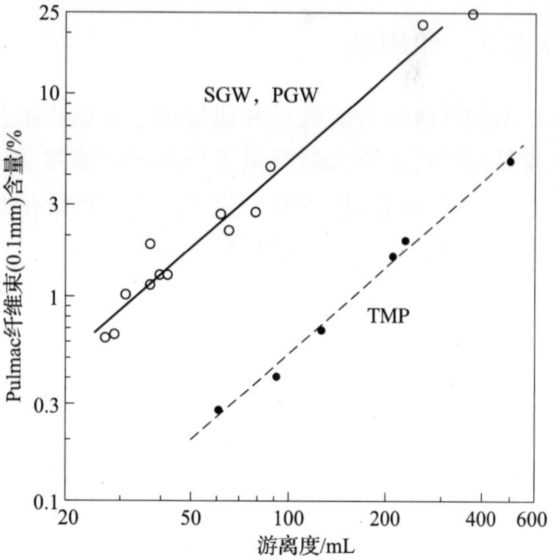

图 10-24 机械浆磨浆中 Pulmac 纤维束含量(对数标尺)与游离度(对数标尺)的关系

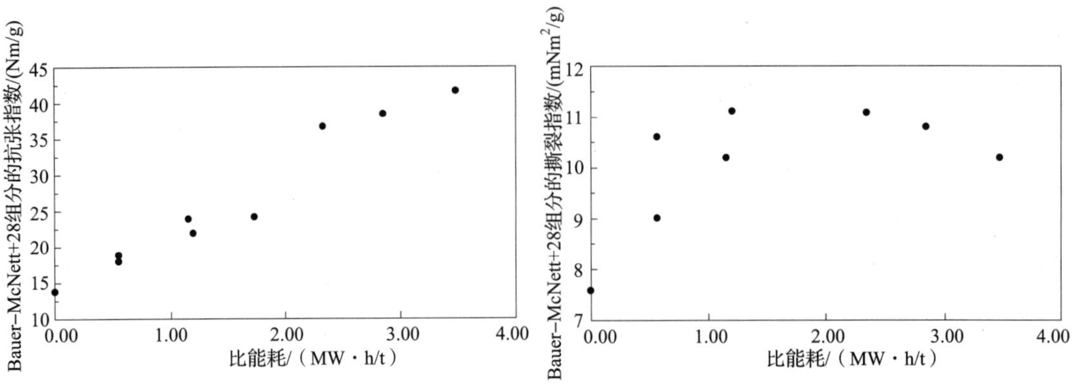

图 10－25　TMP 筛渣磨浆中长纤维组分(Bauer－McNett＋28)抗张强度和撕裂强度的发展

由于细小纤维较大的比表面积,细小纤维的数量和质量对机械浆的性质有显著的影响。在筛渣磨浆中,通过逐步的表面细纤维化和纤维的切断,细小纤维数量增加。磨浆决定了纤维裂断的本质,在较低磨浆强度下,纤维的粗度下降,同时将产生大约相同数量的细小纤维(*P*200 目)。当通过加载盘磨机提高磨浆强度超过一定极限时,粗细小纤维(*R*200 目)而不是 *P*200 目细小纤维的产生迅速增加。如果盘磨机的荷载或者磨浆强度进一步增加,长纤维被切断,并将产生结合力较差的中等纤维组分。细小纤维性质的变化取决于磨浆方法,细小纤维粒子的平均尺寸是按如下顺序逐渐增加的:SGW < PGW < TMP。来自筛渣盘磨机的细小纤维比机械浆的初始细小纤维含有更多的长细纤维。长细纤维的二次细小纤维提高了纸页的结合,而光散射能力主要受细小纤维数量的影响[28]。

10.5.1　印刷纸

不同纤维组分的数量和质量决定了最终纸张的强度和表面性质。通过处理仅有的少量筛渣就足以使纤维束含量降至纸板内层所能接受的水平。为了防止和/或消除由起毛和表面粗糙(也称为纤维膨化)等所引起的问题,例如在低定量涂布胶版印刷纸中,在更多要求的应用中较高的筛渣率和单位能耗水平是必要的。

通常,超级压光纸(SC)和低定量涂布纸(LWC)为了最后的成功应用,需要良好的强度、光泽度和表面性质(平滑度、光散射性、白度和不透明度)。低透气度将提高印刷和涂布过程中油墨和涂料的覆盖能力。据报道,一段主线磨浆结合有效的初始纤维束去除和随后的三段筛渣磨浆能发展长纤维组分的结合能力,使之足以在低定量涂布纸中使用[29]。

良好的适印性能需要良好的表面性质。尽管长纤维和粗纤维的处理是最关键的,但在胶版印刷中,通过所有纤维组分的有效磨浆,能够有效减少或消除与起毛、表面粗糙和气泡有关的潜在问题。通过筛选和净化前纤维的充分发展和粗纤维的有效分离和磨浆,可以达到胶版印刷的良好适印性。通过减少长纤维的数量和有效发展筛选分离出来的长纤维组分,可以提高纸张表面平滑度。在轮转凹版印刷中,具有良好发展的长纤维组分的长纤维纸浆能有印刷平滑度和松厚度的良好结合[30]。

对于纸张的适印性能来说,良好的不透明度是最重要的。细小纤维主线的数量和筛渣磨浆中发展纤维的性质决定了机械浆的光学性质和强度性质。纸浆的光学性质受比表面积的影响非常大,例如,对约含 25% 细小纤维(*P*200 目)的纸浆,大约有一半的光散射来自于细小纤维。粗纤维的良好发展降低了对压光的需要,在改善纸张的光学性质上也有所体现。通过减少纸张配料中对化学浆的需求,良好的强度提高了不透明度。

10.5.2 纸板

机械浆经常用作多层纸板的芯层。这种纸浆最重要的要求是高松厚度、高挺度和良好的形稳性。在这些纸浆中,CTMP 相比于没有化学处理的机械浆具有优越的性质(详见第 8 章化学机械浆)。在低能耗下(<1.5MW·h/t)生产纸板级的高游离度 250~500mL 机械浆。高游离度可以为纸板芯层提供高的松厚度。为了在高游离度下达到良好的成形,粗纤维需要高强度打浆,对配料中纤维束必须有效去除。与印刷纸相比,用于纸板时仅少量筛渣的处理足以减少纤维束的含量到可接受的水平。

10.5.3 阔叶木 CTMP

纤维长度的分布取决于木材纤维分离阶段,例如在 CTMP 浆厂,有代表性地选择操作条件和盘磨机磨盘,使纤维长度缩短而没有引起游离度的下降。其中许多工厂采用节能模式的磨盘进行生产(详见第 7 章)。在纸板生产过程中,筛渣磨浆通常调至高强度磨浆区工作。在高浓浆渣磨浆机中采用小磨盘间隙结合高强度磨浆非常适合这些纸种。喂料式磨盘的采用结合低浓磨浆可以改善纸浆质量,同时降低磨浆能耗。因为一个关键要求是应用高强度磨浆确保良好的纤维束去除率,在许多设计用于生产纸板的筛渣磨浆设备中,一个低浓磨浆段可能是合适的。然而,低浓磨浆段需要足够准确的过程控制来平衡磨浆结果的利弊。另一方面,在低浓磨浆段太高的能量输入容易引起芯层松厚度的下降,这是为什么大多数生产纸板的工厂,特别是使用针叶木,采用高浓筛渣磨浆的原因之一。

参考文献

[1] Wood, J. 2003. TECH 2003 - Mechanical pulping, Rejects refining. KSH solutions Inc (Online) [Referred 19.5.2009] Available at http://www.ksh.ca/Coporate Documen ts/Techical papers/Mech_Pulp_2003.pdf.

[2] Bian, Y., Ni, Y., Yuan, C, Heitner, C, Beaulieu, S. 2008. Improving TMP rejects refining through alkaline peroxide pre-treatment: an opportunity for SCA paper? Pulp & Paper Canada, Vol. 109, no. 1, p. 23.

[3] Corson, S. 1995. Development of TMP fibre and pulp quality. Appita Journal, Vol. 49, no. 5, p. 309.

[4] Lumiainen, J. 1997. Comparison of the mode of operation between conical and disc refiners. 1997 International Refining Conference Proceedings, PIRA, Leatherhead, p. 14:1.

[5] Koskenhely, K. 2007. Effect of selected filling and pulp suspension variables in improving the performance of low consistency refining DSc-thesis, TKK, Helsinki, 37 p.

[6] Viljakainen, E., Huhtanen, M., Heikkurinen A., 1997. Efficient papermachine operation with tailormade mechanical pulps. 1997 International Mechanical Pulping Conference Proceedings,

SPCI, Stockholm, p. 173.

[7] Miles, K. B., May, W. B. 1990. The flow of pulp in chip refiners. Journal of Pulp and Paper Science, Vol. 16, no. 2, p. J63.

[8] Miles, K. B., May, W. B. 1989. The flow of pulp in chip refiners. International Mechanical Pulping Conference, EUCEPA, Helsinki, p. 343.

[9] Miles, K. B., May, W. B. 1990. Refining intensity and pulp quality in high consistency refining. Paperi ja Puu. Vol. 72, no. 5, p. 508.

[10] Miles, K. B., May, W. B. 1991. A simplified method for calculating the residence time and refining intensity in a chip refiner. Paperi ja Puu, Vol. 73, no. 9, p. 852.

[11] Hoglund, H., Back, R., Falk, B., Jackson, M. 1995. Thermopulp? – A new energy efficient mechanical pulping process. 1995 International Mechanical Pulping Conference (Ottawa) Proceedings, CPPA, Montreal, p. 213.

[12] Harkonen, E., Ruottu, S., Ruottu, A., Johansson, O. 1997. A Theoretical Model for a TMP – refiner. 1997 International Mechanical Pulping Conference Proceedings, SPCI, Stockholm, p. 95.

[13] Illikainen, M. 2008. Mechanisms of thermomechanicai pulp refining. DSc – thesis. Oulu University. 71 pp.

[14] Vuorio, P., Bergquist, P. 2002. New refiner segments technology to optimize fiber quality and energy consumption of refiner mechanical pulp. African Pulp and Paper week. TAPPSA. Durban, South Africa.

[15] Kortelainen, J., Nystedt, H. 1993. Unpublished project report of Sustainable Paper Energy Technology Research Programme 1993.

[16] Lundin, T. 2008. Tailoring pulp fibre properties in low consistency refining. DSc – thesis. Abo Akademi University. 259 p.

[17] Brecht, W., Siewert, W. 1966. Zur theoretisch – technischen Beurteilung des Mahlprozesses moderner Mahlmaschinen. Das Papier, Vol. 20, nr 1, p. 4.

[18] Lumiainen, J. 1990. New theory can improve practice. Pulp and Paper International Vol. 32, no. 8, p. 46.

[19] Batchelor, W., Lundin, T, Fardim, P. 2006. A method to estimate fibre trapping in low consistency refining. Tappi Journal, Vol. 5, nr8, p. 31.

[20] Lundin, T, Batchelor, W., Fardim, P. 2008. Fibre trapping in low consistency refining – new parameters to describe the refining process. Tappi Journal, Vol. 7, no. 7, p. 15.

[21] Mohlin, U. – B. 1979. Properties of TMP fractions and their importance for the quality of printing papers. 1979 International Mechanical Pulping Conference (Toronto) Proceedings, CPPA, Montreal, p. 57.

[22] Strand, W. B., Mokvist, A., Jackson, M. 1989. Improving the reliability of pulp quality data through factor analysis and data reconciliation. 1989 International Mechanical Pulping Conference Proceedings, KCL, Helsinki, p. 362.

[23] Karnis, A. 1993. The mechanism of fibre development in mechanical pulping. 1993 International Mechanical Pulping Conference Proceedings, PTF, Oslo, p. 268.

[24] Mohlin, U. – B. 1997. Fibre development during mechanical pulp refining. Journal of Pulp and

Paper Science, Vol. 23, no. 1, p. J28.
[25] Corson, S. R., Ekstam, E. I. 1994. Intensive refining of Radiata pine fiber. Paperi ja Puu, Vol. 76, no. 5, p. 334.
[26] Koljonen, T, Heikkurinen, A. 1995. Delamination of stiff fibres. 1995 International Mechanical Pulping Conference (Ottawa) Proceedings, CPPA, Montreal, p. 79.
[27] Kerekes, R. J., Senger, J. 2003. Characterizing refining by forces on fibres. PACWEST Conference.
[28] Heikkurinen, A., Hattula, T. 1993. Mechanical pulp fines – characterization and simplications for deflbration mechanisms. 1993 International Mechanical Pulping Conference Proceedings, PTF, Oslo, p. 294.
[29] Nurminen, I., Liukkonen, S. 2001. Improved LWC smoothness through multistage fractioning – The first fractioning stage is the most critical for fibre bonding ability. International Mechanical Pulping Conference Proceedings, PI, Helsinki, Finland, p. 263.
[30] Forseth, T, Helle, T. 1997. Effect of moistening on cross – sectional details of calendered paper containing mechanical pulp. Journal of Pulp and Paper Science, Vol. 23, no. 3, p. J95.

第11章　机械浆漂白

随着机械浆和化学机械浆(以下统称为高得率纸浆)的发展,其使用范围不断扩大,不仅用于生产新闻纸,也配用于生产胶印书刊纸、轻量涂布纸、超级压光纸等印刷用纸和卫生纸,对高得率纸浆白度的要求也相应提高,迫切要求解决高得率纸浆的漂白和白度稳定性问题。

本章主要讨论机械浆与化学机械浆的漂白。

11.1　高得率纸浆漂白的特点

同化学浆漂白一样,机械浆和化学机械浆漂白的目的也是增加纸浆的白度,但漂白的方法却不一样。与化学浆的漂白相比,高得率纸浆漂白具有不同的特点[1],主要是:

(1)采用保留木素的漂白方法

为了保持高得率,高得率纸浆不宜采用脱木素的漂白方法,而应采用保留木素的漂白方法。一般采用氧化性漂白剂(如 H_2O_2)或还原性漂白剂(如 $Na_2S_2O_4$)来改变发色基团的结构、减少发色基团与助色基团之间的作用来脱色。由于不是溶出木素,发色基团未彻底破坏,因此漂白纸浆容易受光或热的诱导和氧的作用而返黄。

(2)适应多种漂白工艺

根据浆种、设备和白度要求的不同,机械浆和化学机械浆的漂白既可在漂白塔或漂白池中进行,也可在磨浆过程中进行,或在抄浆、抄纸过程中浸渍或喷雾漂白;既可以是单段漂白,也可以两段组合漂白。H_2O_2漂白时,既可在高浓(20% 以上)下进行,也可在中浓(10% ~15%)或低浓(3% ~6%)下进行。

(3)对纸浆原料材种和材质有选择性

随着纸浆原料材种和材质的不同,漂白的效果不同。研究结果表明,云杉、香脂冷杉、花旗松、桦木和白杨的机械浆易被 H_2O_2漂白,而马尾松和短叶松机械浆则较难漂白,其原因之一是这些树种树脂等抽出物的含量较高。腐材和树皮的存在,不仅使机械浆的白度降低,也影响其可漂性。

(4)对金属离子的敏感性强

不管是 H_2O_2漂白,还是 $Na_2S_2O_4$漂白,对金属离子都很敏感,因为锰、铜、铁、钴等过渡金属离子不仅会催化分解 H_2O_2和 $Na_2S_2O_4$,还会与浆中多酚类物质生成有色的物质,使机械浆和化学机械浆的白度明显降低。漂前用螯合剂预处理或在漂白时加入螯合剂都有利于漂白效率的提高。常用的螯合剂有 DTPA、EDTA 和 STPP(三聚磷酸钠)。图 11－1 为各种螯合剂对 $Na_2S_2O_4$漂白白度增值的影响。由图 11－1 看出,DTPA 的效果最好。

11.2 影响高得率浆漂白的因素

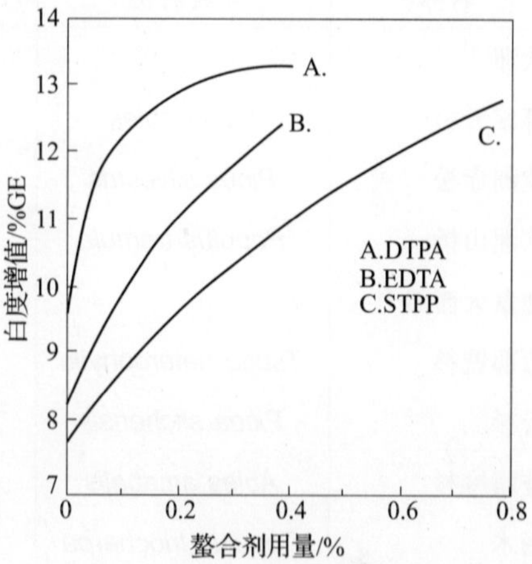

图 11－1 各种螯合剂对白度增值的影响

纸浆的白度主要取决于纸页的光吸收能力和光散射能力。纸浆的光学性质可以用 Kubelka－Munk 理论[2]来分析,该理论确定了这些性质的关系如下:

$$R_{\infty} = 1 - (k/s) - \sqrt{(k/s)^2 + 2(k/s)} \quad (11-1)$$

式中 R_{∞}——白度

k——光吸收系数

s——光散射系数

如果光吸收系数和光散射系数与白度值有关,它们应该在与白度测定相同的波长下测定(457nm;SCAN－C 11:75),而不是在通常用于光散射系数测定的波长(557nm;SCAN－M 7:76)下测定。图 11－2 阐明了不同纸浆白度下光吸收系数与光散射系数的关系。光吸收系数是对纸浆中有色物质数量的衡量,虽然在制浆过程中可能发生一些改变,但机械浆光吸收系数主要取决于木材原料。光散射系数取决于制浆方法。

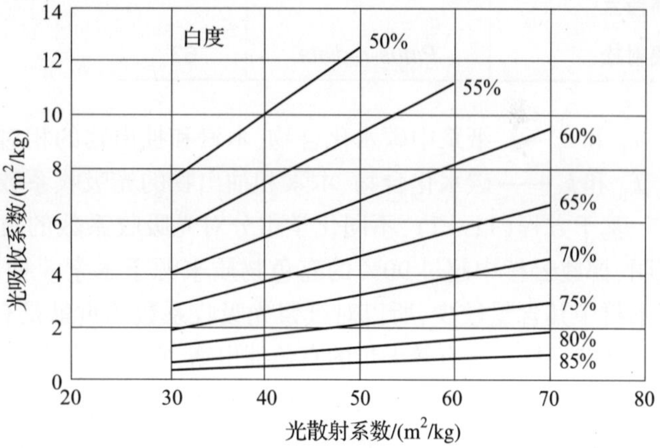

图 11－2 不同纸浆白度下光吸收系数与光散射系数的关系

高得率浆的白度与木材原料密切相关。木材物质总是有颜色的,但不同木材种类之间颜色是变化的。表 11－1 为不同种类木材生产的磨石磨木浆的典型白度值,但这些值可能存在很大的偏差。

木材的主要组分(纤维素、半纤维素)实际上是无色的,因此木素是木材颜色的主要来源。木素不是均匀着色的,但它含有某些吸收光的功能基团(发色基团),使其呈现颜色。在木素中松柏醛、α－羰基和各种醌结构是最常见的发色基团(见图 11－3)。

除此之外,木材中没有颜色的酚类基团,在温度升高后可缩合成有色结构。不同木材种类之间白度的部分差异也能由抽出物引起,抽出物的数量和颜色可以在很广的范围内变化。

各种木材组分的白度值不是直接相加的,但是光吸收系数几乎是相加的,木材化学组分对光吸收系数的贡献可以用如下公式来表示:

$$k_p = c_C \cdot k_C + c_L \cdot k_L + c_E \cdot k_E \quad (11-2)$$

式中 k_p——纸浆的光吸收系数

表 11－1　不同种类木材生产的未漂磨石磨木浆的白度

名称	木材种类	白度/%
欧洲[3]		
挪威云杉	*Picea abies*	65
欧洲赤松	*Pinus silvestris*	65
欧洲山杨	*Populus tremula*	70
加拿大西部[4]		
西部铁杉	*Tsuga heterophylla*	48
云杉	*Picea sitchensis*	56
香脂冷杉	*Abies amabalis*	50
杨木	*Populus triocharpa*	60
加拿大东部[4]		
云杉	*Picea glauca*	61
香脂冷杉	*Abies balsamea*	60
松木	*Pinus banksiana*	55
白杨	*Populus grandidentata*	48
新西兰[5]		
辐射松	*Pinus radiata*	63

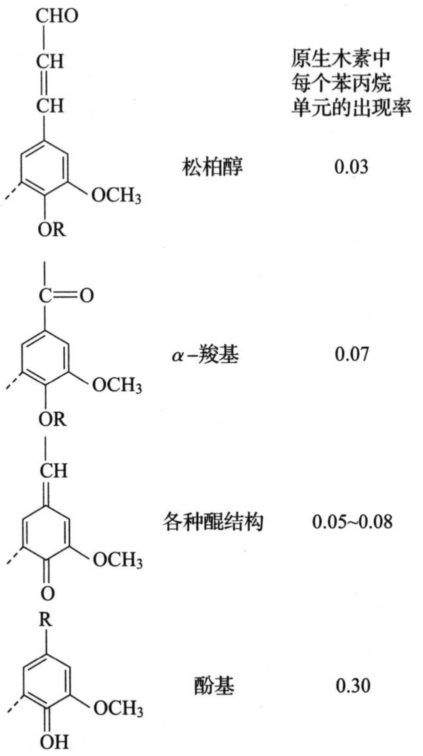

图 11－3　对木素颜色有贡献或参与对颜色起作用的反应的各种木素基团[3]

c_C、c_L 和 c_E——纸浆中碳水化合物、木素和抽出物的相对数量

k_C、k_L 和 k_E——碳水化合物、木素和抽出物的光吸收系数

基于方程(11－2)，不同化学组分对光吸收系数的贡献可以估算，如表 11－2 所示。例子表明，挪威云杉中超过 90% 的有色物质来源于木素。抽出物的光吸收系数相对较高，但是由于木材中其含量较少，所以对纸浆光吸收系数的贡献是有限的。

挪威云杉不含有较大量的有色抽出物，它的吸光系数已经测定[4]，为 4.0～6.0m^2/kg。假定光散射系数是 50～70m^2/kg，且其在机械纤维分离的过程中不变，其对应的白度是 62%～71% ISO。挪威云杉机械浆一般会有所变暗，这归因于某些原材料和过程相关的因素。

表 11－2　挪威云杉浆主要组分对光吸收系数计算的贡献

	相对量 (C_x)	光吸收系数(k_x) m^2/kg	对纸浆光吸收系数的贡献 ($C_x \cdot k_x$)/(m^2/kg)
碳水化合物	0.70	0.35	0.25
木素	0.28	20	5.6
抽出物	0.02	7.5	0.15
全浆	1.0	—	6.0

木材原料的贮存会使纸浆的白度快速降低，比如，贮存一年的原料白度可能降低 7% ISO[5]。因此，使贮存时间最短来达到最大白度是必要的。浆中树皮的含量也对白度有重要的影响。当树皮含量为 3%

时,成浆的白度下降高至 10% ISO[6]。

在制浆过程中,纤维分离阶段高温会导致木素结构缩合,过程水和木材原料中的金属离子能促进变黑反应(如图 11-4)。表 11-3 是挪威云杉未漂机械浆和化机浆的典型白度水平。

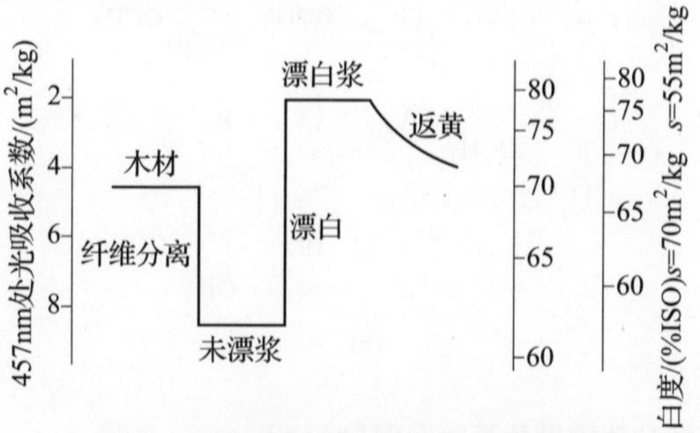

图 11-4 在机械纤维分离、漂白和返黄过程中光吸收系数的发展(相应的白度水平取决于光吸收系数[4])

表 11-3 挪威云杉各种机械法和化学机械法生产的未漂白浆的典型白度[7]

浆种	缩略语	白度/%ISO
磨石磨木浆	SGW	60~65
压力磨石磨木浆	PGW	60~63
盘磨机械浆	RMP	60~62
热磨机械浆	TMP	57~60
化学热磨机械浆	CTMP	60~67
化学机械浆	CMP	45~55

不同浆之间的白度差异可能由以下原因引起:

① 制浆过程,例如 PGW、TMP 和 CMP,采用高温能引起缩合反应和增加发色结构数量的其他反应,尤其是存在过渡金属离子和氧时。

② 与磨石磨木浆相比,木片生产的浆有较高的树皮含量。

③ 化学热磨机械法和化学机械法制浆中应用的化学预处理会对木素产生漂白(如用亚硫酸氢钠或过氧化氢)或变黑(如用氢氧化钠)作用。

④ 光散射能力的不同可对白度有显著的影响。这可以解释为,如 CMP 浆白度低是由于其光散射能力低。

11.3 高得率浆漂白原理

高得率浆的漂白有几个目的,如增加纸浆白度,减少抽出物含量,有时也增加纸浆强度和纤维结合力。但是主要目的通常是增加纸浆白度。

如表 11-2 所示,如同化学浆,木素是机械浆中有色物质的主要来源。化学浆漂白几乎去除了浆中所有的残余木素,但在机械浆和化机浆漂白中这种方法是不实际的,因为木素含量很高。彻底去除木素要求很强的化学处理,也会造成得率较低,这样机械浆的优点也将会失去。因此,机械浆的漂白是基于破坏一些有色木素基团的结构(如图 11-5)。

在过氧化氢漂白中,因为碱的存在而发生两个竞争的反应。一方面是提高白度的漂白反应,另一方面是由于碱的分解反应。为了确保有效的漂白条件,优化反应参数就显得重要,从而使白度最高而降解反应最小。

通过消除发色基团,木素的光吸收会大大地减少,从而纸浆白度提高。但是,在保留木素式漂白中,化学药品不能消除所有的发色结构。因此,可达到的最高白度会低于化学浆漂白。比如,挪威云杉生产的机械浆可以漂到 80% ~82% ISO 的白度,但较黑的针叶木浆有较低的最高白度。有些阔叶木的机械浆和化机浆能够漂到 85% ~88% ISO 的白度水平。

与化学浆相比,机械浆并不总是漂到可达到的最高白度,但是目标白度取决于最终产品。这是因为,白度合理的增加通常用相对低的化学品用量就能达到,而高白度水平需要很高的化学品用量。

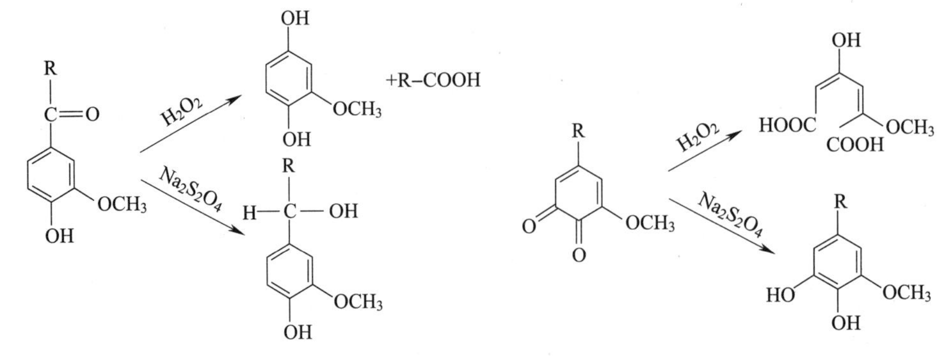

图11－5　用过氧化氢和连二亚硫酸盐消除发色基团示例(a)(b)

11.4　过氧化氢漂白

11.4.1　反应

过氧化氢(H_2O_2)是一种完全水溶性的无色液体。一般,运输到制浆厂的 H_2O_2浓度是49.5%～50%。H_2O_2浓度高于70%的运输是可能的,但此浓度下的产品运输和贮存有更高的要求,归因于管理机构的规定。

一般认为,过氧化氢漂白中,发色基团消除的作用机制涉及过氧氢根离子 OOH^-。过氧化氢漂白在碱性条件下进行是为了产生活性离子:

$$H_2O_2 + OH^- \longrightarrow HOO^- + H_2O \quad (11-3)$$

通过增加 pH 或反应温度,有助于过氧氢根离子的形成。

在漂白条件下,过氧化氢容易分解,反应式如下:

$$2H_2O_2 \longrightarrow O_2 + 2H_2O \quad (11-4)$$

一般在漂白段加入硅酸钠稳定剂。

过渡金属离子,像铁、锰和铜,会催化过氧化氢分解,经由自由基机制,通过如下建议的连锁反应[8]:

$$H_2O_2 + M^{n+} \longrightarrow M^{(n+1)+} + HO^- + HO\cdot \quad (11-5)$$

$$OOH^- + M^{(n+1)+} + OH^- \longrightarrow M^{n+} + H_2O + O_2^-\cdot \quad (11-6)$$

$$M^{(n+1)+} + O_2^-\cdot \longrightarrow O_2 + M^{n+} \quad (11-7)$$

$$O_2^-\cdot + HO\cdot \longrightarrow O_2 + OH^- \quad (11-8)$$

式中:M 代表过渡金属离子,$O_2^-\cdot$是超氧自由基,$HO\cdot$是氢氧自由基。

金属离子随着木材原料和过程水进入系统中,也有的是从仪器设备溶出的。诱导反应的过渡金属离子会消耗过氧化氢,因为会导致过氧氢根离子的损失和自由基的形成。因此,在过氧化氢漂白之前,浆中金属离子的浓度必须通过酸处理或加入螯合剂来减少。纤维本身可以和过渡金属离子结合,因此必须记住,添加到系统的任何螯合剂都必须与浆中金属离子形成更强的络合物。而且,并不是所有的金属离子都可以在预处理段除去。这也就是为什么漂白液中必须包含单独的稳定剂,比如硅酸盐。

过氧化氢至少可以氧化对位和邻位的醌类基团变成无色结构，降解松柏醛和共轭双键结构。自由基也可能与酚类结构反应，使它们变为醌类结构，从而产生新的发色基团。

11.4.2 过程参数

11.4.2.1 过氧化氢用量

过氧化氢用量是最重要的漂白参数。1%（对绝干浆）的过氧化氢用量已对白度有显著的影响（见图 11－6）。这种用量下，白度增加 6% ~8% ISO。当用量增加到 4% 时，白度进一步增加，即使单位效果随用量增加而减少。在最优条件下，一个过氧化氢漂段白度可提高15% ~20% ISO。

11.4.2.2 漂前洗涤

在化学机械浆过氧化氢漂白中，漂白前对浆进行充分洗涤是重要的。浆中携带的亚硫酸盐会消耗过氧化氢，对漂白结果产生很大的影响（见图 11－7）。

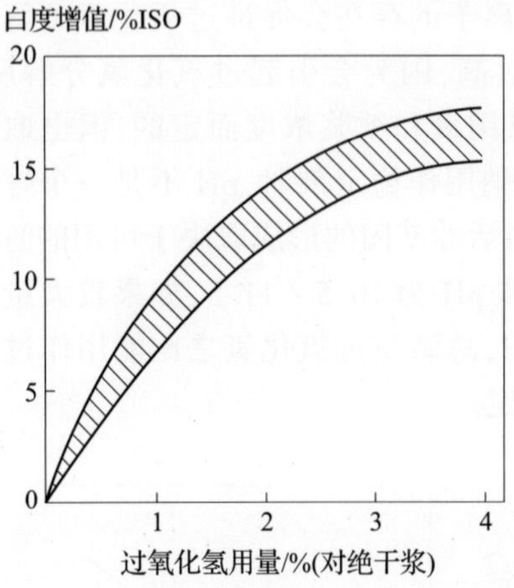

图 11－6 过氧化氢用量对白度增值的影响

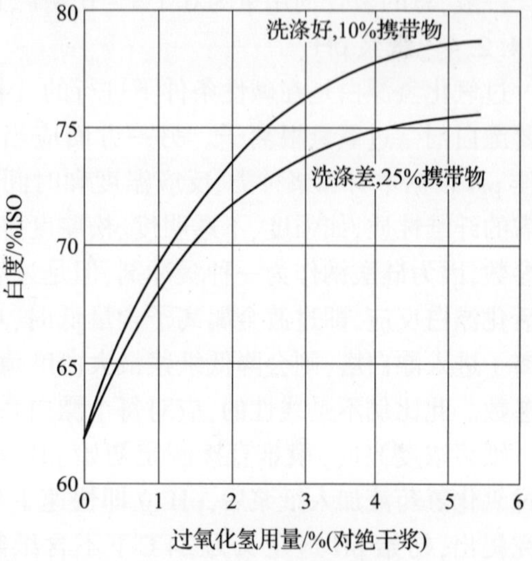

图 11－7 从 CTMP 过程的携带物（carryover）对过氧化氢漂白结果的影响[9]

如果浆料适当洗涤，化机浆漂白消耗的过氧化氢比机械浆少。漂白效果相同，甚至更好，见表 11－4。

11.4.2.3 过渡金属离子的去除

木材和生水中有天然存在的不同量铁离子和锰离子。它们也是漂白过程最常见的有害过渡金属离子。磨浆过程中，过渡金属离子、高温、氧或残余过氧化氢的存在能引发自由基的形成。木材中锰离子含量为 50 ~ 200mg/kg 浆。尤其是 Mn^{2+} 和 Mn^{3+} 是很强的过氧化氢分解催化剂。在高 pH 下，5mg/t 浆活性锰已对过氧化氢漂白有害。

表 11－4 纸浆种类对用 2.5% H_2O_2（对浆）漂白过氧化氢消耗和漂白结果的影响[10]

浆种	磺酸根含量/%	过氧化氢消耗量/%	白度增加/%ISO
TMP	—	2.2	12.3
CTMP	—	1.7	15.0
CMP1	1.3	1.0	11.7
CMP2	1.6	1.2	11.4

过氧化氢漂白中高 pH 和高温能激活过渡金属离子的有害作用,导致过氧化氢的损失和 COD 形成的增加。此外,过氧化氢降解产生的自由基与浆中铁和锰反应产生有色络合物。因此,过氧化氢漂白前有效去除过渡金属很重要。

通常对浆进行螯合预处理去除浆中的金属离子,常用的螯合剂有 EDTA(乙二胺四乙酸)和 DTPA(二乙三胺五乙酸)。螯合剂从纤维表面释放金属离子,形成水溶的金属螯合物,从而在漂白前的脱水段除去。

螯合预处理一般在较早的阶段进行,在磨浆喷淋水或纸浆浓度低的其他位置添加螯合剂。

有些情况下,螯合剂(主要 DTPA)也加入过氧化氢漂白段。漂白中,DTPA 的使用通过使金属离子失活和减少进入贮浆池和造纸机的过渡金属离子含量来提高白度稳定性。一般螯合剂用于预处理段而不加入到过氧化氢漂白中,因为传统螯合剂有效 pH 范围 4 ~8 是接近中性,而过氧化氢漂白是在碱性条件下进行的,螯合剂的作用是很有限的。

一般,总的螯合剂用量为 0.1% ~0.4% ,以 40% 商品计算。

11.4.2.4 纸浆 pH

过氧化氢漂白是在碱性条件下进行的,因为氢氧根离子的存在会促进过氧化氢离解产生主要漂白剂—过氧氢根离子。另一方面应当避免 pH 过高,因为会引起过氧化氢分解反应。最佳 pH 根据木材和浆种类、反应温度和时间、过氧化氢用量和纸浆浓度而定的,但也取决于所需的纤维性质,如强度、不透明度、松厚度等。当硅酸钠用作稳定剂时,pH 不是一个好控制的参数,因为硅酸钠作为一种缓冲剂,但是过氧化氢漂白活性基团的形成取决于可用的游离碱以活化漂白反应,即过渡金属离子含量低时,典型的最佳 pH 为 10.5 ~11.5,如果较大量的金属离子进入漂白塔,则会降低纸浆最大白度值。代替 pH,总碱与过氧化氢之比能用作过程控制参数。此比例不是线性的,应对每个漂白系统分别确定。

纸浆浓度高时,很难直接测定初始 pH,因为碱性过氧化氢药液加入纸浆后,pH 立即快速下降。有研究提出,初始 pH 应定义为 24℃下不含纸浆的总漂白液的 pH[11]。因此,为了测定初始 pH,必须制备分离的液体样品。

根据过氧化氢用量来决定所需的用碱量以达到最佳 pH。过氧化氢用量越高,用碱量也越高。图 11-8表示初始 pH 为 11.5 时,过氧化氢用量和用碱量的近似关系。

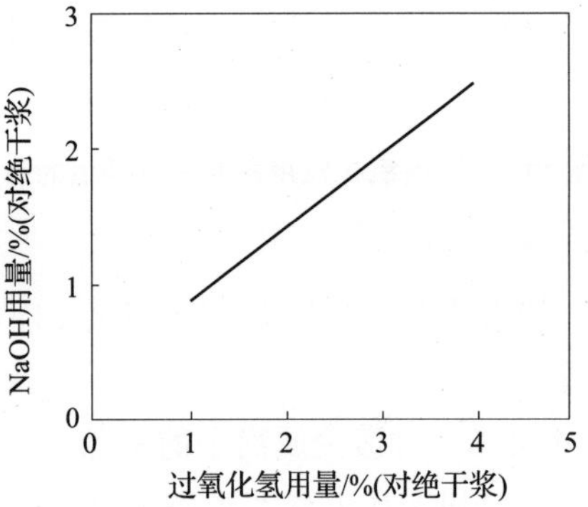

图 11-8 初始 pH 为 11.5 时所需的 NaOH 用量与 H_2O_2 用量的函数关系

在过氧化氢漂白中,硅酸钠通常用作稳定剂,也会对漂液的总碱度有贡献。需要知道硅酸钠中游离碱的含量。根据不同游离碱含量硅酸钠有不同的级别,比如 41°Bé 的硅酸钠溶液约含 11.2% 的氢氧化钠(按重量),因而对总碱度的贡献如下:

$$总碱(\%) = 氢氧化钠(\%) + 0.115\ 硅酸钠(\%)$$

工业上已开始使用高碱度的硅酸盐,碱含量高达 16% ~20% 。

过氧化氢形成过氧氢根离子所需的氢氧根离子来源于各种碱,但是,氢氧化钠是调节 pH 最常用的碱。大部分研究的可部分或全部取代氢氧化钠作碱源的是氢氧化钙和氢氧化镁。尤其是氢氧化镁,有些工厂已经采用。

与氢氧化钠相比,氢氧化镁和氢氧化钙在水中的溶解度很低。为了氢氧化钙或氢氧化镁乳液的配料及漂白车间的运行,适当的混合、产品的均匀性和乳液中足够小的颗粒是重要的。

11.4.2.4.1 氢氧化钠

达到最优 pH 所需的氢氧化钠量根据过氧化氢用量而定。过氧化氢用量越高,需要的氢氧化钠越多。图 11-8 表示初始 pH 为 11.5 时,过氧化氢用量与所需的氢氧化钠用量的近似关系。

通常氢氧化钠以 50% 的浓度运送到造纸厂。氢氧化钠在水中的溶解度非常高,20℃时是 1090g/L。在现代漂白药品投配线上,氢氧化钠与其他碱性化学药品(硅酸钠或 DTPA)混合到化学品稀释水线。过氧化氢只在混合器前加到稀释水中或单独直接加到高浓纸浆进料到漂白塔的混合器中。

11.4.2.4.2 氢氧化钙

有报道指出,与用氢氧化钠的过氧化氢漂白相比,氢氧化钙得到的相应纸浆白度较差。另一方面,当氢氧化钙取代氢氧化钠的比率是 50% 时,据报道达到仅用氢氧化钠相同的白度[12]。过氧化氢漂白中使用氢氧化钙有一些优点,如产生较少的 COD 量[12-13],潜在的成本降低是另一优点。但是,添加氢氧化钙容易形成草酸钙、硫酸钙和碳酸钙结垢。

11.4.2.4.3 氢氧化镁

氢氧化镁的水悬浮液是一种强碱。在氢氧化镁作为碱源的高化学品用量的高浓过氧化氢漂白中,初始 pH 大约是 9,而碱源为氢氧化钠时 pH 是 11.0~11.5,氢氧化钙时是 9~10。而相应的漂白终点 pH,氢氧化钠时为 7.5~9.0,氢氧化镁时是 7.5 左右。

如果是部分取代氢氧化钠或硅酸盐,则 pH 在上述值的中间。技术上取代率可以从 0~100%。然而,部分取代(NaOH 取代率可达 70%~80%)比 100% 取代能得到最高的白度和稳定的漂白过程。

在过氧化氢用量较高(3.5%~4.5%)时,相应的用碱量是氢氧化镁 1.3%~1.6%,氢氧化钠 2.2%~2.7%(均以 100% 化学品计)。根据过渡金属离子的含量,在氢氧化镁基过氧化氢漂白中,为了得到相同的高目标白度,可以减少约 50% 的硅酸钠用量。然而,如果不加入硅酸钠或其他稳定剂,则不能达到最高白度,无论是氢氧化钠还是氢氧化镁均作为碱源的漂白。

氢氧化镁取代的优点是基于温和的漂白碱度/pH 缓冲,稳定作用和阻止沉淀形成。除了潜在的成本节约,在过氧化氢漂白中使用氢氧化镁有许多优点,例如:

① 产生的 COD 较少,得率较高;

② 更稳定的漂白,即减少稳定剂的使用;

③ 提高漂白的高白度纤维的脱水性能,如果干燥能力是瓶颈时这是重要的;

④ 携带到纸机湿部的阴离子垃圾较少,从而使阳离子需求大大减少;

⑤ 抑制钙盐结垢的形成,比如硬的草酸钙和硅酸钙;

⑥ 在高白度下提高松厚度;

⑦与 NaOH 相比,较低的 pH 有利于漂白浆精制;

⑧部分取代 NaOH(50%~80%),已能得到最大好处。

另一方面:

① 与基于氢氧化钠的漂白相比,因为较低的漂白 pH,达到最高白度需要的反应时间较长。因此,氢氧化钠漂白容易达到最高白度,尤其是漂白时间短时;

② 漂白过程中用氢氧化镁时温度升高比用 NaOH 时要低;

③ 在高白度时,减少的纸浆润胀和纤维结合性质的改善较少可导较少的纸浆强度增加;

④ 氢氧化镁悬浮液的矿物颗粒会产生沉降,所以需要适当的搅拌;

⑤ 不同机械浆和造纸过程中镁离子的所有作用是未知的。

基于氢氧化镁的漂白初始 pH 较低,如 DTPA 的螯合剂和各种稳定剂可以更有效地钝化金属离子的负面作用。基于氢氧化钠的漂白初始 pH 较高(11.5),过渡金属离子的钝化比较困难。

碱产品能用槽车运输到制浆厂,氢氧化镁悬浮液中固体物含量为 45% ~60% 。为了保持较长时间产品的均一,产品中可含有一些分散剂。多种螯合剂和稳定剂也可能在产品制造时添加。产品在冬季会结冻,在这种情况下,贮存和添加设备是隔热的或放在室内。

浆厂实施氢氧化镁基漂白的另一种可能性是用氧化镁粉末现场制备氢氧化镁乳液。氧化镁是一种白色矿物质,在水中可以形成氢氧化镁。

$$MgO + H_2O \longrightarrow Mg(OH)_2 \tag{11-9}$$

通常漂白使用的氢氧化镁和氧化镁的最常用的原材料是白云石和海水。白云石是化学式为 $CaMg(CO_3)_2$的碳酸钙镁沉积矿物质。

原材料交替加工之后,湿的氢氧化镁悬浮液或干的氧化镁粉末成为商品。

根据矿物原料和加工过程,氢氧化镁或氧化镁在纯度(杂质如金属离子和碳酸钙)、颗粒尺寸和均一性上有很大的不同。

商品级高纯度氢氧化镁乳液产品含有可忽略不计的锰或活性铁和小于 5μm 的小而均匀的颗粒。

11.4.2.5 稳定剂

从机械浆过氧化氢漂白的开始,硅酸钠已被用作添加剂。碳酸钠与石英砂在 1200℃下熔融生成硅酸钠。生成的氧化钠和二氧化硅的固体混合物然后在高压蒸汽环境中转化为水玻璃溶液。

商品级硅酸钠溶液,也叫水玻璃,根据二氧化硅/氧化钠之比而确定其碱性。商品的固含量一般为 36% ~44% 。

有证据表明,硅酸盐可以显著提高漂白效果,如图 11 -9 所示。早期,高达 5% 的用量不是不常见的,但因为在封闭水循环系统中,硅酸盐有积累倾向引起过程设备结垢。并干扰纸机湿部化学,所以它的用量通常最小化。目前较普遍的用量等于或小于 3% 。水玻璃(以产品计)和过氧化氢(100% 计)的比率一般为 0.6 ~1。

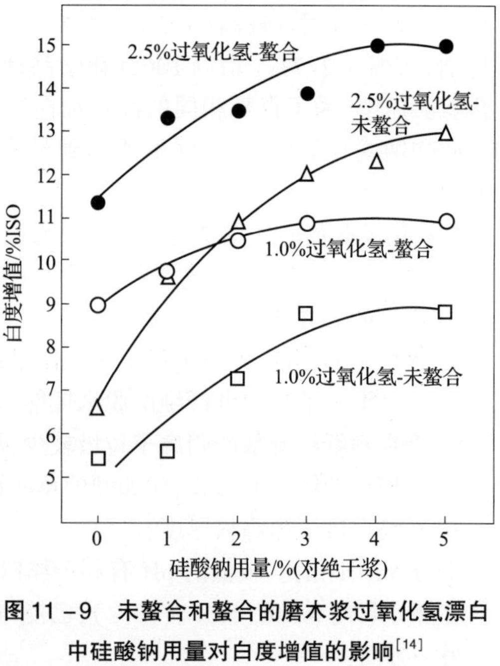

图 11 -9 未螯合和螯合的磨木浆过氧化氢漂白中硅酸钠用量对白度增值的影响[14]

过氧化氢漂白中硅酸钠作用的准确机理是未知的。已提出几种理论:

① 通过和金属离子形成稳定的络合物起到稳定过氧化氢的作用；

② 阻止金属氧化物和氢氧化物的形成（催化剂）；

③ 起缓冲剂作用（避免 pH 大于 11.5）；

④ 通过络合作用、多价螯合及金属表面钝化来钝化金属离子。

但是，没有一个机理可单独解释硅酸盐的作用。

镁可能与硅酸钠一起，也起过氧化氢稳定剂作用。一般，木材原料和过程水有足够的镁带到系统中，如果已使用硅酸盐，不需要额外添加镁盐，如硫酸镁。

膦酸盐，如二乙三胺五亚甲基膦酸（DTPMPA），也是过氧化氢漂白已知的稳定剂。DTPMPA 是一种含氮有机膦酸，具有很强的金属螯合能力和稳定性能。它也被用作结垢抑制剂。DTPMPA 可以全部或部分取代硅酸钠，但在机械浆漂白中并未广泛用于取代硅酸钠。

硅酸盐和无磷丙烯酸盐基聚合物和添加剂共聚物的混合物也被建议用作过氧化氢漂白稳定剂[15-17]。这些聚合物混合溶液用于一些不用硅酸钠的纸浆漂白工厂。因为封闭水循环系统中硅酸盐会引起设备堵塞。据报道，聚丙烯酸基聚合物可以得到比硅酸盐好的白度结果，尤其是阔叶木机械浆和化机浆过氧化氢漂白中。而且，与硅酸盐做稳定剂的漂白相比，聚丙烯酸盐稳定剂漂白浆的返黄也较小[15]。

聚丙烯酸盐基聚合物也能起到分散剂的作用，抑制钙基沉积物，如碳酸钙、草酸钙和石膏的形成。

一种已知对过渡金属具有稳定作用的聚丙烯酸盐是一种可生物降解的聚（α－羟基丙烯酸）或其钠盐聚（α－羟基丙烯酸盐）（PHAS 或 PHA 或 NaPHA）。提出了不同稳定机理包括：

① 结合金属离子和氢氧化合物的能力；

② 过渡金属的离子相互作用，尤其是锰和 PHA；

③ 对过氧化氢的直接稳定作用。

然而，这些稳定剂的准确机理尚未清楚。

稳定剂——聚丙烯酸混合的可能共聚物的作用是结合钙离子，否则钙离子会和 PHA 反应，导致 PHA 消耗量增加。

阔叶木机械浆基于氢氧化钠的过氧化氢漂白中无硅酸盐的稳定作用比相应的针叶木浆较容易进行。因为硅酸盐也是 pH 缓冲剂，用没有任何缓冲作用的化学药品取代硅酸盐会导致初始 pH 很高并降低过氧化氢的稳定性。阔叶木浆过氧化氢漂白中因为较大量有机酸的形成而致使 pH 快速下降。

通常聚丙烯盐基稳定剂在过氧化氢加到漂白塔之前直接加到化学药品混合器。如果聚合物与碱性漂白化学品加到相同的加料水线，聚合物会与氢氧化钠形成凝胶。聚丙烯酸盐稳定剂的需求体积远小于硅酸钠的体积。

一种称为 Fennobrite C－2024 的漂白助剂是芬兰生产的专利化学品，为有机高分子聚合物，内含 3% 的聚丙烯酸钠，水溶液为黄色液体，用作纸浆 H_2O_2 漂白助剂时的使用浓度为 20%～30%，pH 为 4～5。表 11－5 为杨木 APMP 浆分别使用 Fennobrite C－2024 和 Na_2SiO_3 作漂白助剂的实验结果。

表 11－5 的实验结果表明，用 Fennobrite C－2024 取代 Na_2SiO_3 的 APMP 工艺，漂白后纸浆可以达到的最高白度比使用 Na_2SiO_3 的略低（对中松厚度浆）或相同（对高松厚度浆），过氧化氢和氢氧化钠的消耗量略高，而抗张强度和光散射系数相同。从生产工艺角度看，上述差异是可以接受的。

表 11－5 两种漂白助剂的应用比较

纸浆用途	使用 Fennobrite 的 APMP 工艺				使用 Na_2SiO_3 的 APMP 工艺			
	P&W (MB)	LWC (HB)	P&W (HB)	LWC (HB)	P&W (MB)	LWC (MB)	P&W (HB)	LWC (HB)
最高白度/%ISO	83	83	83	83	85	85	83	83
CSF/mL	250	130	250	130	250	130	250	130
松厚度/(cm^3/g)	2.3	2.1	2.6	2.4	2.3	2.1	2.6	2.4
抗张指数/(Nm/g)	32.5	38.0	26.0	31.0	32.5	38.0	26.0	31.0
光散射系数/(m^2/kg)	48	48	55	56	48	48	55	56
实验室总磨浆电耗/(kWh/adt)	1700	2150	1750	2350	1029	1202	1048	1279
工厂磨浆电耗/(kWh/t 风干浆)	1029	1202	1048	1279	1029	1202	1048	1279
H_2O_2用量/%	6.5	6.5	5.5	5.5	6.0	6.0	5.5	5.5
NaOH 用量/%	5.0	5.0	4.2	4.2	4.7	4.7	4.0	4.0
DTPA 用量/%	0.5	0.5	0.5	0.5	0.4	0.4	0.4	0.4
Na_2SiO_3用量/%					3.5	3.5	3.0	3.0
Fennobrite 含量/%	0.4	0.4	0.4	0.4				

注 P&W—印刷书写纸，LWC—轻量涂布纸，MB—中松厚度，HB—高松厚度。

11.4.2.6 浓度

作为一般规律，高浓度可以提升漂白效果。可以通过较快的漂白反应（见图 11－10）[18]和得到较高的白度（见图 11－11）来反映[19]。这可以解释为液相中化学药品浓度提高了。漂白段水溶性杂质（如过渡金属离子）含量的减少也起到重要作用。

已采用现代高浓过氧化氢漂白系统的过程设备来处理高浓纸浆。因此，在机械浆过氧化氢漂白过程中脱水至高达 40%，漂白浆浓为 30%～35% 是很普遍的。通常的限制是过程温度，及浆浓过高会造成化学药品与纸浆混合的困难。

11.4.2.7 温度

温度升高，过氧化氢漂白的反应会加快[20]。但这意味着，不仅漂白反应变快，过氧化氢分解和浆与碱之间的反应也会加速。

高浓过氧化氢漂白的温度一般为 70～80℃。随着 TMP 水系统封闭程度增加和化学药品用量增加，反应温度变得更高（大于 80℃），这至少对针叶木浆是紧要的，因为碱变黑反应是显著的。为了达到最佳高白度漂白效果，常常需要减少碱用量。在现代高浓漂白系统中，这将最

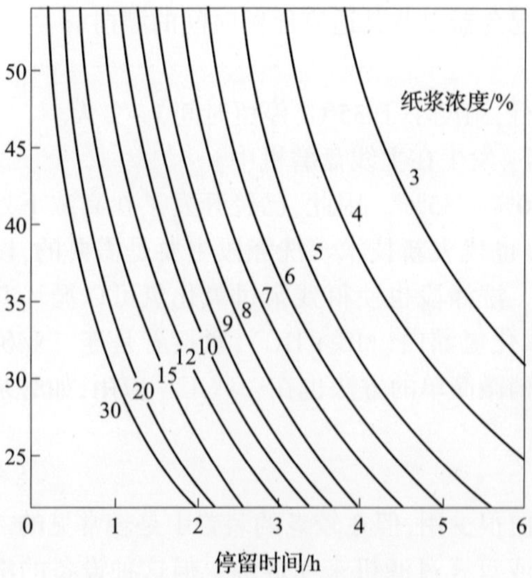

图 11 – 10 过氧化氢漂白中达到相同漂白结果时表示纸浆浓度、漂白温度和停留时间各种结合的平衡曲线[18]

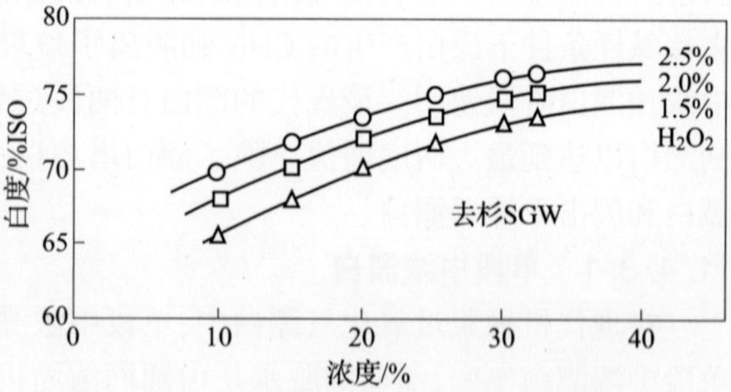

图 11 – 11 过氧化氢漂白中纸浆浓度对不同过氧化氢用量达到的白度的影响[19]

终成为限制白度提高的因素。为了得到高白度,要加入更多的过氧化氢,然而也需要更多的碱来活化过氧化氢。这是一个放热反应,所以温度会升高。在现代高浓漂白系统中其结果通常是要添加更多的冷却水使纸浆浓度降低,或者用碱量必须降低。当降低用碱量时,会有较多的残余过氧化氢。这就意味着即使在较高温度下也要延长漂白停留时间。

11.4.2.8 停留时间

为了消耗合理比例的过氧化氢用量,必须选择温度和停留时间。然而,不能所有的过氧化氢都被消耗,漂白终点时还要有残余的过氧化氢,以阻止纸浆的碱变黑。

温度和停留时间是密切相关的,温度升高,可以减少停留时间,反之亦然(见图 11 – 9)。实际上,在高温下漂白反应非常迅速,不到 1h 的短时间内就可以达到最大漂白应答。然而,在现代高浓过氧化氢漂白系统中,停留时间通常延至 2 ~ 4h,具体时间根据过氧化氢用量而定。与 1h 的漂白相比,延长反应时间可以提高终点白度 1% ~ 2% ISO。这是重要的,尤其是在高白度时,提高一个白度单位,需要增加 0.5% 以上的过氧化氢。

11.4.2.9 酸化

虽然过氧化氢漂白在高碱度下进行,过氧化氢的存在阻止纸浆变黑。然而漂白终点时,在过氧化氢消耗完之前要降低 pH,以避免纸浆变黑。纸浆通常用硫酸、亚硫酸氢盐或二氧化硫水溶液酸化调 pH 为 5 ~ 6。亚硫酸氢盐或二氧化硫的酸化,除了降低浆的 pH,也会按下式反应分解残余的过氧化氢:

$$H_2O_2 + H_2SO_3 \longrightarrow H_2O + H_2SO_4 \qquad (11-10)$$

如果过氧化氢漂段的后续漂段是还原漂段,残余的过氧化氢的破坏是必要的。如果不破坏,残余的过氧化氢在还原漂白段会消耗漂白化学品。另一方面,在两段过氧化氢漂白系统中,洗涤段前,必须保持残余过氧化氢的存在。

11.4.3 漂白车间设计和操作

传统的机械浆过氧化氢漂白在容器或漂白塔中进行。漂白塔漂白在漂白段前需要提供脱水和去除金属离子的设备、混合化学品和纸浆的混合器以及其适宜停留时间的漂白塔。

其他的漂白系统是：

① 浸渍漂白是在高浓下成堆(像木片堆)进行,温度小于35℃,停留时间1～2天。

② 磨浆机漂白在很高温度和几秒停留时间下,发生在主线盘磨机中。

现代过氧化氢漂白系统典型的漂白浓度是30%～35%。因此,已经开发了在高浓下处理纸浆的专门设备。过氧化氢漂白塔后增设洗涤段也代表新技术。洗涤段主要是需要的,以洗去在碱性条件下漂白产生的COD和阴离子垃圾。洗涤段也使得残余过氧化氢可以循环并在中浓预漂白阶段使用。最现代的漂白有两段过氧化氢漂白(MC + HC),紧接着是连二亚硫酸钠漂白以达到最大白度增值。除了漂白塔漂白,稍微简单的方法也在一些工厂应用,如磨浆机漂白和闪击干燥器漂白。

11.4.3.1 单段中浓漂白

在现代机械浆过氧化氢漂白中,单段中浓漂白很少用,但在较老的装置中是较常见的。在单段中浓漂白车间,漂前的脱水是由圆网浓缩机或盘式过滤机来完成的。但这种设备的洗涤效率是有限的。图11－12为中国某厂磨木浆单段中浓过氧化氢漂白流程简图。

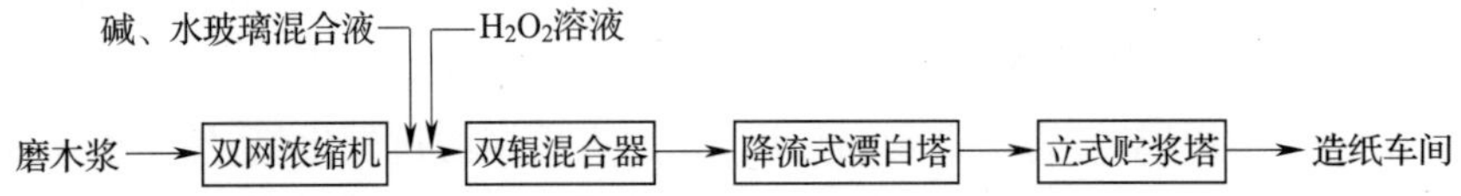

图11－12 中国某厂磨木浆单段中浓过氧化氢漂白流程简图

为了结合过渡金属离子,在浓缩机或过滤机之前要加入螯合剂到纸浆中,使在脱水时随滤液除去。脱水之后,漂白液与纸浆混合,用蒸汽在栓钉混合器或桨式混合器中加热纸浆。

在高度封闭循环回路中,这意味着金属离子和其他能与过氧化氢反应的有害物质在中浓条件下大量存在。当和相对较低的漂白浓度结合时,这就限制了中浓漂白系统的效率和白度值(见图11－13)。因此,高浓方法才是主要的技术。

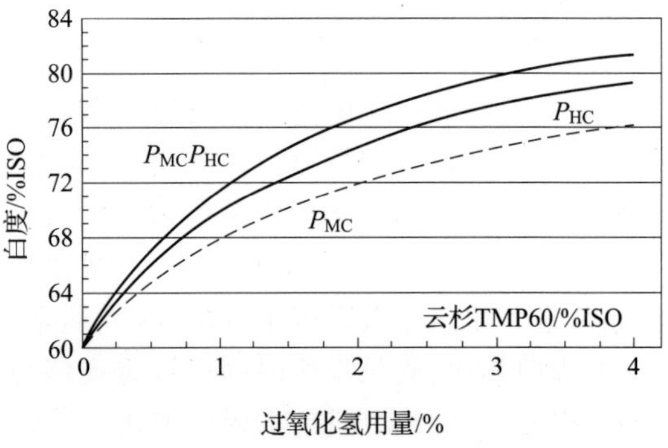

图11－13 不同漂白系统白度的发展

注 中浓漂白系统是效率最低的,MC/HC两段漂白系统是最有效的。

11.4.3.2 高浓漂白

因为机械浆漂到高白度的需要,20世纪80年代初开发了高浓漂白技术。在此系统中,漂白段是在30%～40%浓度下进行。专门的脱水设备,比如双网挤浆机、双辊挤浆机或螺旋挤浆机,用于纸浆脱水。在高浓漂白中,均匀混合和停留时间是必要的。因此,焦点是开发漂白化学品混合到高浓纸浆的混合器。图11－14和图11－15表示两种高浓混合器,图11－16表示高浓漂白塔的卸料系统。图11－17为中国某厂磨木浆高浓过氧化氢漂白流程简图。

漂白段后,即使在综合制浆造纸厂,通常也装有洗涤段,以防止COD和阴离子垃圾进入纸机中。这是必须的,因为现代造纸机很少用清水,和高白度结合(更多化学品),意味着溶解的物质能够达到干扰纸机运行及其稳定性的临界水平(见图11－18)。

图 11－14　高浓过氧化氢混合器

（由 Andritz 提供）

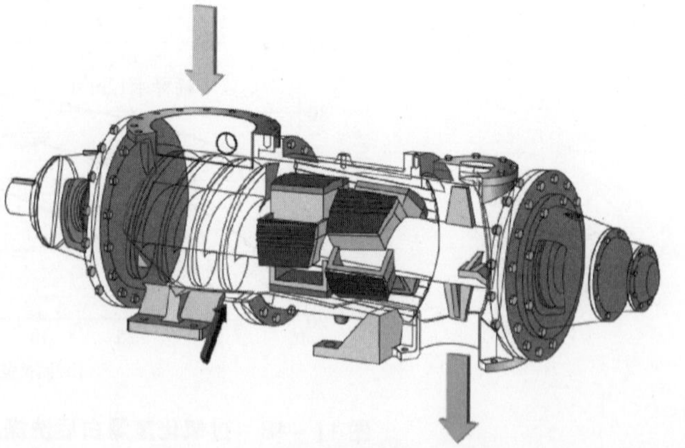

图 11－15　高浓过氧化氢混合器

（由 Metso 提供）

11.4.3.3　中高浓过氧化氢漂白

当用约 1% 的低用量过氧化氢漂白时，相对容易使用温度和时间的结合使大部分添加的过氧化氢消耗掉。但是，采用高过氧化氢用量时，在合理的停留时间后，仍有相当部分的过氧化氢残留在浆中。比如，当过氧化氢用量为 4%、30% ~40% 或更多的过氧化氢未反应而残留，在纸浆中是常见的。但是高过氧化氢用量作为漂白段动力是需要的。

因为进入纸机前需要进行洗涤，部分残余过氧化氢会在洗涤压榨中从漂白浆中除去并回用到预漂白或第一段漂白中（见图 11－19 和图 11－20）。中浓漂白前面装置一台额外的脱水压榨，高达 80% 的残余过氧化氢能被回用，而漂白浓度能维持在 10% 或更高。这种过氧化氢漂白系统叫作 MC－HC 系统并普遍用于 CTMP 漂白，结合浆料充分洗涤的需要，通常要求 CTMP 漂白达到最高白度。即使在生产 TMP 或 PGW 浆的综合性工厂，这个系统变得越来越有兴趣。

图 11－16　高浓漂白塔的卸料系统

（由 Andritz 提供）

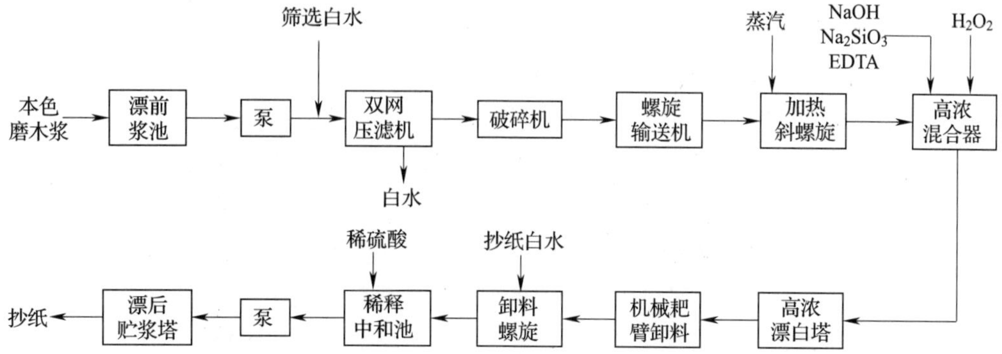

图 11－17　中国某厂磨木浆高浓过氧化氢漂白流程简图

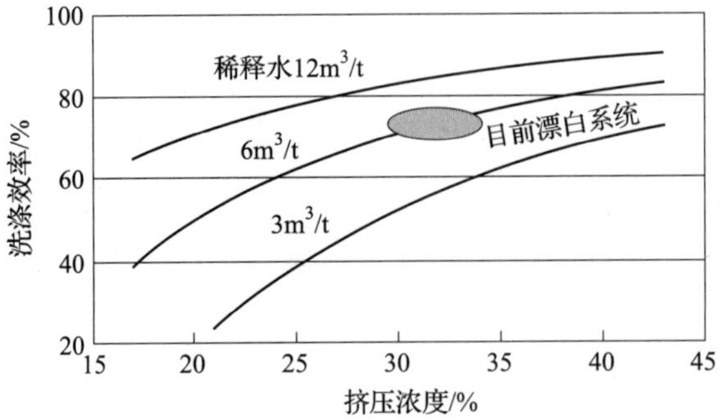

图 11－18　过氧化氢漂白后洗涤压榨的洗涤效率示例

注　用 $6m^3/t$ 洗涤水，卸料浓度 30%，能除去漂后高达 70% 的溶出物。

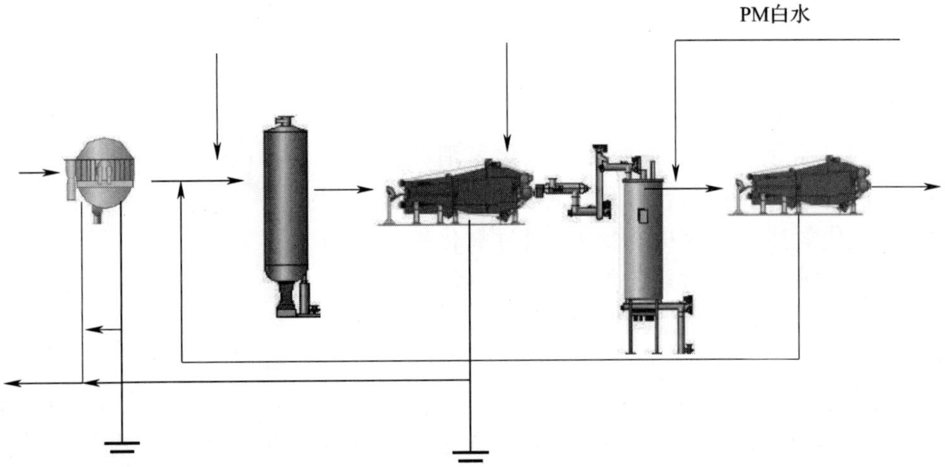

图 11－19　带有洗涤和过氧化氢循环的高浓过氧化氢漂白系统（由 Metso 提供）

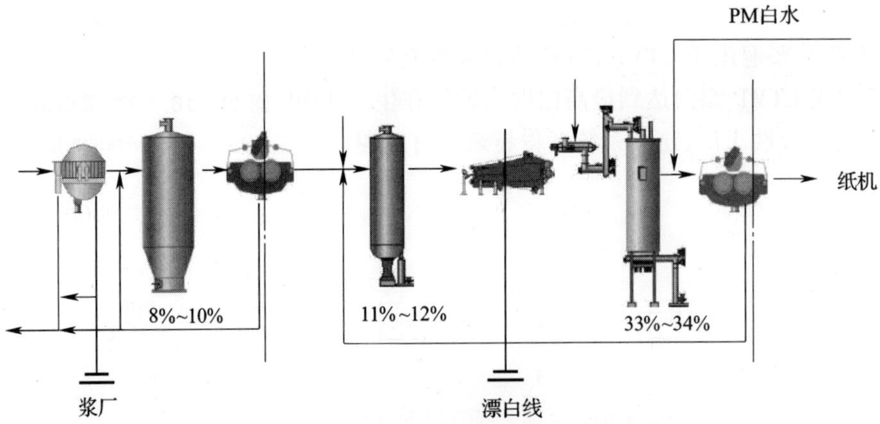

图 11－20　中浓＋高浓两段漂白系统示例

注　这种系统能回用高达 80% 的过氧化氢并维持纸机、漂白和浆厂封闭水回路（由 Metso 提供）。

11.4.3.4　盘磨机漂白

虽然高白度只能在漂白塔漂白中达到，如果不是极高的白度要求，其他的过氧化氢漂白方法也是适合的。一种方法就是磨浆机漂白，这种方法是把过氧化氢漂液加到 TMP 磨浆区。非常短的停留时间不能使白度增加到漂白塔达到的白度，但是可使白度提高约 10% ISO。

盘磨机漂白的一个优点是避免单独漂白车间的建设和运行成本的可能性。据称盘磨机漂白可以减少能耗和提高纸浆的强度性质。

11.4.3.5 闪急干燥器漂白

另一种由于投资成本低而具有吸引力的漂白方法是过氧化氢与商品浆和闪急干燥结合的漂白。过氧化氢漂白液喷洒进入闪急干燥器的纸浆中。干燥后，漂白反应在贮存浆捆中完成。在这个过程中，浆不能按普通的方法来酸化，所以，调节用碱量是重要的，使当过氧化氢已被消耗时，使纸浆变中性或微酸性以免碱发黑。

11.5 连二亚硫酸盐漂白

11.5.1 反应

连二亚硫酸盐(Y)漂白的活性化学品是连二亚硫酸钠。

连二亚硫酸钠可以以几种方式运送到造纸厂。可以是液体也可能是粉末。当连二亚硫酸钠粉末供货给造纸厂时，产品贮存于贮仓中。粉末通过漏斗落到溶解槽中，和水混合，然后直接加到浆料中。

然而，一种普通方法是从含有硼氢化钠和氢氧化钠的商品溶液中现场生产连二亚硫酸钠。这种高碱性的溶液(pH14)通常含有 12% 的硼氢化钠，40% 的氢氧化钠和 48% 的水($NaOH$ 与 $NaBH_4$的摩尔比为 3.2∶1.0)。当制连二亚硫酸钠时，需要添加更多的氢氧化钠、二氧化硫或亚硫酸氢钠。然后亚硫酸氢钠被硼氢化钠还原，一个原子的硼氢化钠还原八个硫原子。作为副产品形成的硼酸钠有缓冲的作用，能提高连二亚硫酸的稳定性。但是，硼酸钠不具有任何漂白作用。采用 SO_2的完全反应如下：

$$(NaBH_4+3.2NaOH)+4.8NaOH+8SO_2 \longrightarrow 4Na_2S_2O_4+NaBO_2+6H_2O \quad (11-11)$$

如果有亚硫酸氢钠可用，能用于现场生产连二亚硫酸钠。添加硫酸中和硼氢化钠溶液中过多的碱。

$$(NaBH_4+3.2NaOH)+8NaHSO_3+1.6H_2SO_4 \longrightarrow 4Na_2S_2O_4+NaBO_2+6H_2O \quad (11-12)$$

在基于二氧化硫现场生产连二亚硫酸钠的方法中，氢氧化钠液体、二氧化硫和水与商品碱性硼氢化钠混合并进到反应器。从反应槽，化学品混合物向前输送，用水稀释，用氢氧化钠调节 pH 至 9～10 使产生的连二亚硫酸钠稳定，然后泵入浆中。连二亚硫酸钠的生产过程包括化学品混合物的冷却，因为反应是一个放热反应。

泵入纸浆悬浮液的化学品混合物包含 5%～10% 的连二亚硫酸钠，小于 1% 的硼酸钠和水。

现场制备连二亚硫酸钠的化学品转化效率(得率)为 90% 或稍高，根据装置而定。1t100% 现场制备的连二亚硫酸钠大约消耗 0.5t 商品硼氢化钠，0.35～0.6t100% 氢氧化钠和 0.85t 二氧化硫。

另一种生产连二亚硫酸钠的方法是加碱到硼氢化钠产品和亚硫酸氢钠通过混合器或泵，如中浓泵直接加入浆中。漂白反应的效率和连二亚硫酸钠相当。然而，目前机械浆漂白使用此方法的经验是有限的。在脱墨浆漂白和有色物质去除时，加到硼氢化钠溶液的亚硫酸氢钠用量高 3～5 倍。

在水溶液中，连二亚硫酸钠能以多种形式水解[13]：

$$S_2O_4^{2-} + 2H_2O \longrightarrow 2HSO_3^- + 2H^+ + 2e^- \tag{11-13}$$

$$S_2O_4^{2-} + 2H_2O \longrightarrow S_2O_6^{2-} + 4H^+ + 4e^- \tag{11-14}$$

$$S_2O_4^{2-} + 3H_2O \longrightarrow HSO_3^- + HSO_4^- + 4H^+ + 4e^- \tag{11-15}$$

$$S_2O_4^{2-} + 4H_2O \longrightarrow 2HSO_3^- + 6H^+ + 6e^- \tag{11-16}$$

$$2S_2O_4^{2-} + 2H_2O \longrightarrow S_2O_3^{2-} + 2HSO_3^- \tag{11-17}$$

$$S_2O_4^{2-} + H_2O + O_2 \longrightarrow HSO_3^- + HSO_4^- \tag{11-18}$$

反应式(11－13)至(11－16)所示的反应以还原的方式作用，因而是有效漂白反应。在连二亚硫酸钠漂白中，认为活性基团是还原性的二氧化硫自由基离子。总的漂白反应是反应式(11－13)。

pH的降低加速如反应11－17所示的不希望的分解反应。在pH4.0～4.5时，已看到分解，pH为4时分解快。这可以通过适当调节pH来避免。空气的存在导致分解反应和漂白效率下降，如反应(11－18)所示。过渡金属离子也可以使连二亚硫酸钠分解成为亚硫酸氢钠。

连二亚硫酸盐与机械浆中木素发色基团的反应的研究不如过氧化氢的反应那样透彻。然而，连二亚硫酸盐的漂白作用通常认为是由于：

① 醌基还原为对苯二酚；

② α－羰基的还原；

③ 松柏醛基的还原；

④ 有色的Fe^{3+}氧化还原为颜色较浅的Fe^{2+}使颜色减少。

二氧化硫自由基还原有色醌类结构为无色的氢醌结构，还原松柏醛单元为相应的无色结构。漂白中形成的亚硫酸氢钠也能与松柏醛结构的侧链反应，比如α不饱和醛，转化有色结构为无色结构。

11.5.2 过程参数

11.5.2.1 连二亚硫酸钠用量

最重要的参数当然是连二亚硫酸盐用量。通常用量为0.5%～1.0%(对浆)。在连二亚硫酸盐漂白中，增加用量白度增值会有一最高值。一段中连二亚硫酸盐用量大于1.0%对白度的影响是有限的(见图11－21)。在最优条件下，一个连二亚硫酸盐漂段白度能提高12% ISO。

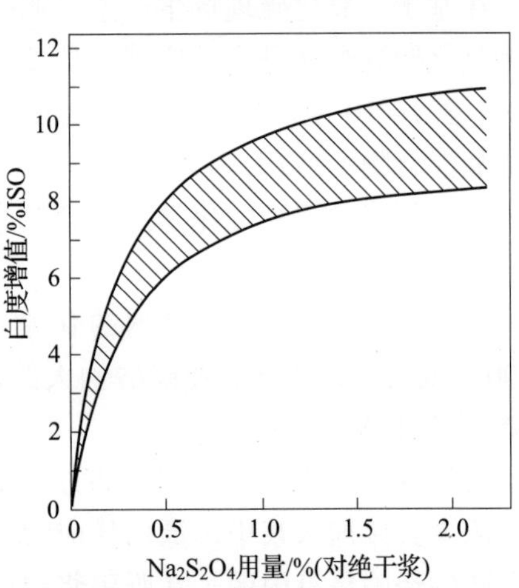

图11－21 连二亚硫酸盐漂白中白度的增加

11.5.2.2 螯合剂

浆中的铁和锰等过渡金属离子会降低漂白效果，因为它们能够催化连二亚硫酸盐的分解反应。氧化态的过渡金属离子能被连二亚硫酸盐还原为较低价态，从而造成连二亚硫酸盐的损失。

还原的发色基团能被过渡金属离子活化而再氧化，导致连二亚硫酸盐漂白浆的白度返黄。

绝大多数商品级连二亚硫酸盐混合物含有足够的螯合剂以控制少量金属离子的阻滞作用。如果浆中金属离子浓度高，需要添加额外的螯合剂。

因为弱酸或中性水平和还原性条件，螯合剂很容易与过渡金属离子形成络合物。这与高 pH 下氧化性的碱性过氧化氢漂白是相反的,过氧化氢漂白需要硅酸钠之类的稳定剂以钝化过渡金属离子的活性。

工业上连二亚硫酸盐漂白中使用的钝化金属离子的螯合剂包括 EDTA、DTPA 和生物可降解的亚氨基二丁二酸(ISA)(也叫做 IDS,亚氨基二丁二酸酯)。

11.5.2.3 浆料 pH

连二亚硫酸盐漂白最优的 pH 范围是 4.5 ~ 6.5。漂白要在中性或弱碱性条件下进行,但与 pH 5.0 ~ 6.5 的漂白相比,达到相同目标白度需要稍多的连二亚硫酸盐用量。除此之外,pH 较高时,容易发生漂白浆变黑。当 pH 小于 4,连二亚硫酸盐不稳定,导致化学品的分解和损失。由于酸性化合物的形成,连二亚硫酸盐漂白中 pH 会降低 0.3 ~ 1.0。通过添加 pH 缓冲剂比如碳酸钠可以控制 pH。回水循环到连二亚硫酸盐漂白也许有缓冲作用,尤其是在中性制浆和造纸时。

11.5.2.4 浓度

许多连二亚硫酸盐漂白的应用采用低浓度。较少的连二亚硫酸盐用量可以把浆漂白到目标白度,不需要现有的制浆造纸低浓部分的投资。低浓对避免空气进入浆中也是有帮助的。漂白系统中空气(即氧)会分解连二亚硫酸盐。氧气也会和已被还原的发色基团发生反应,使其重新氧化为发色物质。当浆浓为 3% ~5% 时对白度的影响最小。

新设备,如中浓混合器,使得有可能在浆浓 8% ~12% 下进行连二亚硫酸盐漂白。中浓漂白可以提高 1 ~2 个白度单位。它也减小了漂白塔的大小。因为过程用水减少了,中浓连二亚硫酸盐漂白中过渡金属离子之类的潜在杂质也会减少。

11.5.2.5 温度

连二亚硫酸盐漂白的最优温度受到很多因素的影响。一般,温度升高会加快漂白反应,但是也会造成白度返黄。通常最优温度为 50 ~ 70℃。在 80℃时,可能达到白度最高值,但是最优 pH 范围比较窄(5.5 ~ 6.5)。pH 在此范围之外,白度的增加迅速减少。

11.5.2.6 停留时间

停留时间不是连二亚硫酸盐漂白的关键。连二亚硫酸盐用量为 1% 时,绝大部分漂白发生在 10 ~ 20min 内。当连二亚硫酸盐用量较高时,通常采用较长的停留时间(30 ~ 60min)以充分利用漂白作用。

常用的连二亚硫酸盐漂白条件如下:

连二亚硫酸盐用量:0.1% ~1%

螯合剂:金属离子含量高时加入

浆 pH:5.0 ~ 6.5

浆浓:3% ~5% (8% ~12%)

温度:50 ~ 70℃

停留时间:30 ~ 60min

11.5.3 漂白车间设计和操作

11.5.3.1 漂白塔漂白

连二亚硫酸盐漂白通常在漂白塔中进行。设计的设备要尽量防止浆与空气的接触以免有害的氧化。漂白液在加入浆之前,需要对其进行监测,混合与停留期间要跟踪纸浆的性质。连二亚硫酸盐漂白塔通常是升流式的,浆以塞流通过漂白塔。图 11 - 22 是连二亚硫酸盐漂白系统的典型布置。

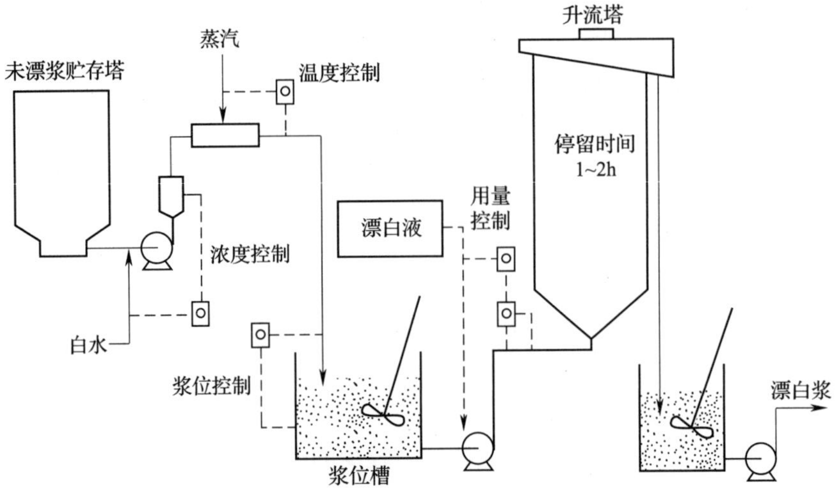

图 11-22　连二亚硫酸盐漂白塔漂白的典型布置

在连二亚硫酸盐漂白段,因为化学药品用量相对低和溶解的纤维原料数量有限,漂白后浆料不需要洗涤。

11.5.3.2　过氧化氢-连二亚硫酸盐两段漂白

连二亚硫酸盐和过氧化氢的漂白作用是部分相加的。当要达到高白度水平时,可以用这些药品进行程序漂白。两段漂白(P-Y)包含以下步骤(见图 11-23):

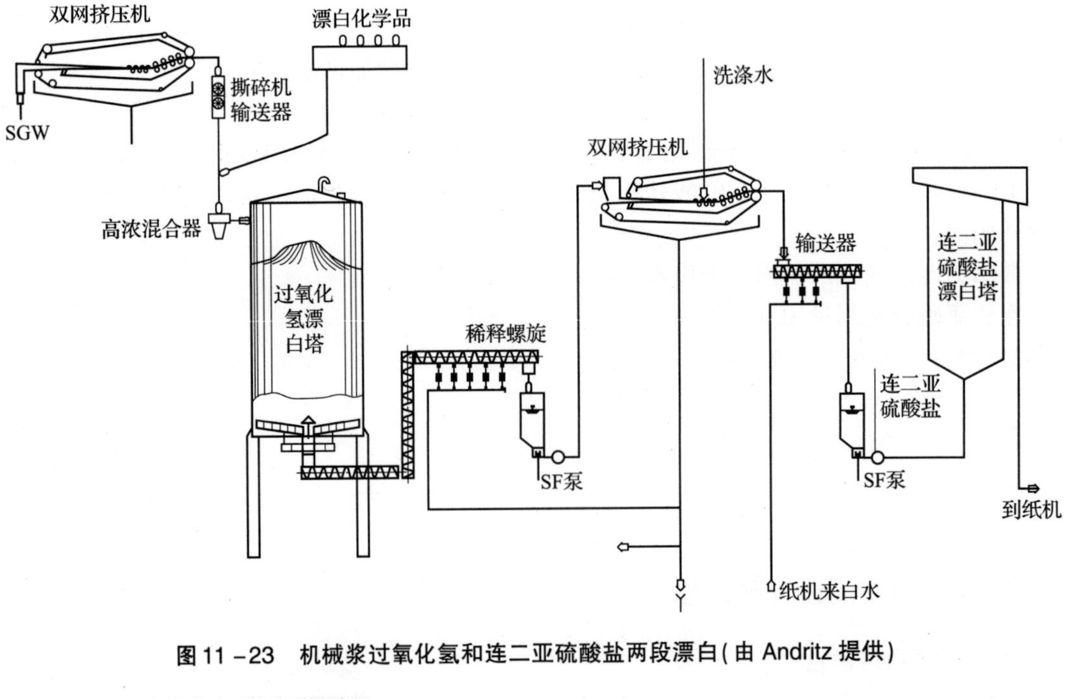

图 11-23　机械浆过氧化氢和连二亚硫酸盐两段漂白(由 Andritz 提供)

—一个过氧化氢漂白塔漂段

—残余过氧化氢(洗涤压榨滤液)循环

—添加连二亚硫酸盐之前,洗涤压榨后浆中残余的过氧化氢通过添加还原性的二氧化硫或亚硫酸氢钠来破坏

——一个连二亚硫酸盐漂白塔漂段

过氧化氢和连二亚硫酸盐两段漂白可以增加白度 15～20 个单位。如果要达到更高的白度增值，则可考虑 $P_{MC} - P_{HC} - Y$ 三段漂白（图 11－24）[21]。

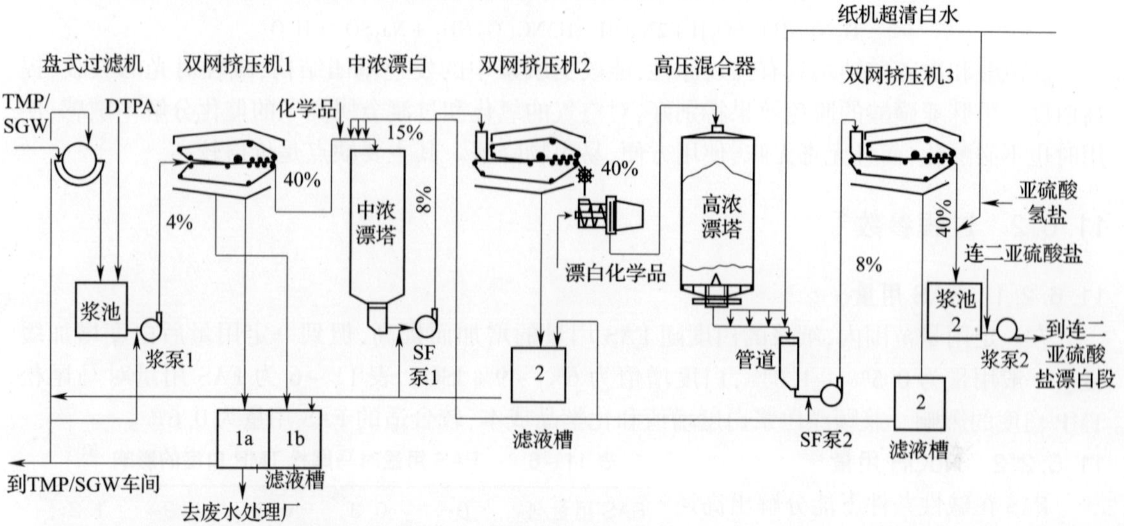

图 11－24　机械浆中浓过氧化氢－高浓过氧化氢－中浓连二亚硫酸盐三段漂[21]

11.5.3.3　浆池漂白

在漂白停留阶段，浆池可以代替漂白塔用作贮存浆。在浆池漂白中，不可能和漂白塔一样有效控制停留时间。浆也会比塔中更多地暴露在空气里。因此，浆池漂白的白度增值略低。

漂白浆贮存池也可以用于 P－Y 两段漂系统，在纸浆进入浆池时添加少量的连二亚硫酸盐。

11.5.3.4　盘磨机和磨木机漂白

盘磨机机械制浆中，一种选择方案是在盘磨机中进行连二亚硫酸盐漂白，这种漂白相对简单就能完成。所需要的是漂液线用适当的控制阀控制盘磨机稀释水线。

在磨木过程中，连二亚硫酸盐也可以加到喷水中，这样可以增加纸浆白度约 5% ISO[22]。

盘磨机漂白和磨木机漂白也可与塔中连二亚硫酸盐漂白结合起来。与单独使用漂白塔相比，这种系统既可得到较高的白度，也可用较少的化学品达到要求的白度。两段漂中，目标白度更容易控制。在连二亚硫酸盐总用量为 1.3%～1.4% 时，两段漂白最大白度增值是 12%～14% ISO。

通过添加如 EDTA 的螯合剂抑制过渡金属离子的活性，连二亚硫酸盐漂白和白度稳定性会得到改善。EDTA 螯合的过渡金属离子被除去到盘磨机漂白废液中。

如果连二亚硫酸盐盘磨机漂白后是过氧化氢漂白，要避免残余过氧化氢滤液循环到盘磨机。

11.6　甲脒亚磺酸漂白

11.6.1　甲脒亚磺酸的性质与漂白原理

甲脒亚磺酸（Formamidine sulphinic acid，简称 FAS），也称二氧化硫脲，分子式为

$H_2N(NH)CSO_2H$。FAS 是一种还原剂，对机械浆具有与连二亚硫酸钠相同的漂白作用[23]。FAS 为白色针状晶体，易溶于水，新配制的水溶液接近中性，但放置一段时间后酸度增加。FAS 在碱性溶液中生成次硫酸和次硫酸钠。

$$H_2N(NH)CSO_2H + H_2O \rightarrow H_2NC(O)NH_2 + H_2SO_2$$

$$H_2N(NH)CSO_2H + 2NaOH \rightarrow H2NC(O)NH_2 + Na_2SO_2 + H_2O$$

次硫酸和次硫酸钠均具有强还原性，能改变纸浆中的发色基团结构，减轻对光的吸收，提高白度。甲脒亚磺酸的脱色效果特别好，对空气的氧化和过渡金属离子的催化分解不敏感，使用时也不必酸化，而且无毒无味，使用方便，易生物降解。其主要缺点是价格较高。

11.6.2 过程参数

11.6.2.1 FAS 用量

在一定用量范围内，纸浆的白度随 FAS 用量的增加而提高，但到一定用量后白度增加缓慢。一般用量为 0.5% ~1.0%，白度增值为 6% ~9% ISO。表 11 -6 为 FAS 用量对马尾松 TMP 白度的影响。兼顾漂白浆白度增值和化学品成本，较合适的 FAS 用量为 0.6%。

11.6.2.2 NaOH 用量

FAS 在碱性条件下能分解出高还原能力的次硫酸和次硫酸盐，所以用碱量对漂白效果有很大的影响。马尾松 TMP 和杉木 CTMP 的 FAS 漂白实验结果表明，较合适的 NaOH 与 FAS 用量比为 0.5。

表 11 -6 FAS 用量对马尾松 TMP 白度的影响[24]

FAS 用量/%	0	0.3	0.6	0.9	1.2
白度/%ISO	44.82	48.55	52.79	54.48	54.98
白度增值/△%ISO		3.73	7.97	9.66	10.16

11.6.2.3 漂白温度

升高温度可以加速 FAS 漂白进程，缩短反应时间。温度过低，FAS 的反应速率低，在一定的漂白时间内白度提高不大；但过高的温度会造成浆料返黄。所以 FAS 的漂白温度一般为 70 ~80℃。

11.6.2.4 漂白时间

温度越高，漂白反应速度越快，漂白时间可以缩短。因漂白温度一般为 70 ~80℃，故漂白时间多为 30 ~60min。

11.6.2.5 漂白浆浓

FAS 用量一定时，浆液中 FAS 的浓度随浆浓的提高而增加，反应速度加快，且蒸汽消耗降低。因此，一般采用 8% ~14% 的中浓漂白。

11.6.3 FAS 漂白方法

11.6.3.1 FAS 单段漂白

中国广西某厂进行了马尾松磨石磨木浆（SGW）FAS 漂白的生产试验，未漂 SGW 白度约为 46% ISO，采用 0.6% ~1.0% 的 FAS，限于实际条件和生产设备，试验在较低的浆浓（4% 左右）和温度（60℃左右）条件下进行，结果如表 11 -7 所示。表中结果表明，0.8% 的 FAS 与 2% $Na_2S_2O_4$具有相同的漂白效果，FAS 是一种有效且有竞争力的还原性漂白剂。

11.6.3.2 H_2O_2与 FAS 的组合漂白

马尾松 SGW FAS 单段漂白（用 F 表示）、H_2O_2 - FAS（P - F）两段漂白以及 FAS - H_2O_2

(F-P)两段漂白的结果汇于表 11-8。从表 11-8 可见,FAS 单段漂及其与 H_2O_2 组合的两段漂白,漂白浆的白度提高,明度指数(L^*)增大,色度指数(a^*、b^*)降低,即使打浆度较低,强度仍有所改善。P-F 漂白浆比 F-P 漂白浆白度高 2.14% ISO,撕裂指数和耐破指数也较高。这是因为氧化性漂白剂 H_2O_2 既有漂白作用,又有脱木素作用,部分木素被氧化生成有色基团,这些有色基团在其后 FAS 漂白时被还原,故P-F两段漂比 F-P 两段漂的漂白效果好。

表 11-7　马尾松 SGW 单段 FAS 漂白结果[25]

漂白剂	FAS	FAS	FAS	$Na_2S_2O_4$
用量/%	0.6	0.8	1.0	2.0
初 pH	7.7	7.9	8.3	6.2
终 pH	6.6	6.7	6.9	5.4
原浆白度/%ISO	46.0	46.5	46.2	46.5
漂后白度/%ISO	52.2	54.0	55.0	53.7
白度增值/△%ISO	6.2	7.5	8.8	7.2
色度(b^*值)	13.3	12.8	11.7	12.9

表 11-8　F、P-F 及 F-P 漂白结果*[26]

浆样	白度/%ISO	L^*	a^*	b^*	打浆度/°SR	抗张指数/(N·m/g)	撕裂指数/(mN·m²/g)	耐破指数/(kPa·m²/g)
原浆	44.82	82.55	-0.55	17.71	53	13.9	6.29	0.766
F 漂白浆	52.79	86.27	-1.53	14.82	50	17.4	7.21	0.791
P-F 漂白浆	62.88	91.21	-2.87	14.62	47	19.3	8.34	0.849
F-P 漂白浆	60.74	90.70	-2.93	15.69	45	19.4	8.26	0.732

注　* F:浆浓 10%,FAS 用量 0.6%,NaOH 用量 0.3%,70℃、60min;

P:浆浓 10%,H_2O_2用量 2%,NaOH 用量 0.6%,Na_2SiO_3用量 3%,$MgSO_4$用量 0.05%,DTPA 用量 0.2%,70℃,120min。

杉木 CTMP 采用 H_2O_2与 FAS 的组合漂白结果列于表 11-9。与两段H_2O_2漂白相比,FAS 与 H_2O_2结合的两段漂白可以把浆料漂白至更高的白度。还原型 FAS 漂白置于 H_2O_2漂白之后比置于 H_2O_2漂白之前可获得更好的漂白效果,相同漂白剂用量白度可提高 1% ~2% ISO。以 FAS 为终段漂剂的三段漂白(PPF),可改变浆料的色相,实现较大的白度增值,白度达到 82.8% ISO。与未漂白浆相比,漂白浆强度提高。终段使用 FAS 漂白残液的污染负荷和色度均较低。

表 11-9　FAS 作为终段漂剂的白度及颜色[27]

漂白方法	白度/%	L^*值	a^*值	b^*值	C^*_{ab}
PP(6/2)	77.6	94.8	-0.3	7.8	7.8
PF(6/2)	81.1	95.7	-0.7	6.5	6.6
PPP(2/6/2)	78.3	95.1	-0.6	7.7	7.7
PPF(2/6/2)	82.8	95.6	-0.5	5.7	5.7

注　漂白方法中括号内数字为各段漂剂用量,均为相对于绝干浆质量,下同。

色饱和度 $C^*_{ab}=\sqrt{(a^*)^2+(b^*)^2}$

11.7　其他漂白化学品

11.7.1　潜在的漂白化学品

除了过氧化氢、连二亚硫酸钠和甲脒亚磺酸,其他许多氧化或还原的化学品已被评价用于机械浆漂白。已建议臭氧和过氧乙酸作为氧化性化学品[28-29]。

在酸性条件下,臭氧和过氧乙酸都是强亲电性氧化剂,与碱性过氧化氢相反,即过氢氧根阴离子是亲核剂。用臭氧和过氧乙酸预处理木片或磨浆,可以使抽出物水溶性增加,浆中抽出物含量降低。然而,这些亲电化学品的使用仅产生有限的白度增值,所以不能作为单段过氧化氢或连二亚硫酸盐漂白的替代方案[30]。

在碱性条件下,过氧乙酸的稳定性受损。过氧乙酸的平衡溶液中也含有过氧化氢,过氧化氢在碱性条件下形成过氢氧根阴离子,起着过氧化氢漂白剂的作用。

多种氧化性的过酸产品可以使白度有所提高,但过氧化氢是最简单的化合物,且提供最优的成本有效性,尤其是需要达到高白度时。

已发现硼氢化钠是机械浆有效的还原性漂剂。但是,硼氢化钠以碱性硼氢化盐的形式用于现场制备连二亚硫酸钠。其他重要的还原性化学品有亚硫酸氢盐。

11.7.2 亚硫酸氢钠

亚硫酸氢钠漂白机械浆是一种老方法,但应用并不广泛。亚硫酸氢盐的漂白作用是基于图 11-25(a)所示类型的还原反应。亚硫酸氢盐也能与共轭羰基反应生成磺酸,见图 11-25(b)。

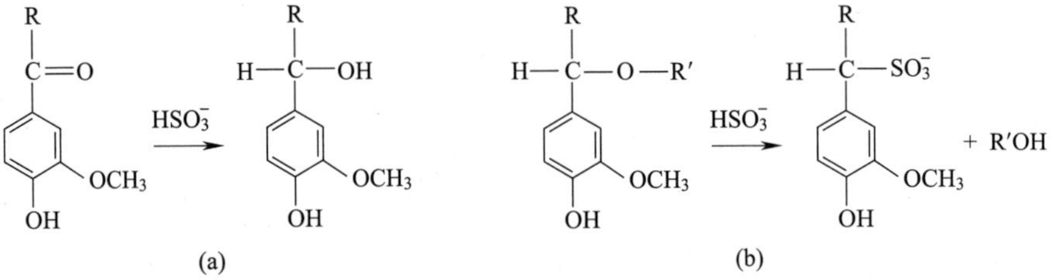

图 11-25 亚硫酸盐漂白的还原反应

用量 1% 的亚硫酸氢盐漂白的白度最大增值为 3% ~4% ISO。如果要使白度增加 6% ~7% ISO,就需要增加亚硫酸氢钠用量,但是对机械浆漂白来说这不是经济的选择。

生产化机浆时,亚硫酸氢钠也可用作预处理化学品。在这种情况下,如图 11-25 所示的这种反应在预处理阶段已能破坏发色基团,减少浆的光吸收系数。即使光散射系数有很少的减少,引起的光吸收能力的减少也能提高白度 3% ~4% ISO。

11.8 返黄

11.8.1 概述

虽然与未漂白硫酸盐浆相比,机械浆相对较白,且能够进一步用氧化剂和还原剂漂白,但是它有个很严重的缺点:老化时它相对容易返黄,其原因是机械浆漂白中木素没有去除。

磨木浆、热磨机械浆和化学热磨机械浆的白度下降幅度是一样的。漂白不能消除返黄的趋势,事实上漂白浆的返黄更严重(见图 11-26)。

返黄受到贮存条件(如温度、相对湿度和辐射)的影响。根据条件的不同,各种机理可归因于浆中发色基团的形成。返黄通常按下面两种方法分类:

① 纸张长时间贮存引起的热诱导返黄;

② 日光照射引起的光诱导返黄。

光照和加热都会引起纸浆的返黄,而高得率浆的光诱导返黄比热诱导返黄更为重要。高得率浆热或光诱导返黄是由木素结构中新的发色基团形成引起的。

含高得率浆多的纸张在温暖潮湿的环境中贮存,会产生热诱导近黄,其可能的机理是纸浆木素中的邻苯二酚结构热氧化成为有色的苯醌结构,图 11-27 为亚硫酸盐处理时形成的邻苯二酚结构,再氧化成为邻醌结构的可能程序。连二亚硫酸盐漂白机械浆时醌还原生成的氢醌,热诱导氧化成为醌,而 H_2O_2 漂白机械浆时,醌被氧化成为羧酸和内酯。因此,连二亚硫酸盐漂白的机械浆的返黄程度比 H_2O_2 漂白的大。也有学者认为,高得率浆热诱导返黄也是游离基引发的链反应机理,但热诱导返黄程度较光诱导返黄轻微得多。

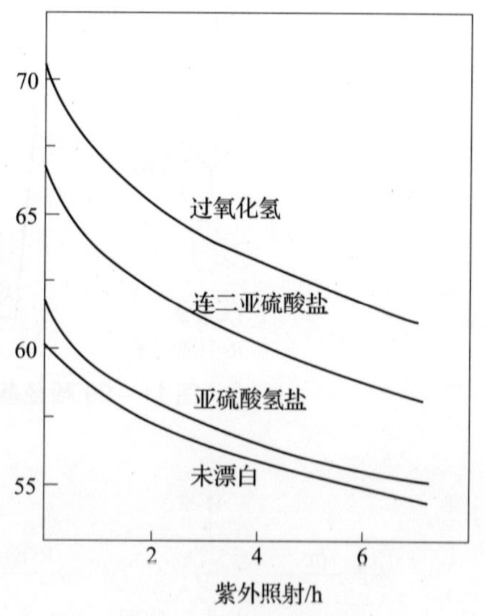

图 11-26 不同漂白浆返黄与紫外照射的函数关系

在光照、氧或过渡金属离子存在的条件下,机械浆和化学机械浆氧化产生各种游离基,包括氢氧游离基、烷氧游离基、苯氧游离基、过氧游离基,如图 11-28 各反应式所示(式中,$h\nu$ 为光照射放出的能量,M 表示过渡金属)。

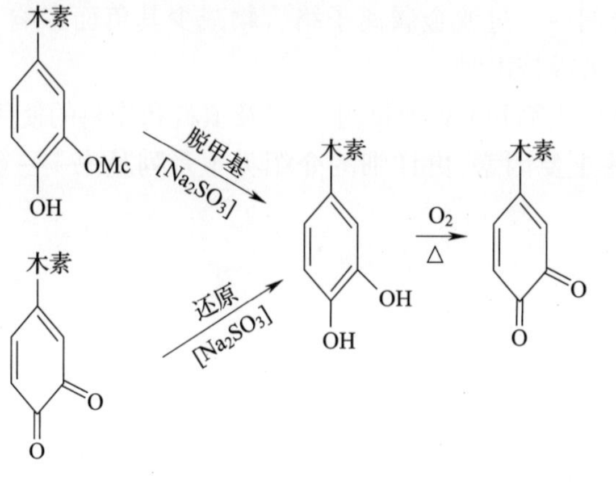

图 11-27 邻苯二酚结构氧化成为邻醌结构的反应

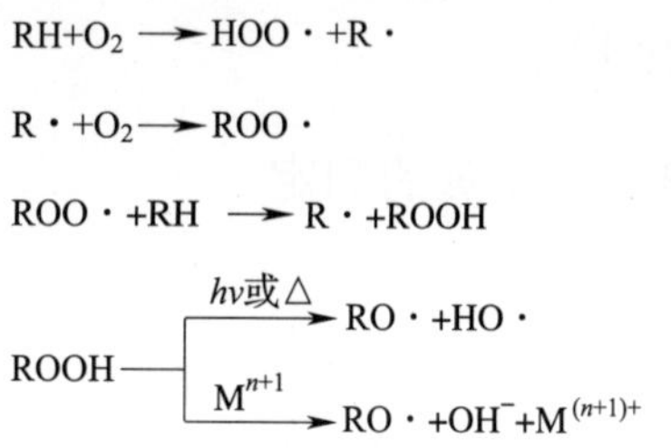

图 11-28 光氧化产生各种游离基的反应

木素中的酚羟基通过吸收紫外光或游离基作用,或者说通过直接或间接的光诱导均裂产生酚氧游离基(见图 11-29):

酚氧游离基被过氧游离基(ROO·)氧化成为有色的邻醌结构,反应式如图 11-30 所示。

铜、锰和铁等过渡金属离子可以间接或直接产生颜色,因而导致纸浆和纸的返黄。尤其是铁和锰是木材原料和生水中普遍存在的过渡金属离子。通过不同的机理如离子交换、物理吸附、形成金属络合物等,这些金属离子与浆结合。在氧气和水存在时,铁、锰能通过芬顿反应生成羟基自由基。羟基自由基能进一步与木素中酚结构反应,经过自由基中间反应导致有色醌结构的生成[31]。

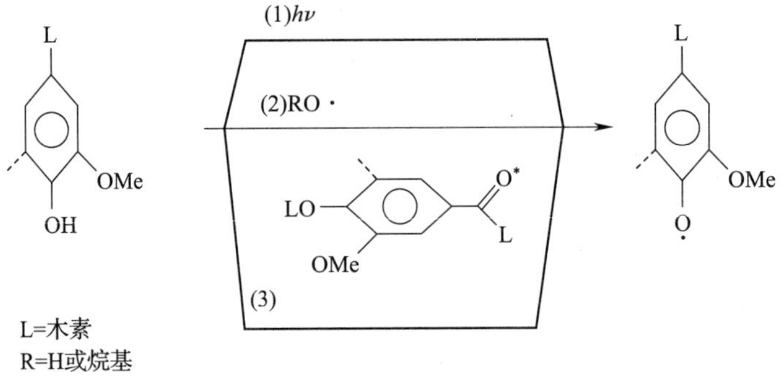

图 11-29 酚羟基直接光诱导均裂产生酚氧游离基的反应

(*表示光激发结构)

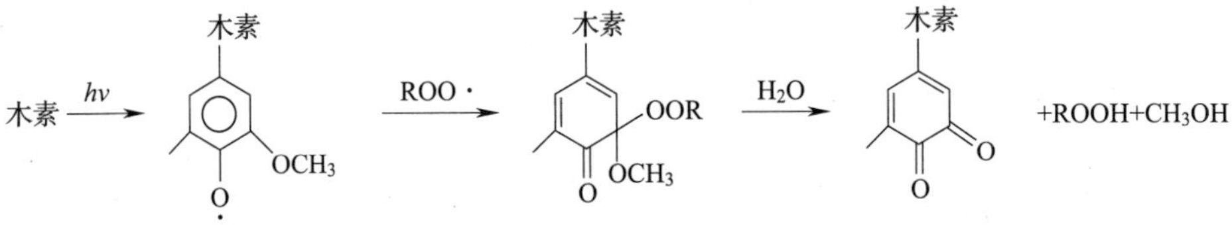

图 11-30 酚氧游离基氧化成邻醌结构的反应

连二亚硫酸钠漂白的机械浆比相应的过氧化氢漂白机械浆更容易返黄。连二亚硫酸钠还原的无色氢醌容易再氧化为有色的醌结构。在造纸机中,氢醌能形成有色的氢醌-金属离子络合物[32]。

浆中的铁也能直接影响纤维或纸页返黄。在氧气、水和加热的条件下,Fe^{2+} 可以转化为颜色更深的 Fe^{3+}。

添加螯合剂到过程水中形成水溶的螯合剂——过渡金属离子络合物减少其负面影响,特别是螯合剂——金属离子络合物从纤维中洗去或挤出时。

抑制机械浆返黄的潜在方法包括游离基捕集剂和 UV 吸收剂[33]以及填料和涂料的使用。

下面讨论返黄的测定和影响返黄的一些主要因素,更详细的介绍见本系列丛书——《林产品化学》。

11.8.2 返黄的测定

返黄值的测定是基于白度的测定。表示返黄大小的最简单方法是报告白度降低(白度单位% ISO),此方法在造纸厂条件下可能是一个可用的方法。然而,此方法不适合科学研究,因为白度降低不是直接与光吸收能力变化成比例的,如表 11-10 所示。

表 11-10 增加光吸收系数 $2m^2/kg$ 的老化处理对不同白度水平白度降低的影响

(假定光散射系数为 $65m^2/kg$)

老化前白度/%ISO	老化前光吸收系数/(m^2/kg)	老化对光吸收系数的假定影响/(m^2/kg)	老化后白度/%ISO	白度降低/%ISO	返黄值
80	1.6	1.6+2=3.6	71.7	8.3	3.1
70	4.2	4.2+2=6.2	64.9	5.1	3.1
60	8.7	8.7+2=10.7	56.8	3.2	3.1

如果假设老化时光散射系数不变,k/s 值变化直接和光吸收系数 k 成比例。k/s 值比光吸收系数容易测定,因为它可以直接由白度值按照 K－M 方程[1]来计算:

$$k/s = (1 - R_\infty)^2/2R_\infty \tag{11-19}$$

基于这个事实,Giertz[34]建议用 PC 值(返黄值)表示白度返黄的大小:

$$PC\ \text{number} = 100 \times [(k/s)_a - (k/s)_b] \tag{11-20}$$

其中,$(k/s)_a$和$(k/s)_b$代表返黄前(b)、后(a)的 k/s 值。

纸浆的返黄,尤其是不暴露于光下面时,是一个相对慢的过程。因此,已经开发了各种加速老化处理使得有可能预示纸浆返黄倾向。有些方法是基于在高温下贮存,有些情况下也在特定的湿度下。已提出很多不同的条件[21]。在 105℃(ISO 标准 5630/1 和 Tappi Useful method 200)干热处理是一种通用的方法。其他方法可能需要不同的温度(ISO5630/4)或在特定相对湿度下的湿热处理(ISO5630/2 和 ISO5630/3)。

除了 ISO 白度,也使用 CIE 坐标 b^*(黄－蓝色调)和 CIE 白度。

已提出不同的方法用于加速光诱导老化。这些方法大都基于富紫外光照射。纸页可以通过各种玻璃过滤器用紫外光照射,比如窗户玻璃过滤器。

11.8.3 热返黄

热返黄是在湿热黑暗条件下贮存造成的。木材种类对白度返黄有重要的影响,部分地归因于抽出物组成的不同(见图 11－31)[35]。制浆方法也会对纸浆返黄产生影响。化机浆比机械浆更容易返黄。浆的性质像 pH 和 Fe^{2+} 含量也会影响热返黄。

漂白对热返黄有重要的影响。与未漂浆相比,过氧化氢和连二亚硫酸钠漂白都引起返黄值增加[36]。如过氧化氢的氧化性漂白剂漂白的纸浆的返黄趋势明显小于用还原性漂白剂漂白的纸浆。在某些情况下,过氧化氢漂白甚至可以减少 PC[37]。原因是还原性漂白剂通过还原有色基团为无色基团使机械浆变白。在贮存过程中,这些还原性基团有可能被再氧化为有色结构。相反,过氧化氢的漂白反应是不可逆的(参见图 11－5)。

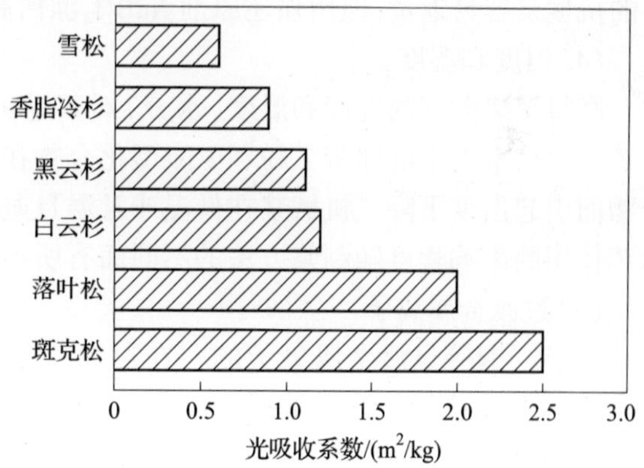

图 11－31 各种加拿大针叶木生产的机械浆的热返黄(100℃,0% RH)[35]

11.8.4 光诱导返黄

光诱导返黄是纸和纸板中木素引起的表面现象。它能减少机械浆和化机浆的白度 20～30 个单位,这归因于由紫外照射引发的氧化反应。返黄的发生必须有氧气的存在,因为氧气参加了变色反应。另一方面,与热返黄相比,光诱导返黄较少依赖于纸浆的水分和 pH。

还原性漂白会增加光诱导返黄[36],氧化性漂白的影响没那么明显。研究表明,磨石磨木浆和化机浆的过氧化氢漂白明显增加以白度下降表示的返黄,但对 PC 值的影响有限(见图 11－32)[38]。

11.8.5 高得率浆返黄的影响因素[39]

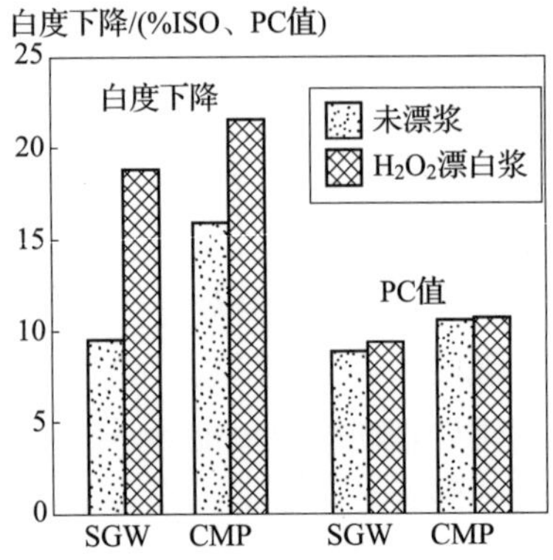

图 11-32 过氧化氢漂白对磨木浆和化机浆光诱导返黄的影响

(1)材种和材质

不同树种的纤维原料化学成分不同,相同制浆方法制备的高得率浆的白度稳定性存在不同程度的差异,即使同一树种不同部位原料制得的高得率浆,其返黄值也有所不同。针叶木机械浆中,雪松机械浆的热稳定性最好,香脂冷杉和云杉次之,落叶松和短叶松最差。桦木和杨木机械浆的热稳定性相近,并与云杉相当。短叶松芯材机械浆的返黄比其边材严重。树脂含量高的材种的机械浆热稳定性较差。树皮的带入也会降低机械浆的白度稳定性。

(2)制浆方法

同种原料、不同制浆方法制得的高得率浆的白度稳定性存在差异。在室温下放置,TMP 的返黄比 SGW 快。用亚硫酸钠预处理的 CTMP 比 TMP 容易返黄。研究发现,在给定的光吸收系数时,化学机械浆比机械浆返黄程度大,这可能是化学机械浆木素中的酚羟基含量高于机械浆,而酚羟基容易被氧化生成邻醌等发色结构。

(3)漂白方法

高得率浆通常采用保留木素式的漂白,不管是连二亚硫酸钠的还原性漂白,还是过氧化氢的氧化性漂白,漂白浆的返黄均高于未漂浆。用连二亚硫酸钠漂白的机械浆比用过氧化氢漂白的机械浆容易返黄,但用强还原剂 $NaBH_4$ 漂白高得率浆,能显著提高其白度稳定性。

(4)温度和湿度

高得率浆贮存的温度和湿度(水分)对其返黄有较大的影响。高温高湿会促进高得率浆返黄。纸浆木素中的邻苯二酚和氢醌型化合物在氧气存在下会受热氧化,生成有色的醌型化合物而引起白度下降。机械浆在低温或常温且避光干燥条件下贮存很少返黄。湿度对光诱导返黄作用的影响程度随制浆方法的不同而有所不同,但高湿度情况下会加速返黄。

(5)过渡金属离子

锰、铁、铜等过渡金属离子的存在对高得率浆的白度稳定性有负面影响。锰离子在氧气存在下可以从低氧化态被氧化成高氧化态,使氧分子还原成超氧化物,也能使 H_2O_2 分解产生氢氧游离基,起催化返黄的作用。Fe^{2+}、Cu^{+} 还可能与过氧化物形成复合体,然后分解成离子和游离基,参与碳水化合物和木素的降解反应。Fe^{2+} 能氧化成 Fe^{3+},不仅生成有色物质而加深纸浆的颜色,还使纸浆更易于光诱导返黄。铜离子对纸浆白度的影响比铁离子略小些。

11.8.6 抑制高得率浆返黄的措施

漂白高得率浆保留了大部分的木素,返黄是难以避免的,重要的是如何减轻或抑制高得率浆的返黄。可以采用相应的措施来抑制高得率浆的返黄[24,39]。

(1)优化高得率浆漂白工艺

机械浆漂白前采用 H_2SO_4 进行预处理,可除去浆中的铁、锰、铜等离子,提高 H_2O_2 漂白的白度增值和白度稳定性。螯合剂 DTPA 预处理可钝化过渡金属离子,同样对抑制漂白浆返黄是有利的。用表面活性物质白土对马尾松磨石磨木浆进行预处理,可除去部分树脂,有利于提高白度和白度稳定性。

不管是用连二亚硫酸钠进行还原性漂白,还是用 H_2O_2 进行氧化性漂白,必须采用优化的工艺条件,包括化学品用量、pH、漂白温度和时间等。H_2O_2 漂白后 pH 应在 9 左右,漂终浆中有一定量的残余 H_2O_2,否则会发生碱性返黄。

高得率浆过氧化氢漂白后,一般要进行酸化处理,用酸调节浆料 pH 到 5.5 ~ 6.0,以减轻纸浆的返黄。

(2)开发新型的高得率浆漂白剂和漂白助剂

研究开发新型的高得率浆漂白剂和漂白助剂,以期在保持高得率的特性下获得白度高、返黄值较低的纸浆。研究发现,一些含磷化合物,如三羟基磷酸、四羟基磷酸及其衍生物,可作为高得率浆的新型漂白剂或漂白助剂,漂白后的纸浆具有较高的湿热稳定性。由于成本较高,至今尚未见工业化应用的实例。

(3)改变木素功能基的化学特性

光诱导返黄是高得率浆返黄的主要原因,而木素是产生光诱导返黄的主要化学组分。通过对木素功能基的化学改性,改变木素功能基的化学特性,消除产生光诱导返黄的功能基,以抑制光诱导返黄。

① 木素酚羟基的醚化、酯化和甲基化。如前所述,木素中的酚羟基通过吸收紫外光或游离基作用而产生酚氧游离基,酚氧游离基容易被过氧游离基氧化成有色的邻醌结构,因此,木素酚羟基是引起光诱导返黄的一种功能基。通过对其进行化学改性,如醚化、酯化和甲基化,消除这种产生光诱导返黄的功能基,是抑制高得率浆返黄的措施之一。

② 羰基的还原和乙烯基的加氢。羰基和乙烯基(双键)的存在也是引起高得率浆返黄的因素之一。用强还原剂 $NaBH_4$ 处理纸浆降低纸浆中的羰基含量,或对乙烯基(双键)进行催化加氢将其转变为饱和键,可以减轻高得率浆的返黄。

同时进行羰基的还原和酚羟基的醚化更有利于减轻高得率浆的光返黄。

(4)填料和涂料的使用

如碳酸钙和二氧化钛,防止纤维的光诱导返黄。然而,不同的高质量纸和纸板的边缘一般都不涂布,因此对光诱导返黄敏感。为了避免这个问题,机械浆纤维本身必须抗光诱导辐射。

(5)添加光返黄抑制剂

① 添加紫外光吸收剂。紫外光吸收剂是指一类可吸收紫外光并通过非返黄机制来散射光能的化合物,如邻羟基二苯甲酮、苯并三唑、三嗪等,能有效吸收波长为 290 ~ 410nm 的紫外线,其本身具有良好的热稳定性和光稳定性。

② 添加聚合物抑制剂。用作光诱导返黄的抑制剂的聚合物有聚乙二醇(Polyethylene glycol)和聚乙烯吡咯烷酮(Polyvinylpyrolidone,简称 PVP)。PVP 用于涂布纸涂料中能提高涂层的白度和光泽度,它也可用作光诱导返黄抑制剂,其可能的解释是 PVP 的酰胺基与木素酚羟基形成很强的氢键,阻止酚羟基被烷氧游离基和过氧游离基氧化成酚氧游离基,因此,抑止了机械浆的光诱导返黄。

③ 添加游离基清除剂。添加游离基清除剂(又称游离基捕获剂)能抑制光氧化反应的进行,是抑制光诱导返黄的最成功的方法。用作游离基清除剂的化合物有:抗坏血酸及其盐类、硫醇、硫醚、环已二烯、丙酸盐和脂肪醛等。通过清除过氧游离基和烷氧游离基,抑制酚氧游离基氧化成为有色的邻醌结构,减轻高得率浆的返黄。

11.9 漂白对纸浆得率和造纸性质的影响

11.9.1 连二亚硫酸盐漂白

连二亚硫酸盐漂白在相对温和的 pH5.0~6.5 范围和中等温度下进行，对纸浆游离度或造纸潜力没有显著的影响。半纤维素或纤维素没有被去除，有色的木素单元被还原为无色的物质，但并没有被除去。连二亚硫酸盐漂白的得率为 98% ~100%。

11.9.2 过氧化氢漂白

机械浆过氧化氢漂白中，随着总碱度的增加，纸浆的强度提高而得率下降。漂白反应除去纤维中的某些物质，从而强度提高。高碱度增加浆料的溶出和羧酸基团的产生，进而提高纤维之间的结合、纤维壁的润胀和柔韧性。

纤维表面结合能力的提高是主导因素，因为它与纸浆强度的提高和纤维表面疏水物质如木素和抽出物的去除有关。尤其是抽出物的去除，使纤维更具有亲水性并提高润胀和结合能力[38,40-43]。

在基于氢氧化钠的过氧化氢漂白中，纸浆强度和纤维润胀的增加与更多的酸性基团的形成具有相关性。随着过氧化氢漂白中形成的羧基量的增加，纸页紧度和强度增加而松厚度减少。相应地，阴离子溶解物质的量随纸浆强度的提高而增加。

据报道，碱度而不是过氧化氢用量影响纤维结合能力的主要因素。几项研究表明，在给定或增加过氧化氢用量、用碱量 2% 以上、相应的初始 pH 值 11 或更高的条件下，针叶木和阔叶木的机械浆和化机浆的强度增加[38,40-42,44-45]。

据报道，当氢氧化钠用量为 2% 或更少时，强度性质与未漂白机械浆相似，但增加氢氧化钠用量到超过 3% 时，纸浆的抗张和耐破强度显著增加(20% ~50%)。

然而，过氧化氢存在时，高氢氧化钠用量会导致得率减少多于 2~3 个百分点。pH 大于 12，过氧化氢稳定性恶化，在目标白度下导致高过氧化氢消耗和得率损失增加。

过氧化氢漂白中溶出的木素和特别地抽出物会重新沉积在纤维表面，对纤维间结合有不利影响，造成强度性质下降[38,41,43]。机械浆过氧化氢漂白中，1% ~2% 氢氧化钠用量可能会导致中性终 pH 和一些溶解的有机物(比如抽出物和木素)的再沉积。3% ~4% 的氢氧化钠用量使终点 pH 更为碱性。因而，在高碱过氧化氢漂白中溶解的抽出物的再沉积是可忽略的。

当在低于 60℃的中等温度和低用碱量下使用过氧化氢，得率损失也低。在氢氧化钠和过氧化氢反应中，增白剂的产生(即过氢氧根离子)会放热。在高浓过氧化氢漂白中，高化学品用量时温度通常为 70~80℃。高温和高碱度下，漂白稳定性受损，如硅酸钠的稳定剂主要是抑制过渡金属离子的负面影响。因此，硅酸盐会间接影响漂白得率和浆强度性质。

在高浓过氧化氢漂白时，漂白的高浓纸浆在漂白塔底部被稀释。

稀释后浆的最终 pH 取决于漂白终点 pH 和稀释水的 pH。在综合制浆造纸过程中，稀释水一般是纸机的回水。稀释后的漂白浆在进入贮浆池之前通常需要脱水，如用洗涤压榨脱水。

如果过氧化氢漂白塔后洗涤压榨中纸浆悬浮液的 pH 在中性区以下，绝大部分溶解的抽出物会结合在纤维表面[46]。除此之外，纤维强度损失和再沉积的抽出物会造成纸机问题，比如损害造纸化学品的留着和引起纸张中沉积物及杂质的形成。

在过氧化氢漂白中，作为氢氧化钠替代品的氢氧化镁具有缓冲能力，是比 NaOH 弱的碱。

使用氢氧化镁缓冲,漂白初始 pH 为 9,终点 pH 为 7.2 ~ 8.0。

过氧化氢漂白中,氢氧化镁全部或部分取代氢氧化钠有很多优点,比如得率损失较小,由于 pH 较低形成的阴离子垃圾和 COD 较少。另一方面,氢氧化镁为碱源的系统,形成的羧酸较少,从而纤维结合能力的提高较少[40-41]。

基于氢氧化镁碱的过氧化氢漂白,与基于氢氧化钠的过氧化氢漂白相比,溶解木素和抽出物的程度不同。因此,氢氧化镁基漂白中溶解木素和抽出物的再沉积是最少的。

据报道,与基于氢氧化钠的过氧化氢漂白相比,基于氢氧化镁的过氧化氢漂白在高用碱量时纸浆强度的提高较少,与所用的木材种类或机械制浆方法无关。但是,在低用碱量时,纸浆强度的差别小。

而且,基于氢氧化镁与基于氢氧化钠的过氧化氢漂白,没有观察到漂白浆白度或强度性质的显著差别[41,47]。

表 11-11 为 $Mg(OH)_2$ 取代 NaOH 对松木 CTMP 漂后浆得率和物理性能的影响[48]。结果表明,用 $Mg(OH)_2$ 取代 25% 的 NaOH,漂白浆得率提高,白度相当,松厚度、不透明度和抗张指数有所增加,而撕裂指数和耐破指数变化不大。

表 11-11 $Mg(OH)_2$ 取代 NaOH 对松木 CTMP 漂后浆得率和物理性能的影响*[48]

$Mg(OH)_2$ 取代率/%	得率/%	白度/%ISO	松厚度/(cm^3/g)	不透明度/%	抗张指数/(Nm/g)	撕裂指数/($mN \cdot m^2/g$)	耐破指数/($kPa \cdot m^2/g$)
原浆		47.0	0.62	90.4	12.48	8.14	1.41
0	96.9	72.1	0.61	80.6	14.28	15.06	1.32
25	98.6	72.0	0.66	81.5	15.90	14.64	1.37

注 *漂白条件:浆浓 15%,H_2O_2 用量 4%,Na_2SiO_3 用量 5%,80℃,2.5h。

11.10 漂白技术的发展

未来漂白技术的发展重点在以下几个方面:

① 高效环保漂白化学品(漂白剂、稳定剂等)的研发与应用,漂白过程进一步节能减排。

② 在制浆和过氧化氢漂白中,新发色基团形成的抑制与消除技术与机理研究,尤其是目标白度较高时。通过抑制新发色基团的形成,在化学品用量较小和 COD 较低的条件下,就能达到目标白度。

③ 研究开发经济有效的方法消除漂白浆纤维的返黄,尤其是光诱导返黄。

参考文献

[1]詹怀宇 主编. 制浆原理与工程(第三版)[M]. 北京:中国轻工业出版社,2009,309-327.
[2]Kubelka P. ,Munk E,ZAech. Physlk 12(11a):593(1931).

[3] Rydholm S. , Pulping Processes, Interscience Publisher, New York/London/Sydney, 1965, p. 896.

[4] Norrstrom H. ,Light Absorbing Properties of Pulp and Pulp Components. Part 1. Method,Svensk Papperstidning 72(2):25(1969).

[5] Nyblom I. ,Puuraaka – aineen valkutus mekaanisen massan omlnalsuuksiin. Publication 112 –83 paallystamattdmlen offset – papereiden valmlstus, laatu ja kaytto, Insinoorijarjestojen koulutuskeskus,Helsinki,1983.

[6] Loras V. ,Brightening of thermomechanical pulp,Tappi 59(11):99(1976).

[7] Paulapuro H. ,Vaarasalo J. ,Mannstrom B. ,Mekaanisen massan valmlstus in Puumassan valmlstus(Virkola N. –E,Ed.)2nd edn. ,SPIY,TTA,Turku,1983,p. 621.

[8] Colodette J. L. ,Rothenberg S. ,Dance C. W. ,Factors affecting hydrogen peroxide stability in the brightening of mechanical and chemimechanlcai pulps. I: Hydrogen peroxide stability In the absence of stabilizing systems,J. Pulp Paper Sci. 14(6):J126(1988).

[9] Hagglund T, Lindstrom L, A new peroxide bleaching process for CTMP, Tappi J. 68(10):82 (1985).

[10] Kouk, R. S. , Meyrant, P. , Dodson, M. G. , Hydrogen peroxide bleaching of spruce high yield pulp at varying degrees of sulphonation,J. Pulp Paper Sci. 15(4):J151(1989).

[11] Moldenius S. ,The stoichiometry of peroxide bleaching of mechanical pulps,Svensk papperstidning 85(15):R116(1982).

[12] Sewing D. ,Alternative fibre bleaching using calcium hydroxide as alkali. Das Papier(ipw)11 (2008)62 –64.

[13] Dietz T, Schmidt K. , Suss H. U. , Aspects of optimization of mechanical pulp bleaching – A comparison of alternative alkali sources for hydrogen peroxide bleaching, Das Papier(ipw)12 (2008)39 –43.

[14] All T,McArthur D. ,Saff D. ,Fairbank M. ,Whitling P. ,The role of silicate in peroxide brightening of mechanical pulp. I: The effects of alkalinity pH,pre – treatment with chelating agent and consistency,J. Pulp Paper Sci. 12(6):J166(1986).

[15] Jakara J. ,Paren A. ,Pitkanen M. ,Nickull O. ,Silicate replacement in peroxide bleaching of mechanical pulp using acrylate – based stabilizers,international Mechanical Pulping Conf. ,IMPC 2005,Session 3,6 –9 June 2005,Oslo,Norway.

[16] Seccombe R. ,Crowe R. ,A novel new non silicate stabiliser for the efficient bleaching of mechanical pulps: INTEROX SOLV – X,61st Applta Annual Conf. 2007, Australia, Proceedings Vol. 1,p. 47.

[17] Koskinen H. ,Sundquist A. ,Hahkio M. ,Vuohnen T. ,Characterization of functional properties of poly(a – hydroxyacrylic acid) in mechanical pulp bleaching conditions, Nordic Pulp Paper Res. J. 24(1): p. 12(2009).

[18] Gaveiln G. ,Current trends in methods of bleaching mechanical pulp,Paper Trade J. 150(26): 42(1966).

[19] Soteland N. , Modern bleaching of high yield pulps, 1993 International Mechanical Pulping Conference Proceedings,PTF,Oslo,p. 373.

[20] Dence C. W. , Omori S. , A survey of hydrogen peroxide bleaching of mechanical and chemlmechanical pulp – factors affecting brightness, Tappi J. 69(10):120(1986).

[21] Neimo L. , Accelerated Heat Aging of Cellulose, Paperi ja Puu 46(1): 7(1964).

[22] Theodorescu G. , Wand D. , Forsberg P. , Haikkala P. , Hydrosulfite grinder bleaching of pressure groundwood pulp, TAPP11991 Pulping Conference Proceedings, TAPPI Press, Atlanta, p. 959.

[23] Daneault C, Leduc C, Bleaching efficiency of formamidine sulfinic acid(fas) in comparison to hydrosulfite, borohydride, and peroxide in one and two stages, Tappi J. 78(7):153(1995).

[24] 詹怀宇,刘秋娟,靳福明编著. 制浆技术[M]. 北京:中国轻工业出版社,2012,310 – 322,331 – 334

[25] 宋海龙,陈中豪,黄显南,等. 二氧化硫脲在马尾松 SGW 漂白中的工业化应用研究[J]. 造纸科学与技术,2002,21(5):12 – 15

[26] 王萍,黄方,岳保珍,等. 热磨机械浆甲脒亚磺酸单段漂和过氧化氢 – 甲脒亚磺酸两段漂[J]. 广东造纸,2000(1):4 – 7

[27] 沈葵忠,房桂干,储富祥,等. FAS 在杉木 CTMP 漂白中的应用研究[J]. 中国造纸,2009,28(11):1 – 5

[28] Soteland N. , The effect of ozone on mechanical pulps. Pulp Paper Mag. Can. 78(7):T157(1977).

[29] Wayman M. , Anderson C. B. , Rapson W. H. , Peracetic Acid Bleaching of Groundwood From Nine Canadian Wood Species, Tappi 48(2):113(1965).

[30] Kuys K. , Abbott J. , Bleaching of mechanical pulps with sodium bisulfite, Appita 49(4):269(1996).

[31] Forskahl, I. 2000. Brightness Reversion. In: Stenius, P. (Ed.) Forest Products Chemistry, Book 3 of the Series Papermaking Science and Technology, p. 279. Helsinki, Finland: Fapet Oy, 1st edition, 350 p.

[32] Mao, C, Ni Y. , Effect of metal ion contamination in the process water on the brightness of peroxide – and hydrosulfite – bieached mechanical pulps, J. Pulp Paper Sci. 34(2): 129(2008).

[33] Hu, T, Williams T, Pikulik I. , Schmidt, J. , Fibre – reactive yellowing inhibitors: chemistry, progress and implications, PAPTAC 92nd Annual Meeting Montreal, Canada, 7 – 9 February 2006, Book A, pp. A135 – A140.

[34] Giertz, H. W. , On massans eftergulning, Svensk Papperstldning 48(13):317(1945).

[35] Lee, J. , Blatinez, J. J. , Whitling, P. , The optical properties of eight Canadian wood species. IV. Brightness stability, TAPP11989 International Symposium of Wood and Pulping Chemistry Notes, TAPPI PRESS, Atlanta, p. 529.

[36] Jansen, O. , Loras, V. , Bleached Mechanical Pulp – Its Paper Printability and Colour Reversion Norsk Skogsindustri 22(10):342(1968).

[37] Forskahl, I. , Jansson, J. , Sequential treatment of mechanical and chemimechanical pulps with light and heat, 1: UV – VIS reflectance spectroscopy, Nordic Pulp Paper Res. J. 6(3):118

(1991).

[38]Korpela,A.,Improving the strength of PGW pine pulp by alkaline peroxide treatment,Nordic Pulp Paper Res. J. 17(2): p. 183(2002).

[39]林本平,王双飞. 高得率浆光诱导返黄机理及其抑制技术的研究进展[J]. 中国造纸学报,2007,22(1):92 -98.

[40]Pan,G.,Relationship between dissolution of fiber materials and development of pulp strength in alkaline peroxide bleaching of mechanical pulp,Holzforschung 58(4): p. 369(2004).

[41]He,Z,Ni,Y.,Qian,X.,The strength properties of the bleached mechanical pulps from the magnesium hydroxide - based peroxide bleaching process,PAPTAC 91 st Annual Meeting 2005,Montreal,Canada,8 -10 February 2005,BookC,pp. C115 - C125.

[42]Tchepel,M.,McDonald,D.,Dixon,D.,The effect of peroxide bleaching on the mechanical pulp properties of black spruce fibres,PAPTAC 92nd Annual Meeting 2006,Montreal,Canada,7 -9 February 2006,Book B,pp. B193 - B200.

[43]Holmbom,B.,Ekman,R.,Sjoholm,R.,Eckerman,C,Thornton J.,Chemical changes in peroxide bleaching of mechanical pulps. Das Papier 45(10A):V16(1991).

[44]Moldenlus,S.,The effects of peroxide bleaching on the strength and surface properties of mechanical pulping,J. Pulp Paper Sci. 10(6): J172(1984).

[45]Heitner,C,Argyropoulos,D.,Miles,K.,Karnis,A.,Kerr,R.,Alkaline sulphite ultra - high - yield pulping of aspen chips: a comparison of steam explosion and conventional chemimechanlcal pulping,J. Pulp Paper Sci. 19(2):J58(1993).

[46]Jansson,K.,Jakara,J.,Rampotas,C,Chemical kidney technology in mechanical pulp processes. International Mechanical Pulping Conference(2001 I MFC),Helsinki,Finland,Book Vol 2,p. 463.

[47]Li,Z.,Court,G.,Crowell,M.,Gibson,A.,Wajer,M.,Ni,Y,PAPTAC 90th Annual Meeting,Montreal,Canada,Book B,B149(2004). VAI Li,Z; Court,G; Belliveau,R; Crowell,M; Murphy,R; Gibson,A; Wajer,M; Branch,B; Ni,Y,Using magnesium hydroxide as the alkali source in peroxide bleaching at Irving Paper,PAPTAC 90th Annual Meeting,Montreal,Canada,27 -29 January 2004,pp. B1435 - B1439.

[48]迟聪聪,张曾. $Mg(OH)_2$对松木 CTMP H_2O_2漂白的影响[J]. 中国造纸,2007,26(8):10 -12.

第12章 浓缩、贮存和再精磨

12.1 浓缩

12.1.1 圆盘过滤机

机械浆通常用圆盘过滤机浓缩(见图12-1)。圆盘过滤机为滤片构成的轴装式圆盘。浓度为0.5%~1.5%的待浓缩纸浆直接进入过滤机槽。当滤片浸在浆料以下时,纸浆开始过滤到滤片表面。滤片表面的网布防止浆料直接进入滤片。在一些应用中,起楞的表面常被用于增加过滤面积。

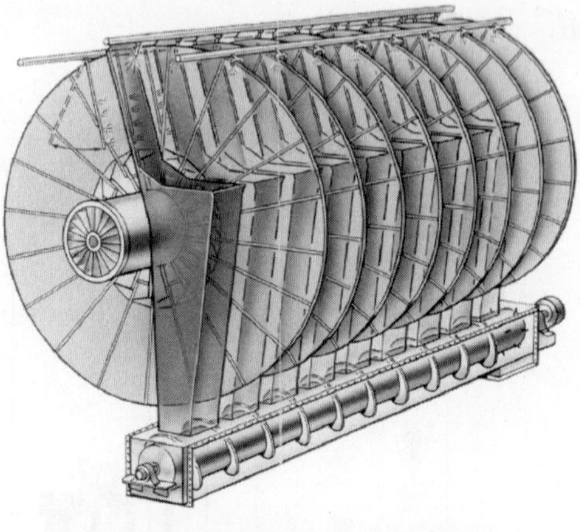

图12-1 圆盘过滤机的内部设计
(由Alfa-Laval Celleco提供)

已经过滤到滤片的水或者滤液转移到转轴。滤液通过轴内的窄沟道流入三角墙旁的阀门。滤液从阀门继续流入真空吸腿,真空吸腿的真空是由2~4m的高度差产生的。吸力改善了滤片表面的浓缩过程,因此纤维层能够达到较高的浓度。一个厚的纤维层意味着得到较干净的滤液。较干净的滤液通常从阀门流入真空吸水管进入滤液槽,也就是清滤液槽。清滤液的固形物含量大约是50~100mg/L。来自前段的脏滤液称为浊滤液。第三种滤液叫做超清滤液在生产过程中是有用的,能从圆盘过滤机分离出来。这种滤液可以使用,例如作为喷淋水,因为它的固形物含量少于50mg/L。

当滤片升到浆面以上时,通过一个特殊设计的卸料喷水管将纤维层从滤片除去。纤维层掉落进入收集斜槽,并且从这里进入螺旋输送器。在螺旋输送器内,纸浆浓度为8%~15%,这取决于纸浆的游离度、温度、圆盘过滤机的转速等。纤维层除去后,用喷淋水清洗滤片,以保持滤片表面网布的清洁。

在某些情况下,起楞的表面用于圆盘过滤机可以得到更多的过滤面积。起楞的表面可以是塑料或者金属。如果是金属,不需要单独的过滤袋。尤其是在热法运用中,这是一个很好的选择。起楞的金属表面是更昂贵的。

圆盘过滤机有不同的直径,最小的3m,最大6.2m。在单一过滤机中最多有32个圆盘,这就意味着一台过滤机能有超过1500m^2的过滤表面。图12-2为一个典型圆盘过滤机的布置。

在 PGW 的“热回路”中，圆盘过滤机是加压的，这意味着过滤水的温度能够保持在 100℃以上(见图 12 -3)。

12.1.2 损纸浓缩机

损纸浓缩机(见图 12 -4)也可以用于机械浆的浓缩。在损纸浓缩机内，网布紧固在转鼓表面。纸浆直接进入浆槽并在此过滤，而滤液进入转鼓并排出。由于转鼓内没有抽吸作用，出浆浓度为 5% ~8%。损纸浓缩机生产力也较低，所以它们只适用于小型制浆线。损纸浓缩机滤液的固形物含量为 500 ~800mg/L。一个带有弧形筛的洗涤装置帮助保持筛板的清洁。

图 12 -2 一个典型圆盘过滤机的布置
(由 Ahlstrom 提供)

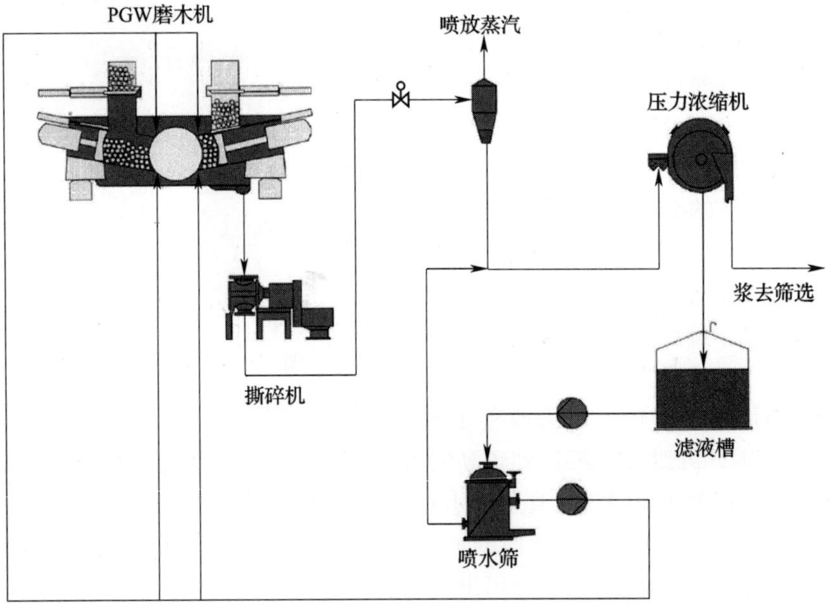

图 12 -3 PGW“热回路”中压力盘式过滤机的连接

12.1.3 弧形筛

在筛渣线，磨浆之前常常用弧形筛进行纸浆浓缩。弧形筛的进料浆浓约为 1%，出口浆浓约为 3% ~4%。图 12 -5 表示操作原理。弧形筛的操作在第 10 章筛渣磨浆中作了更详细的讨论。

螺旋挤浆机、双辊挤浆机和双网挤浆机

螺旋挤浆机、双辊挤浆机和双网挤浆机用于筛渣磨浆和漂白之前的脱水(见第 11 章漂白)。第 10 章筛渣磨浆对挤浆机进行了描述。一种挤浆机设计称为 ProRoll Press，开发用于纸

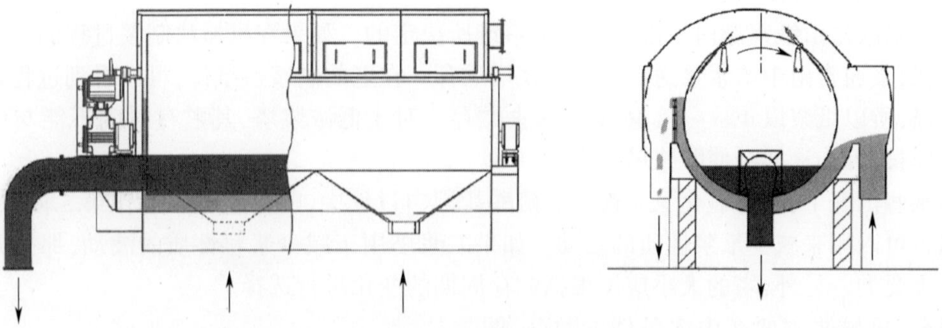

图 12－4 纸浆通过损纸浓缩机转鼓网套的过滤

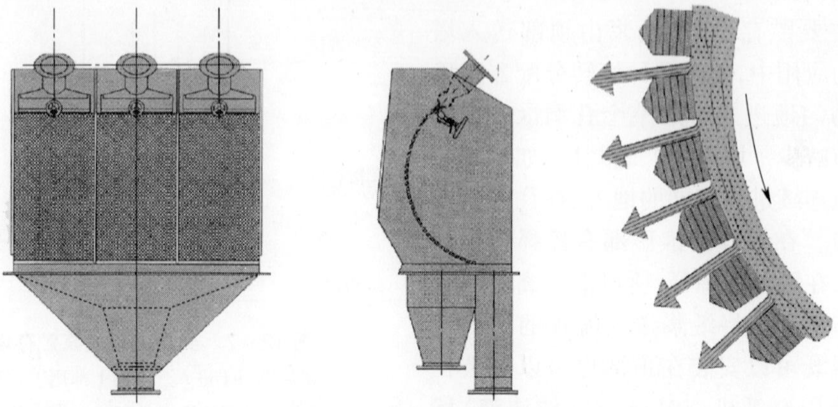

图 12－5 弧形筛操作原理

注 浆朝向弧状筛板流动，当弯曲筛板表面迫使浆流改变方向时，水通过筛板滤出。

浆悬浮液的脱水，进浆浓度为 1% ～4%，出浆浓度为 4% ～15%。图 12－6 表示 ProRoll Press 挤浆机的操作原理。它的设计很紧凑，并且与其脱水能力相联，其占地面积小。头两台这类挤浆机在挪威前 Union Bruk 安装和运行（见第 7 章，热磨机械法制浆）。

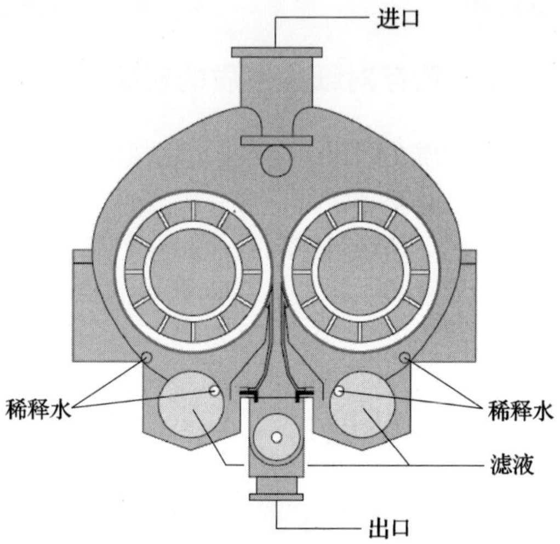

图 12－6 横截面表示的 ProRoll Press 操作原理（由 Metso 提供）

12.2 机械浆的贮存

12.2.1 贮存系统

机械浆最常用的贮存方法是在机械浆车间和造纸机之间设置一个贮浆塔。浆塔的大小由以下决定：

① 需要贮存的时间；

② 贮浆浓度。

基于时间的贮存能力通常与机械浆车间维修保养的停机时间成比例。当采用中浓贮浆时,基于时间的贮存能力一般为 8 ~ 12h。

贮存浆浓是由纸浆漂白工段后的过程系统所决定的。如果在机械法制浆过程的最后使用洗涤压榨,浆通常由中浓浆泵送到中浓贮浆塔贮存。在老的制浆造纸厂,可以看到过程布局中没有洗涤,所以纸浆以 4% ~5% 浓度泵送去贮存。对于低浓浆塔,其贮存时间不能与中浓贮浆塔一样长,因为这样会使贮浆塔太大。

在某些情况下,在过氧化氢 + 连二亚硫酸盐漂白过程中,贮存塔可以用作第二段漂白塔。贮浆塔也可以用来减少纸浆性质的波动。如果贮浆塔用于减少浆料性质的波动,那么充分的搅拌是重要的。另外,塔的大小应该根据贮存周期的变化进行选择。

目前,机械浆主要在中浓条件下贮存,例如 12% ~13% 。贮浆塔通常是由不锈钢或者混凝土制成,它的形状呈轻微的圆锥形。塔的上部分起主要贮存作用,纸浆由顶部送入塔中。在新的应用中,使用一种旋转分配器来确保浆料能均匀地进入塔的整个孔洞区。浆料的均匀分布减少了塔中的贮仓效应,如果浆料保持从塔顶连续进入相同的地方,往往就会发生贮仓效应。在下方的锥形部有稀释和搅拌作用。纸浆在底部被稀释,所以能用离心泵以 3.5% ~4.5% 浓度将纸浆送入流程的下一工段。搅拌器既可以安装在顶部也可以安装在侧面。纸浆用造纸机(PM)白水(清滤液)稀释。图 12 -7 所示为机械浆贮存的典型布置。

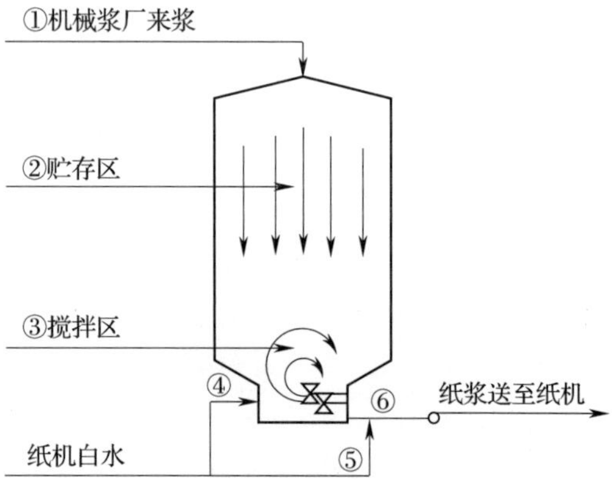

图 12 -7 典型的机械浆贮存塔

注 浆从塔顶①进入。塔的上部用于贮存②,塔的底部用于搅拌③。进浆的浓度是 12% 。塔底部的浆用造纸机白水④稀释到用两个搅拌器搅拌能耗优化的浓度。浆浓用造纸机白水⑤在泵的吸入侧⑥调节,泵把浆送到造纸机。

关于浆料搅拌的详细信息,读者可以参考其他教材[1-2]。

12.2.2 贮存对纸浆性质的影响

纸浆性质在贮存中会有变差的风险,特别是使用中性造纸条件时,在涂布机械浆纸的生产中这种情况是越来越多的。在一次实验室试验中[3],连二亚硫酸盐漂白后的 PGW 在用造纸机白水稀释后贮存。结果显示 pH 降低、COD 增加和白度降低(见表 12 -1)。

表 12 -1 连二亚硫酸盐漂白 PGW 在 50℃密封槽中的实验室贮存试验

时间/h	pH	浊度/(FTU*)	COD/(mg/L)	白度/%
0	6.81	80	947	75.4
1	6.73	158	1031	75.3
3	6.66	205	1201	75.2
5	6.54	266	1239	74.1
7	6.44	267	1280	73.3
9	6.16	216	1295	72.8
11	5.97	232	1305	72.7

注 *福尔马肼浊度单位。

12.3 再精磨

纸浆在低浓条件下的再精磨经常用于高质量机械浆印刷纸的生产。浆料准备工段是纤维在极近造纸机之前在磨浆机受到机械能量的作用,它作为一种手段来促进最终纤维的调整[4]。此处理通过改善纤维的相互作用和浆料的均匀性发展纤维的造纸潜能。

12.3.1 再精磨的目的

再精磨的基本目的是提高浆料的造纸性能；促进浆料湿纸幅的成型；增强纸幅在造纸机上的性能；改善成纸的印刷性能。传统上，机械浆精磨的目的是加强湿纤维和干纤维的纤维间结合，最初是为了减少对强化硫酸盐浆的需求。这反映在造纸机运行性能的提高，最终纸张强度和表面性能的增加，适印性能改善，而产品成本最低化。再精磨作用会引起变形、改变和破坏纤维结构的机械作用力，导致内部和表面细纤维化作用和二次细小纤维的释放。此外，再精磨会使纤维束减少，消除潜态性，使卷曲的纤维变直，减少纤维扭结度和/或纤维的直接变短，除此之外，纤维可能也会压溃。总之，这些变化最终加强了造纸、完成和印刷过程。

再精磨通过改善纤维间结合力（∝抗张强度）和通过减少粗纤维和/或纤维束的含量改善纸料的均匀性，提高纸机的运行性能。再精磨也可改善成纸的印刷性能。由于较高的纤维柔韧性[5]和纤维间结合力的提高，磨后和因而部分压溃和细纤维化的纤维增加了纸页的强度，而减少了印刷机的掉粉或掉毛。此外，较扁平和更多压溃的纤维导致纸页表面更加平滑，而较短的纤维可以减少纤维凸起。由再精磨纤维造成的少孔纸使针孔最少并减少了透印影响。

造纸成本可以通过两种方式来降低。第一，当在再精磨过程中进行最后滤水调整时（游离度下降），能够减少机械浆生产的总能量消耗，或者提高纸浆生产能力。这种可能性已被用于最近的高浓/低浓制浆设备中。第二，改善的纤维间作用和结合能力通常能够减少对昂贵的强化硫酸盐浆的需要。

过去再精磨用于消除有害的纤维束，但是现在由于有效的筛选和筛渣磨浆，纤维束含量是一个较小的问题。再精磨的一个典型应用是在有多台造纸机纸厂中用于最后游离度的控制。一个好的浆厂生产游离度恒定的纸浆，但是一台造纸机可能需要不同的游离度，这取决于所生产的纸种。在这种情况下，再精磨被用作最后的纤维调整段，使纸料的游离度适应每个纸种的特殊需求。

12.3.2 设备和过程系统

目前，再精磨是在不同类型的磨浆机中进行的，有锥形的，双盘磨，多盘磨或者多锥形的盘磨机。在过去，只有单盘或双盘磨浆机适用于再精磨。其他的磨浆机（像锥形磨浆机）的磨片太粗并不适用于浆料的再精磨。现在，这些限制都已被克服并且有多种盘磨机已成功用于再精磨：中等角度的锥形盘磨机（见图 12－8）、传统的双盘磨浆机（见图 12－9）、多盘磨浆机（见图 12－10）和多锥盘磨浆机。

表 12－2 提供了关于各种筛渣磨浆机的信息。

对于每种专门的盘磨机来说，实际功率、生产能力、磨片类型、磨浆强度和浓度取决于纤维的磨浆阻力和目标的磨浆结果。通常，TMP 纤维的抗磨能力要好于较短的磨木浆纤维。因此，TMP 纤维和磨木浆纤维相比，也需要较多的能量和较粗的盘磨机磨盘[6]。

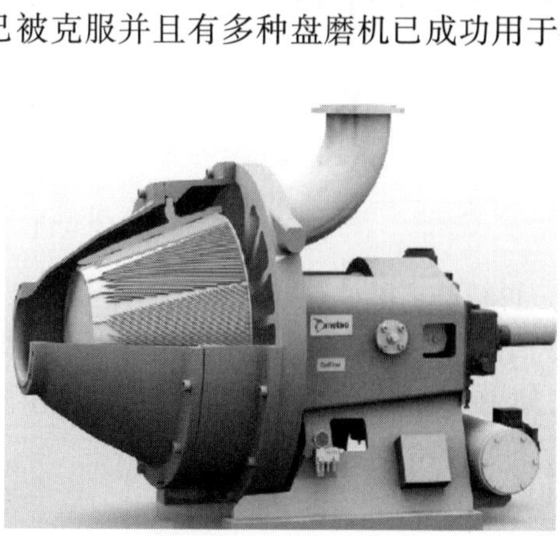

图 12－8 低浓锥形盘磨机（由 Metso 提供）

图 12－9　双盘磨浆机(由 Andritz 提供)

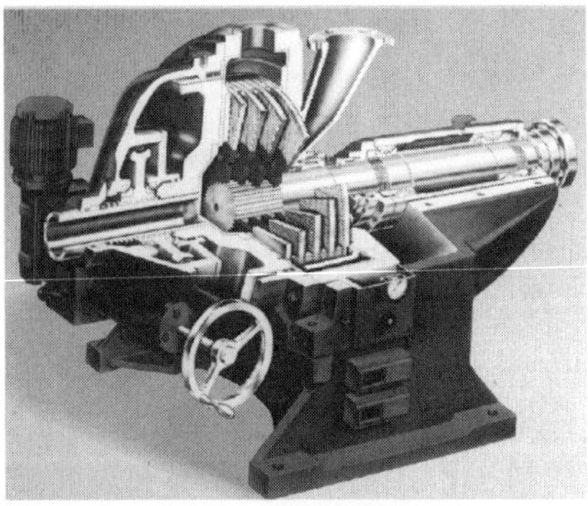

图 12－10　一种多盘磨浆机

一个典型的再精磨系统由磨浆机进料槽、泵和一台或两台串联的盘磨机组成(见图 12－11)。浆从磨浆机直接进入造纸机混合浆池。根据磨浆机的类型和生产能力的变化,最后的磨浆机后面可能有一条循环管路返回至泵的吸入端。这条浆料再循环管路的目的是确保任何条件下有充足的纤维通过磨浆机。

表 12－2　各种筛渣磨浆机典型的再精磨数据

	锥盘	双盘	多盘
生产能力/(t/d)	50～800	20～800	50～400
磨片齿宽/mm	2.0～3.0	1.3～2.0	2.0～2.5
磨浆强度			
J/m	0.3～1.0	0.2～1.0	0.5～1.5
J/m^2	250～500	200～350	90～350
磨浆浓度/%	4～6	4～6	4～5

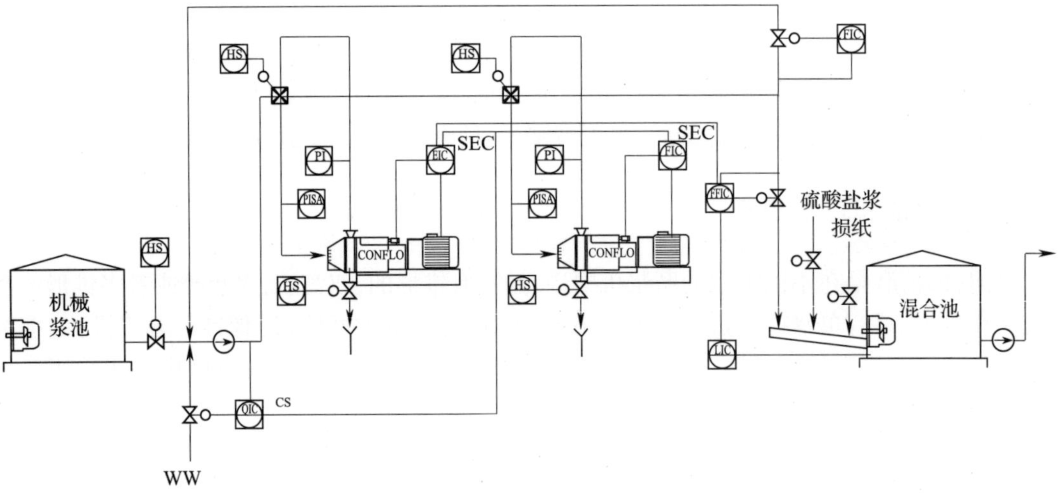

图 12－11　一个典型的再精磨系统

再精磨工段放置在造纸机附近是重要的。如果放置在太前的工序中,纤维在贮浆塔中会损失结合能力;在高温和高浓条件下贮存期间由于其记忆效应而恢复潜态性。还应该注意的是,如果在造纸厂发生纸浆最终游离度下降,贮浆塔前由于游离度较高使浓缩较容易。

12.3.3　精磨条件和操作

机械浆磨浆中有大量的参数。其中部分参数被用作描述磨浆行为和过程条件的手段。磨浆行为的本质或者强度和输入净能量、单位能耗(kW·h/t)被认为是重要的数字,主要是出于实际原因。这些是由悬浮液的流速、磨浆净功率和纸浆浓度来定义的。在一些应用中悬浮液的 pH 也很重要,例如,某些造纸添加剂的性能。

将木浆纤维改性为造纸纤维的机械磨浆过程可以由几个参数来描述,根据所得到的影响[7],将其归类如下:

(1)常规的纤维参数

① 纤维类型(尺寸,结构);

② 制浆方法的类型(化学法/机械法);

③ 得率(木素含量);

④ 漂白(阴离子基团);

⑤ 干燥过程(角质化)。

(2)控制的过程参数

① 浆料的流动速度,v(L/min)(能量传递速度);

② 纸浆悬浮液的浓度,c(%)(絮凝,能量传递速率);

③ pH(纤维润胀和柔韧性);

④ 温度,t(℃)(纤维细胞壁可塑性和黏弹性);

⑤ 压力,p(MPa)(空化趋势)。

(3)主动的过程参数

① 磨盘间距,Δx(mm)(剪切率,剪切和平常的力)

被动的过程参数;

② 转速,n(r/min)(剪切速率/湍流－抗絮凝作用、过程效率);如果不是恒定的,它是一个重要的活动参数;

③ 磨盘的几何结构(絮凝物处理和分散的能力):a. 刀齿角度(刀齿力的方向);b. 挡板(均一性处理);c. 边缘长度(磨齿力的大小和磨浆能力);d. 齿宽(刀齿力的大小和磨浆能力);e. 沟纹宽度(磨浆水力容量)。

④ 磨片的材料(摩擦力和纤维张力,边缘磨损/形状):a. 刀齿微结构(大小和刀齿力的方向);b. 旋转方向(泵送/非泵送);c. 磨损程度(刀齿的形状和磨片的刀齿边缘)。

这些参数将决定精磨处理的特征和程度。通过严格监控磨浆机的功率(磨浆间隙)、悬浮液浓度和流速、生产中的能耗和磨浆类型能用下面列出的因变数来表征:

因变数

① 比能耗,SEC(kW·h/t)(精磨量);

② 比边缘负荷,SEL(J/m)(基于能量的刀齿边缘处理强度的测量);

③ 比表面负荷,SSL(J/m^2)(基于能量的磨齿表面处理强度的测量);

④ 个体和总体纤维性能,包括湿纤维和干纤维;纤维尺寸,纸浆悬浮液和最终的纸页(磨浆结果)。

在实际中,所使用的主要控制参数是应用净功率,它主要是通过主动过程参数盘磨间隙来控制,虽然也使用纸浆流速或者一些装置中回流量。偶尔,纸浆浓度也可以作为一个控制参数。

磨盘的几何参数

传统的盘磨机磨盘是圆柱形的、扁平的或者是圆锥形的,并且所有都配备了与转子轴排列成特定角度的刀齿的转子(见图12-12)。定子通常有与平行刀齿和沟纹相对应的几何形状。刀齿和沟纹的宽度分别用w_b和w_g表示。

盘磨机磨盘或磨片传统上是通过铸造来制造的,代表性材料是马氏体不锈钢,它为强度和耐磨度提供一个良好的结合。磨盘基本设计参数是刀齿和沟纹的宽度、刀齿高度、刀齿数量、浆挡的布置和设计以及径向的磨齿角度。对于铸造来说,有各种各样的材料成分可用,在最后完工之前的热处理决定了磨片或者磨盘的最终特征。

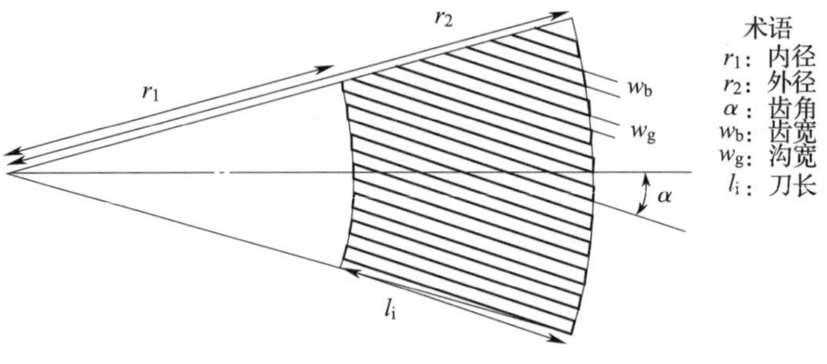

图12-12 盘磨机磨盘的设计(30°截面)[8]

用于再精磨的典型盘磨机磨盘齿宽2.0~3.0mm,高7.0mm。通常,沟纹比刀齿要宽1.0mm,并且转子和定子刀齿间的平均交叉角约为20°。

包括激光切割和扩散焊接的制造技术使得能够生产出具有改善的刀齿/沟纹边缘/拐角几何形状和较窄刀齿的盘磨机磨盘(见图12-13)。这意味着每个磨盘是一个较密集的刀齿模式,而保持合理的液体通过量和提供有效的磨浆。由于横向边缘长度(CEL)较高,因此有助于超低的磨浆强度,并且也可用于减少磨盘的有效直径。这项技术使得有可能提高过程效率,无论是能量使用还是纤维发展。

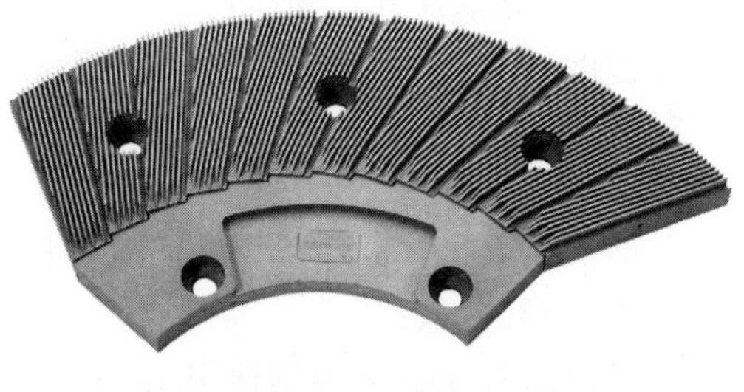

图12-13 激光切割和扩散焊接的盘磨机磨盘(由AFT Finebar Aikawa提供)

磨浆的性质可以用各种磨浆强度数据来描述。最常用的是比边缘负荷,SEL(J/m),它描述每米刀齿截面传递的净磨浆能量的平均值。

$$\text{SEL(J/m)} = \text{净磨浆功率(kW)} / \text{剪切速度(km/s)} \tag{12-1}$$

净磨浆功率定义为总的(传递的)磨浆机负荷减去无载功率。无载功率常用浆料来测量,偶尔也用水,浆料或者水在额定速度下流过磨浆机,此时磨盘间隙可能是最窄的,而磨盘没有互相接触或者功率没有任何实际增加。另一种方法是采用最大的间隙。没有通用标准可用于无载功率的测量。由于磨浆间隙的变化,无载功率的读数在两种方法中略有不同,并且因此导致了磨盘内液力体积的差异。在无载功率测量中较小的液力体积系统地反映为较低的无载功率读数[9]。

关于磨浆强度数据,比表面负荷理论(SSL)是传统SEL理论的一个补充。SSL理论对盘磨机刀齿的宽度和长度二者都计算,并且通过比表面负载描述了磨浆强度,它是比边缘负载除以刀齿宽度的碰撞长度(*IL*)因子得到的。

$$\text{SSL(J/m}^2) = \text{SEL(J/m)} / \text{磨齿宽度系数 } IL\text{(m)} \tag{12-2}$$

磨齿宽度系数的计算如下:

$$IL(\text{m}) = \frac{w_r + w_s}{2} \cdot \frac{1}{\cos\left(\frac{\alpha}{2}\right)} \tag{12-3}$$

式中 w_r——动盘磨齿宽度

w_s——定盘刀齿宽度

α——平均交叉角

对于任何纸浆来说，机械浆的磨浆强度数据都取决于纤维的抗磨性及其物理尺寸。这些参数结合磨盘的几何结构和纸浆浓度将决定盘磨机的荷载能力——即缠绕在盘磨机刀齿边缘和表面的纤维层承载能力[10]。一般来说，如果磨浆强度太低，纤维将没有足够充分或者有效的处理。另一方面，强度太高会破坏缠绕在刀齿边缘的纤维层，并且"损失"或者"剥落"的纤维回到沟纹中，不能或者不能充分得到磨浆处理。如果纤维层保持没有破坏，较高的磨浆强度能显著增加纤维的切断。纸浆精磨，明确地说机械浆低浓磨浆代表了纤维上刀齿力的微妙平衡。纤维越短，控制给纤维带来预期变化的力就越困难，精磨的结果构成了纸张光学和物理性能的综合平衡。

最佳磨浆强度和齿宽也取决于磨浆机的类型，即其几何结构。通常，盘式磨浆机有稍窄的刀齿，并且与锥形磨浆机相比，可以在较低的强度下运行[6]。作为指导，下面给出了再精磨应用的强度数据：

多盘磨　　0.2～0.6J/m 或 200～400J/m²

双盘磨　　0.3～1.0J/m 或 200～350J/m²

锥盘磨　　0.5～1.5J/m 或 250～500J/m²

精磨程度的确定是基于输入的净能量或者传递到纤维上的净能量。实际上，这是将磨浆过程和磨浆结果联系在一起最简便的方法。然而，也应该考虑达到正确的磨浆条件需要的总能耗，因为它决定了过程效率以及能量成本。每次通过磨浆机，有多少能量能够传递到纤维上也是有限制的。根据它们的磨浆阻力，每次通过磨浆机的数据在 30～100kW/t 内变化。如果需要更高的数据，必须将几台盘磨机串联。

$$\text{净精磨能量}(\mathrm{kW\cdot h/t}) = \text{净磨浆功率}(\mathrm{kW}) / \text{干纤维的质量流量}(\mathrm{t/h}) \quad (12-4)$$

盘磨机负荷或瞬间功率水平是通过调整磨盘间隙来控制的。最常用的控制系统是基于净能量(kW/t)控制，在磨浆前和纤维进入混合浆池前控制纸浆浓度。纸浆浓度和纤维流率一起决定了干纤维的质量流量(t/h)。当乘以净精磨能量时，可以得到磨浆机所需的净功率(kW)，通过加上之前测得的无载功率可以得到总的磨浆机负荷(kW)。基本设定值是必须现场逐一测定的净精磨能量，使得能决定所需的纤维发展。在设定净精磨能量的数据之后，自动系统控制了纸浆流量和浓度，并调整盘磨机的负荷，以得到正确的净能量。

纸浆浓度不应看做一个独立的因素，它也取决于磨盘的几何结构。一般来说，与较窄沟纹的细磨片相比，较宽沟纹的粗磨片需要较高的纸浆浓度。通常，再精磨的纸浆浓度应该在 4.0%～5.0% 的范围内。

悬浮液的 pH 影响纤维—水的相互作用和其后纤维的润张程度或者细纤维结构可吸水的程度。照惯例，合适的 pH 是接近中性的(pH7)，因为太低的 pH 阻止了水的渗透，使纤维变得不柔韧(挺硬)，但是太高的 pH 会使纤维更加润胀和柔韧。此外，稀释水的离子含量(例如，水的硬度)与纸浆的滤水性能有关，在硫酸盐浆磨浆测定游离度时[11]，发现较高的离子浓度能抑制磨浆作用。机械浆纤维中多孔结构越少和亲水性越低，其与水相互作用的敏感度就越差。

12.3.4 磨浆的影响

再精磨在许多方面会影响机械浆纤维，并且纤维的发展除了大大取决于精磨条件外，也取决于输入的净能量(SEC)的比率(SEL)和量。一般来说，磨浆能量的增加对湿态纤维的发展有如下影响：

① 纤维悬浮液的游离度下降，这归因于大量的微粒和水—纤维表面和由此产生较大的湿界面面积；

② 纤维总体变短，而卷曲的纤维最初可能轻微变直；

③ 通常，粗的和长的纤维组分减少了，中间组分增加了；

④ 细小纤维组分没有明显增加，除非选择了为此目的磨浆条件；

⑤ 纤维束含量减少。

当纤维干燥时，纤维的发展在纸页中反映如下：

① 抗张和耐破强度开始提高，但延长磨浆后下降；

② 撕裂强度开始轻微增加，但延长磨浆后下降；

③ 纸页透气性下降或空气阻力上升；

④ 纸页松厚度下降而紧度上升；

⑤ 光吸收能力下降；

⑥ 纸页不透明度和光散射保持不变或者轻微变化（当抗张强度增加时通常会降低）；

⑦ 纸张表面平滑度提高。

通常，如果纤维的结合能力（抗张强度）增加和纤维束含量减少，纸机的运行性能提高。通过如下因素可以改善印刷性能：

① 纤维的细纤维化增加纤维的结合力，可以减少印刷机的掉粉或者掉毛；

② 纤维压溃降低了粗纤维的厚度，因而提高了表面平滑度，而纤维变短在一定程度上减少了纤维凸起和膨突；

③ 再精磨通过尽量减少针眼降低了气孔度，由于较少的透印缺陷而提高了印刷性能。

如下数据阐明了精磨过程中典型的纤维发展。这些数据是挪威云杉浆的平均值，是基于推荐的磨浆条件下的序列磨浆。对 TMP，一段磨浆应用的最大电能为 75kWh/t。磨木浆磨浆时，一段磨浆采用对应最大 50kWh/t 的电能。根据纸浆的等级，纤维的发展可能有所变化，所以这些数据仅是预示的。应该注意的是涉及纤维发展时，PGW 浆是处在传统磨木浆（SGW）和 TMP 之间。

图 12 - 14 的数据表明游离度下降作为输入的净磨浆能量的函数。开始的游离度越高，游离度的下降就越大。此外，从图 12 - 14 中可以看出，对于给定的游离度降值，磨木浆纤维比 TMP 纤维需要的能量少。

图 12 - 15 阐明抗张强度的发展。太高的磨浆强度阻碍了这两种纸浆强度的增加。如果对纤维进行正确的再精磨，撕裂强度或纤维长度将只有轻微的下降，如图 12 - 15 和图 12 - 16 所示。通常，因为纤维被拉直，撕裂强度在开始是提高的，而改善的结合能力会使纤维更难从纸页中拉出。

如果使用正确的磨浆强度，能够得到可接受的纤维长度，如图 12 - 17 所示。增加磨浆强度将稍微（但不明显）加快游离度的降低。太高的磨浆强度对纤维的性质有负面影响，因为纤维的变短程度较大。因此，抗张和撕裂强度没有如正确进行的再精磨那样有力地发展。

最近应用在新的 TMP 装备中的概念，包括第一段一台高浓磨浆机，随后是在低浓条件下操作的第二段磨浆。后者作为再精磨和筛渣磨浆的结合段，既能减少纤维束含量又能发展纤维性质。然而，这个组合需要足够的生产能力；不管是在体积流量方面还是在充分处理方面，即通过低浓段不同尺寸碎片的离解，促进稳定操作。这个概念已经成功地运用于印刷类纸张

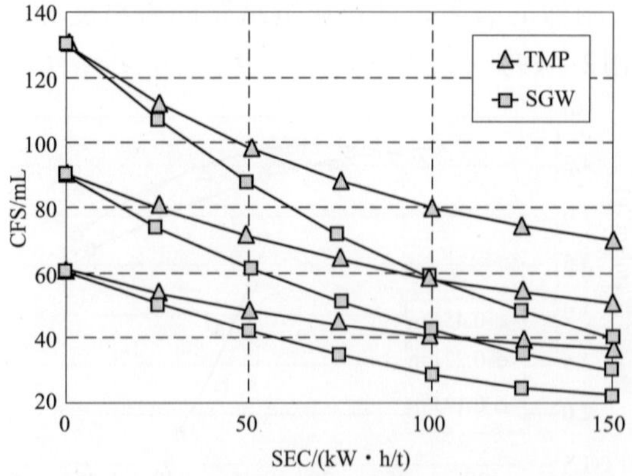

图 12-14 纸浆游离度与再精磨净能量的关系

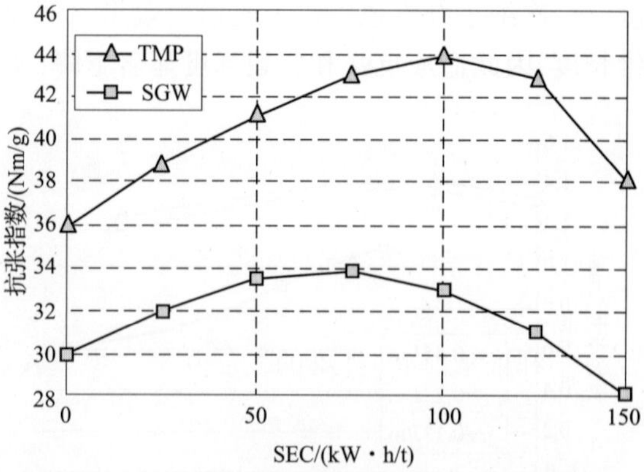

图 12-15 纸页抗张强度与再精磨净能量的关系

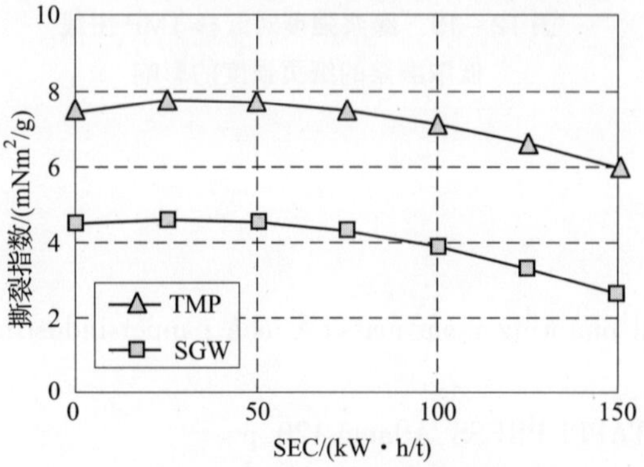

图 12-16 纸页撕裂强度与再精磨净能量的关系

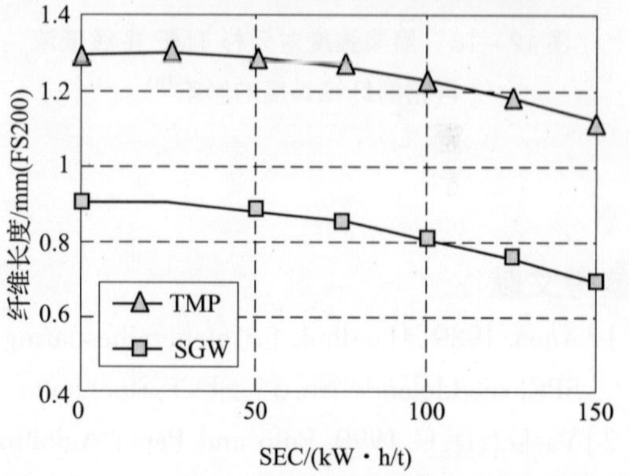

图 12-17 纸浆纤维长度与再精磨净能量的关系

的生产中。更多的信息可见第 7 章——热磨机械法制浆。采用这种方法,机械浆的高浓/低浓处理在降低能量输入情况下得到与高浓磨浆相似的纸浆性质,意味着有节能潜力。然而,为了避免负面影响(比如,纤维变短和不必要的纤维降解)需要准确地选择磨浆条件。低浓磨浆能够降低纤维的卷曲度是人们所知的,因此它能够用作消潜段[12]。纤维柔韧性的测量表明较粗的夏材纤维在低浓磨浆时似乎更容易受到影响。这与实际情况有关,由于它们的挺度较大,因此需要更大的力[13-14]使粗的纸浆纤维应变和变形,直到开始出现分层和内部细纤维化。已有人提出,硫酸盐浆纤维的内部细纤维化是由细胞壁的压缩造成的,其细胞壁基质内的层间交联键在最大形变的皱折点断裂[15]。相似的机理也可以用于机械浆以解释纤维柔韧性的增强。在磨浆过程中较大的压缩力[16],在粗纤维情况下,会导致纤维表面更多的磨损进而释放出更多的细纤维和细小纤维。粗纤维磨浆到给定的抗张强度水平会造成较低的游离度,同时也需要更多的能量。化学成分(木素含量)和物理结构(刚度和孔隙率)的差异都会影响纸浆纤维的形变行为,并且在机械浆比硫酸盐浆更高或者更快的磨浆响应中起着重要作用。

对于纤维的发展[12](例如,提高抗张强度),如果纸浆是在温和的强度水平下细致地磨浆[8,12],因为是在木素可塑性变形的温度范围内进行(见图 12-18),TMP 浆主线的低浓磨浆已被证实是一种能够有效利用能量的方法。

如果采用恰当的磨浆强度,针叶木机械浆的再精磨通常可有效减少纤维束的含量。在低强度下磨浆不利于纤维束的减少,但是加强了抗张强度的改善。而对撕裂强度或纤维长度只有很少的影响。通常,由于纸页结构的固化作用,再精磨在一定程度上增加了光散射和不透明度。二次细小纤维也提供了光散射效果。然而,太剧烈的磨浆条件将影响纸浆的游离度和纤维长度,因此造成抗张和撕裂强度显著下降(见图12-19)。

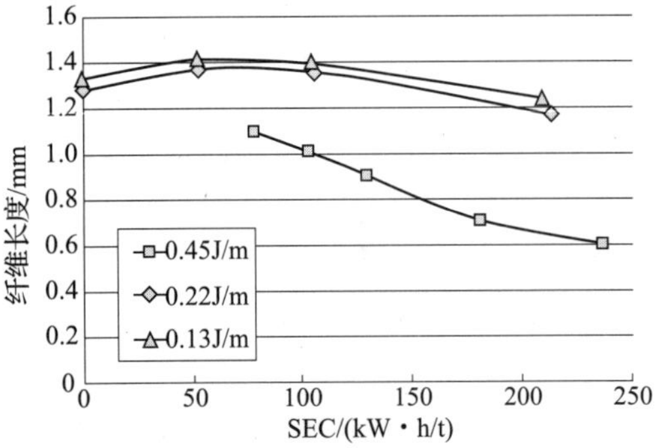

图12-18 磨浆强度对云杉TMP主线低浓再精磨纤维长度的影响[8]

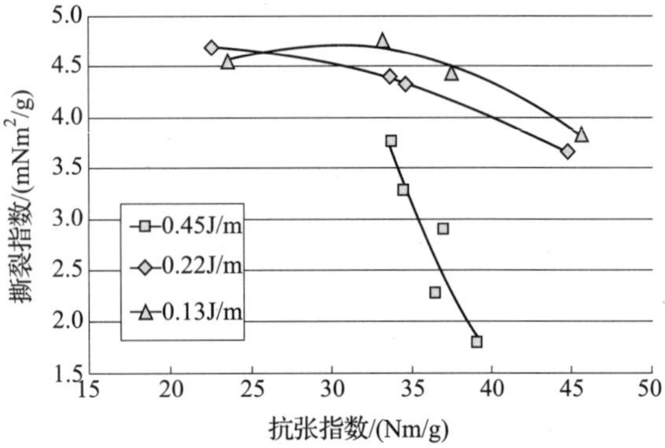

图12-19 磨浆强度对云杉TMP主线低浓磨浆的纸页强度的影响

参考文献

[1] Anon. 1989. Handbok for elenergibesparing vid omroring inom massa - och pappersindustrin, SPCI meddelande No. 55, SPCI, Stockholm.

[2] Yackel, D. C. 1990. Pulp and Paper Agitation, TAPPI PRESS, Atlanta 120. p.

[3] Alhoniemi, O. 1993. Evaluation of chip washing in a paper mill. MSc - thesis (in Finnish). Lappeenranta University of Technology. 122 p.

[4] Lumiainen, J. 1997. Post - refining of mechanical pulps. PIRA 1997 International Refining Conference Proceedings, PIRA, Leatherhead, p. 8:1.

[5] Huber, P., Carre, B., Petit - Conil, M. 2008. The influence of TMP fibre flexibility on flocculation and formation. BioResources vol. 3, no. 4, p. 1218.

[6] Lumiainen, J. 1997. Comparison of the mode of operation between conical and disc type refiners. PIRA 1997 International Refining Conference Proceedings, PIRA, Leatherhead, p. 14:1.

[7] Hietanen, S. 1991. The role of fibre flocculatlon in chemical pulp refining. PhD - thesis, Helsinki University of Technology, 118 p.

[8] Lundin, T. 2008. Tailoring pulp fibre properties in low consistency refining. DSc - thesis. Abo Akademi University. 259 p.

[9] Anon. 2002. TAPPI TIP 0508 - 02.

[10] Batchelor, W., Lundin, T, Fardim, P. 2006. A method to estimate fibre trapping in low consistency refining. Tappi Journal, Vol. 5, no. 8, p. 31.

[11] Huiren, H., Yufeng, X., Shulan, S. 1993. Effect of water quality in freeness testing. Tappi Journal, Vol. 76, no. 10, p. 135.

[12] Welch, L. V. S. 1999. Low consistency refining of mechanical pulps. PhD - thesis, University of British Columbia, Vancouver, Canada, 131 pp.

[13] Batchelor, W. J., Martinez, M., Kerekes, R. J., Ouellet, D. 1997. Forces on fibres in low - con-

sistency refining: shear force. Journal of pulp and paper science. Vol. 23, no. 1, p. J40.

[14] Martinez, M., Batchelor, W. J., Kerekes, R. J., Ouellet, D. 1997. Forces on fibres in low - consistency refining: normal force. Journal of pulp and paper science. Vol. 23, no. 1, p. J11.

[15] Wang, X. 2006. Improving the papermaking properties of kraft pulp by controlling hornification and internal fibrillation. PhD - thesis, Helsinki University of Technology, Espoo, 88 p.

[16] Kerekes, R. J., Senger, J. 2006. Characterizing refining action in low - consistency refiners by forces on fibres. Journal of pulp and paper science. Vol. 32, no. 1, p. 1.

第 13 章　各种机械制浆和筛选工艺流程

13.1　磨木浆和热磨机械浆的制浆流程

图 13 - 1 为一个普通机械浆生产线的简单工艺流程。这个流程始于备料：对于磨木浆来说是锯木和去皮，对 TMP 来说主要是去皮和削片或者制材厂木片的处理。在磨木浆厂，去皮后原木通过皮带运输机进料至磨木机。在 TMP 厂，木片在进料至盘磨机之前需要进行洗涤和预处理。磨浆后，磨木浆和热磨机械浆的简化流程图看起来是一样的。磨后纸浆筛选，浆渣再磨浆，最后如果纸浆白度要求超过新闻纸，需要对纸浆进行漂白和洗涤。在一些特殊情况下，在紧接纸机前面有一个单独的再精磨段。

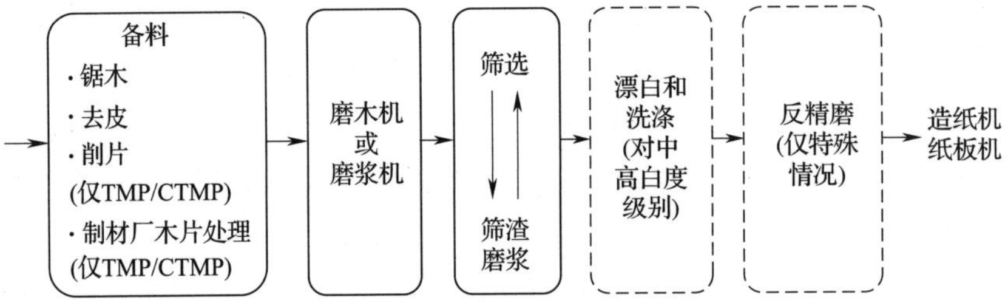

图 13 - 1　机械浆生产线简化流程图

尽管图 13 - 1 所示的磨木浆厂与热磨机械浆厂的简化流程图是相似的，但仔细看会发现有许多不同点。图 13 - 2 和图 13 - 3 所示为典型的现代 PGW 和 TMP 生产设备。

例如，一个纸板用浆的磨木浆厂与一个杂志纸用浆的磨木浆厂也有很大不同。在生产不同种纸和纸板用浆的机械浆厂中，其最大的不同是筛选、漂白和洗涤系统。然而，本章集中介绍用于各种纸的筛选工段的工艺流程图，始于考察 SGW/PGW 与 TMP 生产流程之间的基本区别。

13.1.1　磨石磨木浆和压力磨石磨木浆的筛选流程

在 PGW 生产线和现代化的 SGW 生产线中，浆坑中的纸浆输入撕碎机中，将木条破裂成大的纤维束，但这些纤维束对于压力筛选是足够小的。在 SGW 生产线，纸浆通常采用振动筛进行纸浆预筛选，分离出木条进行筛渣处理。振动筛的良浆送去压力筛选。

在磨木浆生产线，压力筛选系统的第一段总是配备孔筛。孔筛的目的是在缝筛前分离出大的纤维束，并将其送至筛渣处理。这些筛的筛渣率要保持尽可能小。缝筛将决定纸浆的最终质量。为了除去另外的纤维束和砂子等重杂质，缝筛之后紧接着是涡旋除渣器。现代缝筛技术提高了筛选的效率和纸浆质量，以致在纸浆厂通常不需要除渣系统。然而，除渣器能用于很需要的如高质量超级压光纸和低定量涂布纸用浆的工艺流程。磨木浆生产过程中含有一些砂子，它们将在筛渣线中积累。因此为了分离砂子，在筛渣线中安装除渣器是合适的。除渣器应该安放在筛渣盘磨机之前。

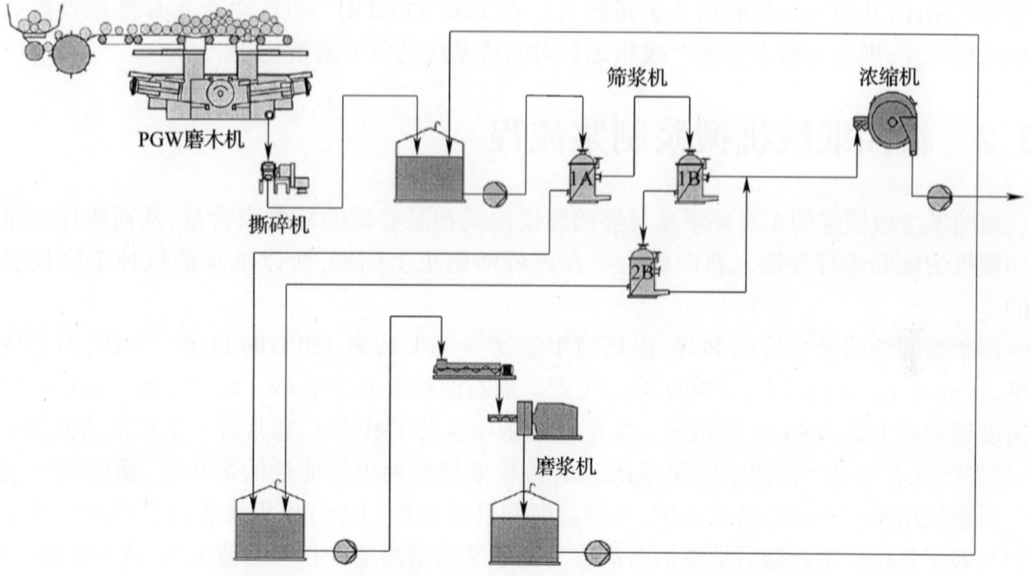

图 13－2 压力磨石磨木浆厂（PGW70）（由 Metso 提供）

注 图中的子流程由左至右依次是：皮带运输机、压力磨木机、撕碎机、筛选和筛渣磨浆。纸浆在圆盘过滤机浓缩。

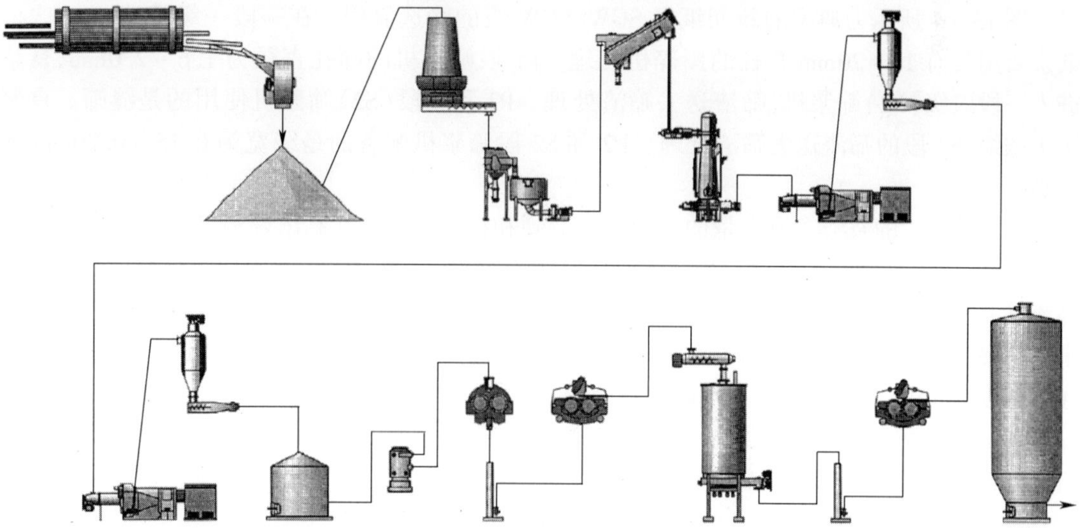

图 13－3 TMP 浆厂（由 Metso 提供）

注 图中的子流程由左至右依次是：剥皮、削片、预汽蒸、木片洗涤和脱水、预热、第一段磨浆、蒸汽分离、第二段磨浆、蒸汽分离、消潜、筛选和筛渣磨浆（此处用单段筛代表）、预脱水、挤压、高浓漂白、挤压和最后贮存。

由于纸机产量和纸种的改变，机械浆生产线的生产量也是变化的。在这种情况下以及只有有限数量的筛可用的情况下，有必要设计好筛选系统使得筛选工段在最佳状态下工作。

13.1.2 热磨机械浆和化学热磨机械浆的筛选流程

通常,磨后的机械浆首先在碎浆机内进行离解,随后进入消潜池,进一步到筛选。这个筛选系统不需要孔筛,因为热磨机械浆不含木条或者大的纤维束,这在磨木浆系统中是很典型的流程。另一方面,TMP 和 CTMP 比磨木浆含有更多长、粗和未发展的纤维。因此,与那些磨木浆制浆线相比,其筛渣率和磨后浆渣量较大。在 TMP 和 CTMP 浆厂,由于木片洗涤器除去了砂和树皮碎片,因此与磨木浆生产线相比其对除渣系统的需要通常更小。

13.2 新闻纸级机械浆制浆流程

新闻纸级机械浆的主要要求是足够的强度性质和足够低的纤维束含量,从而确保造纸机和印刷机的良好运行性能。新闻纸主要在胶版印刷机上印刷,所以纸页的低掉毛倾向是重要的。

用于新闻纸的最合适的 PGW 法是喷水温度为 95℃或者 120℃的 PGW - S 法,但是任何 PGW 或 SGW 法都可以用于新闻纸浆的生产。磨石的粒度通常是 54 ~ 60 目,磨木机后纸浆的游离度通常在 140 ~ 180mL 的范围。生产新闻纸用浆的 TMP 浆厂通常有一个标准的使用单盘磨、锥形磨或者双盘磨的两段磨浆系统。因为越来越重视单位能耗的最小化,新闻纸级 TMP 浆厂普遍使用单段双盘磨磨浆系统、短停留时间高温高速(RTS)流程或者结合低浓磨浆的单段锥盘磨浆系统。主线磨后纸浆的游离度与磨木浆的游离度在相同的范围内,或者略高一些。

13.2.1 新闻纸级压力磨石磨木浆的筛选流程

图 13 - 4 所示为典型的新闻纸级 SGW/PGW 浆的筛选流程。在一段一级筛选(P1)之前纸浆要用具有 15 ~ 20mm 孔径的撕碎机处理。P1 段筛浆机的筛孔直径为 1.6 ~ 2.0mm,良浆进入一段二级(P2)筛浆机,筛渣送去筛渣处理。P2 和二段(S2)筛浆机使用的是缝筛。良浆送去浓缩,S2 段的筛渣送去筛渣处理。P2 和 S2 段筛浆机配备的是缝宽为 0.15 ~ 0.20mm 的缝筛。

P1 和 S2 段的浆渣含有大量的纤维束以及硬和粗的纤维。在高浓筛渣磨浆流程中对它们进行处理,以发展纸浆的性质。磨后的筛渣在配有缝宽 0.15 ~ 0.20mm 的 R1 缝筛中筛选。从筛渣筛浆机得到的良浆送入下一工序,而浆渣则送回再磨浆。有时候,筛渣筛浆系统包含两台串联的筛浆机。在这种情况下,为了保护 R2 缝筛以防大纤维束,R1 筛浆机配有孔型筛鼓。通常浓度为 15% ~ 30% 的磨木浆通过筛渣线。

图 13 - 5 所示是一个可供选择的系统,磨后的浆渣送回 P1 筛的进口。这类系统的缺点是所有发展后的长纤维都不能成为良浆。

13.2.2 新闻纸级热磨机械浆的筛选流程

图 13 - 6 所示为一个典型的新闻纸级热磨机械浆的筛选流程。一段和二段筛浆机配有缝宽为 0.15 ~ 0.20mm 的筛框,两段筛的良浆均送往下一工序。只有 S1 的筛渣送往筛渣处理。磨后的浆渣用缝宽为 0.15 ~ 0.20mm 的缝筛进行筛选。良浆被送往下一工序,浆渣则送回再处理。25% ~ 35% 的主线盘磨机产量通过筛渣线。

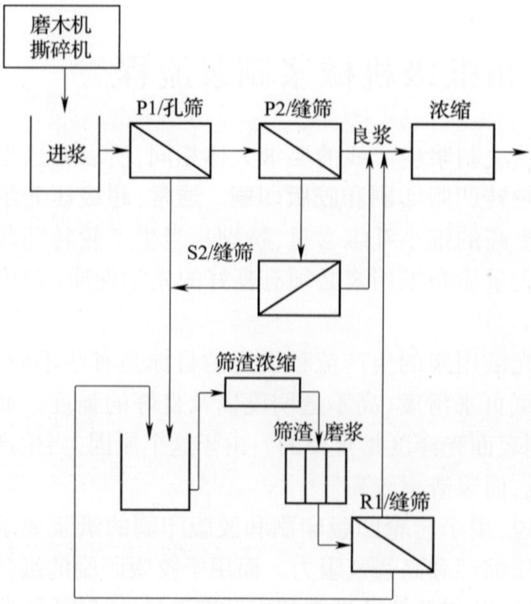

图 13－4 新闻纸级压力磨石磨木浆的筛选流程图(SGW/PGW 选择方案 1)

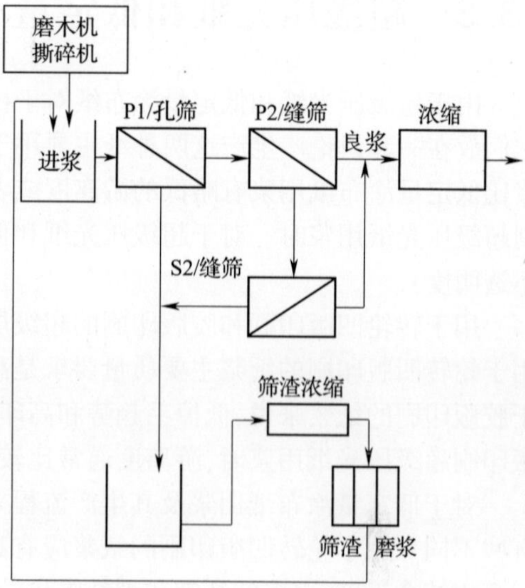

图 13－5 新闻纸级压力磨石磨木浆的筛选流程图(SGW/PGW 选择方案 2)

主线筛浆系统可以包含第三缝筛段(T1),在这种情况下所有的三段良浆都送往下一工序(见图 13－7)。这种系统可能使过程总筛渣率最小化,而对各台筛浆机有较高的筛渣率。这个系统也使未磨浆渣具有较高的游离度,所以有更多的磨浆能量用于 TMP 最粗大的组分,以提高强度性质。

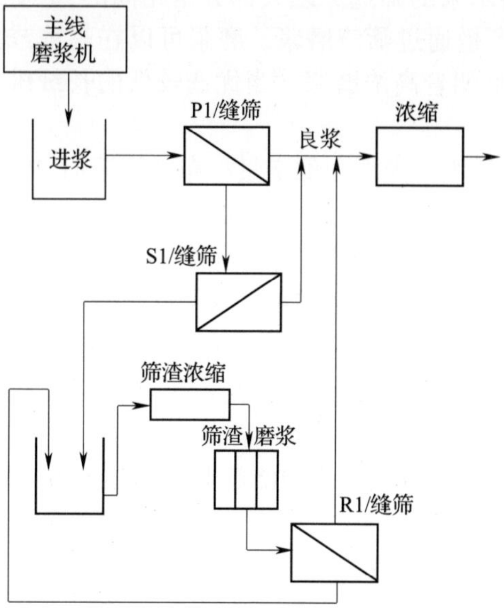

图 13－6 新闻纸级热磨机械浆的筛选流程图(TMP 选择方案 1)

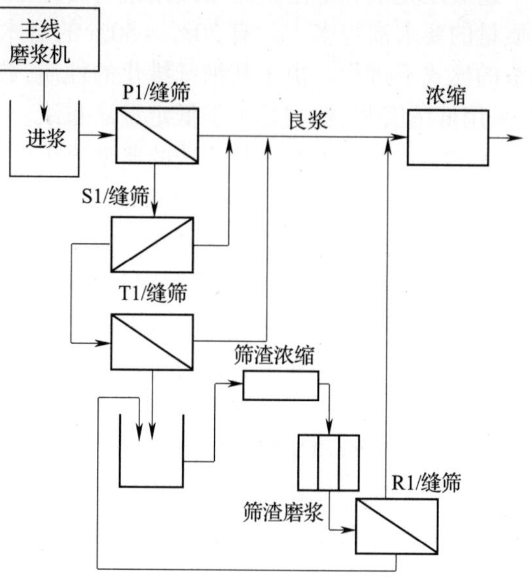

图 13－7 新闻纸级热磨机械浆的筛选流程图(TMP 选择方案 2)

有时,用筛渣返回主线第二段磨浆机来代替筛渣磨浆。

13.3 超级压光纸和低定量涂布纸级机械浆制浆流程

由于超级压光纸和低定量涂布纸对于机械法制浆生产线的要求大体相同,所以在这里将它们放在一起讨论。生产这两种纸主要用于轮转凹版印刷和胶版印刷。通常,超级压光纸用浆比低定量涂布纸用浆有略低的游离度或者更高的细小纤维含量,特别是当生产轮转凹版印刷超级压光纸用浆时。对于超级压光纸和低定量涂布纸用浆必须有良好的光学性质(白度和不透明度)。

用于转轮凹版印刷和胶版印刷的超级压光纸用浆的生产流程设定的目标是有些不同的。用于轮转凹版印刷的纸浆主要质量要求是高纸页平滑度、高不透明度以及良好的强度。而用于胶版印刷的纸浆来说,低掉毛趋势和高印刷表面光泽度是重要的。由于这个原因,当生产胶版印刷超级压光纸用浆时,游离度通常比较低,而浆渣率较高。

对于低定量涂布纸用浆及其生产流程来说,用于转轮凹版印刷和胶版印刷的纸浆要求也有些不同。用于轮转凹版印刷的纸浆应有高压缩性和高透气阻力。而用于胶版印刷的纸浆应有高内结合强度、更多的纤细和细纤维化纤维以及很低的纤维束和粗纤维含量,以防止纸张中纤维粗糙化和纸页鼓泡。

磨木法(例如,常规 SGW 和低温 PGW70)被认为是最适合生产超级压光纸和低定量涂布纸用浆的,因为它们有较好的白度。磨石的磨粒通常是 70 目或者 80 目,磨后纸浆的游离度通常在 70 ~ 110mL 范围内。在 TMP 制浆中,主线磨浆通常是进行 2 ~ 3 段的,纸浆游离度在90 ~ 120mL 范围内。

13.3.1 超级压光纸和低定量涂布纸级磨木浆和压力磨木浆的筛选流程

超级压光纸和低定量涂布纸用浆与新闻纸用磨木浆的筛选原理大部分是相同的,但对纸浆质量的要求高得多[1]。有 30% ~50% 的磨木浆产量通过筛渣磨浆。磨浆可以在高浓或者低浓的模式下进行。由于其细纤维化的性质,趋势是朝着高浓磨浆。当优选较低的长纤维量时,采用低浓磨浆,特别是用于低定量涂布纸。

图 13 –4 所示为磨木浆筛选的典型流程。生产超级压光纸和低定量涂布纸用浆时,P1 筛浆机配有孔径为 1. 4 ~ 2. 0mm 的筛鼓,P2、S2 和 R1 筛浆机配有缝宽为 0. 10 ~ 0. 15mm 的筛鼓。进二段筛比进一段筛的浆料含有更多的粗纤维。通过优化筛缝宽度和筛鼓的断面高度,两个筛浆段都能达到相同的纸浆质量。筛渣率和筛选浓度是纸浆质量控制的重要参数。

图 13 –8 所示的流程图为主线上有三段缝筛的筛浆系统。三段的所有良浆都向前输送,均配有缝宽为 0. 10 ~0. 15mm 的筛鼓。这类系统可能使过程总筛渣率最小化,各段筛浆机有较高的筛渣率。它允许在筛渣磨浆中使用较高的单位能耗,最终的纸浆有较好的强度性质。在筛渣线上有两台筛浆机。R1 筛浆机为孔径 1. 4 ~ 2. 0mm 的孔筛,R2 筛浆机为缝宽 0. 10 ~ 0. 25mm 的缝筛。R1 筛的筛渣送回筛渣处理,R2 筛的筛渣送到 S2 筛的进口。如果筛渣磨浆能足够有效消除所有大纤维束,例如采用两台筛渣磨浆机串联,就不需要孔筛。

13.3.2 超级压光纸和低定量涂布纸级热磨机械浆的筛选流程

超级压光纸和低定量涂布纸用 TMP 浆与新闻纸用浆的筛选流程的设计原理大部分是相

同的,但纸浆质量的要求高得多。主线盘磨机纸浆产量的 40% ~60% 送去筛渣磨浆。对最需要的生产过程采用如图 13 -9 所示的流程图。为了确保对粗而挺硬纤维的有效处理,进行两段筛渣磨浆。所有筛浆机配有缝宽为 0. 10 ~0. 15mm 的筛鼓,所有良浆被送入下一工序。另外,根据筛浆机的位置(P、S 和 R 筛)来选择缝宽和断面。第二段筛的筛渣送到第一段筛渣磨浆,其数量取决于生产的纸浆种类。因为缝筛根据筛渣率划分出中间组分,为了确保筛渣磨浆后中间组分的良好结合能力,胶版印刷纸用 TMP 浆筛选系统有较高的筛渣率。转轮凹版印刷纸用 TMP 浆筛选系统有较低的筛渣率,其目的是使最粗的纤维在较高游离度下送去筛渣磨浆。这使得在筛渣磨浆中有可能产生更多的细小纤维,以满足纸张平滑度的要求。第一段筛渣磨后的浆渣在第一段浆渣筛(R1)中筛选,该筛浆机的筛渣进入第二段筛渣磨浆。目的是提高粗纤维组分的结合潜力,改善最终纸浆的光泽度和强度。磨后的纸浆在第二和第三筛渣筛浆机(RS1、RT1)中筛选,这些筛的浆渣送到第一段或第二段筛渣磨浆机。使用 RS1 和 RT1 筛是为了最大限度地减少再循环浆渣量,降低单位能耗。

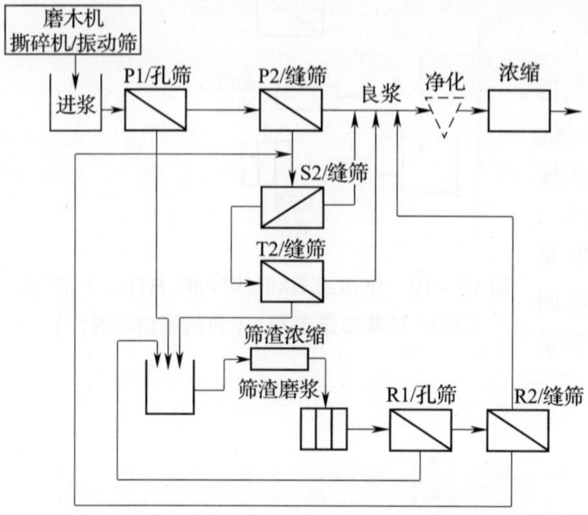

图 13 -8 超级压光纸和低定量涂布纸级压力磨木浆的筛选流程图(SGW/PGW 选择方案 3)

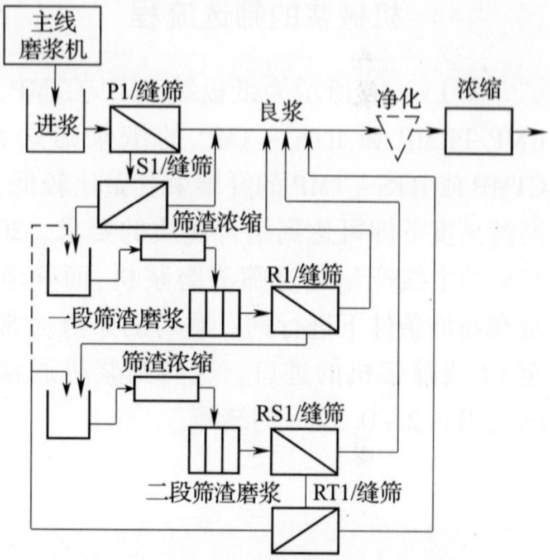

图 13 -9 超级压光纸和低定量涂布纸用热磨机械浆的筛选流程图(TMP 选择方案 3)

13. 4 纸板用机械浆制浆流程

纸板用浆生产中的主要目的是达到松厚度和内结合强度的良好结合。因此,需要最大程度地减少没有结合能力的纤维束和纤维量,以免纸板层的脱层和分离。

标准磨石磨木浆仍是折叠纸板最广泛使用的原材料,它用于纸板中间层。低温 PGW70 和 PGW95 浆也非常适合生产纸板。磨石的磨料粒度一般在 36 ~46 目,筛选前纸浆游离度在 350 ~450mL 范围内。由于 TMP 浆的高单位能耗和低细小纤维含量,它没有广泛用于纸板的生产。由于 TMP 浆中细小纤维含量较低,导致了较差的内结合力[2]。有些工厂在一段或者两段磨浆系统中使用了 RMP(PRMP)或 RTS - TMP 工艺,以达到比磨木浆低的游离度。CTMP 非常适合用于液体包装纸板的中间层,因为与硫酸盐浆同质纸板相比其松厚度较高,且其抽出物含量较低。为了达到二氯甲烷(DCM)抽出物含量低于 0. 1% 的要求,CTMP 必须洗涤 3 ~5 次。筛前 CTMP 的游离度与纸板用磨木浆的相似或较高。

13.4.1 纸板级磨木浆和压力磨木浆的筛选流程

典型的纸板级 SGW/PGW 浆的筛选流程图与图 13－4 和图 13－5 相似。P1 筛浆机为孔径 1.6～2.4mm 的孔筛，P2、S2 和 R1 筛浆机为缝宽 0.20～0.35mm 的缝筛。在旧系统中，第二段筛选的良浆通常被送回 P1 筛的进口。在筛渣线上，也可将缝筛和孔筛结合使用（*R*1：孔径为 1.6～2.4mm，*R*2 缝宽为 0.25～0.35mm）。15%～25% 的磨木浆产量通过筛渣磨浆机。筛渣磨浆的主要目标是除去大的纤维束和保持良好的松厚度，因此，通常采用有效的低浓磨浆。它能将纤维束有效的离解成长纤维，同时相比于高浓筛渣磨浆松厚度提高得更多。

13.4.2 纸板级热磨机械浆和化学热磨机械浆的筛选流程

图 13－10 所示为纸板级 TMP/CTMP，包括 RMP/PRMP 和 RTS－TMP 的纸浆筛选系统。CTMP 或 RTS－TMP 的纤维束含量比较低，在较高游离度下即可达到结合性质的要求。20%～35% 的主线产量通过筛渣磨浆机，而筛渣磨浆是在高浓条件下进行的。磨后的浆渣通常送回至 P1 段筛浆机的进口。这些筛浆机通常都是缝宽为 0.2～0.3mm 的缝筛。

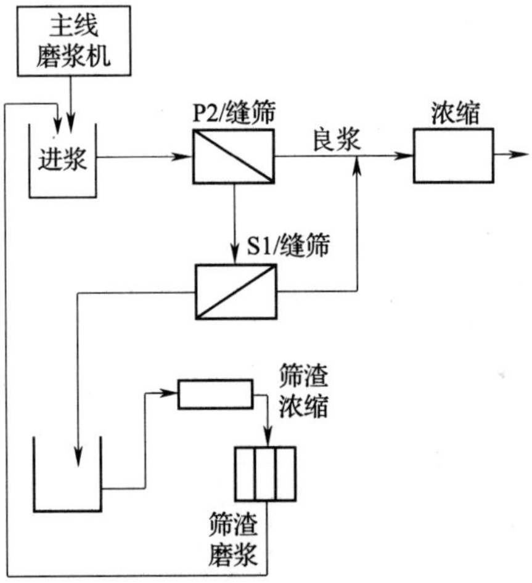

图 13－10　纸板级 RMP、PRMP、RTS－TMP 和 CTMP 纸浆筛选流程（不包括漂白和洗涤）

参考文献

[1] Viljakainen, E., High－quality mechanical pulps in paper and board manufacture. Int. Papwirtsch., no. 9, 2006, pp. 47－51.

[2] Thoren, A., Improved quality producing up－time in Workington Pulp Mill. 10th Scientific and Technical Advances in Refining and Mechanical Pulping, PIRA conference, December 12－13, 2007, Stockholm, Sweden.

第14章　机械制浆的环境影响

14.1　贮木场、剥皮、制浆和漂白过程

机械法制浆对环境的影响来自纸浆生产和废水处理的各个阶段。在很多制浆造纸厂的所在地，机械浆厂是木材原料的唯一使用者，所以木材处理是机械浆生产中必不可少的一部分。机械制浆的环境影响占了纸产品生命周期影响的大部分。林业和后勤操作有一定的影响，同样造纸、纸加工和运输都会产生影响。生命周期法是评价一个特定最终产品环境影响的一种通用方法，这超出了本章的范围。但是，在本章最后对机械浆印刷纸碳足迹及其主要作用因素进行了简短述评。

纤维分离过程通常采用磨石磨木机或盘磨机进行，后面接着进行筛选，筛渣处理、漂白、浓缩和稀释等是机械制浆的主要步骤，如图14－1所示。这些步骤占工厂能量输入和木材纤维得率损失的绝大部分。所有得率的损失，无论是以固形物的形式还是通过溶出或者蒸发损失的，最终都会对环境造成影响。

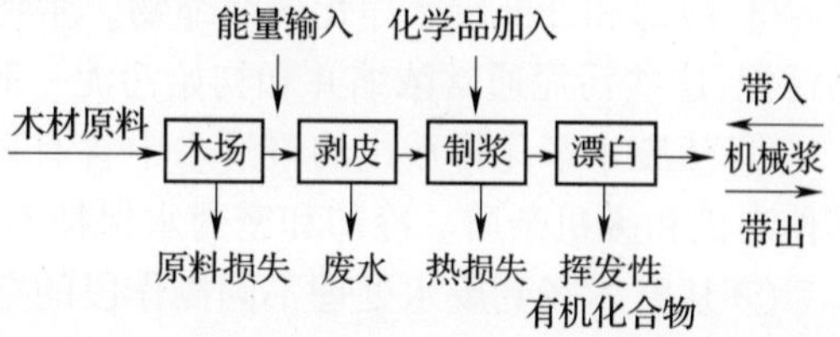

图14－1　机械浆制造中产生环境影响的主要流程

残余的化学品，如CTMP制造过程中的残余处理化学品或者在漂白工段的残余漂白剂，也都会对环境产生显著的影响。此外，化学处理或者漂白工段都会降低纸浆得率。木材原料和过程化学品如果不被纸产品带走或者不被固体废弃物带走，它们最终释放到过程水中成为工厂废水。

本章重点在于水的管理和机械制浆和漂白过程中废水的形成。对剥皮废水也进行了讨论，因为是机械制浆中挥发性有机物（VOCs）的释放。第十九册《环境的处理和控制》系列教科书中涉及废水和固体废弃物的外部处理。

14.2　过程排出物

大多形成废弃物的固体物料来自于剥皮工段，以树皮、剥皮损失，锯末和木屑方式产生。通常的实践是将固体废弃物作为燃料。较少部分固体废弃物构成了制浆过程中纤维的损失。

剥皮过程中废水的排放很重要。废水的体积与厂内其他部分相比较少，但是废水中溶解物质的含量占整个造纸厂COD负荷的1/3。溶解的和分散的物质主要来自于树皮。树皮的生物毒性是为何剥皮废水要与制浆和漂白过程水系统分开的一个原因。

机械制浆系统过程水中溶解和分散物质来源于几个方面：

① 在高温条件下纤维分离过程木材溶解和分散的成分(半纤维素、果胶、木素、抽出物和无机盐类)；

② 用于机械制浆和漂白可能残余的过程化学品；

③ 密封和润滑处的泄露，设备材料溶解到过程中；

④ 从造纸循环到制浆的循环水中携带的造纸残余化学品；

⑤ 上面提到的携带物质可能包括由新鲜水引入和净化带入的有机物和无机物；

⑥ 剥皮带入的溶解和分散物。因为剥皮过程通常是相对封闭的，过程水的浓度变大，并且污水渗透到木材中。

过程中溶解和分散物质构成了机械制浆的主要环境影响，并有大量研究报告涉及这些问题。但是，不同研究结果不一致。一个显著的原因是溶解和分散物质的量和组成取决于木材的组成，这些成分的变化很大并且在生长年轮不同点也不相同。另外一个明显的原因是机械制浆部分的水系统和造纸部分的水系统联系在一起，这样就会引起两个系统的相互干涉。机械制浆水系统也有引起积累作用的内循环。因此，工厂水中物质的浓度不仅取决于木材和解离条件，也取决于水系统的结构。

一些材料的损失是蒸发时发生的。这些挥发性化合物通过排放蒸汽流或者冷凝成液相而除去。

在系统封闭、回收和净化步骤完成后，机械浆制造的环境排出物如下：

① 贮木场木材喷洒和雨水的排水必须作为废水处理；

② 树皮和其他木质残余物回收作为有用的燃料，相当于每吨机械浆产生 0.8MJ 的热量；

③ 内部和外部废水净化的浓缩物。生物净化是一种通用的实践，外部净化的浓缩物是生物污泥，这些污泥通常浓缩并和初始污泥一起焚烧；

④ 从废水净化排放出的澄清水中含有残余的污染物，包括耗氧的有机物、矿物质和各种其他有机和无机杂质。冷却和密封水保持不被污染，但是增加了热含量；

⑤ 从贮木场到废水处理不同操作段的空气排放物；

⑥ 主要由原木处理、户外运输和不恰当的交通路线产生的噪声；

⑦ 解离纤维多余的热量，这些热量一部分用于过程内的目的，一部分回收用于外部的目的，部分成为蒸汽排出或者热废水而损失。

因此，由于机械制浆对环境影响的分析应该回答在特殊情况下这些项目都意味着什么，并且是什么因素影响了它们。

14.3 木材和木片贮存

14.3.1 技术趋势

木材的贮存时间和贮存条件能引起木材质量的变化而导致其成分溶解度的变化，这些都会对环境产生影响。

在处理木材时有两个重要的趋势。第一，作为尽量使用新鲜的木材用于生产的努力结果，从木材砍伐到工厂使用之间放置时间变短。因此，贮存时间对质量的影响就会减少。第二，伐木工伐木时极大程度地去除树皮。原木去除 30% ~50% 的树皮，这就意味着干燥或者木材的其他影响会较快被发现，使短时间的放置变得更重要。这也意味着去皮时有害成分的溶出就会减少。

最长几个月的总贮存时间是目前贮存中减少木材质量变化的一个重要方法。现在木材贮存时间明显变短,这与木材的调节相结合,贮存的影响就会进一步减少。

14.3.2 贮存过程中木材的变化

由于贮存时间的延长而引起了木材和纤维质量的改变和不同的贮存方法的影响已经成为全世界广泛研究的课题。但是很少把注意力放在可能的得率损失和对环境影响上。在 20 世纪 90 年代初[1],芬兰制浆造纸研究所及其合伙公司进行了广泛的研究。部分结果仍没有发表。这项研究的主要目的是确定贮存参数对纸浆质量潜能的影响。贮存过程中木材的主要变化是由细菌和真菌的活性和干燥及随后的加速氧化所致。主要的质量影响是白度的损失。部分变化可能是因为树皮的水溶性抽出物渗透到木材。贮存中的干燥和温度的增高也会产生影响。早期的研究报道纸浆强度的损失,表示木材高分子的分解。研究结果没有显示在几个月的贮存中,任何主要强度的恶化,与贮存过程中采用的调节方法无关。

其他的研究已报道贮存中亲酯性木材抽出物的量显著减少。这可能是因为该树种有很高的抽出物含量,这已经被众所周知的延长贮存过程中挥发性化合物的减少和塔罗油产率的减少所证实。对云杉贮存的研究显示,大部分三甘油酯被水解成游离脂肪酸[2-3],当贮存长至 4 个月时总抽出物的含量基本上不受影响。因此,采伐和贮存木材时抽出物的成分会有变化,但是抽出物的总量不会有变化。

14.4 剥皮和削片

14.4.1 湿法和干法剥皮

机械浆厂的圆木几乎总是在剥皮鼓中进行剥皮,因为有效的去皮很重要。在湿法剥皮中圆木通过剥皮鼓时使用大量的水,以促进树皮的释放和去除。单位水耗是 2 ~ 4m^3 水/m^3 木材实积。在干法剥皮时,在剥皮鼓中没有封闭段,并且木材通过转筒时没有或者仅需少量水。但是,在干法剥皮中,洗涤和沙子分离段是需要一些水。在结冰的情况下,干法剥皮需要一个单独的热水融化室在剥皮鼓前融化圆木的冰。实际上,在夏天融化室也需要一些水增加转鼓内树皮的去除。总之,在干法剥皮的剥皮段需要少量的水循环。剥皮鼓的详细设计可变化,导致不同的效率和木材损失与剥皮度比率。

机械浆厂所用的制材厂木片常常来源于与制浆厂所用的不同剥皮技术剥皮的木材。例如,用刀子去皮与用转鼓去皮相比,会有更多的树皮残余物留在木材上,并且这些残余成分带到盘磨机磨浆过程,影响过程的稳定性和浆的质量。

在 1994—1996 年,芬兰制浆造纸研究所就木材剥皮对环境的影响进行了广泛的研究[4]。例如,分析了干法剥皮车间的操作过程。根据这项研究,每立方米实积木材的废水量是 0.72m^3。分析得出的结果是采用那时的技术,在 0.1 ~0.3m^3/m^3 实积木材的范围内是可以达到的。

14.4.2 剥皮的水循环系统

作为一条规律,剥皮车间的水系统是高度封闭的,所以污染物的 COD 浓度都很高。在循环中需要一个内净化段以从循环水中除去固形物。高浓度的溶解和分散物质本质上不会影响剥皮的操作,但是能带到制浆中。释放出的树皮通过挤压而浓缩成很高的干固含量。挤压出的滤液有最高的 COD 浓度。如果需要减少循环水的浓度,部分树皮的压缩液要送到废水处理厂。来自制浆和造纸车间的循环水或者经过净化后的废水能够作为低 COD 的补充水。在剥皮中,需要一些附加的水,例如用于洗涤喷水。

14.4.3 需水量

在湿法剥皮中,循环水在洗涤和运输过程中用作剥皮鼓最初段和出口的喷淋水。在很长一段时间内,树皮保持着湿的状态,最后被机械力破碎成细小颗粒。在干法剥皮中,循环水只用于圆木的洗涤、外来杂质的分离和灰尘的控制。只有一小部分树皮保持湿的状态。干法剥皮和湿法剥皮有很大的不同。表 14－1 说明了一些工厂的单位用水量。中间形式的剥皮技术和各个厂的实践导致了单位用水量的某些变化。

表 14－1　一些芬兰纸厂剥皮车间的单位用水量

	剥皮类型	单位用水量/(m^3/t 木材) 夏季	单位用水量/(m^3/t 木材) 冬季
A 厂	湿	4.5	5.7
B 厂	湿	0.9	1.0
C 厂	湿	6.0	6.0
D 厂	湿	5.1	4.8
E 厂	湿	1.2	2.7
F 厂	混合	2.7	2.7
G 厂	干	2.1	1.8

14.5 剥皮废水的处理

14.5.1 剥皮循环水的组成和浓度

剥皮车间循环水中溶解和分散的物质主要来自于树皮。补充水的来源仅有小的影响。树皮的化学成分很复杂并且其化学成分并未完全知道。在化学浆厂和综合造纸厂状况仍然很复杂,因为针叶木和阔叶木的水系统是混合的。总体来说,树皮含有大量的水溶性物质,包括抽出物和富含磷和氮的营养物。一些水溶性化合物有毒,一些使水产生深的颜色。

在剥皮中要考虑 3 个重要的水流:循环水,这是所有水的混合物;其中部分水已经内部净化或澄清;来自树皮压缩的过滤水,这是浓度最高的水流,并且也可从剥皮段送到最终废水处理。

表 14－1 列举了一些相关工厂的例子。表 14－2 给出了剥皮循环水的浓度。

表 14－2　一些芬兰纸厂剥皮过程水的 COD_{Cr} 浓度

	剥皮类型	进水	循环水浓度/(g/L)	出水浓度/(g/L)
A 厂	湿	机械制浆循环水	4.8	4.8
B 厂	湿	新鲜水	n. a.	16.0
C 厂	湿	干净的废水	n. a.	3.0
D 厂	湿	干净的废水	13.0	3.9
E 厂	湿	纸机澄清白水	8.0	6.0
F 厂	混合	纸机澄清白水,新鲜水	2.8	2.8
G 厂	干	干净的废水	2.3	2.3

注　n. a.—未测定。

14.5.2 废水负荷

对于剥皮循环水，或其中部分水，最常见的处理是内部澄清，通过沉降或者浮选，可能通过化学絮凝强化。因此，主要的固形物被去除。由于固形物的吸附，易溶物质达到适量的减少。大部分澄清水重新循环使用，部分送到废水处理。循环水中 COD 的浓度是通过调节循环系统的封闭程度来控制。

剥皮废水中有机物负荷占了造纸过程负荷的大部分，如大到 30% ~50% 。剥皮车间更高程度的封闭、干法剥皮和内部净化都已经检测。一个有意思的方法是分离和净化来自树皮压缩的最浓部分的滤液。

已经提出不同的内部净化方法：机械蒸汽蒸发、适当去除固形物的膜过滤、生物处理之后进行化学絮凝等[4]。这些方法中没有任何一个已经证明比其他的更有优势。

14.6 机械制浆和漂白过程中排放到水中的木材成分

14.6.1 不同制浆方法排放数据

每种机械制浆方法中木材及其制得的纸浆纤维承受的温度—时间分布都不相同。例如，化学机械法采用高的 pH，通常超过 8。因此，不同制浆方法会引起大大不同的木材溶出物进入过程水中。

当木材采用常规的磨木或者磨浆制成机械浆时，2% ~5% 的木材原料溶出或分散成为胶体物质进入过程水中。用铬酸盐滴定法测定的 COD，通常用于过程水和废水中这些溶解和胶体物的总测量。最近，已引入总有机碳（TOC）用作 COD 的替代指标。TOC 是由催化氧化及其后在自动仪器中通过红外光谱测定释放的二氧化碳来测量。有时候，也有报告总溶解固形物（TDS）。早期，生物耗氧量（BOD）是最有用的参数。BOD 是测定可生物降解的有机化合物，而 COD 和 TOC 包括所有的有机物。TDS 包括有机和无机的非挥发性物质。营养物的排放，导致了水系过营养化，通常通过测废水中的总磷和总氮来测定。

据报道，通过测定 BOD，与 SGW 和 PGW 制浆相比，TMP 释放两倍的木材原料量[5]。在其他的研究中也有类似的报道[6-11]。

溶解和分散在过程水中的木材成分，在实际工厂环境下受很多过程因素的影响，如木材混合后的质量，制浆过程的条件和过程水的质量，后者取决于整个造纸厂水系统的构成和水系统的封闭程度。此外，纸浆浓度、温度、盐浓度对木材的溶出也有影响[9,11]。因此，在科技文献上可以看到很多的数据。生长在北欧地区的云杉木机械制浆的典型数据列在表 14 -3 中。中国某厂杉木 BCTMP 废水污染特征如表 14 -4 所示。表 14 -5 为杨木 P - RC APMP 制浆废水的污染特征。

上述表中的数据表明，不同机械制浆方法的废水污染特征有较大的不同。与没有化学处理的机械浆（SGW、PGW、TMP）废水相比，化学机械浆（CTMP、BCTMP、APMP、PRC - APMP 等）废水的污染负荷要高得多，COD_{Cr}浓度可达到 4000mg/L 以上，BOD_5浓度可达到 1500mg/L 以上，属于高浓度有机废水。

表 14－3　北欧纸厂源自机械制浆废水的特性。BOD、COD、P 和 N 数据来自 Franzen 和 Jantunen[12]。

制浆方法	BOD_7 /(kg/t)	COD /(kg/t)	TOC /(kg/t)	总 *P* 量 /(g/t)	总 *N* 量 /(g/t)
SGW	10～12	30～40	10～14	20～25	80～100
PGW	12～15	40～50	14～18	20～30	90～110
TMP	15～25	50～80	18～28	30～40	100～130
CTMP	20～35	60～100	21～35	35～45	110～140

注　TOC 以 0.35×COD 来计算。

表 14－4　杉木 BCTMP 废水污染特征指标[13]

COD_{Cr} /(mg/L)	BOD_5 /(mg/L)	SS /(mg/L)	TSS /(mg/L)	pH	色度 /倍	温度 /℃
4897	1507	2020	6342	6.98	900	48

此外，不同原料相同制浆方法的废水污染特征也有明显的不同。表 14－6 为竹材实验室制 CTMP 制浆综合废水的污染特征。与表 14－4 中木材原料 CTMP 的废水相比，竹材 CTMP 废水的 COD_{Cr}和 BOD_5发生量要大得多。

表 14－5　杨木 P－RC APMP 废水污染特征指标[14]

	挤压	洗浆	综合
废水发生量/(m^3/t 浆)	2.4	19.4	21.8
pH	7.1	5.6	6.0
COD_{Cr}浓度/(mg/L)	5344	4064	4205
COD_{Cr}发生量/(kg/t 浆)	12.8	78.7	91.5
BOD_5浓度/(mg/L)	2037	1764	1794
BOD_5发生量/(kg/t 浆)	4.9	34.2	39.0
SS 浓度/(mg/L)	185	151	160
SS 发生量/(kg/t 浆)	0.4	2.9	3.5
TSS 浓度/(mg/L)	13600	6723	7478
TSS 发生量/(kg/t 浆)	32.5	130.2	162.7
TSS 中有机物含量/%	74.5	66.1	67.0
TSS 中无机物含量/%	25.5	33.9	33.0
色度/倍	900	200	300

14.6.2　漂白工段的影响

采用碱性过氧化氢漂白能够产生另外的 5～15kgBOD/t 浆和 15～40kgCOD/t 浆的负荷，与机械制浆本身的数量相同[16]。磷的排放为每吨浆增加 20～35g，氮的排放能增加到 400～500g/t 浆。

碱度大大影响了半纤维素和果胶的溶出[17]。EKman 和 Holmbom[18]测定了碱性过氧化氢漂白对木材抽出物的影响。甘油三酯、脂肪酸和甾醇基本上保持不变，但是枞酸型树脂酸、木酚素和芪都在很大程度上降解。

氢氧化钠和硅酸钠是过氧化氢漂白中常用的碱源。由于高碱性引起木材成分的大溶解，已提出其他的碱源[19]。在一些研究中,提出 Mg,以 MgO 或 $Mg(OH)_2$[20],作为碱源,会导致 BOD 和 COD 约 50% 的减少[21]。

表 14-6 实验室竹材 CTMP 制浆综合废水的污染特征[15]

废水量 /(m^3/t 浆)	pH	COD_{Cr} /(kg/t 浆)	BOD_5 /(kg/t 浆)	SS /(kg/t 浆)	TS /(kg/t 浆)	TS 有机物质量分数/%	N 含量 /(kg/t 浆)
41.2	7.65	300.37	101.33	56.68	287.19	65.18	20.93

残余的漂白化学品,尤其是阴离子聚合硅酸盐在造纸中能干扰阳离子助留剂的作用。常用的螯合剂,如 EDTA 和 DTPA,对生物降解是相对稳定的,并且随净化后的废水排放。它们是含氮化合物,并且经过后来的光化学分解,因此增加了营养物负荷。例如,每吨浆 2kg 螯合物的用量至少增加 100g 氮/t 浆的排放,这与木材制浆过程中释放的氮化合物的量相近[22]。

连二亚硫酸盐漂白,通常在 pH5~6,温度 60℃ 下进行,并未明显增加溶出的有机物量。然而,盐类被引入水系统中。连二亚硫酸盐的分解产物能降低 pH,因而引起造纸的干扰。

14.6.3 释放的木材成分的化学特性

溶解和胶体物质的主要成分是半纤维素、亲脂性木材抽出物(树脂)、木酚素和与木素有关的物质。表 14-7 列出了挪威云杉制取 TMP 浆时释放的有代表性物质的量。

挪威云杉机械制浆溶出的半纤维素主要是含有少量半乳糖的乙酰化半乳糖葡萄糖甘露聚糖(GM)(见图 14-2)。溶解的 GM 是由甘露糖(Man)、半乳糖(Gal)和葡萄糖(Glc)单元按 4.5∶0.6∶1 比例组成。GM 每2~3个糖基有一个乙酰基(见图 14-3)。在机械制浆中,木材中只有 5%~10% 的 GM 溶解。

酸性阿拉伯糖半乳聚糖(AG)特别地从心材中释放出来[25]。云杉心材中的 AG 是由半乳糖、阿拉伯糖(Ara)和葡萄糖醛酸(GlcA)按 Gal∶Ara∶GlcA 为 4∶1∶1 的比例组成。AG 是一种强阴离子并且是未漂白机械浆悬浮液称之为“阴离子垃圾”的主要贡献者。尽管聚木糖是云杉木半纤维素的主要形式,只有少量聚阿拉伯糖葡萄糖醛酸木糖在机械制浆和漂白中释放出来。

果胶,主要由半乳糖醛酸组成,在未漂白浆水中只出现少量,但是经过过氧化氢漂白后,则是重要基团,从图 14-2 大量的半乳糖醛酸可以看出。云杉木果胶和未漂白 TMP 水中的大多数羧基是甲基化的,然而过氧化氢漂白溶出的果胶是脱甲基的,因此是高电

表 14-7 工厂生产云杉(*Picea abies*) TMP 的 1% 悬浮液中溶出和胶体物质的典型量

组分/(kg/t TMP)	未漂白 TMP	过氧化氢漂白 TMP
半纤维素	18	9
半乳糖葡萄糖甘露聚糖	16	4
其他半纤维素	2	5
果胶(半乳糖醛酸-甘露聚糖)	2	4
木酚素	2	1
其他与木素有关的物质	7	11
亲脂性抽出物(树脂)	5	4
乙酸	1	20
甲酸	0.1	4
无机成分	<1	5

注 TMP 的漂白是用碱性过氧化氢(3%,对绝干浆)在实验室中进行(基于 Thornton 和 Holmbon 数据[16,17,23,24])。这些水中的 TOC 值分别为 214mg/L 和 288mg/L。

荷的。果胶的脱甲基产物称为果胶酸，半乳糖醛酸的羧基基团在通常造纸条件下是离解的。果胶酸占过氧化物漂白过程水中阳离子聚合物需求的大部分。

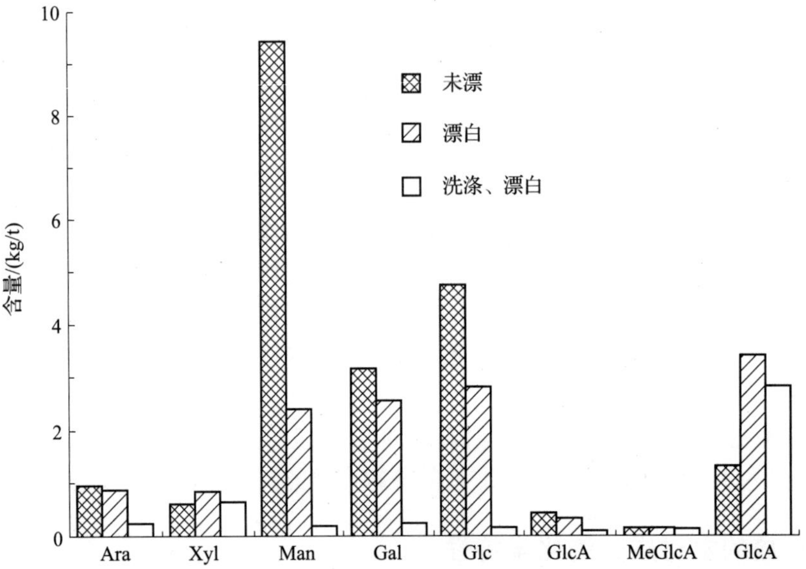

图 14－2　碱性过氧化氢漂白前后 1% TMP 悬浮液中溶出聚糖（半纤维素和果胶）的量和糖组分[23]

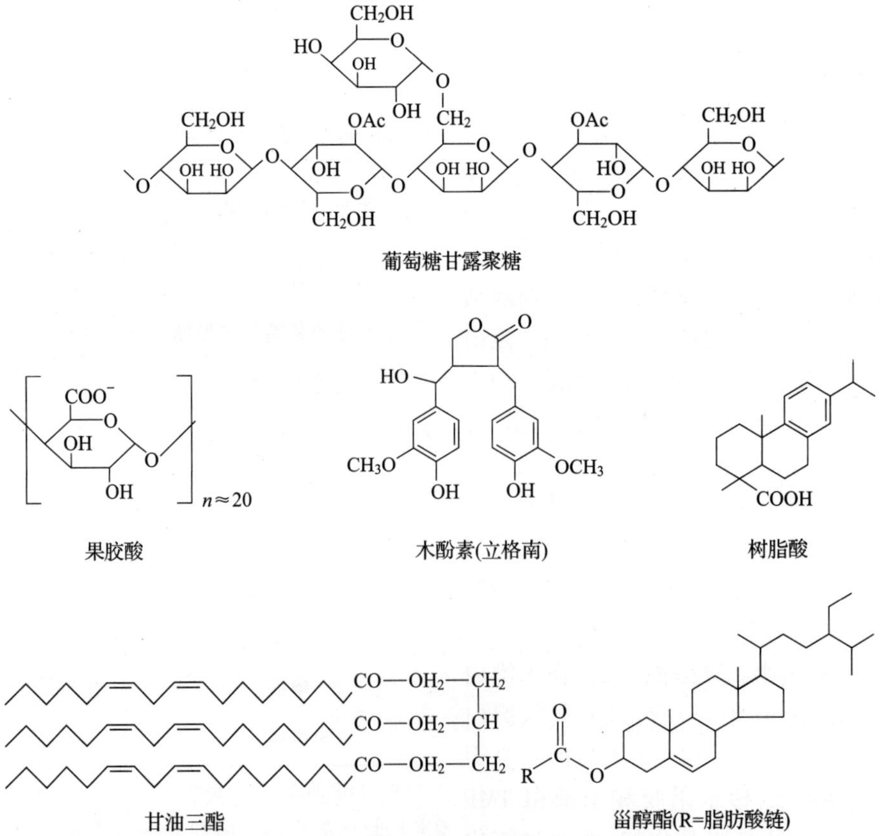

图 14－3　机械制浆废水中溶解和胶体物质的结构

在过氧化物漂白中另一个显著的变化是溶解的 GM 的减少(见图 14 - 2)。这个结果来自于 GM 中乙酰基团的水解分裂反应,导致了低的水溶性和最后 GM 沉积在纤维上。纤维上乙酰基的断裂使每吨机械浆释放 20kg 的乙酸(乙酸酯)[26]。这种得率损失可以由沉积的 GM 部分补偿,大约是 10kg/t 浆。

木酚素是云杉心材特有的。它们与羟基马台树脂酚为主要组分的两种立体异构体组成复杂的混合物。大部分木酚素在过氧化物漂白中通过氧化降解[18]。木酚素是水溶性物质,它不和阳离子、聚合物、纤维或填料表面相作用。在高度封闭的水系统中,木酚素可以在循环水和废水中聚集达到高浓度。

机械制浆中溶出的木素是小分子,并且它的结构和天然木素的结构相似[27]。在碱性过氧化氢漂白中有较多的木素溶出。与未漂白纸浆悬浮液中的木素相比,该木素含有羧基和稍大的分子质量。除了真正的木素,在机械浆的悬浮液中还有一些像木素的寡聚物。积累在过程水中的木质素是水系统封闭的结果,很可能是对大部分废水颜色的贡献。

在机械浆悬浮液中,木材树脂形成了大部分的分散胶体[28]。当 pH 控制在 5 时,这些树脂微滴的直径在 0.1 ~0.2mm 之间,并且与木材原料中树脂有基本相同的成分。在较高 pH 条件下,形成树脂酸和脂肪酸皂,它们从树脂液滴和纤维中沥出到水中。当 pH 为 8 时,大部分树脂酸溶解在水中,只有部分脂肪酸溶解。在新鲜的云杉木中,甘油三酯占主导,游离脂肪酸量很少。在潮湿或湿的条件下贮存木材导致通过脂肪酶的作用甘油三酯的水解。碱性过氧化氢漂白会使溶解的松香二烯型脂肪酸氧化,但其他树脂则很少受影响。

机械制浆和漂白水中也含有胶体大小的纤维碎片,称为微细小纤维[29]。已发现微细小纤维在絮凝现象中起作用,例如,能促进胶体树脂滴和阳离子聚合物的聚集。

14.6.4 废水中的有毒化合物

机械制浆废水对水中有机体是有毒的。毒性通常是借助鱼、水藻(*Ceriodaphnia*)和特殊的发光细菌(*Microtox*)来测定的。不同材种间有毒的成分和毒性大大不同[30]。针叶木制浆废水中大部分毒性来自于树脂酸[31]。其他二萜化合物也有毒,存在于香脂冷杉的去氢保幼生物酮是一种特别毒的成分[30]。很好操作的生物处理能够消除机械制浆废水中大部分的毒性[32-34]。废水净化的最毒成分来自剥皮车间的废水。Saunamaki 和 Savolainmen[4] 研究发现,Daphnia magna 的 LC_{50} 值为 2.5% ~4%。但是,由于高的稀释率,生物净化没有受到干扰。

14.7 影响木材成分释放进入水中的因素

14.7.1 制浆条件的影响

在木材物质释出到水中方面机械制浆方法间的不同主要是因为不同的过程温度和 pH。浆的游离度对其溶出和分散没有实际上的影响[11,35]。在两段 TMP 磨浆中,大部分的木材原料已在第一段释放[36]。磨木喷淋水的温度对溶解和胶体物质(DCS)的释放有很大的影响(见图 14 -4)。

尽管 TMP 有较多的物质溶出,一般假定 TMP 和 SGW 过程水中的有机物质的组成相同。但是在实验室磨木(PGW)中,较高的喷淋水温度而得到额外的溶出是由于半纤维素和果胶溶出的增加[37]。同时,木素释出也略有增加,而木材树脂的分散却保持不变。实验室中采用云杉磨木粉[38]在处理时间变化时也能看到相同的趋势。木素的溶出大大取决于处理时间。

在较高的 pH 条件下制浆导致水中更多的溶解和胶体物质[39]。当pH 高于8 时,在木材纤维中发生两个水解过程:① 葡萄糖甘露聚糖(针叶木)或聚木糖(阔叶木)的脱乙酰作用;② 果胶的脱甲基化作用。前一个反应导致大量乙酸的溶出,对于针叶木每吨木材的溶解量高至 20kg,另一方面,会使葡萄糖甘露聚糖和聚木糖的溶解减少。果胶的脱甲基导致甲醇和果胶酸的溶解。

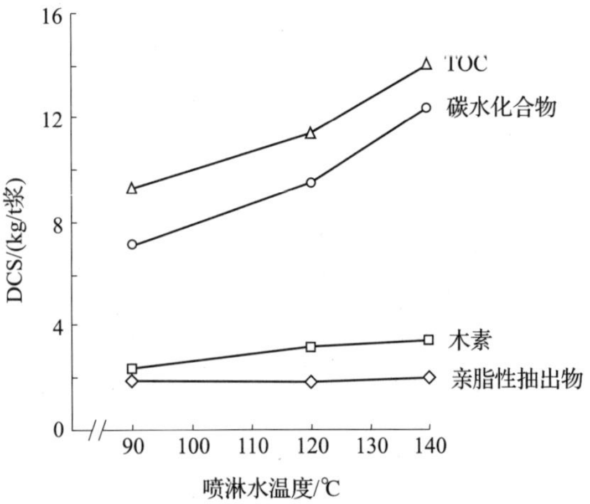

图 14－4　在不同的磨木机水温下云杉木材成分溶出和分散到水中[37]

碱性过氧化氢机械制浆(APMP)pH 范围采用 9 ~ 11,和普通的机械制浆相比,木材的溶出较多。在实验室用杨木研究发现 APMP 制浆的得率明显较低,换句话说,在相同的用碱量下,与加亚硫酸盐的制浆相比,APMP 会有更多的木材原料溶出[40]。当用碱量为 3% ,APMP 只有 85% 的得率。在实验室磨木机中采取碱性压力磨木,当碱性过氧化氢漂白药品加到喷淋水中时[35],溶解和胶体物质从 8kg/t 浆(以 TOC 测定)增加到 13 ~ 20kg/t 浆。随着碱和过氧化氢用量的增加,溶解物就会相应增加。增加的溶出主要是由于乙酸、果胶酸、木素和木材树脂的释出。但是半纤维素的溶出量减少,这是由于葡萄糖甘露聚糖脱乙酰作用,减少了半纤维素的溶解性。

采用亚硫酸盐化学机械制浆的 pH 通常在 9 左右。与 TMP 相比,CTMP 引起了木材原料显著增加的溶解。北欧云杉 CTMP 典型的 COD_{Cr}是 60 ~ 100kg/t 浆,过氧化氢漂白有额外 20 ~ 30kgCOD/t 浆[12]。与 TMP 相比,CTMP 的溶解量要大,特别是木素,这是磺化的结果。此外,乙酸和果胶酸的溶解较多。

14. 7. 2　木材质量的影响

在实验室中用云杉的边材和心材作对比研究,细磨的云杉木粉在 90℃下长时间强烈混合[38]。与心材相比较多量的树脂从边材中分散出来,反映了不同的树脂含量和组成。心材和边材半纤维素和木素的溶解水平相同。木酚素仅从边材中释放出来。

松木的树脂含量一般是云杉的两倍,并且在松木制浆中有更多的树脂分散。采用木粉实验室研究发现[41],松木(*Pinus silvestris*)比云杉(*Pices abies*)释放更多的树脂(尤其是心材)。松木心材比云杉释放出更多的阿拉伯糖半乳聚糖,而且溶出更多的果胶。松木心材溶出相当数量的 3,5－二羟基芪。

阔叶木主要用于化学机械制浆,但是在某些情况下也用于机械法制浆并与过氧化物漂白相结合。一般阔叶木比针叶木释放出来更多的木材成分[40],这特别是由于乙酸、半纤维素和果胶的大量溶出[42]。

14.8 机械制浆中化合物的蒸发

14.8.1 木材化合物的挥发性

因为纤维分离时温度高,木材的大部分抽出物和碎片化的木材聚合物在制浆过程中蒸发出来。在木片洗涤温度高的情况下,也有报道抽出物大量蒸发[43]。

已经检测挥发性有机化合物(VOC)与气候变化研究的联系,因为它们可能对臭氧的形成有贡献。在空气中,VOC 能使二氧化氮通过光化学分解成氮氧化合物和氧气,同时产生了臭氧。在其他氧化剂存在下,与增加臭氧量形成平衡。

早期,蒸发物的不利影响被认为是热循环系统的缺点。因为蒸汽的冷凝它们能累集在水循环系统中,并对设备状况有不良的影响。

14.8.2 挥发性化合物的含量

机械制浆蒸发的化合物主要是来自针叶木中含油树脂的单萜、低分子质量醇和从碳水化合物得到的有机酸[44-46]。Bostrom 等人检测了挪威云杉 TMP 生产的直接排放物(见表 14-8)。Sucking 等人检测到辐射松 TMP 中试线总的 VOCs 为 0.27kg/t 木片。大约 60% 是萜烯,30% 是甲醇[47]。

表 14-8 一个瑞典 TMP 厂排放的 VOC 测定[44]

	kg/t 干浆
萜烯	0.9
氧化物	0.1
芳香化合物	0.02
烷烃和烯烃	0.01

在不同的研究报告中,VOC 的排放数据有很大的变化。除了 VOC 排放明显取决于材种和过程的温度分布外,已经发现,大量的 VOC 化合物在生产前的木材或木片贮存时释放。此外,大量的 VOC 随过程废水排放,并在废水处理中释放出来。

在使用高抽出物含量木材原料的情况下,回收挥发性化合物是可行的。

在机械制浆中,VOC 不是唯一排放进入大气的物质。例如,残余物的焚烧也会导致各种排气。

14.9 机械制浆车间的水循环系统

14.9.1 制浆厂和造纸厂的联系

机械制浆时释放到水中的溶解和分散物质随着浆流进入造纸系统。通常的做法是在浆厂和造纸厂之间有个浓浆贮存塔。在贮存之前,浆要浓缩到 10% ~15% 的浓度。由于浓缩滤液重新回到制浆过程,贮存的浆料也用造纸机循环水稀释,所以携带量减少。因此,溶解物质和分散物质的浓度因为积累而上升。贮存之前的浓缩并不能减少携带量,除非机械浆厂循环系统的封闭程度降低和水输送到净化或到剥皮(见图 14-5)。

通常造纸机澄清的白水送去净化。在这种情况下,浓缩对于制浆和造纸的隔开作用就很小。相反的,造纸厂溶解的物质携带到机械制浆,因为制浆厂可以利用造纸厂的多余澄清白水作为补充用水。

图 14 - 5 说明了机械制浆车间水循环系统的主要原理。磨石磨木和盘磨机磨浆过程的纤维分离后,纸浆稀释到低浓。但是在这种稀释时,循环水和清白水采用不同的比例。盘磨法在磨浆过程中使用清白水进行稀释而循环水用作消潜前的稀释。磨石磨木法只用一点水补充所谓的热循环。两种制浆方法其他部分的主要原理类似。工厂的单独设计方案有显著的不同。新鲜水需用于密封、冷却和一些洗涤喷淋水。在早期,新鲜水甚至用于盘磨机的稀释。

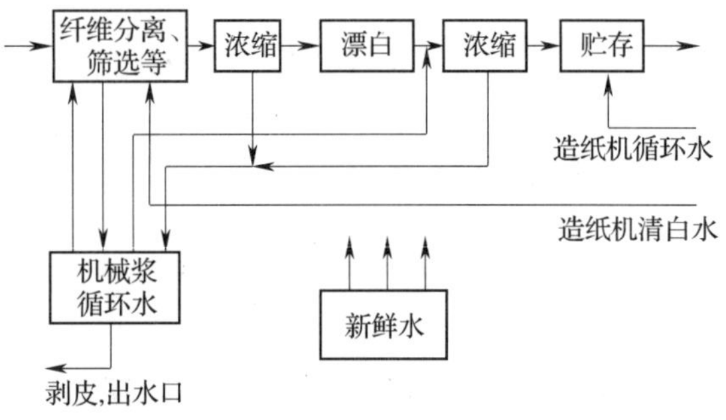

图 14 -5　机械浆厂水系统的主要原理

14.9.2　洗涤段

最近,已经采用制浆厂和造纸厂间具有洗涤段的系统(见图 14 - 6)。有一个或者两个浓缩段,纸浆浓度提高到 25% ~ 40% 。用比最后浓缩段的滤水要清的水稀释。制浆和漂白系统的大部分溶解和分散物质与纤维分开,并且要阻止这些物质进入造纸系统。造纸厂的循环水可以用作洗涤水,在这种情况下将有造纸厂的携带物浓缩后的浆料用造纸机的循环水稀释。洗涤滤液回到制浆厂循环使用。部分滤液在洗涤回路中循环使用。

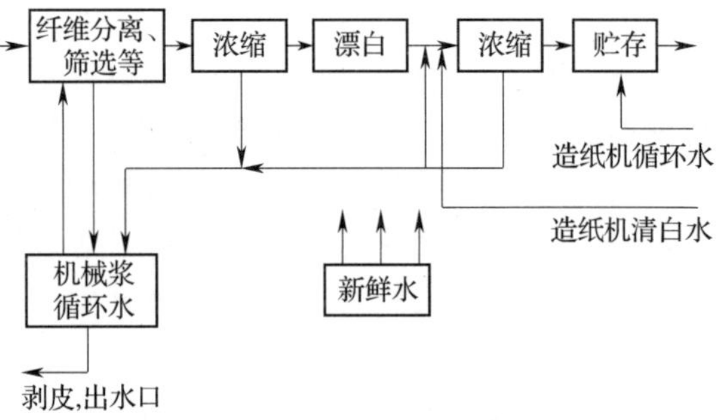

图 14 -6　机械制浆配有洗涤段的主要原理

在制浆循环过程,洗涤增加了溶解和分散物质的浓度。循环水的封闭程度降低到保持积累量在一个可接受的水平,或者水必须处理以降低浓度。Brauer 等人报道,刚好在 TMP 二段磨浆后设置一个洗涤段能减少树脂的含量[48]。滤液在溶气浮选池(DAF)中处理以分离树脂和回收纤维。采用这种布置树脂总去除率达到 50% 左右。

有些用过氧化氢漂白的机械制浆厂在漂白系统前后都有洗涤段(见图 14 - 7)。前面洗涤段的目的是除去干扰漂白过程的物质。在这种情况下,建议水循环系统设计成将最后洗涤段滤液包括含有的残余漂白化学品用作前面洗涤段的洗涤水或者甚至作为预漂白段的介质。采用高度隔离措施能分离制浆和漂白系统[49]。

几种高浓度的浓缩技术都可以利用,每种都有其 K 因子和洗涤效率。洗涤效率受浓缩时控制条件的影响。有效的浓缩方法在圆盘或鼓式过滤机、网或辊压榨或者螺旋压榨等过滤。

洗涤段溶解和胶体物质的去除效率主要取决于稀释—浓缩比,因为作为规律这些物质跟随水相[50]。温度,pH 和其他条件都有影响,但是去除效率也取决于这些物质的

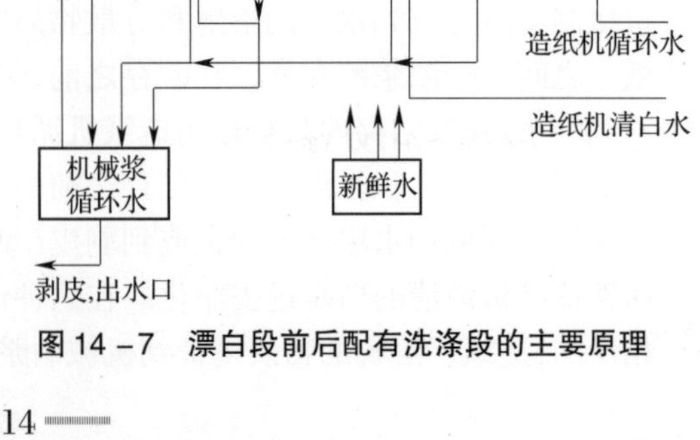

图 14 -7　漂白段前后配有洗涤段的主要原理

溶解性及不同浓度下在纤维垫上的留着率[51]。在洗涤浓缩机中洗涤水循环布置也对洗涤效率产生影响。

采用洗涤段时,一些缺点也应该考虑在内。首先,部分纤维原料损失到滤液中并回到浆厂循环系统,这可能会导致纤维物料的显著损失。第二,一个洗涤段的安装也有增加用水的趋势,因为它改变了工厂的水平衡。第三,洗涤阶段阻断了制浆厂产生的多余热量送到需要热量的造纸厂。为消除这个问题,热量转换步骤是必须的。最后,当采用洗涤段时,机械浆厂循环中溶解和分散物质的浓度就会提高。这对制浆过程产生不利的影响。

14.10 机械制浆废水的处理

14.10.1 净化方法

废水外部净化的通用做法是将所有的废水集中处理,这是一种确保生物处理段稳定和经济运行的有效方法。剥皮废水应在一个外部系统单独处理,至少在最后处理前剥皮废水的分开预处理是需要的。在本文中,没有详细讨论净化方法(见本系列教科书第 19 册环境管理和控制)。

14.10.2 机械浆厂设置内净化段的潜力

剥皮厂内部净化常见的做法是可燃固体物料浓缩和回收,而制浆厂固体非纤维物质分离和回收。

有明显可能在剥皮车间安装内部净化段作为减少循环水中溶解和分散化合物的浓度并且将它们转化成可以除去形式的一种方法。剥皮的封闭程度能保持很高而没有严重的缺点。最重要的缺点是腐蚀,但可以控制,并且溶解物质携带到机械制浆意味着需要内部净化。

也有明显可能将内部净化段引入到制浆过程。洗涤段提供了隔离溶解和分散物料浓度区的有效方法,然后控制其对造纸过程的负面影响。内部净化段是降低溶解和分散化合物浓度并且将它们转化成可以去除的形式,使得容易保持物料平衡、总体稳定的操作和良好的热量平衡。另外,最后的环境影响也会减少。避免有用的纤维材料的流失和利用在造纸过程中多余的热量是两个最重要的目标。

机械制浆循环水的内部净化已经在多项研究中提出。Lappalainen 等人评价了不同的过滤膜和蒸发系统代替普通综合 BCTMP 厂的内部净化装置[52]。他们的建议是内部循环水应该净化,滤水用于代替造纸机的新鲜喷淋水。膜过滤在造纸中的应用仍处在初期阶段。约有 20 套装置,其中许多是中试规模的生产能力。有几个用于净化造纸机白水或白水回收机滤液,和一些用于净化废水处理的滤液。但是没有应用于机械浆厂废水处理。

14.10.3 废水生化处理技术

CTMP、BCTMP、APMP、PRC - APMP 等高得率制浆废水污染物主要来源于生产过程中溶出的有机物、残余的化学药品和流失的细小纤维,其成分较复杂,污染物浓度较高,这种废水一般都需两级生化处理,甚至是深度处理后才能回用或实现达标排放。中国的研究或者运行实践表明，采用厌氧和好氧联合处理的方法，如用 UASB 和 SBR 组合技术，对杨木 APMP 制浆废水进行处理，废水 COD_{Cr} 去除率可达 83%；或采用 UASB－改良式氧化沟－物化工艺技术对 APMP 制浆废水处理，COD_{Cr} 去除率可达 98%[53]。

中国某厂以速生杨木为原料生产商品漂白 APMP 浆，制浆废水采用厌氧颗粒污泥膨胀床（EGSB）反应器进行厌氧处理后，与浆板车间废水混合后采用漂浮式悬链曝气技术进行好氧处理，然后再辅以絮凝沉淀法处理，工艺流程如图 14－8 所示[54]。该系统投入使用后，整个系统运行稳定，出水水质较好，COD_{Cr} 和 BOD_5 的去除率均达到 98%。

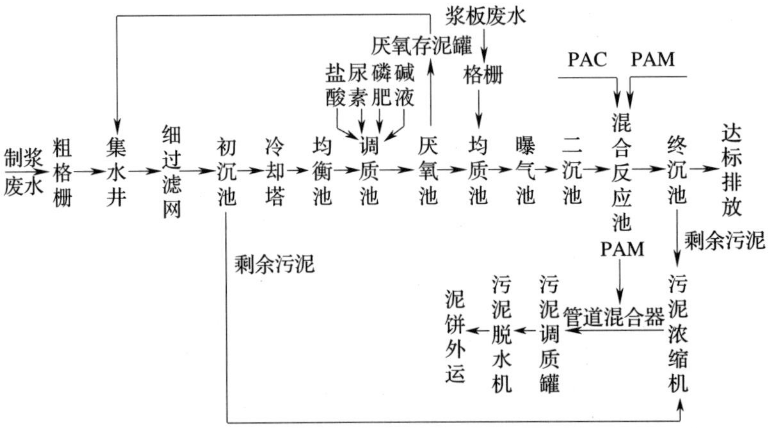

图 14－8　杨木 APMP 制浆废水处理工艺流程[54]

某速生杉木 BCTMP 生产线废水采用粗滤－初沉－水解－ABR（折流板式厌氧反应器）－连续 SBR－混凝的处理流程（见图 14－9）[13]。综合废水经过斜筛过滤，回收粗纤维，然后进入沉淀池初沉；经水解－ABR－SBR 生物处理过程，降解污染物；最后通过混凝处理，出水达到国家排放标准 GB 3544—2001 的要求。表 14－9 为废水处理工程各单元的运行效果。

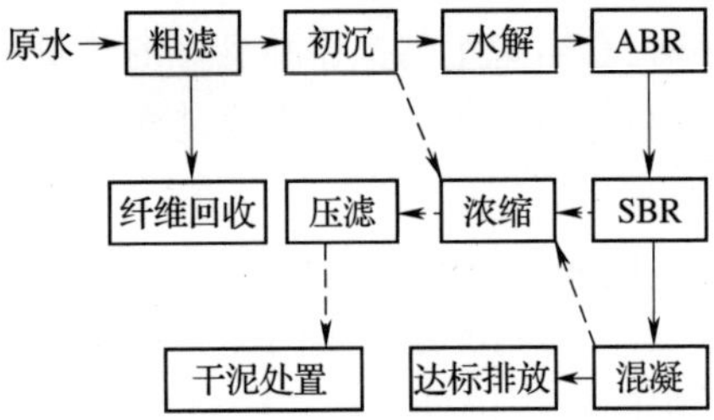

图 14－9　杉木 BCTMP 废水处理工艺流程[13]

表 14－9　废水处理工程各单元的运行效果[13]

	COD_{Cr}/(mg/L)	BOD_5(mg/L)	SS/(mg/L)	pH
斜网	5908	1346	2000	6.3
沉淀池	2456	537	780	7.11
ABR	2115	412	347	8.04
SBR	542	53	246	8.30
混凝池	142	34	32	6.42

丁来保等人以四川慈竹为原料，用 NaOH 进行化学处理后磨浆制 CTMP 浆。竹材 CTMP 制浆的综合废水量为 41.2m^3/t 浆，COD_{Cr} 浓度为 7320mg/L，COD 发生量为 300～320kg/t 浆，BOD_5 与 COD_{Cr} 发生量之比为 0.34，在 CTMP 废水中属于较易生化的高浓有机废水。针对竹材 CTMP 制浆废水的污染特征，选择以厌氧生物处理为主，好氧生物处理为辅的技术路线，采用

图 14－10 所示的处理流程[15]。实验发现，厌氧处理前的预处理可进一步提高废水的可生化性，提高厌氧处理的效率。表 14－10 为实验室 2 个月连续运行各段处理效果。从表 14－10 看出，采用生物组合处理，COD_{Cr}、BOD_5和 SS 的总去除率分别达到 97.65%、98.92% 和 94.50%，认为对竹材（B）CTMP 废水采用厌氧－好氧联合处理是可行的。

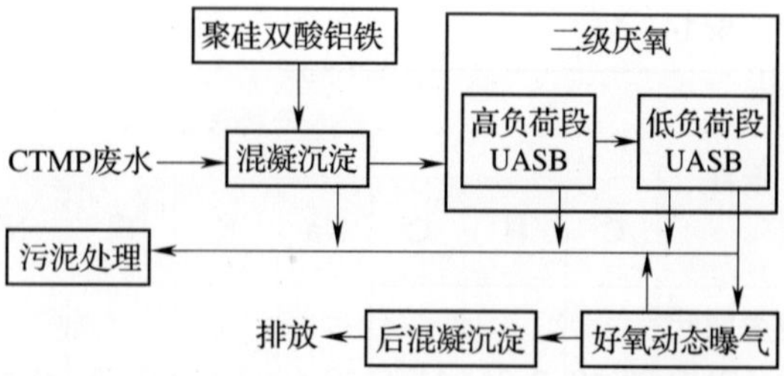

图 14－10 竹材（B）CTMP 废水的处理流程[15]

14.10.4 “零废水”技术

“零废水”技术是指没有过程废水排放的技术，由加拿大两家非综合性的机械浆商品浆厂开发。第一家是在 1992 年启动，自开始运行起，原有的 APP 转变为 BCTMP 法，并且它的产品产能、热能经济和化学回收已经升级[55－56]。工厂所有的废水都收集在贮存池中，为运行工厂提供几天的缓冲量。悬浮固形物在机械澄清器中除去。除去的污泥脱水并在废料燃烧锅炉中燃烧。

表 14－10　　2 个月连续运行各段处理效果[15]

	COD_{Cr}/(mg/L)			BOD_5/(mg/L)			SS/(mg/L)		
	进水	出水	去除率/%	进水	出水	去除率/%	进水	出水	去除率/%
预处理	7320	3724	49.12	2496	1337	46.43	1308	378	71.1
厌氧处理									
高负荷段	3724	1650	85.39	1337	176	86.84	378	151	60.05
低负荷段	1650	544							
好氧处理	544	172	68.38	176	27	84.66	151	72	52.32

澄清的废水经过蒸发再浓缩，先由约 2% 固含量浓缩到 35% 固含量，再到 68% 固含量。浓缩的固形物含有 40% 到 46% 的有机物，包含脂肪酸和一些木素。其他固形物是来自木材和过程化学品的无机盐。浓缩的固体在回收炉中焚烧。锅炉中的熔融物含有约 80% 的碳酸钠和氢氧化钠，这些能回收并大部分在工厂回用。剩余的熔融物采用填埋的方式处置。

由于熔融物的主要成分是碳酸钠，它能通过苛化转化成氢氧化钠，这是硫酸盐浆厂中常用的方法。这将化学品循环，但需附加的费用。零废水是消除废水污染的一种简洁的方法，但昂贵。设备的费用会增加 CTMP 商品浆厂 25% ～30% 的投资。

中国某厂采用速生阔叶木（杨木、桉木等）制 APMP 浆，对制浆废水进行物化性能分析（见表 14－11）[57]。由表 14－11 可以看出，APMP 制浆废液的热值及有机物/无机物质量比仅略低于碱法麦草制浆黑液，与 KP 法木浆制浆黑液的热值也较相近，可以用蒸发燃烧的方式来处理。

化学机械浆制浆废液的固形物含量较低，一般为 1.5% ～2.5%。为了达到碱回收锅炉的燃烧要求，必须浓缩到 65% 以上的浓度。通常采用两种蒸发方式，一种是采用多效蒸发工艺，另一种是采用机械蒸汽再压缩（MVR）技术—多效蒸发组合蒸发工艺。

表 14－11　几种制浆废液物化性能对比

废液	元素含量/%									惰性氧化物含量/%	高位热值/(MJ/kg)	低位热值/(MJ/kg)	m(有机物)/m(无机物)
	C	H	O	Na	K	Si	N	Cl	S				
速生阔叶木 APMP 制浆废液	33.13	3.64	44.4	16.1	1.6	0.25	0.18	0.54	/	0.2	12.46	11.67	1.7
典型碱法麦草浆制浆废液	35.91	3.74	38.8	19.1	/	0.87	0.89	/	0.49	0.2	13.6	12.97	1.73
典型 KP 法木浆制浆黑液	37.38	3.66	22.2	28.0	4.21	0.054	0.082	/	4.25	0.2	14.54	/	1.96

化学机械浆车间的废液进入蒸发系统前，还要进一步除去各类杂质，以防止蒸发器结垢。通常纤维性杂质通过 0.1mm 的孔筛去除，固体性杂质通过高速离心机去除。通过净化的废液进入废液槽贮存。

中国某大型化学机械浆厂设置了一套 8 效的蒸发站，采用管式降膜蒸发器，用于 100% 桉木 APMP 制浆废液的浓缩，使用 0.5MPa 的低压新蒸汽及 0.13MPa 的磨浆工段蒸汽作为热源，蒸发站设计蒸发能力为 800t/h，黑液固形物浓度从 1.5% 浓缩到 65% 以上。黑液的流程为：废液→Ⅷ效→Ⅶ效→Ⅵ效→Ⅴ效→Ⅳ效→Ⅲ效→Ⅱ效→Ⅰ效→(混合碱灰)→增浓效→浓黑液槽→(碱炉)。其中Ⅰ效蒸发器为 3 台，蒸汽并联，废液串联，定期切换流程；增浓效为 3 台，两用一备。蒸汽流程为：新鲜蒸汽供入Ⅰ效，其余使用前效产生的二次蒸汽作为热源，末效二次蒸汽进表面冷凝器进行冷凝。除清洁冷凝水回用外，该蒸发站还设置一套重污冷凝水汽提系统，用来提供高质量的冷凝水供化学机械浆线、苛化工段等使用。蒸发站浓缩后的黑液然后进入包括燃烧、苛化、石灰回收的碱回收系统。

由于化学机械浆使用硅酸钠做 H_2O_2 稳定剂会引起蒸发器较严重的结垢。为了防止结垢，该浆厂不用硅酸钠，改用 Fennobrite 作为 H_2O_2 漂白助剂。Fennobrite 是芬兰 Kemire 公司生产的专利化学品，是一种高分子有机聚合物，内含 3% 的聚丙烯酸钠。用 Fennobrite 代替硅酸钠，制浆成本略有增加，而废水处理成本减少，漂白浆的白度稍有下降，过氧化氢和氢氧化钠的耗碱量略高，但有效地防止或减少废液蒸发器的结垢。

中国某厂既生产化学浆，又生产化学机械浆。该厂采用废液处理集成工艺，包括化学浆和化学机械浆处理线。化学机械浆采用 MVR 与多效蒸发相结合的组合蒸发工艺，先用 MVR 蒸发技术将浓度 1.5% 的 APMP 废液浓缩到 15%，预处理后的废液与化学浆黑液混合后一起进入碱回收系统，其工艺流程简图见图 14－11。

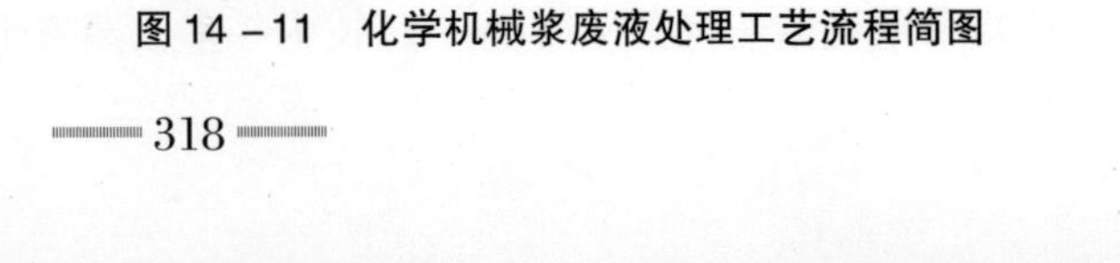

图 14－11　化学机械浆废液处理工艺流程简图

MVR(Mechanical Vapor Recompression，机械蒸汽再压缩)有时也称 VCE(Vapor Compression Evaporator,机械蒸汽压缩蒸发器),其工艺运行利用热泵原理,将蒸发器的二次蒸汽用机械方法再压缩,提高其压力和温度,热焓增加,然后再送回蒸发器的加热室作为加热蒸汽使用,使废液维持在沸腾状态,而加热蒸汽本身冷凝成水。与多效蒸发技术相比,MVR 技术将全部二次蒸汽压缩回用,回收了潜热,所以比多效蒸发更加节能。以 APMP 废液蒸发为例,某厂的稀黑液流量为602t/h,温度为 70℃,浓度 1.5%,浓废液浓度要达到65%,蒸发水量 588t/h。采用 MVR 预浓缩—3 效蒸发站组合蒸发工艺与 8 效蒸发站蒸发工艺两种方式处理 APMP 废液,其运行情况的对比见表 14-12[58]。

表 14-12　两种蒸发工艺处理 APMP 废液的运行情况[58]

项目		8 效蒸发站	组合蒸发工艺	
			MVR 预浓缩	3 效蒸发站
蒸发量/(t/h)		588	556	32
进站浓度/%		1.5	1.5	19.63
出站浓度/%		65	19.63	65
生发器面积/m^2		39200	40000	3300
冷凝器面积/m^2		3600	/	400
消耗量	蒸汽耗量/(t/h)	91	/	15
	电耗/(kW·h/h)	2940	11000	380
	水耗/(t/h)	3500	/	400
运行成本	元/h	17164	6000 +2678 =9278	
	元/蒸发水量	29.2	16.8	
	万元/24h	41.2	22.3	
	万元/340d	14008	7582	

MVR 技术的主要运行成本是电耗,水耗和新鲜蒸汽消耗甚少。组合蒸发工艺总的运行成本比多效蒸发工艺低得多,虽然组合蒸发工艺设备的投资增加,但投资回收期短。对 APMP 制浆废液,由于其浓度低,采用组合蒸发工艺具有较好的经济性。

14.11　机械浆印刷纸的碳足迹

全球气候的变化及其产生的不利影响已引起广泛的关注,与产品及服务有关的温室气体的排放已经成为重要的环境问题。能引起表面温度升高即温室效应的气体称为温室气体(Greenhouse gas)。二氧化碳是排放量最大的温室气体。研究表明,全球地表温度近百年(1906—2005年)来升高了 0.74℃。专家预计,如此发展下去,未来 20 年,气温大约以每年 0.2℃的速度升高。根据联合国政府间气候变化专门委员会(Intergovernmental Panel on Climate Change,IPCC)的结论,与 2000 年相比,到 2050 年全球二氧化碳排放量要削减 50% 才能把全球长期平均气温上升限制在 2.0~2.4℃。为全面控制温室气体排放,应对全球气候变暖给人类经济和社会带来的不利影响,1997 年第 3 次缔约方大会通过《京都协议书》,确定主要工业发达国家在 2008—2012 年期间,温室气体排放量在 1990 年的基础上平均减少 5.2% 的目标。欧洲联盟已经确立了减少二氧化碳排放和持续消耗的目标。全球行动计划也正在准备。现有和计划的法律和法规处罚高能耗并奖励减少排放。在世界经济低碳化发展的大趋势下，中国积极采取措施，推进节能减排工作，制定了《国家应对气候变化方案》及相关政策，并与 2009 年正式公布了我国的碳减排目标——到 2020 年单位国内生产总值二氧化碳排放减少到比 2005 年下降 40% ~45%[59]。

碳足迹是某一产品或服务系统在其全生命周期内产生的所有温室气体排放总量，并采用全球变暖潜势(Global Warming Potential，GWP)的相对 CO_2，以 CO_2 的当量表示。机械浆印刷纸是以原生纤维为原料的纸种，全生命周期包括林木种植与采伐、能源生产、化学品生产、制浆生产、造纸生产、纸产品印刷加工、运输及最终处理(回收、焚烧和填埋)等过程。

控制机械浆生产碳足迹的主要挑战是高的单位能耗。当检测芬兰生产的机械印刷纸的整个生命周期时，制浆造纸过程的能量约占 50% ~70% 的碳足迹，这是基于平均的芬兰电网能量分布。举一个有代表性的杂志纸(LWC)为例，碳足迹的主要贡献者是综合制浆造纸厂购买的能量，占 33%；然后是工厂所用的燃料，占 18%[60]。由于产品是周刊并要送到消费者家中，运输是碳排放的一个重要来源(17%)。在 4 色热固胶版印刷过程中需要购置的能量和燃料产生另外 17% 的碳足迹。12% 来自于制浆、造纸和印刷过程中消耗的化学品的生产。一小部分由林业中产生，例如，在伐木过程所用的化石燃料。由于甲烷的排放，填埋可能是碳足迹的重要贡献者。但是这种特殊情况起到很小的作用，因为 83% 的纸被回收利用。不同生命周期段对碳足迹的贡献见图 14 -12。

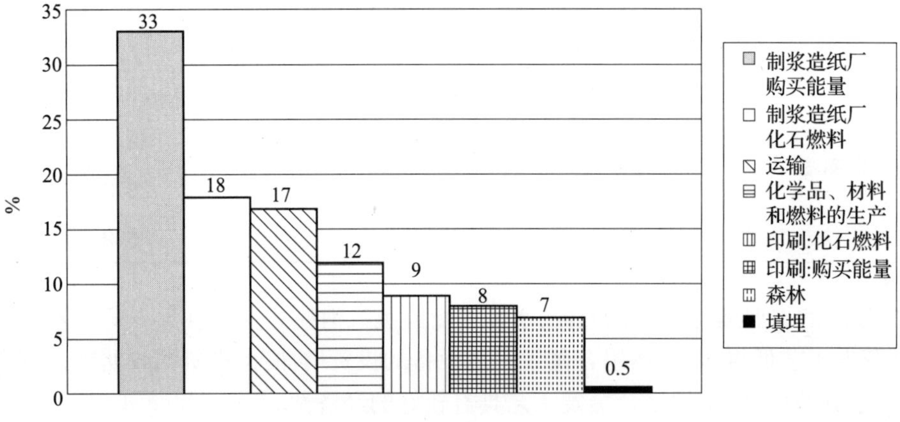

图 14 -12　在芬兰 LWC 纸印刷有代表性的投送到家杂志的不同生命周期段对碳足迹的贡献

机械浆印刷纸典型的碳足迹比高级文化用纸要大 50% ~200%。这主要是在机械浆印刷纸制造中外供电的消耗。尽管化学制浆过程大部分依赖于生物能量，机械制浆主要依靠国家电网。这些来自购买能量的间接排放物不能总是由制造公司控制，当涉及减少碳足迹时，会使它们处在不平等的位置。例如，有能力购买可再生"绿"电的瑞典造纸厂比只有自己处置的煤基电力的德国厂有优势。最坏的情况，碳足迹在一个国家比另一个国家大 10 倍。

一个称为 Ecotarget 的 EU 项目研究了 TMP 法电耗对环境的影响。减少盘磨浆电耗相应地减少了 TMP 的热回收。这就增加了造纸过程燃料的需要。因此，如果以石油作为补充能量，工厂排到大气中的排放物就增加。再次，这里电能的产生是关键的。利用木材残余物(即生物质燃料)代替石油作为补充燃料会在碳足迹方面有好得多的效能。从自然生态学角度分析，生物质燃料燃烧产生的 CO_2 是自然界植物光合作用吸收后可循环的，而产生温室效应的温室气体主要是

化石燃料产生的 CO_2，根据京都协议的换算规则，在统计碳排量时不统计生物质燃料的碳排放量。因此，增加生物质燃料的比例，减少化石燃料，就意味着减少了碳排放量。制浆造纸工业产生的废弃物，如黑液、边皮、木屑都可有效利用作为生物质能源，替代化石燃料。生产上，集成制浆造纸过程能量综合优化技术，采用低能耗工艺与装备技术，蒸汽动力系统能量梯级利用技术以及过程余热回收等技术。因此，现代先进的制浆造纸工业可能是一种典型的低碳工业[61]。

参考文献

[1] Pennanen, O., Terava, J., Laamanen, J., Lucander, M., Varhimo, A., Spruce as raw material for mechanical pulping – quality preservation during summer, Paperi ja Puu 75(4):182(1993).

[2] Ekman, R., Hafizoglu. H., Changes in spruce wood extractives due to log storage in water, 1993 International Symposium on Wood and Pulping Chemistry Notes, CTAPI, Beijing, p. 92.

[3] Assarsson, A., Akerlund, G., Studies on Wood Resin, Especially the Changes During Seasoning of the Wood, Svensk Papperstid. 70(6):205(1967).

[4] Saunamaki, R., Savolainen, M., Effluent – free drum debarking, TAPPI 1998 International Environmental Conference (Vancouver), TAPPI PRESS, Atlanta, p. 247.

[5] Mitchell, G, Tapio, M., PGW/CPGW mills report low effluent loads, reduced steam contamination. Pulp & Paper 64(6):97(1990).

[6] Stenberg, L. E., Norberg, G., Effluents from the manufacture of thermomechanical pulps, G., Paperi Puu 59(10):652(1977).

[7] Wong, A., Quality of effluents from mechanical pulping processes. Pulp Pap. Can. 78(6):T132 (1977).

[8] Wong, A., Constantino, J., Breck, D., Herschmiller, D., Rae, J. G., Toxicity and BOD of effluents derived from TMP of Eastern Canadian wood species. Pulp Pap. Can. 80(1):T14(1979).

[9] Jarvinen, R., Vahtila, M., Mannstrom, B., Sundholm, Reduce environmental load in TMP, J., Pulp Pap. Can. 81(3):T67(1980).

[10] Auhorn, W., The problem with detrimental substances in connection with the reduction of specific waste water quantity, Wochenbl. Papierfabr. 112(2):37(1984).

[11] Wearing, J. T, Huang, S., Plggott, A., Ouchi, M. D., Wong, A., New white – water management strategies for integrated newspaper mills. Pulp Pap. Can. 86(5):62 – 68(1985).

[12] Franzen, R., Jantunen, E., BAT 1999, Mechanical Pulping, in Environmental Issues within the Nordic Pulp and Paper Industry, Vol. 2, Rept. 1993:601, The Nordic Council of Ministers, Copenhagen, 1993.

[13] 房桂干，施英乔，丁来保，等. BCTMP 高浓废水处理工程设计和运行实践. 中国造纸，2008，27(6):49 – 52

[14] 丁来报，盘爱尊，施英乔，等. 两相厌氧生物反应器处理杨木 P – RC APMP 制浆废水，中国造纸，2011(增):136 – 139

[15] 丁来报，孙玉，施英乔，等. 竹材 CTMP 高浓废水污染特征及其处理工艺，中国造纸，2008，27(11):40 – 42

[16] Thornton, J., Eckerman, C, Ekman, R., Effects of peroxide bleaching of spruce TMP on dissolved and colloidal organic substances, Proceedings of the 1991 International Symposium on Wood and Pulping Chemistry, Appita, Melbourne, p. 571.
[17] Thornton, J., Ekman, R., Holmbom, B., Eckerman, C, Release of potential "anionic trash" in peroxide bleaching of mechanical pulp. Paperi Puu 75(6):426(1993).
[18] Ekman, R., Holmbom, B., Nord. The wood extractives in alkaline peroxide bleaching of groundwood from Norway spruce. Pulp Pap. Res. J. 4(5): 188(1989).
[19] Dionne, P., Seccombe, R., Vromen, M., Crowe, R., Soda ash and magnesium oxide - alkali sources for the bleaching of mechanical pulp, Paper Technol. 36(3):29(1995).
[20] Suess, H. U., Del Grosso, M., Schmidt, K., Hopf, B., Options for bleaching mechanical pulp with a lower effluent COD load, Appita J. 55(4):276(2002).
[21] Wong, D., Schmidt, J., Heitner, C, Magnesium - based alkalis for hydrogen peroxide bleaching of mechanical pulps, 91st Annual Meeting Pulp and Paper Technical Association of Canada, Montreal 2005.
[22] Langi, A., Priha, M., Tapanila, T, FPPRI Internal report, 1997.
[23] Thornton, J., Ekman, R., Holmbom, B., Orsa, E, J. Polysaccharides dissolved from Norway spruce in thermomechanical pulping and peroxide bleaching, Wood Chem. Technol. 14(2):159(1994).
[24] Holmbom, B., Ekman, R., Sjoholm, R., Eckerman, C, Thornton, J., Chemical changes in peroxide bleaching of mechanical pulps, Das Papier 45(10A):V16(1991).
[25] Thornton, J., Dissolved and Colloidal Substances in the Production of Wood - Containing Paper, Ph. D. thesis, Abo Akademi Univ., Abo, 1993.
[26] Pranovich, A. V, Sjoholm, R., Holmbom B., Characterization of dissolved lignins in thermomechanical pulp suspensions. Proceedings of 1994 European Workshop on Lignocellulosics and Pulp, Royal Institute of Technology, Stockholm, p. 219.
[27] Pranovich, A. V., Reunanen, M., Sjoholm, R., Holmbom, B., Dissolved lignin and other aromatic substances in thermomechanical pulp waters, J. Wood Chem. Technol. 25(3): 109(2005).
[28] Allen, L. H., Pitch in wood pulps. Pulp Pap. Can. 76(5):T139(1975).
[29] Nylund, J., Lagus, O., Eckerman, C, Character and stability of colloidal substances in a mechanical pulp suspension. Colloids Surf. A 85(1):81(1994).
[30] O'Connor, B. I., Kovacs, T. G., Voss, R. H., The effect of wood species composition on the toxicity of simulated mechanical pulping effluents. Environ. Toxicol. Chem. 11(9):1259(1992).
[31] Lavallee, H. - C, Rouisse, L, Paradis, R., A comprehensive study of the Quebec pulp and paper mill effluents as an instrument to define a strategy for abatement: sampling from 13 mills took place over three consecutive days, Pulp Pap. Can. 94(11):84(1993).
[32] Gibbons, J. S., Kovacs, T. G., Voss, R. H., O'Connor, B. I., Dorica, J., An appraisal of the effect of biological treatment on the environmental quality of high - yield mechanical pulping effluents, Wat. Res. 26(11):1425(1992).
[33] Zhang, X., Sain, M., Evaluation of toxity of the TMP effluent and identification of the causative

components, 90th Annual Meeting Pulp and Paper Technical Association of Canada, Montreal 2004.

[34] Kostamo, A., Holmbom. B., Kukkonen, J. V. K., Fate of wood extractives in wastewater treatment plants at kraft pulp mills and mechanical pulp mills. Water Res. 38(4):972(2004).

[35] Svedman, M., Lonnberg, B., Holmbom, B., Jakara J., Release of dissolved and colloidal substances in pressurized grinding with peroxide and alkali. Paperi Puu 77(3):117(1995).

[36] Wong, A., Breck, D., Constantino, J., TMP effluents are affected by refining conditions. Pulp Pap. Can. 81(3):T72(1980).

[37] Orsa, F, Holmbom, B., Haara, M., Effects of grinder shower water temperature on the release of spruce wood components into water, Paperi ja Puu 78(10):605(1996).

[38] Orsa, F, Holmbom, B., Thornton, J., Dissolution and dispersion of spruce wood components into hot water, Wood Sci. Technol. 31(4):279(1997).

[39] Konn, J., Pranovich, A., Holmbom, B., Dissolution of fibre material in alkaline pre – treatment and refining of spruce CTMP, Holzforschung 60(1):32(2006).

[40] Holmbom, B., Konn, J., Pranovich, A., What is the true yield of TMP and CTMP? What is lost in refining and bleaching?, Proceedings of Mechanical Pulping Conference 2005, PFI, Oslo, p. 98.

[41] Orsa, F, Utlosning och dispergering av komponenter ur granved i vatten. Tech. Lic. thesis, Abo Akademi Univ., Abo, 1995.

[42] Konn, J., Pranovich, A., Holmbom, B., Chemical aspects on chemimechanical pulping of softwoods and hardwoods. Proceedings: 9th European Workshop on Lignocellulosics and Pulp, 2006, BOKU, Vienna, Austria, p. 68.

[43] Sueiro, L, Gill, J., Control of VOC emissions from a TMP plant, TAPPI 1995 International Environmental Conference Proceedings, TAPPI PRESS, Atlanta, p. 925.

[44] Bostrom, C. – A, Lindskog, A., Moldanova, J., Malmstrom, J., Andersson – Skold, Y, Cooper, D., Berg, L, VOC emissions from the Swedish Pulp and Paper Industry, TAPPI 1992 Environmental Conference Proceedings, TAPPI PRESS, Atlanta, p. 623.

[45] Sayegh, N., Azarniouch, M., Prahacs, S., Study on the recovery of steam from thermomechanical pulping by vapour recompression. Pulp Pap. Can. 84(5):42(1983).

[46] Huusari, E. and Syrjanen, A., Start – up experiences with the new Tandem TMP heat recovering system at Kaipola, 1981 International Mechanical Pulping Conference Proceedings, PTF, Oslo, p. Ⅵ:6.

[47] Suckling, I., Pasco, M., Caldwell, E., Bingham, A., Volatile organic compound emissions during thermomechanical pulping of radiata pine, 59th Appita Annual Conference, Auckland 2005.

[48] Brauer, P., Rønning, C, Welungoda, B., Mosbye, J., Richardson, D., Improved pitch management with a new washing system and TMP upgrade at Norske Skog Albury, 62nd Appita Annual Conference, Rotorua 2008.

[49] Tamper, J., Water circulations for effective bleaching of high – brightness mechanical pulps, Ph. D. Thesis, Lappeenranta University of Technology, Lappeenranta 2009.

[50] Lloyd, J., Deacon, N., Horne, C, The influence of pulping and washing conditions on the resin

content of radiata pine mechanical pulp, Appita J. 43(6):429(1990).

[51] Ekman, R., Eckerman, C, Holmbom, B., Studies on the behavior of extractives in mechanical pulp suspensions, Nordic Pulp Pap. Res. J. 5(2):96(1990).

[52] Lappalainen, T, Heinanen, H., Makinen, M., Effluent – free manufacture of BCTMP – costs and profitability in the near future. International Mechanical Pulping Conference 2005, Oslo 2005.

[53] 张勇,曹春昱,冯文英,等. 我国制浆造纸污染治理科学技术的现状与发展,中国造纸,2012,31(2):57 –64.

[54] 康家玉,王孟效,米林安. APMP 制浆废水处理系统的综合设计[J]. 中国造纸,2007,26(8):34 –36.

[55] Imray, S., Magiera, E., Miller, K., Roste, E., Willis, K., Upgrade to two – stage pres – surized refining plus glycol heat recovery at Millar Western Pulp, 91st Annual Meeting Pulp and Paper Technical Association of Canada, Montreal 2005.

[56] Jemaa, N., Paleologou, M., Thibault, A., Fleck, J., Miller, K., Sheedy, M., Brown, C, Demonstration of the green liquor splitter (GLS) system at Millar Western's Meadow Lake closed – cycle BCTMP mill, 93rd Annual Meeting Pulp and Paper Technical Association of Canada, Montreal 2007.

[57] 史建波,魏君. 首台 APMP 制浆废液碱回收炉的设计与运行[J]. 中国造纸,2012,31(9):38 –40.

[58] 赵云松,胡海军,张丹. 机械蒸汽再压缩(MVR)技术在制浆废液蒸发中的应用[J]. 中国造纸,2013,32(2):45 –47.

[59] 马倩倩,卢宝荣,张清文. 基于生命周期评价(LCA)的纸产品碳足迹评价方法[J]. 中国造纸,2012,31(9):57 –62.

[60] Mors, M., Behm, K., Dahlbo, H., Pajula, T, Pihkola, H., Viluksela, P., Wessman, H., Carbon footprint of print products. KCL Carbon Footprint Publication, 23 April 2009.

[61] 刘焕彬,李继庚,陶劲松. 发展低碳造纸工业的几点思考[J]. 中国造纸,2011,30(1):51 –56.

第15章 机械浆的特性和性质

15.1 机械浆性质的起源

纤维性质视木材种类和生长地点相当大地变化。木材纤维性质也随生长速率而变化，而木材的树龄对纤维性质有很大的影响。纤维长度和纤维壁厚度均随树龄的增加而增加。幼龄材纤维比成熟材纤维较短、较窄并有较薄的细胞壁。幼龄材纸浆一般有较低的强度性质和较高的光散射系数，如 Tyvainen。Tyvainen 由挪威云杉（*Picea abies*）第一次间伐材、再生砍伐材和锯材厂木材以工厂规模制造了 TMP[1]。

一般来说，速生树比生长较慢的树种含有较多的早材和木素。生长速率影响纤维的横截面尺寸。平均来说，速生材比慢生材产生胞壁较薄的纤维[2-3]。纤维的纤丝角随树龄的增加而迅速减小，早材比晚材的大，速生材比慢生材的大[3-4]。速生材比相同直径的慢生材含有较少的心材[5]。

除了树龄的影响外，纤维壁厚在生长季节变化以致在生长季节初期形成的纤维（称为早材或春材纤维）是薄壁的而在后期形成（晚材或夏材纤维）是厚壁的。根据 Mork 的规律，径向测得的双壁厚超过细胞腔宽的纤维归类为晚材[6]。这种分类没有明显的界限，从早材到晚材的过渡，如在云杉（*Picea abies*）中，是逐渐出现的[7-8]。许多纤维接近 Mork 的早材和晚材纤维的边界，称之为过渡木纤维。已经发现根据 Mork 属于早材部分的过渡木的行为常常像晚材纤维（Mork 的早材/晚材分类将在第 15.5 节做更详细的讨论）。

原则上，木材中晚材比例约为纤维的 30%。除了早材和晚材如此不同外，其纤维分离行为不同也是明显的。Koljonen 和 Corson 都得到表明长纤维组分中晚材纤维的比例随磨浆能量的增加而降低的结果[9-10]。这些结果主要涉及筛渣磨浆，因为在两者的研究中所用的比能耗高达 5000kW · h/t。这些观察有两个可能的解释：

① 当晚材的纤维壁变薄，他们不再归类于晚材纤维，晚材纤维含量减少正与想象的一致。

② 晚材纤维比早材纤维更经常地碎裂成较小的粒子，其在长纤维组分中的相对比例真正地降低。

Mohlin[11] 和 Kure[12] 提出了有关早材纤维比例减少的相反结果。Mohlin 得出纤维变短主要涉及薄壁的早材纤维的结论，因为厚壁的晚材纤维更倾向于散开。她测定了细胞腔的周长并发现细胞腔周长大于 60μm 的纤维比例随长纤维组分（根据 Tyler 系列 Bauer—McNett R28 组分）的减少而减少。Kure 由间伐材和成熟材制备 TMP 并测定了长纤维和短纤维（根据 Tyler 系列 Bauer—McNett R28 组分）横截面尺寸[12]。他总结得出与 Mohlin 相同的结论。实验方法的主要不同是 Mohlin 和 Kure 检验能耗为 0 ~ 2000kW · h/t 制备的纸浆，但 Koljonen 和 Corsancai 采用高达 5000kW · h/t 的磨浆能量。

除了不同的能量水平,测定晚材比例的不同方法可能是这种差异的原因。在所有这些研究中,一致认为高浓磨浆中平均纤维壁厚减小。

在制造机械浆中,纤维分离作用是机械的,如热磨机械浆(TMP)制备中木片的磨浆,或压力磨木浆(PGW)制备中木段的磨浆。

机械制浆的条件影响木材基体如何破裂和纤维如何相互分离的方式。在纤维分离阶段,已经产生纤维束、纤维、纤维碎片和细小纤维,很早期的纤维分离段的条件似乎决定纤维的特性。当纤维机械处理时,长度分布和横截面尺寸连续不断地变化。由于磨浆时形成新的材料,细小纤维和中等组分的性质变化。

最重要的木材质量因素是纤维长度、纤维横截面尺寸和幼龄木的比例。但是,在几个用辐射松(*Pinus radiata*)的研究中,Corson 表明,木材性质如基本密度与浆张性质,如紧度、抗张强度或光散射系数,之间没有发现简单的趋势[13]。他提出磨浆时存在补偿的机理,以平衡薄壁和厚壁纤维及其产生的细小纤维的相对贡献。这点已被最近用挪威云杉的研究所证实[14]。检验加拿大西海岸次生针叶木的性能,Hatton[15]前后一贯地发现由幼龄木制得的纸浆具有较高的光散射系数,同时,他们也需要更多的磨浆能量以达到与成熟木制得的纸浆相同的游离度。

Morseburg[16]检验磨木过程并鉴定 3 种中纤维宽度组分以表示有特色的粒子形状类别,她称之为条带、碎片和纤维残留物。她定义的纤维残留物为存在于所有纤维长度组分的具有低长宽比的纤维材料。发现这些纤维宽度组分共存于任何比能耗水平的所有纸浆中,表明磨木时纤维的发展与磨浆区木材初始纤维分离紧密联系。通过增加纤维分离前纤维在磨浆区停留时间来增加磨浆过程强度导致纤维残留物,即管胞状材料,比例的减少和纸浆中纤维碎片和条带比例的增加。纤维粗度随比能耗的增加而线性减少,导致单位质量纸浆粒子数的增加。

采用文献中找到的数据,Vehniainen[5]总结了木材纤维性质及其在木材原料中的起源(见表 15-1)。

表 15-1　影响机械制浆结果的云杉(*Picea abies*)木材纤维性质及其木材原料变化的起源[5]

木材纤维性质	木材原料变化的起源
尺寸	
长度	树龄,树干位置
壁厚	早材/晚材,生长速率,压缩木比例
宽度	树龄,树干位置
结构	
纤丝角	幼龄木含量,树龄,生长速率,压缩木比例
细胞壁层厚度	生长速率
化学组成	
木素,碳水化合物及抽出物含量和分布	生长速率,压缩木比例
水分含量	心材含量
抽出物含量	生长速率,树龄

15.2　机械浆性质和纸/纸板类别

15.2.1　机械浆印刷纸

机械浆主要用于生产机械浆印刷纸,也称为含机械木浆印刷纸。这些印刷纸具有良好不透明度和印刷性能以及低定量的特征,但仅有有限的强度和耐久性。主要类别有新闻纸、未涂布(SC)和涂布(LWC)杂志纸。图 15-1 给出了主要机械浆印刷纸新闻纸、超级压光纸(SC)

和低定量涂布纸(LWC)以及一些重要的子类别的价值和质量要求的综观。

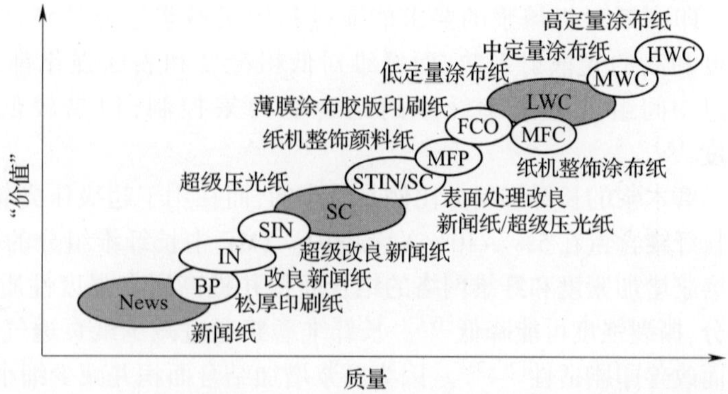

图 15－1 含机械木浆印刷纸类别图谱(由文献[17]重新作图)

印刷纸中使用机械浆的好处来自良好的不透明度、印刷性能和松厚度(低定量、好挺度)。因此,机械浆符合纸和纸板产品要求的紧要性质是其强度、光学性质和包括细小纤维的各种纤维长度组分的比例和特性。机械浆在机械浆印刷纸类的比例从新闻纸类的100% 到 SC 纸类的55% ~65% 以及低定量涂布纸类通常的35% ~40%。

印刷纸类的特点是其运行性质(强度)和印刷适性(表面、松厚结构、吸收)的水平。对某种印刷纸的定量水平通过其致力于的印刷过程来决定。有代表性的机械浆(SGW、PGW、TMP)用于所有类别的机械浆印刷纸。要求的印刷适性用磨石磨木浆(SGW、PGW)能更容易达到,而 TMP 对良好的运行性能更好。

通常为了满足机械浆印刷纸的要求,采用不同成分的混合物——机械浆、化学浆和用作填料或涂层中的矿物质。少数纸种也已仅用机械浆制造。

机械浆中的强度性能最好的是 CTMP,其后依次是 TMP、PGW 和 SGW。化学浆的性质接近 CTMP。游离度越低,抗张强度越好。撕裂指数大约在 150mLCSF 时最大。Kappel[17] 绘制了不同磨浆强度下最高撕裂强度与抗张强度的关系图(见图 15－2)。机械浆和化学浆混合物的强度性质由加入的化学浆决定,配料的白度主要取决于机械浆。

对光散射系数,曲线的顺序如图 15－3 所示。对相同水平的光散射能力,用 TMP 代替磨木浆时,需要较少的化学浆。强化作用部分由长 TMP 纤维提供,因此光散射性能和强度间有有效的相互作用。在既有机械浆又有化学浆的配料中,当机械浆磨浆时光散射增加,但化学浆磨浆时降低。加入化学浆造成的光散射能力的下降可通过加入无机填料部分地补偿。

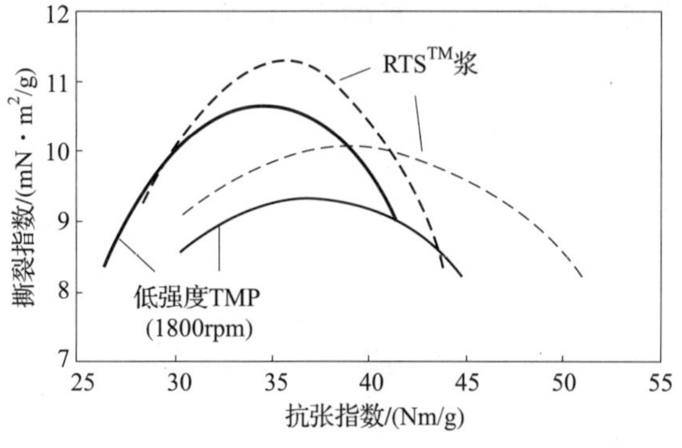

图 15－2 在不同工艺条件下生产的两种常规 TMP 和 RTS 浆的撕裂强度和抗张强度的关系[17]

注 RTS 是 Andritz 开发的一种低能耗 TMP 法,RTS 表示短停留时间、高温、高速。

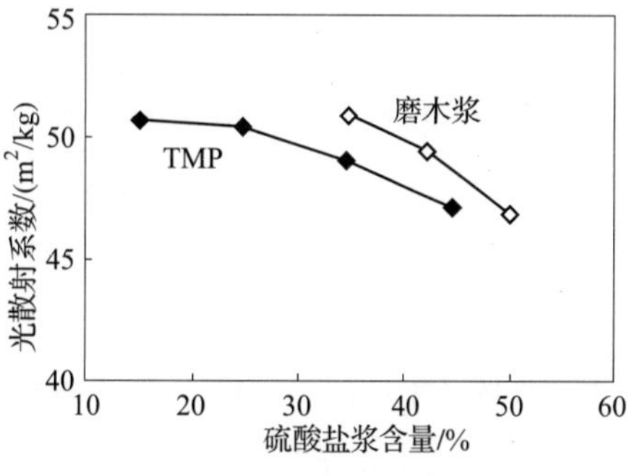

图 15－3 在一种印刷纸配料中光散射系数与化学浆含量的关系

印刷纸对机械浆的要求能通过利用机械浆组分的特性来调节。细小纤维有最高的松厚度和高的光散射系数,而纤维对低粗糙度和表面强化都有最高的适应性能。透气度可通过中间组分和细小纤维的结合能力来控制,但是较低的透气度也意味着较低的松厚度[18]。

磨木浆的长纤维组分比例是最小的,而在用于超级压光轮转凹版印刷纸的低游离度纸浆中长纤维含量在5% ~10% 的范围内。TMP 中长纤维组分的比例最大,约 25% ~30% 。长纤维磨浆增加紧度和纤维网络的结合面积并提高所有强度性质[19-20]。对于具有良好结合纤维组分,撕裂强度可能降低[19]。长纤维磨浆通过减少纸页透气度、透印和粗糙度及提高不透明度而改善印刷适性[21-22]。因为磨浆增加结合面积并减少细小组分可及的纤维间的开孔体积,需要较少结合活性细小纤维。

细小纤维组分对光散射能力和纸页紧度是必要的。用于 SC 和 LWC 纸的低游离度纸浆的细小纤维比例在 TMP 约 30% 而在磨木浆约 35% ~40% 。超细料甚至改善光散射性。

长纤维磨浆处理的一个缺点是高比能耗,化学处理损害光散射系数[19-20]。

富含细小纤维的磨木浆产生良好的印刷适性但强度低,TMP 纤维提供较好的强度但印刷适性较差。由于磨木浆和 TMP 的不同性质,其混合物能形成一种适于高质量机械浆印刷纸的最佳机械浆,因为富含细小纤维的磨木浆将产生良好的印刷适性,而长纤维 TMP 将提供强度,允许减少化学浆的比例。浆混合物也比纯 TMP 消耗较少的比能量[23]。

表 15 -2 总结了用于印刷纸类的标准机械浆参数的平均数据。表 15 -3 概括了机械浆印刷纸的相应性质[24]。

表 15 -2　用于印刷纸的机械浆的性质(挪威云杉,CSF40mL)[24]

参数	SGW	PGW	TMP
微纤维束含量/%	0. 1	0. 1	<0. 1
粗纤维(R14)含量/%	1	3	10
长纤维(R14/R28)含量/%	11	22	30
细小纤维(P200)含量/%	38	33	30
纤维长度/μm	650	850	1500
表观密度/(kg/m³)	520	510	500
Gurley 透气度/s	150	200	250
抗张指数/(Nm/g)	35	43	52
撕裂指数/(mN · m²/g)	3. 2	4. 2	7. 2
Scott 结合/(J/m²)	75	72	60
白度/%ISO	65	64	62

表 15 -3　用于 LWC 和 SC 纸的机械浆的一般质量要求[24]

浆种	SGW	PGW	TMP	TMP
纸种	SC/LWC	SC/LWC	SC	LWC
游离度/mL	30 ~40	30 ~40	30 ~40	40 ~50
纤维束含量/%	<0. 05	<0. 05	<0. 05	<0. 05
粗纤维(R14)含量/%	<1. 0	<1. 0	<7. 0	<3. 0
长纤维(R14/R28)含量/%	10 ~15	14 ~20	28 ~33	22 ~27
细小纤维含量/%	>36	>32	>28	>28
表观密度/(kg/m³)	450 ~500	440 ~500	450 ~520	450 ~500
抗张指数/(Nm/g)	>40	>45	>50	>50
撕裂指数/(mN · m²/g)	>3. 5	>4. 5	>7. 0	>6. 5
光散射系数/(m²/kg)	>70	>68	>58	>58

15.2.1.1 新闻纸

全世界传统上都用磨木浆配以一定比例的化学强化浆生产新闻纸。目前在欧洲新闻纸的原料组成有非常明显的差别。

在北欧国家,新闻纸仍然很大程度上由原生纤维(TMP)制造。由于这个原因,由原生机械浆纤维制造的新闻纸在西欧和中欧称之为北欧新闻纸。机械浆产生良好的印刷适性和单独足以满足新闻纸的某些强度。因为 TMP 有较好的强度性质,它比磨木浆需要较少的化学强化浆。在加拿大和美国,新闻纸也是由原生机械浆纤维制造的。但是在西欧,新闻纸完全由回收纤维生产。在这个地区新闻纸中废纸的高利用率通过从北欧国家进口原生纤维基新闻纸引入新鲜纤维到循环回路中而成为可能[17]。

15.2.1.2 SC 纸

SC 纸是位于新闻纸之后的机械浆第二大消费者。(超级压光纸)(SC 纸)是未涂布的,有代表性地含有 50% ~75% 普通或压力磨木浆(SGW 或 PGW)或热磨机械浆,5% ~25% 化学浆和 10% ~35% 填料。主要填料种类是黏土,但是滑石粉也用于轮转凹版印刷纸中[25]。沉淀碳酸钙(PCC)在 SC 纸中的应用也正在增加。

由于磨木浆和 TMP 不同的强度性质,当磨木浆用作机械浆组分时,化学浆的比例必须较高。TMP 有良好的强度性质,而 PGW 有良好的光学性质。SC 纸也能含有 DIP(脱墨浆)纤维。有代表性的定量范围是 40 ~60g/m²。纸张质量主要由纤维原料和填料的质量及其在纸页 *Z* 向上的分布决定。由于其高和宽范围的质量要求,SC 纸是属于最难制造的印刷纸种[26]。

SC 纸的主要功能性质是在完成(超级压光机)和印刷机上的良好运行性能,印刷图像的良好外观和容易得到良好的印刷效果[17]。

标准 SC 纸有代表性的白度水平是 72% ISO。其他质量要求涉及强度、不透明度、表面吸收性、平滑度和光泽度。为了满足这些要求,机械浆必须磨浆到极低的游离度(30 ~50mL)[17]。

加入化学浆以增加强度和保证纸机和印刷机良好的运行性能。矿物用于增加白度和维持好的不透明度[25]。

各种 SC 纸视其最终用途,即印刷方法,也有不同。SC 轮转凹版纸由于其高填料含量(在定量为 60g/m²纸中高至 35%),细的机械浆和重的超级压光而呈紧密、平滑和光泽的。定量为 56g/m²纸有代表性的白度为 68% ~70% ISO,不透明度 90% ~91%。好的印刷适性也要求合适的压缩性以支持印刷油墨的摄取。轮转凹版印刷机要求具有高速(好的尺寸稳定性是必须的)、低总损耗和低印刷油墨吸收的高生产效率[25]。

对 SC 胶版印刷纸,最重要的性质是好的表面强度(干和湿)、好的光泽度(特别是印刷光泽度)、印刷油墨的均匀转移、尺寸稳定性、干燥时耐热性和均匀的油墨吸收[25]。填料含量较轮转凹版印刷纸低,从 15% 到 30% 变化。白度能高至 75%。印刷光泽度对有许多广告的杂志是重要的。印刷平滑度、良好光泽度和低定量时不透明度是有时尚图画的目录纸的重点。由于插页和增补的页数少,其挺度和松厚度是重要的性质。

速生材高强度磨浆的 TMP 产生极好的印刷适性,但表面强度低。这意味着印刷过程脱层和掉粉的风险高。慢生材高强度磨浆 TMP 非常适合作为胶版印刷 SC 纸的配料。

为了满足 SC 纸的要求,机械浆所有组分应有高适应性和好的结合。加入松厚的细小纤维或填料增加光散射和松厚度,但透气度也增加,这是不期望的。轮转凹版印刷纸配料中加入细小纤维通过提高不透明度而减少透印。TMP 的后精磨对印刷光泽度有正面的影响,但增加透印和网板失点[25]。

15.2.1.3 LWC 纸

LWC 纸是一种定量 35 ~ 80g/m^2、两面涂布、每面涂布量 5 ~ 12g/m^2 的机械浆印刷纸。有代表性的纤维配料为 50% ~70% 机械浆与 30% ~50% 化学浆的混合物。原纸也含有 4% ~10% 的填料。与涂层合在一起总的颜料含量为 24% ~36% 。涂布前 LWC 原纸进行压光。由于定量低,需要少量的化学浆作为强化纸浆以产生额外的强度,填料用于改善印刷适性。

LWC 纸的紧要性质是在涂布机上的运行性能、涂布性能和印刷适性。为了在涂布机上良好的运行性能,要求好的撕裂和抗张强度以及良好的纸页成形。为了好的涂布性能,需要合适的表面粗糙度和透气度。为了好的印刷适性,要求足够的不透明度和白度以及特别对热固—胶版印刷纸有良好的内结合强度。

15.2.2 机械浆纸板

机械浆的其他用途包括各种纸板、墙纸、高级文化用纸、柔软卫生纸、吸收纸和浆模制品。纸种将在本丛书第 18 册纸和纸板种类中进行更详细的讨论。

生产纸板涉及结构和结合不同材料到具有期望性质的产品中。有时三层有时四层的折叠纸板组成传统上用磨木浆作为中间层来制造。CTMP 快速增长应用是液体包装纸板,这是一种由漂白和洗涤的 CTMP 作为中间层制造折叠纸板。CTMP 也作为绒毛浆用于吸收产品。许多柔软的卫生纸和浆模制品过去常是机械浆基的,但目前越来越倾向于用废纸浆。为了根据中间层材料区分折叠纸板,以原生机械浆作为中间层的纸板称之为斯堪的纳维亚型折叠纸板,它用于各种包装。有代表性的用折叠纸板包装的产品包括化妆品、香烟、药品、糖果和食品。一些折叠纸板用作明信片和书的封面。折叠纸板的定量在 160 ~ 450g/m^2之间。机械浆用于中间层以产生最大可能的松厚度,顶层和底层的定量尽可能小以提供高松厚度和降低原料成本[25]。

折叠纸板最紧要的性质是平滑度和弯曲挺度,特别是横向弯曲挺度,它与纸板的厚度和 z 向强度有关。在现代折叠纸板的成形部,各层在其长网上分别成形。

当挺硬纤维和结合很好的细小纤维一起使用时,很小量细小纤维足以产生足够的弯曲强度。将结合好的细小纤维加到中纤维组分将维持 Scott 结合强度的骤增,而当细小纤维加到长纤维组分时松厚度增加。

如果机械浆用于墙纸原纸,它有两或三层结构。那么机械浆用于中间层(或底层)以产生良好的松厚度[25]。

15.3 纸浆性质的发展

本节讨论机械浆的特性及其在应答过程影响中的发展。有关纤维性质和纤维尺寸更详细的信息能分别从第 15.4 和第 15.5 中找到。

纤维分离时木材纤维变形,纤维分离的作用能从纤维尺寸和纤维壁结构的变化来测量。当新的纤维层暴露时纤维表面和细小纤维的化学性质变化。纤维分离作用、周期载荷和温度也影响木材聚合物的状态,但被他们形态变形所掩盖。

Vehinainen 研究了初始纤维分离的作用，将机械浆纤维形态变形归纳为 3 种纤维分离模式：纤维变短、纤维壁厚度减少和纤维壁结构的发展[5]。这 3 种纤维分离模式在机械制浆过程中是同时发生的，特别是纤维壁厚度的减少和纤维结构的发展不能分开讨论。

15.3.1 纤维变短

纤维变短是纤维从木材基体中分离时纤维切断的结果。在压力条件下纤维分离比在常压条件下产生较长的纤维，纤维分离过程中较高的温度可以软化木材聚合物，因而纤维从木材基体中分离时断裂较少。较低的盘磨机转速产生较温和的分离作用。由于较慢的变形速率增加了木材聚合物的韧性可认为是温和分离的原因。

形态不同的纤维看来有不同的变短趋势。纤维分离时薄壁纤维比厚壁纤维更能抗拒剧烈条件。薄壁纤维有更好的可压缩性并受到较少的剪切力的影响，因此，其原生纤维长度比厚壁纤维较好地保持。此外，一方面心材与边材的比例，另一方面幼龄材和成熟材的比例，对维持纤维长度、细小纤维和纤维束的比例是必不可分的。当平均纤维长度用于表征纸浆时，了解平均纤维长度的减少是更多地由纤维变短还是细小纤维比例增加所造成是非常重要的[5]。

15.3.2 纤维壁厚度和结构

纤维壁厚度通过从纤维表面剥离纤维壁外层而减少。剥下的物质发现于细小纤维中。不同类的纤维产生不同种的细小纤维。木材生长速率越快，细纤维化的细小纤维含量越低。细纤维化细小纤维主要从厚壁形成，50% ~100% 的细纤维化纤维是晚材纤维。

晚材厚壁纤维磨浆时比薄壁纤维损失更多的壁材。柔软的薄壁纤维能回避应力的影响并仍是更未改变。

细胞壁指数和比表面积间有良好的关联。薄壁和厚壁纤维能清楚地区别。在相同水平的纤维壁指数下具有较高比表面积的纸浆由更多的厚壁纤维组成，而具有较低比表面积的纸浆有更多的薄壁纤维（见图 15-4）[27]。

表面细纤维化是对厚壁纤维有代表性的纤维分离作用，纤维壁分裂是对薄壁纤维有代表性的作用，这能由纤丝角和 S_2 层厚度的差别来解释。早材或幼龄木形成更多的薄片状细小纤维。筛渣磨浆时也产生薄片。未变的外壁层带仍是均匀的在高度磨浆的纤维上。其后磨浆段产生的薄片状细小纤维可能部分地是这些带分离的结果[5,28-29]。高浓磨浆时晚材纤维的表面细纤维化增加，而早材纤维没有变化。早材纤维是更为分裂的。剥离引起纤维壁分层和分裂，因而发展了更为敞开和适应的纤维壁结构。作为这些作用的结果，纤维壁弹性降低，壁厚减少，纤维的柔软性以及适应性增加。Vehniainen 得出温和

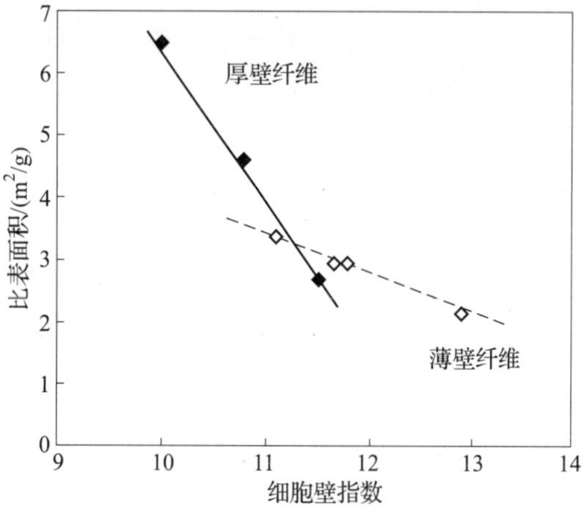

图 15-4 比表面积与细胞壁指数的关系

注 细胞壁指数是纤维双壁厚与纤维宽度的比例，也见第 15.5 节。

磨浆时纤维壁分层占支配地位的结论[5]。

磨浆时纤维壁孔体积增加，纤维壁局部润胀出现。在纤维壁外层被除去之处，S_2 层向外润胀，纤维能压溃。外壁层存在之处，发现未压溃的纤维向内润胀。由于纤维非均一性的结果，纤维壁润胀和压溃能力都沿纤维长度变化。限制外层的去除既降低了纤维的弹性也减弱了惯性运动。当将纤维分级为厚壁纤维和薄壁纤维时，可看到薄壁纤维比厚壁纤维有更多纤维壁展开[5]。

15.3.3 纸浆组分和纤维性质

因为机械浆在粒子性质上是很不均一的，将其分离成不同特性的组（组分）已普遍实践很多年了[30]。筛和水力旋风器用于分离这些组分。如果纤维流动是垂直于筛，筛根据最短尺寸，即厚度，分离纤维。如果纤维是与筛平行定位的，分离主要是根据纤维长度进行的。水力旋风器根据纤维比表面积将其分离[31]。

传统上纸浆已被分类为长纤维组分、中间组分和细小纤维组分。当用 Bauer - McNett 筛分仪分级时，组分也依据筛的目数作为组分边界来命名。筛目数的不同定界是可能的，第 4 节有详细的解释。对以下讨论的所有组分，筛已根据 Tyler 系列命名。

在每个组分内粒子的性质趋于不均一的。所有的组分都含有长和短、宽和窄以及薄和厚的粒子。挪威云杉制得的 TMP Bauer - McNett 筛分得到的组分见图 15 - 5。短纤维组分和几种中间纤维组分的长度加权纤维长度的分布见图 15 - 6。

图 15 - 5　挪威云杉 TMP 的组分（由 Innventia 提供）

各种 Bauer McNett 组分以及各种纸浆对应的组分在形态性质上有重大的不同。

15.3.3.1 长纤维组分

长纤维组分通常定义为保留在 Bauer - McNett 28 目筛（R14 + P14/R28）上所有材料的总和，它由长、粗并主要由完整的纤维组成。取决于组分的界限，磨木浆中纤维的质量比例可小于 20%，而 TMP 中可接近 40%。

长纤维组分为机械浆提供更好的撕裂强度。由于长纤维的结合能力低，由纯长纤维组分制得的纸页的抗张强度并未完全

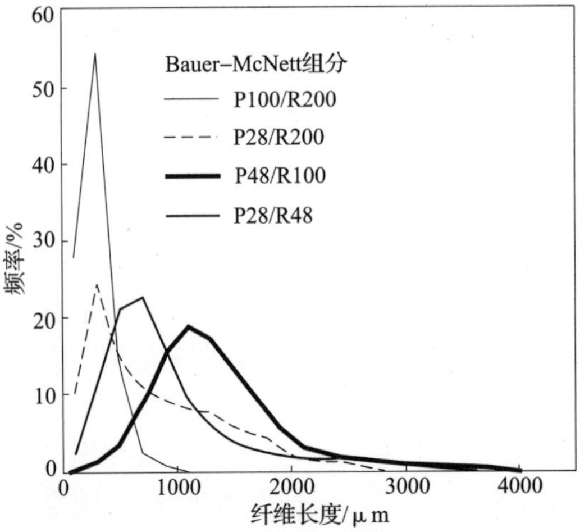

图 15 - 6　中间组分长度加权纤维长度的分布

发展。为了充分利用长纤维组分的纤维长度,必须改进其结合能力。取代的办法是需要结合好的中间和特别是细小纤维组分。因此,长纤维组分和较小粒子的结合好的组分在创立良好的纸浆强度方面相互支持。机械浆,特别是 TMP,一个特征是全纸浆的撕裂强度比任一单独组分的高[23]。

太长和粗的纤维损害机械浆纸页的结合能力和平滑度。为了使长纤维能用于 SC 和 LWC,需要处理使其更柔软和细纤维化。机械浆和纸页种类在第 2 节更详细地讨论。

TMP 长纤维特别可用作混合机械浆中的强化纤维。粗度即单位质量的长度,测量长纤维组分粗度比测量全浆样品粗度提供机械浆样品间更好的区别。

15.3.3.2　中间组分

从图 15－5 可以看出,中间组分在纤维特性方面有最大的变化。Bauer－McNett 基的中间组分与文献中定义的不同。Honkasalo[32] 和 Mohlin[21,33] 定义中间组分为 P48/R200。在这些界限内的中间组分具有长纤维和细小纤维之间的性质。它可能含有结合好的条带和细纤维粒子及结合差的切断纤维和纤维壁碎片。纤维大多数起源于早材,而纤维壁分层部分起源于晚材。Honkasalo 和 Mohlin 也将中间组分进一步分成两个组分,两者有明显的不同(见图 15－5)。P48/R100 组分通常含有结合差的切断纤维和纤维壁碎片,但也含有较长和较柔软的纤维。Honkasalo 表示这种材料的特征为一种具有最低结合适应性的组分[32]。其质量比例从磨木浆的 4% 到 TMP 的 15%。P100/R200 组由细长的细纤维和未损伤的层状材料组成,它是一种粒子长度分布很窄的相当特殊组分(见图 15－6)。它是所有组分中最小的,质量比例为 3%～6%。但与总的中间组分 P28/R200 相比,它在机械制浆过程中得到更多的发展。

Forgacs[34] 和 Mannstrom[35] 采用 P48/R100 组分测定比表面积或 S 值。对于基于渗透和过滤的测定均需恒定的流速。发现很细的组分 P100/R200 干扰流速。这个组分中高比例的细纤维料也表明有利于对细小纤维组分的亲和。

Lindholm[36] 和 Nurminen[37] 通过拓宽中间组分的界限到了 P28/R200 而包括了短纤维。测得的 TMP 浆短纤维组分中 P28/R48 的质量比例为 5%～15%,PGW 浆中的质量比可超过 20%。如图 15－6 所示,这个组分的长度分布是很宽的。因此,由于过程影响而记录到的变化比较窄组分边界的变化小。

早期,中间组分被认为是质量好的 TMP 中无用或甚至是有害的[23]。其他作者已发现中间组分对纤维网络的结合是很重要的[11,33]。不同机械浆组分间相互作用和协同的研究表明,结合好的中间组分在改善全配料结合能力方面可代替细小纤维,因而,允许减少强化化学浆纤维的量[23,37]。但是,由于纤维长度较短,中间组分削弱撕裂强度。

15.3.3.3　细小纤维组分

机械制浆法尤其会产生纤维碎片和称之为细小纤维的其他小粒子(见图 15－7)。细小纤维对纤维间结合的形成是必要的,以改善湿纸幅强度和其他纸张性质以及光散射系数。机械浆细小纤维的极好性质主要认为是由于与纤维组分相比其小粒子尺寸和大比表面积[38]。

细小纤维在机械浆中的质量比例约为 30%。根据普通的定义,细小纤维是在 Bauer－McNett筛分仪中通过 200 目筛的物料。100 目筛偶尔也取作中间组分和细小纤维的界限。

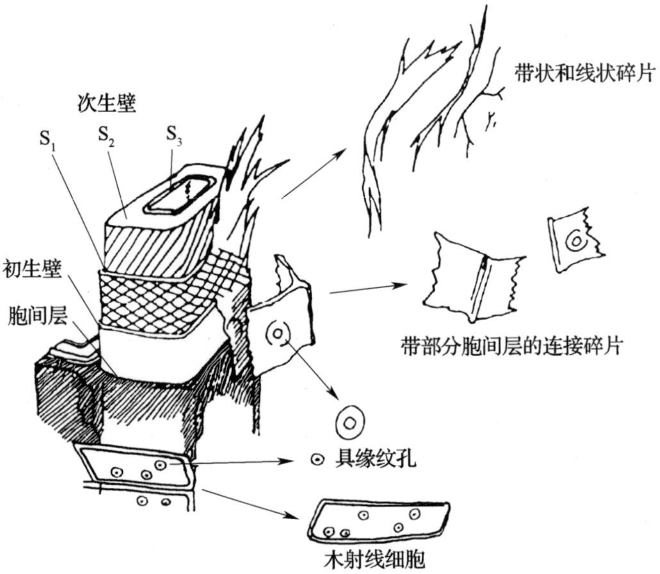

图 15-7　细小纤维粒子及其来源(根据 Runalof)[39]

术语初级细小纤维和次级细小纤维起初用于与化学浆磨浆的关系,但是他们不断增加的被TMP磨浆所采用。这些术语描述过程中细小纤维的来源——初级细小纤维是纤维分离阶段产生的,次级细小纤维是进一步磨浆时产生的。因此,初级细小纤维含有较多的木射线细胞和从纤维初生壁来的其他粗料,而次级细小纤维更多是纤丝状的。最大的细小纤维粒子长度可达30μm,而细小纤维的中位尺寸只有几微米。最小的粒子是纤丝或部分尺寸小于1μm的纤丝。

生产机械浆的两种主要技术——木段磨浆和木片磨浆—彼此差别很大,因此,细小纤维至少部分地由不同的机理产生。

在磨石磨木时,力是以与纤维轴垂直的方向施加的,认为细小纤维是纤维两端破碎,纤维切断和纤维再磨产生的。由于纤维分离过程的特性,有代表性的磨木浆含有大量由纤维壁外层和胞间层产生的薄片状的细小纤维[41-42]。几十年前,Brecht Klemm[42]将磨木浆细小纤维分成两个组分;"Schleimstoff"由结合好的纤丝粒子组成,而"Mehlstoff"由结合能力差的粉料组成。

在盘磨磨浆中,纤维分离并从胞间层释放产生薄片状细小纤维后,认为力是沿着纤维轴施加的,因此纤维被剥离[15,40-41,43]。已提出纤维壁的剥离将由外层向细胞壁,由富含木素的胞间层和初生壁向大部分为纤维素的次生壁发生[40,44]。大部分粒子是采用增加的比能耗从次生壁剥离,产生大部分细纤维化的细小纤维[5,45-46]。对于盘磨磨浆法得到的机械浆,将粒子分为细纤化料和非细纤化料对细小纤维造纸性质的可靠表征是足够的[38,47]。

在纸张结构中,机械浆细小纤维有同时存在的三种功能[48]:

① 细小纤维在纤维间搭桥,将纤维彼此拉得更近些。这增加纤维网络的密度和结合能力。

② 细小纤维在纤维间起"嵌木"作用。单位纸页体积增加,而结合能力保持不变或略有减少。

③ 细小纤维填充纤维间空隙。纸页紧度增加,纤维网络的密度不受影响。

机械浆细小纤维一般比化学浆细小纤维对滤水的损害较少,对光散射的提升较多但对结合的提升较少。机械浆细小纤维填充纤维间空隙降低了透气度和提高了纸页的平滑度。机械浆的胶溶细小纤维甚至能改善未漂浆的结合。在过氧化氢漂白浆中,胶体细小纤维中的抽出物能沉积在纤维表面,因而削弱了结合[39]。

Lunkko 进一步将机械浆细小纤维划分成细纤维化的细小纤维和非细小纤维化的细小纤

维[38,47]。从具有某一抗张指数和光散射系数的针叶木 TMP 出发,当加入细小纤维时,这些纸页的性质有不同的发展。加入化学浆细纤维化的细小纤维比例越高,由于高度结合,光散射能力越低。当加入机械浆细小纤维时,光散射系数增加,抗张强度仅适度增加(见图 15-8 左)。当细纤维的来源相同时,细纤维的长度对性质的发展有较小的影响(见图 15-8 右)。因此,细纤维化细小纤维大大地提高纸页强度,而片状的细小纤维增加光散射系数[47]。

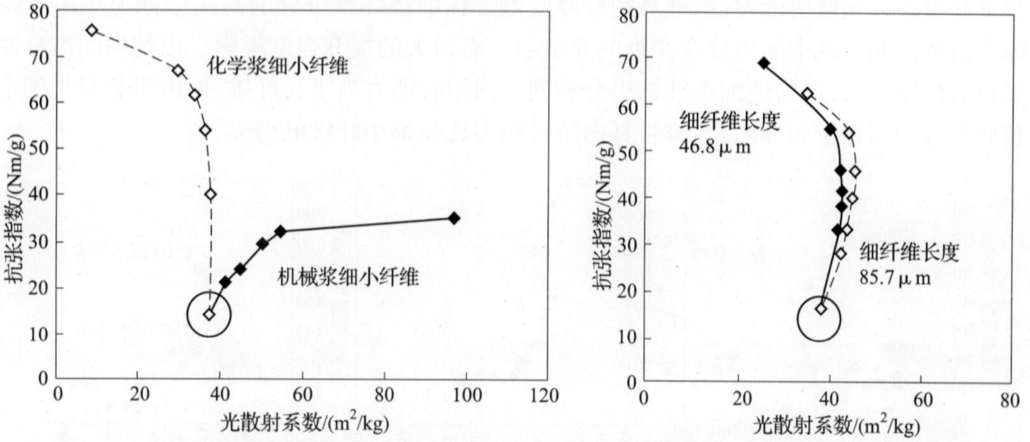

图 15-8 细小纤维粒子类型(左)和细纤维尺寸(右)对抗张指数和光散射系数间关系的影响

注 圆圈表示普通针叶木 TMP 作原浆。

润胀度与细纤维化物料的比例,即细小纤维中细纤丝的含量相互关联。具有最低细纤丝含量的细小纤维的润胀与机械浆纤维(保水值 0.69g/g)类似,而具有高细纤丝含量的细小纤维的润胀与从未干燥的硫酸盐浆纤维(保水值 1.41g/g)类似。这些不同不能由半纤维素含量和电荷来说明。粒子间结构的不同是重要的[49]。机械浆细小纤维,包括细纤维化和薄片状种类,并没有角质化到任何较大的程度。细小纤维和纤维组分的润胀都随磨浆比能耗的增加而略有增加[49]。

15.3.3.4 用于纸浆表征的组分性质

20 世纪 60 年代,Forgacs[34]首次引入分别检验组分性质的办法。他提出描述木材质量或制浆设备变化的两个独立参数——描述纤维长度的 *L* 值和描述结合能力的 *S* 值——以比表面积表示。Forgacs[34]根据 Robertson 和 Mason[50]用渗透性试验测定流体比表面积。他证明这类比表面积与机械浆组分的结合趋势密切相关。图 15-9 显示较短组分的比表面积如何高于较长组分,但是比表面积与原生浆纤维长度无关。

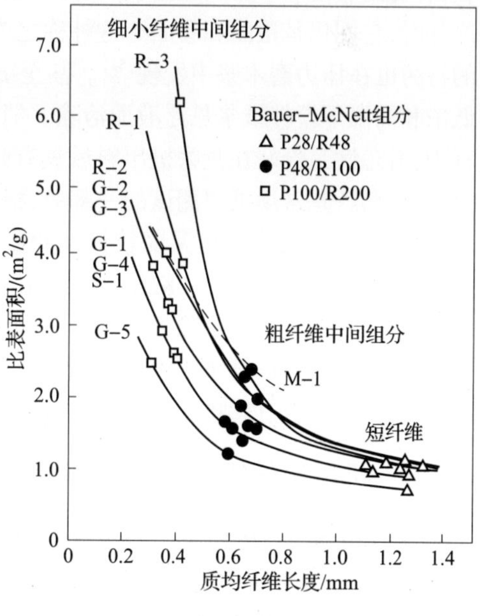

图 15-9 各种机械浆组分的比表面积与相应的长度加权纤维长度的关系。

注 R—盘磨机械浆,G—磨木浆,S 和 M—专门实验磨木浆。数字表示不同的加拿大材种。

Mannstrom 进一步发展了 Forgacs 的概念。他用比过滤阻力代替比表面积[35]并定义独立参数 *L* 为长纤维组分的长度加权纤维长度,*S* 为中间组分的比过滤阻力。Karmis[51]成功地应用了 *S* 因子去预示机械浆的撕裂和抗张强度。Strand[52]已经使用一种与通过因子分析不同的方法。两个描述基础纤维性质如纤维结合($F1$)和纤维长度($F2$)两个独立普通因素与根据 Forgacs[34]和 Mannstrom[35]的 S 因子和 L 因子很好地关联。关于纤维长度、比表面积和比过滤阻力评价的更多细节见第15.4节。

图15－10表示所考虑的机械浆组分的紧要性质与纯长纤维组分有最低的抗张强度和最低的光散射系数。长纤维是挺硬的,因而生产低内结合的松厚纸页。纯细小纤维有较高的抗张强度和很高的光散射能力,但纸页的松厚度低。纯细小纤维组分的高结合能力也由最高的内结合值所证明。纯中间组分在相近的光散射下有最大的提升强度极限。由纯中间组分制得的纸页的松厚度低,可与纯细小纤维组分相同。内结合能力高于长纤维,但由于相对于细小纤维较高含量的粗粒子和非结合物料,其内结合能力比纯细小纤维低得多。

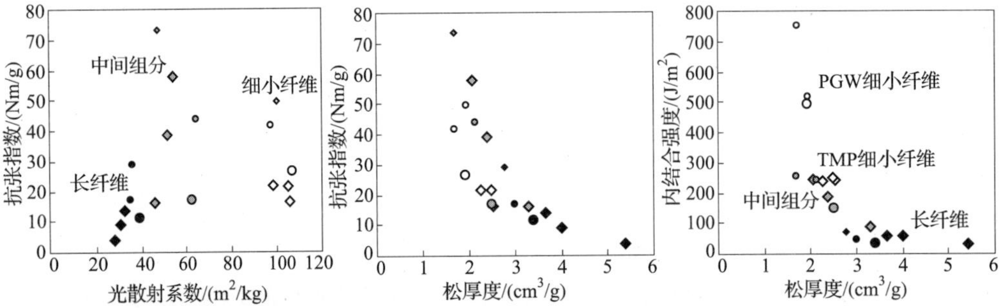

图15－10 机械浆长纤维组分、中间组分和细小纤维组分与其重要性质的关系[37]

15.3.4 机械浆的潜态性

当纤维分离发生在高温和高浓时,分离的纤维由于承受应力而已变形。根据 Htun 等人研究,聚合物流动使纤维受到盘磨机产生的应力而变形[53]。纤维被压缩,扭结和卷曲。当在高浓下冷却时,它们仍是扭曲和卷曲。这种称之为潜态性的现象主要是在盘磨机械浆中遇到,但是类似的行为也在压力磨木浆中发现[54]。甚至纸浆的浓缩倾向于产生纤维的变形,这种潜态性能通过低浓和高温下搅拌纸浆悬浮液而清除。消潜后得到较低的游离度和较高的抗张指数。在工业过程中,潜态性是恰好在盘磨机出料后具有强力混合的大消潜池或碎浆机中去除。但在实验室程序中,热离解是常规纸浆测试的一部分,根据标准方法在80～90℃温度下进行。Htun 等人[53]发现,由于磺化的纸浆软化温度较低,CTMP 的潜态性能在较低的温度下除去。他们建议采用60℃,这对白度也是有利的。Karnis[55]利用已发表和新的结果综述了潜态性对纸浆性质的影响。在消潜池中,在很大程度上除去了卷曲和扭结,纤维柔韧性增加;由于卷曲的纤维在纤维长度筛分时行为不同,消潜后纤维长度增加主要由于微压缩的除去,得出纤维长度小有增加的结论。消潜的最大作用从游离度、抗张强度、撕裂强度和弹性模量等看出。

15.3.5 机械浆纤维和纸张循环利用

每年有相当大量的原生机械浆纤维引入到纤维循环过程中。循环时机械浆纤维的行为与化学浆不同,取决于所用的机械制浆方法其循环行为也不同。压力磨木浆纤维两次循环后已经经历了主要的变化,包括非结合细小纤维的去除。三次循环后表观密度、抗张强度仍是比较恒定的,而观察到撕裂强度有很小的下降。对 TMP 浆,循环4次后,仍能测到光散射系数和撕裂强度有意义的增加,但是结合行为(抗张指数)相应地降低(见图15－11)。对抗张强度,机械浆的变化确实比化学浆小(见图15－12)。

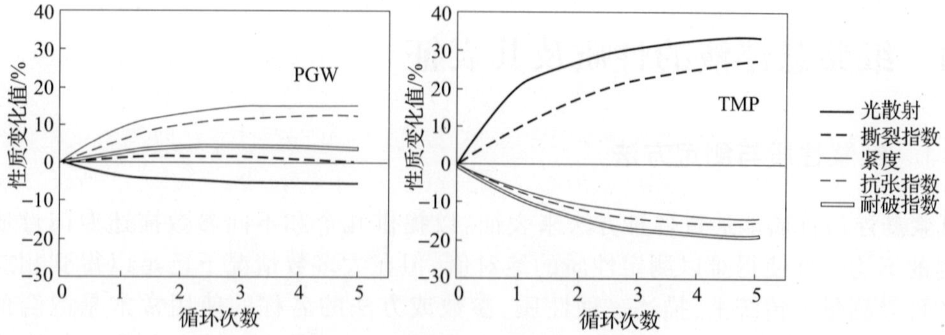

图 15－11 循环时机械浆性质的变化

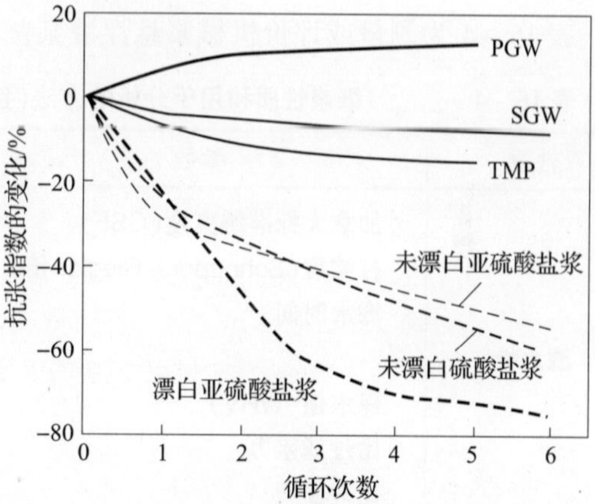

图 15－12 机械浆和化学浆循环时抗张指数的变化

循环时细小纤维性质的发展取决于原生纤维是否已经压溃(例如,作为压光的结果)。经压光纸张的细小纤维磨浆时变成更多片状和砖状的(图 15－13 左中 BSK),而未压溃纤维循环时细纤维含量趋于增加。

与化学浆比较机械浆没有发现有意义的角质化(图 15－13 右)。随着循环次数的增加,甚至能注意到润胀能力的轻微增加。

未来的 TMP 浆将含有较高比例的分裂和细纤维化纤维,因而具有较高光散射能力和增加可压溃性的特征。也认为较高的初始光散射能力在循环过程中保持较长时间。增加的纤维压溃程度意味着纤维较平滑和更紧密的表面。未来的 TMP 浆也将含有更多的较短纤维,这意味着较低的强度潜力。循环过程中撕裂强度将不发展,但可预期抗张强度的降低能通过较高的细小纤维化而减慢。对 PGW 也可作类似的假定[56]。

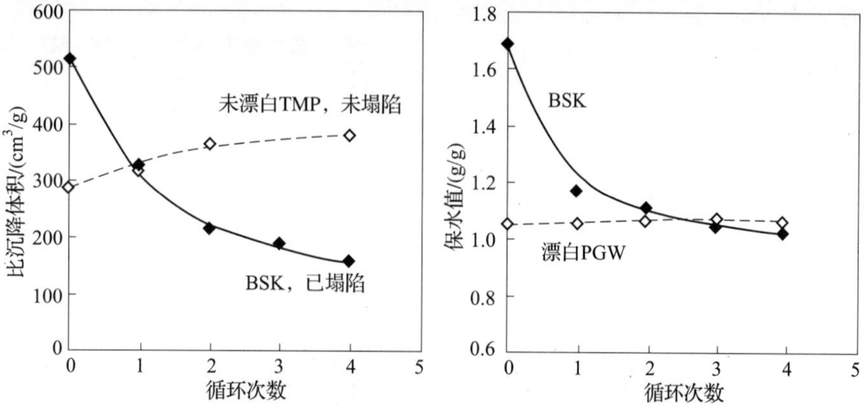

图 15－13 机械浆和化学浆细小纤维特性(左)和润胀行为(右)

松木机械浆纤维比云杉机械浆纤维常常更分裂,有更大的可压溃性和较高比例的抽出物。可以假定,由于较高比例的分裂纤维,循环时光散射潜力将保持较长的时间并保持在较高水平上。较大的纤维可压溃性提供较平滑的纸张表面。当采用的纤维主要来自表示幼龄木纤维的首次间伐材时,高抽出物含量带来的不利影响是较少的[56]。

15.4 纸浆悬浮液的性质及其表征

15.4.1 纸浆性质与测定方法

纸浆悬浮液性质能通过各种方法来表征，以提供几个和不同参数描述专门性质。纸浆材料的不均一性使得难以测定性质的绝对值，但在大多数情况下已足以得到相应参数变化的可靠测量。传统上，描述一种性质、参数或方法的名称的使用常常是混合的。这是可以理解的，因为有时方法有其主要测定参数相同的简称，有时性质和参数的名称相同。

表 15－4 为测量或评价机械浆悬浮液某些性质使用的方法和相应的参数示例。

表 15－4　纸浆性质和用于分析的方法（包括应用的标准和导致的参数）

性质	参数	方法
滤水性	加拿大标准游离度（CSF） 打浆度（Schopper－Riegler 值） 滤水时间 保水值（WRV） 比过滤阻力 比表面积	游离度测定（ISO 5267—2，TAPPI T227） Schopper－Riegler 测定（ISO 5267—1） 纸页模型滤水时间测定[57]（TAPPI T221，SCAN－M9） 保水值测定（ISO 23714，SCAN－C62） 过滤方法[35] 渗透法[58]
组分组成	长纤维、短纤维、中间组分、细小纤维和纤维束的比例	Bauer－McNett 筛分（TAPPI T233 和 SCAN－CM6） Clark 筛分法[59] Brecht－Holl 筛分法[60] 自动光学分析*
纤维束性质	纤维束比例 纤维束尺寸（长、宽）	PFI－微纤维束筛分（SCAN－M13:83） PULMAC 标准筛筛分[61] Bauer－McNett 筛分（TAPPI T233 和 SCAN－CM6） Somerville 型筛分（TAPPI T275） Clark 筛分法[59] Brecht－Holl 筛分法[60] 自动光学分析1)
细小纤维性质	细小纤维比例 沉降体积 细小纤维粒子长度 细小纤维粒子比例 浊度	单筛筛分（TAPPI T261） 沉降法[62－63] 自动光学纤维分析 据 Luukko 的光学细小纤维分析[64] 浊度测定[65]

注　* 见第 15.5 节。

15.4.2 测定滤水性的方法

纤维磨浆时纤维壁变得更薄、更柔韧、更容易压溃。同时,物料从纤维壁磨去,细小纤维比例增加。这些变化能容易地通过测定纸浆悬浮液的滤水而分析和定量。滤水性的变化是由于纤维长度分布的变化以及纤维和纤维组分等其他性质的变化。

15.4.2.1 加拿大标准游离度、打浆度和滤水时间

测定机械浆滤水的最普通方法是在标准 ISO 5267 -2 描述的加拿大标准游离度(CSF)法。含有(3.00 ±0.1)g 绝干浆的纸浆悬浮液稀释到 1000mL,然后通过装在漏斗中的多孔筛板过滤,在滤斗底部和侧面均有开孔,流经侧面开孔的滤液体积收集到一计量玻璃容器中并测量。游离度是在计量玻璃容器中以 mL 表示的滤液体积。

打浆度(Schopper - Riegler,°SR)法是另一种测定纸浆滤阻性能的普通方法。这种方法既用于化学浆也用于机械浆,测定步骤与 CSF 法类似。其应用在西欧和中欧国家较为普遍。这种方法在标准 ISO 5267 -1 中描述。(2.00 ±0.02)g 绝干浆的纸浆悬浮液稀释到 1000mL,然后滤经结构与测 CSF 类似的漏斗中的网筛。从漏斗侧面开孔流出的滤液,收集到一个计量玻璃容器中并测量其体积。°SR 值为最初体积 1000mL 与测得的体积 mL 之差,以量纲为 1 单位表示。旧原理给出的 Schopper Riegler 值为°SR,但这是不正确的,已不再使用。

加拿大标准游离度(CSF)和打浆度(°SR)随着过程强度的增加以相反的方向发展。因此,高游离度对应低打浆度,反之亦然。常常将一种单位转换,甚至已由比过滤阻力创建了估计游离度和打浆度的数学模式[66],但是没有与所有浆种匹配的通用公式。虽然测试步骤是相似的,但是测试结果并无线性关系,而是大大地取决于测试纸浆的特性。

滤水时间与纸浆游离度相连是没有必要的,因为其值由实验室制备试验纸页时得到。因此,滤水时间的定义取决于纸页制备过程。当制备常规定量 $60g/m^2$(ISO 5269 -1)的纸页时,滤水时间是从滤水阀开启到浓度为 0.017% 的纸浆悬浮液到达网筛的浆垫时间间隔来测量的,使用的滤水压力为 7.8kPa。当根据快速 Köthen 法制备定量 $75g/m^2$(ISO 5269 -2)纸页时,滤水时间是将 8L0.03% 纸浆悬浮液在大气压(约 100kPa)[57]下在纸页成形器中通过纸页成形网滤水至 2L 所需的时间。由于纸页成形法不同的滤水条件,所得的滤水时间是不可比的。

在加拿大标准游离度(CSF)和打浆度(°SR)测定仪进行的滤水以及快速 Köthen 法滤水时间均是由大气压驱动的。因此测试实验室的高度可能影响结果——大气压随高度增加呈指数降低(气压公式)。在各自的标准中没有给出高度校正公式,但必须考虑,滤水越慢,影响越大。当必须比较显著不同高度测试的样品时这甚至更为重要。

15.4.2.2 保水值

保水值(WRV)只用于化学浆,但在某些情况下也用于已发现有润胀的机械浆[67]。其原理是纸浆悬浮液在网筛上通过离心脱水形成的纸浆纤维垫。应用一特定的离心力(ISO 23714:3000g,TAPPI UM253:900g)离心特定的时间,然后称重纤维垫,干燥,再称重,然后计算保水值,以离心试验浆垫的湿质量与干燥后质量之比表示。

这种方法的变量是可获得的,其特征是不同的样品大小及其制备。在最初的 Zellcheming 法[68-69],仅用 0.15g 绝干浆,而另一种德国方法[70]采用约 2.5g 绝干浆。结果是不同的,但遵

循可比较的趋势。

15.4.2.3 比过滤阻力、比表面积和沉降速率

比过滤阻力是由Mannstrom描述的恒速流量仪测定的[35]。测量达到一定压差穿过纤维层所需的时间。由于纤维层的可压缩性,比过滤阻力是压差的函数。如果纸浆的可压缩性分开测定,能测定样品的比体积和比表面积。

水润胀纤维的比表面积的直接测定能用渗透仪进行。测试原理由Robertson和Mason开发[50],也已取得进一步的发展[58]。比表面积是在恒定压力降下通过预压纤维层的流速的函数。当预压缩温和进行并且压力降调节到尽可能低的水平时,纤维的适应性并没有影响结果。检测的纸浆特性限制了滤水参数如CSF和°SR间通常假定的牢固关系。

Marton通过测定沉降速率表征机械浆[71]。让稀释的纸浆悬浮液在一个计量玻璃容器中沉降,纸浆相上方清澈的水柱高度作为消逝时间的函数作图,此曲线的最初斜率提供沉降速率。

Manton表明较高强度的纸浆比较低强度纸浆的沉降速度慢。她也采用终点体积,即粒子移动已停止后,浊悬浮液的体积。

15.4.2.4 水质及其滤水的影响

用于滤水试验的水的质量对测试结果有相当大的影响。甚至电解质(溶解的盐)比例和水的pH很小的变化影响纸浆的滤水性能[72-73]。水中电解质含量可根据电导率来测定。图15-14显示用电导率对不同类水得到的°SR数据的影响。

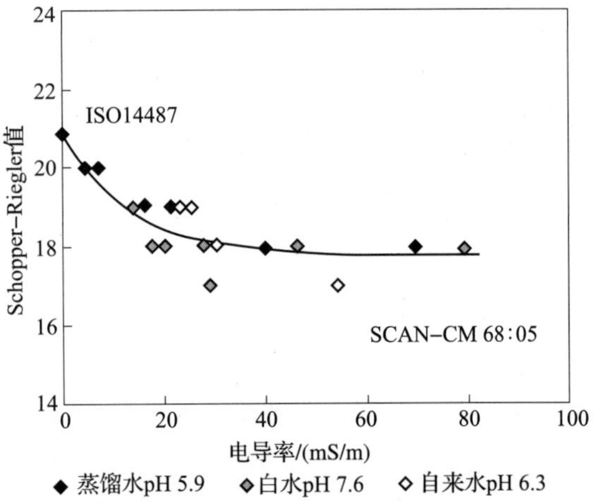

图15-14 打浆度(Schopper-Riegler值)对水质的依靠(浆样打浆度约20°SR)

当滤水性能试验稳定水质的重要性被承认后,开发了2种依照电导率独立表征水质的实验室标准水(见表15-5)。

表15-5 用于滤水性能试验的标准水

标准	ISO 14487(1997)	SCAN-CM68(2005)
电导率/(mS/m)	≤0.25(25℃)	40~150

根据ISO标准用恒定且低电导率的水进行试验(见图15-14曲线左部)。推荐几种方法,如蒸馏、离子交换或反渗透,获得这种水质。标准水必须防止大气污染及容器和管材的溶解。如图15-14所示,用这种水质测定滤水性能需要高的准确性,各种可能的污染物大大影响重现性。

根据SCAN标准用调节过电解质水平的水进行测试,水中由浆样引入的外加盐是可以忽略的(见图15-14曲线右部)。这意味着当制备标准水时能用许多位置的龙头水,硫酸镁用于调节电导率水平。

比较两个标准，很明显，具有较高水平稳定电导率的标准水更适合于滤水性能的测定，当采用不同类的标准水时结果会有大的差别。因此，在测试报告中必须说明测试中所用的标准水。如果没有标准水可用，或者不管水质如何进行滤水试验，测量试验用水的电导率总是有用的。

15.4.3 测定组分组成的方法

一种纸浆的组分组成可理解为一定纤维长度范围定义的纸浆组分的综合。筛分组分表示为长纤维、短纤维/中间组分、细小纤维和纤维束。用阶梯安装的筛或单独筛筛分是测定纸浆组分组成的最普通方法。自动纤维分析仪也能通过光学手段测定组分组成。采用组分边界的适当调节，筛选和光学方法得到相对可比的结果（见图15-15）。

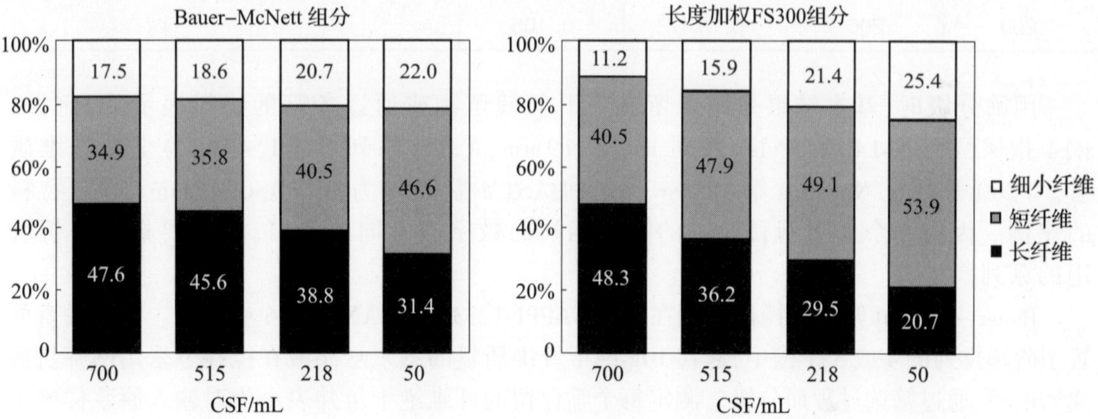

图 15-15 不同筛分方法得到的机械浆组成（云杉 TMP 主线磨浆）

注 左：Bauer-McNett 筛分，右：Kajaani FS300 光学纤维分析。

用于筛分的基本工具是以网目大小为特征的筛。根据标准 ISO 3310，筛应根据网目开口 *W* 命名（见图15-16），但筛通用特征是每英寸网的目数。

当筛用于分离纸浆为长度组分时，根据网目开口 *W* 的特征是足够的。要计算质量加权纤维长度，需要对角开口 *d*。

当仅通过所用的筛号区分采用的筛分方法时，会出现一些混淆。筛号是定义为单位长度的网目数。在北欧和讲英语的国家，Tyler 系列和 ASTM 系列用于筛分，筛号是每吋长度的网目数。在西欧和中欧国家，采用 ISO 标准，给出每 cm 的网目数。然而，不同筛号可能指相同的网目尺寸，因此必须考虑每种专门方法采用的标准。表 15-6 比较了最普通的筛分方法中使用的筛号和网目尺寸。

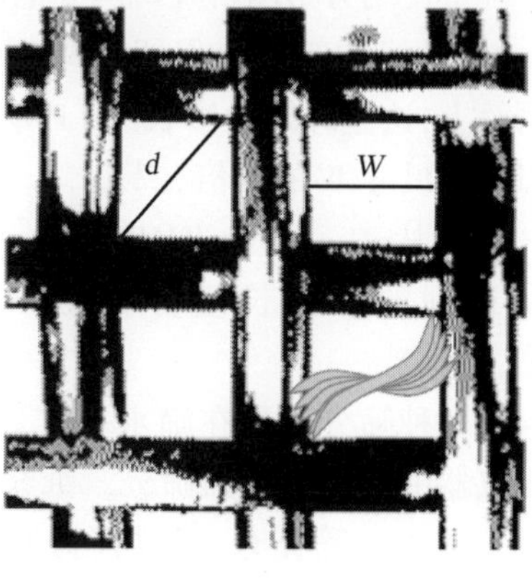

图 15-16 网目尺寸特性

注 网目开口 *W*，对角开口 *d*。

表 15－6　　Tyler 系列、ASTM 系列和 ISO 系列筛相应的开口

Tyler 系列	ASTM E11	开口 *W* /mm	对角开口 *d*/mm	ISO 系列	开口 *W*/mm	对角开口 *d*/mm
10	12	1.68	2.38			
12	14	1.41	1.99	16	0.400	0.566
14	16	1.19	1.68			
20	20	0.841	1.19			
28	30	0.595	0.841			
48	50	0.297	0.420	50	0.125	0.177
100	100	0.149	0.211			
200	200	0.0747	0.105			

用筛分级时，基本结果是用保留在筛上的残留物或通过各筛的物料表示的，例如，R14 指保留在 No14 筛（Tyler 系列 $W = 1.19$mm，ASTM 系列 $W = 1.41$mm）上的纤维质量。P200 是通过 No. 200 筛（Tyler 系列和 ASTM 系列均为 $W = 0.0747$mm）所有物料的比例。因为 3 个最大网目尺寸的筛有相同的数字但不同的开口，有必要指明分析所用的系列。

Bauer－McNett 筛分的操作原理在标准 TAPPI T233 和 SCAN－CM6 中描述。筛是垂直放置于阶梯排列的 4 或 5 个槽中，起初 10g 绝干纤维质量的纸浆悬浮液在搅拌下采用网筛目数递增的筛，通过筛选过程而分级。测定每个筛保留的纤维绝干量并表示为对输入原浆样绝干质量的百分比。计算的总输入浆样与所有保留组分的质量差就是通过具有最细开口的最后一个筛的物料，因而表示细小纤维含量。

在 Clark 筛分仪[59]，使用旋转的圆筛。Clark 型和 McNett 型筛产生相同规定精确度内的结果。

一个使用方形网目开口网筛的筛分仪的分离质量可描述如下：

"一种好的筛分仪保留这些纤维主要部分在网筛上，这些纤维投影长度 LP 最小是相应的开口网目尺寸 *W* 的两倍"[74]。

这可从表示云杉 TMP Bauer－McNett 筛分所得到的纤维长度分布图 15－17 得到证实。

另一种筛分法是在筛水平安装的 Brecht－Holl 仪器中进行的单筛筛分。纸浆悬浮液通过筛垂直排水。筛分时，通过摇振膜运动而防止纤维层堵塞筛，在网上产生相当大的湍动但没有示明与筛平行的流动[60]。对纤维筛分，仅用两种网筛。No16 筛（即每 cm 网目数 16）等于 0.40mm 的网目开孔尺寸，No50 筛（即每 cm 网

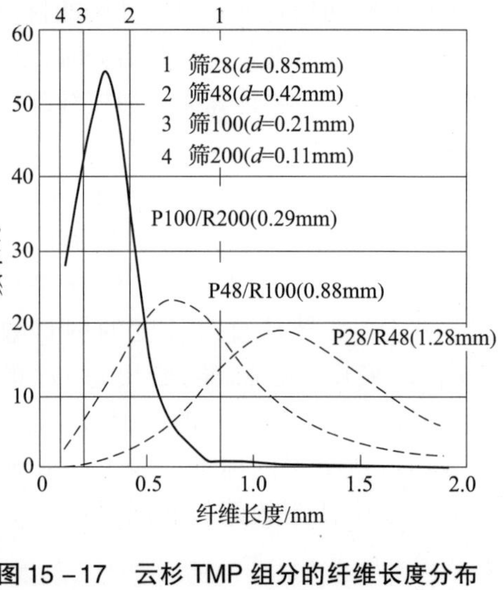

图 15－17　云杉 TMP 组分的纤维长度分布

目数 50）等于 0.125mm 网目开孔尺寸。这导致长纤维组分（保留在 No.16 筛，或 R16），短纤维组分（通过 No.16 网筛而保留在 No.50 网筛纸浆，计算为差值 R50 - R16）和细小纤维组分（通过 No.50 网筛纸浆，计算为差值：进料 - R50），总是以百分数表示。从表 15-6看出，长纤维、短纤维或中间组分和细小纤维间的边界并非准确地与 Bauer - McNett 筛分相同。因此，两种方法得到的组分组成是不可比的。

筛分方法也能用于估计筛分了的纸浆平均质量加权纤维长度。质量加权纤维长度是保留在筛上的物料绝干质量和该物料对应的平均纤维长度来计算的。Tasman 对 Bauer - McNett 筛分仪分离的纤维组分长度进行了综述[75]。保留在每个筛上的纤维平均长度是相当恒定的。他以曲线的形式总结了结果，该曲线能用于解释平均纤维长度为筛开口或筛网目尺寸的函数，通过 Bauer - McNett 筛分计算质量加权纤维长度也已标准化（TAPPI T233）。Unger 等人[76]已发表从单筛筛分数据测定质量加权纤维长度的另一种方法。他们用许多依照对数网目尺寸系列的筛取代如用于 Brecht - Holl 分析的两种网筛。为了计算质量加权纤维长度，采用保留在一个筛上物料的绝干质量和相应的网目对角井口 d（见图 15-16）。

15.4.4 测定纤维束含量的方法

几种筛选方法用于测定机械浆纤维束含量。分离元件包括孔板（筛缝和筛孔）网筛和环缝。保留的物料量取决于筛选方法和测试仪器。

微纤维束定义为当纸浆悬浮液筛选通过 80μm 宽环缝时保留的物料。筛选作用由作用于加到缝下室中水的膜振动引起。工作浓度约 3g/L，样品质量（2.00 ± 0.02）g 绝干浆。这种方法标准化为 SCAN M1383，在一种称为 PFI 微纤维束筛分仪中进行。

Pulmac 标准筛[61]提供一种收集纤维束和/或胶黏物的快速而可重现的方法，低浓度的纤维机械地与纤维束/胶黏物分离。收集的纤维束自动地沉积在用作显示和分析的滤纸上。这种仪器用 25～100g 绝干重纸浆操作，取决于筛选的浆种和所用的缝筛板。有几种缝筛板可提供使用，其中缝宽 100μm（0.04 吋）的筛板是用于机械浆最普通的一种。对低游离度 PGW，缝宽 75μm（0.003 吋）的也在使用。

测定纤维束含量的一种实用方法是结合采用 Haindl 筛分仪[77-78]和 Bauer - McNett 筛分仪。在 Haindl 仪，水喷射器以一定的方向和恒定的流速 10L/min 喷水以及位于缝筛板下方膜的垂直振动，两者结合使纤维束与纤维分离。缝宽为（0.15 ± 0.010）mm，缝有特别平行的方向。不管 Haindl 筛分仪是否独立操作或与 Bauer - McNett 筛分仪结合，样品量和筛分时间是相同的（分别为 10g 绝干浆和 20min）。纤维束含量为保留在缝板上的纤维质量与样品质量之比。

Somerville 筛分仪用于测定较大量纸浆（50g 绝干）纤维束含量，采用一定设计的缝筛板，有几种缝宽（100、150、200 和 250μm）可使用。

用 Brecht - Holl 筛分仪测得的纤维束含量等于缝宽 200μm 筛板上保留的物料对输入的浆样（常规纸浆 2g 绝干，低纤维束含量纸浆 10g 绝干）的比例。测试与浆样组分组成相同的测定方式（见 15.4.3 节）进行[60]。

采用某些光学分析仪，纤维束依据其形状和光学密度进行测定。提供一个二维的纤维束基体，除纤维束含量外也提供纤维束长度和宽度的分布。

15.4.5 测定细小纤维性质的方法

细小纤维对纤维间键的形成是必要的，除了改善强度性质外，机械浆细小纤维大大地增加光散射系数并改善其他性质。机械浆约有 1/3 是细小纤维。测定细小纤维性质对预示从制浆到印刷的整个生产过程中机械浆的行为是有用的（也见 16.3.3.3 节）。

细小纤维通常定义为在 Bauer – McNett 筛分仪中通过 200 目筛的纸浆组分。对单筛方法（TAPPI T261），这个筛目尺寸也是标准化的。细小纤维粒子尺寸视所用的分析方法而变化。细小纤维也可认为含有溶解和胶体物质（DCS）。小的细小纤维粒子和胶体粒子间的界限由其在光学显微镜中可见性来确定。由另一个定义，固体细小纤维通过 450nm 膜过滤从 DCS 中分离[79]。

为了精确地测定固体细小纤维性质，细小纤维粒子必须从全浆中分离，例如，采用一种改良的动态滤水仪（KCL DDJ 模式），继而通过细小纤维分级和沉降方法将细小纤维分级为粗木射线细胞、薄片和细纤维。

表征分离的细小纤维物料的最简单原理是沉降速率测量的应用。所用的方法是基于 24h 沉淀后的比沉降体积，为了避免沉降时细小纤维粒子的凝结，已通过在细小纤维悬浮液中加盐（3.7mmol/L $CaCl_2$ +0.8mmol/L Na_2SO_4）改进了这种方法。

Giese 借助离心法使用沉降体积表征细小纤维组分[80]。比沉降体积是用摄像机记录悬浮液中单位质量细小纤维混浊悬浮液体积。这种方法被重新发现并进一步发展[63]。除了较快的测定过程，记录的沉降曲线是离心法有价值的优点。

细小纤维更先进的检测需要光学技术。细小纤维粒子长度能用光学显微镜和图像分析仪来测定[81]。采用这种方法得到的细小纤维平均长度是在 16 ~ 25μm 范围内。粒子的分布是相当偏斜的，大部分粒子甚短。随着磨浆时能耗的增加，产生较长的细纤维化粒子，粒子的平均长度增加[45]。

Luukko 开发了一种测定已分离的细小纤维中细纤维化和非细纤维化物料比例的方法。这种方法是基于两个不同的原理：粒子形状用于区分薄片状物料（细胞壁碎片和射线细胞）和细纤维化物料；光学密度用于定量估计细小纤维部分的质量。稀释了的用亮蓝染色的细小纤维悬浮液流过间隔 0.2mm 的玻璃池。当悬浮液流动时，由采用频闪闪光源的 CCD 摄像机捕获 1000 个图像。

摄像机像素的大小限制最小粒子大小约为 1μm。上限约为 75 ~ 100μm。主要输出参数是细小纤维中细纤维含量。处理原理是基于细纤维化和非细纤维化粒子平均灰调不同的发现。细纤维比非细纤维较薄，利用灰调值与粒子厚度关系估计粒子的相对厚度。知道细小纤维物料的质量和密度 Fc，即细纤维在细小纤维中的表观质量分数。这种方法对区分依赖于 TMP 磨浆条件（例如盘磨机转速和磨盘型号）的细小纤维性质是足够灵敏的（见图 15 – 18）。

比沉降体积与由 Luukko 方法[64]测得的细纤维含量的关联性好。不同细小纤维间发现明显的差别取决于其来源（见图 15 – 19）。

Wood 等人采用浊度测量法测定细小纤维悬浮液的比表面[65]。这种测量是基于细小纤维悬浮液的光散射能力。如果样品没有进行循环而通过流动池，浊度测量结果受细小纤维物料沉降速率的影响。具有低沉降速率的细纤维化细小纤维比非细纤维化细小纤维产生更稳定的结果。通过加入适当的抗絮凝剂能抑制这种作用。此外，现代浊度仪也能提供沉降曲线。

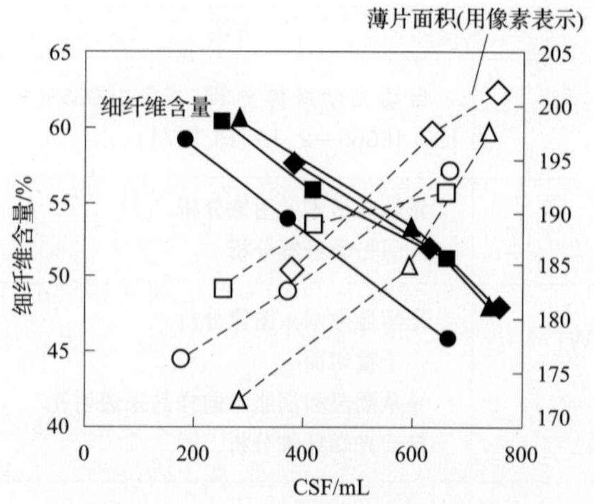

图 15-18 TMP 磨浆段细纤维含量和薄片状粒子面积的发展(基于 Luukko[82])

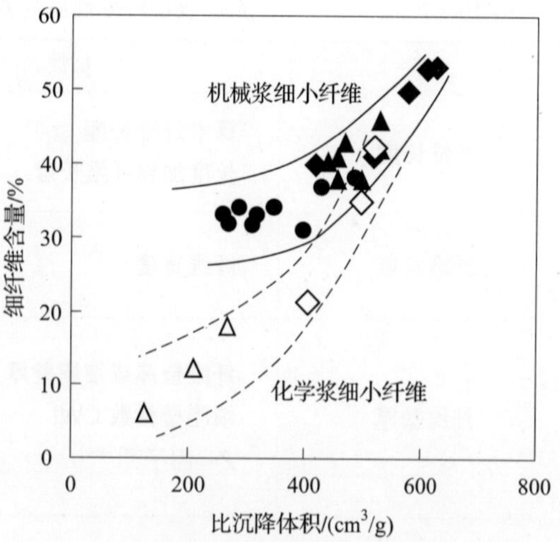

图 15-19 机械浆和化学浆细小纤维中依照 Luukko 的细纤维含量与比沉降体积的关系

15.5 纤维性质和表征方法

15.5.1 纤维性质与表征方法

与纸浆性质相同的方式,纤维性质也能用各种方法表征,提供几个不同的参数以描述某种性质。

表 15-7 给出了用于测定或评价机械浆纤维专门性质及其对应参数的方法示例。

15.5.2 测定纤维尺寸的方法

15.5.2.1 纤维长度

纤维长度是最经常测量的纤维性质之一。在机械纤维分离和制浆中纤维长度分布大大改变。1/3 的纤维质量失去其形式而转变为由纤维壁碎片、薄壁细胞和细纤维组成的细小纤维。纤维长度分布情况或组分组成对不同机械浆是不同的[5]。

纤维长度测量技术已有几十年的历史了,最初通过显微法用简单的人工测量[96-99]。倾向趋于过程物料的在线表征并继续发展分析造纸物料的新方法,几个公司开发了自动装置,提供大范围的以平均值或分布描述造纸纤维尺寸的参数。纤维长度采用自动光学仪器分析已标准化并已实施,例如,通过下列商业实验室仪器(仅按字母顺序列出最普通的):

① FiberExpert(=Pulpexpert FS)(Metso Automation/芬兰);

② Fiber Tester(Lorentzen&Wettre/瑞典);

③ HRes-FQA(Optest/加拿大);

④ Kajaani FiberLab(Metso Automation/芬兰);

⑤ Kajaani FS 300(Metso Automation/芬兰);

⑥ MorfiLab(Techpap/法国)。

表 15－7　　用于表征纤维性质的方法(包括相关标准和参数)

性质	参数	方法
纤维长度	算术纤维长度 长度加权纤维长度	自动光学纤维分析(ISO 16065—1，ISO 16065—2，TAPPI T271)
纤维宽度	纤维宽度	光学显微术＋图像分析 自动光学纤维分析
纤维壁厚	纤维壁厚或细胞壁厚 CWT 细胞壁指数 CWI *Z*－因子[83-84]	光学显微术＋图像分析 —干横切面 —从潮湿和润胀纵向样品来透射光 自动光学纤维分析
纤维粗度	粗度(单位纤维质量长度)	显微术基方法(ISO 9184—6，TAPPI T234) 自动光学分析(ISO 23713)
纤维形状	卷曲指数 扭结指数	自动光学纤维分析
纤维挺度 纤维适应性	弯曲挺度 组分纸页紧度 压溃指数[85]	液体动力法 TD&K[86-87] Steadman 法[88] 纸浆组分纸页成形(ISO 5269) 纸页表观密度(ISO 534，ISO 536) 光学显微术＋图像分析 自动光学纤维分析
纤维壁变形	着色外观比例 完整外纤维壁比例 纤维壁透气度，内细纤维化	Simons'染色和根据纤维颜色的光显微分级法[89] Band 法[90] 纤维饱和点[91] 热透气度测定法[92]
纤维表面结构	表面细纤维化指数 比过滤阻力 比表面积 RSM 粗度	应用光学显微镜＋图像分析仪的细纤维化指数 根据细纤维化的纤维分级 比过滤阻力 比表面积 自动光学分析(Kajaani 纤维实验室) AFM 表面粗糙度测定[93]
纤维表面化学组成	碳水化合物比例 碳水化合物组成 表面金属含量	FTIR XPS(ESCA)[94] TOF－SIMS[95]

在线仪器的开发正在继续。纤维尺寸测量主要是以完整的制浆线仪表系统的模块提供的,该系统也包括其他纸浆性质,如滤水、留着和浓度。

自动光学纤维分析仪在操作原理(毛细管流动、板流动)、设计特征(毛细管直径、板间距)、功能(流速、数据捕获)和图像分析等方面不同。因此,测量结果略有不同以及非直接可比。

由自动纤维分析法提供的主要纤维长度参数:

① 间线纤维长度;

② 投影纤维长度;

③ 包括细小纤维的纤维长度组的比例。

由中间线和投影纤维长度法得到的纤维长度分布见图 15－20。算术、长度加权和质量加权纤维长度分布也示于图 15－20。

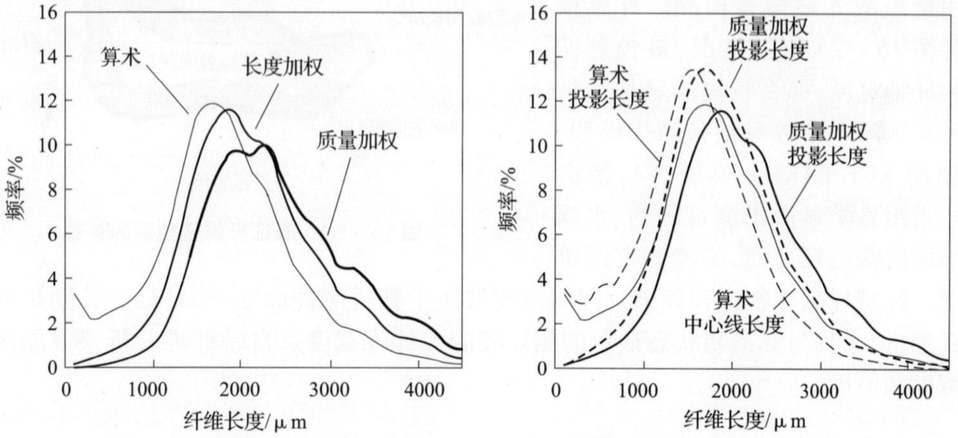

图 15－20 针叶木机械浆投影和中间线纤维长度——算术、长度加权和质量加权纤维长度的分布曲线。

15.5.2.2 纤维形式

树木中的木材纤维主要是直的,随后也没有偏离纤维轴。但是,纤维分离为纤维提供在黏弹条件下机械处理,造成纤维逐渐偏离最初的直式。这个偏离或纤维卷曲可表示为中间线纤维长度(挺直纤维的长度)与投影纤维长度的比率,见图 15－21。这意味着非卷曲纤维的卷曲指数为 1,因为这种情况下投影纤维长度等于中间线长度。

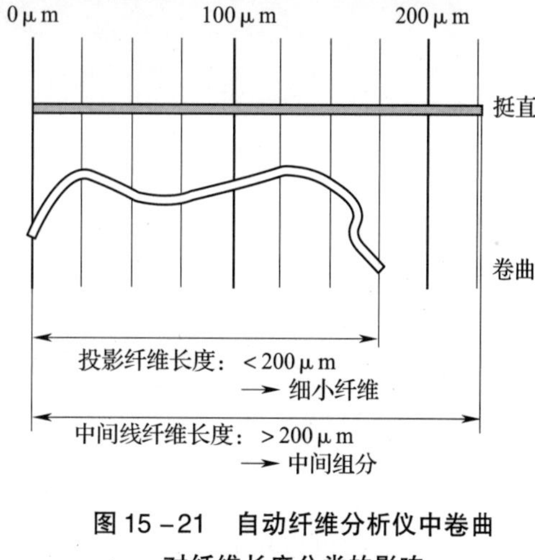

图 15－21 自动纤维分析仪中卷曲对纤维长度分类的影响

纤维形式沿纤维轴突然改变而当纤维段间角度能被定量时定义为扭结。因此,参数"纤维卷曲"总包含所有扭结的纤维,但反之并非亦然。对扭结纤维,能测定几个参数——每单位纤维长度的扭结数、平均扭结角、纤维断片的平均长度和最大长度。

如图 15－21 所示,卷曲纤维可能有小于 200μm 的投影纤维长度,所以它们不再归类为纤维(图中黑色纤维)。测量这些纤维的中间线长度可产生高于200μm的值(图中灰色水平线所示的为挺直纤维,挺直长度相当于黑色纤维的中间线长度,如图15－21白线所示)。现在这些纤维归类为纤维。

代替卷曲指数,L&W自动纤维长度仪提供一个形状因子[100]。它定义为纤维绕成的圆的直径与中间线纤维长度的比率。圆的直径相当于其他自动纤维分析仪的投影纤维长度。因此,卷曲指数*CI*和形状因子能相互转换。

15.5.2.3 纤维的横截面尺寸

纤维主要横截面尺寸有纤维宽度、纤维厚度和细胞壁厚度。此外,外周长(纤维周长)、内周长(细胞腔周长)、纤维壁面积和细胞腔面积用于表征纤维的横截面(见图15－22)。

纤维横截面的真实尺寸由干纤维包埋在环氧树脂中并切成薄片来测定或采用聚焦激光显微镜检测。纤维横截面像图15－23所示情况,最长延伸定义为纤维宽度,那么较短的延伸为纤维厚度。这两个参数对纸张结构模型,例如使用KCL PAKKA模型[101],是必要的。当用光学显微术测定湿的、水润胀纤维的横截面尺寸时,不能测定纤维的厚度。纤维样品在物镜和盖玻片间压进而取决于其适应性而变平。因此,特别是对高适应性纤维,记录到与其最初状态显示的相比较的大纤维宽度。自动纤维分析仪不能区分纤维的宽度和厚度。

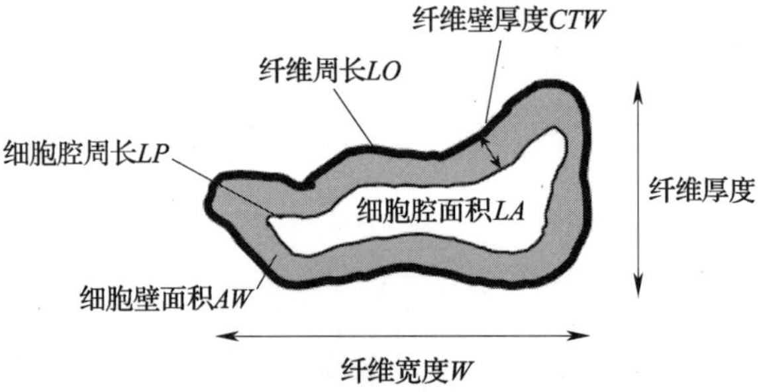

图15－22 表征纤维横截面的参数

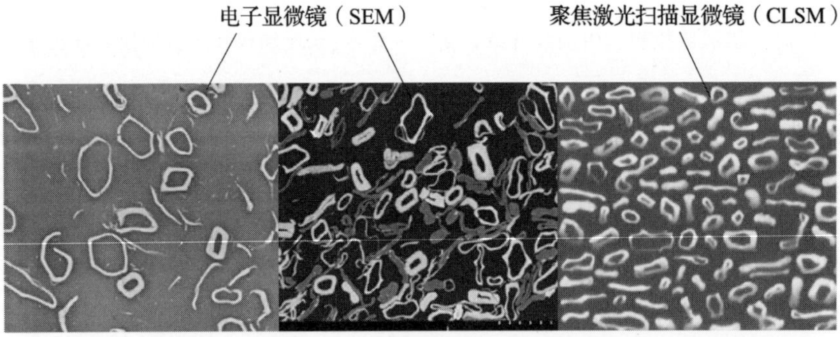

图15－23 干纤维的横截面、电子显微镜(左、中)和聚焦激光扫描显微镜(右)

纤维壁厚度能从纤维横截面或从用于直接光学显微镜检查法获得的纤维幻灯片测量。已用光和电子显微镜测量横截面[11－12]。聚焦激光显微镜使得能测定纤维的光学横截面而不用以物理上将纤维切片[102]。对直接光学显微检查法,在透射光中观察测量纤维壁。在直接显微检查法和聚焦激光显微检查法中,纤维可以是湿的或干的,但是用显微技术测量横截面总是采用干样品进行。图像分析用于所有的测量中。自动纤维分析仪中的一种——Kajaani FiberLab能提供湿纤维的壁厚。为了克服光学分辨率的限制,应用一种专门的子像素技术[103]。

一些附加的参数可以从表征纤维横截面基本参数中计算而采用比上述较少的参数。

纤维壁指数以双纤维壁厚度和纤维宽度之比来计算。

根据 Mork 规则，当径向双壁厚大于细胞腔宽度时纤维归类为晚材纤维。纤维双壁厚与细胞腔宽度之比表示 Mork 值。给出区分早材和晚材的边界 Mork 值为 1。当 Mork 值仅略低于 1 时[104]，已发现根据 Mork 规则归为早材的纤维行为像晚材纤维。

为了分别评价纤维粗度或纤维壁厚度，Reme[83]定义了 Z 值。高 Z 值意味着纤维具有厚纤维壁，而低 Z 值相当于薄壁纤维。Z 值是对 $R50$($R48$)组分完整纤维测量的。因此，这个组分的完整 PGW 纤维比 TMP 纤维有较厚的纤维壁。Z－因子是通过利用纤维周长 LO 和纤维壁面积来测定的[83-84]。

TMP 法中增加磨浆能量使得纤维壁更柔韧和依从。TMP 纤维比相同材种制得的化学浆有低得多的压溃指数，因为 TMP 纤维壁看来更刚硬。为了检验这种方法的作用，Jang 和 Seth 已定义了压溃指数以描述纤维横截面如何平坦地出现在显微图像中[85]。计算是基于压溃纤维的细胞腔面积 LA 与压溃前相同纤维的细胞腔面积的比较。非压溃细胞腔面积假定是长方形的，由细胞腔周长和估计的细胞腔长宽比来计算。

横截面参数也由自动纤维分析仪 Kajaani FibeiLab 提供，基于纤维分析时测量的湿纤维的宽和壁厚。假定横截面形状是环状的，其外径等于纤维的宽度而内径是细胞腔直径，据此测定横截面面积 CSA。从 CSA 和对应的中间线纤维长度，能计算出体积指数 VI，相当于纤维壁恒定密度的粗度。

当样品用 SEM 技术观察前用 OsO_4 标记时，额外的信息也能从横截面图像中发现。纤维横截面的不同灰色调使得能区分机械浆纤维(亮灰)和化学浆纤维(暗灰)[见图 15－23(中)显微图]。

Reyier 等人[105-107]通过引入结合指示剂 BIN，已经开发了一种描述结合能力分布的方法。它是用 FiberLab 光学测量得到的抗压溃指数和表面细纤维化的线性回归获得的。相信结合指示剂能反映纤维柔韧性和形成大接触面积的能力——对印刷纸表面和强度有价值的特性。

具有相对大周长和厚壁的辐射松早材粗纤维被鉴定为湿润时最能抗压溃[108]。这些纤维对一定配料具有最大的细胞壁面积，其大的周长表示抗压溃性。例如这可从新闻纸抗水诱导压溃时观察到。

新的纤维壁厚度软件已由 VTT 为 Kajaani FiberLab 分析仪开发。这个软件提供以沿所选择的纤维轴上几个测量平均值表示的纤维宽和纤维壁厚。但是，精简的纤维统计特别难于解释纤维混合物。已开发了把单一纤维的图像分析数据归于合理数量纤维级的另一种纤维分级法。该模式是基于模糊成员功能。考虑每个单根纤维的形态并与成员级联系。这些级包括，如细纤维、粉或尘、平短纤维、细纤维化短纤维、短纤维束、平长纤维、细纤维化长纤维、极宽的长纤维和长纤维束。即使纤维形态的微小变化也在评价时加以考虑。结合测定的各种纤维级的质量分配以得到专有的特性，如木粉含量、细纤维化指数、脱层指数和纤维长度指数。

15.5.3 测定纤维粗度的方法

纤维粗度表示为单位纤维质量的长度，因而它反映纤维对纤维壁层剥皮的响应。此后，没有意义剥皮的切断并不影响纤维的粗度。

粗度是一个相当敏感的参数，目前主要用自动纤维分析仪测定。为了确定预调节的纤维悬浮液浓度，测定浆样中所有纤维的长度并总结。样品质量从预调节浓度计算并必须在开始测试前提供给纤维分析仪。这个质量代表要测的所有纤维的质量,因此很易理解浓度测定的准确性对结果是何等重要。一个专门标准引入用于自动纤维分析仪测定粗度(ISO 23713)并主要集中在样品的制备。仅对应用标准取样步骤对各种纤维组分,例如 Bauer – McNett R28 组分,取样的纤维必须测定纤维粗度。

15. 5. 4 测定纤维壁结构的方法

15. 5. 4. 1 纤维壁损伤

机械制浆时纤维壁经受不同类型的处理。纤维在断裂成细小纤维前所受损伤主要取决于原材料种类和工艺条件。纤维最主要的物理变化是纵向纤维壁的分裂(见图15 – 24)。表面细纤维化不看作纤维壁的损伤但作为纤维表面的特性。因此,它在 15. 5. 5. 1 节中检测。

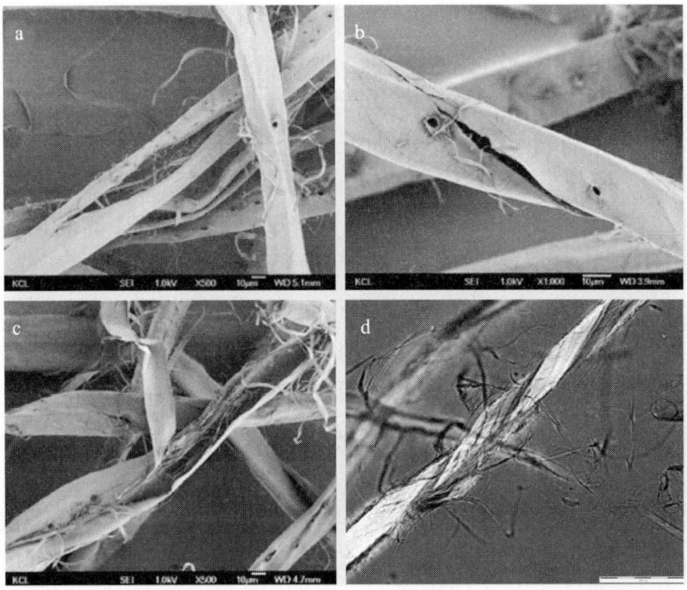

图 15 – 24 挪威云杉分裂的 TMP 纤维,用 SEM(a ~ c)、光学显微镜(d)观察

纤维壁分裂主要出现在薄壁早材纤维。这些纤维的比例在高强度磨浆中能加倍。大部分纤维壁分裂发生在第一磨浆段。

为了表征纤维壁损伤,能用一种简单的光学显微分类法,包括表面细纤维化的检测。长纤维组分(Bauer – McNett R14 和/或 P14/R28)用直接红显微染色剂染色。湿的染色纤维采用亮场透射光照明在显微检测玻片上进行检测。每根纤维根据其外观归于某一类。不包括纤维两端的特性但在其他方面测定整个纤维的长度。与上述模糊成员法相比的主要不同[109 – 110]是显微检查法是用人工进行而且只定义 4 个成员级(类型)。最少 600 根纤维被检测并分为下列类型:

① 完整的;

② 轻微细纤维化的;

③ 细纤维化的;

④ 分裂的纤维壁。

对机械浆,第一类是很少的(<5%)。因而,如果要求,可结合到第二类中。

采用这种方法也可确定所检测的纤维属于早材或晚材。总的来看,这种方法能检测表面细纤维化的程度以及分裂纤维的比例和早材/晚材的比例。这种方法的结果与横截面法所得结果很一致[111]。这种人工显微检查法的一个负面特征是其主观性。一个检测系列的样品应连续分析并由相同的人完成。但是,与其他人工法相比,这种方法的一个正面特征是十分简单,相当快。

15.5.4.2 内细纤维化

机械制浆中,纤维壁结构改变,在纤维壁内造成局部损伤,这种现象称为内细纤维化。表征内细纤维化的一种方法是采用 Simon's 染色[89,112]。它更早、用于表征化学浆磨浆和微生物损伤。在这个方法中,纤维用两种成分染料(滂胺坚固橙和滂胺天蓝)的 1% 溶液染色。机械浆纤维将被染成黑、淡蓝或黄,取决于染料粒子渗透到纤维壁。磨浆引起黄色纤维比例的增加。因为 Simon's 染色反应是基于染料成分的分子大小,它也能看作是纤维壁多孔性的间接测量。

测定纤维壁内壁结构的另一种方法是热气孔度测定法,此法是基于吸收物在多孔材料毛细管中由压力增加引起的熔解温度降低。采用差示扫插量热法(DSC)测量熔解温度降低。数学上定义的熔解温度降低和孔大小的连带关系用于评价纤维壁孔度测量法[91-92,113]。这种方法表明早材比晚材多孔。在 PGW 和 TMP 制浆中,纤维壁中产生大体积的孔。由顶部木段生产的 PGW 纤维孔的比例最高,其次是边材纤维,心材气孔度最低。小尺寸的纤维壁比大尺寸的纤维壁多孔。在 TMP 制浆中,特别是第一磨浆段,产生表示内纤维化的孔。在其后磨浆段中,孔的比例进一步增加但仅达到有限的程度[114]。

15.5.4.3 沿纤维长度轴的纤维壁尺寸

机械制浆时,纤维剥皮并非均匀地除去外层纤维壁。部分纤维壁在整个制浆过程中能保持并能用几种显微检查技术观察到围绕纤维的完整带(见图 15-25)。这些带影响纤维柔韧性进而影响适应性,其外观在数目和形状上不同,取决于磨浆条件,特别是比能耗。当比较依据生长速率和在树茎位置的不同来源纤维对 TMP 磨浆的响应时也发现这些差别。

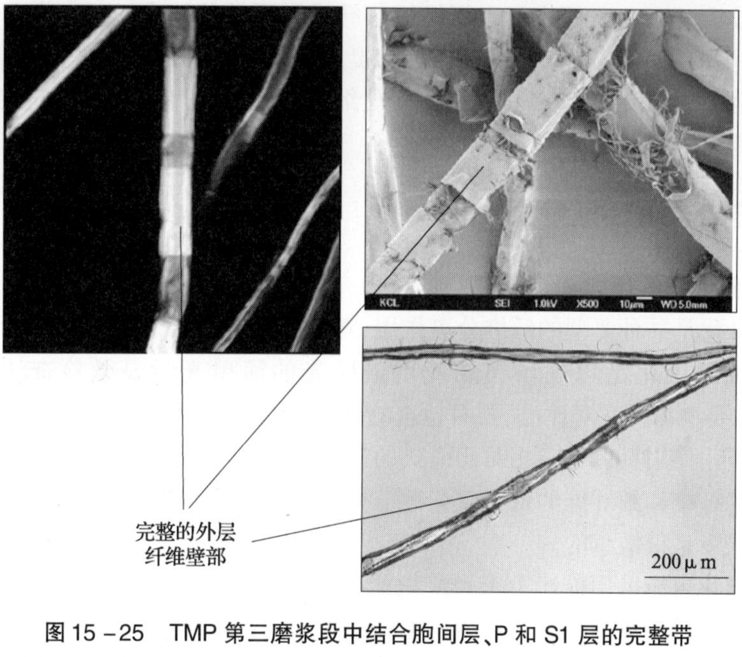

图 15-25 TMP 第三磨浆段中结合胞间层、P 和 S1 层的完整带

注 这些带是用聚焦激光显微镜(左上)、电子显微镜(右上)和光学显微镜(右下)观察的。[28-29,67]

开发了纤维检测法以测量沿纤维轴完整的外层纤维壁部(带)的尺寸。当样品用直接红染色时,完整的外纤维壁在光学显微镜图像出现或多或少的未染色(图25右下图中更亮的灰色)。

测量的纤维数取决于所研究的组分。测量纤维组分(Bauer - McNett P14/R28 或 R28)最少500根纤维是必要的。长纤维组分对测定完整带是最重要的,这些带主要出现在通常存在于长纤维组分的大和完整的纤维。但是这些带也出现在中间组分(Bauer - McNett P48/R200),只是减少到较小的程度。如果必须测定中间组分的带,要求最少有700根纤维。对每根纤维,计数存在的完整纤维壁带并用光学显微镜工具测量每个带的长度。用自动纤维分析仪,例如Kajaani FS300测量相同样批的算术中心线纤维长度。在纸浆表征过程中有代表性的计算参数为:在检验样品中有带的纤维比例,每根有带纤维的带数和有带纤维的算术中心线长度。

15.5.4.4 纤维的柔韧性和挺度

两个主要人工方法用于测定纤维挺度,即由Tam Doo和Kerekes开发的流体动力法[86-87]和Steadman法[88]。在流体动力法中,纤维是放在置于水下直径约1mm的薄毛细管的沟纹中。纤维由于水流通过毛细管而被迫弯曲。纤维挺度基于水流量和纤维宽度来计算。在Steadman法中,薄纤维层压在金属网格上,未结合的纤维断片的长度借助光学显微镜和图像分析仪来测定。从那些未结合断片和纤维宽度计算纤维挺度。Lowe等人[115]最近通过用干扰仪法在纯纤维-纤维交叉点测定剪切模量改进了Steadman法。

L&W自动纤维长度测定仪也提供弯曲性。它是从测量池中标准流速和加速流速下测得的两个形状因子来计算的。加速流速的剪切力造成比标准流速更多的变形(偏离直纤维形式),外接圆的直径变得更小。相对于中心线纤维长度,这两个圆直径差可计算弯曲性。对直纤维,两个圆的直径是相同的,所以直径差为0,因此弯曲性也为0。这种方法很适合于纤维柔韧性差别大的纤维材料,例如化学浆纤维,或薄壁的机械浆纤维。对天然硬纤维,如晚材机械浆纤维,这种方法不太适用。

动力机械分析(DMA)是研究和表征机械浆纤维黏弹性的技术。一个摆动力施加到材料样品位,测量产生的变位。据此,能确定样品的挺度和计算样品的模量。通过观测DMA实验的温度,能观察状态的变化。DSC也用于观察更细微的相变化,例如玻璃态转变,因而也与纤维壁化学组成相连(见15.5.5.3节)。

15.5.5 测定纤维表面性质的方法

15.5.5.1 表面细纤维化

表面细纤维化是一种典型的纤维分离作用,对产生纤维的结合能力是必不可少的。

测定表面细纤维化是以亮场模式使用透射光的简单光学显微检查法的一部分(见15.5.4.1节)。要增加光学对比度,要对检查的纤维染色,细纤维化被识别为形态特征。另一种光学显微检查法使用具有另一相对比模式的透射光[116]。细纤维化系数以检测到的在相对比模式中可见的纤维和细纤维的量与仅在标准亮场模式可见的纤维量的比率来确定。这个方法对透射光的强度是很敏感的。

表面细纤维化也能采用描述由于磨浆机械处理纤维壁展开的Kajaani FiberLab新特征来测定。称为细纤维化指数的参数估算为与主纤维相连的细纤维的面积与纤维(主纤维+细纤维)总面积之比。这个“细纤维化指数”参数仅评价仍与主纤维相连的细纤维(见图15-26)。所有完全释放的细纤维发现于细小纤维组分中,因此当期望增加时,也可能发现细纤维化指数降低。在这种情况下,可记录到细纤维化细小纤维的显著增加(见图 15－27)。

15.5.5.2 纤维表面粗度

表面形态结构能容易地用电子显微检查法(如 FE－SME)观测。为了成功地解释图像需要可靠的经验。为了定量纤维的微结构和纳米结构,也利用其他方法,例如原子力显微技术(AFM)。采用不同的 AFM 图像模式能得到具有地形和力学对比度的图像。力学对比度通过轻敲模式而得到,作为结果得到相图。导致的材料反差与挺度差相联系并用于表征纤维壁层间结构差异。纤维壁外层和内层适当的粗糙度参数能从地形图像确定。Abo 技术大学开发了分析天然纤维超微结构的新方法[93,117]并成功地应用于分析和定量不同机械和化学处理产生的机械浆纤维的表面结构。

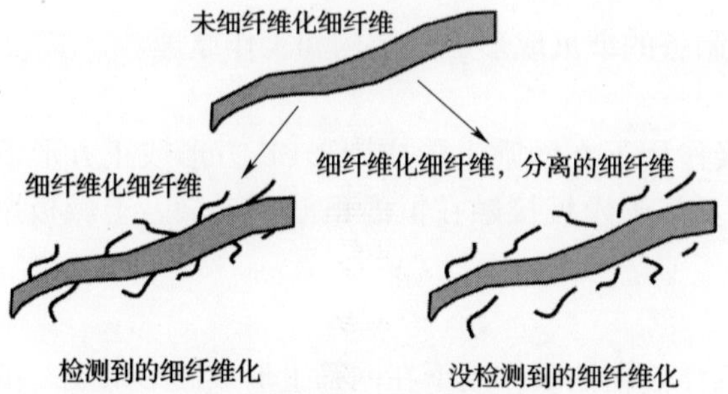

图 15－26 用 Kajaani FibiLab 检测表面细纤维化的方案

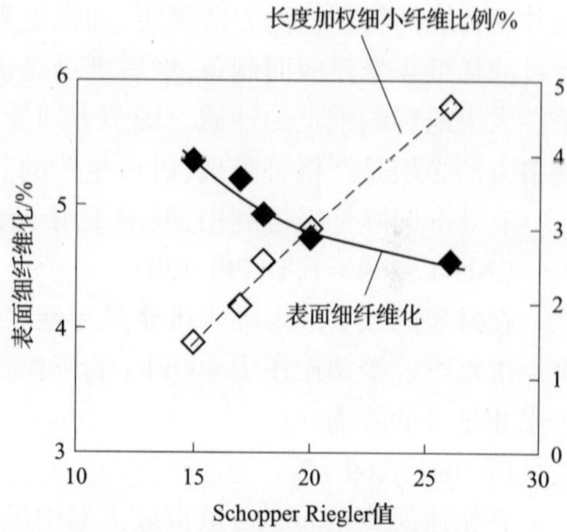

图 15－27 表面细纤维化可能的发展以及磨浆时细纤维化细小纤维(长度加权细小纤维比例)与 Schopper Riegler 值关系

15.5.5.3 纤维表面的化学组成

评价纤维表面化学组成的传统方法是通过剥除而分离感兴趣的纤维层。聚糖组成用酸水解和 HPLC/PAD 法[118]测定分离的材料。半纤维素和果胶中单糖单元用酸甲醇解测定[119－120]。

另一方法是纸浆表面的直接仪器分析而不用分离特指的纤维壁层。从未破坏纤维评价纤维表面化学最通常应用的方法是 IR 光谱,XPS(或 ESCA)和 ToF－SIMS。

FTIR(傅里叶变换红外)光谱通过收集 300 次扫描在确认的外层或内层面测定。测量时注入干空气或氮气以避免光谱中水蒸气引起的干扰。平均来说,每种纤维外纤维层面和内纤维层面均记录 7 个光谱。样品从单一纤维制备,放在显微镜玻片上干透。每种浆三或四根干和分离的纤维压在溴化钾丸片表面以得到平和薄的测量面。由于所用碱盐 KBr 的收湿性,压好的丸片当他们仍是半透明时立即测量。对每个样品光谱,测量压成的 KBr 丸片的背景光谱。

XPS(X－射线光电子光谱),也称 ESCA(用于化学分析的电子光谱),描述与原子组成有关的材料化学分析,用于分析机械浆纤维表面的羧酸和酯[94]。XPS 光谱通过 X－射线束辐射材料而得到,同时测量动能(KE)和分析 1～10nm 的材料时从顶部逸出的电子数。XPS 要求超高真空(UHA)条件。XPS 是一种表面化学分析技术,能用于分析处于“接收”状态材料表面化学。XPS 通过检测和解释表面—COO 基提供纸浆纤维表面木素、抽出物和聚糖表面覆盖的信息。

ToF－SIMS(飞时二次离子质谱)[95]能用于研究样品的最外表面层,例如纤维、细纤维化细小纤维和碎片状细小纤维的表面抽出物的特性。对表面抽出物的鉴定,使用参考化合物。例如,未抽提纸页中纤维材料的表面金属含量能用这个方法测定。

15.6 纸页性质和纸张测试

15.6.1 纸页的制备

15.6.1.1 用于检测除光学性质外的物理性质的纸页

尽管能测定纤维和纸浆悬浮液性质的装置快速发展,表征纸浆的最普通方法仍是制备纸页并用传统的物理检测方法测定,如强度和光学性质。纸页是在纸页成形器中通过在造纸网上过滤稀纸浆悬浮液而制备,然后纸页经伏辊湿压和在标准化条件下干燥。用于纸页制备的条件大大地影响纸页的性质。细节上即使小的偏差会造成检测结果很大的不同。因此,纸页制备方法必须是严格可重现、可再生产的。

有几个国际标准可利用,取决于用于纸页制备的纸页成形器的结构和工作原理。

ENISO 5269 -1,TAPPI T205

在常规的纸页成形器中纸浆悬浮液在抽吸作用下在网筛上形成圆形、长方形或正方形纸页。湿纸页经受两次压力 400kPa 的压榨。纸页与干燥板接触在恒温恒湿下干燥。干燥板用于限止纸页的收缩。

EN ISO 5269 -2

在快速凯塞(Kothen)纸页成形器中纸浆悬浮液在抽吸作用下在网筛上形成圆形纸页。纸页经受压力 5.3kPa(真空)压榨并同时在干燥器中几乎完全防止收缩的条件下干燥。

ISO 5269 -3

除了使用循环白水外,纸页根据上述常规和快速 Kothen 标准法制备。这个相当新的标准利用有关纸页制备中机械浆和化学浆不同反应的知识和经验。与化学浆相比,机械浆有较硬的纤维和大比例的细小纤维。为了保证纸页中足够的细小纤维留着,制备前 10~14 张纸页以得到水和纸页的平衡,只有其后的纸页才适合于物理检测。

两种纸页制备方法大不相同。表 15 -8 总结了其主要技术特征。

湿压时较高的压力导致常规纸页较高的抗张指数。虽然由于干燥方法恒温恒湿纸页比快速凯塞法纸页含有较多的水,在相同的松厚度水平下,常规纸页结合得更好。常规纸页较高的结合反映在其较高的内结合(Scott bond)和较低的光散射系数。

表 15 -8 常规和快速凯塞纸页制备法的技术特征

	常规法	快速 - 凯塞法
	EN ISO 5269 -1	EN ISO 5269 -2
脱水真空度	较低	较高
定量	60/g/m²	75/g/m²
压应力	较高	较低
干燥	23℃,常压	97℃,真空

15.6.1.2 用于检测光学性质的纸页

光学性质,例如白度(反射率)大大地受到水中含有的有色物质的影响。因此,用于光学检测制备的纸页必须是高纯度。两个标准方法可用于制备光学检测的纸页。在传统的方法中,使用带滤纸或网筛的布氏漏斗(ISO 3688,SCAN - CM27,Tappi T218)。目前,光学性质越来越多地采用纸页成形器制备较高定量 200g/m² 的纸页测定光学性质(ISO 3688,SCAN -

CM27, Tappi T272)。

应特别注意用于离解和稀释的水的质量。pH 必须调节到 4.7~5.5 的范围。水必须有低的电解质含量(标准水依照 ISO 14487),或应为没有有色物质和铁、铜离子的蒸馏水。

15.6.2 纸页性质的检测

本章打算对基于机械浆的纸页性质检测的可行性及从这些检测所得的信息作一综述。有关测试方法更为详细的资料能从本丛书第 17 册纸浆和纸张检测中找到。

纸页的物理检测已广泛标准化。在北欧国家,大多数以前的 SCAN 标准最近已被撤销并被 ISO 标准取代。纸页物理检测的基本资料总结于通用标准(EN ISO 5270, Tappi T220)。

纸页是在恒温恒湿状态下检测的。可利用两个标准环境用于调节和检测(EN 20187, Tappi T402):

① 相对湿度(50±2)%,温度(23±1)℃(推荐环境);

② 相对湿度(65±2)%,温度(20±1)℃(对热带国家)。

表 15-9 列出最通用的检测和纸页机械和光学性质标准。

表 15-9 纸页物理检测中选择的性质、参数和相应的标准

性质	参数	标准
机械性质和参数	定量	ISO 536, Tappi T410
	厚度、表观密度、松厚度	ISO 534, Tappi T411, Tappi T500
	抗张强度、抗张能量吸收 抗张挺度、伸长率	ISO 1924-2, ISO 1924-3, Tappi T494
	断裂韧性	SCAN P77
	耐破强度	ISO 2758, ISO 2759, Tappi T403, Tappi T807
	撕裂强度	ISO 1974, Tappi T414, DIN 53115
	透气度	通用资料 ISO 5636-1 Bendtsen 法 ISO 5636-3, SCAN-P85 Gurley 法 ISO 5636-5, Tappi T460
光学性质和参数	白度	ISO 2470, Tappi T452
	不透明度	ISO 2471, Tappi TS19, Tappi T425, DIN 53146
	光散射系数	ISO 9416, DIN 54500
	光学参数的相互关系	Tappi T1214

15.6.3 机械浆的典型纸页性质

机械浆纸页性质的检测常常与制浆的比能耗相联系。图 15-28 显示比能耗与强度性质

间的关系。所谓的 F 值是叠加结合抗张和撕裂强度的强度值。

与化学浆比较,机械浆有代表性地形成具有高光散射能力的松厚纸页。因而采用机械浆有可能在比化学浆低得多的定量下制得可接受的挺度和松厚度的纸页。在相同的游离度水平比较各种机械浆,TMP 通常有最高的松厚度,CTMP 的松厚度最低,PGW 和 SGW 居中。在相同的游离度下比较,SGW 通常有最高的透气度,其后的顺序为 PGW、TMP 和 CTMP。与纯机械浆相比,CTMP 通常制造具有相当高的游离度。在此高游离度下,松厚度和透气度都相当高。

磨木浆由于采用相对较低的过程温度通常呈现最好的光学性质。SGW 有最高的未漂白浆白度和光散射能力,PGW 紧随其后。图 15-29 给出一些普通浆种的通常光散射值。

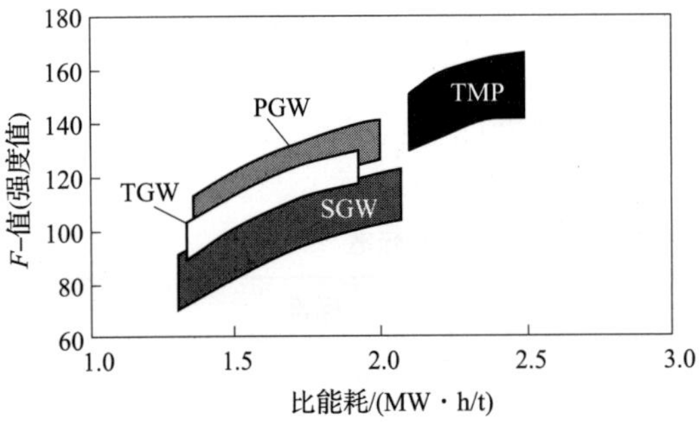

图 15-28 F-强度值与比能耗的关系(按文献[121]重作)

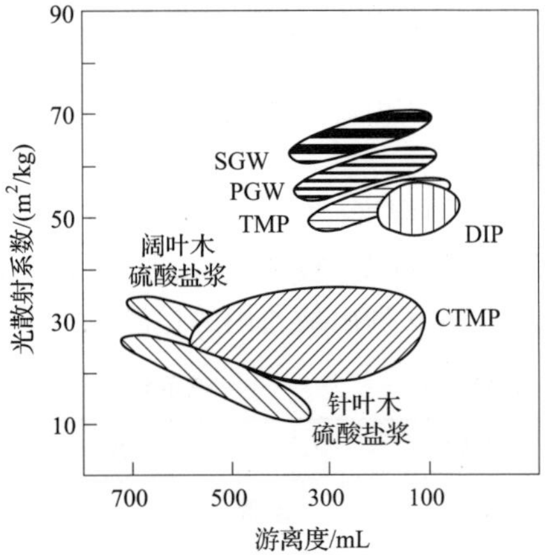

图 15-29 各种纸浆有代表性的光散射系数的差别[122]

盘磨机械浆(TMP 和 CTMP)呈现最好的强度性质。由于其强度性质好,当制造如 LWC 纸时,需要较少的强化纸浆。这补偿其较低的光散射能力并使其使用经济上有利。图 15-30 和图 15-31 给出一些普通纸浆的抗张和撕裂强度值。

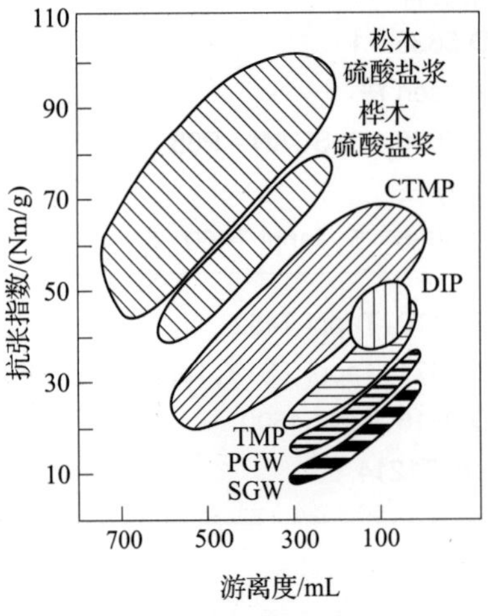

图 15-30 各种纸浆有代表性的抗张强度差别[122]

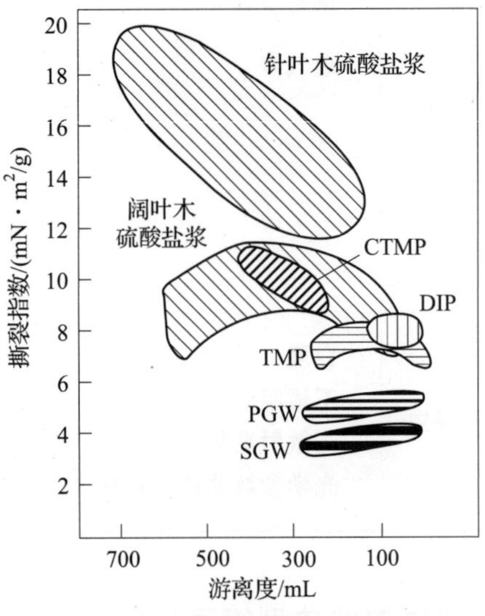

图 15-31 各种纸浆有代表性的撕裂强度差别[122]

参考文献

[1] Tyrvainen, J. 1995. The influence of wood properties on the quality of TMP made from Norway spruce (Picea Abies) wood from old growth forests, first thinnings and sawmill chips. In: 1995 International Mechanical Pulping Conference, Ottawa, Canada, 12 – 15 June 1995. Montreal, Canada: CPPA, Proceedings, p. 23. ISBN 1 – 895288 – 84 – 3.

[2] Sirvio, Jari. 2000. Variation in tracheid properties of Norway spruce. Dissertation. University of Helsinki, Department of Forest Resource Management. Helsinki, Finland: Yliopistopaino, Publications 25, 35 p. ISBN 951 – 45 – 9081 – 3.

[3] Saren, M. – P, Serimaa, R., Andersson, S., Paakkari, T., Saranpaa, P., Pesonen, E. 1999. Structural variations of tracheids in Norway spruce (Picea abies [L] Karst). J. Struct. Biol. Vol. 128, no. 2, pp. 101 – 109. ISSN 1047 – 8477.

[4] Lichtenegger, H., Reiterer, A., Tschegg, S., Franzl, P. 1999. Variation of cellulose microfibril angles in softwoods and hardwoods – A possible strategy of mechanical optimization. J. Struct. Biol. Vol. 128, no. 3, pp. 257 – 269. ISSN 1047 – 8477.

[5] Vehniainen, A. 2008. Single fiber properties – a key to the characteristic defibration patterns from wood to paper fibers. Dissertation. Helsinki University of Technology, Department of Forest Products Technology. Espoo, Finland: KCL Communications 12, 95 p. ISSN 1457 – 6252.

[6] Mork, E. 1928. Granvirkets kvalitet særlig med sigte paa slip, og celluloseved. Papir Journalen. Vol. 16, no. 4, p. 40.

[7] Lahti, T, Smolander, H. (Ed.). 1999. Johdatus metsien perustuotantobiologiaan. University of Joensuu, Silva Carelica 16, 271 p.

[8] Bergander, A. 2001. Local variability in chemical and physical properties of spruce wood fibers. Doctoral Thesis. Royal Institute of Technology, Department of Paper Chemistry and Technology, Division of Paper Technology, Stockholm, Sweden. 70 p. Stockholm, Sweden: TRITA – PMT Report 2001:5, ISSN 1104 – 7003.

[9] Corson, S. R., Ekstam E. 1994. Intensive refining of Radiata pine fibre. Paperi Ja Puu. Vol. 76, no. 5, p. 334. ISSN 0031 – 1243.

[10] Koljonen T, Heikkurinen A. 1995. Delamination of stiff fibers. In: 1995 International Mechanical Pulping Conference, Ottawa, Canada, 12 – 15 June 1995. Montreal, Canada: CPPA, Proceedings, pp. 79 – 84. ISBN 1 – 895288 – 84 – 3.

[11] Mohlin, U. – B. 1995. Fiber development during mechanical pulp refining. In: 1995 International Mechanical Pulping Conference, Ottawa, Canada, 12 – 15 June 1995. Montreal, Canada: CPPA, Proceedings, p. 71. ISBN 1 – 895288 – 84 – 3.

[12] Kure, K. A. 1997. The alteration of the wood fibers in refining. In: 1997 International Mechanical Pulping Conference, Stockholm, Sweden, 9 – 13 June 1997. Stockholm, Sweden: SPCI, 1997, p. 137. ISSN 0280 – 68000.

[13] Corson, S. R. 1995. Wood characteristics influence pine TMP quality. TAPPI Journal. Vol. 74, no. 11, p. 135. ISSN 0734 – 1415.

[14] KCL, Internal information, 2009.

[15] Hatton J. V. 1993. Newer fiber sources and their effects in papermaking. In: 1993 Pulping Con-

ference, Atlanta, GA, USA, 1 – 3 Nov 1993. Atlanta, GA, USA: TAPPI Press, Vol. 1, pp. 169 – 177. ISBN 0 – 89852 – 892 – 5.

[16] Morseburg, K. 1999. Development and characterization of Norway spruce pressure groundwood pulp fibres. Dissertation. Abo Akademi University Turku, Finland, Laboratory of Pulping Technology, 150 p. Turku, Finland: Abo Akademis tryckeri. ISBN 952 – 12 – 0650 – 0.

[17] Kappel, J. 1999. Mechanical pulps: From wood to bleached pulp. Habilitation thesis. Graz University of Technology, Institute of Paper, Pulp and Fibre Technology, Graz, Austria. Atlanta, USA: Tapp. Press, 396 p. ISBN 0 – 89852 – 354 – 0.

[18] Sirvid, J., Nurminen, I. 2003. Oy Keskuslaboratorio (KCL), Unpublished material.

[19] Corson, S., Ekstam, E. 1993. Intensive refining of radiata pine fibre. In: 1993 International Mechanical Pulping Conference, Oslo, Norway, 15 – 17 June 1993. Proceedings, pp. 86 – 92. ISBN 0 – 89852 – 892 – 5.

[20] Corson, S. 1996. Development of TMP fibre and pulp quality. Appita Journal. Vol. 49, no. 5, pp. 309 – 312, 324. ISSN 1038 – 6807.

[21] Mohlin, U. – B. 1980. Properties of TMP fractions and their importance for the quality of printing papers. Part 1. Large variations in properties within fractions are observed. Svensk Papperstidning. Vol. 83, no. 16, pp. 461 – 466. ISSN 1101 – 766X.

[22] Mohlin, U. – B. 1979. Properties of TMP fractions and their importance for the quality of printing papers. In: 1979 International Mechanical Pulping Conference, Toronto, Canada, 11 – 14 June 1979. Proceedings, pp. 57 – 84.

[23] Honkasalo, J. 2004. Behaviour of different furnish mixtures in mechanical printing papers. Doctoral Thesis. Helsinki University of Technology, Laboratory of Paper Technology. Espoo, Finland: Reports, Series A22, 134 p. ISBN 951 – 22 – 7339 – X.

[24] OY Keskuslaboratorio (KCL). 2005. Unpublished data.

[25] Haarla, A. 2000. Printing and writing papers. In: Pauiapuro, H. (Ed.). Paper and Board Grades, Book 18 of the series Papermaking Science and Technology, pp. 28 – 30. Helsinki, Finland: FAPET Oy, 1st edition, 134 p. ISBN 952 – 5216 – 18 – 7.

[26] Ehrola, J., Hernesniemi, A., Kuosa, H., Kyytsonen, M., Linnonmaa, P., Maenpaa, T, Pietikainen, R., Stapels, R., Tani, M., Vuorikari, H. 1999. Calendering. In: Mikko Jokio (Ed.) Papermaking Part 3, Finishing, Book 10 of the series Papermaking Science and Technology, pp. 56 – 57. Helsinki, Finland: FAPET Oy, 1st edition, 361 p. ISBN 952 – 5216 – 10 – 1.

[27] Heinemann, S., Heikkurinen, A. 2001. Evaluation of specific surface – History or new opportunity? In: 2001 International Mechanical Pulping Conference, Helsinki, Finland, 4 – 8 June 2001, Proceedings, Vol. 1, pp. 11 – 20. ISBN 951 – 97513 – 7 – 8.

[28] Heinemann, S. 2007. Quantitative characterization of TMP fiber walls. In: PTS Pulp Technology Symposium, Dresden, Germany, 27 – 28 Nov 2007. Munich, Germany: PTS, CD – ROM, paper 18.

[29] Heinemann, S. 2008. Quantitative description of the TMP fiber wall. Wochenblatt fur Papierfabrikation. Vol. 136, no. 11 – 12, pp. 658 – 665. ISSN 0043 – 7131.

[30] Brecht, W., Holl., M. 1939. Schaffung eines Normalverfahrens zur Gutebewertung von Holzschliffen. Der Papierfabrikant. Vol. 37, no. 10, pp. 74 – 86.

[31] Ferritsius, O., Ferritsius, R. 1997. Improved quality control and process design in production of mechanical pulp by the use of factor analysis. In: 1997 International Mechanical Pulping Conference, Stockholm, Sweden, 9 – 13 June 1997. Stockholm, Sweden: Proceedings, pp. 111 – 126. ISSN 0280 – 68000.

[32] Honkasalo, J., Ebeling, K. 1981. Comparative characterization of various mechanical pulps: GE, TMP, PGW. In: 1981 International Mechanical Pulping Conference, Oslo, Norway, June 16 – 19, 1981. Proceedings, Session I, paper 6, 29 p.

[33] Mohlin, U. – B. 1997. Fibre development during mechanical pulp refining. Journal of Pulp and Paper Science. Vol. 23, no. 1, pp. J28 – J33. ISSN 0826 – 6220.

[34] Forgacs, O. L. 1963. The characterization of mechanical pulps. Pulp and Paper Magazine of Canada. Vol. 64, no. 2, p. T89.

[35] Mannstrom, B. 1968. On the characterization of mechanical pulps. In: 1968 International Mechanical Pulping Conference, Atlanta, GA, USA, 13 – 17 May 1968. Atlanta, GA, USA: TAPPI Press, CPPA, Proceedings, p. 35.

[36] Lindholm, C. A. 1983. Determining optimum combinations of mechanical pulp fractions. Part 2: Optimisation of the composition of SGW, PGW and TMP pulps. Paperi ja Puu. Vol. 65, no. 6 – 7, pp. 404 – 409. ISSN 0031 – 1243.

[37] Nurminen, I. 2002. Oy Keskuslaboratorio (KCL), Unpublished material.

[38] Luukko, K. 1999. Characterization and properties of mechanical pulp fines. Dissertation. Helsinki University of Technology. Acta Polytechnica Scandinavica. Chemical Technology Series No. 267. Espoo. 60 p. ISBN 052 – 5148 – 98 – X.

[39] Rundlof, M. 1996. Quality of fines of mechanical pulp. Licentiate's thesis. Royal Institute of Technology, Department of Pulp and Paper Chemistry and Technology, Stockholm, Sweden, 115 p.

[40] Stationwala, M. I., Mathieu, J., Karnis, A. 1996. On the interaction of wood and mechanical pulping equipment. Part I: Fibre development and generation of fines. Journal of Pulp and Paper Science. Vol. 22, no. 5, pp. J155 – J160. ISSN 0826 – 6220.

[41] Atack, D. 1977. Advantages in beating and refining. In: Fibre – water interactions in papermaking – Fundamental Research Symposium, Oxford, UK, September 1977. London, UK: Fundamental Research Committee (ed.). Transactions Vol. 1, pp. 261 – 295. ISBN 0 – 900219 – 04 – 1.

[42] Brecht, W., Klemm, K. 1952. The structural mixture of groundwood as key to understand its technological properties. Wochenblatt fur Papierfabrikation. Vol. 80, no. 11, pp. 364 – 370, no. 12, pp. 451 – 454. ISSN 0043 – 7131.

[43] Karnis, A. 1994. The mechanism of fibre development in mechanical pulping. Journal of Pulp and Paper Science. Vol. 20, no. 10, pp. J280 – J288. ISSN 0826 – 6220.

[44] Giertz, H. W. 1981. The limitations of mechanical pulps. In: 1981 International Mechanical Pulping Conference, Oslo, Norway, 16 – 19 June 1981. Proceedings, pp. 1 – 17.

[45] Heikkurinen, A., Hattula, T. 1993. Mechanical pulp fines – characterization and implications for defibration mechanisms. In: 1993 Mechanical Pulping Conference, Oslo, Norway, 15 – 17 June 1993. Oslo, Norway, Technical Association of the Norwegian Pulp and Paper Industry, pp. 294 – 308.

[46] Corson, S. R. 1989. Aspects of mechanical pulp fiber separation and development in a disc refiner. Paperi ja Puu. Vol. 71, no. 7, pp. 801 – 814. ISSN 0031 – 1243.

[47] Luukko, K., Paulapuro, H. 1999. Mechanical pulp fines: Effect of particle size and shape. TAPPI Journal. Vol. 82, no. 2, pp. 95 – 101. ISSN 0734 – 1415.

[48] Gorres, J., Amiri, R., Wood, J., Karnis, A. 1996. Mechanical pulp fines and sheet structure. Journal of Pulp and Paper Science. Vol. 22, no. 12, pp. J491 – J496. ISSN 0826 – 6220.

[49] Luuko, K., Maloney, T. C. 1999. Swelling of mechanical pulp fines. Cellulose. Vol. 6, pp. 123 – 135. ISSN 0969 – 0239.

[50] Robertson, A. A., Mason, S. G. 1949. Specific surface of cellulose fibres by the liquid permeability method. Pulp and Paper Magazine of Canada, Vol. 50, no. 13, p. 1.

[51] Shallhorn, P., Karnis, A. 1979. Tear and tensile strength of mechanical pulps. Pulp & Paper Canada. Volume 5, no. 4, p. TR92. ISSN 0316 – 4004.

[52] Strand, B. 1987. Factor analysis as applied to the characterization of high yield pulps. In: 1987 TAPPI Pulping Conference, Washington, DC, USA, 1 – 5 November, 1987, Proceedings, pp. 61 – 66.

[53] Htun, M., Engstrand, P., Salmen, L 1988. The implication of lignin softening on latency removal of mechanical and chemimechanical pulps. Journal of Pulp and Paper Science. Vol. 14, p. J109. ISSN 0826 – 6220.

[54] Karojarvi, P., Nerg, H. 1987. Latency in pressure groundwood. In: 1987 International Mechanical Pulping Conference, Vancouver, Canada, 2 – 5 June 1987. Montreal, Canada: CPPA, Proceedings, p. 25. ISBN 0 – 919893 – 45 – 7.

[55] Karnis, A. 1993. Latency in mechanical pulp fibres. Paperi ja Puu. Vol. 75, no. 7, p. 505. ISSN 0031 – 1243.

[56] Heinemann, S., 2007. Low – energy mechanical pulp fibers – Advantage or disadvantage for printing paper from recycled fibers? Wochenblatt fur Papierfabrikation. Vol. 135, no. 11/12, pp. 592 – 599. ISSN 0043 – 7131.

[57] Informative from withdrawn Zellcheming Technical Leaflet (Zellcheming Merkblatt) VI7/61. 1961. Common method to determine strength of chemical pulps. Part G: Drainage behaviour, p. 7.

[58] Heinemann, S. 1984. Contribution to determine the mass – specific surface area and its effect on strength behavior of pulps. Dissertation. Dresden University of Technology, Faculty of Engineering, 200 p.

[59] Clark, J. d'A. 1985. Fiber properties and tests. In: Pulp technology and treatment for paper, p. 452. San Francisco, USA: Miller Freeman Publications, Inc., 2nd revised and enlarged edition, 878 p. ISBN 0 – 87930 – 164 – 3.

[60] Zellcheming Technical Leaflet (Zellcheming – Merkblatt) VI/1/66. 1966. Testing of mechanical pulps. Darmstadt, Germany: Zellcheming Association.

[61] Pulmac MasterScreen, Product information (online) 2007 [Referred 3. 6. 2009]. Available at: http://www.pulmac.us/pages/products/MasterScreen/index.php.

[62] Marton, R., Robie, J. D. 1969. Characterization of mechanical pulp by a settling technique.

TAPPI Journal. Vol. 52, no. 12, pp. 2400 – 2406. ISSN 0734 – 1415.

[63] Blechschmidt, J., Mallon, U., Schramm, S. 2000. Quantitative assessment of fines in paper manufacturing. Wochenblatt fur Papierfabrikation. Vol. 128, no. 5, pp. 300 – 305. ISSN 0043 – 7131.

[64] Luukko, K., Kemppainen – Kajola, P., Paulapuro, H. 1997. Characterization of mechanical pulp fines by image analysis. Appita Journal. Vol. 50, no. 5, pp. 387 – 392. ISSN 1038 – 6807.

[65] Wood, J. R., Karnis, A. 1996. Determination of specific surface area of mechanical pulp fines from turbidity measurements. Paperi ja Puu. Vol. 78, no. 4, pp. 181 – 186. ISSN 0031 – 1243.

[66] Swodzinski, P. C., Doshi, M. R. Mathematical models of Canadian Standard Freeness (CSF) and Schopper – Riegler Freeness (SR), IPC Technical Paper Series 172.

[67] Moss, P., Heikkurinen, A. 2003. Swelling of mechanical pulp fiber walls studied by CLSM. In: 2003 International Mechanical Pulping Conference, Quebec City/Canada, 1 – 5 June 2003. Montreal, Canada: Proceedings, Poster presentation, p. 293. ISBN 1 – 896742 – 86 – 6.

[68] Hopner, T, Jayme, G., Ulrich, J. C. 1955. Bestimmung des Wasserruckhaltevermogens (Quellwertes) von Zellstoffen. Das Papier. Vol. 9, no. 19/20, pp. 476 – 482. ISSN 0031 – 340.

[69] Zellcheming Technical Leaflet (Zellcheming Merkblatt) IV/33/57. 1957. Determination of Water Retention Value (swelling degree) of chemical pulp. Darmstadt, Germany: Verein der Zellstoff – und Papier – Chemiker und – Ingenieure (ZELLCHEMING).

[70] Blechschmidt, J., Vogel, J. 1981. Zur Bestimmung des Wasserruckhaltevermogens von Faserstoffen. Zellstoff und Papier. Vol. 30, no. 1, pp. 24 – 27. ISSN 0044 – 3867.

[71] Krogerus, B., Fagerholm, K., Tilkkaja, E. 2002. Fines from different pulps compared by image analysis. Nordic Pulp and Paper Research Journal. Vol. 17, no. 4, pp. 440 – 444. ISBN 0826 – 6220.

[72] Jousimaa, T. 1994. On the influence of water quality on pulp properties, 1994 – 12 – 28.

[73] Greve, T, Pachniewski, J., Gottsching, L. 1987. Schopper – Riegler – Messung und Wasserqualitat. Wochenblatt fur Papierfabrikation. Vol. 115, no. 11/12, pp. 493 – 498. ISSN 0043 – 7131.

[74] T233 cm – 06. 2006. Fiberlength of pulp by classification. Atlanta, USA: TAPPI.

[75] Tasman, J. E. 1972. The fibre length of Bauer McNett screen fractions. Tappi Journal. Vol. 55, no. 1, p. 136. ISSN 0734 – 1415.

[76] Linger, E. – W., Heinemann, S., Blechschmidt, J., Steinert, T. 1982. Evaluation of the granulometrical state of mechanical pulps by classification with a logarithmic wire screen series. Zellstoff und Papier. Vol. 31, no. 2, pp. 67 – 70. ISSN 0044 – 3867.

[77] Breunig, A. 1978. Assessment of shive content in mechanical pulps. Wochenblatt fur Papierfabrikation. Vol. 106, no. 11/12, pp. 417 – 425. ISSN 0043 – 7131.

[78] Breunig, A., 1983. New insights in qualitative and quantitative assessment of fibre fractional composition of papers. Das Papier. Vol. 37, no. 10, pp. 473 – 481. ISSN 0031 – 340.

[79] Baumgarten, H. L., Heinemann, S. 1996. Mikrogeometrie und – physik von ausgewahlten Papierfaserstoffen. Allgemeine Papierrundschau. Vol. 120, no. 22, pp. 630 – 636. ISSN 0002 – 591.

[80] Giese, E., Link, D., 1957. Neue Erkenntnisse bei der Erforschung des Feinstoffs im

Holzschliff. Zellstoff und Papier. Vol. 6 , no. 9 , p. 269. ISSN 0044 – 3867.

[81] Pelton, R. H. , Jordan, B. D. , Allen, L. H. 1985. Particle size distributions of fines in mechanical pulps and some aspects of their retention in papermaking. Tappi Journal. Vol. 68 , no. 2 , p. 91. ISSN 0734 – 1415.

[82] Luukko, K. , Nurminen, I. 1999. Fines generation in the first – stage refiner of thermomechanical pulping. Paperi ja Puu. Vol. 81 , no. 4 , pp. 311 – 315. ISSN 0031 – 1243.

[83] Reme, P. A. 2000. Some effects on wood characteristics and the pulping process on mechanical pulp fibres. Doctoral thesis. NTNU, Trondheim, Norway, Institute for chemical engineering, 121 p.

[84] Nesbakk, T, Helle, T. 2001. Statistical analysis of the relationships between sheet details and fibre properties. In: 2001 International Mechanical Pulping Conference. Helsinki, Finland, 4 – 8 June, 2001 . Helsinki, Finland: Proceedings, Vol. 1 , pp. 35 – 43. ISBN 951 – 97513 – 7 – 8.

[85] Jang, H. F. , Seth, R. S. 1998. Using confocal microscopy to characterise the collapse behaviour of fibres. TAPPI Journal. Vol. 81 , no. 5 , pp. 167 – 174. ISSN 0734 – 1415.

[86] Tam Doo, P. A. , Kerekes, R. J. 1981. A method to measure wet fiber flexibility. TAPPI Journal. Vol. 64 , no. 3 , p. 113. ISSN 0734 – 1415.

[87] Tam Doo, P. A. , Kerekes, R. J. 1982. The flexibility of wet pulp fibres. Pulp & Paper Canada. Vol. 83 , no. 2 , p. 46. ISSN 0316 – 4004.

[88] Steadman, R. K. , Luner, P. 1985. The effect of wet fiber flexibility of sheet apparent density. In: Papermaking Raw Materials – Fundamental Research Symposium. Oxford, UK, September 1985. London, UK: Mechanical Engineering Publications Ltd, p. 311. ISBN 0 – 85298 – 579 – 7.

[89] Simons, F. L. 1950. A stain for use in the microscopy of beaten fibers. TAPPI Journal. Vol. 33 , no. 7 , p. 312. ISSN 0734 – 1415.

[90] KCL Method F 009. 2008. Amount of intact outer cell wall of mechanical pulp fiber. Espoo, Finland: KCL.

[91] Maloney, T. C. , Paulapuro, H. , Stenius, P. 1998. Hydration and sweiling of pulp fibers measured with differential scanning calorimetry. Nordic Pulp and Paper Research Journal. Vol. 13 , no. 1 , pp. 31 – 36. ISSN 0283 – 2631.

[92] Maloney, T. C. , Paulapuro, H. 2001. Thermoporosimetry of pulp fibers. In: The Science of Papermaking – 12th Fundamental Research Symposium, Oxford, UK, 17 – 21 Sept 2001. Transactions, Vol. 2 , pp. 897 – 926. ISBN 0 – 9541126 – 0 – 1.

[93] Peltonen, J. , Jarn, M. , Areva, S. , Linden, M. , Rosenholm, J. B. 2004. Topographical parameters for specifying a three – dimensional surface. Langmuir. Vol. 20, pp. 9428 – 9431. ISSN 0743 – 7463.

[94] Kangas, H. , Kleen, M. 2004. Surface chemical and morphological properties of mechanical pulp fines. Nordic Pulp and Paper Research Journal. Vol. 19 , no. 2 , pp. 191 – 199. ISSN 0283 – 2631.

[95] Kleen, M. 2005. A novel method for analysis of surface metal content using Time – of – Flight Secondary Ion Mass Spectrometry. In: 13th International Symposium on Wood, Fiber and Pulp Chemistry (ISWFPC), Auckland, New Zealand, 16 – 19 May 2005, Proceedings, Vol. 2 , pp. 83 – 90.

[96] Brecht, W., Mory, H. 1934/1935. Beitrag zur Kenntnis der Faserlangen – Meβverfahren. Zellstoff und Papier. Vol. 14, no. 12, pp. 492 – 495. Vol. 15, no. 4, pp. 150 – 153. Vol. 15, no. 6, pp. 237 – 238.

[97] Kilpper, W. 1949. Entwicklung einer Schnellmethode zur Bestimmung der Faserlange von Fasergemischen fur betriebliche Zwecke. Wochenblatt fur Papierfabrikation. Vol. 77, no. 6, pp. 160 – 164. ISSN 0043 – 7131.

[98] Unger, E., Unger, E. – W. 1963. Ein Beitrag zur schnelien Bestimmung der mittieren Faserlange und der Faserlangenverteilung von Papierstoffen. Zellstoff und Papier. Vol. 12, no. 1, pp. 4 – 10. ISSN 0044 – 3867.

[99] Ilvessaio – Pfaffli, M. – S., v. Alfthan, G., 1957. The measurement of fibre length with a semi – automatic recorder. Paperi ja Puu. Vol. 39, no. 11, pp. 509 – 516. ISSN 0031 – 1243.

[100] Karlsson, H. 2006. Fibre Guide. Fibre analysis and process applications in the pulp and paper industry. Kista, Sweden: Kista. Lorentzen & Wettre. 120 p. ISBN 91 – 631 – 7899 – 0.

[101] Hjelt T, Niskanen K. 2001. KCL – PAKKA simulation of the 3 – D structure of paper. In: COST Action E 11 Characterization methods for fibers and paper, Final workshop on Research techniques for tomorrow's papermaking, Espoo, Finland, 4 – 5 October 2001. Proceedings, pp. 27 – 30.

[102] Lammi, T., Heikkurinen, A. 1997. Changes in fiber wall structure during defibration. In: Fundamentals of papermaking materials – 11th fundamental research symposium, Cambridge, UK, 21 – 26 September 1997. Leatherhead, UK: FRC and PIRA International, pp. 641 – 662. ISBN 1 – 85802 – 209 – 6.

[103] Tiikkaja, E. 2000. Analyser for fibre size measurements. In: COST Action E10. Wood properties for industrial use, 3rd Workshop on measuring of wood properties, grades and qualities in the conversion chains and global wood chain optimisation, Espoo, Finland, 19 – 21 June 2000. Proceedings, pp. 337 – 345.

[104] Heinemann, S. Unpublished material, 2007.

[105] Reyier, S., Ferritsius, O., 2009. BIN – a method of measuring the distribution of Bonding Indicator of fibers in mechanical pulp furnishes. Nordic Pulp and Paper Research Journal, under publication. ISSN 0283 – 2631.

[106] Reyier, S., Ferritsius, O., Shagaev, O. 2007. Ways to measure the bonding ability distribution of fibres in mechanical pulps. In: 2007 International Mechanical Pulping Conference, Minneapolis/MN, USA, 6 – 9 May, 2007. CD – ROM.

[107] Reyier, S., Ferritsius, O., Shagaev, O., 2008. Measuring the bonding ability distribution of fibers in mechanical pulps. TAPPI Journal. Vol. 7, no. 12, pp. 26 – 32. ISSN 0734 – 1415.

[108] Dickson, A. R., Corson, S. R., Dooley, N. J. 2006. Fibre collapse and decollapse determined by cross – sectional geometry. Journal of Pulp and Paper Science. Vol. 32, no. 4, pp. 205 – 209. ISSN 0826 – 6220.

[109] Villforth, K., Schabel, S. 2005. Fibre classification: model development and validation. In: COST Action E36"Modelling and simulation in pulp and paper industry", Workshop, Espoo/Finland, 6 October 2005. Proceedings, pp. 65 – 69.

[110] Villforth, K., Schabel, S., Hirsch, G., Evaluation of fibre quality and process stages via fibre classification. In: PTS Pulp Technology Symposium, Dresden, Germany, 27 - 28 Nov 2007. Munich, Germany: PTS, CD - ROM, paper 13.

[111] Pohler, T, Heikkurinen, A. 2003. Amount and character of splits in the fiber cell wall caused by disc refining. In: 2003 International Mechanical Pulping Conference, Quebec City/Canada, 1 - 5 June 2003. Montreal, Canada: Proceedings, pp. 417 - 423. ISBN 1 - 896742 - 86 - 6.

[112] Blanchette, A. R., Akhtar, M., Attridge, M. C. 1992. Using Simons' stain to evaluate fiber characteristics of biomechanical pulps. TAPPI Journal. Vol. 75, no. 11, p. 121. ISSN 0734 - 1415.

[113] Maloney, T, Paulapuro, H. 2001. Measurement of internal fibrillation in mechanical pulping. In: 2001 International Mechanical Pulping Conference, Helsinki, Finland, 4 - 8 June 2001. Helsinki, Finland: Proceedings, Vol. 2, pp. 285 - 294. ISBN 951 - 97513 - 7 - 8.

[114] Liukkonen, S., Vehniainen, A., Lucander, M., Sirvio, J., Wang, X. 2005. Response of raw material to mechanical defibration studied by grinding. 2005 International Mechanical Pulping Conference, Oslo, Norway, 7 - 9 June 2005. Proceedings, pp. 188 - 192.

[115] Lowe, R. M., Page, D. H., Waterhouse, J. F., Hsieh, J., Cheluka, N., Ragauskas, A. J. 2007. Deformation behaviour of wet lignocellulosic fibers. Holzforschung. Vol. 60, no. 3, pp. 261 - 266. ISSN 0018 - 3830.

[116] Olofsson, K. 1997. Matmetoder for fibrers fibrillehngsgrad. STFI - Rapport TF 56.

[117] Gustafsson, J., Lehto, J. H., Tienvieri, T., Ciovica, L, Peltonen, J. 2003. Surface characteristics of thermomechanical pulps; the influence of defibration temperature and refining. Colloids and Surfaces A: Physicochem. Eng. Aspects. Vol. 225, pp. 95 - 104. ISSN 0927 - 7757.

[118] Hausalo, T. 1995. Analysis of wood and pulp carbohydrates by anion exchange chromatography with pulsed amperometric detection, 8th International Symposium on Wood and Pulping Chemistry (ISWPC), Helsinki, Finland, 6 - 9 June 1995, Proceedings, Vol. 3, pp. 131 - 136.

[119] Sundberg, A., Sundberg, K., Lillandt, C, Holmbom, B. 1996. Determination of hemicelluloses and pectins in wood and pulp fibers by acid methanolysis and gas chromatography. Nordic Pulp and Paper Research Journal. Vol. 11, no. 4, pp. 216 - 219, 226. ISSN: 0283 - 2631.

[120] Laine, C, Haakana, S., Hortling, B., Tamminen, T. 1999. Application of methylation analysis to samples derived from spruce kraft pulp. In: 10th International Symposium on Wood and Pulping Chemistry (ISWPC), Yokohama, Japan, 7 - 10 June 1999. Proceedings, Vol. 1, pp. 72 - 77.

[121] Suttinger, K. 1979. Analysis of Energy Consumption in Mechanical Pulping. Wochenblatt fur Papierfabrikation. Vol. 107, no. 2, pp. 40 - 43. ISSN 0043 - 7131.

[122] Sundholm, J. 1999. What is mechanical pulping? In: Sundholm, J. (Ed.) Mechanical Pulping, Book 5 of the Series Papermaking Science and Technology, p. 17. Helsinki, Finland: Fapet Oy, 1st edition, 427 p. ISBN 952 - 5216 - 05 - 5.

第16章 未来展望

16.1 未来机械浆的需求

16.1.1 2010—2020 纸张需求的发展

包括纸浆和纸张的商品市场的发展在很大程度上由 2008—2010 年全球衰退前或其间创立的经济平台以及全球势力集团,美国、欧洲、日本、中国和印度的经济行为所驱动。写这本教材时,经济复苏的时间和速度有很大的不确定性,因此,预示中期经济发展的一般概念大部分是没有价值的。

但是,尽管中期不确定性,这并不意味着预见长期可能发生什么的尝试是完全没有效果的。应付将来不可预见性的一种响应是详述一个范围的未来经济增长,例如:

—假定世界经济在 2009—2010 年很快复苏的高增长,恢复历史增长模式,世界 GDP 将继续长期以 3.4%/a 左右增长。

—假如在 2009 年预料的低经济增长没有惊人的转变,而是从 2010 年起逐渐恢复过程,2007—2020 年世界经济增长平均将只有 2.6%/a。

基于这些截然不同的经济增长,预计世界纸和纸板的需求将从 2007 年 3.92 亿 t 增长到 2020 年的 4.75~5.00 亿 t,见图 16-1。

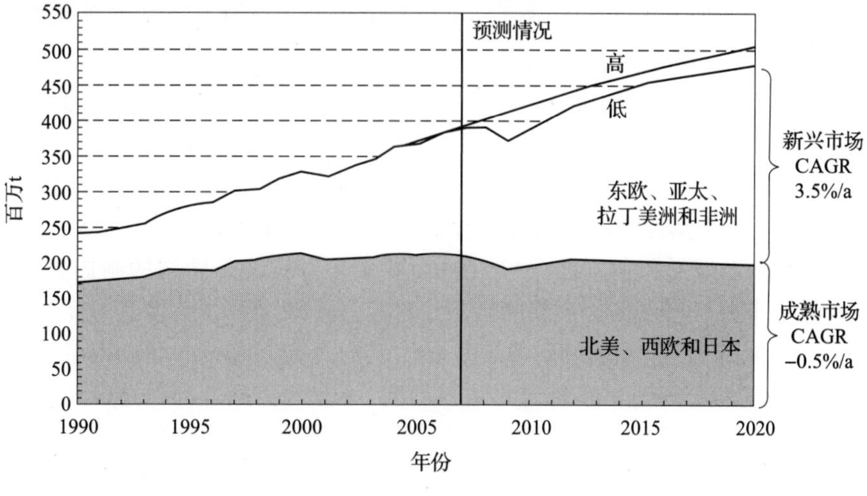

图 16-1 1990—2020 年世界纸和纸板需求(由 Poyry 提供)

这些经济增长没有假定消费者前衰退和后衰退行为间，特别是在线媒体取代印刷纸，任何有意义和永久的转移。在考虑机械浆需求时这是一个主要的依据。

相对地说，纸和纸板需求前景在地区间大大变化，在北美、西欧、日本（低经济增长CAGR——0.5%/a）相当适中的展望，但对亚洲和东欧，特别是印度、中国和俄国仍然有意义的增长趋势（低经济年平均增长CAGR3.5%/a）。

付费的日报发行量在发达国家总的来说正在下降。在线平台越来越吸引消费者注意，特别是年青人。因此，报纸广告在工业化国家也已开始减少。未来全球新闻纸市场将取决于新兴市场增长。东欧和亚洲市场对驱动增长的新闻纸公司是很重要的。

非涂布和涂布机械浆印刷纸（例如超级压光纸、松厚书纸、名簿用纸、低定量涂布纸和中定量涂布纸等）的将来也受到数字媒体集成化的影响。杂志出版商期望进一步增加在线容量，从而为读者和广告者提供更多的选择方案。从长远来说，在线服务的增加预示减少发行量，特别是普遍感兴趣的杂志部分，以及由于减少广告的标记页数。

目录市场也面临日益增加的在线平台的竞争，即使纸张消费没有受多大影响。甚至在名簿市场，电子名簿预期日益取代印刷名簿。纸基媒介和在线媒介的竞争最终导致21世纪初相当适中的增长率，甚至某些印刷纸张终端用途的需求下降。

但是，电子媒介除了传统的和名簿类的应用外并未开始广泛地取代印刷媒介。印刷纸似乎仍是将来强大的通信和广告媒介，电子媒介也不能解决全球电能消耗的困境。这是由于所需的计算机、服务器和调制解调器仍相对高的电能消耗。在一项综合性大学研究中，发现如果人们用多于30min的时间去阅读网基报纸，净版本比印刷的报纸需要更多的电能[1]。

总之，机械浆在工业化国家造纸工业的主要应用区域将冒风险。到2020年，新闻和杂志纸消费和产量的最大增加将在亚洲和东欧发生。这对将来机械浆消费和生产区域也有深远的影响。

16.1.2 配料趋向

世界造纸纤维配料中废纸的份额已从1990年的35%增加到2007年的52%，而木浆的份额已同时从60%降至44%，非木浆（草、芦苇、竹子、蔗渣等）的份额从1990年到2007年仍是稳定的，占全球造纸纤维配料的4%～5%。机械浆的份额的下降甚至比其他木浆更快，或从1990年的15%降至2007年的9%。

废纸的份额预期继续稍有增长，从目前的52%增至2020年的58%。对应地，木浆的份额预测从2007年的44%降至本预测期末2020年的37%～38%（图16－2）。

因此，机械浆的比例很可能继续下降，从9%降至本预测期末的7%，但是，新鲜的机械浆纤维将总是需要的，以补偿废纸回收或收集过程以及脱墨过程发生的纤维损失。

机械浆和废纸（旧报纸和杂志纸，ONP/OMG）主要争夺标准新闻纸的制造。自从20世纪90年代初，实际上世界所有新的标准新闻纸项目都是基于脱墨浆。许多正在运行的新闻纸厂也已从木材转移到废纸原料，用新的脱墨装备取代老的机械制浆线。印刷用纸生产从传统的工业化市场向亚洲转移已经进一步推进了这种趋向，不像北美和欧洲的造纸工业。由于缺乏本土的针叶木资源以及经常因为高的能量成本，亚洲造纸工业在机械浆生产方面并非很有竞争性。在纤维短缺地区如亚洲，进口废纸构成了可见而且有时唯一的印刷用纸生产的配料组分。

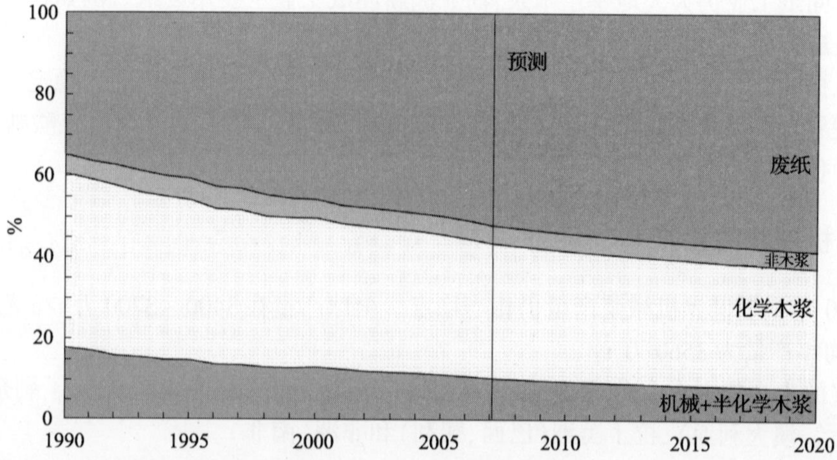

图 16-2 1990—2020 年世界造纸工业平均造纸纤维配料(来源 poyry 林产工业咨询公司)

目前机械浆的主要终端用途是各种新闻纸和含机械浆的印刷纸,占世界机械浆总消耗量的 85%。剩余部分主要用于盒用纸板、不含磨木浆的纸张和卫生纸。

阔叶木 BCTMP 是新近在造纸工业获得了根基的主要机械浆种。这种趋向的主要驱动力是生产经济效益和纸张质量等。

由于 BCTMP 在纸张成形、松厚度、挺度、不透明度和尺寸稳定方面有许多有利的质量特性,阔叶木 BCTMP 能在一些印刷纸纤维配料中至少在一定程度上用于取代较贵的化学浆。但是,针叶木 BCTMP 正在失去与阔叶木 BCTMP 和废纸的竞争能力。

目前 TMP、SGW 和 PGW 正在与脱墨浆竞争综合应用并仍将失去份额给 ONP/OMG(废纸),尽管废纸供应日益紧张。

表 16-1 强调过去机械浆作为新闻纸和含机械浆印刷纸配料成分的发展。机械浆在全球新闻纸中的平均份额已从 1994 年的 54% 降至 2006 年的 37%。相应地,基于旧报纸和旧杂志纸的脱墨浆的份额增加了。

表 16-1 1994—2006 年机械浆在主要地区作为选择的纸张产品纤维组分的份额

产品领域/地区	1994 年	1997 年	2000 年	2003 年	2006 年
	对总纤维配料/%				
新闻纸					
北美	60.7	64.2	61.3	59.6	58.1
欧洲	54.2	48.4	43.5	37.2	32.5
亚洲	35.4	31.6	28.4	19.0	12.4
全世界	53.9	52.3	48.3	42.1	36.8
含机械浆印刷纸					
北美	48.5	49.6	53.2	53.6	55.4
欧洲	62.2	54.1	56.3	54.6	53.2
亚洲	30.3	28.6	18.8	22.9	24.0
全世界	51.8	49.2	49.7	50.1	50.2

注 来源:Poyry 森林工业咨询公司。

北美新闻纸工业仍大大地基于木浆，而亚洲新闻纸工业主要用废纸。例如在中国，50%以上的废纸是进口的，主要来自美国、欧洲、日本和香港地区。

在含机械浆杂志纸和印刷纸以及高白度新闻纸中，机械浆的使用已更为稳定。目前，机械浆约占全世界含机械浆杂志纸生产纤维配料的50%，剩余部分主要由漂白硫酸盐浆组成，而废纸的份额仍是边际的。

16.1.3 机械浆的生产

过去20年中全世界机械浆产量仍相当稳定。全球产量在3400~3700万t/a范围，1990—2007年平均年产量为3560万t。

机械浆的生产集中在北美、欧洲和日本，2007年共占全球总产量的92%。剩余部分在大洋洲（新西兰、澳大利亚）、拉丁美洲（巴西、智利）和非洲（南非）。

机械浆主要供综合生产纸和纸板用。商品浆仅占机械浆总产量12%左右，主要包括阔叶木和针叶木BCTMP和数量有限的TMP。

图16-3显示1990—2008年世界主要地区机械浆生产能力的发展。

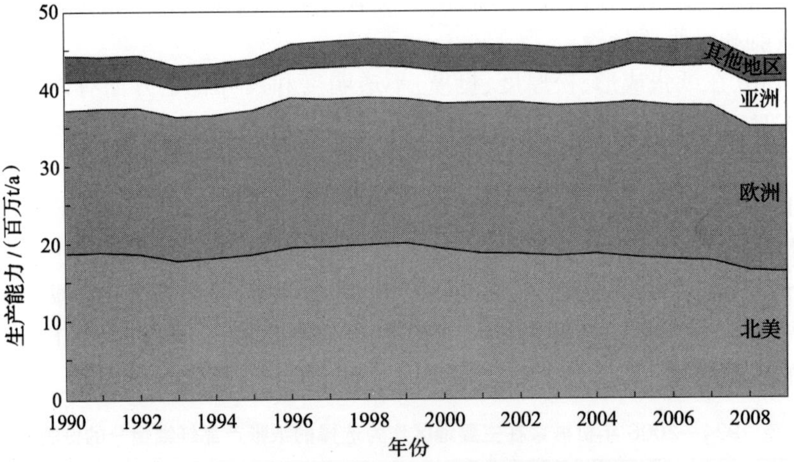

图16-3 1990—2008年主要地区机械浆生产能力

注 来源：Poyry林产工业咨询公司。

图16-4根据2009年5月情况显示世界前10位机械浆生产厂。5家引领机械浆生产厂占全球产能的38%。前10家公司占的份额为52%。

除了北美Abitibi Bowater，Nordic造纸公司有最大的生产能力，第二位是Stora Enso，接着是Norske Skog、UPM和Holmen。

领先生产厂——Abitibi Bowater决定在没有其他方法能处理其60亿美元债务后于2009年4月提出破产法庭保护。当写本书该章节时，任命为重建该公司的律师们刚刚开始工作。

16.1.4 未来机械浆的消耗

长远来说，世界机械浆消耗预期保持稳定或每年下降0.3%~0.5%，取决于经济增长，下列几点可能值得注意：

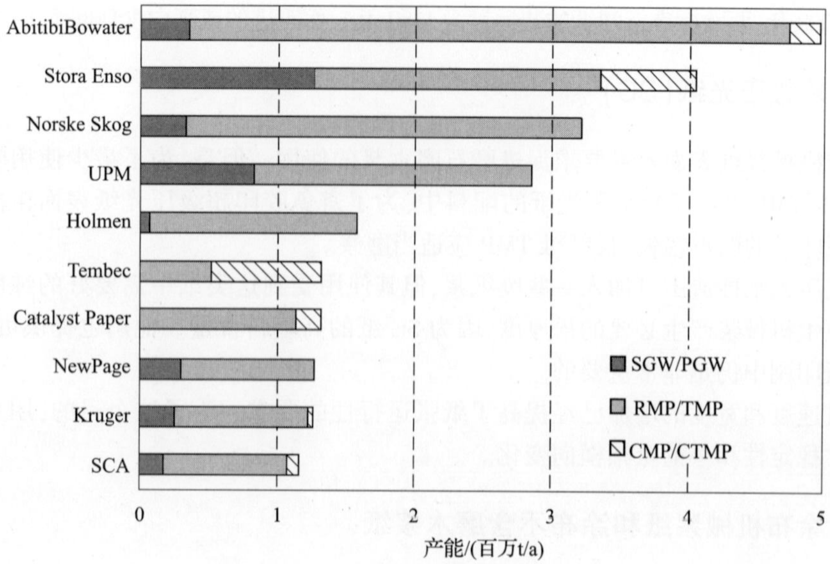

图 16-4 2009 年世界领先机械浆生产厂

注 来源：Poyry 林产工业咨询公司。

① 由于印刷用纸工业严酷的长期前景，北美、西欧和日本的消耗每年将下降 1% ~2% 。

由 BCTMP 稳定进入涂布印刷纸生产所驱动，从长远来说，中国的消耗每年将增长 3% ~4% 。

② 亚洲其他地区和拉丁美洲到 2020 年将表现仅有边际的增长。部分增加的消耗将基于海外 BCTMP 供应。

③ 东欧机械浆的将来将取决于俄国机械浆印刷纸项目的启动。最近这个领域的研究活动表明有利于迅速增加机械浆消耗，但是这些项目大多只能维持。

④ 未来延长的高能量成本对能量密集的机械浆将是严重的下降风险。

⑤ 对 ONP/OMP 废纸不断收紧的全球市场可能有利于新闻纸厂除脱墨车间外综合的低能耗机械制浆线。

16.2 纸张和机械浆质量的发展

16.2.1 一般质量特征

原生机械浆由于其较高的白度、松厚度和纯度维持了其在杂志纸类的地位。随着低能耗制浆方法，例如双盘磨和低浓度后精磨的引入，长纤维机械浆的纤维长度已经降低。对 PGW 也倾向于低温的应用和稍为短的纤维。

16.2.2 新闻纸

实际上所有最新的标准新闻纸项目都是基于 100% 脱墨浆。但是，对要求高白度和松厚度的特种新闻纸，仍然主要使用原生浆。这是因为，假如合理使用过氧化氢，脱墨浆的最高白度仍限于 68% ~70% 。

例如,2008 年,西欧标准新闻纸的装运量为 1180 万 t,而改进的或高白度新闻纸为 290 万 t[2]。

16.2.3 超级压光纸(SC)

未涂布机械浆纸表面质量要求促进磨石磨木浆的使用。但是,为了最少使用较贵的硫酸盐浆,高强度 TMP 也用于超级压光纸的配料中,为了避免胶印超级压光纸表面粗糙并尽量减少轮转凹版印刷的网点错失,长纤维 TMP 应适当磨浆。

在超级压光纸抄造中可加入一些废纸浆,但其使用受到这类纸中需要好的纯度和松厚度的限制。原生机械浆产生必要的松厚度,因为 SC 纸的高填料含量。他们也提供可压缩性,这在轮转凹版印刷中仍是非常重要的。

印刷机速度和宽度的增加已经提高了纸张运行性的要求。为了这个目的,用户纸卷应有良好的尺寸稳定性和小的全幅横向变化。

16.2.4 涂布机械浆纸和涂布不含磨木浆纸

用于涂布纸的长纤维机械浆应很好地磨浆以使当含水涂料用于纸张表面时防止纤维粗糙。短纤维浆有较低的变粗糙倾向,而 PGW 和 SGW 常常用于 LWC 纸。但是,高度磨浆的 TMP 也用于 LWC 纸。

通过使用幼龄速生林木取代如由厚壁纤维老树的边材制得的制材厂木片也有可能减少纤维粗糙[3]。

已经开发了用于高速印刷的具有改进流动性能的新型印刷油墨。因此纸张表面的吸收性能必须改进以适应这些快速印刷的油墨。这将促使新型材料的出现和纤维表面改性,也将对机械浆确立新的要求。

在涂布高级文化用纸中能用各种百分比的机械浆。具有代表性地,阔叶木 CTMP 由于赋予纸张不透明度和松厚度而用于这些纸种,杨木压力磨木浆 PGW70 也已成功地用于这些纸种中[4]。

16.2.5 盒用纸板

主要的盒用纸板是白浆衬里的粗纸板(WLC)和涂布未漂白牛皮纸板(CUK)。WLC 主要由 ONP/OMG 和混合废纸生产,而 CUK 由原生未漂白针叶木硫酸盐浆生产。但是,一些工厂也已开始在中间层中加机械浆以改善这些纸板的挺度。

两种其他主要的盒用纸板为折叠箱纸板(FBB)和全漂白纸板(SBB),后者也包括液体包装纸板(LPB)。目前有代表性的 FBB 和 LPB 纸板厂有综合的机械制浆单元。

2006 年全世界盒用纸板总生产能力为 4200 万 t,其中约 1000 万 t 是亚洲生产的,亚洲的年增长率为 8% ~10% ,工业化国家的年增长率为 2.0% ~2.5% [5]。

涂布折叠纸板(FBB)至少有 3 层:一个松厚的中间层和通常由漂白硫酸盐浆制造的低定量表面层。对中间层,目前使用各种机械浆,如 SGW、PGW、RMP、CRMP 和 CTMP,游离度范围为 200 ~500mL。

中间层磨木的比能耗通常在 0.6 ~0.8MW · h/t,对 CTMP 盘磨机约为 1.4MW · h/t。FBB 表面层浆通常是漂白浆,当使用杨木为原料时,对某些印刷类纸板,白度甚至高达 80% ~85% 。

由于较高的能量、化学品和废水处理成本,CTMP 比 GW 浆和 RMP 有较高的运行成本。

CTMP 也能有较低的松厚度，但是具备许多优点，例如较好的强度性质和低的树脂含量。特别是在食品和液体包装中利用后者使臭味和味道问题最小化是更可取的。对涂布折叠纸板(FBB)，表面平滑度以及抗皱和内结合性质也是很重要的。2008 年欧洲 FBB 生产能力为 280 万 t。

涂布折叠纸板(FBB)和液体包装纸板(LPB)是用于液体包装、一次性盘和杯以及白度和纯度很重要的印刷应用的 3 ~5 层的纸板。目前这些纸板的中间层含有相当大量的阔叶木或针叶木 CTMP，以增加产品的挺度和减少纸板制造成本。

16.3 GW 浆和 TMP 的能耗

16.3.1 总趋势

虽然机械制浆法在过去几年中已有相当大的改进，其能耗已继续增加，目前用于 SG 和 LWC 杂志纸达到杂志纸印刷性能目前要求的 TMP 能耗 3 ~3.4MW · h/t，PGW 浆能耗 2.0 ~2.3MW · h/t(见图 16 –5)。

近年来已经开拓了 TMP 法节能创新以生产强度更大的纸浆和取代化学强化浆。类似地，PGW 浆筛渣率和筛渣再磨能耗增加。但是，对比能耗增加贡献的主要因素是近年来安装的过氧化氢漂白车间和相关的纸浆洗涤设备以满足目前纸张市场的需求。

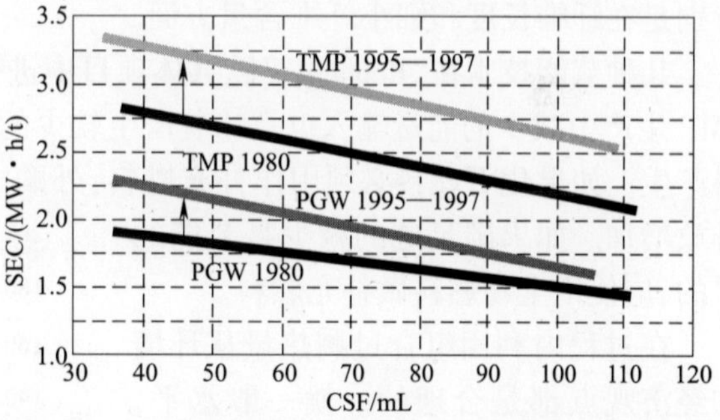

图 16 –5 从 20 世纪 80 年代到 90 年代比能耗的增加

注 来源：Poyry 森林工业咨询公司。

16.3.2 减少比能耗的可能性

减少机械制浆法比能耗的各种方法已作了介绍。下面仅论述在中试和工厂实验中已显示节能趋势的方法。

在磨木过程中使用较低的磨石速度已经减少了比能耗，同时，生产率也降低，因此，这不是全规模生产中一种可行的解决办法[6]。

新的能量有效的磨木表面已经显示有希望的结果，当维持抗张强度或游离度水平时，降低压力磨浆能耗 30% ~50%[7](见图 16 –6)。

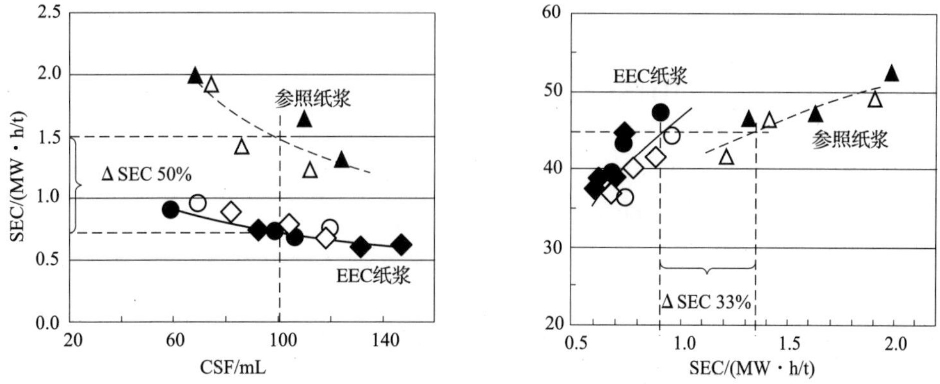

图 16 –6 云杉 PGW 能量有效磨木的比能耗[7]

在 TMP 法,达到一定游离度时增加盘磨机磨盘转速减少比能耗。商业化方法由 Andritz 公司开发[8]。为了避免高磨浆强度下纤维切断作用,在第一磨浆段采用高温。为了增加节能效果,磨浆前采用料塞螺旋进行机械处理[9]。近年来,双盘磨浆系统由于低能耗和可制得性能良好的纤维正在恢复应用。近来所有在北欧国家建设的用于杂志纸的 TMP 厂都是基于双盘磨浆概念[10-12]。

低能耗的磨盘已经引入到工厂规模使用[10,13]。

低浓度磨浆目前也正用于工业规模的后精磨和筛渣再磨[12]。酶的使用也进行工业规模试验[14]。

16.3.3 节省电能的后果

由于不断增加的电价,节省电能在制造 TMP 时是特别紧要的。

但是,几个新的低能耗方法也影响纤维长度分布和其他纤维性质。从长纤维浆到短纤维浆的变化也可能要求新的造纸配料。低能耗 TMP 的出现甚至可能对将来废纸性质也有后果,特别是在纤维长度和细小纤维含量方面。

几种节能技术在“Ecotarget”欧共体项目中进行评价[15]。虽然有有意义的节能趋势,但是 TMP 生产中减少的能量输入也意味着产生较少的蒸汽。结果,纸张干燥的蒸汽必须用补充燃料产生。如果化石燃料必须用作补充燃料,外购电的减少增加了排放,因为温室气体(GHG)排放增加。如果碳足迹的减少是节能的目的,应使用生物燃料做补充燃料。

在过程内利用组合过剩热量从环境和经济观点都是合理的。就一般水平,人们可能质问引入贵的电能到 TMP 盘磨机使之简单运行作为造纸机蒸汽发生器的可持续性。

用于新闻纸和杂志纸类的 PGW 浆和单盘 TMP 的电能成本示于图 16-7。目前估计和相当有代表性的北欧能量成本水平为电能 EUR50/MWh,回收蒸汽 EUR15/t。自然地,这些成本厂与厂、国家与国家间有变化并相当大地倾向于随时间变化,在某些地区每小时变化。

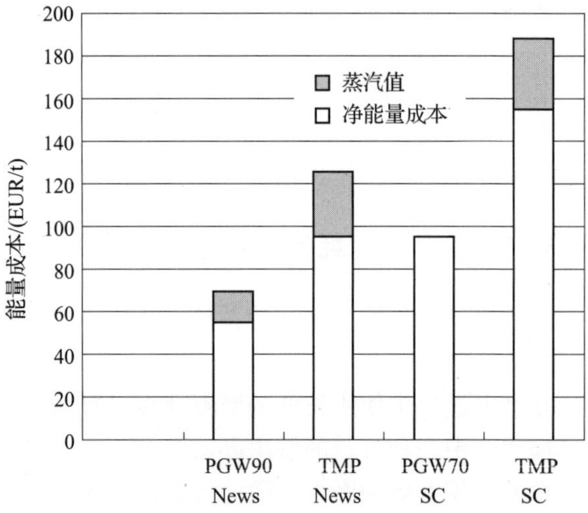

图 16-7 各种机械浆每吨的能值和成本

注 估计价格:电 EUR50/MWh,回收蒸汽 EUR15/t。

16.4 增加废纸回用的影响

废纸的使用由于其良好的经济性和生产可接受终端产品的可能性而得到促进。固体废物的处理、环境因素、各种利用和回收目标促进了这种倾向。

预期世界废纸消耗长期增长。预计各种废纸平均全球回收率从 2007 年的 52% 增加到 2020 年的 59% 。理论上,纸张的循环能改进到能补偿纸张消耗增加的程度,因此也抑制了新的机械浆生产能力的要求。事实上,相当大部分的机械浆——通常即使杂志纸也需要的——能被废纸取代在技术上是可能的。

但是事实上，原生纤维基纸浆的需求将继续增加，虽然增长的速度比废纸较慢。另一方面，机械浆存在由于印刷纸缓慢增长而失去份额的风险。

目前，DIP 基标准新闻纸的质量与原生机械浆基新闻纸是可比的，而生产成本也比 TMP 的低。而且，脱墨浆不再限制装有夹网成形器的现代造纸机的速度。此外，终端用户——特别是出版者和印刷者——已经使其方法主要适应废纸基纸张，同时当选择这些原材料时展示其环境意识。

更多使用废纸的一个主要缺点是增加可利用废纸的不足和污染，因而按指数律地增加收集的临界成本。在不久的将来，这对机械浆和回用纤维间竞争有反平衡的作用。

仍有必要认识到纤维来自树木以及废纸回收和循环的得率仍远低于 100%，见图 16－8。实际上，纤维回收率难以高于 75%。回收纤维仅能平均循环 5 次，所以 100% 循环也仍有 20% 的纤维损失。而且除了新闻纸厂外废纸有许多其他用户，目前有 20% 供应从欧洲和北美出口到原生纤维短缺的中国。

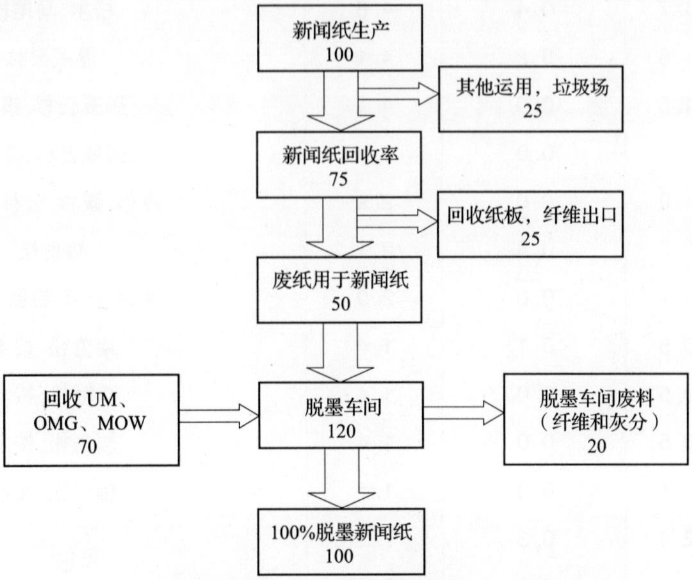

图 16－8 估算的欧洲 100% DIP 基新闻纸制造的纤维平衡

（UM—未涂布机械浆纸；OMG—旧杂志纸；MOW—混合办公废纸）

因此，也应有可用的由原纤维制造的其他纸种，如改进的新闻纸和机械浆杂志纸，以平衡 100% 脱量浆（DIP）基新闻纸制造的纤维损失。

根据北美 2005 年计算，该地区 100% 脱量浆新闻纸机没有任何原生机械浆输入时仅能运行 4 个月。用最大回收率，这些工厂能维持运行 6 个月，其后面临用于新闻纸废纸的严重短缺[16]。

16.5 原材料利用的可能性

用于机械制浆的木材在目前主要生产区——北美、西欧和俄罗斯，是相对容易获得的。2000—2009 年间，下列地区对进一步发展机械浆基生产显示最强的兴趣：

－俄罗斯特别是该国西北部具有良好的云杉利用可能性和相对丰富的其他原料，例如用于生产 BCTMP 的杨木和桦木。

－中国不断增加人工林杨木和桉木的供应，提供阔叶木/BCTMP 生产的新潜力。

－南非、澳大利亚和拉丁美洲具备供应人工林桉木，提供阔叶木/BCTMP 生产的潜力以及用于针叶木机械制浆法的各种松木。

表 16 - 2 列出了世界上机械浆主要生产国。前 15 位生产国占世界机械浆总产量的 90%

表 16 - 2　　2007 年主要机械浆生产国

国家	产量/百万 t/a		份额	主要树种
	总	商品浆	%	
	百万 t/a			
加拿大	10.5	2.0	29.4	香脂冷杉、黑云杉、杨木
芬兰	4.7	0.2	13.1	挪威云杉、杨木(桦木、松木)
美国	4.0	0.0	11.1	铁杉、香脂冷杉、黑云杉、南方松
瑞典	3.7	0.6	10.3	挪威云杉、杨木、桦木
中国	1.7	0.4	4.8	杨木、马尾松
挪威	1.5	0.2	4.1	挪威云杉
德国	1.5	0.0	4.1	挪威云杉、银枞
俄罗斯	1.3	0.0	3.6	挪威云杉、冷杉
日本	1.0	0.0	2.9	冷杉、铁杉、云杉、松木
新西兰	0.7	0.4	2.1	辐射松
法国	0.7	0.0	2.0	挪威云杉、银枞、杨木
巴西	0.5	0.1	1.4	南方松、桉木
南非	0.5	0.0	1.4	垂叶松、桉木
智利	0.5	0.0	1.4	辐射松、桉木
澳大利亚	0.4	0.0	1.1	辐射松、桉木
其他	2.6	0.3	7.2	
总计	35.7	4.2	100.0	

注　来源：Poyry 森林工业咨询公司。

云杉是宁愿选择的用于机械浆法的针叶木原料。但是几种其他树种，特别是冷杉、铁杉和各种松木也是可能的原料，假如他们足够白和/或可漂白得到所需的纸浆白度。许多阔叶木树种也很适合生产化学机械浆，首选和最主要的是杨木，但后来也使用桦木和桉木。

天然针叶林主要生长在北半球一带，即北美、北欧和西伯尼亚。此带中部分地区针叶林与落叶木如桦木、杨木混合也是相当普遍的。欧洲机械浆在很大程度上是基于挪威云杉（*Picea abies*）的使用。除了挪威云杉，德国和法国造纸工业也用银杉（*Abies alba*）制机械浆。北美也普遍使用白云杉（*Picea glauca*）、黑云杉（*Picea mariana*）和香脂冷杉（*Abies balsamea*）。

通常含有高抽出物含量的松木也可用作磨木法制浆原料，假如采取足够的树脂控制措施以分散和除去抽出物。最普通的措施是在喷水中加入氢氧化钠和明矾。新西兰和智利用辐射松（*Pinus radiata*）生产机械浆。据报道，美国许多生产厂使用一些种类的松木。

杨木资源分散在北半球。杨木是一种有代表性的后裔树，迅速地在其他植物由于风化、火灾、伐木等而已失去的地方播种。例如，加拿大、美国和俄罗斯存在丰富的杨木资源。中国的杨木种植已构成当地 CTMP/APMP 的主要原料基地。

桦木主要生长在北美、欧洲和俄罗斯,21 世纪初以来研究了桦木化学机械制浆。北欧国家,特别是芬兰,已依靠俄罗斯供应桦木纸浆材。另一方面,俄罗斯森林资源已被丰富的次生桦木覆盖。使用杨木为主要原料的工厂已进行用桦木的试验,据报道取得令人鼓舞的结果,主要问题是纸张的掉粉。

南非、巴西和澳大利亚已经考虑桉木基 CTMP。编写本书时,一个桉木基 CTMP 项目已在南非实施。

16.6 方法的发展

16.6.1 制浆生产能力的发展

全世界 SGW 浆产量占机械制浆总产能的份额已从 1990 年的 43% 降至 2009 年 17%。1990 年 TMP 占世界机械浆的 35%,但由于旧磨木厂已经关闭而到 2009 年占 54% 之多。CTMP和 CMP 的份额由 1990 年的 13% 增至 2009 年的 21%(见图 16-9)。

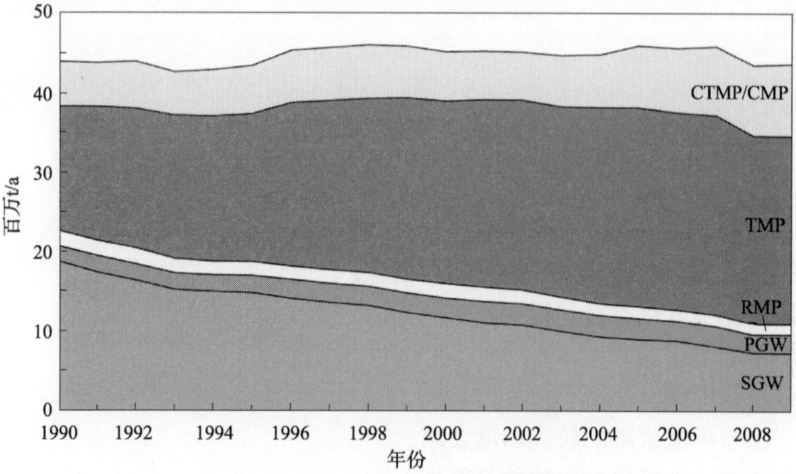

图 16-9 1990—2008 年主要方法的机械浆生产能力

注 来源:Poyry 森林工业咨询公司。

但是,人们也能注意到 2008 年 TMP 生产能力大大下降,这主要是由于北美和芬兰较多的主要新闻纸机关闭。

TMP 稳定侵入传统使用的 SGW/PGW 浆主要由生产经济性所驱动,即当使用 TMP 时对强化纸浆(漂白针叶木硫酸盐浆)的需求减少以及 TMP 厂与 SGW 厂相比较少的单位投资成本。历史上,TMP 投资成本约少 5% ~10%,但取决于优先选择的工艺和工厂大小和位置。此外,原料的选择对造纸公司做出投资决定有影响。

16.6.2 各种机械制浆方法的优点和缺点

磨木法生产的有代表性的短纤维浆更容易达到良好的成形、不透明度和表面性质。磨木法的其他优点是其低得多的能耗和较高的纸浆初始白度。

TMP 主要优点是其较低的投资成本、造纸中需要较少的化学浆以及也可使用外购木片的可能性。这种方法是如此灵活,纸浆性质能通过使用不同的磨盘从长而柔韧的纤维到短纤分裂和很好细纤维化的纤维变化[17]。最新的 TMP 厂已经基于具有高转速的双盘磨浆概念和第二段低浓磨浆[10-12]。

CTMP 的普及是由于阔叶木 CTMP 良好的性质。短纤维的阔叶木 CTMP 能取代阔叶木硫酸盐浆用于高级文化用纸。纸板类用阔叶木 CTMP 在纯度上优于其他机械浆,由于其较低的树脂含量,因而引起较少的味道和臭味问题。

16.6.3 机械制浆的 SWOT 分析

(1)强势(Strength)

① 纸浆得率高,节省森林资源;

② 机械浆赋予纸和纸板极好的松厚度和印刷性能;

③ 纤维回用的良好潜力;

④ 纸浆适合于各种纸种;

⑤ 良好的不透明度、白度和漂白性能。

(2)弱点(Weaknesses)

① 高电耗;

② 返色;

③ 低强度;

④ 高抽出物含量。

(3)机遇(Opportunities)

① 新的机器和方法概念以减少能耗;

② 使用脱量浆和低能耗机械浆的配料新概念;

③ 在包装工业中取代塑料和铝盒;

④ 生物质精炼应用;

⑤ 新的纤维基产品;

⑥ 用于非涂布机械浆纸的较高白度要求;

⑦ 通过新方法减少纸浆抽出物的可能性。

(4)威胁(Threats)

① 电能成本升高;

② 全球变暖和减少二氧化碳排放的需要;

③ 互联网正在侵占纸基出版和印刷;

④ 由于造纸和制浆机械市场的缩减而导致研究和开发的减少;

⑤ 木材在生物质精炼应用的增加[18]。

16.7 高得率制浆技术的发展

16.7.1 总的发展方向

高得率制浆是指得率高的制浆方法,通常包括机械法和化学机械法制浆。发展高得率制浆,可完全合理地利用纤维原料,纸浆能满足某些产品(如新闻纸、LWC 纸、不含机械浆纸、多层纸板、生活用纸等)的性能要求,可降低生产成本,减少制浆废液的污染,对造纸工业的持续发展有重要的意义。随着对产品质量要求的提高以及环境保护、节能减排要求的日益严格，高得率制浆正朝着高性能（高强度、高白度或高松厚度等）、低能耗、低污染的方向发展[19]。

16.7.2 机械法制浆技术的发展

提高纸浆性能（尤其是强度）和降低磨浆能耗是机械法制浆技术发展的主要方向。

对磨石磨木浆来说，选择合适的磨石和刻石方式，适当提高线速，可以达到增加纸浆产量、降低磨浆能耗之目的；采用高温低浓的磨浆工艺，可以提高磨木机生产能力和磨木机机械强度，降低单位动力消耗；采用封闭加压的压力磨木法，相应提高喷水温度，使圆木温度提高，有利于纤维软化和分离，纤维细纤维化程度提高，浆的强度提高，电耗有所下降。

对盘磨机械浆来说，选择节能型盘磨机及合适的磨片，调控和优化磨浆运行参数，可以达到提高磨浆产量和质量、降低比能耗之目的，如 Andritz 公司开发的 RTS TMP 技术，采用高温高速短停留时间的磨浆工艺，磨盘转速提高到 2000～2500r/min，在相同的游离度下，纸浆强度略有提高，而比能耗降低 15% 左右。Metso 公司开发的 Thermopulp TMP 技术，第一段在相对较低的温度下磨浆，第二段磨浆提高到 160～170℃，可节能 10%～20%。

过程热能回收与利用是节省能量、降低成本及减少污染的重要措施，以 TMP 为例，大约有 80% 的磨浆能量可以被回收和利用，这样可使 TMP 制浆的总能量减少 18%。

16.7.3 化学机械法制浆技术的发展

目前，世界上先进的化学机械浆生产工艺分别为 Metso 公司提供的 BCTMP 和 Andritz 公司提供的 P-RC APMP 生产工艺。中国已建成或正在建设的化学机械浆生产线基本上都在这两种生产工艺中选择。这两家公司在拥有大量的生产案例后对其生产工艺不断进行改进和完善，化学机械法制浆技术有了新的发展。

16.7.3.1 BCTMP 制浆技术的发展

早期的 BCTMP 的主要工艺过程为：木片洗涤和预浸渍、第 1 段高浓磨浆、第 2 段高浓磨浆、筛选和净化、浓缩、高浓漂白、洗涤和贮存。最近的 BCTMP 工艺过程则为：木片洗涤和预浸（一段）、一段压力高浓磨浆、一段或两段漂白、洗涤、低浓磨浆、筛选、浓缩、贮存。图 16-10 和图 16-11 分别为最近设计的用于艺术纸生产的 500t/d 阔叶木 BCTMP 工艺流程图和用于卡纸生产的 750t/d 阔叶木 BCTMP 工艺流程图。

早期的 BCTMP 预浸系统，一般在木片洗涤和脱水后进行，通过预浸器后进入预热器，再经喂料螺旋进入高浓磨。化学品没有足够的停留时间，预浸的反应时间不足，木片软化程度不够，导致磨浆产生的纤维束含量增加，化学品没有得到充分的利用。近期的设计增加了预浸之后的反应仓，使木片在磨浆前有充分的化学预处理时间，达到降低能耗的目的。

早期与近期 BCTMP 的漂白位置有较大的变化。早期的设计中，高浓磨后的浆料喷放后进入消潜池，再经筛选、洗涤后，通过混合器加入漂白化学品后进行单段或多段漂白，可视成浆白度要求制备不同白度的漂白浆，其缺点是流程路线长，设备投入大。近期的流程设计中，将漂白段提前至高浓磨浆段之后，在高浓磨后增设了漂白塔，漂白反应提前进行。这与 P-RC APMP 的设计是相同的，因而缩短了流程。在高浓磨浆之后将洗涤与漂白同时进行，减少了设备投资。

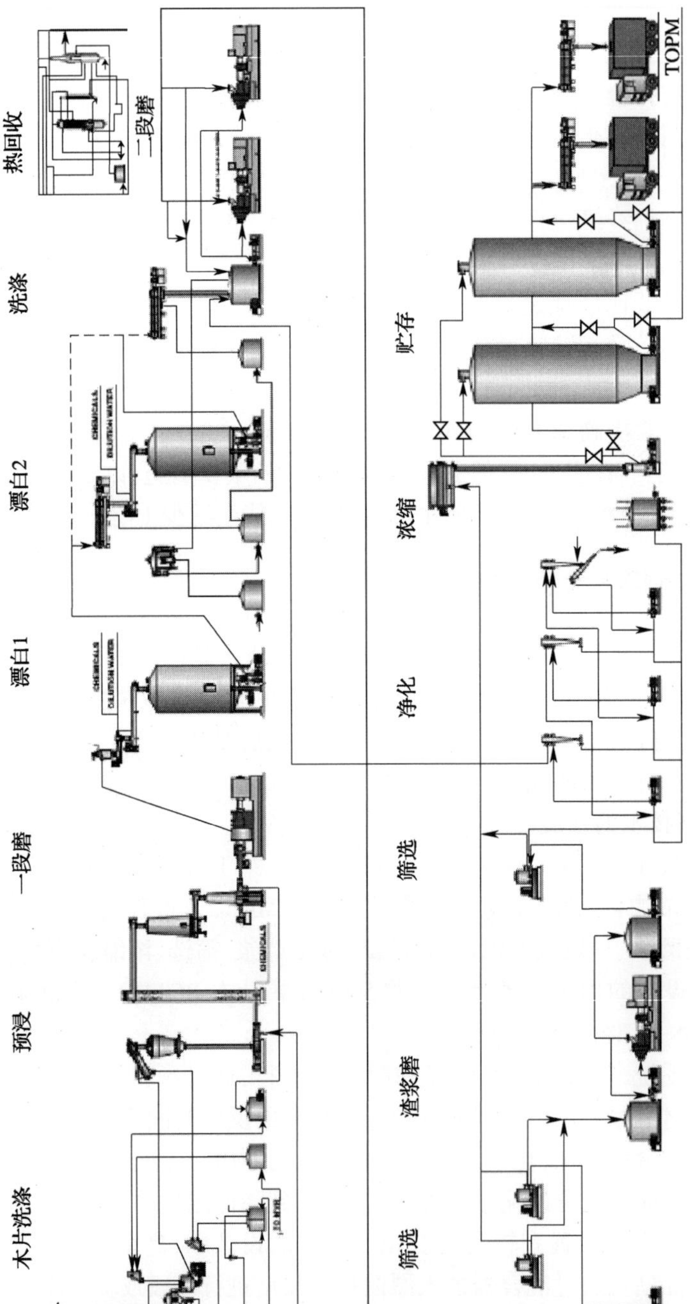

图16－10　用于艺术纸生产的500t/d阔叶木 BCTMP 工艺流程图

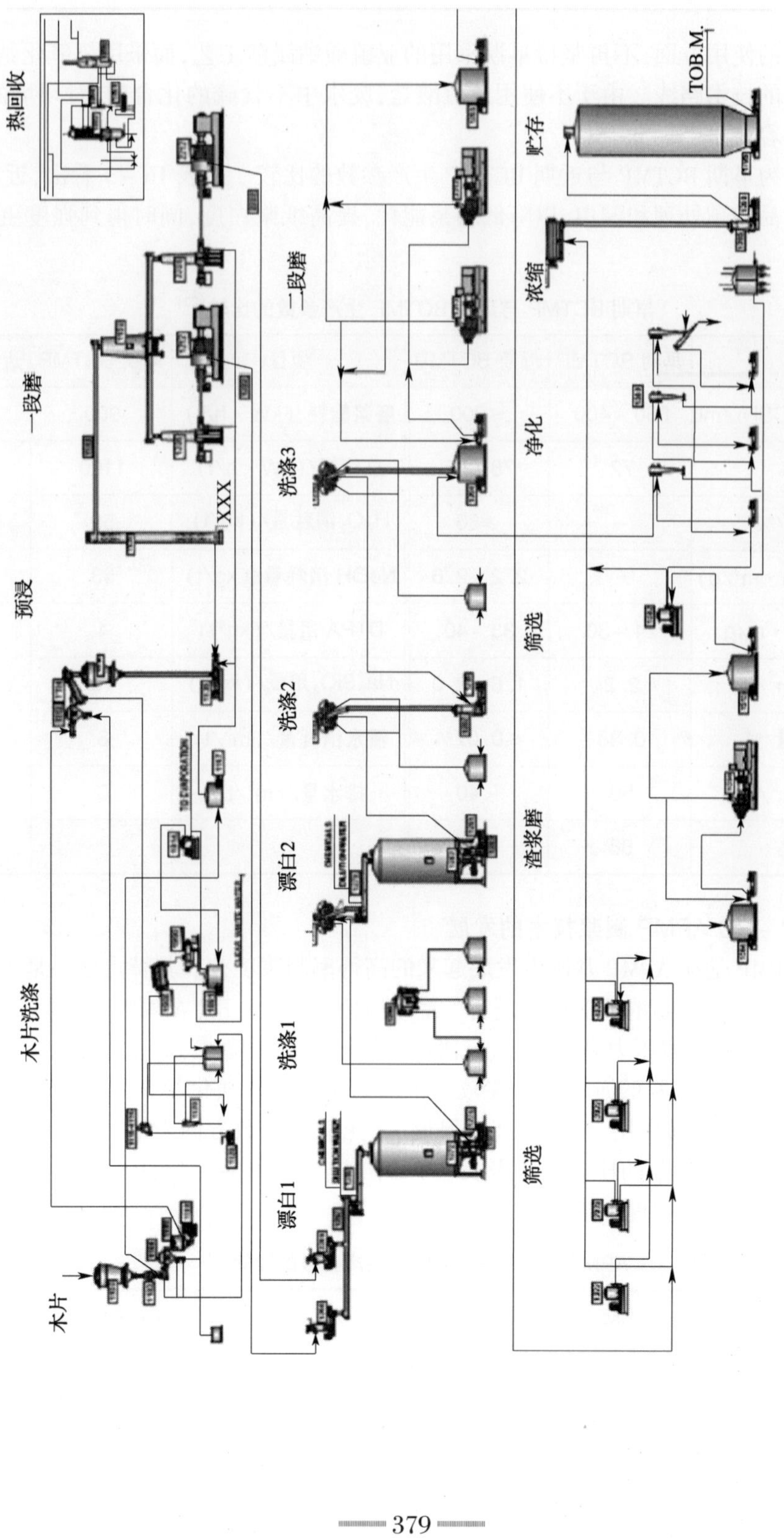

图16－11 用于卡纸生产的750t/d 阔叶木 BCTMP 工艺流程图

二段磨的配置改变,第一段高浓磨浆仍采用锥形磨,二段磨则以低浓磨为主。与高浓磨相比,低浓磨的磨盘间隙更小,更容易减少纤维束的含量,对纸页匀度的改善更好,且耗电量更低,投资更省。同时,提高低浓磨的转速,减少对纤维的作用力而增加对纤维的作用频率,使浆料强度提高。

在化学品的使用方面,不再坚持早期采用的亚硫酸钠浸渍工艺,而采用氢氧化钠和过氧化氢预浸及漂白的技术路线。由于不使用亚硫酸盐,废水中不含硫的化合物,对环境的污染小,废水处理相对容易。

表 16 –3 为早期 BCTMP 与近期 BCTMP 生产参数的比较。从表 16 –3 看出,近期 BCTMP 强调加强化学品的预处理和漂白,以降低磨浆能耗,提高纸浆白度,同时得到强度更高的化学机械浆。

表 16 –3　　早期 BCTMP 与近期 BCTMP 生产参数的比较[20]

项目	早期 BCTMP	近期 BCTMP	项目	早期 BCTMP	近期 BCTMP
加拿大游离度(CSF)/mL	350 ~400	≤200	磨浆能耗/(kW·h/t)	900	800
白度/%	72	78 ~85	总能耗/(kW·h/t)	1100	1050
不透明度/%	—	≥86	H_2O_2消耗量/(kg/t)	50	50 ~110
耐破指数/(kPa·m^2/g)	—	2.2 ~2.6	NaOH 消耗量/(kg/t)	53	45 ~85
抗张指数/(N·m/g)	24 ~30	33 ~40	DTPA 用量/(kg/t)	4	1 ~2
松厚度/(cm^3/g)	2.2	1.8 ~2.0	Na_2SiO_3用量/(kg/t)	16	20 ~35
纤维束含量/%	0.38	≤0.07%	清水消耗量/(m^3/t)	8	7 ~9
尘埃度/(mm^2/kg)	50	<40	排水量/(m^3/t)	8	6 ~8
得率/%	88	≥86			

16.7.3.2　P –RC APMP 制浆技术的发展

P –RC APMP 是在 APMP 基础上发展起来的高得率制浆工艺。其特点之一是主要的漂白反应在一段磨及其后的高浓反应塔中进行。最近所使用的 P –RC APMP 工艺为:木片洗涤和预浸(一段或两段)、一段压力高浓磨浆、一段漂白、洗涤、低浓磨浆、筛选、浓缩、贮存。P –RC APMP 工艺调控灵敏,浆料的游离度可在较大范围内调节。加强化学作用,浆料向高强度、高白度方向发展;加强机械作用,浆料向高松厚度、高光散射系数方向发展。表 16 –4 为 APMP 与 P –RC APMP 生产参数的比较。从表 16 –4 看出,与 APMP 浆相比,P –RC APMP 的白度较高,能耗较低,而得率和强度相近。

表 16 –4　　APMP 与 P –RC APMP 生产参数的比较[20]

项目	APMP	P –RC APMP	项目	APMP	P –RC APMP
加拿大游离度(CSF)/mL	350	230	不透明度/%	87	85
白度/%	77	78 ~82	耐破指数/(kPa·m^2/g)	2.8	2.3

续表

项目	APMP	P－RC APMP	项目	APMP	P－RC APMP
抗张指数/(Nm/g)	24	24	H_2O_2消耗量/(kg/t)	56	68
松厚度/(cm^3/g)	1.9	2.2	NaOH 消耗量/(kg/t)	55	65
纤维束含量/%	0.25	0.1	DTPA 用量/(kg/t)	4	2
尘埃度/(mm^2/kg)	80	40	Na_2SiO_3用量/(kg/t)	12	12
得率/%	86	86	清水消耗量/(m^3/t)	8	7～10
磨浆能耗/(kW·h/t)	1050	800	排水量/(m^3/t)	8	7～10
总能耗/(kW·h/t)	1250	1100			

早期的 APMP 一段高浓磨采用双盘磨，在 30% ～50% 的浓度和略高于常压的压力下磨浆，二次蒸汽经洗涤器与白水混合产生污热水后进入污水处理站。因而蒸汽没有得到充分利用，产生的污热水加大了污水处理站的负荷，污热水较高的水温给污水处理带来负面影响。P－RC APMP 工艺，一段磨浆在比预汽蒸更高的压力下磨浆，产生更高压力（约 0.5MPa）的二次蒸汽，回用于磨浆前的木片仓、反应仓等加热单元，或通过再沸器产生新鲜蒸汽，经热泵或机械压缩机增压后用于其他生产系统，既大大降低了污水量，又充分利用了热能。

与近期设计的 BCTMP 系统一样，P－RC APMP 的三段磨也采用低浓磨浆。

从最近的 BCTMP 与 P－RC APMP 来看，两种流程并无实质性区别。工艺流程的选择主要考虑成浆质量要求、电能消耗和化学品消耗。生产工艺主要取决于终端产品的要求，用于纸板类的抄造，采用高得率、高游离度的工艺为宜，松厚度、光散射系数、挺度是主要性能指标；用于含机械浆与不含机械浆的文化纸抄造，则采用低游离度、增加强度的工艺为宜，白度和强度是主要性能指标。不管是生产 BCTMP 还是生产 P－RC APMP，高浓与低浓磨浆相结合的方式是目前化学机械浆的一个新的发展趋势。

参考文献

[1] Moberg, A., Johansson, M., Finnveden, G., Jonsson, A., 2009 Screening environmental life cycle assessment of printed, web－based and tablet e－paper newspaper. Second edition Reports from the KTH Centre for sustainable Communications TRITA sus report 2007: 1, Stockholm ISSN: 1654－479X. 109 p.

[2] CEPIPRINT© Statistics, http://www.cepiprint.com/en/home 21 php.

[3] Dickson, A. R., Corson, S. R., Dooley, N. J., Fibre collapse and decollapse determined by cross－sectional geometry. International mechanical pulping conference, Oslo, 2005, pp. 198－205.

[4] Helminen, J., Developing new paper grade. International mechanical pulping conference, Houston, 1999, pp. 291－303

[5] Schoeffer, C, Developments in board production－Trends on the global carton market Voith paper

customer Journal together, Heidenheim No 24, 2007 pp. 44 – 46.

[6] Lucander, M., Bjdrkqvist, T, New approach on the fundamental defibration mechanisms in wood grinding. International mechanical pulping conference, Oslo, 2005, pp. 149 – 153.

[7] Saharinen, E., Lucander, M., Potential of EES – Energy efficient grinding surface concepts in SC paper production. International mechanical pulping conference, Sundsvall, 2009, pp. 96 – 99.

[8] Munster, H., Dahlqvist, G., Operating experience with the first commercial high speed single disc refiner TMP system at Perlen papier AG. International mechanical pulping conference, Ottawa, 1995, pp. 197 – 202.

[9] Sabourin, M., Minimizing TMP energy consumption using a combination of chip pretreatment, RTS and multiple stage low consistency refining. International mechanical pulping conference, 2007, Minneapolis, Abstract book p. 27, Full paper available on a CD ROM.

[10] Johansson, O., Sundstrom, A., Ferritsius, O., Ferritsius, R., Saving energy is no longer a dream, just remove the steam. International mechanical pulping conference, Sundsvall, 2009, pp. 59 – 66.

[11] Kure K. – A., Mosbye, K, Optimisation of TMP fibre properties for SC rotogravure – Full scale experiences from Norske Skog Saugbrugs. International mechanical pulping conference, Sundsvall, 2009, pp. 11 – 16

[12] Sandberg, C, Sundstrom, L, Nilsson, L., Potential of low consistency refining of TMP – mill evaluation. International mechanical pulping conference, Sundsvall, 2009, pp. 186 – 189.

[13] Vikman, K., Leskela, M., Pekkola, M., Vuorio, P., Tyrvainen, J., Huhtanen, J – P, New refiner segments technology to optimize the aspen BCTMP pulping process. International mechanical pulping conference, 2003, Quebec City, pp. 91 – 95.

[14] Sabourin, M., Maentausta, O., Rasanen, K., Brauer, P., Targeting enzyme formulations at selective wood components for optimized thermomechanical pulping of spruce international mechanical pulping conference, Sundsvall, 2009, pp. 50 – 58.

[15] Pihkola, H., Hakala, J., Competitiveness and sustainability evaluation of the new technologies. Presentation at the Ecotarget Final Open Conference, Stockholm, Sweden, 12 – 13 November 2008.

[16] METAFORE. "The Paper Fiber Life Cycle." p. 20, http://www.metafore.org/downloads/fiber cycle communications deck. pdf.

[17] Nurminen, I., Solving printing problems in a mechanical pulping process. International mechanical pulping conference, Sundsvall, 2009, pp. 152 – 155.

[18] Vehniainen, A., Pihkola, H., Levlin, J. – E., Future prospects for sustainable production of mechanical pulps. Zellcheming 104. Hauptversammlung, June 23 – 25 2009, abstracts pp. 33 – 34.

[19] 詹怀宇,付时雨,李海龙. 浅述我国制浆科学技术学科现状与发展[J]. 中国造纸. 2011,30(2):49 – 57.

[20] 李录云,李文龙. 化学机械浆在我国的应用与发展[J]. 中国造纸,2012,31(8):66 – 69.

换算系数*

数量/性质	推荐单位(RU)	换算系数	惯例单位(CU)
面积	mm^2	645.16	in^2
	cm^2	6.4516	in^2
	m^2	0.0929030	ft^2
	m^2	0.8361274	yd^2
耐破指数	kPa·m^2/g	0.0980655	(gf/cm^2)/(g/m^2)
紧度	kg/m^3	16.01846	lb/ft^3
	kg/m^3	1.000	g/cm^3
能	mJ	0.0980665	gf·cm
	J	1	Nm
	J	9.80655	kgf·m
	J	1.35582	lbf·ft
	kJ	4.1868	kcal
	kJ	1.05506	Btu
	MJ	3.600	kW·h
	MJ	2.68452	hp·h
力	mN	0.01	dyn
	N	9.80655	kgf
	N	4.44822	lbf
	N	0.278014	ozf
频率	Hz	1	1/s
	Hz	0.016667	1/min
长度	nm	0.1	Å
	μm	1	μ
	mm	0.0254	0.001in
	mm	25.4	in
	m	0.3048	ft
	km	1.609	mi

注*从RU换算为CU时除以换算系数；
从CU换算为RU时乘以换算系数。

续表

数量/性质	推荐单位(RU)	换算系数	惯例单位(CU)
光吸收系数	m^2/kg	0.1	cm^2/g
光散射系数	m^2/kg	0.1	cm^2/g
质量	g	28.3495	oz
	kg	0.453592	lb
	t(=1000kg)	0.907185	t(=2000lb)
单位面积质量	g/m^2	3.7597	lb/令(17in×22in,500张)
	g/m^2	1.6275	lb/令(24in×36in,500张)
	g/m^2	1.4801	lb/令(25in×38in,500张)
	g/m^2	1.4061	lb/令(25in×40in,500张)
	g/m^2	4.8824	lb/(1000 ft^2)
	g/m^2	1.6275	lb/(3000 ft^2)
单位体积质量	g/L	7.48915	oz/gal(US)
	kg/L	0.119826	lb/gal(US)
	kg/m^3	1	g/L
	Mg/m^3	27.6799	lb/in^3
	kg/m^3	16.0184	lb/ft^3
功率	W	735.499	公制马力
	W	745.700	hp
	W	1.35582	(lbf·ft)/s
	kW	0.74570	hp
单位面积压力、应力、力	Pa	1	N/m^2
	Pa	98.0665	gf/cm^2
	Pa	47.8803	lbf/ft^2
	kPa	100	bar
	kPa	6.89477	lbf/in^2
	kPa	0.24884	in H_2O(60°F)
	kPa	2.98898	ft H_2O(39.2°F)
	kPa	3.37685	in Hg(60°F)
	kPa	3.38638	in Hg(32°F)
	kPa	0.133322	mmHg(0°C)
	MPa	0.101325	atm

续表

数量/性质	推荐单位(RU)	换算系数	惯例单位(CU)
速度	mm/s	5.080	ft/min
	m/s	0.30480	ft/s
撕裂指数	(mJ·m)/g，mN·m^2/g	0.0980665	gf/(100g/m^2)
抗张能量吸收(TEA)	J/m^2	9.80665	(kgf·m)/m^2
	J/m^2	175.127	(lbf·in)/in^2
	J/m^2	14.5939	(lbf·ft)/ft^2
抗张指数	Nm/g	9.80665	km(裂断长)
抗张强度	N/m	9.80665	gf/mm
	N/m	10.945	ozf/in
	N/m	66.6667	N/(15mm)
	kN/m	0.175127	lbf/in
	kN/m	0.980665	kgf/(10mm)
	kN/m	0.29655	lbf/(15mm)
	kN/m	0.39227	kgf/(25mm)
厚度	μm	25.4	mil
	mm	0.0254	mil
	mm	25.4	in
黏度	P(泊)	10	(Ns)/m^2
体积流率	L/s	28.31685	ft^3/s
	L/min	3.78541	gal(US)/min
	m^3/s	0.0283169	ft^3/s
	m^3/s	0.76455	yd^3/s
	m^3/h	1.69901	ft^3/min
	m^3/d	0.0378541	gal(US)/d
流体体积	mL	29.5735	oz
	L	3.785412	gal(US)
固体体积	mm^3	1	μL
	cm^3	1	mL
	cm^3	16.38706	in^3
	dm^3	1	L
	m^3	0.001	L
	m^3	0.0283169	ft^3